21世纪高等院校电气工程及其自动化专业系列教材

电磁能量

谢宝昌　编著

机械工业出版社

本书介绍了电磁能量的基本知识，包括静电能量与电容器、恒定电流电场与导体焦耳损耗、静磁能量与磁路、时变电磁能量与坡印亭定理、准静态场与电路理论、涡流及其损耗、自旋电子学基础、均匀平面电磁波的传播特性与极化方式、传输线理论和超导电磁能量；较为系统地介绍了各种电磁能量问题的求解方法，内容重在基础知识和方法，并紧紧围绕新技术发展趋势进行讲解。同时在各章中给出了丰富的例题，便于读者掌握基本概念和理论，并且每章都附有思考题与习题，可供读者选择。

本书适合作为高等院校电类专业的本科生教材，也可供从事电磁理论和应用等领域工作的专业人员参考阅读。

本书配套授课电子课件，需要的教师可登录 www.cmpedu.com 免费注册，审核通过后下载，或联系编辑索取（QQ：308596956，电话：010－88379753）。

图书在版编目（CIP）数据

电磁能量/谢宝昌编著．—北京：机械工业出版社，2016.1
21 世纪高等院校电气工程及其自动化专业系列教材
ISBN 978-7-111-52365-9

Ⅰ．①电…　Ⅱ．①谢…　Ⅲ．①电磁场－高等学校－教材
Ⅳ．①O441.4

中国版本图书馆 CIP 数据核字（2015）第 300801 号

机械工业出版社（北京市百万庄大街 22 号　邮政编码 100037）
策划编辑：汤　枫　责任编辑：汤　枫
责任校对：张　征　责任印制：乔　宇
保定市中画美凯印刷有限公司印刷
2016 年 2 月第 1 版第 1 次印刷
184mm×260mm · 20.25 印张 · 501 千字
0 001—3 000册
标准书号：ISBN 978-7-111-52365-9
定价：49.00元

凡购本书，如有缺页、倒页、脱页，由本社发行部调换

电话服务
服务咨询热线：010－88379833
读者购书热线：010－88379649

网络服务
机 工 官 网：www.cmpbook.com
机 工 官 博：weibo.com/cmp1952
教育服务网：www.cmpedu.com
金 书 网：www.golden-book.com

前　言

电磁能量是一门以电磁场为核心的基础课程，主要包括电磁能量的微观和宏观表征、数学基础——场论、静电场、恒定电流电场、静磁场、时变电磁场、均匀平面电磁波、传输线和超导电磁能量等。电磁能量教材内容不仅强调基础理论的阐述、各种电磁场问题的描述和求解方法，特别是静电场边值问题的各种解析法求解、静电比拟和电磁类比，还强调与工程应用紧密结合的电磁能量存储元件、传输系统和应用。

电磁能量课程按照64学时设计，包括理论和实验两大部分。本书编写的内容是电磁能量的理论部分。本课程实验部分内容将独立撰写实验指导书，包括硬件系统实验和软件模拟计算和演示。

本书共9章。各章内容简述如下：

第1章概述电磁能量的基本特点、符号与量纲、分析和学习方法，让学生了解本课程的主要内容。

第2章介绍分析电磁能量的数学基础——场论，包括常用正交坐标系统，矢量分析基础包括基本代数运算，梯度、旋度和散度等偏微分运算，不同维数空间积分的斯托克斯定理和高斯散度定理，矢量场的性质、分类和唯一性定理，对每一类矢量场通过引入合适的位函数将矢量场方程转换为位函数满足的泊松或拉普拉斯方程，并介绍利用格林定理求解无界空间中泊松方程的方法。

第3章从库仑定律出发分析静电场的概念和性质，以及静电场满足的微分和积分方程，分析电介质和导体在静电场中的行为，不同介质交界面电场强度、电位移矢量和电位满足的衔接条件，静电场边值问题的描述，给出场源积分法、镜像法、格林函数法、复变换法和分离变量法等静电场问题的求解方法，推导出静电场能量的表达式，利用虚位移原理推导出电场力的静电场能量法计算方法，最后介绍电能存储元件——电容器与电容的概念和简单设计结构尺寸的方法。

第4章是电场和磁场过渡的内容，介绍恒定电流电场的概念、性质和电功率损耗，不同交界面上的衔接条件，利用静电比拟方法通过静电场计算恒定电流电场，介绍工程接地器及其接地电阻和跨步电压的概念和计算方法。

第5章从洛仑兹力和安培定律出发分析静磁场的概念和性质、静磁场满足的微积分方程，分析磁介质的磁化行为和磁化介质产生的磁场，从安培观点引入磁化电流概念，而从库仑的观点引入磁荷概念。由此，分别引入矢量磁位和标量磁位，推导出不同磁介质交界面上磁场强度、磁感应强度、矢量磁位和标量磁位满足的衔接条件。通过电流管回路磁通量、分数匝数和磁链的概念，建立起简单介质中导体线圈之间单位电流磁链与电感的关系，从而进一步推导出静磁场能量表达式，利用能量守恒原理与虚位移概念获得磁场力的能量法计算方法，最后利用安培环路定律分析磁路的概念和典型磁路的工程计算方法。

第6章在总结静态场的基础上，从法拉第电磁感应定律出发，通过引入位移电流的概念，建立起麦克斯韦方程组的微分和积分形式，以及介质在电磁场中的本构关系和不同介质交界面上的电磁场量的衔接条件，推导出电磁场的波动方程和电磁能量守恒的坡印亭定理的微分和积分形式。介绍了时谐场的复数分析法和准静态场的分析方法，并导出了电路基本理论中的三大基本定律：欧姆定律、基尔霍夫电流和电压定律，利用坡印亭定理导出了多端口电路系统输入电磁功率与端口电压和电流的关系，分析了涡流场及其损耗的计算方法，最后介绍了磁电子学的基本概念和微磁理论的 LLG 方程，以及电磁能量转换装置，如变压器、旋转电机和直线感应电机。

第 7 章简要介绍均匀平面电磁波的传播特性和极化方式，利用复平面轨迹法推导出任意传播方向均匀平面电磁波的极化方式判断方法，为电磁波在介质中的反射、折射和波导中的传播打下基础。

第 8 章介绍传输线的概念，建立了分布参数模型、电压和电流的波动方程，分析了正弦电源激励下波动方程的解，以及无损耗均匀传输线的传输特性，作为今后学习导行电磁波和电力系统理论分析的基础。

第 9 章介绍超导电性的概念、特性、电磁理论和应用。超导技术是未来应用的新技术，在电气、通信、计算机、医疗和电磁测量等领域都具有广泛的应用，该章主要介绍强电领域的应用，如超导磁极，超导磁悬浮，超导故障电流限制器，超导能量存储、输送和转换装置等。

本书由谢宝昌独立编写。在编写过程中得到上海交通大学教务处、电子信息与电气工程学院的支持。在此，对为本书的写作提供帮助的同事表示深切谢意。另外要感谢家人给予我充足的时间投入这项工作。

由于作者水平有限，书中内容难免存在缺陷和不足之处，欢迎广大读者和专家学者批评指正。

编　者

主要符号说明

符号	名称	量纲符号	量纲名称
$\boldsymbol{A}$	矢量磁位	Wb/m	韦伯/米
$\boldsymbol{B}$	磁感应强度矢量	T	特斯拉
	磁通密度矢量	Wb/m^2	韦伯/米^2
C	电容	F	法拉
$\boldsymbol{D}$	电位移矢量	C/m^2	库仑/米^2
$\boldsymbol{E}$	电场强度矢量	V/m	伏特/米
$\boldsymbol{F}$	力矢量	N	牛顿
F	磁动势	At	安匝
G	电导	S/m	西门子/米
	格林函数	1/m	1/米
$\boldsymbol{H}$	磁场强度矢量	A/m	安培/米
I	电流	A	安培
$\boldsymbol{J}$	体电流密度矢量	A/m^2	安培/米^2
$\boldsymbol{J}_s$	面电流密度矢量	A/m	安培/米
L	自感	H	亨利
$\boldsymbol{M}$	磁化强度矢量	A/m	安培/米
M	互感	H	亨利
$\boldsymbol{P}$	极化强度矢量	C/m^2	库仑/米^2
Q	电荷量	C	库仑
$\boldsymbol{R}$	源点到场点的矢径	m	米
R	电阻	Ω	欧姆
R_m	磁阻	1/H	1/亨利
$\boldsymbol{S}$	坡印亭矢量	W/m^2	瓦特/米^2
S	面积	m^2	米^2
$\boldsymbol{T}$	转矩	N · m	牛顿 · 米
T	周期	s	秒
U	电压	V	伏特
W	能量	J	焦耳
X	电抗	Ω	欧姆
Y	导纳	S	西门子
Z	阻抗	Ω	欧姆
Γ	环量		
Φ	磁通量	Wb	韦伯
Λ	磁导	H	亨利
Ψ	磁链	Wb	韦伯

$\boldsymbol{\Omega}$	空间区域	m^n	米^n （n=1，2，3）
	立体角	sr	球面度
$\boldsymbol{a}$	单位矢量		
c	光速	m/s	米/秒
e	电子电荷量	C	库仑
	感应电动势	V	伏特
$\boldsymbol{f}$	力密度	N/m^n	牛顿/米^n （n=2，3）
f	频率	Hz	赫兹
i	电流	A	安培
$\boldsymbol{k}$	波矢量	rad/m	弧度/米
$\boldsymbol{l}$	路径矢量	m	米
$\boldsymbol{m}$	磁偶极矩	$A \cdot m^2$	安培·米^2
$\boldsymbol{p}$	电偶极矩	C·m	库仑·米
q	电荷量	C	库仑
$\boldsymbol{r}$	场点矢径	m	米
$\boldsymbol{s}$	源点矢径	m	米
t	时间	s	秒
u	电压	V	伏特
$\boldsymbol{v}$	波速	m/s	米/秒
w	能量密度	J/m^3	焦耳/米^3
ϕ	标量电位	V	伏特
ϕ_m	标量磁位	A	安培
α	衰减常数	Np/m	奈培/米
β	相位常数	rad/m	弧度/米
γ	传播常数	rad/m	弧度/米
χ	极化率，磁化率	1	无量纲
δ	趋肤深度	m	米
	狄拉克 Dirac 函数	m^{-n}	米$^{-n}$ （n=1，2，3）
ε	介电常数	F/m	法拉/米
ε_{ijk}	Levi Civita 符号		
μ	磁导率	H/m	亨利/米
ρ	体电荷密度	C/m^3	库仑/米^3
ρ_s	面电荷密度	C/m^2	库仑/米^2
ρ_l	线电荷密度	C/m	库仑/米
σ	电导率	S/m	西门子/米
ω	角频率	rad/s	弧度/秒
x, y, z	直角坐标	m	米
r, φ, z	圆柱坐标	m，rad，m	米，弧度，米
r, θ, φ	圆球坐标	m，rad，rad	米，弧度，弧度
u_1, u_2, u_3	一般正交坐标系坐标		
h_1, h_2, h_3	尺度因子		

目　　录

第1章 导 论

电和磁是自然界的基本物理现象，电场和磁场是无形且不一定可见的物质，但它们充满整个宇宙，也是生命的基础。经典电磁理论的发展已有一个多世纪，它以实验为基础，借助于数学工具将模型描述成偏微分或积分方程。

本章主要概述电磁能量中的场和能，电磁场量，电磁单位制，电磁能量的研究内容、分析和学习方法。

1.1 电磁能量概述

1.1.1 场与能

地球上任何物体都受到地球的引力，处在万有引力场或重力场中，而物体在引力场中具有的能量称为重力势能。

阳光照射在地球大气层上使得气温升高，人体感受到太阳光的热量，说明物体同时处在温度场中。温度场具有的能量称为热能。太阳能热水器就是将太阳能转换成热能从而使水温升高的典型范例。

风是流动的空气。空气具有质量密度。风在空间形成流体速度场，速度场具有的能量称为动能。风力发电是将风能转换成风轮旋转的机械能，然后通过驱动发电机产生电能。发电机是利用电磁能量的机械装置。

物质微观结构是由原子组成的，而原子由带正电荷的质子、带负电荷的电子和呈电中性的中子构成，因此原子结构内部有电场，电场具有的能量称为电能。电容器是存储电能的电气元件。

原子内部原子核内集中正电荷，核外电子绕原子核按照不同的轨道运动，而且电子本身又在自旋，具有自旋角动量和轨道角动量，运动电荷产生电流，因此电子存在自旋磁矩和轨道磁矩，原子结构本身还具有磁场，磁场具有的能量称为磁能。电抗器或电感是存储磁能的电气元件。自旋阀与自旋电子器件就是利用了电子自旋磁矩与电流或磁场作用的机理。磁电子学或自旋电子学是一门新兴的学科。

地球本身具有磁性，大气中充满磁场，地球上的物体内部有磁场而且还处在地球磁场中，太阳发出的带电粒子流接近地球磁极时会发生极光现象，光是一种电磁波。

太阳光属于电磁波谱中的一部分，太阳能本身是电磁波的能量。

电力系统中，构成电网的输电线路承载着电压和电流，本身既具有电场又包含磁场，因此电力系统输电线路是输送电磁能量的传输线。

从上述例子中可以发现场是物质的一种存在形式，是与空间和时间有关的函数。如果仅仅是空间和时间的数值函数或标量函数，则称为标量场，如温度场；如果是空间和时间的序列函数或矢量函数，则称为矢量场，如速度场和电磁场。矢量场是既有大小又有方向的函数。本书中矢量符号用斜粗体表示，如矢量$\boldsymbol{A}$。

如果场函数空间分布不随时间变化，那么这样的场称为**静态场**。当静态场函数不随空间位置变化时，则称为**均匀场**。静态标量场中，函数值相同的空间点集合通常构成曲面，因此称为**等值面，特殊情况也可以构成一个区域或等值体**。

如果场函数空间分布随时间变化，则称为动态场或**时变场**。当场函数空间分布随时间按照单一频率正弦规律变化时，则称为**时谐场**。时谐电磁场是电磁波、电视天线发射和接收电磁波、手机发送和接收信息的微波也是电磁波。

矢量场中，若空间曲线上任意点的场矢量与曲线相切，则这样的空间曲线称为该矢量场的**矢量线**。

电磁学是研究静止与运动电荷引起的电和磁现象的学科。电荷包括正电荷（质子、正离子、半导体中的空穴）和负电荷（电子和负离子）。电磁场是空间分布函数，可能随时间变化。电磁场分类如图 1.1 所示，不随时间变化的电磁场称为静态电磁场，随时间变化的电磁场称为时变电磁场。随时间按照正弦规律变化的电磁场称为时谐电磁场，随时间变化但电场与磁场能量相差悬殊的或者空间几何尺度远小于电磁波波长的时变场称为准静态场。随时间变化的电场和磁场是相互激发的，空间形成电磁波。电荷及其运动形成的电流是电磁场的场源。

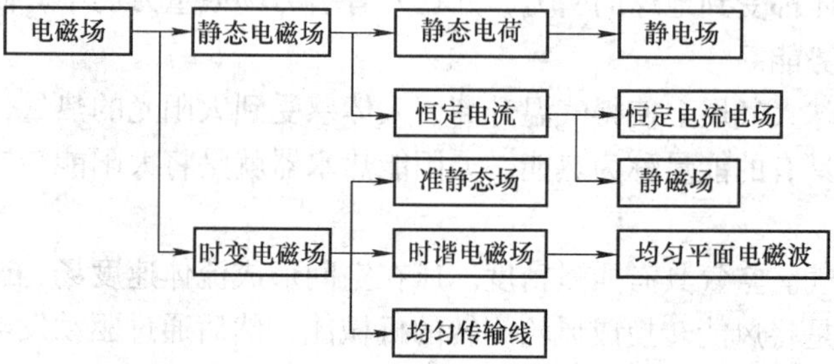

图 1.1　电磁场分类及其关系

能量守恒定律具有普遍性，电磁系统在电磁能量存储、对外做功和与外部电磁能量交换过程中满足能量守恒，即输入系统的能量等于系统内能和电磁能量的增加与系统对外做功之和。系统内能主要是各种损耗产生的热能。能量守恒又表现为瞬时功率守恒，即能量对时间变化率守恒。对于时谐场瞬时功率守恒通常用平均功率守恒来描述。

1.1.2　电磁场量

电磁学中，许多物理量是与空间位置有关的场量，如电场强度 $\boldsymbol{E}$、电位移矢量 $\boldsymbol{D}$、极化强度 $\boldsymbol{P}$、磁感应强度 $\boldsymbol{B}$、磁场强度 $\boldsymbol{H}$、磁化强度 $\boldsymbol{M}$、电流密度 $\boldsymbol{J}$、电荷密度 ρ、电位 ϕ、标量磁位 ϕ_m、矢量磁位 $\boldsymbol{A}$ 等。有些电磁场量只有大小没有方向，是标量场，如电位、标量磁位和电荷密度；有些电磁场量不仅有大小而且有方向，是矢量场；有些电磁场量是张量，如非线性、不均匀与各向异性的材料特性参数（介电常数 ε、电导率 σ 和磁导率 μ）；有些是宏观的物理量，如电磁力 $\boldsymbol{F}$、能量 W、磁通量 $\boldsymbol{\Phi}$、磁链 $\boldsymbol{\Psi}$、磁动势 MMF、电动势 EMF、电流 I、电荷量 Q、电感 L、电容 C、电导 G 或电阻 R、磁阻 R_m 等。各物理量在不同形式电磁场中的关系如图 1.2 所示。

电磁场空间介质的特性中，均匀是指材料或介质物理特性（如介电常数 ε、电导率 σ、磁导率 μ）不随空间位置变化；否则材料或介质特性是非均匀的。线性是指材料或介质物理特性表现为场量之间（$\boldsymbol{D}$ 和 $\boldsymbol{E}$、$\boldsymbol{J}$ 和 $\boldsymbol{E}$、$\boldsymbol{B}$ 和 $\boldsymbol{H}$）满足线性关系，即材料特性参数不随场量大小变化而变化；否则材料或介质特性是非线性的。各向同性是指材料或介质物理特性不随场量方向变化而变化；否则材料或介质特性是各向异性的。均匀、线性且各向同性材料或介质的物理特性参数是常数，本书主要讨论线性、均匀和各向同性材料的电磁特性。分析简单介质中的电磁场问题可以分区域并采用叠加原理。

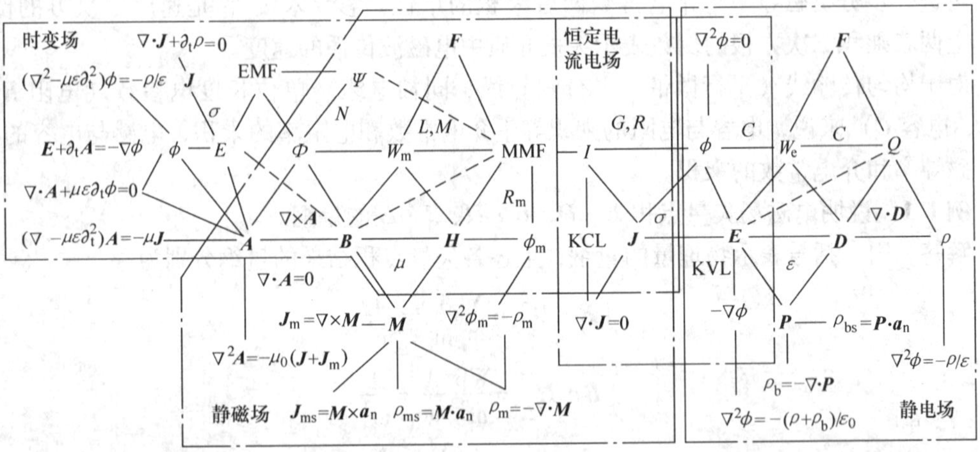

图 1.2　电磁场物理量基本关系

无论是标量还是矢量，电磁场量与空间坐标和时间有关，与电荷密度或电流密度及其介质特性之间满足空间和时间坐标的二阶偏微分方程。

当电磁场量沿线路径、曲面或空间区域积分时，表现出宏观的物理特性，如电路中的电压和电流、磁路中的磁通和磁动势、空间电荷量等。例如，电场强度的线积分表现为电位差或电动势、电流密度的曲面积分获得的通量为电流、磁感应强度的曲面积分为磁通量、磁场强度的线积分为磁位降或磁动势、电荷密度的体积分为该区域内的净电荷量等。

宏观物理量之间的关系与空间介质构成的电路或磁路参数相联系，如导体两端电压与电流之比为电阻、两个导体上电荷量（等量异号）与电压之比为电容、线圈上磁通与匝数乘积为磁链、磁链与电流之比为电感等。

因此，分析微观的场量是研究空间分布与时间变化的规律，电磁场量空间累积的宏观效应是研究电路、磁路和电磁器件的物理特性和规律。

1.1.3　电磁单位制

电磁学中物理量很多，不同参考书籍采用的符号和单位可能不尽相同。本书统一采用国际单位制（SI），量纲以质量单位千克、长度单位米和时间单位秒为基础。同一物理量可能具有不同的量纲表示，如磁感应强度的单位特斯拉，也可表示为韦伯/米^2，因此磁感应强度也称为磁通密度或磁密。反过来，同一量纲可能对应不同的物理量，如面电流密度与磁场强度矢量的量纲相同，面电荷密度与电位移矢量的量纲也相同，能量体密度与单位面积力矢量的量纲一致。

利用量纲分析建立物理量之间的联系是电磁理论教学过程中非常重要的内容。如能量体密度的单位是焦耳/米^3，也可以表示为牛顿/米^2，而后者又与单位面积上的力相联系。事实上，电磁场中能量体密度与介质表面单位面积上的电磁力是紧密联系的。

又如磁导率的单位是亨利/米，介电常数的单位是法拉/米，前者与单位长度电感相联系，后者与单位长度电容相关，平行传输线分布参数与两者紧密相关。磁导率与介电常数之比相当于电感和电容之比，进一步相当于电抗与容抗的乘积，因此单位是欧姆二次方，事实上两者之比的二次方根就是无损介质中电磁波的特征阻抗参数。

再进一步分析磁导率与介电常数两者乘积的单位是秒^2/米^2，它是速度二次方的倒数，事实上两者乘积二次方根的倒数表示无损介质中电磁波传播的速度。

对于均匀传输线（平行微带、平行圆导线、同轴电缆）单位长度电参数（电阻 R、电感 L、电容 C）来说，电容与电阻的乘积等于介电常数和电阻率的乘积，电感与电容的乘积等于磁导率和介电常数的乘积。

例 1.1　说明电磁场矢量点积 $\boldsymbol{E}\cdot\boldsymbol{D}$、$\boldsymbol{B}\cdot\boldsymbol{H}$、$\boldsymbol{J}\cdot\boldsymbol{E}$ 的量纲。

解答　用方括号表示物理量的量纲，上述各矢量点积结果的量纲分别为

$$[\boldsymbol{E}\cdot\boldsymbol{D}]=\frac{\mathrm{V}}{\mathrm{m}}\frac{\mathrm{C}}{\mathrm{m}^2}=\frac{\mathrm{J}}{\mathrm{m}^3}$$

$$[\boldsymbol{B}\cdot\boldsymbol{H}]=\frac{\mathrm{Wb}}{\mathrm{m}^2}\frac{\mathrm{A}}{\mathrm{m}}=\frac{\mathrm{J}}{\mathrm{m}^3}$$

$$[\boldsymbol{J}\cdot\boldsymbol{E}]=\frac{\mathrm{A}}{\mathrm{m}^2}\frac{\mathrm{V}}{\mathrm{m}}=\frac{\mathrm{W}}{\mathrm{m}^3}$$

前两个矢量点积的量纲为能量体密度（$\mathrm{J/m^3}$），最后一个是功率体密度（$\mathrm{W/m^3}$）。

例 1.2　说明坡印亭矢量 $\boldsymbol{S}=\boldsymbol{E}\times\boldsymbol{H}$ 的量纲。

解答　坡印亭矢量表示单位面积功率流的大小和方向，根据电场强度和磁场强度量纲，有

$$[\boldsymbol{E}\times\boldsymbol{H}]=\frac{\mathrm{V}}{\mathrm{m}}\frac{\mathrm{A}}{\mathrm{m}}=\frac{\mathrm{W}}{\mathrm{m}^2}$$

电场强度 $\boldsymbol{E}$ 与磁场强度 $\boldsymbol{H}$ 矢量积的量纲为功率面密度（$\mathrm{W/m^2}$），方向为功率流动方向。

1.1.4　电磁能量

电磁能量主要研究电磁场及其能量的形式、存储元件和有效利用。现实生活中，电磁能量存在如何产生、输送、存储、利用和转化等问题。能量形式包括静态电场储能、静态磁场储能、时变电场储能、时变磁场储能、时变电磁场能量，以及恒定电流电场能量损耗和时变电磁场中介质损耗。电场储能元件主要是电容器，磁场储能元件主要是电抗器，损耗元件主要是电阻器，而电容器、电抗器和电阻器的电容、电感和电阻仅仅是它们的主要特性，每一种元件也可能同时具备电容、电感和电阻三种行为。现代储能元件中，超级电容器、超导线圈储能属于物理储能中的电磁能量；飞轮储能、压缩空气储能属于物理储能中的机械能；蓄电池储能则属于化学储能。此外，光是一种特殊的电磁波，光电子器件也属于电磁能量研究的内容之一。

在电磁理论中，有两种电场，即电荷产生的静电场和时变磁场产生的感应电场或旋涡电场。电磁场量满足的方程是成对的，分别为高斯散度定理的微分和积分形式，或者斯托克斯定理的微分和积分形式。电磁能量守恒的微观和宏观形式是坡印亭定理的微分和积分形式。

例如，真空中电荷产生电场，通过任意闭合曲面的电场强度通量正比于该闭合曲面包含的净电荷量，而电场强度的散度表示与电荷密度成正比，数学描述为

$$\oint_S \boldsymbol{E} \cdot \boldsymbol{a}_{\mathrm{n}} \mathrm{d}S = q/\varepsilon_0 \tag{1-1a}$$

$$\nabla \cdot \boldsymbol{E} = \rho/\varepsilon_0 \tag{1-1b}$$

式（1-1a）中各符号的意义说明如下：①积分符号$\int$表示累加；②积分下标符号 S 表示有向曲面积分；③积分符号上的小圆圈表示闭合有向曲面积分；④被积函数是电场强度矢量 $\boldsymbol{E}$ 的有向曲面积分；⑤矢量 $\boldsymbol{E}$ 与有向曲面单位法矢量 $\boldsymbol{a}_{\mathrm{n}}$ 的标量积（小圆点·）的曲面积分；⑥曲面单元 $\mathrm{d}S$ 的单位法矢量 $\boldsymbol{a}_{\mathrm{n}}$；⑦标量积表示矢量 $\boldsymbol{E}$ 在曲面面元上的法向分量；⑧曲面上的面元 $\mathrm{d}S$；⑨积分的结果是矢量 $\boldsymbol{E}$ 在曲面上的通量，等于曲面包含的电荷量 q 与真空介电常数 ε_0之比。

由于闭合曲面的任意性，根据散度概念可以得到微分形式，即式（1-1b），电场强度的散度$\nabla \cdot \boldsymbol{E}$ 等于电荷体密度 ρ 与真空介电常数 ε_0之比。

与电场中正、负电荷可分离不同，磁场的南北磁极是不能分离的，通过任何闭合曲面上的磁通量均等于零。磁感应强度 $\boldsymbol{B}$ 满足

$$\oint_S \boldsymbol{B} \cdot \boldsymbol{a}_{\mathrm{n}} \mathrm{d}S = 0 \tag{1-2a}$$

$$\nabla \cdot \boldsymbol{B} = 0 \tag{1-2b}$$

式（1-2）说明磁感应强度矢量线是闭合曲线，磁通是连续的，即磁通连续性原理。

法拉第电磁感应定律认为通过一个曲面的时变磁通量在任意边界路径上感应电动势，时变的磁场产生旋涡的电场。时变电磁场满足电磁耦合相互激发关系式，即

$$\oint_l \boldsymbol{E} \cdot \mathrm{d}\boldsymbol{l} = -\frac{\mathrm{d}}{\mathrm{d}t}\int_S \boldsymbol{B} \cdot \boldsymbol{a}_{\mathrm{n}} \mathrm{d}S \tag{1-3a}$$

$$\nabla \times \boldsymbol{E} = -\frac{\partial \boldsymbol{B}}{\partial t} \tag{1-3b}$$

式（1-3）说明旋涡电场的场源是时变磁场，无磁场或静态磁场空间的电场强度是无旋的。积分公式中的闭合回路是静止的，空间任意闭合曲线，与介质无关。

安培－麦克斯韦定律表明真空中通过一个曲面的电流和电通量的时间变化率将产生围绕曲面的旋涡磁场。磁感应强度的环量和旋度与场源（电流或电流密度）的关系为

$$\oint_l \boldsymbol{B} \cdot \mathrm{d}\boldsymbol{l} = \mu_0\left(I + \varepsilon_0 \frac{\mathrm{d}}{\mathrm{d}t}\int_S \boldsymbol{E} \cdot \boldsymbol{a}_{\mathrm{n}} \mathrm{d}S\right) \tag{1-4a}$$

$$\nabla \times \boldsymbol{B} = \mu_0 \boldsymbol{J} + \mu_0 \varepsilon_0 \frac{\partial \boldsymbol{E}}{\partial t} \tag{1-4b}$$

式（1-4）说明旋涡磁场的场源是电流，包括传导电流、运流电流和时变电场引起的位移电流，无电流区域的静态磁场是无旋的。更重要的是，即使没有场源的空间，时变电场可以激发时变磁场，时变磁场也可以激发时变电场。

时变电场和时变磁场相互耦合且相互激发特性形成时变电磁场，产生空间传播的电磁波。电磁波的传播不需要任何介质，它与水波、声波必须借助介质传播是不同的。

上述四对电磁量的积分和微分关系是经典电磁理论基础，描述了电磁场的宏观与微观特性。宏观特性在电路和磁路中得到广泛应用；微观特性用于表征电磁场空间分布和时间变化规律，但与纯数学意义上的空间点概念不同，因为电子和原子核都具有一定体积，而电磁场分析电荷分布与电荷产生的电流形成的电磁特性，所以电磁场的空间点是具有一定大小的，或者说是这一小空间电磁场量的统计规律，而不考虑量子效应。在物理意义上，电磁场微分

方程研究的空间只能称为介观空间而非微观空间。

这里列举的电磁场量的数学表达式，说明电磁场量同时满足宏观积分方程形式和微观偏微分方程形式，这些电磁关系将在第3章开始的章节中详细分析和推导，而矢量分析内容将在第2章中进行介绍。

1.2 电磁能量的分析方法

电磁能量是以电磁场为核心，因此以电磁矢量分析为基础，分析问题和求解时为简化矢量场计算常引入标量位函数或矢量位函数。从而需要采用标量函数的梯度、矢量函数的散度和旋度，来研究场的性质。对于旋度为零的无旋矢量场可以引入标量位，散度为零的无散矢量场可以引入矢量位，从而建立位函数与电磁场量的关系以及位函数与场源的关系。场源有微观的密度函数（电荷密度、电流密度）和宏观的电量函数（电荷量、电流），因此，电磁场量方程有微观的微分和宏观的积分两种形式。位函数主要关心微观的泊松方程或拉普拉斯方程及其解的形式。

值得注意的是，经典电磁场运动规律是微观尺度的统计规律，微观尺度比原子尺寸大得多，比如几十纳米到数微米尺度，不是量子范畴的原子尺度，更不是数学意义上的点，但是沿用了数学中的微分或偏微分概念和符号。

在推导电磁场方程时，采用回顾历史实践总结的归纳法，即从特殊到一般的方法，逐步形成统一的电磁场理论，即经典麦克斯韦方程组。

在获得电磁场方程后，需要进一步分析宏观实现世界的应用或遵循的基本规律，如电路基本定律，磁路基本定律，集中参数模型和分布参数模型的前提条件，静态场、准静态场和时变场的交界面衔接条件，传输的功率和能量等，以便抓住事物本质应用于工程实际问题，避免掉入精确数学模型的泥沼。

电磁能量存储在充满电磁场的整个空间，即电磁能量密度与电磁场量有关，但电磁场是由场源产生的，电磁能量既可以通过场量表示的能量体密度空间积分，也可以通过场源与位函数的数乘（电荷体密度与电位）或标量积（电流密度与矢量磁位）的空间体积分计算。电阻器是消耗电能的元件，电容器是存储电能的元件，而电抗器是存储磁能的元件，同轴电缆或输电线既存储电能和磁能又输送电磁能量，但电磁能量是通过导体外部的电介质传输的，导体起引导电磁能量传输的作用。

在具体问题求解过程中，可以采取的方法主要有：

对于简单问题，采用积分法求解解析表达式，直接求解微分方程获得解析解，通过分离变量法、复变函数保角变换法（仅适用于二维场）、利用矢量场唯一性定理的镜像法以及正弦稳态的复数相量法获得解析解。通常积分法必须已知场源空间分布，或者先通过假设场源分布再求解，然后确定满足条件的实际场源分布情况。格林函数法求解必须已知区域内场源分布与边界上位函数分布。

对于复杂问题，若无法获得解析解，可以做近似假设，以简化问题，再利用简单问题的求解思路获得解析解；不能简化的，通常需要利用数值计算方法，如差分法、矩量法、有限元法和边界元法等。

无论哪种方法，引入合适的位函数是不可缺少的手段。无旋场引入标量位的负梯度场，无散场引入矢量位的旋度场，或者时变场中同时引入两者联合求解。时变场中，采用时步法进行数值计算，每一时间步长，都要经过若干次迭代，满足精度后才进入下一时间段计算。

1.3 电磁能量的学习方法

尽管电磁理论研究已经历了一个多世纪，基本理论已经成熟并得到广泛应用，但计算机等新技术的发展，以及研究领域的扩展，促进了电磁能量理论研究的发展，并产生了许多新的学科领域，如计算电磁学、磁电子学、生物电磁学、环境电磁学和电磁兼容等；出现了各种新的技术，如通信、导航和遥感等；发展了新的材料，如超导、非晶合金和石墨烯等；研制了新的器件，如光电子器件、大功率电力电子器件、超级电容器、同轴电缆和超导变压器等，以及各种机电能量转换装置，如静电电机、超导电机等。因此，电磁能量是电类专业学生必修的一门技术基础课。

电磁能量的学习应做到如下7个“必须”：

1）必须掌握基本的数学基础。矢量分析不仅建立了标量场与矢量场之间的联系（标量场的梯度和矢量场的散度），而且建立了矢量场与矢量场之间的联系（矢量场的旋度），更是通过梯度、散度和旋度概念，建立起 n 维空间和 $n+1$ 维空间积分之间的关系，以及矢量场与其散度源和旋涡源的场源关系，这隐含了电磁场量方程必定是微分和积分成对出现。梯度的旋度、旋度的散度都恒等于零的性质，为求解矢量场提供了引入位函数的重要依据，而不同的正交坐标系只是为了分析问题简便，并不改变电磁场量的本质特性。

2）必须从基本的库仑实验、安培实验和法拉第实验的结果出发，掌握由特殊到一般的归纳法，即空间场源由点、线、面到体的推广过程。在数学上由求和变为线、面和体积分形式，而场源积分公式中都包含有无界空间的格林函数或其梯度形式，而且格林函数的拉普拉斯算子运算结果为狄拉克函数（δ 函数），积分公式其实是空间场源分布函数与格林函数的空间卷积形式。

3）必须掌握矢量场唯一性定理，即利用已知问题的求解结果对未知问题进行求解，前提是保证求解区域内位函数或场量方程一致，区域边界条件一致，由此可以将一个问题的求解推广到一类问题的求解，如均匀极化介质圆球问题及其同类圆球问题。镜像法和分离变量法就是利用矢量场唯一性定理的基本方法。格林函数法是对特殊几何结构问题通过选择合理的格林函数（镜像法为基础），并利用格林定理积分公式求解电磁问题的方法，尤其适用于拉普拉斯方程且给定边界位函数的问题求解。复变换法仅仅适用于二维平面场，它是利用场矢量线与等位线的正交性，将复杂的二维几何图形变换成简单而且解已知的几何图形，再通过反变换获得原来问题的解。

4）必须掌握模拟类比的方法，将物理模型转换成数学模型后，对数学模型建立的方程求解，已经脱离了实际物理含义。因此，只要数学方程相同，就可以采用一样的方法求解。但必须注意的是求解的结果必须符合物理模型的含义。静电场和恒定电流电场通常采用静电比拟的方法，通过求解相同电位函数的静电场问题获得恒定电流电场问题的解。磁路和电路的类比，将电路网络和方程的求解方法用于磁路问题的求解。此外，磁荷与电荷的模拟，即标量磁位问题用标量电位形式求解。由此，可以得出静电场问题求解是电磁能量问题求解的基础，其中的数学方法可以应用于其他电磁问题求解。

5）必须区分静态和动态，但对于动态电磁问题必须抓住问题的主要特征，对于低频时谐电磁问题，通常采用准静态场的处理方法，而不刻意去追求完美的动态过程，突出动态解的主要部分，而忽略次要部分，如电力系统输电线电磁问题。

6）必须联系工程实际，将电磁理论应用于解决工程电磁问题，不仅需要建立工程电磁物理模型，而且需要做适当的假设形成可以求解的问题。电路和磁路问题就是应用积分形式的麦克斯韦方程组，利用不同介质交界面衔接条件来求解。而对于复杂几何形状的电磁能量问题，或无法采用解析法求解的问题，可以利用计算机技术通过数值计算方法求解，如有限元法、差分法和矩量法等。

不同电磁理论的基础是不同的。经典电磁理论中，导体内电流密度与电场强度满足欧姆定律的微分形式；在超导体中，电流密度与电场强度不满足欧姆定律的微分形式；经典电磁理论中，磁化强度是统计量，其动态过程与外部磁场动态是一致的；微磁理论中，磁化强度虽然也是统计量，但其动态过程与温度和外磁场有关，也与其自身的稳定性有关，即使外磁场恒定，自身没有达到稳定状态前仍然处在动态过程中。

7）必须通过实验测量和分析，并与理论模型计算结果相比较，这样既可以深入理解基本理论，又能体会到实验装置的原理与理想模型的实现存在的模型偏差，如磁通球、电磁悬浮等。在实验条件限制的条件下，通过计算机数字模拟，也可以有效地分析和理解电磁能量的理论，比如两个高压金属圆球之间的电场分布、偏心同轴电缆电介质中的电场分布等。

思考题与习题

1. 什么是场？
2. 标量场与矢量场的区别是什么？
3. 静态场与动态场的区别是什么？

第2章 矢量分析

本章主要介绍描述场量的数学基础知识。首先介绍正交坐标系及其坐标轴单位矢量、空间线元与面元矢量、体元与立体角、矢量的加减与数乘运算、两个矢量的标量积与矢量积、多个矢量的混合运算；然后分析标量场的等值面、方向导数与梯度、矢量场的环量与旋度、通量与散度，再根据梯度场的无旋和旋度场的无散特性对矢量场进行分类，并介绍引入位函数的矢量场分析方法；最后利用矢量场的重要性质证明矢量场的唯一性定理，并利用无界空间格林函数导出静态泊松方程的解。

2.1 矢量及其代数运算

2.1.1 正交坐标系统

矢量的三个基本要素是作用点、方向和长度。矢量的运算与坐标系统无关，但矢量在不同坐标系统中的表示是不尽相同的。常用的正交坐标系是直角、圆柱和圆球坐标。

正交坐标系是指坐标系中任意一点（u_1，u_2，u_3）处的三个坐标分量相同点组成的面在该点是相互正交。每个坐标的尺度因子 h_i定义为空间点所在位置沿坐标轴方向长度微元 $\mathrm{d}l$ 与坐标变量微元 $\mathrm{d}u_i$之比，即 $\mathrm{d}l = h_i \mathrm{d}u_i$。对于空间任意的线元矢量 $\mathrm{d}\boldsymbol{l}$ 与各坐标单位矢量和坐标轴长度微元关系满足

$$\mathrm{d}\boldsymbol{l} = \boldsymbol{a}_1 h_1 \mathrm{d}u_1 + \boldsymbol{a}_2 h_2 \mathrm{d}u_2 + \boldsymbol{a}_3 h_3 \mathrm{d}u_3 \tag{2-1}$$

式中，$\boldsymbol{a}_1$、$\boldsymbol{a}_2$和 $\boldsymbol{a}_3$分别为坐标轴单位矢量；h_1、h_2和 h_3分别为尺度因子。

1. 直角坐标系

直角坐标系是常用正交坐标系，它是由三个相互垂直的平面交线构成坐标轴 x、y 和 z，每个坐标轴是一条有向直线，三个坐标轴的交点称为原点，三个坐标轴正方向按照右手螺旋关系排列，如图 2.1 所示。空间任意一点的直角坐标（x_1，y_1，z_1）表示三个空间平面 $x = x_1$、$y = y_1$和 $z = z_1$的交点，三个直角坐标的变化范围是（$-\infty$，$+\infty$）。

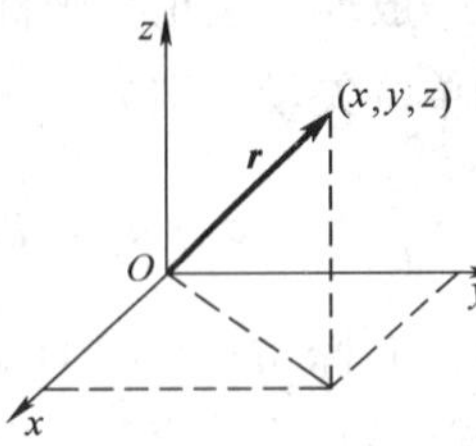

图 2.1 直角坐标系

矢径 $\boldsymbol{r}$ 表示直角坐标中起点为原点，终点坐标为（x，y，z）的矢量，即

$$\boldsymbol{r} = \boldsymbol{a}_x x + \boldsymbol{a}_y y + \boldsymbol{a}_z z \tag{2-2}$$

矢量 $\boldsymbol{A}$ 在直角坐标系中表示为

$$\boldsymbol{A} = \boldsymbol{a}_x A_x + \boldsymbol{a}_y A_y + \boldsymbol{a}_z A_z \tag{2-3}$$

式中，$\boldsymbol{a}_x$、$\boldsymbol{a}_y$和 $\boldsymbol{a}_z$为直角坐标轴单位矢量；A_x、A_y和 A_z分别为各坐标轴分量大小。

直角坐标系中各单位矢量 $\boldsymbol{a}_x$表示 x 为常数平面的法矢量，方向为 x 增加方向，因此与空间位置无关，是常矢量。各坐标微元均为长度，因此各坐标轴长度的尺度因子均为 1.0。

2. 圆柱坐标系

圆柱坐标系是正交坐标系，空间任意一点的坐标（ρ，φ，z）表示以 z 轴为对称轴 ρ 相同的圆柱面、以 z 轴为边界 φ 相同的半平面和 z 相同的平面的交点，如图 2.2 所示。实际上，圆柱坐标是将直角坐标中的 xOy 平面用极坐标（ρ，φ）表示。坐标变量 ρ 和 z 是长度单位，尺度因子都等于 1.0，而坐标变量 φ 是角度，单位为弧度，尺度因子为该坐标变化的半径或坐标 ρ。

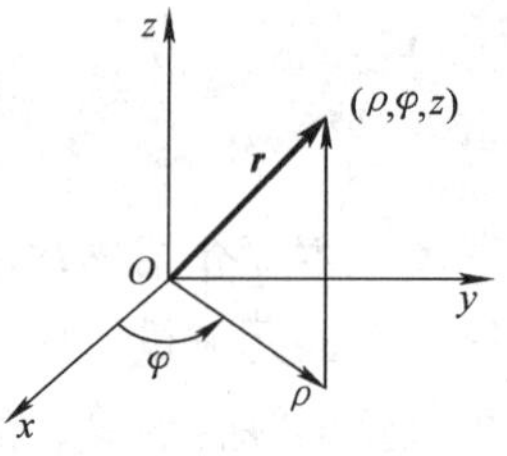

图 2.2 圆柱坐标系

注：后文中 ρ 有特殊含义，圆柱坐标系中的点均采用（r，φ，z）。

矢径 $\boldsymbol{r}$ 在圆柱坐标系中表示为

$$\boldsymbol{r} = \boldsymbol{a}_\rho \rho + \boldsymbol{a}_z z \tag{2-4}$$

值得注意的是，圆柱坐标中 ρ 的变化范围是 $[0, +\infty)$，即存在 $\rho = 0$ 的自然边界点。

3. 圆球坐标系

圆球坐标系是常用正交坐标系，空间任意一点的坐标（r，θ，φ）表示以原点为球心 r 相同的圆球面、以 z 轴为对称轴且原点为顶点 θ 相同的圆锥面和以 z 轴为边界 φ 相同的半平面的交点，如图 2.3 所示。实际上，圆球坐标系是将圆柱坐标系中 z 轴和 ρ 轴构成的 $zO\rho$ 平面用极坐标（r，θ）表示。坐标变量 r 是长度单位，尺度因子等于 1，而坐标变量 θ 和 φ 是角度，单位为弧度，尺度因子分别为各自坐标变化的半径，即坐标 r 和 $\rho = r\sin\theta$。

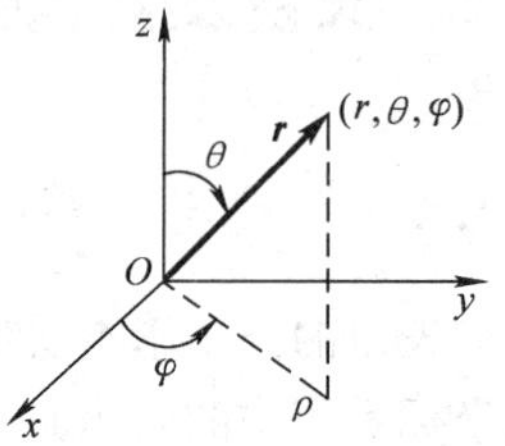

图 2.3 圆球坐标系

矢径 $\boldsymbol{r}$ 在圆球坐标系中表示为

$$\boldsymbol{r} = \boldsymbol{a}_r r \tag{2-5}$$

值得注意的是，圆球坐标中 r 的变化范围是 $[0, +\infty)$，即存在 $r = 0$ 的自然边界点，此外，角度 θ 的变化范围是 $[0, \pi]$。

4. 正交坐标系单位矢量及其关系

一般地，设正交坐标系的坐标为（u_1，u_2，u_3），尺度因子分别为 h_1、h_2 和 h_3，该点坐标轴单位矢量分别为 $\boldsymbol{a}_1$、$\boldsymbol{a}_2$ 和 $\boldsymbol{a}_3$，它们相互正交并且满足右手螺旋关系，即

$$\boldsymbol{a}_i \cdot \boldsymbol{a}_j = \delta_{ij} = \begin{cases} 1, & i = j \\ 0, & i \neq j \end{cases}, \quad \boldsymbol{a}_i \times \boldsymbol{a}_j = \sum_{k=1}^{3} \varepsilon_{ijk} \boldsymbol{a}_k, \; i, j, k = 1,2,3 \tag{2-6}$$

式中，下标 ijk 不同且对应（1，2，3）交换偶数次时 $\varepsilon_{ijk} = 1$，下标 ijk 不同且对应（1，2，3）交换奇数次时 $\varepsilon_{ijk} = -1$，下标 ijk 存在相同值时 $\varepsilon_{ijk} = 0$。

由式（2-2）、式（2-4）和图 2.2 得到圆柱坐标系单位矢量与直角坐标系单位矢量的关系为

$$\boldsymbol{a}_\rho(\varphi) = \boldsymbol{a}_x \cos\varphi + \boldsymbol{a}_y \sin\varphi, \; \boldsymbol{a}_\varphi(\varphi) = \boldsymbol{a}_\rho(\varphi + \pi/2), \; \boldsymbol{a}_z = \boldsymbol{a}_z \tag{2-7}$$

由式（2-2）、式（2-5）和图 2.3 得到圆球坐标系单位矢量表示为

$$\boldsymbol{a}_r(\theta, \varphi) = \boldsymbol{a}_\rho(\varphi)\sin\theta + \boldsymbol{a}_z\cos\theta, \; \boldsymbol{a}_\theta(\theta, \varphi) = \boldsymbol{a}_r\left(\theta + \frac{\pi}{2}, \varphi\right), \; \boldsymbol{a}_\varphi(\varphi) = \boldsymbol{a}_r\left(\frac{\pi}{2}, \varphi + \frac{\pi}{2}\right) \tag{2-8}$$

式（2-7）和式（2-8）表明圆柱坐标中的单位矢量 $\boldsymbol{a}_\rho$ 和 $\boldsymbol{a}_\varphi$ 是与角度 φ 有关的变矢量，圆球坐标中的单位矢量 $\boldsymbol{a}_r$ 和 $\boldsymbol{a}_\theta$ 是与角度坐标 θ 和 φ 有关的变矢量。

表 2.1 给出了三种正交坐标系之间的关系和相应的尺度因子。

表 2.1 正交坐标系及其关系

正交坐标系	坐标分量	与直角坐标关系	尺度因子
直角	(x, y, z)		$(1, 1, 1)$
圆柱	(ρ, φ, z)	$x=\rho\cos\varphi$，$y=\rho\sin\varphi$，$z=z$	$(1, \rho, 1)$
圆球	(r, θ, φ)	$x=r\sin\theta\cos\varphi$，$y=r\sin\theta\sin\varphi$，$z=r\cos\theta$	$(1, r, r\sin\theta)$

2.1.2 矢量代数运算

1. 矢量的加减运算

矢量的加减运算满足叠加原理，遵循平行四边形法则，如图 2.4 所示。

$$\boldsymbol{A}\pm\boldsymbol{B}=\boldsymbol{a}_x(A_x\pm B_x)+\boldsymbol{a}_y(A_y\pm B_y)+\boldsymbol{a}_z(A_z\pm B_z) \tag{2-9}$$

当两个矢量相减为零矢量时，这两个矢量相等。零矢量的长度为零，但没有确定的方向。当两个矢量和为零矢量时，这两个矢量互为相反矢量。

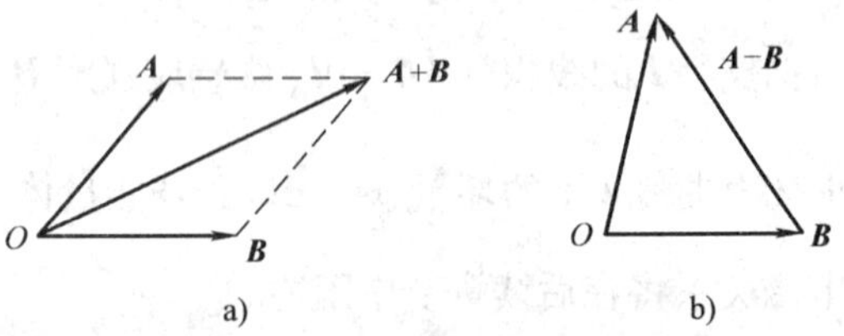

图 2.4 矢量代数加法和减法运算

a) 加法 b) 减法

值得注意的是，当坐标轴单位矢量可变时，不是同一点的两个矢量不能直接对坐标分量进行加减运算。矢量的加减运算满足分配律、交换律和结合律。

2. 矢量的数乘

一个矢量 $\boldsymbol{B}$ 与一个数值 k 或数值函数相乘结果仍然是矢量，相当于每个分量分别乘以这个数值 k，即

$$k\boldsymbol{B}=\boldsymbol{a}_x kB_x+\boldsymbol{a}_y kB_y+\boldsymbol{a}_z kB_z \tag{2-10}$$

当数 k 大于零时，数乘结果矢量与原来的矢量方向相同，长度等于原来的 k 倍。当数 k 小于零时，数乘结果矢量与原来的矢量方向相反，长度仍然等于原来的 $|k|$ 倍。当数 k 等于零时，数乘结果矢量为零矢量，没有方向，长度为零。当数 k 的绝对值大于 1 时，矢量长度伸长，反之绝对值 k 小于 1，矢量长度则缩小，因此矢量数乘相当于比例和方向变换。

3. 两个矢量的点乘

两个矢量的点乘用几何运算表示为两者长度及其夹角余弦的乘积。两个矢量点乘运算结果为标量，因此也称为标量积或点积。根据定义和三角形余弦定理，两个矢量的点乘为

$$\boldsymbol{A}\cdot\boldsymbol{B}=|\boldsymbol{A}||\boldsymbol{B}|\cos\varphi_{AB}=(|\boldsymbol{A}|^2+|\boldsymbol{B}|^2-|\boldsymbol{A}-\boldsymbol{B}|^2)/2 \tag{2-11}$$

点乘满足分配律，可以用坐标分量运算，在直角坐标系中两个矢量的点乘有 9 项坐标轴分矢量点乘之和，其中 6 个不同坐标轴分量之间的夹角为 90°，点乘为零，因此最终只有 3 个相同坐标轴分矢量点乘之和的结果，即

$$\boldsymbol{A}\cdot\boldsymbol{B}=A_xB_x+A_yB_y+A_zB_z \tag{2-12}$$

点乘可以应用于计算矢量的长度或矢量的模，有

$$|\boldsymbol{A}|=\sqrt{\boldsymbol{A}\cdot\boldsymbol{A}}=\sqrt{A_x^2+A_y^2+A_z^2} \tag{2-13}$$

一个非零矢量的单位矢量等于该矢量与其长度之比，即

$$\boldsymbol{a}_A=\frac{\boldsymbol{A}}{|\boldsymbol{A}|} \tag{2-14}$$

当矢量 $\boldsymbol{B}$ 不为零矢量时，矢量 $\boldsymbol{A}$ 在矢量 $\boldsymbol{B}$ 上的投影如图 2.5 所示，利用点乘表示为

$$\mathrm{Prj}(\boldsymbol{A},\boldsymbol{B})=\frac{\boldsymbol{A}\cdot\boldsymbol{B}}{|\boldsymbol{B}\cdot\boldsymbol{B}|}\boldsymbol{B}=(\boldsymbol{A}\cdot\boldsymbol{a}_{\mathrm{B}})\boldsymbol{a}_{\mathrm{B}} \tag{2-15}$$

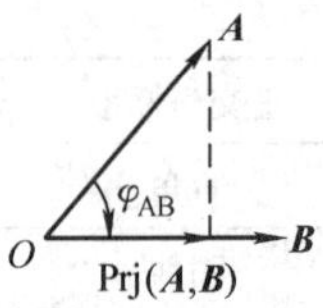

图 2.5　矢量投影

两个矢量的点乘满足交换律

$$\boldsymbol{A}\cdot\boldsymbol{B}=\boldsymbol{B}\cdot\boldsymbol{A} \tag{2-16}$$

两个矢量点乘运算的结果是数值或标量，可以是正数、负数或零。当两个非零矢量的点乘为零时，这两个矢量夹角余弦等于零，证明这两个矢量空间正交，可利用这一特性来判断两个矢量的正交性。

点乘在工程实际中十分有用，如可以表示力 $\boldsymbol{F}$ 沿位移 $\mathrm{d}\boldsymbol{l}$ 所做的功 $W=\int\boldsymbol{F}\cdot\mathrm{d}\boldsymbol{l}$，或者力 $\boldsymbol{F}$ 作用在以速度 $\boldsymbol{v}$ 移动物体上的输入功率 $P=\boldsymbol{F}\cdot\boldsymbol{v}$。在电磁场中的重要应用是计算场矢量 $\boldsymbol{A}$ 沿有向路径 $\boldsymbol{l}$ 的线积分 $\int\boldsymbol{A}\cdot\mathrm{d}\boldsymbol{l}$、磁感应强度 $\boldsymbol{B}$ 在有向曲面 $\boldsymbol{S}$ 上的通量 $\int\boldsymbol{B}\cdot\mathrm{d}\boldsymbol{S}$、场矢量 $\boldsymbol{A}$ 沿有向闭合曲线 $\boldsymbol{l}$ 上的环量 $\oint_l\boldsymbol{A}\cdot\mathrm{d}\boldsymbol{l}$、磁场能量体密度 $\frac{1}{2}\boldsymbol{B}\cdot\boldsymbol{H}$ 和电场能量体密度 $\frac{1}{2}\boldsymbol{D}\cdot\boldsymbol{E}$ 等。这些电磁关系将在后续章节中阐述。

4. 两个矢量的叉乘

两个矢量的叉乘大小等于这两个矢量为邻边构成的平行四边形面积，方向同时垂直于这两个矢量，按照右手螺旋关系确定叉乘矢量的方向，如图 2.6 所示，有

$$|\boldsymbol{A}\times\boldsymbol{B}|=|\boldsymbol{A}||\boldsymbol{B}|\sin\varphi_{\mathrm{AB}} \tag{2-17}$$

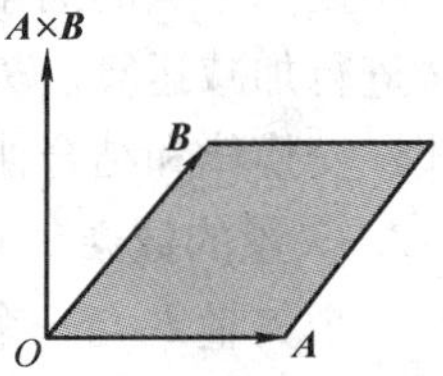

图 2.6　矢量叉乘

其中 $\boldsymbol{A}$、$\boldsymbol{B}$ 和 $\boldsymbol{A}\times\boldsymbol{B}$ 符合右手螺旋关系，叉乘的运算结果为矢量，因此叉乘也称为矢量积。

叉乘满足分配律，两个矢量叉乘利用坐标轴分量叉乘运算共有 9 项之和，其中 3 项是相同坐标轴的分矢量叉乘，结果为零，其余 6 项不同坐标轴的分矢量叉乘之和得到 3 个分量，可以用行列式表示，即

$$\begin{aligned}\boldsymbol{A}\times\boldsymbol{B}&=\boldsymbol{a}_{\mathrm{x}}A_{\mathrm{x}}\times\boldsymbol{a}_{\mathrm{x}}B_{\mathrm{x}}+\boldsymbol{a}_{\mathrm{x}}A_{\mathrm{x}}\times\boldsymbol{a}_{\mathrm{y}}B_{\mathrm{y}}+\boldsymbol{a}_{\mathrm{x}}A_{\mathrm{x}}\times\boldsymbol{a}_{\mathrm{z}}B_{\mathrm{z}}+\boldsymbol{a}_{\mathrm{y}}A_{\mathrm{y}}\times\boldsymbol{a}_{\mathrm{x}}B_{\mathrm{x}}\\&\quad+\boldsymbol{a}_{\mathrm{y}}A_{\mathrm{y}}\times\boldsymbol{a}_{\mathrm{y}}B_{\mathrm{y}}+\boldsymbol{a}_{\mathrm{y}}A_{\mathrm{y}}\times\boldsymbol{a}_{\mathrm{z}}B_{\mathrm{z}}+\boldsymbol{a}_{\mathrm{z}}A_{\mathrm{z}}\times\boldsymbol{a}_{\mathrm{x}}B_{\mathrm{x}}+\boldsymbol{a}_{\mathrm{z}}A_{\mathrm{z}}\times\boldsymbol{a}_{\mathrm{y}}B_{\mathrm{y}}+\boldsymbol{a}_{\mathrm{z}}A_{\mathrm{z}}\times\boldsymbol{a}_{\mathrm{z}}B_{\mathrm{z}}\\&=\boldsymbol{a}_{\mathrm{x}}(A_{\mathrm{y}}B_{\mathrm{z}}-B_{\mathrm{y}}A_{\mathrm{z}})+\boldsymbol{a}_{\mathrm{y}}(A_{\mathrm{z}}B_{\mathrm{x}}-B_{\mathrm{z}}A_{\mathrm{x}})+\boldsymbol{a}_{\mathrm{z}}(A_{\mathrm{x}}B_{\mathrm{y}}-B_{\mathrm{x}}A_{\mathrm{y}})=\begin{vmatrix}\boldsymbol{a}_{\mathrm{x}}&\boldsymbol{a}_{\mathrm{y}}&\boldsymbol{a}_{\mathrm{z}}\\A_{\mathrm{x}}&A_{\mathrm{y}}&A_{\mathrm{z}}\\B_{\mathrm{x}}&B_{\mathrm{y}}&B_{\mathrm{z}}\end{vmatrix}\end{aligned} \tag{2-18}$$

由于两个矢量夹角具有方向性符号，因此夹角正弦值与方向有关，叉乘一般不满足交换律，根据行列式性质得到

$$\boldsymbol{A}\times\boldsymbol{B}=-\boldsymbol{B}\times\boldsymbol{A} \tag{2-19}$$

交换后的结果是大小相同但方向相反。当两个非零矢量的叉乘为零矢量时，两矢量夹角正弦为零，说明这两个矢量平行，利用这一特性可以判断两个矢量是否平行。

矢量叉乘的应用很广泛，如一个力 $\boldsymbol{F}$ 作用在力臂矢量 $\boldsymbol{r}$ 上的力矩 $\boldsymbol{T}$ 用叉乘表示为 $\boldsymbol{T}=\boldsymbol{r}\times\boldsymbol{F}$。在电磁场中的主要应用是计算速度为 $\boldsymbol{v}$ 运动的点电荷 q 在外磁场 $\boldsymbol{B}$ 中的受力 $\boldsymbol{F}=q\boldsymbol{v}\times\boldsymbol{B}$、确定矢量场 $\boldsymbol{A}$ 的矢量线方程 $\boldsymbol{A}\times\mathrm{d}\boldsymbol{r}=\boldsymbol{0}$、计算空间分布电流密度 $\boldsymbol{J}$ 的微分体积元 $\mathrm{d}V$ 在磁场 $\boldsymbol{B}$ 中受

到的磁场力 $\mathrm{d}\boldsymbol{F}=\boldsymbol{J}\times\boldsymbol{B}\mathrm{d}V$，以及电场强度 $\boldsymbol{E}$ 和磁场强度 $\boldsymbol{H}$ 作用的电磁功率流或坡印亭矢量 $\boldsymbol{S}=\boldsymbol{E}\times\boldsymbol{H}$ 等。这些电磁关系将在后续章节中阐述。

5. 混合运算

三个矢量的混合运算（$\boldsymbol{A}\times\boldsymbol{B}\cdot\boldsymbol{C}$）结果表示平行六面体体积，如图 2.7 所示，并且满足

$$\boldsymbol{A}\times\boldsymbol{B}\cdot\boldsymbol{C}=\boldsymbol{B}\times\boldsymbol{C}\cdot\boldsymbol{A}=\boldsymbol{C}\times\boldsymbol{A}\cdot\boldsymbol{B} \tag{2-20}$$

根据这一运算可以知道，以速度 $\boldsymbol{v}$ 运动的点电荷 q 在外磁场 $\boldsymbol{B}$ 中的输入功率恒等于零，即 $P=(q\boldsymbol{v}\times\boldsymbol{B})\cdot\boldsymbol{v}\equiv 0$，而以速度 $\boldsymbol{v}$ 运动、长度矢量为 $\boldsymbol{L}$ 的载流 I 导体在外磁场 $\boldsymbol{B}$ 中的输入电磁功率 $P=(I\boldsymbol{L}\times\boldsymbol{B})\cdot\boldsymbol{v}$，它是机电能量转换装置实现机电能量转换的基础。

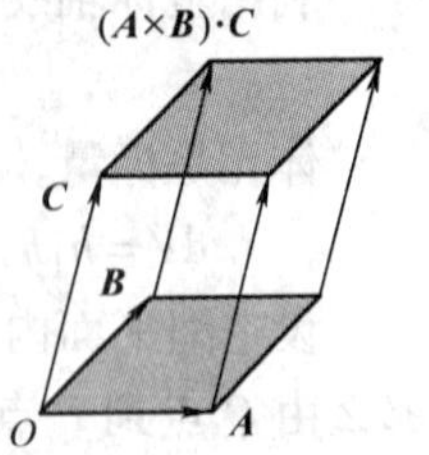

图 2.7　矢量混合运算

三个矢量的叉乘可以表示为

$$\boldsymbol{A}\times(\boldsymbol{B}\times\boldsymbol{C})=\boldsymbol{B}(\boldsymbol{A}\cdot\boldsymbol{C})-\boldsymbol{C}(\boldsymbol{A}\cdot\boldsymbol{B}) \tag{2-21}$$

下面简要证明该恒等式：如果三个矢量中有一个等于零矢量或者 $\boldsymbol{B}$ 和 $\boldsymbol{C}$ 平行，那么容易验证等式成立；因为两个矢量叉乘的矢量垂直于这两个非零矢量构成的平面，如果矢量 $\boldsymbol{A}$ 同时垂直于 $\boldsymbol{B}$ 和 $\boldsymbol{C}$，那么等式也成立。建立合适的直角坐标系使得 $\boldsymbol{B}=\boldsymbol{a}_x B$，$\boldsymbol{C}=\boldsymbol{a}_x C_x+\boldsymbol{a}_y C_y$。于是，$\boldsymbol{B}\times\boldsymbol{C}=\boldsymbol{a}_z C_y B$，设 $\boldsymbol{A}=\boldsymbol{a}_x A_x+\boldsymbol{a}_y A_y+\boldsymbol{a}_z A_z$，这样式（2-21）左边化简为

$$\boldsymbol{A}\times(\boldsymbol{B}\times\boldsymbol{C})=\boldsymbol{a}_x A_y B C_y-\boldsymbol{a}_y A_x B C_y$$

式（2-21）右边化简为

$$\boldsymbol{B}(\boldsymbol{A}\cdot\boldsymbol{C})-\boldsymbol{C}(\boldsymbol{A}\cdot\boldsymbol{B})=\boldsymbol{a}_x B(A_x C_x+A_y C_y)-(\boldsymbol{a}_x C_x+\boldsymbol{a}_y C_y)BA_x=\boldsymbol{a}_x A_y B C_y-\boldsymbol{a}_y A_x B C_y$$

由此恒等式（2-21）成立得到证明。

矢量运算的优先级是先括号，再叉乘，然后点乘和数乘，最后加减运算，相同等级的运算从左到右进行。

2.1.3　空间微元

在正交坐标系中，空间微元主要是线元 $\mathrm{d}\boldsymbol{l}$、面元 $\mathrm{d}\boldsymbol{S}$ 和体元 $\mathrm{d}V$，此外还有平面角元和立体角元，如图 2.8 所示。

过空间任意一点（u_1，u_2，u_3），尺度因子分别为 h_1、h_2 和 h_3，任意线元矢量 $\mathrm{d}\boldsymbol{l}$ 可以用尺度因子和各坐标轴微元及其单位矢量乘积之和表示，即

$$\mathrm{d}\boldsymbol{l}=\boldsymbol{a}_1 h_1 \mathrm{d}u_1+\boldsymbol{a}_2 h_2 \mathrm{d}u_2+\boldsymbol{a}_3 h_3 \mathrm{d}u_3=\sum_{k=1}^{3}\boldsymbol{a}_k h_k \mathrm{d}u_k \tag{2-22}$$

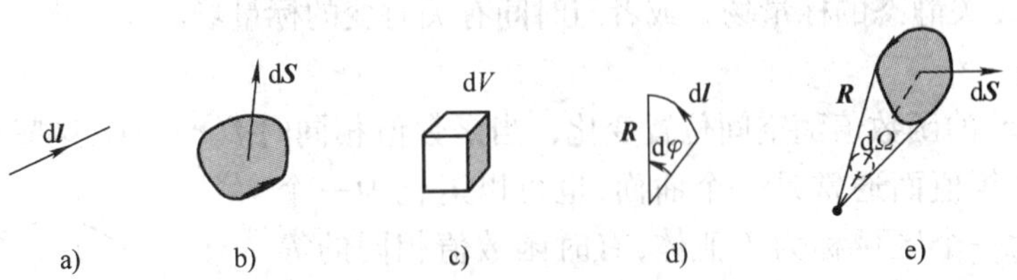

图 2.8　空间微元

a）线元　b）面元　c）体元　d）平面角元　e）立体角元

显然，当线元矢量与坐标轴单位矢量一致时，线元长度等于该坐标轴尺度因子与坐标微元乘积，其余坐标分量为零。

面元矢量等于面元法向单位矢量与面元面积的乘积，即

$$\mathrm{d}\boldsymbol{S}=\boldsymbol{a}_{\mathrm{n}}\mathrm{d}S \tag{2-23}$$

利用坐标轴线元矢量运算表示单位法矢量为坐标轴单位矢量的曲边矩形面元矢量，即

$$\mathrm{d}\boldsymbol{S}=\boldsymbol{a}_k\mathrm{d}S=(\boldsymbol{a}_{k+1}h_{k+1}\mathrm{d}u_{k+1})\times(\boldsymbol{a}_{k+2}h_{k+2}\mathrm{d}u_{k+2}) \tag{2-24}$$

体元是标量，可以利用坐标轴微元矢量的混合运算得到

$$\mathrm{d}V=h_1h_2h_3\mathrm{d}u_1\mathrm{d}u_2\mathrm{d}u_3=(\boldsymbol{a}_kh_k\mathrm{d}u_k)\times(\boldsymbol{a}_{k+1}h_{k+1}\mathrm{d}u_{k+1})\cdot(\boldsymbol{a}_{k+2}h_{k+2}\mathrm{d}u_{k+2}) \tag{2-25}$$

设空间平面内 Q 点矢量为 $\boldsymbol{s}$，该平面内的曲线上任意 P 点矢量为 $\boldsymbol{r}$，单位法矢量为 $\boldsymbol{a}_{\mathrm{n}}$，那么由 Q 点到 P 点的矢径 $\boldsymbol{R}=\boldsymbol{r}-\boldsymbol{s}$，平面曲线微元矢量 $\mathrm{d}\boldsymbol{l}$ 对 Q 点所张的平面角元 $\mathrm{d}\varphi$ 定义为

$$\mathrm{d}\varphi=\frac{\boldsymbol{R}\cdot(\mathrm{d}\boldsymbol{l}\times\boldsymbol{a}_{\mathrm{n}})}{|\boldsymbol{R}|^2} \tag{2-26}$$

设空间 Q 点矢量为 $\boldsymbol{s}$，曲面上任意 P 点矢量为 $\boldsymbol{r}$，那么由 Q 点到 P 点的矢径 $\boldsymbol{R}=\boldsymbol{r}-\boldsymbol{s}$，空间曲面元矢量 $\mathrm{d}\boldsymbol{S}$ 对 Q 点所张的立体角定义为

$$\mathrm{d}\Omega=\frac{\boldsymbol{R}\cdot\mathrm{d}\boldsymbol{S}}{|\boldsymbol{R}|^3} \tag{2-27}$$

一般正交坐标系（u_1，u_2，u_3）坐标轴单位矢量为（$\boldsymbol{a}_1$，$\boldsymbol{a}_2$，$\boldsymbol{a}_3$），尺度因子为（h_1，h_2，h_3），空间任意一点在直角坐标系中表示为 $x(u_1, u_2, u_3)$，$y(u_1, u_2, u_3)$，$z(u_1, u_2, u_3)$，那么空间任意线元矢量可以表示为

$$\mathrm{d}\boldsymbol{l}=\boldsymbol{a}_1h_1\mathrm{d}u_1+\boldsymbol{a}_2h_2\mathrm{d}u_2+\boldsymbol{a}_3h_3\mathrm{d}u_3=\boldsymbol{a}_{\mathrm{x}}\mathrm{d}x+\boldsymbol{a}_{\mathrm{y}}\mathrm{d}y+\boldsymbol{a}_{\mathrm{z}}\mathrm{d}z \tag{2-28}$$

利用直角坐标微元全微分计算公式

$$\mathrm{d}x=\sum_{k=1}^{3}\frac{\partial x}{\partial u_k}\mathrm{d}u_k,\ \mathrm{d}y=\sum_{k=1}^{3}\frac{\partial y}{\partial u_k}\mathrm{d}u_k,\ \mathrm{d}z=\sum_{k=1}^{3}\frac{\partial z}{\partial u_k}\mathrm{d}u_k \tag{2-29}$$

当正交坐标系只有一个坐标变量变化，其他两个坐标变量微元等于零时，可以求得该坐标变量的尺度因子为

$$h_k=\sqrt{\left(\frac{\partial x}{\partial u_k}\right)^2+\left(\frac{\partial y}{\partial u_k}\right)^2+\left(\frac{\partial z}{\partial u_k}\right)^2},\ k=1,\ 2,\ 3 \tag{2-30}$$

式（2-30）表明尺度因子可能与空间坐标有关，见表 2.1。

2.2 标量场的方向导数和梯度

只有大小没有方向的空间坐标函数 $f(\boldsymbol{r})$ 称为标量场，如空间温度场和电位等。标量场可以是与时间无关静态的标量场，或者与时间有关时变的标量场。

1. 等值面

标量场 $f(\boldsymbol{r})$ 的函数值随空间位置变化，当函数值相同时 $f(\boldsymbol{r})=C$,这些空间点构成的集合称为等值面,等值面通常是一个曲面,也可以退化为一个点,或者扩展为一个区域称为等值体,有时函数值相同的等值面可能有两个甚至多个。

2. 标量场的方向导数

如图 2.9 所示,设标量场在正交坐标系中表示为 $f(\boldsymbol{r})=f(u_1, u_2, u_3)$，在任意点（$u_1$，$u_2$，$u_3$）的某一方向矢量 $l\,\boldsymbol{a}_l$ 上的方向导数定义为标量函数变化率，则

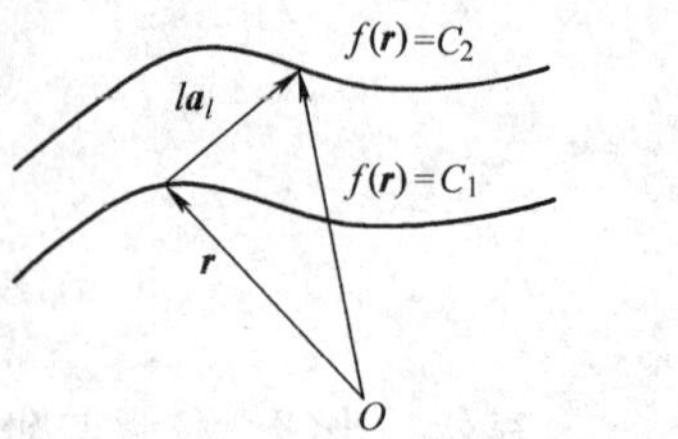

图 2.9 标量场的等值面和方向导数

$$F=\lim_{l\to 0}\frac{f(\boldsymbol{r}+l\,\boldsymbol{a}_l)-f(\boldsymbol{r})}{l}=\lim_{l\to 0}\frac{f(u_1+\mathrm{d}u_1,\ u_2+\mathrm{d}u_2,\ u_3+\mathrm{d}u_3)-f(u_1,\ u_2,\ u_3)}{l} \tag{2-31}$$

式中，$l\,\boldsymbol{a}_l\cdot\boldsymbol{a}_k=h_k\mathrm{d}u_k$，或者 $\mathrm{d}u_k=l\,\boldsymbol{a}_l\cdot\boldsymbol{a}_k/h_k$，$k=1,\ 2,\ 3$。

由于空间点与该点方向单位矢量确定，变量是方向矢量的长度，因此式（2-31）的极限可以看成是多元函数的偏微分累加，则

$$F=\sum_{k=1}^{3}\frac{\partial f}{\partial u_k}\frac{\partial u_k}{\partial l}=\sum_{k=1}^{3}\frac{\partial f}{\partial u_k}\frac{\boldsymbol{a}_k\cdot\boldsymbol{a}_l}{h_k}=\left(\boldsymbol{a}_1\frac{\partial f}{h_1\partial u_1}+\boldsymbol{a}_2\frac{\partial f}{h_2\partial u_2}+\boldsymbol{a}_3\frac{\partial f}{h_3\partial u_3}\right)\cdot\boldsymbol{a}_l \tag{2-32}$$

由式（2-32）可以看出，标量函数在空间任意一点都存在某一方向使得该方向的方向导数最大，最大方向导数的方向为括号内矢量的方向。由于等值面上标量函数相同，任意切向方向的函数偏导数等于零，因此最大方向导数的方向必定垂直于所在点的等位面，即平行于该点等位面的法矢量。

3. 梯度

标量场$f(\boldsymbol{r})$在空间一点的梯度表示该点函数增长率最大的方向矢量和该最大方向导数的乘积，梯度用哈密顿（W. R. Hamilton）算子符号∇表示，读作“nabla”或“del”。该符号∇有三个角形象地表示对三维空间各变量长度计算一阶偏微分获得该方向的分量，由式（2-32）得到梯度表达式

$$\nabla f=\boldsymbol{a}_1\frac{\partial f}{h_1\partial u_1}+\boldsymbol{a}_2\frac{\partial f}{h_2\partial u_2}+\boldsymbol{a}_3\frac{\partial f}{h_3\partial u_3} \tag{2-33}$$

最优化问题中的最速下降法就是利用负梯度求解函数最小值的优化方法。

梯度表示标量场在该点增长率最大的方向和数值（梯度方向的方向导数最大）。

标量场中任意一点的梯度总是与该点的等值面垂直，该点梯度沿任意方向的投影为该点沿该方向的方向导数，等值面上标量场的方向导数为零。

单值标量场的梯度场在任意两点之间的线积分与路径无关，因此梯度场是保守场、有势场和无旋场（这一点将在矢量场性质中进一步阐述）。

标量场的梯度是矢量场（标量场与矢量场的联系方式之一是梯度）。

矢量场的各个分量看作标量函数，也可以计算梯度，矢量场的梯度是张量，有关张量内容已超出本书的讨论范围。

三种常用正交坐标系中的梯度算子表达形式分别为

直角坐标系$\nabla=\boldsymbol{a}_\mathrm{x}\dfrac{\partial}{\partial x}+\boldsymbol{a}_\mathrm{y}\dfrac{\partial}{\partial y}+\boldsymbol{a}_\mathrm{z}\dfrac{\partial}{\partial z}$；

圆柱坐标系$\nabla=\boldsymbol{a}_\mathrm{r}\dfrac{\partial}{\partial r}+\boldsymbol{a}_\varphi\dfrac{\partial}{r\partial\varphi}+\boldsymbol{a}_\mathrm{z}\dfrac{\partial}{\partial z}$；

圆球坐标系$\nabla=\boldsymbol{a}_\mathrm{r}\dfrac{\partial}{\partial r}+\boldsymbol{a}_\theta\dfrac{\partial}{r\partial\theta}+\boldsymbol{a}_\varphi\dfrac{\partial}{r\sin\theta\partial\varphi}$。

例 2.1 计算下列标量场的梯度：

1）圆球坐标系中 $\phi(\boldsymbol{r})=c/r$。

2）圆柱坐标系中 $\phi(\boldsymbol{r})=c\ln(|\boldsymbol{r}-\boldsymbol{r}_1|/|\boldsymbol{r}-\boldsymbol{r}_2|)$，其中 $\boldsymbol{r}_1$和 $\boldsymbol{r}_2$为常矢量。

解答 利用复合函数偏微分的概念计算梯度：$\nabla f(g(\boldsymbol{r}))=\dfrac{\partial f}{\partial g}\nabla g(\boldsymbol{r})$。

1）$\nabla\phi=\nabla(c/r)=-c\dfrac{\boldsymbol{r}}{|\boldsymbol{r}|^3}$。

2） $\nabla\phi = -c|\boldsymbol{r}-\boldsymbol{r}_1|\nabla\left(\frac{1}{|\boldsymbol{r}-\boldsymbol{r}_1|}\right)+c|\boldsymbol{r}-\boldsymbol{r}_2|\nabla\left(\frac{1}{|\boldsymbol{r}-\boldsymbol{r}_2|}\right)=c\frac{\boldsymbol{r}-\boldsymbol{r}_1}{|\boldsymbol{r}-\boldsymbol{r}_1|^2}-c\frac{\boldsymbol{r}-\boldsymbol{r}_2}{|\boldsymbol{r}-\boldsymbol{r}_2|^2}$；

$$\nabla\phi = c\frac{1}{|\boldsymbol{r}-\boldsymbol{r}_1|}\nabla(|\boldsymbol{r}-\boldsymbol{r}_1|)-c\frac{1}{|\boldsymbol{r}-\boldsymbol{r}_2|}\nabla(|\boldsymbol{r}-\boldsymbol{r}_2|)=c\frac{\boldsymbol{r}-\boldsymbol{r}_1}{|\boldsymbol{r}-\boldsymbol{r}_1|^2}-c\frac{\boldsymbol{r}-\boldsymbol{r}_2}{|\boldsymbol{r}-\boldsymbol{r}_2|^2}。$$

标量场的梯度仅仅表示最大变化率，与坐标系统原点位置无关，特别地，对于坐标矢量 $\boldsymbol{r}$ 的长度函数计算梯度 $\nabla(1/r) = -\boldsymbol{a}_r/r^2$，$\nabla r = \boldsymbol{a}_r$。

例 2.2 计算标量场梯度的路径积分 $\int_a^b \nabla\phi\cdot\mathrm{d}\boldsymbol{l}$。

解答 $\int_a^b \nabla\phi\cdot\mathrm{d}\boldsymbol{l} = \int_a^b \mathrm{d}\phi = \phi(b)-\phi(a)$。

由此可以得出重要结论：梯度场的路径积分仅仅取决于起点和终点的状态，而与路径无关。

例 2.3 已知圆柱坐标系中标量场的梯度 $\nabla\phi = \boldsymbol{a}_r(2r\cos\varphi)+\boldsymbol{a}_\varphi(-r\sin\varphi+r^{-1}z^2\cos\varphi)+\boldsymbol{a}_z(2z\sin\varphi)$，计算标量场 ϕ。

解答 因梯度场沿路径积分与路径无关，路径线元矢量 $\mathrm{d}\boldsymbol{l}=\boldsymbol{a}_r\mathrm{d}r+\boldsymbol{a}_\varphi r\mathrm{d}\varphi+\boldsymbol{a}_z\mathrm{d}z$；利用梯度路径积分与路径无关的特性，积分从原点出发保持 φ 不变，仅改变 r；然后保持终值 r 和 φ 不变，仅改变 z。保持不变的坐标分量的微元等于零，三维线积分简化为一维线积分，则

$$\begin{aligned}\phi(r,\varphi,z)-\phi(0,\varphi,0) &= \int_{(0,\varphi,0)}^{(r,\varphi,z)}\nabla\phi\cdot\mathrm{d}\boldsymbol{l}\\ &= \int_{(0,\varphi,0)}^{(r,\varphi,z)} 2r\cos\varphi\mathrm{d}r+(-r^2\sin\varphi+z^2\cos\varphi)\mathrm{d}\varphi+2z\sin\varphi\mathrm{d}z\\ &= \int_{(0,\varphi,0)}^{(r,\varphi,0)} 2r\cos\varphi\mathrm{d}r+\int_{(r,\varphi,0)}^{(r,\varphi,z)} 2z\sin\varphi\mathrm{d}z\\ &= r^2\cos\varphi+z^2\sin\varphi\end{aligned}$$

2.3 矢量场的环量和旋度

既有大小又有方向的空间坐标函数称为矢量场，如速度、万有引力场、电场和磁场等。矢量场的矢量线是指曲线上各点的矢量位于该曲线的切线方向，因此矢量场 $\boldsymbol{A}(\boldsymbol{r})$ 的矢量线方程满足矢量与线元矢量的叉乘为零，即 $\boldsymbol{A}(\boldsymbol{r})\times\mathrm{d}\boldsymbol{r}=\boldsymbol{0}$。矢量场的场源包括标量场形式的散度源和矢量场形式的旋涡源。下面先分析矢量场的环量、环量密度与旋涡场源或旋度源。

1. 有向曲面 S 与有向边界 l 的关系

空间任意一点 P 的矢径为 $\boldsymbol{r}$，过该点的任意有向曲面为 $\boldsymbol{S}$，该点曲面方向矢量为单位法矢量 $\boldsymbol{a}_n$，曲面的有向边界为 $\boldsymbol{l}$，边界与曲面的方向满足右手螺旋关系，如图 2.10 所示。

2. 环量

矢量场 $\boldsymbol{A}$ 沿闭合有向曲线的标量积的线积分称为环量，因此环量是标量，积分表示为

$$\Gamma = \oint_l \boldsymbol{A}\cdot\mathrm{d}\boldsymbol{l} \qquad (2\text{-}34)$$

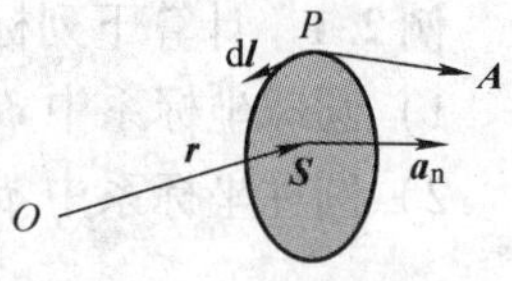

图 2.10 闭合路径与矢量环量计算

环量大小表示闭合曲线围绕的旋涡源大小。如果环量等于零，说明闭合曲线包围的旋涡源总量等于零。

例 2.4 已知圆柱坐标系中磁场强度 $\boldsymbol{H}=\boldsymbol{a}_{\varphi}Kr^{-1}$，其中 K 为常数，计算在 $z=0$ 平面内的任意闭合曲线上的环量。

解答 由图 2.11 可知，磁场强度的环量 $\Gamma=\oint_l \boldsymbol{H}\cdot \mathrm{d}\boldsymbol{l}=\oint_l Kr^{-1}\boldsymbol{a}_{\varphi}\cdot \mathrm{d}\boldsymbol{l}=\oint_l K\mathrm{d}\varphi$。

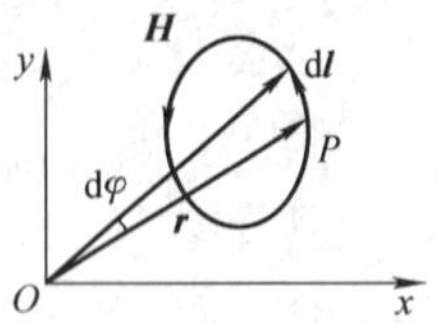

图 2.11 例 2.4 图

当闭合回路包含原点时，闭合回路对原点所张的平面角为圆周角，因此环量 $\Gamma=2\pi K$。

当闭合回路不包含原点时，闭合回路对原点所张的角度一部分增大而另一部分减小，正好相互抵消，因此环量等于零。

事实上，磁场强度是由位于 z 轴的无限长线电流 $2\pi K$ 产生的，电流是磁场的旋涡源，当闭合回路包含原点时，环量等于总旋涡源电流大小；当闭合回路不包含原点时，环量等于总旋涡源，为零。

3. 环量密度

经过场点 P 的有向曲面元 $\boldsymbol{S}$ 的边界 $\boldsymbol{l}$ 上的环量与曲面元面积 S 之比，当曲面元的几何尺度趋于零时该比值的极限称为环量密度，即

$$\lim_{S\to 0}\frac{\oint_l \boldsymbol{A}\cdot \mathrm{d}\boldsymbol{l}}{S} \tag{2-35}$$

环量密度也是标量，经过场点的有向曲面元的方向有无穷个，因此有可能存在环量密度最大的有向曲面元及其方向。

4. 旋度

前面分析标量场的梯度是经过场点无穷个方向导数中最大的方向导数及其方向，或者梯度在任意方向上的投影等于该方向的方向导数。类似地，矢量场的旋度用符号∇×、rot、curl 表示，旋度是矢量。旋度的大小为该点最大环量密度，方向为该点最大环量密度对应的有向曲面元的单位法矢量方向 $\boldsymbol{a}_{\mathrm{n}}$，旋度表示为

$$\nabla\times \boldsymbol{A}=\boldsymbol{a}_{\mathrm{n}}\max_{\forall S}\lim_{S\to 0}\frac{\oint_l \boldsymbol{A}\cdot \mathrm{d}\boldsymbol{l}}{S} \tag{2-36}$$

理论上可以证明，矢量场任意一点在任意方向的环量密度等于该点旋度在该方向上的投影。基于此计算旋度，即

$$\lim_{S\to 0}\frac{\oint_l \boldsymbol{A}\cdot \mathrm{d}\boldsymbol{l}}{S}=\boldsymbol{a}_{\mathrm{n}}\cdot\nabla\times \boldsymbol{A} \tag{2-37}$$

5. 旋度公式推导

讨论场点坐标 $M_0(u_1,u_2,u_3)$，单位法矢量与坐标轴 u_1 平行的面元 $\mathrm{d}\boldsymbol{S}$ 的边界 $\boldsymbol{l}$ 与坐标轴 u_2 和 u_3 平行构成正交曲边矩形，如图 2.12 所示。沿 $\boldsymbol{a}_1$ 方向曲面元 $ABCDA$ 的环量分为 4 段进行计算，利用中点法计算矩形面积来近似线积分，即边 AB 的矢量线积分等于该边中点 $M_1(u_1,u_2+\mathrm{d}u_2/2,u_3)$ 的函数值乘以边长，边 CD 的矢量线积分等于该边中点 $M_2(u_1,u_2-\mathrm{d}u_2/2,u_3)$ 的函数值乘以边长，边 BC 的矢量线积分等于该边中点（u_1，u_2，$u_3+\mathrm{d}u_3/2$）的函数值乘以边长，边 DA 的矢量线积分等于该边中点（u_1，u_2，$u_3-\mathrm{d}u_3/2$）的函数值乘以边长。再对各边计算结果在面元中心点 $M_0(u_1,u_2,u_3)$ 进行级数展开，并取前两项，舍弃二

阶及高阶偏导数项。最后将四项积分求和得到矢量沿坐标轴 u_1 方向面元 d$\boldsymbol{S}$ 边界 $\boldsymbol{l}$ 的环量。

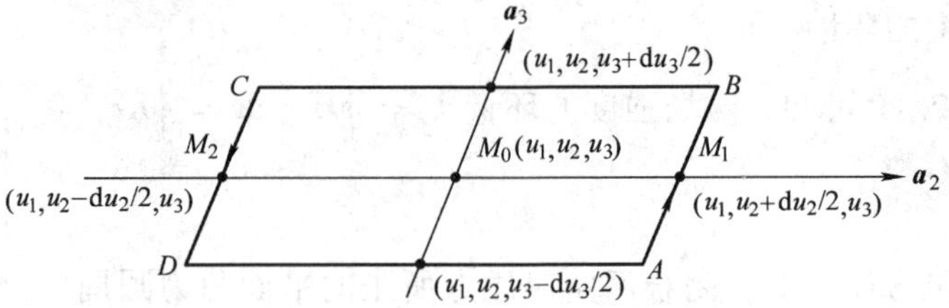

图 2.12　旋度计算正交曲边矩形回路

有向边 AB 对环量的贡献，可通过计算线积分求得

$$\int_A^B \boldsymbol{A}\cdot \mathrm{d}\boldsymbol{l} = (A_3h_3\mathrm{d}u_3)\big|_{(u_1,\,u_2+\mathrm{d}u_2/2,\,u_3)} = (A_3h_3)\big|_{(u_1,\,u_2,\,u_3)}\mathrm{d}u_3 + \frac{\partial(A_3h_3)}{2\partial u_2}\bigg|_{(u_1,\,u_2,\,u_3)}\mathrm{d}u_2\mathrm{d}u_3$$

有向边 CD 对环量的贡献，可通过计算线积分求得

$$\int_C^D \boldsymbol{A}\cdot \mathrm{d}\boldsymbol{l} = (-A_3h_3\mathrm{d}u_3)\big|_{(u_1,\,u_2-\mathrm{d}u_2/2,\,u_3)} = -(A_3h_3)\big|_{(u_1,\,u_2,\,u_3)}\mathrm{d}u_3 + \frac{\partial(A_3h_3)}{2\partial u_2}\bigg|_{(u_1,\,u_2,\,u_3)}\mathrm{d}u_2\mathrm{d}u_3$$

有向边 BC 对环量的贡献，可通过计算线积分求得

$$\int_B^C \boldsymbol{A}\cdot \mathrm{d}\boldsymbol{l} = (-A_2h_2\mathrm{d}u_2)\big|_{(u_1,u_2,u_3+\mathrm{d}u_3/2)} = (-A_2h_2)\big|_{(u_1,u_2,u_3)}\mathrm{d}u_2 - \frac{\partial(A_2h_2)}{2\partial u_3}\bigg|_{(u_1,u_2,u_3)}\mathrm{d}u_2\mathrm{d}u_3$$

有向边 DA 对环量的贡献，可通过计算线积分求得

$$\int_D^A \boldsymbol{A}\cdot \mathrm{d}\boldsymbol{l} = (A_2h_2\mathrm{d}u_2)\big|_{(u_1,\,u_2,\,u_3-\mathrm{d}u_3/2)} = (A_2h_2)\big|_{(u_1,\,u_2,\,u_3)}\mathrm{d}u_2 - \frac{\partial(A_2h_2)}{2\partial u_3}\bigg|_{(u_1,\,u_2,\,u_3)}\mathrm{d}u_2\mathrm{d}u_3$$

于是，矢量 $\boldsymbol{A}$ 沿有向曲面元边界 $ABCDA$ 的环量等于上述 4 个积分之和，即

$$\oint_l \boldsymbol{A}\cdot \mathrm{d}\boldsymbol{l} = \left[\frac{\partial(A_3h_3)}{\partial u_2} - \frac{\partial(A_2h_2)}{\partial u_3}\right]\bigg|_{(u_1,u_2,u_3)}\mathrm{d}u_2\mathrm{d}u_3 \tag{2-38}$$

坐标轴 u_1 方向的曲面元的面积为

$$\mathrm{d}S_1 = h_2h_3\mathrm{d}u_2\mathrm{d}u_3 \tag{2-39}$$

于是，旋度在坐标轴 $\boldsymbol{a}_1$ 方向的投影为

$$\boldsymbol{a}_1\cdot\nabla\times\boldsymbol{A} = \frac{1}{h_2h_3}\left[\frac{\partial(A_3h_3)}{\partial u_2} - \frac{\partial(A_2h_2)}{\partial u_3}\right] \tag{2-40}$$

同理，可得沿另两个坐标轴方向的面元环量密度或旋度投影

$$\boldsymbol{a}_2\cdot\nabla\times\boldsymbol{A} = \frac{1}{h_3h_1}\left[\frac{\partial(A_1h_1)}{\partial u_3} - \frac{\partial(A_3h_3)}{\partial u_1}\right] \tag{2-41}$$

$$\boldsymbol{a}_3\cdot\nabla\times\boldsymbol{A} = \frac{1}{h_1h_2}\left[\frac{\partial(A_2h_2)}{\partial u_1} - \frac{\partial(A_1h_1)}{\partial u_2}\right] \tag{2-42}$$

由此得到一般正交坐标系中矢量场旋度的计算公式为

$$\begin{aligned}\nabla\times\boldsymbol{A} = {} & \boldsymbol{a}_1\frac{1}{h_2h_3}\left[\frac{\partial(A_3h_3)}{\partial u_2} - \frac{\partial(A_2h_2)}{\partial u_3}\right] \\ & + \boldsymbol{a}_2\frac{1}{h_3h_1}\left[\frac{\partial(A_1h_1)}{\partial u_3} - \frac{\partial(A_3h_3)}{\partial u_1}\right] \\ & + \boldsymbol{a}_3\frac{1}{h_1h_2}\left[\frac{\partial(A_2h_2)}{\partial u_1} - \frac{\partial(A_1h_1)}{\partial u_2}\right]\end{aligned} \tag{2-43}$$

用行列式表示的旋度更加简明，有

$$\nabla \times \boldsymbol{A} = \frac{1}{h_1 h_2 h_3}\begin{vmatrix} h_1\,\boldsymbol{a}_1 & h_2\,\boldsymbol{a}_2 & h_3\,\boldsymbol{a}_3 \\ \partial/\partial u_1 & \partial/\partial u_2 & \partial/\partial u_3 \\ h_1 A_1 & h_2 A_2 & h_3 A_3 \end{vmatrix} \tag{2-44}$$

矢量场的旋度场表示该矢量场的旋涡源矢量场，旋度建立起矢量场与其旋涡场源分布矢量场的关系。

例 2.5 计算下列矢量场的旋度：

1）圆球坐标系中 $\boldsymbol{A} = -\boldsymbol{a}_r r^{-2}$ 的旋度。

2）圆柱坐标系中 $\boldsymbol{H} = \begin{cases} \boldsymbol{a}_\varphi \dfrac{1}{2} J_0 r, & r \leqslant a \\ \boldsymbol{a}_\varphi \dfrac{1}{2} a^2 J_0 r^{-1}, & r \geqslant a \end{cases}$ 的旋度，其中 a 和 J_0 为常数。

3）圆柱坐标系中 $\phi_m = k\varphi$ 的梯度和梯度的旋度，其中 k 为常数，$r>0$ 且 $0 \leqslant \varphi < 2\pi$。

解答 1）在圆球坐标系中计算旋度：

$$\nabla \times \boldsymbol{A} = \frac{1}{r^2 \sin\theta}\begin{vmatrix} \boldsymbol{a}_r & r\,\boldsymbol{a}_\theta & r\sin\theta\,\boldsymbol{a}_\varphi \\ \dfrac{\partial}{\partial r} & \dfrac{\partial}{\partial \theta} & \dfrac{\partial}{\partial \varphi} \\ -r^{-2} & 0 & 0 \end{vmatrix} = \boldsymbol{0}$$

注意：$r=0$ 为奇异点，需要单独计算，为此做过原点的任意平面内以原点为圆心的小圆，因场矢量与小圆环正交，所以小圆上矢量场的环量恒等于零，原点的旋度也等于零。该矢量场可以看成是位于原点的点电荷产生的静电场，是无旋的。

2）在圆柱坐标系中分区域求解旋度：

当 $r>a$ 时，磁场强度的旋度为

$$\nabla \times \boldsymbol{H} = \frac{1}{r}\begin{vmatrix} \boldsymbol{a}_r & r\,\boldsymbol{a}_\varphi & \boldsymbol{a}_z \\ \dfrac{\partial}{\partial r} & \dfrac{\partial}{\partial \varphi} & \dfrac{\partial}{\partial z} \\ 0 & \dfrac{1}{2}a^2 J_0 & 0 \end{vmatrix} = \boldsymbol{0}$$

当 $0<r<a$ 时，磁场强度的旋度为

$$\nabla \times \boldsymbol{H} = \frac{1}{r}\begin{vmatrix} \boldsymbol{a}_r & r\,\boldsymbol{a}_\varphi & \boldsymbol{a}_z \\ \dfrac{\partial}{\partial r} & \dfrac{\partial}{\partial \varphi} & \dfrac{\partial}{\partial z} \\ 0 & \dfrac{1}{2}r^2 J_0 & 0 \end{vmatrix} = \boldsymbol{a}_z J_0$$

在坐标原点或 $r=0$ 处，矢量场的最大环量位于 z 轴方向，旋度为

$$\nabla\times \boldsymbol{H} = \boldsymbol{a}_z \lim_{r\to 0} \frac{\displaystyle\int_0^{2\pi} \frac{1}{2} r J_0\,\boldsymbol{a}_\varphi \cdot r\mathrm{d}\varphi\,\boldsymbol{a}_\varphi}{\pi r^2} = \boldsymbol{a}_z J_0$$

在坐标 $r=a$ 处，矢量场的最大环量也位于 z 轴方向，在圆柱坐标下计算环量只要计算扇形回路的周向两个圆弧段，这样旋度为

$$\nabla\times \boldsymbol{H} = \boldsymbol{a}_z \lim_{\substack{dr\to 0\\ \delta\to 0}} \frac{\int_{\varphi-\delta}^{\varphi+\delta} \frac{1}{2}a^2 J_0 \boldsymbol{a}_\varphi \cdot d\varphi \boldsymbol{a}_\varphi + \int_{\varphi+\delta}^{\varphi-\delta} \frac{1}{2}(a-dr)^2 J_0 \boldsymbol{a}_\varphi \cdot d\varphi \boldsymbol{a}_\varphi}{(2dr)a(2\delta)} = \boldsymbol{a}_z \frac{1}{2}J_0$$

综合上述结果得到旋度空间分布为

$$\nabla\times\boldsymbol{H} = \boldsymbol{a}_z \frac{1}{2}J_0[\operatorname{sgn}(a-r)+1]$$

可以看成是沿 z 轴半径为 a 的导体电流密度 $\boldsymbol{J}_0$ 的磁场，电流密度是旋涡磁场的场源。

3）标量场的梯度为

$$\nabla\phi_m = \boldsymbol{a}_\varphi \frac{\partial\phi_m}{r\partial\varphi} = \boldsymbol{a}_\varphi \frac{k}{r}$$

梯度场的旋度：当 r 不等于零时，空间任意点梯度的旋度为

$$\nabla\times\nabla\phi_m = \frac{1}{r}\begin{vmatrix} \boldsymbol{a}_r & r\boldsymbol{a}_\varphi & \boldsymbol{a}_z \\ \dfrac{\partial}{\partial r} & \dfrac{\partial}{\partial\varphi} & \dfrac{\partial}{\partial z} \\ 0 & k & 0 \end{vmatrix} = \boldsymbol{0}$$

当 r 等于零时，不能计算梯度的旋度，因为角度限制，无法计算环量。

假设角度 φ 不受限制，取 z 轴为对称轴的圆环，那么矢量场 $\nabla\phi_m$ 在 z 轴上任意一点的旋度根据定义等于圆环上的环量密度的极限，即

$$\nabla\times(\boldsymbol{a}_\varphi k r^{-1})\big|_{r=0} = \boldsymbol{a}_z 2\pi k\delta(r)$$

式中，函数 $\delta(\cdot)$ 是二维狄拉克（P. A. M. Dirac）函数，这里是垂直于 z 轴面元的倒数。

标量场是沿 z 轴线导体电流 I 的标量磁位，其负梯度为磁场强度，不考虑 z 轴时磁场强度是无旋的。当考虑 z 轴的矢量场时，其旋度不恒等于零，说明是有旋的。

旋涡场或管形场的场源用旋度计算。对于多值标量场，其梯度的旋度不等于零。

6. 斯托克斯定理

根据旋度的定义可知，矢量场沿任意闭合曲线的环量等于该矢量场旋度在以闭合曲线为有向边界的任意有向曲面上的通量，其中曲面的方向与边界回路方向符合右手螺旋关系，即斯托克斯（G. G. Stokes）定理

$$\oint_l \boldsymbol{A}\cdot d\boldsymbol{l} = \int_S \nabla\times\boldsymbol{A}\cdot d\boldsymbol{S} \tag{2-45}$$

斯托克斯定理将矢量场的环量与该矢量场旋度的通量联系在一起，可以将旋度面积分转换为矢量线积分，简化积分计算。

2.4 矢量场的通量和散度

与梯度和旋度是矢量不同，矢量场的散度是标量，它表示单位体积边界闭合曲面上的通量大小，表征矢量场的散度源。

1. 通量

矢量场 $\boldsymbol{A}$ 在有向曲面 $\boldsymbol{S}$ 上与曲面外法向面元矢量的标量积的曲面积分称为通量，或者矢量场法向分量的曲面积分

$$\Phi = \int_S \boldsymbol{A}\cdot d\boldsymbol{S} = \int_S \boldsymbol{A}\cdot\boldsymbol{a}_n dS = \int_S A_n dS \tag{2-46}$$

因为被积函数与积分微元两个矢量的标量积是标量，所以通量是标量。

若有向曲面是封闭的，则闭合曲面上矢量场的通量表示闭合曲面所包含的通量源，通量源是标量，通量源产生的矢量场是发散的，因此不同于旋涡源产生的矢量场是有旋的，矢量线是封闭的。

2. 散度

矢量场的散度运算用符号∇·或 div 表示，它是矢量场在场点体元边界有向闭合曲面上的通量体密度，有向曲面的方向由体内指向体外，用极限形式表示为

$$\nabla\cdot \boldsymbol{A} = \lim_{V\to 0}\frac{\oint_S \boldsymbol{A}\cdot \mathrm{d}\boldsymbol{S}}{V} \tag{2-47}$$

其中体元的三维几何尺度都趋于零。

矢量场的散度是标量场，表示矢量场的散度源，即产生矢量场中发散部分矢量的场源空间分布，它建立起一个从矢量场到标量场的关系。

3. 散度公式推导

讨论场点坐标 $M_0(u_1, u_2, u_3)$ 位于对称正交曲边六面体的中心，六面体的面元单位法矢量与坐标轴单位矢量平行，方向由体内指向体外，如图 2.13 所示。与 $\boldsymbol{a}_2$ 垂直的面元 S_{21} 和 S_{22} 与坐标轴 u_1 和 u_3 平行。先计算矢量场 $\boldsymbol{A}$ 沿 $\boldsymbol{a}_2$ 方向的两个面元 S_{21} 和 S_{22} 的通量：矢量场在面元上的通量为面积分，利用面元中点函数值与面元面积的乘积来近似计算通量，即面元 S_{21} 上的通量等于中点 $M_1(u_1, u_2+\mathrm{d}u_2/2, u_3)$ 的函数值乘以该面元面积，面元 S_{22} 上的通量等于中点 $M_2(u_1, u_2-\mathrm{d}u_2/2, u_3)$ 的函数值乘以该面元面积。再对计算结果在体元中心点 $M_0(u_1, u_2, u_3)$ 进行级数展开，取前两项而忽略二阶和高阶偏导数项，得到六面体一组对面的通量。最后根据坐标对称性可以获得另外两组对面的通量。

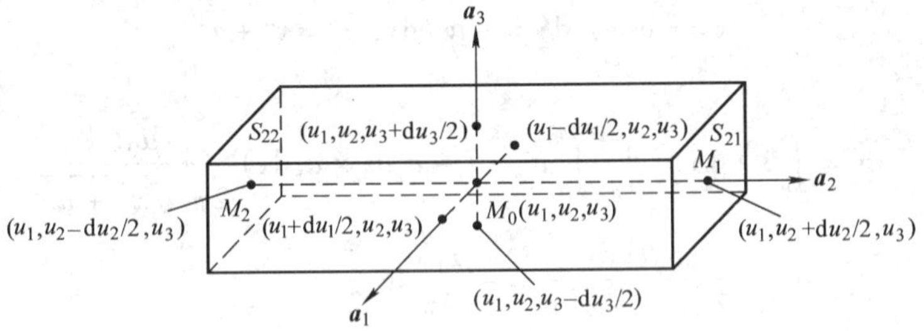

图 2.13　矢量场通量和散度计算

将通量函数按 M_0 点展开，取一阶而忽略二阶以上高阶项，则

$$\begin{aligned}\int_{S_{21}}\boldsymbol{A}\cdot \mathrm{d}\boldsymbol{S} &= (A_2h_1h_3\mathrm{d}u_1\mathrm{d}u_3)\big|_{(u_1,\ u_2+\mathrm{d}u_2/2,\ u_3)}\\ &= (A_2h_1h_3)\Big|_{(u_1,\ u_2,\ u_3)}\mathrm{d}u_1\mathrm{d}u_3 + \frac{\partial(A_2h_1h_3)}{2\partial u_2}\Big|_{(u_1,\ u_2,\ u_3)}\mathrm{d}u_1\mathrm{d}u_2\mathrm{d}u_3\end{aligned}$$

$$\begin{aligned}\int_{S_{22}}\boldsymbol{A}\cdot \mathrm{d}\boldsymbol{S} &= (-A_2h_1h_3\mathrm{d}u_1\mathrm{d}u_3)\big|_{(u_1,\ u_2-\mathrm{d}u_2/2,\ u_3)}\\ &= -(A_2h_1h_3)\Big|_{(u_1,\ u_2,\ u_3)}\mathrm{d}u_1\mathrm{d}u_3 + \frac{\partial(A_2h_1h_3)}{2\partial u_2}\Big|_{(u_1,\ u_2,\ u_3)}\mathrm{d}u_1\mathrm{d}u_2\mathrm{d}u_3\end{aligned}$$

对上述两式求和得到

$$\int_{S_{21}} \boldsymbol{A} \cdot \mathrm{d}\boldsymbol{S} + \int_{S_{22}} \boldsymbol{A} \cdot \mathrm{d}\boldsymbol{S} = \left.\frac{\partial(A_2 h_1 h_3)}{\partial u_2}\right|_{(u_1,\ u_2,u_3)} \mathrm{d}u_1 \mathrm{d}u_2 \mathrm{d}u_3$$

同样地，得到其他两组面元上矢量场的通量为

$$\int_{S_{31}} \boldsymbol{A} \cdot \mathrm{d}\boldsymbol{S} + \int_{S_{32}} \boldsymbol{A} \cdot \mathrm{d}\boldsymbol{S} = \left.\frac{\partial(A_3 h_1 h_2)}{\partial u_3}\right|_{(u_1,\ u_2,\ u_3)} \mathrm{d}u_1 \mathrm{d}u_2 \mathrm{d}u_3$$

$$\int_{S_{11}} \boldsymbol{A} \cdot \mathrm{d}\boldsymbol{S} + \int_{S_{12}} \boldsymbol{A} \cdot \mathrm{d}\boldsymbol{S} = \left.\frac{\partial(A_1 h_2 h_3)}{\partial u_1}\right|_{(u_1,\ u_2,\ u_3)} \mathrm{d}u_1 \mathrm{d}u_2 \mathrm{d}u_3$$

六面体体元的体积利用中心点尺度因子和坐标变量微元表示，即

$$\mathrm{d}V = h_1 h_2 h_3 \mathrm{d}u_1 \mathrm{d}u_2 \mathrm{d}u_3$$

任意正交坐标系中矢量场的散度计算公式为

$$\nabla \cdot \boldsymbol{A} = \frac{1}{h_1 h_2 h_3} \sum_{k=1}^{3} \frac{\partial}{\partial u_k}\left(\frac{A_k}{h_k} h_1 h_2 h_3\right) \tag{2-48}$$

例 2.6 已知圆柱坐标系中磁感应强度矢量 $\boldsymbol{B} = \boldsymbol{a}_\varphi \dfrac{\mu_0 I}{2\pi r}$，计算图 2.14 所示的磁通量。

1）矩形底边坐标（a，a，0）、（$2a$，a，0），高 b 沿 z 轴方向，逆时针回路的磁通量。

2）在 zOx 平面内半径为 a、距离 z 轴 $d(>a)$，逆时针圆面上的磁通量。

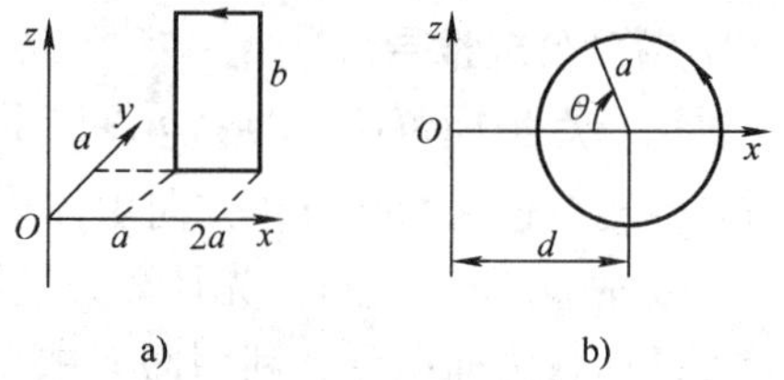

图 2.14 例 2.6 图

a）矩形回路 b）圆环

解答 1）根据图 2.14 得到圆柱坐标单位矢量 $\boldsymbol{a}_\varphi = -\boldsymbol{a}_x \sin\varphi + \boldsymbol{a}_y \cos\varphi$。

面积沿高度 z 轴和水平 x 轴，矩形回路面元沿 $-y$ 轴方向，根据几何关系得到

$$x = r\cos\varphi,\ \mathrm{d}\boldsymbol{S} = -\boldsymbol{a}_y b\mathrm{d}x,\ r^2 = x^2 + a^2$$

磁通量

$$\Phi = \int_S \boldsymbol{B} \cdot \mathrm{d}\boldsymbol{S} = \int_a^{2a}\int_0^b \boldsymbol{a}_\varphi \cdot (-\boldsymbol{a}_z \mathrm{d}z \times \boldsymbol{a}_x \mathrm{d}x) \frac{\mu_0 I}{2\pi\sqrt{x^2 + a^2}}$$

$$= -\int_a^{2a} \frac{\mu_0 I b x \mathrm{d}x}{2\pi(x^2 + a^2)} = -\frac{\mu_0 I b}{4\pi} \ln\frac{5}{2}$$

利用磁通连续性原理，可以简化计算。

2）因为圆柱坐标中回路平面 $\varphi = 0$，根据几何关系用角度表示变量得到

$$x = r = d - a\cos\theta,\ \mathrm{d}x = a\sin\theta\mathrm{d}\theta,\ \mathrm{d}\boldsymbol{S} = \boldsymbol{a}_x \mathrm{d}x \times \boldsymbol{a}_z 2a\sin\theta = -\boldsymbol{a}_y 2a\sin\theta\mathrm{d}x$$

磁通量

$$\Phi = \int_S \boldsymbol{B} \cdot \mathrm{d}\boldsymbol{S} = \int_0^\pi \boldsymbol{a}_y \cdot (-\boldsymbol{a}_y 2a^2 \sin^2\theta\mathrm{d}\theta) \frac{\mu_0 I}{2(d - a\cos\theta)}$$

$$= \frac{\mu_0 I}{\pi} \int_0^\pi \frac{(d^2 - a^2 + a^2\cos^2\theta - d^2)\mathrm{d}\theta}{d - a\cos\theta}$$

$$= \frac{\mu_0 I}{\pi}\left[(d^2 - a^2)\int_0^{\pi/2} \frac{2\mathrm{d}\tan\theta}{d - a + (d + a)\tan^2\theta} - d\right]$$

$$= \mu_0 I(\sqrt{d^2 - a^2} - d)$$

积分中用到三角函数的半角公式 $\cos 2\theta=(1-\tan^2\theta)/(1+\tan^2\theta)$。

4. 高斯散度定理

根据散度的定义可知，矢量场沿任意闭合曲面的通量等于该矢量场散度在以闭合曲面为边界区域的体积分，宏观上矢量场在闭合曲面上的通量等于该闭合曲面包含的总散度源，这就是高斯（J. C. F. Gauss）散度定理的积分形式，即

$$\oint_S \boldsymbol{A}\cdot \mathrm{d}\boldsymbol{S}=\int_V \nabla\cdot \boldsymbol{A}\mathrm{d}V \tag{2-49}$$

高斯定理将矢量场的通量与该矢量场散度的体积分联系在一起，可以将散度体积分转换为矢量面积分，简化积分计算。

在电磁场中，矢量哈密顿算子∇与算符（空、点·、叉×）结合的偏微分运算十分普遍，上面介绍的梯度∇、散度∇·和旋度∇×是最基本的偏微分矢量运算，这些运算与坐标系无关。矢量算子既是矢量又具有偏微分的特点，但偏微分仅仅作用在空间坐标上，而不是时间轴上。

此外，拉普拉斯算子∇^2也是电磁场微分方程中最常见的算子，它是梯度的散度运算子，即标量偏微分算子，既可以作用在标量场上也可以作用在矢量场上，对标量场的拉普拉斯算子表示为

$$\nabla\cdot\nabla f=\nabla^2 f \tag{2-50}$$

作用于矢量场的矢量算子∇中最重要的矢量恒等式为

$$\nabla\times\nabla\times\boldsymbol{A}=\nabla(\nabla\cdot\boldsymbol{A})-\nabla^2\boldsymbol{A} \tag{2-51}$$

其他矢量恒等式见附录 A。

2.5　矢量场的重要性质

前面分析了标量场的梯度和矢量场的旋度和散度，对于梯度场和旋度场具有特别重要的性质。

1. 两个重要性质

1）梯度沿任意有向闭合曲线的环量为零，梯度的旋度恒等于零，梯度场是无旋场。有

$$\nabla\times\nabla f\equiv 0 \tag{2-52}$$

证明　只要计算梯度沿任意闭合曲线的积分等于零，那么空间任意曲面的环量密度等于零，即旋度等于零。利用梯度的概念得到

$$\oint_l \nabla f\cdot \mathrm{d}\boldsymbol{l}=\oint_l \frac{\mathrm{d}f}{\mathrm{d}l}\boldsymbol{a}_1\cdot \mathrm{d}\boldsymbol{l}=\oint_l \mathrm{d}f=0$$

因此，梯度场的旋度恒等于零，证毕。

2）旋度的散度恒等于零，旋度场是无散场。有

$$\nabla\cdot\nabla\times\boldsymbol{A}\equiv 0 \tag{2-53}$$

证明　只要计算旋度沿任意闭合曲面的积分等于零，那么空间任意闭合曲面的通量体密度等于零，即旋度场的散度等于零。将有向闭合曲面沿曲面上任意闭合曲线分成两部分，分别计算通量可以得到

$$\oint_S \nabla\times\boldsymbol{A}\cdot \mathrm{d}\boldsymbol{S}=\int_{S_1}\nabla\times\boldsymbol{A}\cdot \mathrm{d}\boldsymbol{S}+\int_{S_2}\nabla\times\boldsymbol{A}\cdot \mathrm{d}\boldsymbol{S}$$

利用斯托克斯定理将有向曲面积分转换成有向边界闭合曲线积分，即

$$\oint_S \nabla\times \boldsymbol{A}\cdot \mathrm{d}\boldsymbol{S} = \oint_{l_1}\boldsymbol{A}\cdot \mathrm{d}\boldsymbol{l} + \oint_{l_2}\boldsymbol{A}\cdot \mathrm{d}\boldsymbol{l} = 0$$

由于两个有向曲面的边界是同一个，但边界曲线方向相反，因此两个闭合曲线积分的环量大小相同、符号相反，代数和等于零。因此，旋度场的散度恒等于零，证毕。

2. 无界空间格林函数

矢径 $\boldsymbol{R}$ 表示场点矢径 $\boldsymbol{r}$ 与源点矢径 $\boldsymbol{s}$ 之差，$\boldsymbol{R}=\boldsymbol{r}-\boldsymbol{s}$，格林（G. Green）函数 $G(\boldsymbol{r},\ \boldsymbol{s})$ 表示场点与源点距离 R 的倒数。格林函数既是场点坐标又是源点坐标的标量函数，且具有对称性，表示为

$$G(\boldsymbol{r},\ \boldsymbol{s}) = \frac{1}{|\boldsymbol{r}-\boldsymbol{s}|} = \frac{1}{R} = G(\boldsymbol{s},\ \boldsymbol{r}) \tag{2-54}$$

格林函数对场点坐标计算梯度为

$$\nabla G(\boldsymbol{r},\ \boldsymbol{s}) = -\frac{\boldsymbol{r}-\boldsymbol{s}}{|\boldsymbol{r}-\boldsymbol{s}|^3} = -\frac{\boldsymbol{a}_\mathrm{R}}{R^2} \tag{2-55}$$

式中，$\boldsymbol{a}_\mathrm{R}$ 为矢径 $\boldsymbol{R}$ 的单位矢量。

格林函数对源点坐标计算梯度为

$$\nabla_s G(\boldsymbol{r},\ \boldsymbol{s}) = \frac{\boldsymbol{r}-\boldsymbol{s}}{|\boldsymbol{r}-\boldsymbol{s}|^3} = \frac{\boldsymbol{a}_\mathrm{R}}{R^2} = -\nabla G(\boldsymbol{r},\ \boldsymbol{s}) \tag{2-56}$$

格林函数是电磁场计算中的重要函数，其对源点计算梯度的结果与对场点计算梯度的结果仅仅相差一个负号，这一特性在电磁场分析中十分有用。

格林函数对场点坐标计算拉普拉斯算子：当矢径 $\boldsymbol{R}$ 不等于零矢量时，散度与坐标系无关，将源点看作坐标原点，利用圆球坐标系计算梯度场的散度公式，得到

$$\nabla^2 \mathrm{G}(\boldsymbol{r},\ \boldsymbol{s}) = \nabla\cdot\nabla G(\boldsymbol{r},\ \boldsymbol{s}) = \frac{1}{R^2\sin\theta}\frac{\partial}{\partial R}\left(\frac{R^2\sin\theta}{R^2}\right) = 0$$

当矢径 $\boldsymbol{R}$ 等于零矢量时，以源点为球心作小球，利用散度的定义，计算圆球面上梯度场的通量与圆球体积之比，得到散度

$$\nabla^2 G(\boldsymbol{r},\boldsymbol{s}) = -\frac{\boldsymbol{a}_\mathrm{R}}{R^2}\cdot\boldsymbol{a}_\mathrm{R}4\pi R^2\frac{1}{4\pi R^3/3} = -4\pi\delta(\boldsymbol{R}) \tag{2-57}$$

式中，函数 $\delta(\cdot)$ 是三维狄拉克函数，它等于空间体元的倒数。在一般正交坐标系中，狄拉克函数表示为一维狄拉克函数的乘积形式，即 $\delta(\boldsymbol{R}) = \delta(\boldsymbol{r}-\boldsymbol{r}') = \prod\limits_{k=1}^{3}\frac{1}{h_k}\delta(u_k-u_k')$。

格林函数可以看成是无界空间中某一点有冲激输入时，其空间响应函数就是标量泊松方程 $\nabla^2 G(\boldsymbol{r},\ \boldsymbol{s}) = -4\pi\delta(\boldsymbol{r}-\boldsymbol{s})$ 的解。当有限空间有连续输入函数 $f(\boldsymbol{r})$ 时，其空间响应函数满足泊松方程

$$\nabla^2\phi(\boldsymbol{r}) = -4\pi f(\boldsymbol{r}) \tag{2-58}$$

类似时域分析方法，系统冲激响应表征系统的基本性质，任何零状态输入响应等于冲激响应与输入的时间卷积。这里可以利用空间冲激响应与输入的空间卷积计算泊松方程式（2-58）在无界空间的解

$$\phi(\boldsymbol{r},\ \boldsymbol{s}) = \int_V G(\boldsymbol{r},\ \boldsymbol{s})f(\boldsymbol{s})\mathrm{d}V = \int_V \frac{f(\boldsymbol{s})\mathrm{d}V}{|\boldsymbol{r}-\boldsymbol{s}|} \tag{2-59}$$

关于上述积分的证明将在 2.8 节泊松方程的解中介绍。

2.6 矢量场的分类

根据矢量场的场源是否为零，即矢量场的散度和旋度是否为零，对矢量场进行分类，并引入合适的位函数，由散度源或旋涡源给出位函数满足的二阶偏微分方程。

1. 有散无旋场

有散无旋场称为有势场或保守场。有势场 $\boldsymbol{A}$ 满足 $\nabla \cdot \boldsymbol{A} \neq 0$，$\nabla \times \boldsymbol{A} = \boldsymbol{0}$。由于矢量场的旋度为零，因此可以引入一个标量位 ϕ，使得该矢量场等于标量场的负梯度 $\boldsymbol{A} = -\nabla\phi$，这里负号表示梯度为标量位增加的方向，而矢量场方向表示位函数减小的方向，从而得到以矢量场散度为场源的标量泊松方程为

$$\nabla^2 \phi = -\nabla \cdot \boldsymbol{A} \tag{2-60}$$

式（2-60）将求解矢量场问题转换为求解标量场问题，称为位函数的泊松方程，即以法国数学家泊松（S. D. Poisson）命名的一类方程。

2. 有旋无散场

有旋无散场称为管形场。管形场 $\boldsymbol{B}$ 满足 $\nabla \cdot \boldsymbol{B} = 0$，$\nabla \times \boldsymbol{B} \neq \boldsymbol{0}$。因为矢量场的散度为零，利用旋度场的散度恒等于零的性质，引入一个矢量位 $\boldsymbol{A}$，使得 $\boldsymbol{B} = \nabla \times \boldsymbol{A}$，这里需要对矢量场 $\boldsymbol{A}$ 选择合适的散度，对于不同性质的场采用不同的散度约束规范来确定矢量场 $\boldsymbol{A}$。因为存在二阶连续偏导的任意标量函数 ψ 都满足 $\nabla \times (\boldsymbol{A} + \nabla\psi) = \nabla \times \boldsymbol{A}$，所以将 $\nabla \cdot \boldsymbol{A} = 0$ 和 $\nabla \times \boldsymbol{A} = \boldsymbol{B}$ 代入式（2-51）得到以矢量场 $\boldsymbol{B}$ 的旋度为场源的矢量泊松方程

$$\nabla^2 \boldsymbol{A} = -\nabla \times \boldsymbol{B} \tag{2-61}$$

3. 无散无旋场

无散无旋场称为调和场。调和场 $\boldsymbol{A}$ 满足 $\nabla \cdot \boldsymbol{A} = 0$，$\nabla \times \boldsymbol{A} = \boldsymbol{0}$。通常采用引入一个标量场 ϕ 以简化问题，使得标量场 ϕ 满足关系式 $\boldsymbol{A} = -\nabla\phi$，并进一步获得标量场的拉普拉斯方程

$$\nabla^2 \phi = 0 \tag{2-62}$$

式（2-62）将求解矢量场问题转换为求解标量场齐次偏微分方程，称为拉普拉斯方程，是以法国数学家拉普拉斯（P. S. de Laplace）命名的一类方程。

对于调和场，标量函数在区域内二阶偏导数恒等于零，因此函数值在区域内没有极大值和极小值，要么是恒定常数，要么是单调变化，其最大值或最小值只能在区域边界上取得。这一特点可以利用矢量场唯一性定理加以证明。

4. 有散有旋场

矢量场 $\boldsymbol{F}$ 的散度和旋度都不等于零，即 $\nabla \cdot \boldsymbol{F} \neq 0$，$\nabla \times \boldsymbol{F} \neq \boldsymbol{0}$。这种情况是比较复杂的，在场源位于有限空间区域的条件下，利用亥姆霍兹（H. L. F. von Helmholtz）定理将矢量场分解成无散和无旋两部分，其中无散部分用矢量场 $\boldsymbol{A}$ 的旋度场表示，无旋部分用标量场 ϕ 的梯度表示，这样矢量场可以表示为 $\boldsymbol{F} = \nabla \times \boldsymbol{A} - \nabla\phi$。类似地，引入矢量位的散度为零的约束规范，从而获得两个分别由矢量场 $\boldsymbol{F}$ 的旋度源确定的矢量泊松方程

$$\nabla^2 \boldsymbol{A} = -\nabla \times \boldsymbol{F} \tag{2-63}$$

以及散度源确定的标量泊松方程

$$\nabla^2 \phi = -\nabla \cdot \boldsymbol{F} \tag{2-64}$$

尽管矢量场的场源形式不同，但最终矢量场可以通过引入位函数获得以矢量场的散度源或旋度源为激励的矢量或标量泊松方程，或者无源区域的拉普拉斯方程。因此，矢量场的求

解归根到底是求解形如式（2-63）和式（2-64）的有源区域的泊松方程或无源区域的拉普拉斯方程。

2.7 矢量场的唯一性定理

1. 标量格林定理

在介绍矢量场唯一性定理前，先简述标量格林定理。设区域 V 内的标量场 ϕ 和 ψ 具有连续二阶偏导数，考虑矢量恒等式

$$\nabla\cdot(\phi\nabla\psi)=\phi\nabla^2\psi+\nabla\phi\cdot\nabla\psi \tag{2-65}$$

将式（2-65）代入高斯散度定理式（2-49）得到标量形式的格林第一定理

$$\oint_S\phi\nabla\psi\cdot\mathrm{d}\boldsymbol{S}=\int_V(\phi\nabla^2\psi+\nabla\phi\cdot\nabla\psi)\mathrm{d}V \tag{2-66}$$

由于标量场 ϕ 和 ψ 的任意性，式（2-66）中两个标量场位置交换后得到

$$\oint_S\psi\nabla\phi\cdot\mathrm{d}\boldsymbol{S}=\int_V(\psi\nabla^2\phi+\nabla\phi\cdot\nabla\psi)\mathrm{d}V \tag{2-67}$$

将式（2-66）减去式（2-67）后得到标量形式的格林第二定理

$$\oint_S(\phi\nabla\psi-\psi\nabla\phi)\cdot\mathrm{d}\boldsymbol{S}=\int_V(\phi\nabla^2\psi-\psi\nabla^2\phi)\mathrm{d}V \tag{2-68}$$

2. 矢量场唯一性定理

矢量场的唯一性定理表述为：任何矢量场，如果其在求解区域中的散度和旋度确定，区域边界上的场量或法向分量给定，那么该矢量场在该区域内被唯一确定。

证明 利用反证法，假设存在两个解 $\boldsymbol{F}_1$ 和 $\boldsymbol{F}_2$，那么计算它们的矢量差 $\boldsymbol{A}=\boldsymbol{F}_1-\boldsymbol{F}_2$。显然矢量场 $\boldsymbol{A}$ 是满足散度和旋度都等于零的调和场，可以引入一个标量场 ϕ，使得 $\boldsymbol{A}=-\nabla\phi$，因此标量场 ϕ 满足拉普拉斯方程 $\nabla^2\phi=0$。假设式（2-66）中的两个标量场相同且为 ϕ，则有

$$\oint_S\phi\nabla\phi\cdot\mathrm{d}\boldsymbol{S}=\int_V(|\nabla\phi|^2+\phi\nabla^2\phi)\mathrm{d}V$$

式中，S 是区域 V 的封闭外边界。

根据矢量场 $\boldsymbol{A}$ 是梯度场和无散场的特性，如果边界上原矢量场的矢量值给定，那么边界上 $\boldsymbol{A}=\boldsymbol{0}$，即边界上梯度 $\nabla\phi=\boldsymbol{0}$，因此 $\int_V|\nabla\phi|^2\mathrm{d}V=0$，而区域内梯度的绝对值不小于零，体积分等于零，说明梯度处处为零，即 $\boldsymbol{A}=\boldsymbol{0}$，两个矢量场 $\boldsymbol{F}_1=\boldsymbol{F}_2$。

如果边界上原矢量场的法向分量给定，那么边界上 $A_{\mathrm{n}}=0$，即 $\dfrac{\partial\phi}{\partial n}=0$，由于满足方程 $\nabla^2\phi=0$，因此 $\int_V|\nabla\phi|^2\mathrm{d}V=\oint_S\phi\nabla\phi\cdot\boldsymbol{a}_{\mathrm{n}}\mathrm{d}S=\oint_S\phi\dfrac{\partial\phi}{\partial n}\mathrm{d}S=0$，同样获得 $\boldsymbol{A}=\boldsymbol{0}$，即 $\boldsymbol{F}_1=\boldsymbol{F}_2$。

如果边界上原矢量场的切向分量给定，那么边界上 $A_{\mathrm{t}}=0$，即边界上 $\phi=C$ 为等值面，因此 $\int_V|\nabla\phi|^2\mathrm{d}V=\oint_S\phi\nabla\phi\cdot\boldsymbol{a}_{\mathrm{n}}\mathrm{d}S=\phi\int_V\nabla^2\phi\mathrm{d}V=0$，同样得到 $\boldsymbol{A}=\boldsymbol{0}$，两个矢量 $\boldsymbol{F}_1=\boldsymbol{F}_2$。

利用矢量场的唯一性定理，只要能找到一个解，满足场方程和边界条件，那么这个解就是唯一解。镜像法就是利用这一原理的典范。

值得注意的是，矢量场的边界是封闭的，对于开口边界上面证明过程不成立。边界条件

要么满足边界上位函数给定的狄利克雷（J. P. G. L. Dirichlet）条件，即第一类边值问题的边界条件；要么满足边界上位函数法向偏导给定的诺依曼（K. G. Neumann）条件，即第二类边值问题；或者是上述两种条件的线性组合，即罗宾（V. G. Robin）条件或第三类边值问题。不是所有问题都具有唯一解。对于双曲偏微分方程（波动方程）在开口边界无法获得解，而在闭合边界则可能存在很多解。

例 2.7 空间有限区域内，矢量场为调和场，区域边界矢量场只有法向分量，证明该区域内矢量场为零矢量，边界面为等值面。

解答 先证明边界面为等值面。因为矢量场只有法向分量，切向分量等于零，矢量场是调和场，所以引入标量位 ϕ，使得其负梯度等于矢量场 $\boldsymbol{A}=-\nabla\phi$，标量位满足拉普拉斯方程 $\nabla^2\phi=0$。于是标量位在边界上切向的方向导数处处为零，边界面是等值面。因为矢量场无散，所以矢量场在边界上的曲面积分等于零，利用格林公式可以得到区域内矢量场模平方的体积分恒等于零，$\int_V|\boldsymbol{A}|^2\mathrm{d}V=\int_V|\nabla\phi|^2\mathrm{d}V=0$，即矢量场恒等于零矢量。

2.8 泊松方程的解

前面通过矢量场的分类与分析得到位函数满足的泊松方程，给出了矢量场的唯一性定理，因此只要满足场方程和边界条件的解是唯一即可。下面讨论无界空间静态场的泊松方程求解，这里的无界空间是指以无穷大球面为边界的空间。

1. 标量泊松方程的解

考虑静态标量场 ϕ 满足的泊松方程：

$$\nabla^2\phi=-f \tag{2-69}$$

式中，标量函数 f 称为激励函数或者标量场 ϕ 的负梯度的散度源。

取一个标量场为泊松方程（2-69）的解，另一个标量场为自由空间格林函数 $G(\boldsymbol{r},\boldsymbol{s})$，那么利用标量格林第二定理，以场源坐标 $\boldsymbol{s}$ 为偏微分与积分变量得到

$$\oint_S(\phi(\boldsymbol{s})\nabla_s G(\boldsymbol{r},\boldsymbol{s})-G(\boldsymbol{r},\boldsymbol{s})\nabla_s\phi(\boldsymbol{s}))\cdot\mathrm{d}\boldsymbol{S}=\int_V(\phi(\boldsymbol{s})\nabla_s^2 G(\boldsymbol{r},\boldsymbol{s})+G(\boldsymbol{r},\boldsymbol{s})f(\boldsymbol{s}))\mathrm{d}V \tag{2-70}$$

将式（2-56）和式（2-57）代入式（2-70）得到

$$\phi(\boldsymbol{r})=\frac{1}{4\pi}\int_V\frac{f(\boldsymbol{s})}{R}\mathrm{d}V+\frac{1}{4\pi}\oint_S\left[\frac{1}{R}\nabla_s\phi(\boldsymbol{s})-\phi(\boldsymbol{s})\frac{\boldsymbol{a}_\mathrm{R}}{R^2}\right]\cdot\mathrm{d}\boldsymbol{S} \tag{2-71}$$

于是，静态标量场泊松方程的解可以用区域内激励函数 $f(\boldsymbol{s})$ 与格林函数乘积的体积分、边界上位函数及其梯度相关的曲面积分来表示。

式（2-71）表明，满足泊松方程（2-69）的标量场 ϕ 在区域内的解不仅与区域内的场源分布 f 有关，而且与区域边界上的标量场 ϕ 及其梯度有关。

特别地，当场源有限区域分布时，无穷边界上的积分为零，无穷远处标量场为零，标量泊松方程的解简化为

$$\phi=\frac{1}{4\pi}\int_V\frac{f}{R}\mathrm{d}V \tag{2-72}$$

2. 矢量泊松方程的解

考虑静态矢量泊松方程：

$$\nabla^2 \boldsymbol{A} = -\boldsymbol{f} \tag{2-73}$$

矢量场可以分解为三个独立的分量（直角坐标系），每个直角坐标分量满足标量泊松方程，根据静态标量泊松方程求解可以分别得到矢量场相应的分量解，再利用标量泊松方程的三个分量解合成得到矢量泊松方程的解。

当矢量激励函数$\boldsymbol{f}$在有限区域分布时，以无穷远处为参考点，矢量泊松方程（2-73）的解为

$$\boldsymbol{A} = \frac{1}{4\pi}\int_V \frac{\boldsymbol{f}}{R}\mathrm{d}V \tag{2-74}$$

对于静态拉普拉斯方程，则标量场由式（2-71）的边界曲面积分获得，即采用格林函数法。闭合曲面是有界空间的边界，在无界空间且无源的拉普拉斯方程没有非零解。

对于时变泊松方程，需要考虑场源在空间位置的时间影响因素，通常存在时间延迟，即采用滞后位表示。

思考题与习题

1. 标量场在空间某一点的方向导数与该点的梯度有什么关系？
2. 如何判断一个矢量场为某标量场的梯度？
3. 如果一个矢量场是某标量场的梯度，如何计算该标量场？
4. 标量场的梯度是否等于单位体积上闭合曲面矢量积分的极限？
5. 如何判断一个矢量场为某矢量场的旋度？
6. 如何确定一个矢量场的场源？
7. 如何根据场源性质对矢量场进行分类？
8. 为什么调和场只能存在于有界区域内？
9. 设标量函数$\phi = xy^2 + yz^3$，矢量函数$\boldsymbol{A} = 2\boldsymbol{a}_x + 2\boldsymbol{a}_y - \boldsymbol{a}_z$，则标量函数$\phi$在点（2，-1，1）处沿矢量$\boldsymbol{A}$方向上的方向导数为________。
10. 标量函数$f = x^2z + y^2$，则该标量函数的梯度∇f为__________，该标量函数沿$\boldsymbol{l} = 2\boldsymbol{a}_x + 3\boldsymbol{a}_y - 2\boldsymbol{a}_z$方向在点（1，-1，2）处的方向导数为________。
11. 给定矢量函数$\boldsymbol{F} = \boldsymbol{a}_x(x + c_1 z) + \boldsymbol{a}_y(c_2 x - 3z) + \boldsymbol{a}_z(x + c_3 y + c_4 z)$为无旋场，那么系数分别为$c_1 =$________，$c_2 =$________，$c_3 =$________。
12. 矢径$\boldsymbol{R} = \boldsymbol{a}_x(x - x_0) + \boldsymbol{a}_y(y - y_0) + \boldsymbol{a}_z(z - z_0)$，矢量场$\boldsymbol{F} = kR^{-2}\boldsymbol{a}_R$，其中（$x_0$，$y_0$，$z_0$）为定点，（$x$，$y$，$z$）为场点，$k$为常数，求矢量场的矢量线方程、散度和旋度。
13. 设$\boldsymbol{r} = \boldsymbol{a}_x x + \boldsymbol{a}_y y + \boldsymbol{a}_z z$，计算$\nabla r^n$，$\nabla(\ln r)$，$\nabla \cdot \boldsymbol{r}$，$\nabla \times \boldsymbol{r}$，$\nabla^2 r^n$，其中$n$为整数。
14. 计算$\theta = 30°$圆锥所张的立体角。
15. 已知标量场$\phi(x, y, z) = 4x^2 + 4y^2 + z^2$，求过点（1，2，0）的等值面方程与其梯度场矢量线方程。
16. 已知过点（0，1，2）的三个矢量$\boldsymbol{A} = \boldsymbol{a}_x + \boldsymbol{a}_y + \boldsymbol{a}_z$，$\boldsymbol{B} = \boldsymbol{a}_x - \boldsymbol{a}_y$，$\boldsymbol{C} = \boldsymbol{a}_y - \boldsymbol{a}_z$，计算：

1）矢量$\boldsymbol{A}$的长度与单位矢量，以及在圆柱、圆球坐标系中的表示。

2）矢量的模$|\boldsymbol{A} - \boldsymbol{B}|$，$|\boldsymbol{A} + \boldsymbol{B}|$。

3）矢量$\boldsymbol{B}$在$\boldsymbol{A}$上的投影矢量。

4）$\boldsymbol{A} \cdot \boldsymbol{B}$。

5）矢量$\boldsymbol{A}$和$\boldsymbol{B}$的夹角。

6）$\boldsymbol{A} \times \boldsymbol{B}$，$\boldsymbol{B} \times \boldsymbol{A}$，$\boldsymbol{B} \times \boldsymbol{C}$。

7）$\boldsymbol{A} \cdot \boldsymbol{B} \times \boldsymbol{C}$和$\boldsymbol{A} \times \boldsymbol{B} \cdot \boldsymbol{C}$。

8）$(\boldsymbol{A} \times \boldsymbol{B}) \times \boldsymbol{C}$，$\boldsymbol{A} \times (\boldsymbol{B} \times \boldsymbol{C})$。

17. 已知圆球坐标系中矢量场 $\boldsymbol{A}=\boldsymbol{a}_r r^{-3}\cos^2\varphi$，计算矢量的散度 $\nabla\cdot\boldsymbol{A}$ 和旋度 $\nabla\times\boldsymbol{A}$，以及下列积分并验证高斯定理和斯托克斯定理：

1）球面 $r=2$ 和 $r=3$ 之间区域的散度体积分 $\int_V \nabla\cdot\boldsymbol{A}\mathrm{d}V$。

2）球面 $r=2$ 和 $r=3$ 围成区域的边界曲面（外法向为正）上的积分 $\oint_S \boldsymbol{A}\cdot\mathrm{d}\boldsymbol{S}$。

3）曲面 $r=2$ 和 $\theta=\pi/2$ 相交的曲线沿 φ 增加方向上的曲线积分 $\oint_l \boldsymbol{A}\cdot\mathrm{d}\boldsymbol{l}$。

4）球面 $r=2$ 的上半球面上的旋度曲面积分 $\oint_S \nabla\times\boldsymbol{A}\cdot\mathrm{d}\boldsymbol{S}$。

18. 已知圆球坐标系中的矢量场 $\boldsymbol{A}=\boldsymbol{a}_r 2r\sin^2\theta\sin\varphi+\boldsymbol{a}_\theta r\sin2\theta\sin\varphi+\boldsymbol{a}_\varphi r\sin\theta\cos\varphi$。

1）证明该矢量场是无旋的，或者闭合路径积分与路径无关。

2）计算标量场 ϕ 使得 $\boldsymbol{A}=-\nabla\phi$。

19. 已知圆柱坐标系中的标量场 $\phi=k\ln\dfrac{\sqrt{r^2+(z-c)^2}+c-z}{\sqrt{r^2+(z+c)^2}-c-z}$，其中 k 和 c 为常数且 $c>0$。

1）确定等值面方程并说明图形类型。

2）确定其梯度场的场源与性质（散度源或旋涡源）。

3）计算任意等值面上的梯度场及其通量。

20. 已知圆柱坐标系中的标量场 $\phi=k\arcsin\dfrac{2a}{\sqrt{(r-a)^2+z^2}+\sqrt{(r+a)^2+z^2}}$，其中 k 和 a 为常数且 $a>0$。

1）确定等值面方程并说明图形类型。

2）确定其梯度场的场源与性质（散度源或旋涡源）。

3）计算任意等值面上的梯度场及其通量。

21. 已知圆球坐标系中的矢量场 $\boldsymbol{A}=\boldsymbol{a}_r K(r^n-r^{-n})$，其中 K 为常数，n 为自然数。计算：

1）矢量场在球心位于原点且半径为 a 的圆球面上的通量。

2）该矢量场的散度 $\nabla\cdot\boldsymbol{A}$，以及散度场在上述球面为边界的区域内的体积分。

22. 已知圆柱坐标系中的矢量场 $\boldsymbol{A}=\boldsymbol{a}_z K\ln(a/r)$，其中 K 和 a 为常数。计算：

1）矢量场在矩形回路 $(b,0,0)-(b,0,h)-(2b,0,h)-(2b,0,0)-(b,0,0)$ 的环量。

2）该矢量场的旋度 $\nabla\times\boldsymbol{A}$，以及旋度场在上述矩形回路为边界的平面内的通量。

23. 已知闭合曲面 S 内矢量场 $\boldsymbol{A}$ 的散度和旋度都等于零，且 $\boldsymbol{A}$ 不为常矢量，令 $\boldsymbol{A}=-\nabla\phi$。证明标量场 ϕ 在闭合曲面 S 内的开区域中既不存在最大值也不存在最小值。

24. 已知圆球坐标系中的标量场 $\phi=\dfrac{\boldsymbol{p}\cdot\boldsymbol{r}}{Kr^3}$，其中 K 为常数，$\boldsymbol{p}$ 为常矢量，计算 $\nabla\phi$ 和 $\nabla^2\phi$。

25. 已知圆球坐标系中的矢量场 $\boldsymbol{A}=\dfrac{\boldsymbol{p}\times\boldsymbol{r}}{Kr^3}$，其中 K 为常数，$\boldsymbol{p}$ 为常矢量，计算散度 $\nabla\cdot\boldsymbol{A}$ 和旋度 $\nabla\times\boldsymbol{A}$。

26. 已知矢量 $\boldsymbol{A}=\boldsymbol{a}_z A(x,y)$，矢量 $\boldsymbol{B}=\nabla\times\boldsymbol{A}$，求矢量 $\boldsymbol{B}$ 的矢量线方程。

第3章 静电学

电荷及其运动电流产生基本电和磁的现象。静电学是研究静止电荷产生的静电场及其基本规律，它是电磁理论的基础。本章主要介绍静电能量的基本知识和问题求解方法：首先介绍电磁场的场源和自由空间的基本电磁常数，然后从库仑定律出发总结静电场的基本规律，包括库仑力、电场强度及其梯度场的特性，说明静电场是无旋场，推导出静电场高斯定理表达式，其散度源为空间分布电荷，通过电场力与外力做功与路径无关，引入标量电位的概念，而其负梯度正是电场强度；再介绍静电场中的电介质和导体，获得静电场的基本特性和满足的交界面衔接条件，并在此基础上分析各种静电场问题的求解方法，如场源积分法、镜像法、格林函数法、复变换法和分离变量法等；最后分析静电能量的场源和场量表示方法、静电力计算与静电能量存储元件。

3.1 场源

静电场是相对于观测者静止的电荷产生的电场。在介绍静电场基本实验结论和特性之前，先介绍电磁场的场源——电荷与电流是十分必要的。

电磁场的源是电荷及其运动产生的电流。场源所在空间位置称为源点，而电磁场量空间位置称为场点。

1. 电荷及其密度

电荷包括正电荷和负电荷。正电荷如原子核内质子。负电荷如电子。电子具有质量、电荷量、自旋角动量和轨道角动量、自旋磁矩和轨道磁矩。电荷的多少用电荷量表示，其单位是库仑，用符号 C 表示，是为了纪念法国实验物理学家库仑（C. A. de Coulomb）而命令的。电荷量是以电子电量为基本单位量子化的，一个电子的电荷量为负值，大小约1.602×10^{-19}C。理想电荷模型是点电荷，即空间体积等于零而电荷量任意给定的电荷。电荷符合物理学基本假设的电荷守恒原理，即电荷既不能被创造也不能被消灭。

电荷密度是电荷空间分布函数，它是标量，用符号ρ表示，如图3.1所示，主要有三种形式：体电荷分布，用ρ表示体电荷密度，国际单位是库仑/米^3（C/m^3）；面电荷分布，用ρ_s表示面电荷密度，单位是库仑/米^2（C/m^2），下标 s 是面的英文单词 surface 的首字母；线电荷分布，用ρ_l表示线电荷密度，单位是库仑/米（C/m），下标 l 是线的英文单词 line 的首字母。点电荷离散分布可以看成是体电荷密度无穷大的特殊情况，通过引入狄拉克函数可以用统一的体电荷分布密度来表示。此外还有电偶极子体、面、线和点分布，有关电偶极子的概念将在电介质一节中介绍。

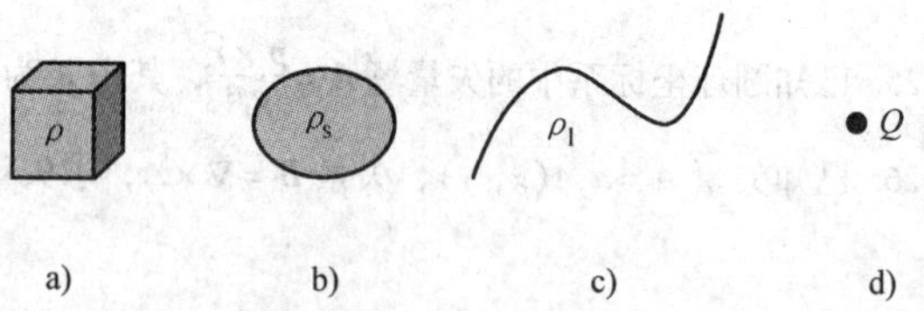

图3.1 电荷空间分布

a）体电荷 b）面电荷 c）线电荷 d）点电荷

2. 电流及其密度

电流等于单位时间内流过给定横截面积的正电荷量，用微分形式表示为

$$i = \frac{\mathrm{d}Q}{\mathrm{d}t} \tag{3-1}$$

电流是标量，用符号 i 表示瞬时值，用 I 表示有效值，国际单位是安培（A），是为了纪念法国实验物理学家安培（A. M. Ampère）而命令的。

电流是宏观量，一般是空间体电荷定向移动的体电流，理想化模型是面电荷定向移动形成的面电流和线电荷沿线移动的线电流。由此形成体电流密度、面电流密度和线电流密度。

电流密度是矢量，用符号 $\boldsymbol{J}$ 表示，国际单位通常是安培/米^2（A/m^2）。因此电流是电流密度在其垂直截面上的通量。

导体中的电流是自由电子移动引起的，称为传导电流，相应的电流密度是传导电流密度，满足欧姆定律，但超导体内的超导电流不满足欧姆定律。

空间自由电荷运动产生的电流称为运流电流，相应的电流密度称为运流电流密度。

电场变化引起的电流称为位移电流，相应的电流密度是位移电流密度。频率较低时，导体内的位移电流可以忽略不计，因此位移电流主要存在于真空和绝缘介质中。

根据材料内部不同载流子的浓度 N、电荷量 q 和运动速度$\boldsymbol{v}$，例如掺杂半导体材料内部的空穴和自由电子，电解质溶液中的正负离子，可以计算电荷定向移动时的电流密度为

$$\boldsymbol{J} = \sum N_k q_k \boldsymbol{v}_k \tag{3-2}$$

考虑空间分布电荷的运动速度$\boldsymbol{v}$，相应的运流电流密度与电荷密度关系分别为：体电流密度 $\boldsymbol{J} = \rho\boldsymbol{v}$，单位 A/m^2；面电流密度 $\boldsymbol{J}_\mathrm{s} = \rho_\mathrm{s}\boldsymbol{v}$，单位 A/m；线电流密度 $\boldsymbol{J}_\mathrm{l} = \rho_\mathrm{l}\boldsymbol{v}$，单位 A。

3. 电荷守恒原理

自然界中的电荷既不能被创造，也不能被消灭，即电荷总是守恒的，因此任意闭合曲面内总电荷量的时间减少率等于该闭合曲面上流出的电流密度通量或总电流，电荷守恒的积分形式表示为

$$\oint_S \boldsymbol{J} \cdot \mathrm{d}\boldsymbol{S} = -\frac{\partial}{\partial t}\int_V \rho \mathrm{d}V \tag{3-3}$$

其中闭合曲面上的电荷量不变。

根据高斯定理，闭合曲面上矢量场的通量等于闭合曲面内矢量场散度的体积分，即

$$\oint_S \boldsymbol{J} \cdot \mathrm{d}\boldsymbol{S} = \int_V \nabla \cdot \boldsymbol{J} \mathrm{d}V \tag{3-4}$$

于是，由式（3-3）和式（3-4）得到空间任意点电流密度的散度等于电荷密度随时间的减少率，电荷守恒的微分形式表示为

$$\nabla \cdot \boldsymbol{J} = -\frac{\partial \rho}{\partial t} \tag{3-5}$$

当空间电荷密度分布不随时间变化，或者空间电荷体密度分布等于零时，电流密度的散度等于零。例如，电荷空间分布且不随时间变化的静电场，这时没有电流，电流密度及其散度自然都等于零。另外，导体中流过恒定电流时的恒定电流电场，因为自由电子与核电荷量和核外束缚电子层的电荷量代数和等于零，宏观上单位体积内的电荷密度恒等于零，因此电流密度的散度为零。

式（3-3）和式（3-5）表明电流连续性原理与空间电荷变化的积分与微分关系，建立

起了运动电荷产生的电流密度和空间电荷密度分布的时变关系。

3.2 库仑定律

1. 自由空间

真空或充满空气的空间称为自由空间，它是线性、均匀且各向同性的介质。有两个重要电磁特性参数：一是介电常数，用符号 ε_0 表示，数值上 $\varepsilon_0 \approx 8.85 \times 10^{-12}$，单位是法拉/米(F/m)，该单位相当于单位长度的电容量，与电容器的电容密切相关；二是磁导率，用符号 μ_0 表示，数值上 $\mu_0 = 4\pi \times 10^{-7}$，单位是亨利/米（H/m)，该单位相当于单位长度的电感量，与导体电感密切相关。

这两个电磁特性参数具有如下确定关系：$(\mu_0\varepsilon_0)^{-1/2} \approx 3 \times 10^8$ m/s，即自由空间中光的传播速度，也是所有电磁波在自由空间传播的速度。$(\mu_0/\varepsilon_0)^{1/2} = 120\pi\Omega$，即自由空间电磁波传播的特征阻抗。

2. 库仑定律

静电场的研究方法是从经典实验结果库仑定律出发，经过理论总结获得一般规律，即采用归纳法。

1785 年库仑对带电小球之间的作用力进行实验，当小球尺寸远远小于小球之间的距离时，小球可以看作空间一点，如图 3.2 所示，由此建立起自由空间中两个点电荷 Q_1 和 Q_2 之间的作用力公式，称为库仑定律，即

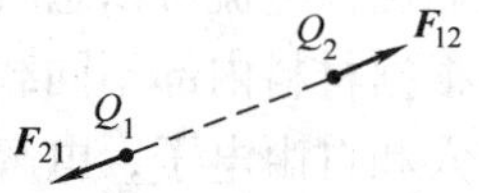

图 3.2　两个点电荷之间的作用力

$$\boldsymbol{F} = \boldsymbol{a}_{\mathrm{R}} \frac{Q_1 Q_2}{4\pi\varepsilon_0 R^2} \tag{3-6}$$

式中，R 是两个点电荷之间的距离；$\boldsymbol{a}_{\mathrm{R}}$ 是计算受力点电荷相对于另一点电荷的单位矢量。

由式（3-6）可知，两个点电荷 Q_1 和 Q_2 之间的作用力大小与电荷量成正比，与距离二次方成反比，方向在点电荷连线上，同性电荷相斥，异性电荷相吸。它们是一对作用力与反作用力，但这种作用力是非机械接触性质的作用力，与空间位置有关，具有场的特性，法拉第（M. Faraday）称其为电场，这种力是电场作用力，从而否定了早期学者提出的超距作用力理论。

利用格林函数 $G = R^{-1}$，在电荷量恒定的条件下，两个点电荷之间的作用力可以改写成

$$\boldsymbol{F} = -\frac{Q_1 Q_2}{4\pi\varepsilon_0}\nabla G = -\nabla\left(\frac{Q_1 Q_2}{4\pi\varepsilon_0 R}\right) \tag{3-7}$$

式（3-7）中梯度算子作用在受力点电荷坐标上，表明电荷之间的作用力正比于电荷量与格林函数乘积的负梯度，表明了电场力矢量场与某种梯度场的内在特性的一致性，同时建立起了电场力矢量场与标量场（与格林函数相关）的联系。该梯度场与电场强度相关联，而标量场将与电位相关联。

3.3 电场强度

1. 电场强度的定义

一个点电荷在另一个点电荷形成的场空间受到电场力的作用，而该电场力与点电荷量成

正比，或者说电场力与点电荷量之比与该点电荷量无关，仅取决于电场本身的特性。

在点电荷 Q 形成的静电场中，单位测试正电荷 $\mathrm{d}q$ 受到空间电荷的电场力 $\mathrm{d}\boldsymbol{F}$，仅仅取决于场点的电场特性，用电场强度表示为

$$\boldsymbol{E}=\frac{\mathrm{d}\boldsymbol{F}}{\mathrm{d}q} \tag{3-8}$$

电场强度的方向是测试正电荷受力方向，而式（3-8）显然也适用于测试电荷量为负电荷的情况，如图 3.3 所示。对于正点电荷产生的电场强度方向是离开点电荷辐射状，而负点电荷产生的电场强度方向则是朝向点电荷辐射状的。

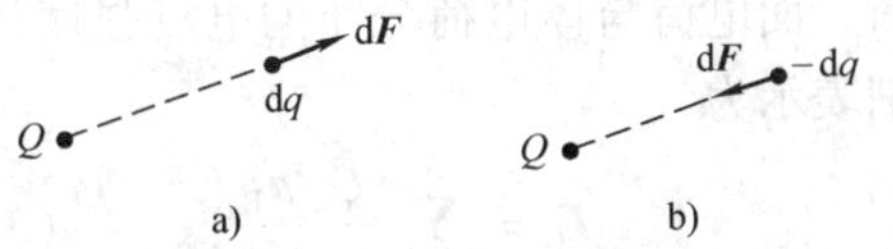

图 3.3　测试电荷与电场力

a）同极性测试电荷　b）异极性测试电荷

值得注意的是，这里引入的测试电荷不会影响点电荷的电场分布，但当实际电场是由空间分布电荷产生时，引入测试电荷确定电场强度的方法，必须要保证引入的测试电荷不至于引起原来空间电荷分布状态的变化。否则，利用测试电荷得到的电场强度不能表示原来电荷分布在该点的电场强度，这一点将在导体静电系统中做进一步分析。

自由空间中一个点电荷 Q 的电场强度为

$$\boldsymbol{E}=\boldsymbol{a}_{\mathrm{R}}\frac{Q}{4\pi\varepsilon_0 R^2} \tag{3-9}$$

点电荷电场具有完美的几何对称性，因此电场强度只能有以点电荷为球心的径向分量，点电荷电场是一种辐射性质的有散度源产生的矢量场。电场强度与到点电荷的距离二次方成反比。以点电荷为球心的球面上电场强度大小相同，方向是球面法向（正点电荷为外法向，负点电荷为内法向），这种圆球面称为高斯面。电场强度大小与空间介质特性有关，还与电荷量成正比。

2. 点电荷电场强度特性

点电荷是理想模型，它是分析空间分布电荷电场的基础。由式（3-9）得，当点电荷电荷量不变时，电场强度可以表示为标量场的负梯度，即

$$\boldsymbol{E}=-\nabla\frac{Q}{4\pi\varepsilon_0 R}=-\nabla\phi \tag{3-10}$$

式中，标量场 ϕ 为

$$\phi=\frac{Q}{4\pi\varepsilon_0 R}+C \tag{3-11}$$

标量场中的常数 C 是由标量场的参考点，即标量场在该点的函数值等于零来确定的。对于无界空间通常选取无穷远处为参考点，这里无穷远是指以点电荷为球心的半径为无穷大的球面。电位参考点不能选在点电荷或线电荷所在位置，但可以选在面电荷或体电荷所在位置。

由于任何梯度场的旋度恒等于零，因此点电荷产生的电场是无旋的梯度场，它是一种保守场。对于正点电荷，电力线起始于正电荷而终止于无穷远处；对于负点电荷，电力线起始于无穷远处，而终止于负电荷。如图 3.4 所示，正、负点电荷的电力线都是经过点电荷的球面对称径向辐射线。对于标量场来说，距离正电荷越近的点，标量场的函数值越大，因此标量函数的梯度方向是指向正电荷方向。相反地，距离负电荷越远的点，标量场的函数值越

大，因此标量函数的梯度方向是背离负电荷的方向。

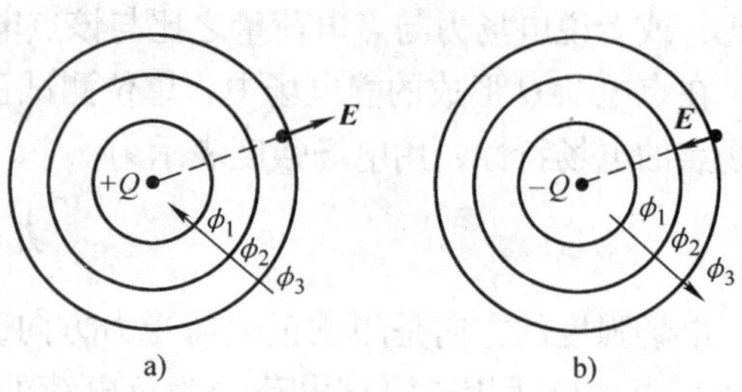

图 3.4 点电荷电场强度方向和电位梯度方向

a）正点电荷 b）负点电荷

3. 空间分布电荷电场及其特性

一般地，电荷空间分布产生的电场强度利用叠加原理计算，对于离散点电荷、线电荷、面电荷与体电荷分布的电场强度计算分别表示为

$$\boldsymbol{E} = \sum_{k=1}^{N} \frac{Q_k \boldsymbol{a}_{Rk}}{4\pi\varepsilon_0 R_k^2} \tag{3-12a}$$

$$\boldsymbol{E} = \int_l \frac{\rho_l \boldsymbol{a}_R \mathrm{d}l}{4\pi\varepsilon_0 R^2} \tag{3-12b}$$

$$\boldsymbol{E} = \int_S \frac{\rho_s \boldsymbol{a}_R \mathrm{d}S}{4\pi\varepsilon_0 R^2} \tag{3-12c}$$

$$\boldsymbol{E} = \int_V \frac{\rho \boldsymbol{a}_R \mathrm{d}V}{4\pi\varepsilon_0 R^2} \tag{3-12d}$$

式中，Q_k为离散点电荷的电荷量；N是离散点电荷数量；$\boldsymbol{R}$是源点 $\boldsymbol{s}$ 到场点 $\boldsymbol{r}$ 的矢径，距离 $R = |\boldsymbol{r}-\boldsymbol{s}|$；$\boldsymbol{a}_{Rk}$为离散点电荷位置到场点矢径的单位矢量；$\boldsymbol{a}_R$为矢径 $\boldsymbol{R}$ 的单位矢量；ρ_l、ρ_s 和 ρ 分别为线、面和体电荷密度；$\mathrm{d}l$、$\mathrm{d}S$ 和 $\mathrm{d}V$ 分别为线、面和体电荷源分布的空间微元。

对于离散点电荷 Q 的体密度可以用函数 $Q\delta(\boldsymbol{R})$ 表示。三维空间 δ 函数的一个重要性质是区域 Ω 包含矢径长度 $R=0$ 的点时，该函数的体积分等于1，否则体积分恒等于零，即

$$\int_\Omega \delta(\boldsymbol{R})\mathrm{d}V = \begin{cases} 1, & R = 0 \in \Omega \\ 0, & R = 0 \notin \Omega \end{cases} \tag{3-13}$$

例 3.1 如图 3.5 所示，长度为 $2L$ 的均匀线电荷密度 ρ_l，计算空间任意一点的电场强度。

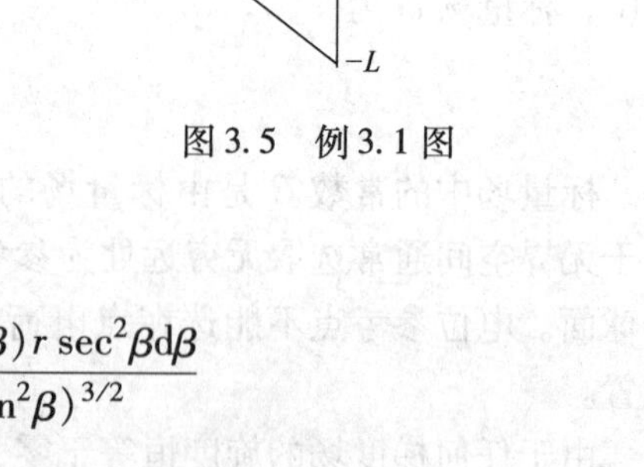

图 3.5 例 3.1 图

解答 利用对称性使线电荷位于 z 轴，中点放置在 xOy 平面，建立圆柱坐标系，电场强度关于 z 轴对称，与坐标 φ 无关，场点 P 矢径 $\boldsymbol{a}_r r + \boldsymbol{a}_z z$，场源 $\mathrm{d}\boldsymbol{l}$ 矢径 $\boldsymbol{a}_z l$，利用线积分方法计算电场强度得

$$\boldsymbol{E} = \frac{\rho_l}{4\pi\varepsilon_0}\int_{-L}^{L} \frac{[r\boldsymbol{a}_r + (z-l)\boldsymbol{a}_z]\mathrm{d}l}{[r^2 + (z-l)^2]^{3/2}}$$

令 $\tan\beta = (l-z)/r$，于是 $\tan\beta_1 = (-L-z)/r$，$\tan\beta_2 = (L-z)/r$，$\mathrm{d}l = r\sec^2\beta\mathrm{d}\beta$，将这些关系代入电场强度积分式得到

$$\begin{aligned}\boldsymbol{E} &= \frac{\rho_l}{4\pi\varepsilon_0}\int_{\beta_1}^{\beta_2} \frac{(r\boldsymbol{a}_r - \boldsymbol{a}_z r\tan\beta)r\sec^2\beta\mathrm{d}\beta}{(r^2 + r^2\tan^2\beta)^{3/2}} \\ &= \frac{\rho_l}{4\pi\varepsilon_0 r}[\boldsymbol{a}_r(\sin\beta_2 - \sin\beta_1) + \boldsymbol{a}_z(\cos\beta_2 - \cos\beta_1)]\end{aligned}$$

当场点 P 位于 xOy 平面内时，$z=0$，$\beta_1 = -\beta_2$，电场强度不存在 z 分量。

当场点位于 z 轴上时，不存在 r 分量，只有 z 分量，由积分式得到

$$\boldsymbol{E}=\boldsymbol{a}_{z}\frac{\rho_{l}}{4\pi\varepsilon_{0}}\int_{-L}^{L}\frac{\mathrm{d}l}{|z-l|(z-l)}=\boldsymbol{a}_{z}\frac{\rho_{l}}{4\pi\varepsilon_{0}}\left(\frac{1}{|L-z|}-\frac{1}{|L+z|}\right)$$

当线电荷长度参数 L 趋于无限长时，β_1 和 β_2 分别趋于 $-\pi/2$ 和 $\pi/2$，电场强度仅仅是 r 的函数，即

$$\boldsymbol{E}=\boldsymbol{a}_{r}\frac{\rho_{l}}{2\pi\varepsilon_{0}r} \tag{3-14}$$

由电场强度表达式（3-14）可以知道，无限长直线电荷产生的电场是二维的平行平面电场，即任意 z 平面上的电场分布相同。以对称 z 轴为轴线的直圆柱面是高斯面，利用高斯定理可以得到相同结果。

例 3.2 如图 3.6 所示，半径为 a 的圆球内电荷密度 ρ 均匀分布，计算空间电场强度分布。

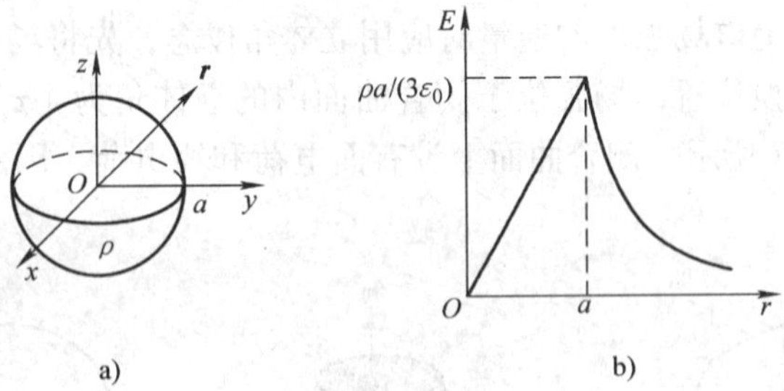

图 3.6 例 3.2 图

a）球电荷分布 b）电场强度径向分布曲线

解答 以圆球球心为原点，建立圆球坐标系，由于场源球对称分布，电场强度球对称分布，仅仅是 r 的函数，因此以原点为球心的球面是高斯面，利用电场强度高斯定理计算：

在圆球内部

$$4\pi r^{2}\boldsymbol{E}\cdot\boldsymbol{a}_{r}=\frac{\rho}{\varepsilon_{0}}\frac{4}{3}\pi r^{3},\ \boldsymbol{E}=\boldsymbol{a}_{r}\frac{\rho r}{3\varepsilon_{0}}$$

在圆球外部

$$4\pi r^{2}\boldsymbol{E}\cdot\boldsymbol{a}_{r}=\frac{\rho}{\varepsilon_{0}}\frac{4}{3}\pi a^{3},\ \boldsymbol{E}=\boldsymbol{a}_{r}\frac{\rho a^{3}}{3\varepsilon_{0}r^{2}}$$

在圆球内部电场强度沿径向线性增强，球心处电场强度为零，圆球表面电场强度达到最大。圆球外部电场强度按照径向半径的二次方反比例变化，但圆球面上的通量不变。

从点电荷与无限长直均匀线电荷电场强度表达式，可以获得什么启示呢？

从几何上分析是由点电荷到无限长直线电荷，再拓展到无限大平面面电荷与无限大均匀球电荷的情况。对于电场强度来说，点电荷球对称，电场强度与距离二次方成反比；均匀长直线电荷圆柱面对称，电场强度与到线电荷距离成反比；均匀无限大面电荷平面对称，电场强度与到面电荷平面距离无关；均匀球电荷球对称，电场强度与到球心距离成正比。

对于空间场源坐标函数 $f(\boldsymbol{s})$ 与格林函数 $G(\boldsymbol{r},\boldsymbol{s})$ 的乘积，对场点坐标计算梯度得

$$\nabla(f(\boldsymbol{s})G(\boldsymbol{r},\boldsymbol{s}))=G(\boldsymbol{r},\boldsymbol{s})\nabla f(\boldsymbol{s})+f(\boldsymbol{s})\nabla G(\boldsymbol{r},\boldsymbol{s}) \tag{3-15}$$

因为场源分布与场点坐标无关，是独立变量，所以式（3-15）右边第一项梯度为零。于是，设场源坐标函数的空间电荷分布 $f(\boldsymbol{s})=\rho_{\Omega}\mathrm{d}\Omega/(4\pi\varepsilon_{0})$，再对源点坐标空间积分得

$$\int_{\Omega} \nabla\left(\frac{\rho_{\Omega}\mathrm{d}\Omega}{4\pi\varepsilon_0}G(\boldsymbol{r},\ \boldsymbol{s})\right) = \int_{\Omega}\frac{\rho_{\Omega}\mathrm{d}\Omega}{4\pi\varepsilon_0}\nabla G(\boldsymbol{r},\ \boldsymbol{s}) = -\int_{\Omega}\frac{\boldsymbol{a}_{\mathrm{R}}\rho_{\Omega}\mathrm{d}\Omega}{4\pi\varepsilon_0 R^2} \tag{3-16}$$

考虑到积分与梯度运算变量的独立性，可以交换两者运算符的位置，电场强度积分表达式同样可以表示为标量场的负梯度形式，即

$$\boldsymbol{E} = -\nabla\int_{\Omega}\frac{\rho_{\Omega}\mathrm{d}\Omega}{4\pi\varepsilon_0 R} \tag{3-17}$$

由此可见，自由空间中静电场是无旋的矢量场，因此任意有向闭合曲线积分等于零，即

$$\oint_{l}\boldsymbol{E}\cdot\mathrm{d}\boldsymbol{l} = 0 \tag{3-18a}$$

$$\nabla\times\boldsymbol{E} = \boldsymbol{0} \tag{3-18b}$$

式（3-18）表征静电场的旋度特性，分别为电场强度的积分和微分形式，静电场中电场强度不存在旋涡源。

计算任意闭合曲面上电场强度的通量时应用立体角概念，先将场点坐标闭合曲面积分和源点坐标空间体积分交换位置，场源位于闭合曲面内的立体角为 4π，场源位于闭合曲面外的立体角为 0，如图 3.7 所示，闭合曲面上没有面电荷和线电荷，因此电场强度在有向闭合曲面上的通量为

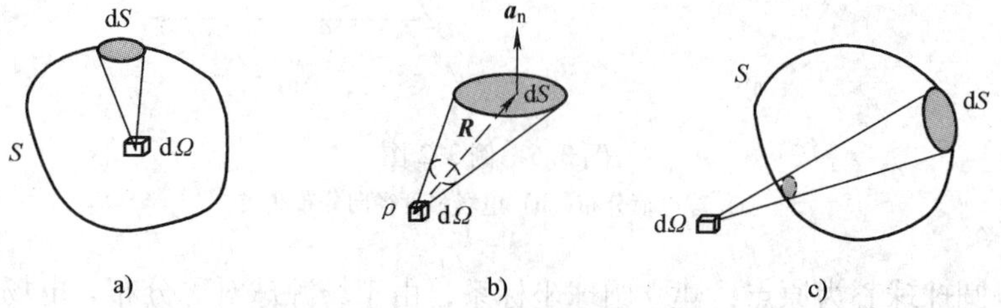

图 3.7　闭合曲面对体元的立体角

a）闭合曲面内体元　b）立体角元　c）闭合曲面外体元

$$\oint_{S}\boldsymbol{E}\cdot\mathrm{d}\boldsymbol{S} = \oint_{S}\int_{\Omega}\frac{\rho_{\Omega}\mathrm{d}\Omega\,\boldsymbol{a}_{\mathrm{R}}\cdot\mathrm{d}\boldsymbol{S}}{4\pi\varepsilon_0 R^2} = \int_{\Omega}\rho_{\Omega}\mathrm{d}\Omega\oint_{S}\frac{\boldsymbol{a}_{\mathrm{R}}\cdot\mathrm{d}\boldsymbol{S}}{4\pi\varepsilon_0 R^2} = \varepsilon_0^{-1}\int_{V}\rho_{\Omega}\mathrm{d}\Omega = \frac{Q_{\mathrm{S}}}{\varepsilon_0} \tag{3-19}$$

式中，V 是有向闭合曲面 $\boldsymbol{S}$ 包围的空间区域；Q_{S} 是 V 内的总电荷量。

式（3-19）表明任意闭合曲面上电场强度的通量等于闭合曲面包含的总电荷量与自由空间介电常数之比。

利用高斯定理可以得到电场强度的散度与体电荷密度的关系为

$$\nabla\cdot\boldsymbol{E} = \frac{\rho}{\varepsilon_0} \tag{3-20}$$

式（3-19）和式（3-20）表明静电场高斯（K. F. Gauss）定理的积分与微分形式。

4. 高斯面

当静电场电荷分布具有对称性，空间存在高斯面时，如前面提到的以点电荷为球心的圆球面，利用高斯定理可以计算电场强度。

高斯面必须具备两个条件：一是高斯面必须是闭合曲面；二是矢量场在部分曲面上的法向分量大小相同且朝向一致（外法向或内法向），这部分通量等于法向分量大小与面积的乘积，而在其余曲面上只有切向分量，其通量为零。

利用高斯定理只能计算大小相同的法向分量，无法确定切向分量。因此，理论上高斯定理确定的只是电场的法向分量。只有当切向分量为零时，获得的法向分量为该法向分量所在曲面上的电场强度。

例 3.3 已知无限大平面上的电荷密度 ρ_s 均匀分布，如图 3.8 所示，计算空间任意一点的电场强度。

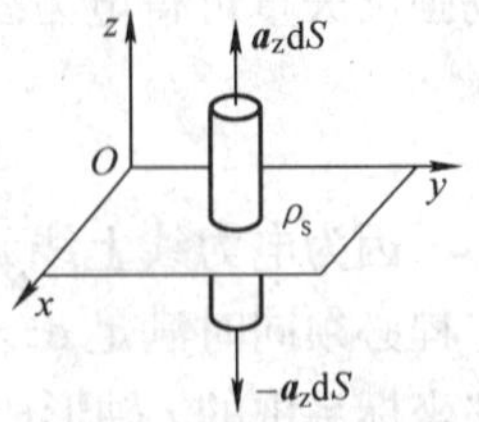

图 3.8 例 3.3 图 无限大均匀面电荷产生的电场

解答 设面电荷位于 xOy 平面，场点 (x, y, z)，根据对称性，电场强度只有 z 轴分量，这样以点 (x, y, z) 和点 $(x, y, -z)$ 的连线为轴线做圆柱面，在圆柱面的侧面电场强度的通量为零，上、下底面的电场强度大小相同但方向相反，根据高斯定理得到

$$\oint_S \boldsymbol{E}\cdot \mathrm{d}\boldsymbol{S} = E\mathrm{d}S - (-E)\mathrm{d}S = \frac{\rho_s}{\varepsilon_0}\mathrm{d}S$$

由于面元很小，空间电场强度矢量为

$$\boldsymbol{E} = \boldsymbol{a}_z \frac{\rho_s}{2\varepsilon_0}\mathrm{sgn}(z)$$

式中，sgn(·) 是符号函数。

由此可见，均匀面电荷分布的电场强度大小等于面电荷密度的一半除以介电常数。一般地，平面上面分布的电荷产生的电场强度在平面两侧是对称的，与平面距离相同的两个对称点，平行于平面的电场强度分量相同，而垂直于平面的电场强度分量相反。

5. 电场强度矢量线

电场强度矢量线称为电力线，电力线上任意一点的电场强度沿曲线的切线方向，因此电力线方程满足

$$\boldsymbol{E}\times \mathrm{d}\boldsymbol{R} = \boldsymbol{0} \tag{3-21}$$

在直角坐标系中可以改写为各分量与坐标轴微元比例形式，即

$$\frac{\mathrm{d}x}{E_x} = \frac{\mathrm{d}y}{E_y} = \frac{\mathrm{d}z}{E_z} \tag{3-22}$$

对于位于原点的点电荷形成的电场，如图 3.9 所示，在圆球坐标系中电力线方程满足

$$\frac{Q}{4\pi\varepsilon_0 r^2}\boldsymbol{a}_r \times \mathrm{d}\boldsymbol{R} = \boldsymbol{0} \tag{3-23}$$

因为电力线上线元矢量在圆球坐标系中表示为 $\mathrm{d}\boldsymbol{R} = \boldsymbol{a}_r\mathrm{d}r + \boldsymbol{a}_\theta r\mathrm{d}\theta + \boldsymbol{a}_\varphi r\sin\theta\mathrm{d}\varphi$，于是，电力线方程必须同时满足 $\mathrm{d}\theta = \mathrm{d}\varphi = 0$，或者 $\theta = C_1$（常数）与 $\varphi = C_2$（常数）两个曲面的交线，即圆球坐标系中的 r 轴为电力线。

电力线总是垂直于以原点点电荷为球心的圆球面，由点电荷形成的辐射线（等 θ 面和等 φ 面形成的相交线），正电荷辐射线方向朝外，负电荷方向则向内，如图 3.9a、b 所示。此

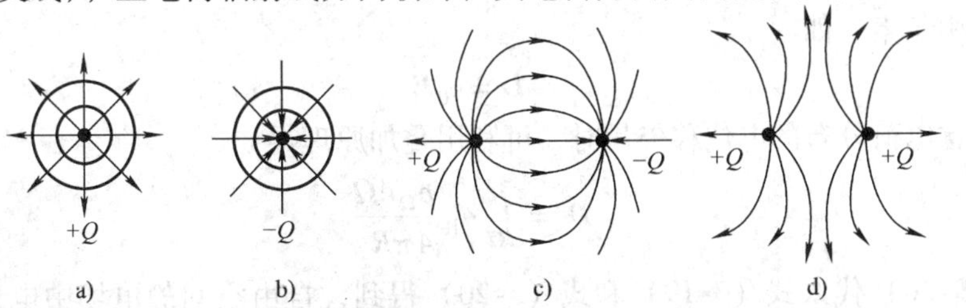

图 3.9 点电荷电力线

a）正电荷 b）负电荷 c）正负电荷 d）两个正电荷

外，正、负等量异号点电荷的电力线起始于正点电荷，而终止于负点电荷，如图 3.9c 所示。两个等量同号点电荷的电力线相互排斥，如图 3.9d 所示。

对于无限长均匀线电荷电场的电力线，在圆柱坐标系中，线电荷位于 z 轴，由例 3.1 电场强度矢量可得电力线满足方程

$$\frac{\rho_l}{2\pi\varepsilon_0 r}\boldsymbol{a}_\mathrm{r}\times \mathrm{d}\boldsymbol{R}=\boldsymbol{0} \tag{3-24}$$

因为电力线上线元矢量在圆柱坐标系中表示为 $\mathrm{d}\boldsymbol{R}=\boldsymbol{a}_\mathrm{r}\mathrm{d}r+\boldsymbol{a}_\varphi r\mathrm{d}\varphi+\boldsymbol{a}_\mathrm{z}\mathrm{d}z$，于是，电力线方程必须同时满足 $\mathrm{d}z=\mathrm{d}\varphi=0$，或者 $z=C_1$（常数）与 $\varphi=C_2$（常数）两个面的交线，即圆柱坐标系中的 r 轴形成的垂直于 z 轴的辐射线为电力线。

电力线是由垂直于 z 轴的线电荷形成的辐射线（等 z 面和等 φ 面形成的相交线），电场在任意 $z=C_1$ 平面内是相同的，因此电场是二维平行平面场，电力线总是垂直于以 z 轴为对称轴的圆柱面，正线电荷辐射线方向朝外，负线电荷方向则向内。

3.4 电位移矢量

根据法拉第的观点，电力线是电通量线，电通量的单位是库仑，表示穿过曲面的电通量线根数。电场中电力线越密集，电场越强，垂直于电力线曲面上单位面积的电力线数量用电通量密度表示。

法拉第利用同心金属圆球壳之间填充不同电介质材料（有关电介质将在后面介绍）来测量电通量大小，如图 3.10 所示。

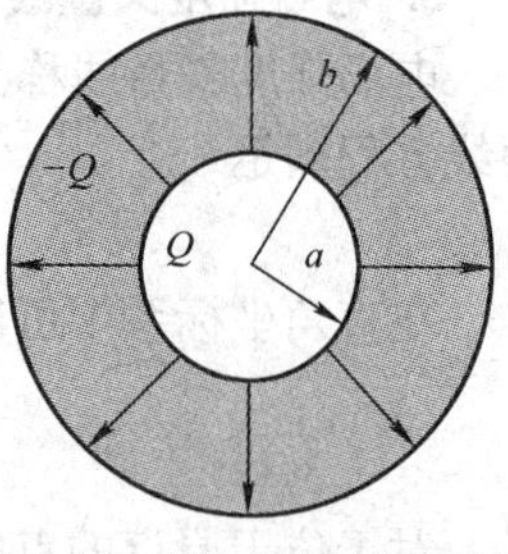

图 3.10　同心金属导体球壳填充电介质时的电通量

将内金属圆球壳带电，带电量已知，然后将外金属圆球壳（两个半圆球壳组成）同心地套在外部，内外圆球之间填充电介质，再将外球壳接地释放电荷，最后测量两个半圆球壳上的电荷量。实验发现两个半圆球壳上电荷量相同，总电荷量与内金属圆球相同但符号相反，与填充的电介质特性无关。

由此推断出内、外金属球壳之间存在与介质无关的电位移矢量，即电通量密度，用符号 $\boldsymbol{D}$ 表示，单位是库仑/米^2（C/m^2）。电位移矢量的单位与面电荷密度相同。当内球壳半径趋于零时，球面电荷缩小成为点电荷，因此点电荷产生的电位移矢量为

$$\boldsymbol{D}=\boldsymbol{a}_\mathrm{R}\frac{Q}{4\pi R^2} \tag{3-25}$$

自由空间中，电位移矢量 $\boldsymbol{D}$ 等于电场强度矢量 $\boldsymbol{E}$ 与介电常数 ε_0 的乘积，称为电介质材料特性的本构关系，即

$$\boldsymbol{D}=\varepsilon_0\boldsymbol{E} \tag{3-26}$$

计算任意电荷分布的电位移矢量时，可利用叠加原理得

$$\boldsymbol{D}=\int_\Omega \boldsymbol{a}_\mathrm{R}\frac{\rho_\Omega \mathrm{d}\Omega}{4\pi R^2} \tag{3-27}$$

由式（3-26）代入式（3-19）和式（3-20）得到，自由空间静电场中电位移矢量在任意闭合曲面上的电通量等于闭合曲面内的总自由电荷量，即

$$\oint_S \boldsymbol{D} \cdot \mathrm{d}\boldsymbol{S} = \int_V \rho \mathrm{d}V \tag{3-28}$$

利用高斯定理，可以得到电位移矢量的散度等于自由体电荷密度，即

$$\nabla \cdot \boldsymbol{D} = \rho \tag{3-29}$$

式（3-28）和式（3-29）是静电场电位移矢量高斯定理的积分与微分形式，与介质特性无关，因此对自由空间和介质空间都具有普遍意义。

3.5 标量电位

当电场具有对称性且存在高斯面时，可以利用高斯定理求解，点电荷分布可以利用库仑定律计算电场分布，但当电荷分布时，电场矢量存在三个分量，空间具有三重积分，这样计算电场成为一项十分繁琐而复杂的工作，能否用一个标量场表示电场，只要计算一个标量场的空间积分，然后通过梯度获得电场分布呢？根据静电场的无旋特性回答是肯定的，这个标量场就是标量电位，或简称电位，国际单位是伏特（V）。

前面曾用数学方法将点电荷电场强度和分布电荷电场强度积分表达式表示为一个标量场的负梯度形式，分别如式（3-10）和式（3-17）所示。这里利用电场力做功大小引入标量电位，因此先讨论电场力做功。

1. 电场力做功

点电荷 q 在电场 $\boldsymbol{E}$ 中受到的电场力 $\boldsymbol{F}=q\boldsymbol{E}$。对于正点电荷受力方向与电场强度矢量一致，而对于负点电荷受力方向与电场强度方向相反，因此需要外力平衡电场力缓慢移动点电荷，外力做功与电场力做功大小相同，但符号相反。这里讨论电场力移动点电荷时所做的功，但移动的路径是任意的，因此电场力做功大小等于电场力与位移矢量点乘的路径线积分，如图 3.11 所示，假设点电荷 q 从 a 点到 b 点，电场力做功 W_e 根据电荷移动路径积分为

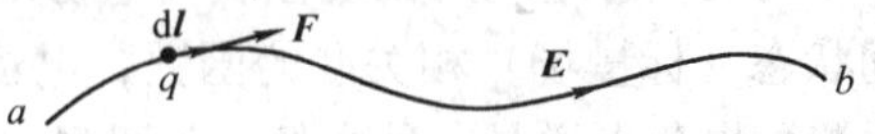

图 3.11　点电荷在电场中受力做功

$$W_e = \int_a^b q\boldsymbol{E} \cdot \mathrm{d}\boldsymbol{l} \tag{3-30}$$

对于点电荷 Q 形成的电场，电场力对测试电荷 $\mathrm{d}q$ 做功 $\mathrm{d}W_e$ 与路径无关，即

$$\mathrm{d}W_e = \int_a^b \frac{\mathrm{d}qQ}{4\pi\varepsilon_0 R^2}\boldsymbol{a}_R \cdot \mathrm{d}\boldsymbol{l} = \int_a^b \frac{\mathrm{d}qQ}{4\pi\varepsilon_0}\mathrm{d}\left(-\frac{1}{R}\right) = \frac{\mathrm{d}qQ}{4\pi\varepsilon_0}\left(\frac{1}{R_a}-\frac{1}{R_b}\right) \tag{3-31}$$

式中，R_a 和 R_b 分别为点电荷 Q 到 a 点和 b 点的距离。

2. 标量电位

定义点电荷在电场中任意一点的标量电位等于单位测试电荷从该点移动到无穷远处电场力所做的功，用符号 ϕ 表示，因此由式（3-31）点电荷 Q 形成的电场在 a 点电位表示为

$$\phi_a = \lim_{R_b \to \infty}\frac{\mathrm{d}W_e}{\mathrm{d}q} = \frac{Q}{4\pi\varepsilon_0 R_a} \tag{3-32}$$

这里规定了无穷远处的电位等于零。由于空间点的任意性，以无穷远处为电位零点，得到点电荷产生的电场中标量电位的空间分布，即

$$\phi = \frac{Q}{4\pi\varepsilon_0 R} \tag{3-33}$$

利用叠加原理，空间有限区域分布电荷产生的标量电位为

$$\phi = \int_{\Omega} \frac{\rho_{\Omega} \mathrm{d}\Omega}{4\pi\varepsilon_0 R} \tag{3-34}$$

当电荷分布包含无限空间时，式（3-34）的积分可能发散，因此只能利用叠加原理获得任意两点之间的标量电位差，即相对于某一参考电位（零电位）点 $\boldsymbol{r}_0$ 的标量电位为

$$\phi = \int_{\Omega} \frac{\rho_{\Omega}}{4\pi\varepsilon_0}\left(\frac{1}{R} - \frac{1}{R_0}\right) \mathrm{d}\Omega \tag{3-35}$$

式中，R 是源点 $\boldsymbol{s}$ 到场点 $\boldsymbol{r}$ 的距离；R_0 是源点 $\boldsymbol{s}$ 到电位参考点 $\boldsymbol{r}_0$ 的距离；ρ_{Ω} 是区域 Ω 内 $\mathrm{d}\Omega$ 微元的电荷密度，可以是点、线、面或体分布的电荷密度和区域。

3. 电场强度与电位的关系

利用电场力对测试电荷元 $\mathrm{d}q$ 做功为

$$\mathrm{d}W_{\mathrm{e}} = \mathrm{d}\boldsymbol{F} \cdot \mathrm{d}\boldsymbol{l} = \mathrm{d}q(\boldsymbol{E} \cdot \mathrm{d}\boldsymbol{l}) \tag{3-36}$$

电场力做功使电位降低，空间位移元引起的电位变化为

$$\mathrm{d}\phi = -\frac{\mathrm{d}W_{\mathrm{e}}}{\mathrm{d}q} = -\boldsymbol{E} \cdot \mathrm{d}\boldsymbol{l} \tag{3-37}$$

电场强度与标量电位的关系是与电位参考点无关的，等于标量电位的负梯度，即

$$\boldsymbol{E} = -\nabla\phi \tag{3-38}$$

因此，任意两点之间电场力对点电荷 q 做功可以表示为

$$W_{\mathrm{e}} = \int_a^b q\boldsymbol{E} \cdot \mathrm{d}\boldsymbol{l} = -\int_a^b q\nabla\phi \cdot \mathrm{d}\boldsymbol{l} = q\phi(a) - q\phi(b) \tag{3-39}$$

可见，静电场的无旋性表明电场力做功与路径无关，电场力所做的功仅仅是电荷量与空间状态（标量场）相关联的函数，电场本身是矢量场，电场强度具有大小和方向，对于单位测试电荷来说是一种电场力矢量场，同时具有做功的能力，隐含一种标量位场，对应单位测试电荷的能量场。

电场中的标量电位或电位是相对的，两点之间的电位差就是电压，电位需要确定零电位参考点才有意义，而电位差与零电位参考点无关。

特别地，沿任意闭合回路电场力对点电荷做功恒等于零，即

$$W_{\mathrm{e}} = \oint_l q\boldsymbol{E} \cdot \mathrm{d}\boldsymbol{l} = q\oint_l \boldsymbol{E} \cdot \mathrm{d}\boldsymbol{l} = 0 \tag{3-40}$$

式（3-40）表明静电场是有势场或保守场，电场力做功与路径无关，电场强度的任意闭合路径积分等于零，静电场是无旋的。

特别需要强调的是，测试点电荷移动过程中不改变原来电荷分布，因此除测试点电荷外空间电场是静态不变的。

4. 外力做功

如果用外力 $\boldsymbol{F}$ 将点电荷 q 从无穷远处引入电场空间 a 点，在不改变原来电荷分布的前提下，外力 $\boldsymbol{F}$ 与电场力 $q\boldsymbol{E}$ 方向相反，如图 3.12 所示，外力做功大小等于电场力做功，但符号相反，考虑到电场强度矢量可以表示为电位的负梯度，外力做功与电位的关系为

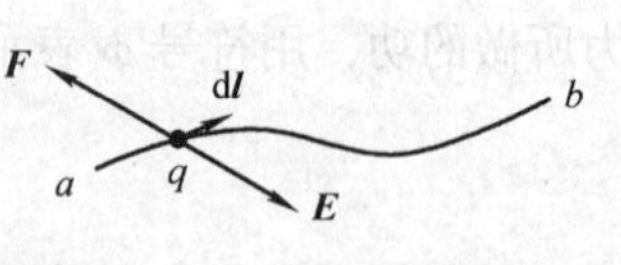

图 3.12　外力对正电荷做功

$$W = \int_{\infty}^{a} -q\boldsymbol{E}\cdot \mathrm{d}\boldsymbol{l} = \int_{\infty}^{a} q\,\nabla\phi\cdot \mathrm{d}\boldsymbol{l} = q\phi(a) - q\phi(\infty) \tag{3-41}$$

利用外力移动单位电荷做功定义电位差，即终点电位与起点电位之差为

$$\mathrm{d}\phi = \frac{\mathrm{d}W}{\mathrm{d}q} = \frac{\mathrm{d}\boldsymbol{F}\cdot \mathrm{d}\boldsymbol{l}}{\mathrm{d}q} = -\boldsymbol{E}\cdot \mathrm{d}\boldsymbol{l} \tag{3-42}$$

负号是由于外力与电场力大小相等方向相反，移动过程中电荷获得的动能始终为零。与标量场的方向导数相比较，位移方向是任意的，而电场中任意点的电场强度是确定的，因此电场强度方向是电位变化率最大的反方向，等于电位的负梯度，即

$$\boldsymbol{E} = -\nabla\phi \tag{3-43}$$

需要明确零电位参考点后电位才有意义，通常以无穷远处为零电位参考点，其他位置（如接地点）作为零电位参考点需要特别说明。当以无穷远处为零电位参考点时，点电荷的标量电位定义为外力将单位正电荷从无穷远处引入到空间位置所做的功，对于点电荷电场中的标量电位可以表示为

$$\phi = \frac{W}{q} = \frac{Q}{4\pi\varepsilon_0 R} \tag{3-44}$$

无论是电场力做功还是外力做功，只要测试电荷不改变原来空间电荷分布，都可以定义标量电位。点电荷产生的电位是以点电荷为球心的球面空间对称分布的，任何以点电荷为球心的圆球面上具有同一个电位值，称为等位面，电场强度矢量垂直穿过等位面。电位升高的方向为电场强度矢量的反方向，因此电位的负梯度等于电场强度。

标量电位的参考点取在无穷远处，条件是电荷分布在有限区域；如果电荷分布包含无限区域，电位参考点只能选择在有限空间位置；特别注意，无限远处不是一个点，而是一个圆球面。

对于电位来说，点电荷球对称且与距离成反比，均匀长直线电荷圆柱面对称且与距离的自然对数成正比，均匀无限大面电荷平面对称且与距离成正比，均匀球电荷球对称且与距离二次方成正比。

从静电场点电荷的电位函数可以发现，它与由牛顿（I. Newton）万有引力定律出发定义质点的机械位能具有相似的形式。根据牛顿万有引力定律，两个相距为 R 的质量体 m_1 和 m_2 之间的万有引力为 $\boldsymbol{F} = -\boldsymbol{a}_R G_c m_1 m_2 R^{-2}$。

定义万有引力场的强度 $\boldsymbol{G}$ 为单位质量受到的万有引力 $\boldsymbol{G} = -\boldsymbol{a}_R G_c m R^{-2}$，类似利用引力场对单位质量体做功定义牛顿位函数 $\phi = -G_c m R^{-1}$。

在地球上，质量 m 的物体移动空间高度 h 的机械位能变化为 mgh，这是因为地球半径 R 比物体离地面高度 h 大得多，于是牛顿位之差 $\Delta\phi = \dfrac{G_c m}{R} - \dfrac{G_c m}{R+h} \approx \dfrac{G_c m h}{R^2} = gh$。因此，机械位能变化为 $\Delta W = m\Delta\phi \approx mgh$，其中 g 是地面物体的重力加速度，约为 $9.8\mathrm{m/s^2}$。

例 3.4 半径为 a 的均匀带电圆盘，面电荷密度为 ρ_s，计算圆盘边缘位置和垂直圆盘的对称轴上任意一点产生的标量电位。

解答 以无穷远处为电位参考点，根据对称性，圆盘边缘是等位线，其上任意一点的电场相同，将圆盘放置在 xOy 平面，且圆心位于原点，边缘一点电位计算如下：

为了简便起见，不妨设电位计算点 P 所在直径位于 x 轴，电荷面元 $\mathrm{d}S$ 与场点 P 连线的倾角为 α，距离为 l，那么电荷面元随着角度和距离变化可以表示为 $\mathrm{d}S = l\mathrm{d}l\mathrm{d}\alpha$，其中角度的

变化范围是 $[-\pi/2, \pi/2]$，长度的变化范围是 $[0, 2a\cos\alpha]$，如图 3.13 所示。

于是，利用叠加原理积分得到 P 点电位为

$$\phi = \frac{\rho_s}{4\pi\varepsilon_0}\int_S \frac{dS}{l} = \frac{\rho_s}{4\pi\varepsilon_0}\int_{-\pi/2}^{\pi/2}\int_0^{2a\cos\alpha} dl d\alpha = \frac{a\rho_s}{\pi\varepsilon_0}$$

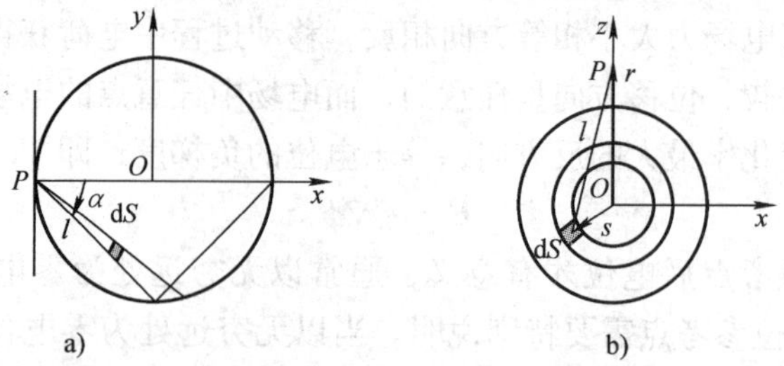

图 3.13　例 3.4 图

a）圆盘边缘点电位　b）垂直圆盘对称轴电位

垂直圆盘的对称轴 z 轴上任意一点 P 的电位计算：利用场源圆柱坐标比较方便，利用轴对称性，面元 $dS = sdsd\varphi$，电位为

$$\phi = \frac{\rho_s}{4\pi\varepsilon_0}\int_S \frac{dS}{|\boldsymbol{r}-\boldsymbol{s}|} = \frac{\rho_s}{4\pi\varepsilon_0}\int_S \frac{dS}{(s^2+z^2)^{1/2}} = \frac{\rho_s}{4\pi\varepsilon_0}\int_0^a\int_0^{2\pi} \frac{sdsd\varphi}{(s^2+z^2)^{1/2}} = \frac{\rho_s}{2\varepsilon_0}(\sqrt{a^2+z^2}-|z|)$$

例 3.5　半径为 a 的圆球面上电位给定 ϕ_0，圆球外部无电荷，计算圆球外的电场分布。

解答　圆球外部电场既无旋又无散，因此是调和场。而圆球面电位给定是常数，该球面是等位面，球外电位相当于球心处点电荷产生的电位。以球心为坐标原点，根据矢量场唯一性原理，把球外电场看作是球内球心处的点电荷 Q 产生的，$Q = 4\pi\varepsilon_0 a\phi_0$。因此，球外电位分布为

$$\phi = \frac{Q}{4\pi\varepsilon_0 R} = \frac{a}{R}\phi_0, \quad R > a \tag{3-45}$$

球外电场强度分布为

$$\boldsymbol{E} = -\nabla\phi = \boldsymbol{a}_R \frac{a}{R^2}\phi_0 \tag{3-46}$$

球内电位分布取决于电荷分布。如果圆球内部无电荷，那么圆球内部电位等于球面电位，电场强度为零，电荷均匀分布在球面上。

无论是电位还是电场强度，在圆球外空间的分布情况与介质特性（线性、均匀、各向同性且无色散的电介质）参数无关，仅仅取决于圆球面等电位值。

3.6　标量电位方程

自由空间中，静电场的电场强度是无旋的，可以用标量电位的负梯度表示，电场强度在有源电荷区域是有散的，因此标量电位在有源区域将满足泊松方程

$$\nabla\cdot\nabla\phi = -\nabla\cdot\boldsymbol{E} = -\frac{\rho}{\varepsilon_0} \tag{3-47}$$

即标量电位满足泊松方程

$$\nabla^2 \phi = -\frac{\rho}{\varepsilon_0} \tag{3-48}$$

利用第 1 章导论中无界空间泊松方程解的形式，可以得到给定电荷密度分布时标量电位的积分表达式，即式（3-34）或式（3-35）。

在无源区域，电荷密度等于零，因此标量电位满足拉普拉斯方程

$$\nabla^2 \phi = 0 \tag{3-49}$$

在已知场源电荷分布的条件下，利用格林定理可以证明标量电位满足场源积分。

对于无源区域，需要了解区域边界条件，才能确定标量电位。

当空间存在有源和无源区域，而且存在不同性质的电介质或导体时，需要根据源和介质对空间分区域，每一种电介质或导体形成一个有源或无源区域，标量电位在不同区域满足泊松方程或拉普拉斯方程，利用不同区域边界的衔接条件，以及边界条件和电位参考点，才能最终确定各个区域的标量电位，即所谓边值问题求解。

3.7 电介质材料的极化

电场强度与介质介电常数有关。如点电荷产生的电场，而电位移矢量与介质无关。因此，正确理解电场力和电场力做功与电场强度或电位函数的关系必须要更好地理解电介质。而电介质材料特性需要从宏观和微观两个方面有机结合。对于电介质材料，其微观结构中原子的核外电子已经填满或被占满，所有电子都受到共价键的束缚，因此几乎没有自由电子存在，也不可能像金属导体一样获得电流，它们通常被称为绝缘体。绝缘材料要求具有一定的耐压能力和绝缘电阻。电介质在外电场作用下，电子的移动极其缓慢，比如米卡（Mica）大约需要 10h 的弛豫时间；而金属充满自由电子，外电场中自由电子很快移动到导体边界，形成与外电场相反的电场，比如铜大约只要 10^{-18}s 的弛豫时间。

1. 电介质的分类

电介质是指电力线能穿透的材料。电介质不同于导体，其内部几乎没有自由电子，因此电介质通常是绝缘材料。从微观结构上电介质分为两类：无极性分子电介质和有极性分子电介质。微观上相距很近的等量异号点电荷构成的系统模型称为电偶极子，其正电荷量 Q 与由负电荷到正电荷位置矢径 $\boldsymbol{d}$ 的乘积 $Q\boldsymbol{d}$ 称为该电偶极子的电偶极矩，如图 3.14a 所示。电偶极矩是矢量，用矢量符号 $\boldsymbol{p}$ 表示，单位为库仑·米（C·m），则

$$\boldsymbol{p} = Q\,\boldsymbol{r}_Q + (-Q)\boldsymbol{r}_{-Q} = Q\boldsymbol{d} \tag{3-50a}$$

一般地，总电荷量为零的带电体的电偶极矩表示为电荷体密度与矢径乘积的体积分，即

$$\boldsymbol{p} = \int_V \rho \boldsymbol{r} \mathrm{d}V \tag{3-50b}$$

无极性分子的正电荷中心与核外电子云中心重合，整个分子不仅呈电中性而且没有电偶极子。在外电场作用下，电子云逆电场强度方向移动，使得电子云中心与正电荷中心发生偏离，形成电偶极子，而极化的分子在热扰动下是随机排列的，外电场对其产生转矩，迫使其转向外电场方向，出现极化（Polarization）现象。

有极性分子本身的正电荷中心与电子云中心是不重合的，自然形成电偶极子，但由于热扰动使得电介质内部的电偶极子是随机排列的，整体对外不呈电极性。如图3.14b所示，在外电场$\boldsymbol{E}$作用下，电偶极子$\boldsymbol{p}$受到的转矩$\boldsymbol{T}$为

$$\boldsymbol{T} = \boldsymbol{r}_Q \times (Q\boldsymbol{E}) + \boldsymbol{r}_{-Q} \times (-Q\boldsymbol{E}) = \boldsymbol{p} \times \boldsymbol{E} \tag{3-51}$$

电偶极子在转矩作用下向外电场方向转动，形成整齐的排列趋势，即极化现象，如图3.14c所示，电介质极化后在表面形成极化电荷。

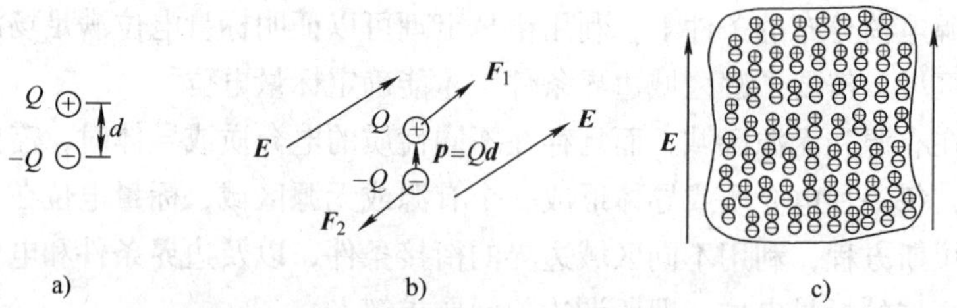

图3.14　电偶极子及其在外电场中的受力和转矩

a）电偶极子　b）电偶极子的电场力　c）电介质极化

有的有极性分子在居里温度以下被极化后即使外电场消失仍能保持极化状态，如石蜡，它在熔化状态下采用强电场极化，冷却后外电场消失，仍然保留极化状态，这种材料称为永久极化或铁电（Ferroelectrics）材料。铁电材料在极化过程中还存在类似磁滞回线的电滞现象。

值得注意的是，极化并不表示电介质内部产生净电荷，而是表明电介质表面产生极化面电荷。极化程度用极化强度表示。

2. 极化强度

电介质极化后，单位体积内电偶极子具有的电偶极矩矢量总和称为极化强度，因电偶极矩是矢量，所以极化强度也是矢量，用符号$\boldsymbol{P}$表示，单位为库仑/米^2（C/m^2）。它是一个宏观的统计场量，而电偶极矩是微观场量。然而单位体积内的电偶极矩总量又使极化强度成为微观场量。这是因为电介质分子结构与气体相比十分稠密，从原子观点看，分子内部又十分空旷，正像太阳系中行星十分稀疏一样，正电荷集中在半径10^{-15}m的范围内，电子半径与原子核尺寸相当，而电子绕核椭圆运动的轨道尺寸约10^{-10}m，气体中约10^{-8}m。但对电介质的特性是从更加宏观尺度上的理解，如10^{-6}m尺度的体积是10^{-18}m^3，从宏观几何意义上它是非常小的，如同点电荷，如此小的体积仍然含有10^{11}个原子，微观上它又是十分巨大的。

有极性分子的极性与外电场$\boldsymbol{E}$一致，极化场与外电场相反。极化强度矢量$\boldsymbol{P}$是单位体积内电偶极矩总和，即$\mathrm{d}\boldsymbol{p} = \boldsymbol{P}\mathrm{d}V$，或者

$$\boldsymbol{P} = \frac{\mathrm{d}\boldsymbol{p}}{\mathrm{d}V} \tag{3-52}$$

3. 电介质特性

电介质在外电场中被极化，电位移矢量与电场强度和极化强度满足本构关系：

$$\boldsymbol{D} = \varepsilon_0 \boldsymbol{E} + \boldsymbol{P} \tag{3-53}$$

一般来说，极化强度与电场强度有关，当极化强度与电场强度呈线性关系时，直角坐标系中可以表示为极化矩阵形式，即

$$\begin{pmatrix} P_x \\ P_y \\ P_z \end{pmatrix} = \varepsilon_0 \begin{pmatrix} \chi_{e11} & \chi_{e12} & \chi_{e13} \\ \chi_{e21} & \chi_{e22} & \chi_{e23} \\ \chi_{e31} & \chi_{e32} & \chi_{e33} \end{pmatrix} \begin{pmatrix} E_x \\ E_y \\ E_z \end{pmatrix} \tag{3-54}$$

式中，极化矩阵［χ_e］与电场强度无关，否则电介质是非线性的。

将式（3-54）代入式（3-53）得到线性介质中电位移矢量与电场强度的矩阵形式为

$$\begin{pmatrix} D_x \\ D_y \\ D_z \end{pmatrix} = \begin{pmatrix} \varepsilon_{11} & \varepsilon_{12} & \varepsilon_{13} \\ \varepsilon_{21} & \varepsilon_{22} & \varepsilon_{23} \\ \varepsilon_{31} & \varepsilon_{32} & \varepsilon_{33} \end{pmatrix} \begin{pmatrix} E_x \\ E_y \\ E_z \end{pmatrix} \tag{3-55}$$

式中，介电常数矩阵元素与极化矩阵元素的关系为 $\varepsilon_{kl} = \varepsilon_0(1 + \chi_{ekl})(k,l = 1,2,3)$。

如果介电常数矩阵［ε］与空间位置无关，那么电介质是均匀的，否则是非均匀的；如果电介质矩阵系数除了对角阵元素相等，其余元素都等于零，那么电介质是线性、均匀且各向同性的，否则是各向异性的。

对于简单电介质（线性、均匀和各向同性），极化强度与电场强度成正比，即

$$\boldsymbol{P} = \chi_e \varepsilon_0 \boldsymbol{E} \tag{3-56}$$

式中，χ_e是常数，称为电介质的极化率（Susceptibility）。

将式（3-56）代入式（3-53）得到简单介质中电位移矢量与电场强度的矩阵形式为

$$\boldsymbol{D} = (1 + \chi_e)\varepsilon_0 \boldsymbol{E} = \varepsilon_0 \varepsilon_r \boldsymbol{E} = \varepsilon \boldsymbol{E} \tag{3-57}$$

式中，$\varepsilon_r = 1 + \chi_e$ 为电介质的相对介电常数，介电常数 $\varepsilon = \varepsilon_0 \varepsilon_r$，简单介质中它们是常数。

总之，介电常数与空间位置无关，那么电介质是均匀的；介电常数与电场强度的方向有关，那么电介质是各向异性的，电位移矢量与电场强度具有不同的方向。

电介质在外电场作用下被极化，随着外电场增强，极化强度也增强，若电场强度超过分子中的共价电子的结合能，电子将被分离而加速运动，从而猛烈撞击其他分子，电介质晶格结构如雪崩一样被离子化，导致永久性错位和损坏，电介质成为导体而形成大电流。这种现象称为电介质的击穿（Dielectric Breakdown）。

电介质不被击穿而所能承受的最大电场强度称为击穿强度。如用兆伏每米（MV/m）表示电场强度单位，典型绝缘材料的击穿强度：标准大气压下的空气为 3，矿物油为 15，绝缘纸为 15，合成树脂为 20，橡胶为 25，玻璃为 30，米卡绝缘纸为 200。它们的相对介电常数依次为 1、2.3、2～4、2.6、2.3～4、4～10 和 6。

电介质在时变电场中反复极化会产生介质损耗。

电偶极子在电场中受到转矩，因此电偶极子的电偶极矩与电场强度存在一定角度时具有位能，定义电偶极矩与外电场垂直时的位能为零，那么电偶极矩的位能为

$$W = \int_{\pi/2}^{\theta} T\mathrm{d}\theta = -pE\cos\theta = -\boldsymbol{p} \cdot \boldsymbol{E} \tag{3-58}$$

可见电偶极子与外电场对齐时电偶极子最稳定、位能最小，而相反时电偶极子处于不稳定平衡态、位能最大。电偶极子翻转需要做的功为 $W = 2pE$，因为需要将正电荷移动到负电荷位置，而将负电荷移动到正电荷位置。

在均匀电场中，电偶极子受到的电场力为零，但在非均匀电场中，电偶极子将受到电场力的作用，对式（3-58）利用虚位移原理可得到电荷量不变条件下电偶极子受到的电场力为

$$F = -\nabla W = \nabla(\boldsymbol{p} \cdot \boldsymbol{E}) = \boldsymbol{p} \cdot \nabla \boldsymbol{E} \tag{3-59}$$

最后一个等式利用矢量恒等式，得到

$$\nabla(\boldsymbol{p} \cdot \boldsymbol{E}) = \boldsymbol{p} \cdot \nabla \boldsymbol{E} + \boldsymbol{p} \times \nabla \times \boldsymbol{E} \tag{3-60}$$

因静电场是无旋场，等式右边第二项为零。矢量场的梯度是张量场，相当于每个分量再计算梯度，形成双重单位矢量，或称为并矢。

4. 电偶极子产生的远处电场

电偶极子是相距很近的两个等量异号点电荷构成的电荷系统模型。电荷量 q 与矢径 $\boldsymbol{d}$ 的乘积称为电偶极矩 $\boldsymbol{p} = q\boldsymbol{d}$，电偶极矩方向为负电荷指向正电荷，如图 3.15 所示。

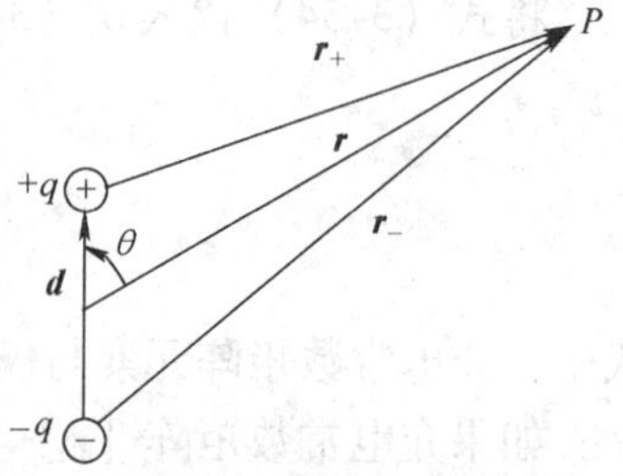

图 3.15　电偶极子的电场计算模型

由于电偶极子空间可以看成距离很近的等量异号点电荷系统，因此远处电场分布通过点电荷电位叠加计算比较方便。假设电偶极子中心位于坐标原点，偶极矩方向为 z 轴正方向，建立圆球坐标系，电偶极子的空间电位可以用正、负电荷产生的电位叠加来表示，根据图 3.15 所示的几何关系，场点到原点、正点荷和负电荷的距离分别为 r、r_+ 和 r_-，因 $r \gg d$，利用多极展开，得到

$$\phi = \lim_{\substack{d \to 0 \\ qd = p}} \frac{1}{4\pi\varepsilon_0}\left(\frac{q}{r_+} - \frac{q}{r_-}\right) \tag{3-61}$$

正、负电荷矢径对应的格林函数沿场点矢径展开，分别得到

$$\frac{1}{r_+} = \frac{1}{\sqrt{r^2 + d^2/4 - \boldsymbol{d} \cdot \boldsymbol{r}}} = \frac{1}{r}\left(1 + \frac{\boldsymbol{d} \cdot \boldsymbol{r}}{2r^2} + o(d)\right) \tag{3-62}$$

$$\frac{1}{r_-} = \frac{1}{\sqrt{r^2 + d^2/4 + \boldsymbol{d} \cdot \boldsymbol{r}}} = \frac{1}{r}\left(1 - \frac{\boldsymbol{d} \cdot \boldsymbol{r}}{2r^2} + o(d)\right) \tag{3-63}$$

式中，函数 $o(d)$ 表示关于 d 的高阶无穷小量。

将式（3-62）和式（3-63）代入式（3-61），并忽略高阶无穷小量，得到电偶极子产生的标量电位为

$$\phi = \frac{\boldsymbol{p} \cdot \boldsymbol{r}}{4\pi\varepsilon_0 r^3} \tag{3-64}$$

式（3-64）表明位于原点的电偶极矩 $\boldsymbol{p}$ 产生的空间电位大小，对电偶极矩矢量的方向没有限制。在垂直于电偶极子的矢径对称平面构成零电位面。

电偶极子位于原点且沿 z 轴正方向时，产生的远处电场强度为

$$\boldsymbol{E} = -\nabla\phi = \frac{p}{4\pi\varepsilon_0 r^3}(\boldsymbol{a}_r 2\cos\theta + \boldsymbol{a}_\theta \sin\theta) \tag{3-65}$$

由式（3-64）和式（3-65）可见，在极角 θ 确定的条件下，电偶极子产生的电位与距离二次方成反比，电场强度与距离三次方成反比。再次说明空间电场强度和电位是与源的分布有关的。

5. 极化介质产生的电场

如图 3.16 所示，对于给定区域 Ω 中的极化介质的极化强度 $\boldsymbol{P}$，其中任意小区域 $\mathrm{d}\Omega$ 的电偶极子形成的电偶极矩总和等于极化强度与体元的乘积，因此利用电偶极子产生的电位表达式（3-64）得到

$$\mathrm{d}\phi = \frac{\boldsymbol{P}\cdot\boldsymbol{a}_{\mathrm{R}}}{4\pi\varepsilon_0 R^2}\mathrm{d}\Omega \tag{3-66}$$

对整个介质空间积分得到所有极化介质对空间电位的贡献为

$$\phi = \int_{\Omega}\frac{\boldsymbol{P}\cdot\boldsymbol{a}_{\mathrm{R}}}{4\pi\varepsilon_0 R^2}\mathrm{d}\Omega = \int_{\Omega}\frac{\boldsymbol{P}\cdot\nabla_s(R^{-1})}{4\pi\varepsilon_0}\mathrm{d}\Omega \tag{3-67}$$

特别注意积分表达式中的介电常数是真空或空气的介电常数 ε_0，因为将极化介质看成是等价的极化电荷的组合体，其中用下标表明梯度算子作用在场源坐标 $\boldsymbol{s}$ 上。

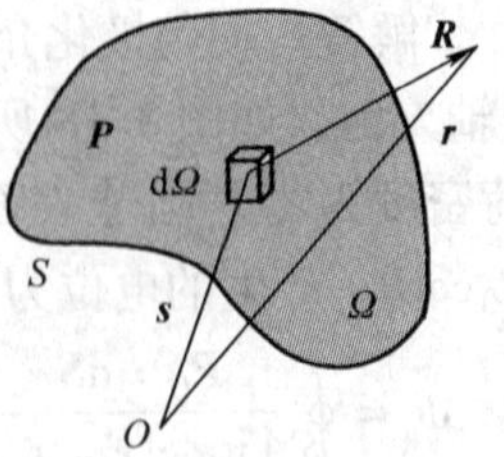

图 3.16　极化介质产生的电场计算

利用矢量恒等式

$$\boldsymbol{A}\cdot\nabla f = \nabla\cdot(f\boldsymbol{A}) - f\nabla\cdot\boldsymbol{A} \tag{3-68}$$

并令标量 f 为格林函数 R^{-1}，矢量 $\boldsymbol{A}$ 为极化强度 $\boldsymbol{P}$，梯度算子作用在源点坐标 $\boldsymbol{s}$ 上，将式 (3-68) 代入式 (3-67) 的电位积分式，再利用高斯散度定理将散度体积分用闭合曲面积分表示，这样电位积分表达式转化为

$$\phi = \int_{\Omega}\frac{\nabla_s\cdot(\boldsymbol{P}R^{-1})}{4\pi\varepsilon_0}\mathrm{d}\Omega - \int_{\Omega}\frac{\nabla_s\cdot\boldsymbol{P}}{4\pi\varepsilon_0 R}\mathrm{d}\Omega = \oint_S\frac{\rho_{\mathrm{bs}}}{4\pi\varepsilon_0 R}\mathrm{d}S + \int_{\Omega}\frac{\rho_{\mathrm{b}}}{4\pi\varepsilon_0 R}\mathrm{d}\Omega \tag{3-69}$$

式中，S 为极化介质区域边界。

积分表达式中的分子项分别为极化电荷面密度和极化电荷体密度，它们分别定义为

$$\rho_{\mathrm{bs}} = \boldsymbol{P}\cdot\boldsymbol{a}_{\mathrm{n}},\ \rho_{\mathrm{b}} = -\nabla\cdot\boldsymbol{P} \tag{3-70}$$

式中，单位法矢量 $\boldsymbol{a}_{\mathrm{n}}$ 指向介质表面外法向，散度是作用在极化介质空间坐标上。

电介质极化后总的极化电荷量可以利用极化面电荷的边界面积分与极化体电荷的区域体积分，再利用高斯散度定理得到

$$q_p = \oint_S\rho_{\mathrm{bs}}\mathrm{d}S + \int_V\rho_{\mathrm{b}}\mathrm{d}V = \oint_S\boldsymbol{P}\cdot\mathrm{d}\boldsymbol{S} + \int_V -\nabla\cdot\boldsymbol{P}\mathrm{d}V = 0 \tag{3-71}$$

由此可见，电介质极化后，总电荷量仍然为零，电介质整体保持电中性。当电介质被均匀极化后，内部极化电荷体密度为零，表面极化面电荷正、负总量相同。

例 3.6　沿轴向均匀极化 $\boldsymbol{P}_0$ 的电介质圆柱细棒，计算轴线上的电位和电场强度。

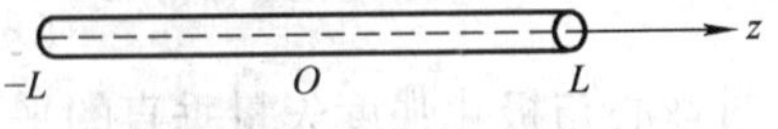

图 3.17　例 3.6 图　均匀极化细棒在轴线上产生的电场

解答　设圆柱棒半径为 a，长 $2L$，均匀极化强度 $\boldsymbol{P}_0$ 沿 z 轴方向，如图 3.17 所示。棒内极化体电荷密度等于零，圆棒侧面极化面电荷密度为零，端面极化面电荷密度两个表面符号相反，利用例 3.4 的计算结果，面电荷圆盘轴线上的电位为

$$\begin{aligned}\phi &= \int_S\frac{\rho_{\mathrm{bs}}s\mathrm{d}s\mathrm{d}\beta}{4\pi\varepsilon_0[(z-L)^2+s^2]^{1/2}} - \int_S\frac{\rho_{\mathrm{bs}}s\mathrm{d}s\mathrm{d}\beta}{4\pi\varepsilon_0[(z+L)^2+s^2]^{1/2}}\\ &= \frac{P_0}{2\varepsilon_0}\{[(z-L)^2+a^2]^{1/2} - |z-L| - [(z+L)^2+a^2]^{1/2} + |z+L|\}\end{aligned}$$

轴线上，电场强度只有 z 轴分量，因此利用电位沿 z 轴负梯度计算电场强度，得

$$\boldsymbol{E} = -\boldsymbol{a}_z\frac{\partial\phi}{\partial z} = -\frac{P_0}{2\varepsilon_0}\left\{\frac{z-L}{[(z-L)^2+a^2]^{1/2}} - \mathrm{sgn}\,(z-L) - \frac{z+L}{[(z+L)^2+a^2]^{1/2}} + \mathrm{sgn}\,(z+L)\right\}$$

需要说明的是细棒均匀极化是近似的。

例 3.7　半径为 a 的介质圆球，均匀极化强度为 $\boldsymbol{P}_0$，计算空间电位和电场强度分布。

解答 均匀极化介质圆球，极化强度 $\boldsymbol{P}_0$ 沿 z 轴方向，如图 3.18 所示，圆球内部极化体电荷密度为零，圆球表面极化电荷面密度 $\rho_{bs}=P_0\cos\theta$，产生的电位为

$$\phi=\oint_S\frac{\boldsymbol{P}_0\cdot\mathrm{d}\boldsymbol{S}}{4\pi\varepsilon_0|\boldsymbol{r}-\boldsymbol{s}|}=\frac{\boldsymbol{P}_0}{4\pi\varepsilon_0}\cdot\oint_S\frac{\mathrm{d}\boldsymbol{S}}{|\boldsymbol{r}-\boldsymbol{s}|}$$

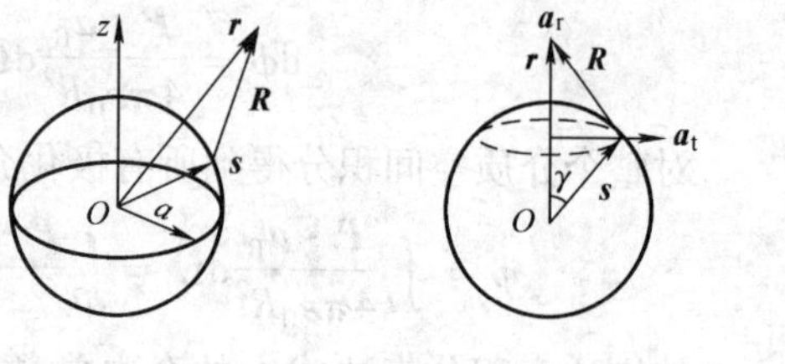

图 3.18 例 3.7 图 均匀极化圆球产生的电场

将极化强度常矢量与点乘运算移到球面积分外部，这样只要计算圆球面法矢量面积分。建立以场点矢量为对称轴的圆球坐标系，在圆球面上可以简化积分运算，根据对称性可得小圆环上的面元矢量 $\boldsymbol{a}_n\mathrm{d}S=\boldsymbol{a}_n a^2\sin\gamma\mathrm{d}\gamma\mathrm{d}\beta$，$\boldsymbol{a}_n$ 为球面单位法矢量。单位法矢量可以用正交直角坐标系表示为 $\boldsymbol{a}_n=\boldsymbol{a}_r\cos\gamma+\boldsymbol{a}_1\sin\gamma\cos\beta+\boldsymbol{a}_2\sin\gamma\sin\beta$，这里 $\boldsymbol{a}_1$、$\boldsymbol{a}_2$ 与 $\boldsymbol{a}_r$ 构成正交直角坐标系的三个单位矢量且是固定的常矢量。根据余弦定理 $R=(r^2+a^2-2ra\cos\gamma)^{1/2}$，于是

$$\oint_S\frac{\mathrm{d}\boldsymbol{S}}{|\boldsymbol{r}-\boldsymbol{s}|}=\int_0^{\pi}\int_0^{2\pi}\frac{(\boldsymbol{a}_r\cos\gamma+\boldsymbol{a}_1\sin\gamma\cos\beta+\boldsymbol{a}_2\sin\gamma\sin\beta)(a^2\sin\gamma)\mathrm{d}\gamma\mathrm{d}\beta}{(r^2+a^2-2ra\cos\gamma)^{1/2}}$$

因为矢径 $\boldsymbol{R}$ 的长度在 γ 恒定时保持不变，这样圆环矢量积分只有场点矢量 $\boldsymbol{a}_r$ 分量，对 β 的周期积分为零，于是小圆环矢量积分等于小圆环面积与 $\cos\gamma$ 相乘再除以 R，利用对分母的分部积分得到

$$\begin{aligned}\oint_S\frac{\mathrm{d}\boldsymbol{S}}{|\boldsymbol{r}-\boldsymbol{s}|}&=\boldsymbol{a}_r2\pi a^2\int_0^{\pi}\frac{(-\cos\gamma)\mathrm{d}(\cos\gamma)}{(r^2+a^2-2ra\cos\gamma)^{1/2}}\\&=\boldsymbol{a}_r\frac{2\pi}{3r^2}(r^2+a^2-2ra\cos\gamma)^{1/2}(r^2+a^2+ra\cos\gamma)\Big|_0^{\pi}\\&=\boldsymbol{a}_r\frac{2\pi}{3r^2}(|r^3+a^3|-|r^3-a^3|)\end{aligned}$$

均匀极化圆球的标量电位空间分布为

$$\phi=\frac{\boldsymbol{P}_0\cdot\boldsymbol{a}_r}{6\varepsilon_0r^2}(r^3+a^3-|r^3-a^3|)\tag{3-72}$$

过球心与极化强度矢量垂直的平面上的电位等于零。圆球外部标量电位可以简化为均匀极化电偶极子 $\boldsymbol{p}=\frac{4}{3}\pi a^3\boldsymbol{P}_0$ 产生的电位，即

$$\phi=\frac{\frac{4\pi}{3}a^3\boldsymbol{P}_0\cdot\boldsymbol{a}_r}{4\pi\varepsilon_0r^2}=\frac{\boldsymbol{p}\cdot\boldsymbol{a}_r}{4\pi\varepsilon_0r^2}\tag{3-73}$$

在圆球内部标量电位可以简化为

$$\phi=\frac{\boldsymbol{P}_0\cdot\boldsymbol{r}}{3\varepsilon_0}\tag{3-74}$$

圆球内、外均匀极化球产生的电场强度等于电位负梯度，即

$$\begin{aligned}\boldsymbol{E}&=-\nabla\phi\\&=-\boldsymbol{a}_r\frac{P_0\cos\theta}{6\varepsilon_0r^3}[r^3-2a^3-\mathrm{sgn}(r-a)(r^3+2a^3)]+\boldsymbol{a}_\theta\frac{P_0}{6\varepsilon_0r^3}(r^3+a^3-|r^3-a^3|)\sin\theta\end{aligned}\tag{3-75}$$

在均匀极化圆球外部，电场强度相当于电偶极子产生的电场，电偶极矩为圆球体积与极

化强度的乘积，圆球内部电场强度是均匀的，方向与极化强度方向相反。因此圆球外部电力线从上半圆球面出发，终止于无穷远处或下半圆球面，圆球内部电场强度从上半圆球面出发平行于极化强度矢量而终止于下半圆球面，是有始有终的无旋场，散度源是圆球面上的极化面电荷。圆球面上的极化面电荷按照极角的余弦分布，电位也是按照极角的余弦分布。因此，利用矢量场的唯一性定理，如果圆球面电位按照极角的余弦规律分布，圆球面内、外没有电荷分布或电位满足拉普拉斯方程，那么空间电位分布形式与式（3-72）一致，电场强度分布与式（3-75）一致。

类似地，如果圆球面上的电荷分布、圆球面内外电位满足拉普拉斯方程，且圆球面内部电场强度均匀，那么圆球面上的电荷按照极角余弦规律分布，圆球面内外空间电位和电场强度分布分别与式（3-72）和式（3-75）一致。

3.8 静电场中的导体

与电介质不同，电力线无法穿越导体，因为导体内部存在自由电子，在外电场作用下，自由电子迅速向电场强度矢量反方向运动，而达到导体表面，在导体表面建立起一道电力线屏障，使得导体内部电场强度为零。

1. 静电感应

将导体放入静电场中，自由电子在外电场作用下，向电场力线相反方向快速运动直到边界位置，这时导体表面出现感应电荷，形成一个附加电场，只要导体内电场不等于零，自由电子将不断移动，最终使得导体内部电场强度为零，自由电子定向运动停止。静电场中导体内部电场强度为零，这是静电场中导体的一个基本特性。

由于导体表面感应电荷，导体外部电场也发生了变化，但导体成为等位体，导体上各点的电位相等，导体表面电场强度处处垂直于导体表面，没有切向分量。导体内部电场强度等于零，电场强度和电位移矢量与导体表面垂直，或与导体表面法矢量平行。导体表面电通量密度等于表面感应电荷密度。静电场中导体表面出现感应电荷，而导体内部净电荷量等于零是静电场中导体的又一基本特性。

如果导体内部存在封闭空腔，空腔内没有电荷，那么空腔内表面没有电荷，空腔内电场强度等于零，也是等位体，封闭导体对外部静电场起到屏蔽作用，即静电屏蔽。

如果空腔内有电荷，那么空腔内表面有感应电荷，空腔内存在不均匀电场强度。

带同类电荷的孤立导体外表面，电场强度与曲率有关，曲率大的电场强度大。如电位相同的导体圆球，半径越小曲率越大，电荷密度越大，电场强度越大。

对于给定孤立导体，以无穷远处电位为零，表面带电量与电位成正比，电荷量与电位的比值称为该孤立导体的电容量。有关电容的概念将在本章 3.16 节中介绍，下面介绍导体系统的部分电容。

2. 部分电容

自由空间中的离散导体系统，若所有导体上的电荷量之和为零，那么该导体系统称为静电独立系统。对于具有 $N+1$ 个导体的静电独立系统，所有导体表面电荷分布，电力线与导体表面法矢量平行，各导体是等位体，表面是等位面，以第 $N+1$ 个导体作为参考零电位，设第 k 个导体的电位和电荷量分别为 ϕ_k 和 q_k，那么第 $1\sim N$ 个导体电位与电荷关系满足线性方程组

$$\phi_k = \sum_{l=1}^{N} \alpha_{kl} q_l, \quad k = 1,2,\cdots,N \tag{3-76}$$

$$q_k = \sum_{l=1}^{N} \beta_{kl} \phi_l, \quad k = 1,2,\cdots,N \tag{3-77}$$

式中，系数 α_{kl} 和 β_{kl} 仅仅取决于导体系统的空间结构和分布，以及填充的介质特性，它们构成的系数矩阵互为逆矩阵。

将式（3-77）改写为第 k 个导体相对其他导体的电位差形式，有

$$q_k = \sum_{l=1}^{N} \beta_{kl}\phi_k - \sum_{l=1}^{N} \beta_{kl}\phi_{kl} = \sum_{l=1}^{N+1} C_{kl}\phi_{kl}, \quad k = 1,2,\cdots,N \tag{3-78}$$

式中，系数 $C_{k(N+1)} = \beta_{k1} + \cdots + \beta_{kN}$ 称为自有电容系数；系数 $C_{kl} = -\beta_{kl}$（$k \neq l$）称为互有电容系数。这些电容系数称为部分电容。

特别地，系统只有两个导体组成的静电独立系统时，形成一个电容器，电容器的电容取决于导体结构尺寸、空间距离和电介质分布。对于线性、均匀和各向同性的电介质，电容器的电容与所带电荷量或承受的电压无关。但当电压超过允许值时，由于电介质中的电场强度超过击穿强度，电容器将被击穿而损坏。

如果导体系统的电荷总量不等于零，那么不是静电独立系统，但可以引入无穷远处的零电位导体构成一个静电独立系统，这时自有电容系数引起的电荷量相当于导体对无穷远处导体相作用的电容和电荷量。

3.9 静电场的交界面衔接条件

空间介质通常不止一种，两种不同介质接触形成交界面，交界面两侧电场的场矢量将发生变化，因此在交界面上，微分方程由于介质特性突变而不再适用。推导交界面衔接条件时，应用静电场积分方程，并做如下基本假设：

交界面连续光滑；场量在交界面有限，即交界面上不存在奇异场源，如点电荷、线电荷；交界面附近是简单介质；交界面上的单位法矢量由介质 2 指向介质 1。

1. 电场强度的切向分量连续性

设交界面附近介质 1 中的电场强度 $\boldsymbol{E}_1$ 与法矢量夹角为 θ_1，介质 2 中的电场强度 $\boldsymbol{E}_2$ 与法矢量夹角为 θ_2，为了导出电场强度切向分量的连续性，在交界面附近任意取垂直于交界面且对称的矩形回路 $abcda$，平行交界面的边长 ab 和 cd 为 l，垂直交界面的边长 bc 和 da 为 h，如图 3.19 所示，矩形回路平面的单位法矢量为 $\boldsymbol{a}_t$，即交界面上的一个切向单位矢量。

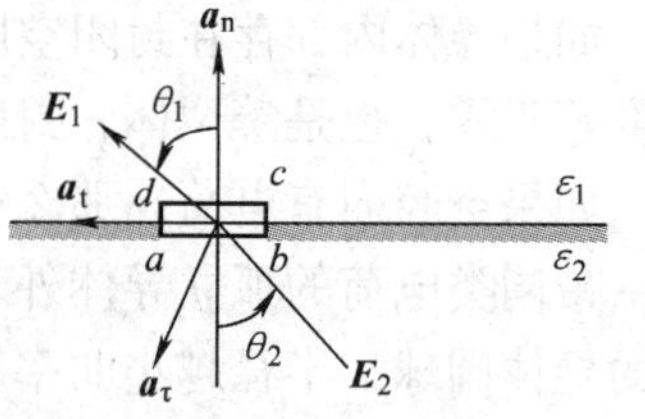

图 3.19　交界面上电场强度的连续性

因交界面单位法矢量 $\boldsymbol{a}_n$ 由介质 2 指向介质 1，利用静电场的无旋性，电场强度沿任意闭合路径 $abcda$ 的线积分等于零，即

$$\oint_l \boldsymbol{E} \cdot \mathrm{d}\boldsymbol{l} = (\boldsymbol{a}_t \times \boldsymbol{a}_n) \cdot (\boldsymbol{E}_1 - \boldsymbol{E}_2) l - \boldsymbol{a}_n \cdot \frac{\partial}{\partial \tau}(\boldsymbol{E}_1 + \boldsymbol{E}_2) l \frac{h}{2} = 0 \tag{3-79}$$

式中，第二项是矩形垂直边界的两条边在介质 1 和 2 侧的贡献；τ 是 $\boldsymbol{a}_t \times \boldsymbol{a}_n$ 方向坐标。

由于跨越交界面的边 bc 和 da 高度 h 与两侧 ab 和 cd 长度 l 相比可以忽略不计，于是电

场强度切向分量满足

$$(\boldsymbol{a}_{\mathrm{t}}\times\boldsymbol{a}_{\mathrm{n}})\cdot(\boldsymbol{E}_1-\boldsymbol{E}_2)=\boldsymbol{a}_{\mathrm{t}}\cdot\boldsymbol{a}_{\mathrm{n}}\times(\boldsymbol{E}_1-\boldsymbol{E}_2)=0 \tag{3-80}$$

由于矩形回路的任意性，即矩形面单位法矢量$\boldsymbol{a}_{\mathrm{t}}$的任意性，两种介质中的电场强度方向和交界面单位法矢量共面，电场强度切向分量连续，有

$$\boldsymbol{a}_{\mathrm{n}}\times(\boldsymbol{E}_1-\boldsymbol{E}_2)=\boldsymbol{0} \tag{3-81}$$

2. 电位移矢量法向分量的连续性

为了导出电位移矢量法向分量的连续性，在交界面附近任意取垂直于交界面且对称的长方体，平行交界面的上、下底面积边长分别为a和b，垂直交界面的侧面积的高度为c且相对于a和b可以忽略不计，如图3.20所示。利用高斯定理，电位移矢量的通量等于包围区域的电荷量，即交界面上的面电荷量，公式表示为

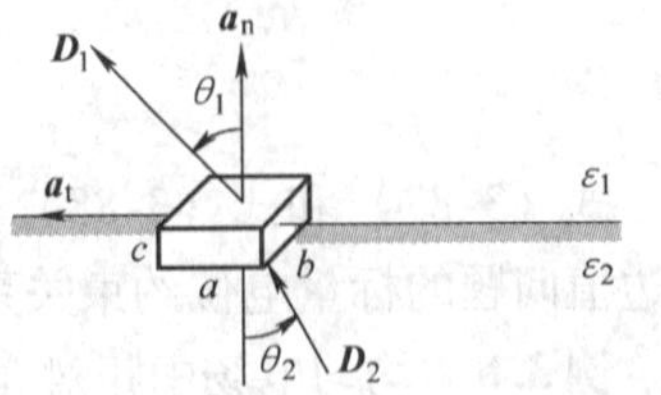

图3.20 交界面上电位移矢量的连续性

$$\oint_S \boldsymbol{D}\cdot\mathrm{d}\boldsymbol{S}=\rho_{\mathrm{s}}ab \tag{3-82}$$

上、下底面的电通量与电位移矢量的法向分量有关，左、右侧面和前、后侧面的电通量与电位移矢量的切向分量有关，于是利用一阶近似得

$$\boldsymbol{a}_{\mathrm{n}}\cdot(\boldsymbol{D}_1-\boldsymbol{D}_2)ab+\boldsymbol{a}_{\mathrm{t}}\cdot\frac{\partial}{\partial\tau_1}(\boldsymbol{D}_1+\boldsymbol{D}_2)\frac{abc}{2}+\boldsymbol{a}_{\mathrm{n}}\times\boldsymbol{a}_{\mathrm{t}}\cdot\frac{\partial}{\partial\tau_2}(\boldsymbol{D}_1+\boldsymbol{D}_2)\frac{abc}{2}=\rho_{\mathrm{s}}ab \tag{3-83}$$

式中，τ_1是$\boldsymbol{a}_{\mathrm{t}}$方向的坐标；$\tau_2$是$\boldsymbol{a}_{\mathrm{n}}\times\boldsymbol{a}_{\mathrm{t}}$方向的坐标。

当长方体的高度c趋于零时，电位移矢量的法向分量满足

$$\boldsymbol{a}_{\mathrm{n}}\cdot(\boldsymbol{D}_1-\boldsymbol{D}_2)=\rho_{\mathrm{s}} \tag{3-84}$$

由式（3-84）可知，两种介质交界面处的电位移矢量的法向分量之差等于交界面上自由面电荷密度。

两种介质交界面上没有自由电荷时，即使介质1或2中存在自由电荷体密度，交界面处电场强度的切向分量是连续的，电位移矢量的法向分量也是连续的。只有在交界面上有自由电荷分布时，电位移矢量的法向分量不连续，其变化等于自由电荷面密度大小。

当交界面上不存在自由电荷时，简单介质中电位移矢量与电场强度矢量成正比，即

$$\varepsilon_1E_{1\mathrm{n}}=\varepsilon_2E_{2\mathrm{n}} \tag{3-85}$$

如图3.19所示，因为电场强度切向分量连续，所以得到静电场无自由电荷交界面上电场强度分量的折射定律，即交界面两侧电场强度矢量与法矢量的夹角正切之比等于介电常数之比，公式表示为

$$\frac{E_{1\mathrm{t}}}{E_{1\mathrm{n}}}\frac{E_{2\mathrm{n}}}{E_{2\mathrm{t}}}=\frac{\tan\theta_1}{\tan\theta_2}=\frac{\varepsilon_1}{\varepsilon_2} \tag{3-86}$$

交界面衔接条件能确定的仅仅是交界面处两侧电场的场量关系，并不是交界面两侧介质中的场量关系。即使知道一侧的空间电场分布也不能根据交界面衔接条件确定另一侧的空间电场分布。

3. 标量电位及其法向偏导的连续性

在交界面两侧电场强度有限，因此电场强度沿垂直交界面的微元线积分等于交界面处两侧标量电位之差，即交界面两侧的标量电位连续，有

$$\phi_1\big|_s = \phi_2\big|_s \tag{3-87}$$

式（3-87）表明标量电位沿交界面切向电位的方向导数或切向偏导数连续，即电场强度切向分量连续。

根据式（3-84）电位移矢量法向分量的连续性，可以得到标量电位负梯度的法向连续性与交界面面电荷密度有关，即

$$\varepsilon_2 \frac{\partial \phi_2}{\partial n}\bigg|_s - \varepsilon_1 \frac{\partial \phi_1}{\partial n}\bigg|_s = \rho_s \tag{3-88}$$

式（3-87）和式（3-88）是标量电位满足的交界面衔接条件，是求解多介质区域静电场边值问题的标量电位约束关系。

例 3.8 均匀电场中相对介电常数为 ε_r 的电介质内部有细长空气缝隙，电场强度与缝隙平行或垂直两种情况下，确定空气缝隙中的电场强度。

解答 利用交界面衔接条件确定平行状态电场强度切向分量连续，空气缝隙中的电场强度等于外部均匀电场强度。外电场矢量垂直于空气缝隙，根据电通量密度法向分量连续，空气缝隙内部电场强度等于外部电介质中电场强度的相对介电常数 ε_r 倍，垂直电场强度的空气缝隙更容易被击穿，因此同轴电缆填充绝缘介质要避免介质存在缺陷。

例 3.9 计算空间电位和电场分布：

1）均匀外电场中的电介质圆球。

2）均匀外电场中的导体圆球。

3）均匀外电场介质空间内的圆球空腔。

解答 在以球心为原点、外电场 $\boldsymbol{E}_0$ 方向为 z 轴的圆球坐标系中，这三个问题具有类似形式：在圆球面内、外没有自由电荷，电位满足拉普拉斯方程。介质圆球被均匀极化，在圆球内部电场强度均匀，空间电场分布可以看成是均匀外电场和圆球面上电荷分布产生的电场的叠加。根据唯一性定理，假设内部均匀电场，外部电偶极子电场和外电场叠加，然后校验基本方程、边界条件和交界面衔接条件，确定待定系数，以过球心且垂直电场的平面为零电位等位面，那么外电场形成的电位具有形式

$$\phi_0 = -E_0 r\cos\theta \tag{3-89}$$

电偶极子电位具有形式

$$\phi_p = C_p r^{-2}\cos\theta \tag{3-90}$$

因此圆球内、外电位形式只有余弦一次项，不存在正弦项和二次以上余弦项，即

$$\phi_i = Ar\cos\theta \tag{3-91}$$

$$\phi_e = Br\cos\theta + Cr^{-2}\cos\theta \tag{3-92}$$

式中，系数 A、B 和 C 由交界面衔接条件和无穷远处电场均匀条件确定。

交界面上电位连续，即 $\phi_i(a)=\phi_e(a)$，由式（3-91）和式（3-92）得到

$$Ba\cos\theta + Ca^{-2}\cos\theta = Aa\cos\theta \tag{3-93}$$

无穷远处电场强度均匀，由式（3-92）得到

$$\boldsymbol{E}_0 = -\lim_{r\to\infty} \nabla\phi_e = -\boldsymbol{a}_z B \tag{3-94}$$

1）对于电介质圆球，交界面没有自由电荷，电位移矢量法向分量连续，将式（3-91）和式（3-92）代入式（3-88）得到

$$\varepsilon_r A\cos\theta = B\cos\theta - 2Ca^{-3}\cos\theta \tag{3-95}$$

于是，由式（3-93）~式（3-95）得到系数

$$A=-\frac{3}{2+\varepsilon_r}E_0,\ B=-E_0,\ C=\frac{\varepsilon_r-1}{2+\varepsilon_r}a^3E_0 \tag{3-96}$$

将式（3-96）代入式（3-91）得到均匀外电场中的介质圆球内部电位和电场强度分别为

$$\phi_i=-\frac{3}{2+\varepsilon_r}E_0r\cos\theta \tag{3-97a}$$

$$\boldsymbol{E}_i=-\nabla\phi_i=\boldsymbol{a}_z\frac{3}{2+\varepsilon_r}E_0 \tag{3-97b}$$

将式（3-96）代入式（3-92）得到均匀外电场中的介质圆球外部电位和电场强度分别为

$$\phi_e=\left(\frac{\varepsilon_r-1}{\varepsilon_r+2}\frac{a^3}{r^3}-1\right)E_0r\cos\theta \tag{3-98a}$$

$$\boldsymbol{E}_e=\boldsymbol{a}_zE_0+\frac{\varepsilon_r-1}{\varepsilon_r+2}\frac{a^3}{r^3}E_0(\boldsymbol{a}_r2\cos\theta+\boldsymbol{a}_\theta\sin\theta) \tag{3-98b}$$

电介质表面的极化电荷密度由式（3-97b）得到

$$\rho_{bs}=(\varepsilon-\varepsilon_0)\boldsymbol{E}_i(a,\theta)\cdot\boldsymbol{a}_r=\frac{\varepsilon_r-1}{\varepsilon_r+2}3\varepsilon_0E_0\cos\theta \tag{3-99}$$

2）对于导体圆球，内部电位恒定，电场强度为零。由式（3-93）和式（3-94）得到

$$A=0,\ B=-E_0,\ C=a^3E_0 \tag{3-100}$$

将式（3-100）代入式（3-92）得到导体圆球外部电位和电场强度分别为

$$\phi_e=\left(\frac{a^3}{r^3}-1\right)E_0r\cos\theta \tag{3-101a}$$

$$\boldsymbol{E}_e=\boldsymbol{a}_zE_0+\frac{a^3}{r^3}E_0(\boldsymbol{a}_r2\cos\theta+\boldsymbol{a}_\theta\sin\theta) \tag{3-101b}$$

导体圆球外电位和电场强度相当于电介质圆球的相对介电常数趋于无穷大的情形。

导体表面感应电荷密度为

$$\rho_s=\varepsilon_0\boldsymbol{E}_e(a,\theta)\cdot\boldsymbol{a}_r=3\varepsilon_0E_0\cos\theta \tag{3-102}$$

3）对于电介质空间内部空腔，交界面没有自由电荷，电位移矢量法向分量连续，将式（3-91）和式（3-92）代入式（3-88）得到

$$A\cos\theta=\varepsilon_r(B\cos\theta-2Ca^{-3}\cos\theta) \tag{3-103}$$

比较式（3-103）和式（3-95）可以发现，均匀外电场下，电介质空间中的空腔电位相当于自由空间中的介质圆球的相对介电常数用倒数替代。

于是，由式（3-93）、式（3-94）和式（3-103）得到系数

$$A=-\frac{3\varepsilon_r}{2\varepsilon_r+1}E_0,B=-E_0,C=\frac{1-\varepsilon_r}{1+2\varepsilon_r}a^3E_0 \tag{3-104}$$

将式（3-104）代入式（3-91）得到圆球空腔内的电位和电场强度分别为

$$\phi_i=-\frac{3\varepsilon_r}{2\varepsilon_r+1}E_0r\cos\theta \tag{3-105a}$$

$$\boldsymbol{E}_i=\boldsymbol{a}_z\frac{3\varepsilon_r}{2\varepsilon_r+1}E_0 \tag{3-105b}$$

圆球外部介质空间的电位和电场强度分别为

$$\phi_e = \left(\frac{1-\varepsilon_r}{1+2\varepsilon_r}\frac{a^3}{r^3}-1\right)E_0 r\cos\theta \tag{3-106a}$$

$$\boldsymbol{E}_e = \boldsymbol{a}_z E_0 + \frac{1-\varepsilon_r}{1+2\varepsilon_r}\frac{a^3}{r^3}E_0(\boldsymbol{a}_r 2\cos\theta + \boldsymbol{a}_\theta \sin\theta) \tag{3-106b}$$

圆球空腔表面极化电荷密度由式（3-106）得到

$$\rho_{bs} = (\varepsilon - \varepsilon_0)\boldsymbol{E}_e(a,\theta)\cdot(-\boldsymbol{a}_r) = \frac{3(1-\varepsilon_r)}{1+2\varepsilon_r}\varepsilon_0 E_0 \cos\theta \tag{3-107}$$

三种情形的电场分布如图 3.21 所示。不难验证，例 3.9 中三种情形的电位空间分布满足拉普拉斯方程，同时满足交界面衔接条件和无穷远处边界条件，因此这些解是正确的。

在外电场相同的条件下，圆球空腔中的电场强度比圆球介质中的电场强度要大，因此对于高电压设备的绝缘要排除绝缘介质内部的空气，如变压器绕组和电机绕组，以免发生局部电场击穿或产生局部放电，降低寿命甚至损坏电气设备。此外，对于图 3.21a 和 c 的情况，只要将电位、电场强度和极化电荷分布表达式中的相对介电常数用倒数替换即可得到另一种介质形式解。而图 3.21b 的解只要将图 3.21a 中电介质介电常数用无穷替代，或者图 3.21c 中电介质介电常数用零替代即可得到结果。

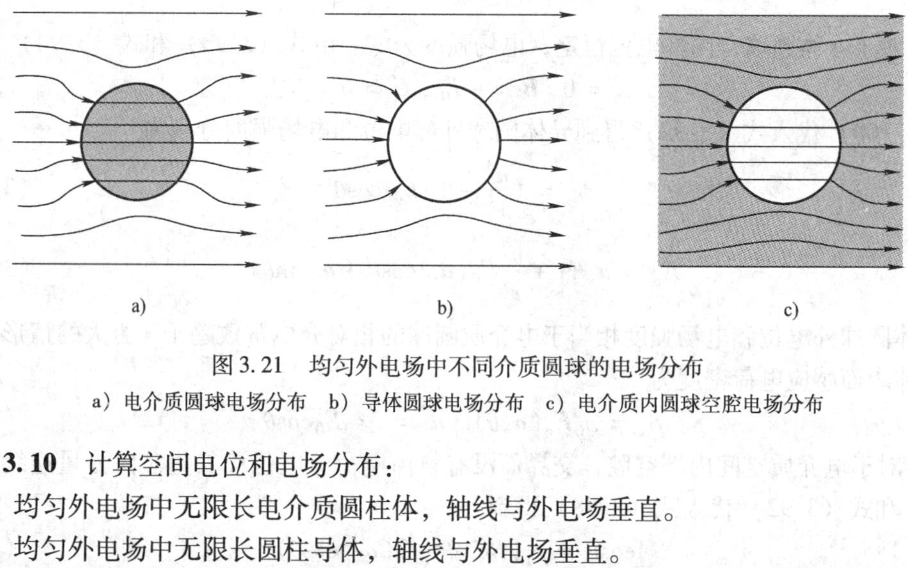

图 3.21　均匀外电场中不同介质圆球的电场分布

a）电介质圆球电场分布　b）导体圆球电场分布　c）电介质内圆球空腔电场分布

例 3.10　计算空间电位和电场分布：

1）均匀外电场中无限长电介质圆柱体，轴线与外电场垂直。

2）均匀外电场中无限长圆柱导体，轴线与外电场垂直。

解答　以圆柱轴线为 z 轴，外电场方向为 x 轴的圆柱坐标系中，这两个问题具有类似形式的解，均匀外电场，电介质圆柱内部沿外电场方向被均匀极化，设极化强度为 $\boldsymbol{P}_0$ 且沿 x 轴方向，则极化圆柱介质产生的空间电位以轴线为零电位，有

$$\phi = \int_0^{2\pi} \frac{aP_0\cos\gamma \mathrm{d}\gamma}{4\pi\varepsilon_0}\ln\frac{a^2}{r^2+a^2-2ar\cos(\gamma-\varphi)} \tag{3-108}$$

利用分部积分后得到

$$\phi = \frac{P_0\cos\varphi}{4\varepsilon_0 r}(r^2+a^2-|r^2-a^2|) \tag{3-109}$$

由式（3-109）可见，均匀极化圆柱体内部的电场是均匀的。导体圆柱在外电场中内部电场强度为零，因此导体圆柱表面感应电荷产生的电场也是均匀的。由此得到空间电场由均匀外电场和均匀极化偶极子电场相叠加。根据唯一性定理，假设圆柱内部是均匀电场，外部

电偶极子电场和外电场叠加，然后校验基本方程、边界条件和交界面衔接条件，确定待定系数，以过轴线且垂直电场的平面为零电位等位面，那么圆柱内、外电位形式与坐标 z 无关，只有余弦一次项，不存在正弦项、余弦高次项和对数项，即

$$\phi_i = Ar\cos\varphi \tag{3-110}$$

$$\phi_o = -E_0 r\cos\varphi + Cr^{-1}\cos\varphi \tag{3-111}$$

式中，系数 A 和 C 根据圆柱面电位交界面衔接条件确定。

1）均匀极化电介质圆柱，表面电位连续，无自由电荷，根据电位表达式（3-110）和式（3-111）代入电位连续性条件式（3-87）和式（3-88）得到

$$Aa\cos\varphi = -E_0 a\cos\varphi + Ca^{-1}\cos\varphi \tag{3-112}$$

$$\varepsilon_r A\cos\varphi = -E_0\cos\varphi - Ca^{-2}\cos\varphi \tag{3-113}$$

由式（3-112）和式（3-113）解得

$$A = -\frac{2}{\varepsilon_r + 1}E_0,\quad C = \frac{\varepsilon_r - 1}{1 + \varepsilon_r}a^2 E_0 \tag{3-114}$$

于是，介质圆柱内部电位和电场强度分别为

$$\phi_i = -\frac{2}{1 + \varepsilon_r}E_0 r\cos\varphi \tag{3-115a}$$

$$\boldsymbol{E}_i = -\nabla\phi_i = \boldsymbol{a}_x\frac{2}{1 + \varepsilon_r}E_0 \tag{3-115b}$$

介质圆柱外部电位和电场强度分别为

$$\phi_o = \left(\frac{\varepsilon_r - 1}{1 + \varepsilon_r}\frac{a^2}{r^2} - 1\right)E_0 r\cos\varphi \tag{3-116a}$$

$$\boldsymbol{E}_e = \boldsymbol{a}_x E_0 + \frac{(\varepsilon_r - 1)E_0}{1 + \varepsilon_r}\frac{a^2}{r^2}(\boldsymbol{a}_r\cos\varphi + \boldsymbol{a}_\varphi\sin\varphi) \tag{3-116b}$$

2）导体圆柱内部电位和电场强度都等于零，系数 $A=0$，$C=E_0a^2$。于是，导体圆柱外部的电位和电场强度分别为

$$\phi_o = \left(\frac{a^2}{r^2} - 1\right)E_0 r\cos\varphi \tag{3-117a}$$

$$\boldsymbol{E}_e = -\nabla\phi_o = \boldsymbol{a}_x E_0 + \frac{a^2}{r^2}E_0(\boldsymbol{a}_r\cos\varphi + \boldsymbol{a}_\varphi\sin\varphi) \tag{3-117b}$$

比较式（3-117）和式（3-116）可以发现，对导体圆柱来说，相当于介质圆柱的相对介电常数趋于无穷大的结果。

静电场的电场强度是无旋的，因此其微分和积分形式分别为

$$\nabla\times\boldsymbol{E} = \boldsymbol{0} \tag{3-118}$$

$$\oint_l \boldsymbol{E}\cdot\mathrm{d}\boldsymbol{l} = 0 \tag{3-119}$$

电位移矢量散度计算式为

$$\boldsymbol{D}(r) = \int_\Omega \frac{\boldsymbol{a}_R\rho_\Omega\mathrm{d}\Omega}{4\pi R^2} \tag{3-120}$$

利用矢量恒等式 $\nabla\cdot(\phi\boldsymbol{A}) = \nabla\phi\cdot\boldsymbol{A} + \phi\nabla\cdot\boldsymbol{A}$，计算电位移矢量的散度。因为电位移矢量的散度是对场点坐标进行的，而积分累加是对源点坐标进行的，所以两个线性算子可以交换位置，考虑到电荷密度是场源坐标函数，其对场点坐标的梯度等于零，而格林函数的梯度

的散度为三维 δ 函数，它是偶函数。于是，考虑一般体电荷密度分布，利用 δ 函数的性质得到

$$\nabla\cdot\boldsymbol{D}(\boldsymbol{r}) = \int_V \nabla\cdot\frac{\boldsymbol{a}_R\rho\mathrm{d}V}{4\pi R^2} = \int_V -\left(\nabla^2\frac{1}{R}\right)\frac{\rho\mathrm{d}V}{4\pi} = \int_V \rho\delta(\boldsymbol{r}-\boldsymbol{s})\mathrm{d}\Omega = \rho(\boldsymbol{r}) \tag{3-121}$$

静电场的电位移矢量与空间自由电荷分布有关，其高斯通量的微分和积分形式分别为

$$\nabla\cdot\boldsymbol{D} = \rho \tag{3-122}$$

$$\oint_S \boldsymbol{D}\cdot\mathrm{d}\boldsymbol{S} = Q \tag{3-123}$$

简单介质的电介质中的电位方程满足泊松方程或无自由电荷区域满足拉普拉斯方程

$$\nabla^2\phi = -\frac{\rho}{\varepsilon} = -\frac{\rho+\rho_b}{\varepsilon_0} \tag{3-124}$$

在简单介质的电介质中，如果区域内没有自由电荷体密度，那么由式（3-122）可知，电位移矢量的散度等于零，而极化强度 $\boldsymbol{P}=(1-\varepsilon_r^{-1})\boldsymbol{D}$，因此极化强度的散度也等于零，表明该区域内极化电荷体密度也等于零。这些特性结合交界面衔接条件可以求解静电场边值问题。

3.10 静电场问题求解

静电场问题可以用求解区域内的偏微分方程和区域边界上的边界条件描述，称为边值问题或定解问题。第 2 章介绍了矢量场的三种边值问题。静电场边值问题求解方法与问题的类型有关。如果给定电荷分布的无界空间，那么静电场通常以泊松方程解的重积分形式描述，因此积分法是最基本的求解静电场的方法之一。这里可以采用矢量积分计算电场强度，也可以采用标量积分计算电位函数，再用负梯度计算电场强度，或者利用高斯定理计算电位移矢量，但必须具有对称性且存在高斯面。如果给定电位函数或场分布，那么静电场场源分布可以利用高斯定理的微分形式，或者交界面衔接条件计算。如果给定边界电位分布且求解区域电位满足拉普拉斯方程，那么可以直接求解微分方程（一维问题），利用分离变量法或镜像法求解二维或三维问题。对于二维平行平面场满足的拉普拉斯方程求解问题，还可用复变量函数中的复变换法。如果给定区域内电荷分布和区域边界条件，那么边值问题可以利用格林函数法给出泊松方程或拉普拉斯方程解的积分形式。

尽管多数情况下重积分需要通过计算机进行数值计算，但在特殊条件下仍可以直接求解。这里介绍静电场问题的积分法求解，其他方法将在后面分别介绍。

3.10.1 直接积分法

对于单一简单介质中电荷产生的静电场，可以采用叠加原理获得电位、电场强度和电位移矢量计算积分表达式。

有限区域分布电荷产生的电场为

$$\boldsymbol{E} = \int_\Omega \frac{\boldsymbol{a}_R\mathrm{d}q}{4\pi\varepsilon R^2} = \int_\Omega \frac{\boldsymbol{a}_R\rho_\Omega\mathrm{d}\Omega}{4\pi\varepsilon R^2} \tag{3-125}$$

有限区域分布电荷产生的标量电位为

$$\phi = \int_\Omega \frac{\mathrm{d}q}{4\pi\varepsilon R} = \int_\Omega \frac{\rho_\Omega\mathrm{d}\Omega}{4\pi\varepsilon R} \tag{3-126}$$

默认无穷远处为电位参考点。

无限区域分布电荷产生的标量电位，要在有限区域确定电位参考点，则

$$\phi = \int_{\Omega} \frac{\rho_{\Omega}}{4\pi\varepsilon}\left(\frac{1}{R} - \frac{1}{R_0}\right)\mathrm{d}\Omega \tag{3-127}$$

式中，R_0是场源到标量电位参考点的距离。

例 3.11 半径为 a 的圆环，线电荷密度为ρ_l，计算空间任意一点的电场强度。

解答 建立圆柱坐标系，线电荷圆环位于 xOy 平面且圆心位于原点，源点为（a，φ_0，0），空间场点坐标为（r，φ，z），矢径 $\boldsymbol{R} = \boldsymbol{a}_r r + \boldsymbol{a}_z z - \boldsymbol{a}_{r0} a$，线电荷元矢量 $\mathrm{d}l = a\mathrm{d}\varphi_0$，闭合回路积分计算电场强度得

$$\boldsymbol{E} = \oint_l \frac{\boldsymbol{a}_R \rho_l \mathrm{d}l}{4\pi\varepsilon_0 R^2} = \oint_l \frac{(\boldsymbol{a}_r r + \boldsymbol{a}_z z - \boldsymbol{a}_{r0} a)\rho_l a \mathrm{d}\varphi_0}{4\pi\varepsilon_0 \left[z^2 + r^2 + a^2 - 2ar\cos(\varphi - \varphi_0)\right]^{3/2}}$$

令 $\phi = \varphi_0 - \varphi$，$\boldsymbol{a}_{r0} = \boldsymbol{a}_x \cos\varphi_0 + \boldsymbol{a}_y \sin\varphi_0 = \boldsymbol{a}_r \cos\phi + \boldsymbol{a}_\varphi \sin\phi$，代入上式回路积分得到

$$\boldsymbol{E} = \int_0^{2\pi} \frac{(\boldsymbol{a}_r r + \boldsymbol{a}_z z - \boldsymbol{a}_r a\cos\phi - \boldsymbol{a}_\varphi a\sin\phi)\rho_l a \mathrm{d}\phi}{4\pi\varepsilon_0 (z^2 + r^2 + a^2 - 2ar\cos\phi)^{3/2}}$$

考虑到任何可微函数，周期积分 $\int_0^{2\pi} f(\cos\phi)\sin\phi \mathrm{d}\phi = 0$ 恒成立，这样

$$\boldsymbol{E} = \frac{\rho_l a}{4\pi\varepsilon_0} \int_0^{2\pi} \frac{\boldsymbol{a}_r (r - a\cos\phi) + \boldsymbol{a}_z z}{(z^2 + r^2 + a^2 - 2ar\cos\phi)^{3/2}} \mathrm{d}\phi \tag{3-128}$$

式（3-128）内的被积分函数可以用椭圆积分表示，这里不做讨论，仅考虑电场的特点和特殊条件下的电场强度，电场强度只有 r 和 z 分量，没有角度 φ 方向分量。

当 $r=0$ 时，场点位于 z 轴上，电场强度只有 z 轴分量，可以通过积分求出

$$\boldsymbol{E} = \boldsymbol{a}_z \frac{\rho_l a}{2\varepsilon_0} \frac{z}{(z^2 + a^2)^{3/2}} \tag{3-129}$$

当 $a=0$ 但 $2\pi a\rho_l = Q$ 时，线电荷退化成位于原点的点电荷，空间任意一点的电场强度为

$$\boldsymbol{E} = \frac{Q}{4\pi\varepsilon_0} \frac{\boldsymbol{a}_r r + \boldsymbol{a}_z z}{(z^2 + r^2)^{3/2}} = \boldsymbol{a}_R \frac{Q}{4\pi\varepsilon_0 R^2} \tag{3-130}$$

例 3.12 证明静电场平均值定理：无电荷区域内任何一点的电位等于以该点为球心、不包含电荷的任意圆球面上的平均电位。

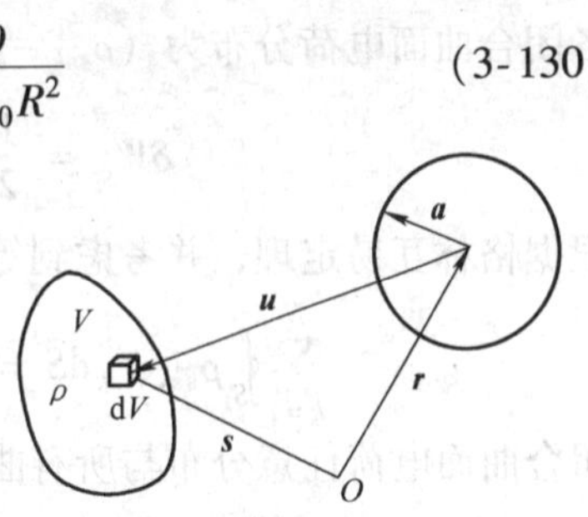

图 3.22 例 3.12 图

证明 如图 3.22 所示，场源区域 V，无电荷区域球面半径为 a，球心矢径为 $\boldsymbol{r}$，源点矢径为 $\boldsymbol{s}$，空间任意一点的电位，利用点电荷电位由场源体积分确定，得

$$\phi(\boldsymbol{r}) = \int_V \frac{\rho \mathrm{d}V}{4\pi\varepsilon R} = \int_V \frac{\rho(\boldsymbol{s})\mathrm{d}V}{4\pi\varepsilon|\boldsymbol{r} - \boldsymbol{s}|} \tag{3-131}$$

以 $\boldsymbol{r}$ 为球心、半径为 a 的圆球面内没有电荷，圆球面 S 电位平均值与各点电位关系为

$$\phi_{\mathrm{avg}}(\boldsymbol{r}, a) = \frac{1}{4\pi a^2} \oint_S \int_V \frac{\rho(\boldsymbol{s})\mathrm{d}V\mathrm{d}S}{4\pi\varepsilon|\boldsymbol{r} - \boldsymbol{s} + \boldsymbol{a}|} = \frac{1}{4\pi a^2} \int_V \frac{\rho(\boldsymbol{s})\mathrm{d}V}{4\pi\varepsilon} \oint_S \frac{\mathrm{d}S}{|(\boldsymbol{s} - \boldsymbol{r}) - \boldsymbol{a}|} \tag{3-132}$$

式中，球面积分由图 3.22 几何关系得到

$$\oint_S \frac{\mathrm{d}S}{|\boldsymbol{u} - \boldsymbol{a}|} = \int_0^{\pi} \int_0^{2\pi} \frac{a^2 \sin\theta \mathrm{d}\theta \mathrm{d}\varphi}{(u^2 + a^2 - 2au\cos\theta)^{1/2}} = \frac{2\pi a}{u}(|u + a| - |u - a|) \tag{3-133}$$

因为场源位于圆球面外部，所以 $u = |\boldsymbol{r}-\boldsymbol{s}| > a$，于是将式（3-133）简化后代入式(3-132)得到

$$\phi_{\text{avg}}(\boldsymbol{r},a) = \int_V \frac{\rho(\boldsymbol{s})\,\mathrm{d}V}{4\pi\varepsilon u} = \int_V \frac{\rho(\boldsymbol{s})\,\mathrm{d}V}{4\pi\varepsilon|\boldsymbol{s}-\boldsymbol{r}|} = \phi(\boldsymbol{r}) \tag{3-134}$$

由此可见，圆球面平均电位与球心电位相同，证毕。

例 3.13 证明格林互易定理：体电荷密度 ρ_1 与面电荷密度 σ_1 产生的电位为 ϕ_1，另一种体电荷密度 ρ_2 与面电荷密度 σ_2 产生的电位为 ϕ_2，那么

$$\int_V \rho_1\phi_2\,\mathrm{d}V + \int_S \sigma_1\phi_2\,\mathrm{d}S = \int_V \rho_2\phi_1\,\mathrm{d}V + \int_S \sigma_2\phi_1\,\mathrm{d}S$$

证明 以一般形式体电荷密度表示，空间电位满足泊松方程

$$\nabla^2\phi_k = -\frac{\rho_{tk}}{\varepsilon_0}, \quad k = 1,2 \tag{3-135}$$

式中，ρ_{tk} 表示第 k 种状态空间电荷分布体密度。

计算两种状态区域电位与电荷体密度交叉乘积之差的体积分，得

$$\int_V (\rho_{t1}\phi_2 - \rho_{t2}\phi_1)\,\mathrm{d}V = -\varepsilon_0\int_V (\phi_2\,\nabla^2\phi_1 - \phi_1\,\nabla^2\phi_2)\,\mathrm{d}V \tag{3-136}$$

利用标量格林第二定理得到

$$\int_V (\rho_{t1}\phi_2 - \rho_{t2}\phi_1)\,\mathrm{d}V = -\varepsilon_0\oint_{S_{\text{inf}}} (\phi_2\,\nabla\phi_1 - \phi_1\,\nabla\phi_2)\cdot\mathrm{d}\boldsymbol{S} = 0 \tag{3-137}$$

因为在无穷远处，电位以 R^{-1} 衰减，电位梯度以 R^{-2} 衰减，无穷远闭合曲面积分趋于零。

例 3.14 证明汤姆逊（Thomson）定理：由 N 个独立闭合曲面系统的空间位置固定，每个闭合曲面上总电荷给定，那么区域内静电能量最小的条件是各闭合曲面电荷分布使得其为等位面。

证明 设第 k 个闭合曲面带电荷量为 q_k，各闭合曲面电荷密度任意分布为 ρ_{sak}，电位为 ϕ_{ak}，当各闭合曲面为等位面时，面电荷密度分布为 ρ_{sek}，电位为 ϕ_{ek}，那么由叠加原理，当各闭合曲面电荷分布为（$\rho_{sak}-\rho_{sek}$）时，电位分布为（$\phi_{ak}-\phi_{ek}$），静电场能量为正，因此

$$\delta W_{\mathrm{e}} = \frac{1}{2}\sum_{k=1}^{N}\oint_{S_k}(\rho_{sak}-\rho_{sek})(\phi_{ak}-\phi_{ek})\,\mathrm{d}S > 0 \tag{3-138}$$

根据格林互易定理，并考虑到等位条件下曲面电位相等的特殊性和曲面电荷不变性，得到

$$\sum_{k=1}^{N}\oint_{S_k}\rho_{sek}\phi_{ak}\,\mathrm{d}S = \sum_{k=1}^{N}\oint_{S_k}\rho_{sak}\phi_{ek}\,\mathrm{d}S = \sum_{k=1}^{N} q_k\phi_{ek} = \sum_{k=1}^{N}\oint_{S_k}\rho_{sek}\phi_{ek}\,\mathrm{d}S \tag{3-139}$$

闭合曲面电荷任意分布与所有曲面为等位面电荷分布状态的静电场能量之差为

$$\Delta W_{\mathrm{e}} = \frac{1}{2}\sum_{k=1}^{N}\oint_{S_k}(\rho_{sak}\phi_{ak}-\rho_{sek}\phi_{ek})\,\mathrm{d}S \tag{3-140}$$

将式（3-139）代入式（3-140）后得到静电场能量之差为

$$\Delta W_{\mathrm{e}} = \frac{1}{2}\sum_{k=1}^{N}\oint_{S_k}(\rho_{sak}-\rho_{sek})(\phi_{ak}-\phi_{ek})\,\mathrm{d}S = \delta W_{\mathrm{e}} \tag{3-141}$$

由此证明了闭合曲面系统位置固定，每个表面总电荷给定，当闭合曲面为等位面时静电场能量最小。事实上，导体表面不是等位面时，电场强度存在切向分量，电场力将驱动电荷做功，而电荷量不变，电场力做功大小等于静电场能量减少量。

对于静电平衡的导体系统，静电场能量最小。如再将一个不带电荷的导体引入以给定导

体系统表面为边界的区域，那么电场力对导体做功，静电场能量将降低。

例 3.15 分析均匀分布有限长线电荷的电场。

解答 静电场是发散场，电力线关于线电荷轴线对称，圆心在对称轴上，垂直于对称轴的圆上任意一点的电场强度大小和电位大小相同。利用圆柱坐标系，将均匀线电荷放置在 z 轴对称位置，设长度为 $2a$，电荷密度为 ρ_1，根据对称性，电场分布与角度 φ 无关，以空间点（r_0，0，0）作为电位参考点，那么空间电位为

$$\phi = \frac{\rho_1}{4\pi\varepsilon_0}\int_{-a}^{a}\frac{\mathrm{d}l}{\sqrt{r^2+(z-l)^2}} - \frac{\rho_1}{4\pi\varepsilon_0}\int_{-a}^{a}\frac{\mathrm{d}l}{\sqrt{r_0^2+l^2}}$$

由于函数 $f(x)=\ln(x+\sqrt{x^2+a^2})$ 的导函数为 $f'(x)=(x^2+a^2)^{-1/2}$，因此积分后得到空间电位分布为

$$\phi = \frac{\rho_1}{4\pi\varepsilon_0}\ln\frac{\sqrt{r^2+(z-a)^2}-(z-a)}{\sqrt{r^2+(z+a)^2}-(z+a)} - \frac{\rho_1}{4\pi\varepsilon_0}\ln\frac{\sqrt{r_0^2+a^2}+a}{\sqrt{r_0^2+a^2}-a} \tag{3-142}$$

空间电场强度分布为

$$\begin{aligned}\boldsymbol{E} = -\nabla\phi &= \boldsymbol{a}_r\frac{\rho_1}{4\pi\varepsilon_0 r}\left[\frac{z+a}{\sqrt{r^2+(z+a)^2}} - \frac{z-a}{\sqrt{r^2+(z-a)^2}}\right]\\ &+ \boldsymbol{a}_z\frac{\rho_1}{4\pi\varepsilon_0}\left[\frac{1}{\sqrt{r^2+(z-a)^2}} - \frac{1}{\sqrt{r^2+(z+a)^2}}\right]\end{aligned} \tag{3-143}$$

电场强度的 r 分量与 z 分量具有轴对称性。等位面是以线电荷两个端点为焦点的等焦距旋转椭球面。等位面由对数项为常数参数（$k>0$）的方程确定，即

$$\frac{\sqrt{r^2+(z-a)^2}-(z-a)}{\sqrt{r^2+(z+a)^2}-(z+a)} = k^2 = \frac{\sqrt{r^2+(z+a)^2}+(z+a)}{\sqrt{r^2+(z-a)^2}+(z-a)}$$

消除其中一个根式，化简后得到

$$\sqrt{r^2+(z+a)^2} = \frac{k^2-1}{k^2+1}z + \frac{k^2+1}{k^2-1}a$$

两边二次方，整理后得到长轴位于 z 轴、焦距为 a 的旋转椭球面方程为

$$r^2 + \frac{4k^2}{(k^2+1)^2}z^2 = \frac{4k^2}{(k^2-1)^2}a^2 \tag{3-144}$$

有限长线电荷形成的电力线和等位面如图 3.23a 所示。对于电荷分布由此拓展后的电位和电场强度可以根据数学分析中的极限和积分计算得到。

1）如图 3.23b 所示的无限长线电荷，等位椭球面变为同轴圆柱面，电位和电场强度分别为

$$\phi = \frac{\rho_1}{4\pi\varepsilon_0}\lim_{a\to+\infty}\left[\ln\frac{a-z+\sqrt{r^2+(z-a)^2}}{-a-z+\sqrt{r^2+(z+a)^2}} - \ln\frac{a+\sqrt{r_0^2+a^2}}{-a+\sqrt{r_0^2+a^2}}\right] = \frac{\rho_1}{2\pi\varepsilon_0}\ln\frac{r_0}{r}$$

$$\boldsymbol{E} = -\lim_{a\to+\infty}\nabla\phi = -\nabla\lim_{a\to+\infty}\phi = \boldsymbol{a}_r\frac{\rho_1}{2\pi\varepsilon_0 r}$$

2）如图 3.23c 所示，位于 z 轴上的线电荷关于 xOy 平面对称，正 z 轴部分为正电荷，长为 $2a$，负 z 轴部分为负电荷，长为 $2a$，那么对式（3-142）和式（3-143）分别利用坐标变换和叠加原理得到新系统的电位和电场强度为

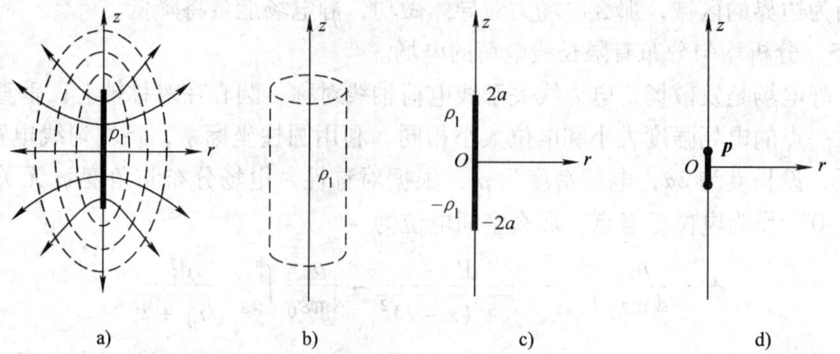

图 3.23　例 3.15 图

a）有限长线电荷　b）无限长线电荷　c）两有限长异号线电荷　d）等量异号点电荷

$$\phi_1(r,z) = \phi(r,z-a) - \phi(r,z+a)$$
$$\boldsymbol{E}_1(r,z) = -\nabla\phi(r,z-a) + \nabla\phi(r,z+a)$$

3）如图 3.23d 所示，当 a 趋于零时，令 $d=2a$，但 $\boldsymbol{a}_z d^2\rho_1 = \boldsymbol{p}$ 为常矢量，那么远处电位和电场强度变为电偶极子形成的电场，在圆柱坐标系中表示为

$$\phi = \frac{p}{4\pi\varepsilon_0}\lim_{d\to 0} d^{-2}\left[\ln\frac{\sqrt{r^2+(z-d)^2}-z+d}{\sqrt{r^2+z^2}-z} - \ln\frac{\sqrt{r^2+z^2}-z}{\sqrt{r^2+(z+d)^2}-z-d}\right]$$
$$= \frac{pz}{4\pi\varepsilon_0(r^2+z^2)^{3/2}}$$
$$\boldsymbol{E} = -\nabla\phi = \frac{p}{4\pi\varepsilon_0(r^2+z^2)^{5/2}}[\boldsymbol{a}_r 3rz - \boldsymbol{a}_z(r^2-2z^2)]$$

将圆柱坐标（r，φ，z）化为圆球坐标（R，θ，φ），单位矢量分别为

$$\boldsymbol{a}_z = \boldsymbol{a}_R\cos\theta - \boldsymbol{a}_\theta\sin\theta,\quad \boldsymbol{a}_r = \boldsymbol{a}_R\sin\theta + \boldsymbol{a}_\theta\cos\theta$$

电位和电场强度分别简化为电偶极子形式得

$$\phi = \frac{\boldsymbol{p}\cdot\boldsymbol{a}_R}{4\pi\varepsilon_0 R^2},\quad \boldsymbol{E} = \frac{p}{4\pi\varepsilon_0 R^3}(\boldsymbol{a}_R 2\cos\theta + \boldsymbol{a}_\theta\sin\theta)$$

值得指出的是，如果将 R 看成电偶极子到空间场点的距离，那么电位表达式中常矢量 $\boldsymbol{p}$ 可以位于空间任意一点和任意方向，而电场强度表达式中的电偶极子必须沿 z 轴方向。

例 3.16　分析均匀圆环线电荷产生的垂直于圆环平面对称轴上的电场。

解答　电场关于垂直于圆环平面的对称轴对称，在以对称轴上点为圆心的圆周上，电场强度大小相同，电位大小也相同。建立圆柱坐标系，圆环平面位于 xOy 平面，圆心过原点，z 轴为计算电场强度的空间点，如图 3.24a 所示。

由于对称性，电场强度只有 z 轴分量，因此可以先计算电位，以无穷远处为零电位，圆环半径为 a，线电荷密度为 ρ_1，电荷所在位置到 z 轴上点的距离都相同，电位为

$$\phi = \frac{\rho_1 a}{4\pi\varepsilon_0}\int_0^{2\pi}\frac{d\varphi}{\sqrt{a^2+z^2}} = \frac{\rho_1 a}{2\varepsilon_0\sqrt{a^2+z^2}}$$

在 z 轴上，电场强度只有 z 轴分量，因此电场强度大小等于电位在 z 轴上的方向导数，电场强度表达式为

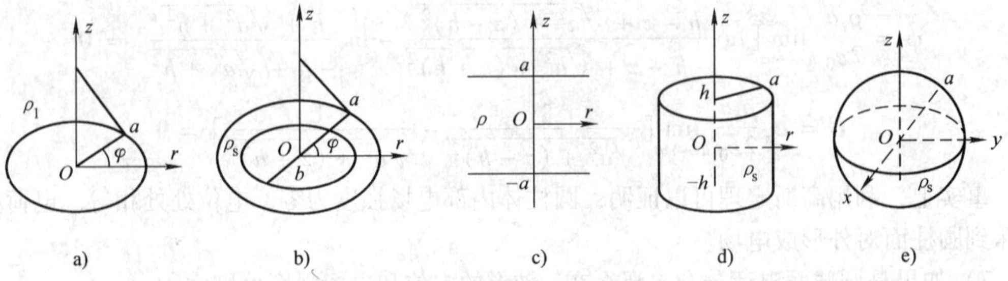

图 3.24　例 3.16 图

a）线电荷环　b）面电荷盘状环　c）无限大体电荷薄板　d）面电荷柱状环　e）球面电荷

$$\boldsymbol{E} = -\boldsymbol{a}_z \frac{\partial\phi}{\partial z} = \boldsymbol{a}_z \frac{\rho_1 a z}{2\varepsilon_0 (z^2 + a^2)^{3/2}}$$

对图 3.24b ~ e 所示电荷分布在 z 轴上的电位和电场强度分别讨论如下：

1）如果是内半径为 b、外半径为 a 的圆环面电荷，那么采用面电荷密度 $\boldsymbol{\rho}_s$，结果为

$$\phi = \frac{\rho_s}{4\pi\varepsilon_0}\int_b^a\int_0^{2\pi}\frac{r\mathrm{d}\varphi\mathrm{d}r}{\sqrt{r^2+z^2}} = \frac{\rho_s}{2\varepsilon_0}\left(\sqrt{a^2+z^2} - \sqrt{b^2+z^2}\right)$$

$$\boldsymbol{E} = -\boldsymbol{a}_z\frac{\partial\phi}{\partial z} = \boldsymbol{a}_z\frac{\rho_s z}{2\varepsilon_0}\left[(z^2+b^2)^{-1/2} - (z^2+a^2)^{-1/2}\right]$$

2）如果是半径为 a 的圆盘，那么 $b=0$，结果简化为

$$\phi = \frac{\rho_s}{2\varepsilon_0}\left(\sqrt{a^2+z^2} - |z|\right),\quad \boldsymbol{E} = \boldsymbol{a}_z\frac{\rho_s}{2\varepsilon_0}\left[\operatorname{sgn}(z) - z(z^2+a^2)^{-1/2}\right]$$

3）当圆盘半径趋于无穷时，电位参考点不能选在无穷远处，改选在原点比较合适，这样圆盘电位与原点电位之差的极限为无穷大圆盘或平面电荷产生的空间电位，即有

$$\phi = \frac{\rho_s}{2\varepsilon_0}\lim_{a\to\infty}\left(\sqrt{a^2+z^2} - a - |z|\right) = -\frac{\rho_s}{2\varepsilon_0}|z|$$

$$\boldsymbol{E} = \boldsymbol{a}_z\frac{\rho_s}{2\varepsilon_0}\lim_{a\to\infty}\left[\operatorname{sgn}(z) - z(z^2+a^2)^{-1/2}\right] = \boldsymbol{a}_z\frac{\rho_s}{2\varepsilon_0}\operatorname{sgn}(z)$$

4）当面电荷成为厚度为 $2a$ 的无限大体电荷 $\boldsymbol{\rho}$ 时，对称面为 xOy 平面，那么电位分布利用叠加原理对无穷大平面结果积分得

$$\phi = -\frac{\rho}{2\varepsilon_0}\int_{-a}^{a}|z-t|\mathrm{d}t = -\frac{\rho}{4\varepsilon_0}\left[\operatorname{sgn}(z-a)(z-a)^2 - \operatorname{sgn}(z+a)(z+a)^2\right]$$

$$\boldsymbol{E} = \boldsymbol{a}_z\frac{\rho}{2\varepsilon_0}\int_{-a}^{a}\operatorname{sgn}(z-t)\mathrm{d}t = \boldsymbol{a}_z\frac{\rho}{2\varepsilon_0}\left(|z+a| - |z-a|\right)$$

5）如果是高度为 $2h$、半径为 a 的圆环，则均匀面电荷分布产生的 z 轴电位和电场强度分别为

$$\phi = \frac{\rho_s a}{2\varepsilon_0}\int_{-h}^{h}\frac{\mathrm{d}t}{\sqrt{a^2+(z-t)^2}} = \frac{\rho_s a}{2\varepsilon_0}\ln\frac{h-z+\sqrt{a^2+(z-h)^2}}{-h-z+\sqrt{a^2+(z+h)^2}}$$

$$\boldsymbol{E} = \boldsymbol{a}_z\frac{\mathrm{d}\phi}{\mathrm{d}z} = \boldsymbol{a}_z\frac{\rho_s a}{2\varepsilon_0}\left[\frac{1}{\sqrt{a^2+(z-h)^2}} - \frac{1}{\sqrt{a^2+(z+h)^2}}\right]$$

6）当圆柱面趋于无限长时，中心轴上的电位和电场强度分别为（电位以原点为零）

$$\phi = \frac{\rho_s a}{2\varepsilon_0}\lim_{h\to+\infty}\left[\ln\frac{h - z + \sqrt{a^2 + (z-h)^2}}{-h - z + \sqrt{a^2 + (z+h)^2}} - \ln\frac{h + \sqrt{a^2 + h^2}}{-h + \sqrt{a^2 + h^2}}\right] = 0$$

$$\boldsymbol{E} = \boldsymbol{a}_z\frac{\rho_s a}{2\varepsilon_0}\lim_{h\to+\infty}\left[\frac{1}{\sqrt{a^2 + (z-h)^2}} - \frac{1}{\sqrt{a^2 + (z+h)^2}}\right] = \boldsymbol{0}$$

事实上，利用高斯定理可以证明，圆柱体内部电场强度为零，电位处处相等。电荷相互排斥到圆柱面对外形成电场。

7）如果是圆球面电荷分布，那么在 z 轴上的电位和电场强度分别为

$$\phi = \frac{\rho_s}{2\varepsilon_0}\int_0^{\pi}\frac{a^2\sin\theta d\theta}{\sqrt{(a\sin\theta)^2 + (z - a\cos\theta)^2}} = \frac{\rho_s a}{2\varepsilon_0 z}(|z+a| - |z-a|)$$

$$\boldsymbol{E} = -\boldsymbol{a}_z\frac{\partial\phi}{\partial z} = \boldsymbol{a}_z\frac{\rho_s a^2}{2\varepsilon_0 z^2}[\operatorname{sgn}(z-a) + \operatorname{sgn}(z+a)]$$

由于球面空间对称性，圆球内部电场强度处处为零，电位处处相等。电荷相互排斥到圆球面对外形成电场，圆球外电场相当于球面电荷集中在球心的结果。

8）如果是以内、外半径分别为 a 和 b 的圆球壳体电荷 ρ 分布，那么在 z 轴上的电位和电场强度分别为

$$\begin{aligned}\phi &= \frac{\rho}{2\varepsilon_0}\int_a^b\frac{r}{z}[|z+r| - |z-r|]dr \\ &= \frac{\rho}{2\varepsilon_0}\frac{|b+z|^3 - |a+z|^3 - |b-z|^3 + |a-z|^3}{3z} \\ &\quad -\frac{\rho}{2\varepsilon_0}\frac{|b+z|(b+z) - |a+z|(a+z) + |b-z|(b-z) - |a-z|(a-z)}{2}\end{aligned}$$

在半径为 a 的球内轴线上，$|z| < a$，电位恒定且电场强度为零，即

$$\phi = \frac{\rho}{2\varepsilon_0}(b^2 - a^2),\ \boldsymbol{E} = -\boldsymbol{a}_z\frac{\partial\phi}{\partial z} = \boldsymbol{0}$$

在球壳内轴线上，$a < |z| < b$，电位和电场强度分别为

$$\phi = \frac{\rho}{6\varepsilon_0}\left(3b^2 - z^2 - \frac{2a^3}{|z|}\right),\ \boldsymbol{E} = -\boldsymbol{a}_z\frac{\partial\phi}{\partial z} = \boldsymbol{a}_z\frac{\rho}{3\varepsilon_0 z}\left(z^2 - \frac{a^3}{|z|}\right)$$

在球壳外部轴线上，$|z| > b$，电位和电场强度分别为

$$\phi = \frac{\rho}{3\varepsilon_0|z|}(b^3 - a^3),\ \boldsymbol{E} = -\boldsymbol{a}_z\frac{\partial\phi}{\partial z} = \boldsymbol{a}_z\frac{\rho(b^3 - a^3)}{3\varepsilon_0 z|z|}$$

由于圆球对称性，只要将球壳轴线坐标 z 改为圆球坐标 r 即为球壳体电荷产生的空间电位和电场强度。

9）由 8）容易得到半径为 a 的圆球分布电荷产生的电位和电场强度分别为

$$\phi = \frac{\rho}{6\varepsilon_0}(3a^2 - r^2),\ \boldsymbol{E} = -\boldsymbol{a}_r\frac{\partial\phi}{\partial r} = \boldsymbol{a}_r\frac{\rho r}{3\varepsilon_0},\ r < a$$

$$\phi = \frac{\rho a^3}{3\varepsilon_0 r},\ \boldsymbol{E} = -\boldsymbol{a}_r\frac{\partial\phi}{\partial r} = \boldsymbol{a}_r\frac{\rho a^3}{3\varepsilon_0 r^2},\ r > a$$

10）当圆球电荷缩小为点电荷 $Q = 4\pi\rho a^3/3$ 时，点电荷位于圆球坐标系原点，电位和电场强度分别为

$$\phi = \frac{Q}{4\pi\varepsilon_0 r},\ \boldsymbol{E} = \boldsymbol{a}_r\frac{Q}{4\pi\varepsilon_0 r^2}$$

从上述分析可知，点电荷电场强度与距离 r 的二次方成反比，无限长线电荷的电场强度与到线电荷的距离 r 成反比，无穷大面电荷产生的电场强度在两侧是均匀的，均匀分布圆球电荷内部的电场强度与到球心的距离 r 成正比。

积分法计算电场的主要原则是分析电荷分布特征（点、线、面、体，轴对称、中心对称、圆球对称），理解电荷产生的电场强度在电荷源点与计算场点连线方向上的叠加，根据对称性建立合适的坐标系统，积分变量总是电荷源点坐标，使得积分变得简便。电场强度的方向可以采用镜面对称方法判断存在哪些分量，不存在哪些分量。

例 3.17 计算均匀分布圆球面电荷密度为 ρ_s 产生的空间电场强度。

解答 直接计算积分得

$$\boldsymbol{E} = \frac{\rho_s}{4\pi\varepsilon_0}\oint_S \frac{\boldsymbol{a}_R \mathrm{d}S}{R^2}$$

利用电位与电场强度关系得

$$\boldsymbol{E} = -\nabla\phi = -\frac{\rho_s}{4\pi\varepsilon_0}\nabla\oint_S \frac{\mathrm{d}S}{R}$$

将电场强度矢量积分转换为标量积分的负梯度，由附录 B 得到圆球面格林函数积分为

$$\oint_S \frac{\mathrm{d}S}{R} = \frac{2\pi a}{r}(r + a - |r - a|)$$

于是，电场强度为

$$\boldsymbol{E} = -\boldsymbol{a}_r \frac{\rho_s a}{2\varepsilon_0}\frac{\partial}{\partial r}\frac{r + a - |r - a|}{r} = \boldsymbol{a}_r \frac{\rho_s a^2}{2\varepsilon_0}\frac{1 + \mathrm{sgn}(r - a)}{r^2}$$

由于电荷分布球面对称，在圆球面内部电场强度处处为零，圆球面外部电场相当于球面电荷都集中在球心处的电场。

3.10.2 高斯定理法

高斯定理是场源具有对称分布，场量空间存在高斯面，利用场量高斯面积分等于高斯面内包含的场源大小来计算电场强度或电位移矢量。再利用电场强度积分计算电位空间分布。

例 3.18 如图 3.25 所示，导体圆球半径 a，电位 ϕ_0 给定，球心置于两种电介质的分界面上，计算圆球外部的电位分布。

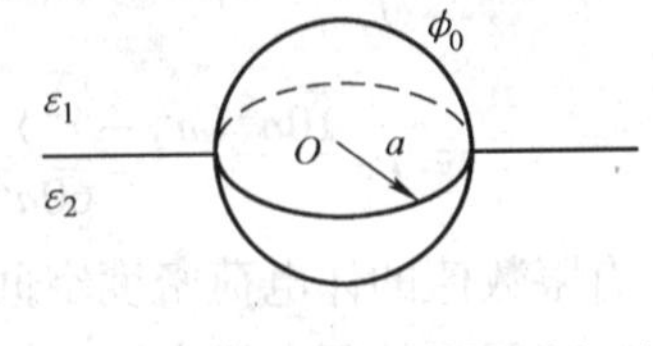

图 3.25 例 3.18 图 导体圆球与无限大理想介质平面

解答 圆球坐标系电位和电场是轴对称的二维函数，与方位角 φ 无关，在无穷远处电位按照 r 反比趋于零，上、下电介质半空间电位满足拉普拉斯方程，而在分界面上电场强度切向分量连续，假设电场强度与 θ 无关，即电场强度仅仅是 r 的函数。为了应用高斯定理，设导体表面自由电荷量为 Q，利用电位移矢量的高斯定理计算电场强度，即

$$2\pi r^2\varepsilon_1 E + 2\pi r^2\varepsilon_2 E = Q,\ r > a$$

解得

$$\boldsymbol{E} = \boldsymbol{a}_r \frac{Q}{2\pi r^2(\varepsilon_1 + \varepsilon_2)}$$

根据导体表面电位确定自由电荷量 Q，以无穷远处电位为零，电位等于电场强度积分，即

$$\phi(r) = \int_r^{\infty} \boldsymbol{E} \cdot \boldsymbol{a}_r \mathrm{d}r = \int_r^{\infty} \frac{Q\mathrm{d}r}{2\pi r^2(\varepsilon_1 + \varepsilon_2)} = \frac{Q}{2\pi r(\varepsilon_1 + \varepsilon_2)},\ r \geqslant a$$

因导体电位给定，所以电荷量为

$$Q = 2\pi a(\varepsilon_1 + \varepsilon_2)\phi_0$$

于是，导体圆球外部电位分布为

$$\phi = \int_r^{\infty} \boldsymbol{E} \cdot \boldsymbol{a}_r \mathrm{d}r = \frac{Q}{2\pi r(\varepsilon_1 + \varepsilon_2)} = \frac{a}{r}\phi_0,\ r \geqslant a$$

可以发现，圆球导体外部电介质分解面沿径向的情况下，电位分布与介质常数无关。

例 3.19 半径为 a 的圆球区域内充满电荷，体密度分布为 $\rho = \rho_0(1 - r^2/a^2)$，其中 ρ_0 为常数，计算球内、外的电场强度和电位。

解答 利用电荷球对称分布特性，电场分布球面对称，以球心为原点，根据高斯定理计算圆球内、外电位移矢量和电场强度矢量，再利用电场强度积分获得电位，计算如下：

$$4\pi r^2 D = Q = \int_0^r 4\pi r^2 \rho \mathrm{d}r,\ \boldsymbol{E} = \boldsymbol{D}/\varepsilon_0,\ \phi = \int_r^{\infty} \boldsymbol{E} \cdot \boldsymbol{a}_r \mathrm{d}r$$

圆球内部的电位移矢量和电场强度分别为

$$\boldsymbol{D} = \frac{\boldsymbol{a}_r}{4\pi r^2}\int_0^r 4\pi r^2 \rho_0\left(1 - \frac{r^2}{a^2}\right)\mathrm{d}r = \boldsymbol{a}_r \rho_0 \frac{5a^2 r - 3r^3}{15a^2},\ \boldsymbol{E} = \boldsymbol{a}_r \frac{\rho_0 r}{15\varepsilon_0}\left(5 - \frac{3r^2}{a^2}\right),\ r < a$$

圆球外部电位移矢量和电场强度分别为

$$\boldsymbol{D} = \frac{\boldsymbol{a}_r}{4\pi r^2}\int_0^a 4\pi r^2 \rho_0\left(1 - \frac{r^2}{a^2}\right)\mathrm{d}r = \boldsymbol{a}_r \frac{2\rho_0 a^3}{15r^2},\ \boldsymbol{E} = \boldsymbol{a}_r \frac{2\rho_0 a^3}{15\varepsilon_0 r^2},\ r > a$$

由于圆球内、外电场强度函数表达式不同，因此以无穷远处为电位参考点时，比较简单的方法是先计算圆球外部电位，再根据电位连续性计算圆球内电位。圆球外电位为

$$\phi = \int_r^{\infty} \boldsymbol{E} \cdot \boldsymbol{a}_r \mathrm{d}r = \int_r^{\infty} \frac{2\rho_0 a^3}{15\varepsilon_0 r^2}\mathrm{d}r = \frac{2\rho_0 a^3}{15\varepsilon_0 r},\ r > a$$

圆球内部电位为

$$\begin{aligned}\phi &= \int_r^a \boldsymbol{E} \cdot \boldsymbol{a}_r \mathrm{d}r + \phi(a) = \int_r^a \rho_0 \frac{5a^2 r - 3r^3}{15a^2 \varepsilon_0}\mathrm{d}r + \frac{2\rho_0 a^2}{15\varepsilon_0} \\ &= \rho_0 \frac{10a^2(a^2 - r^2) - 3(a^4 - r^4)}{60a^2\varepsilon_0} + \frac{2\rho_0 a^2}{15\varepsilon_0} = \rho_0 \frac{15a^4 - 10a^2 r^2 + 3r^4}{60a^2 \varepsilon_0},\ r < a\end{aligned}$$

有限数值的体电荷密度空间分布时，电位连续，介质均匀时电场强度和电位移矢量连续。对于圆球外部电场来说，体电荷分布电荷与集中在球心的点电荷 $8\pi a^3 \rho_0/15$ 或者在半径为 a 的圆球面上均匀分布面电荷 $2a\rho_0/15$ 没有什么区别。

3.10.3 一维泊松方程问题

空间场源分布给定时，电位分布由泊松方程描述，不同区域电位衔接关系由交界面衔接条件确定。此外，要考虑无穷远处的边界条件，对于圆柱和圆球坐标还要考虑 $r=0$ 处的自然边界条件。二维和三维空间泊松方程直接求解比较困难，通常采用分离变量法或数值计算方法；一维泊松方程由于电位仅仅是一个坐标的函数时，可以将二阶偏微分方程简化为二阶常微分方程，只要场源一维空间积分能计算，那么泊松方程就可以求解。

下面分别对直角、圆柱和圆球三种正交坐标系举例说明一维泊松方程的求解，具体选择

何种坐标系要根据问题的对称性来确定。

例 3.20 厚度为 $2a$ 的无穷大平板，中心平面位于 yOz 平面，体电荷密度 $\rho=\rho_0(1-x^2/a^2)$，如图 3.26a 所示，求空间电位和电场强度分布。

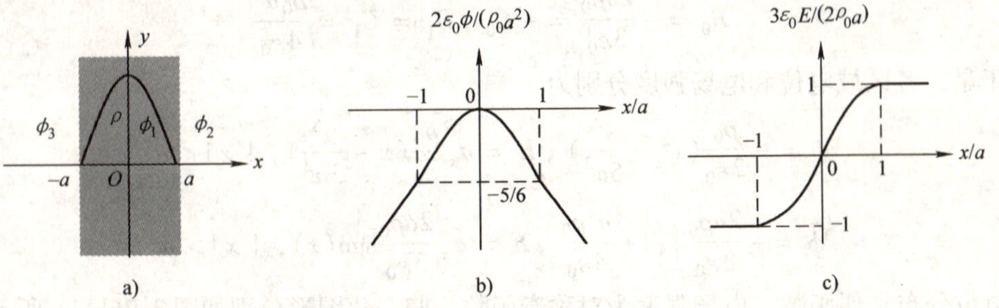

图 3.26 例 3.20 图

a）无限大带电平板电荷 b）电位分布 c）电场强度分布

解答 根据电荷分布关于 yOz 平面对称，电场分布也具有对称性，如果以原点为零电位参考点，那么电位分布也将具有对称性。将空间区域分为三部分，电位仅仅是 x 坐标函数，因此在三个区域，电位分别满足

$$\nabla^2\phi_1=\frac{d^2\phi_1}{dx^2}=-\frac{\rho_0}{\varepsilon_0}\left(1-\frac{x^2}{a^2}\right),\quad |x|<a$$

$$\nabla^2\phi_2=\frac{d^2\phi_2}{dx^2}=0,\quad x>a$$

$$\nabla^2\phi_3=\frac{d^2\phi_3}{dx^2}=0,\quad x<-a$$

电场强度等于电位负梯度，即

$$\boldsymbol{E}=-\nabla\phi=-\boldsymbol{a}_x\frac{d\varphi}{dx}$$

解得

$$\phi_1=-\frac{\rho_0}{2\varepsilon_0}\left(x^2-\frac{x^4}{6a^2}\right)+A_0x+A_1,\ \boldsymbol{E}_1=\boldsymbol{a}_x\left[\frac{\rho_0}{\varepsilon_0}\left(x-\frac{x^3}{3a^2}\right)-A_0\right],\quad |x|<a$$

$$\phi_2=B_0x+B_1,\ \boldsymbol{E}_2=-\boldsymbol{a}_xB_0,\ x>a$$

$$\phi_3=C_0x+C_1,\ \boldsymbol{E}_3=-\boldsymbol{a}_xC_0,\ x<-a$$

式中，系数 A_0、A_1、B_0、B_1、C_0 和 C_1 根据交界面衔接条件和电位参考点确定。

根据零电位参考点，令 $x=0$，$\phi_1=0$，得到 $A_1=0$。根据电场的对称性，在 $x=0$ 处电场强度为零，得到 $A_0=0$。在 $x=\pm a$ 处，电位连续，面电荷密度等于零，电位移矢量连续，得到

$$\phi_1(a)=\phi_2(a),\ \phi_1(-a)=\phi_3(-a)$$

$$\varepsilon_0\frac{d\phi_1(a)}{dx}=\varepsilon_0\frac{d\phi_2(a)}{dx},\ \varepsilon_0\frac{d\phi_1(-a)}{dx}=\varepsilon_0\frac{d\phi_3(-a)}{dx}$$

将交界面衔接条件代入电位表达式后得到

$$-\frac{5\rho_0a^2}{12\varepsilon_0}=B_0a+B_1,\ -\frac{5\rho_0a^2}{12\varepsilon_0}=-C_0a+C_1$$

$$\rho_0 \frac{2a}{3} = -\varepsilon_0 B_0, -\rho_0 \frac{2a}{3} = -\varepsilon_0 C_0$$

解得

$$B_0 = -\frac{2a\rho_0}{3\varepsilon_0} = -C_0, B_1 = C_1 = \frac{\rho_0 a^2}{4\varepsilon_0}$$

于是，各区域电位和电场强度分别为

$$\phi = -\frac{\rho_0}{2\varepsilon_0}(x^2 - \frac{x^4}{6a^2}), \boldsymbol{E} = \boldsymbol{a}_x \frac{\rho_0}{\varepsilon_0}(x - \frac{x^3}{3a^2}), |x| < a$$

$$\phi = -\frac{2a\rho_0}{3\varepsilon_0}|x| + \frac{a^2\rho_0}{4\varepsilon_0}, \boldsymbol{E} = \boldsymbol{a}_x \frac{2a\rho_0}{3\varepsilon_0}\mathrm{sgn}(x), |x| > a$$

电位分布是偶函数，电场强度为对称奇函数，归一化图形分别如图 3.26b、c 所示。

例 3.21　半径为 a 的无限长带电圆柱体，轴线位于 z 轴，体电荷密度 $\rho = \rho_0(1 - r^2/a^2)$，如图 3.27 所示，求空间电位和电场强度分布。

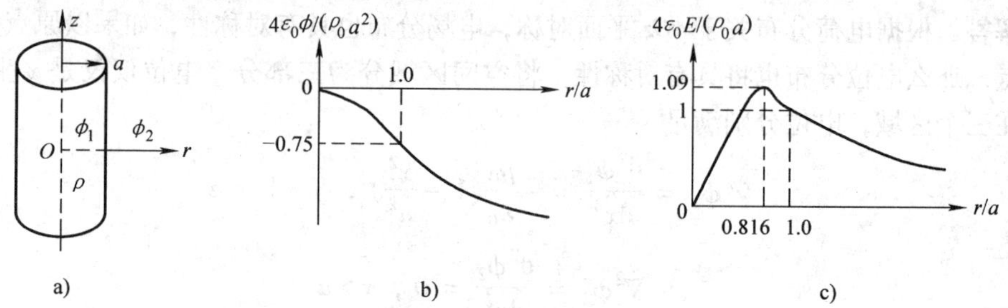

图 3.27　例 3.21 图

a）无限长带电圆柱体电荷　b）电位分布　c）电场强度分布

解答　根据电荷分布关于 z 轴对称，电场分布也具有轴对称性，如果以原点为零电位参考点，那么电位分布也将具有对称性。将空间区域圆柱体内外分为两部分，电位仅仅是圆柱坐标 r 的函数，因此在圆柱内、外两个区域，电位分别满足

$$\nabla^2\phi_1 = \frac{\mathrm{d}}{r\mathrm{d}r}(r\frac{\mathrm{d}}{\mathrm{d}r}\phi_1) = -\frac{\rho_0}{\varepsilon_0}(1 - \frac{r^2}{a^2}), r < a$$

$$\nabla^2\phi_2 = \frac{\mathrm{d}}{r\mathrm{d}r}(r\frac{\mathrm{d}}{\mathrm{d}r}\phi_2) = 0, r > a$$

电场强度等于电位负梯度，即

$$\boldsymbol{E} = -\nabla\phi = -\boldsymbol{a}_r\frac{\mathrm{d}\phi}{\mathrm{d}r}$$

解得

$$\phi_1 = -\frac{\rho_0}{4\varepsilon_0}(r^2 - \frac{r^4}{4a^2}) + A_0\ln r + A_1, \boldsymbol{E}_1 = \boldsymbol{a}_r[\frac{\rho_0}{4\varepsilon_0}(2r - \frac{r^3}{a^2}) - \frac{A_0}{r}], r < a$$

$$\phi_2 = B_0\ln r + B_1, \boldsymbol{E}_2 = -\boldsymbol{a}_r\frac{B_0}{r}, r > a$$

式中，系数 A_0、A_1、B_0 和 B_1 根据交界面衔接条件、电位参考点和自然边界条件确定。

根据自然边界条件，电位有限，令 $r = 0$，$|\phi_1| < \infty$，得到 $A_0 = 0$。根据零电位参考点，$r = 0$ 处电位为零，得到 $A_1 = 0$。在 $r = a$ 处，电位连续，面电荷密度等于零，电位移矢量连

续，得到

$$\phi_1(a) = \phi_2(a)\ ,\ \varepsilon_0 \frac{\mathrm{d}\phi_1(a)}{\mathrm{d}r} = \varepsilon_0 \frac{\mathrm{d}\phi_2(a)}{\mathrm{d}r}$$

将交界面衔接条件代入电位表达式后得到

$$-\frac{3\rho_0 a^2}{16\varepsilon_0} = B_0 \ln a + B_1\ ,\quad -\frac{\rho_0 a}{4} = \varepsilon_0 \frac{B_0}{a}$$

于是，将求得的系数代入电位和电场强度表达式得到

$$\phi_1 = -\frac{\rho_0}{4\varepsilon_0}\left(r^2 - \frac{r^4}{4a^2}\right)\ ,\ \boldsymbol{E}_1 = \boldsymbol{a}_{\mathrm{r}} \frac{\rho_0}{4\varepsilon_0}\left(2r - \frac{r^3}{a^2}\right)\ ,\ r<a$$

$$\phi_2 = \frac{\rho_0 a^2}{4\varepsilon_0}\left(\ln \frac{a}{r} - \frac{3}{4}\right)\ ,\ \boldsymbol{E}_2 = \boldsymbol{a}_{\mathrm{r}} \frac{\rho_0 a^2}{4\varepsilon_0 r}\ ,\ r>a$$

圆柱体电荷单位长度电荷量为

$$\rho_1 = \int_0^a \rho_0\left(1 - \frac{r^2}{a^2}\right)2\pi r \mathrm{d}r = \frac{\pi\rho_0 a^2}{2}$$

圆柱体外电场强度可以看成是线电荷密度 ρ_1 产生的电场。归一化后的电位和电场强度分布如图 3.27b、c 所示。

例 3.22 半径为 a 的带电圆球，体电荷密度 $\rho = \rho_0(1 - r^2/a^2)$，如图 3.28 所示，求空间电位和电场强度分布。

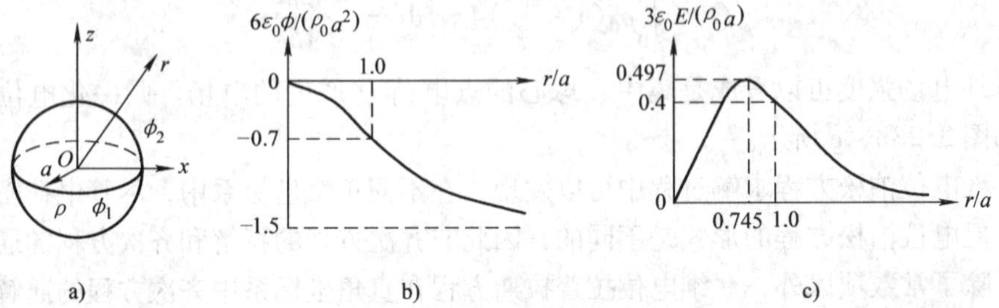

图 3.28 例 3.22 图

a）带电圆球电荷 b）电位分布 c）电场强度分布

解答 根据电荷分布关于圆球面对称，电场分布也是圆球面对称的，如果以原点为零电位参考点，那么电位分布也将具有球面对称性。将空间区域分为两部分，电位仅仅是圆球矢径坐标 r 的函数，因此在圆球内、外两个区域，电位分别满足

$$\nabla^2\phi_1 = \frac{\mathrm{d}}{r^2\mathrm{d}r}\left(r^2 \frac{\mathrm{d}}{\mathrm{d}r}\phi_1\right) = -\frac{\rho_0}{\varepsilon_0}\left(1 - \frac{r^2}{a^2}\right)\ ,\ r<a$$

$$\nabla^2\phi_2 = \frac{\mathrm{d}}{r^2\mathrm{d}r}\left(r^2 \frac{\mathrm{d}}{\mathrm{d}r}\varphi_2\right) = 0\ ,\ r>a$$

电场强度等于电位负梯度，即

$$\boldsymbol{E} = -\nabla\phi = -\boldsymbol{a}_{\mathrm{r}} \frac{\mathrm{d}\phi}{\mathrm{d}r}$$

解得

$$\phi_1 = -\frac{\rho_0}{\varepsilon_0}\left(\frac{r^2}{6} - \frac{r^4}{20a^2}\right) + \frac{A_0}{r} + A_1\ ,\ \boldsymbol{E}_1 = \boldsymbol{a}_{\mathrm{r}}\left[\frac{\rho_0}{\varepsilon_0}\left(\frac{r}{3} - \frac{r^3}{5a^2}\right) + \frac{A_0}{r^2}\right]\ ,\ r<a$$

$$\phi_2 = \frac{B_0}{r} + B_1 \text{ , } \boldsymbol{E}_2 = \boldsymbol{a}_{\mathrm{r}} \frac{B_0}{r^2} \text{ , } r > a$$

式中，系数 A_0、A_1、B_0和 B_1根据交界面衔接条件、电位参考点和自然边界条件确定。

根据自然边界条件，令 $r=0$，$|\phi_1|<\infty$，得到 $A_0=0$。由零电位参考点，$r=0$ 处电位为零，得到 $A_1=0$。在 $r=a$ 处，电位连续，面电荷密度等于零，电位移矢量连续，得到

$$\phi_1(a) = \phi_2(a)$$

$$\varepsilon_0 \frac{\mathrm{d}\phi_1(a)}{\mathrm{d}r} = \varepsilon_0 \frac{\mathrm{d}\phi_2(a)}{\mathrm{d}r}$$

将交界面衔接条件代入电位表达式后得到

$$-\frac{7\rho_0 a^2}{60\varepsilon_0} = \frac{B_0}{a} + B_1 \text{, } \frac{2\rho_0 a}{15} = \varepsilon_0 \frac{B_0}{a^2}$$

于是，将求得的系数代入，得到电位和电场强度分别为

$$\phi_1 = -\frac{\rho_0 r^2}{6\varepsilon_0}\left(1 - \frac{3r^2}{10a^2}\right) \text{ , } \boldsymbol{E}_1 = \boldsymbol{a}_{\mathrm{r}} \frac{\rho_0 r}{3\varepsilon_0}\left(1 - \frac{3r^2}{5a^2}\right) \text{ , } r < a$$

$$\phi_2 = \frac{2\rho_0 a^3}{15\varepsilon_0 r} - \frac{\rho_0 a^2}{4\varepsilon_0} \text{ , } \boldsymbol{E}_2 = \boldsymbol{a}_{\mathrm{r}} \frac{2\rho_0 a^3}{15\varepsilon_0 r^2} \text{ , } r > a$$

圆球总电荷量为

$$Q = \int_0^a \rho_0\left(1 - \frac{r^2}{a^2}\right) 4\pi r^2 \mathrm{d}r = \frac{8\pi\rho_0 a^3}{15}$$

圆球外电场强度可以看成是集中在球心的点电荷 Q 产生的电场。归一化电位和电场强度分布如图 3.28b、c 所示。

从一维电位泊松方程求解过程中可以发现，在不同正交坐标系中，尽管电荷密度分布形式类似，但电位泊松方程的形式是不同的，因此非齐次方程的特解和齐次方程的通解形式是不同的。除了常数项以外，一维电位拉普拉斯方程在直角坐标系中齐次方程的通解是坐标变量的线性函数，圆柱坐标系中的通解是 r 的对数函数，圆球坐标系中的通解则是 r 的反比例函数。无论是圆柱坐标还是圆球坐标，关于角度坐标的一维电位拉普拉斯方程的通解也都是线性函数。

3.11 镜像法

根据矢量场唯一性定理，解的形式可以不同，但结果是一样的。有些问题的求解可以借助于已知问题的解，只要两者满足相同电磁场方程和边界条件。镜像法就是利用矢量场唯一性定理求解静电场边值问题的方法。在求解区域内给定电荷分布，在求解区域外设置镜像电荷，并且求解区域外的介质特性与求解区域内相同，形成线性、均匀和各向同性的介质空间，这样保持求解区域的场方程不变，同时配制镜像电荷后要满足边界条件，这样原来问题的解与镜像后问题的解在求解区域是相同的。其中镜像电荷量与空间位置需要根据不同区域之间的交界面衔接条件和边界条件来确定。

这里主要介绍导体平面的点电荷镜像、圆柱面平行轴线的线电荷镜像、导体圆球面的点电荷镜像和电介质平面的点电荷镜像。

1. 点电荷与接地导体平板系统

(1) 镜像电荷布置

如图 3.29 所示，点电荷 Q 在导体平面 $z=0$ 上方，距离导体平面高度 h，求解区域是导体平面上半空间。导体平面是等位面，空间电场强度是由导体平面上方的点电荷 Q 和导体表面的感应面电荷共同产生的。导体平面感应电荷在导体平面上只产生切向分量，在两侧产生的法向分量仅仅取决于感应面电荷所在位置的面电荷密度，而导体平面感应电荷在上下两侧半空间产生的电场是对称的。由于导体平面下方的合成电场强度为零，因此相当于在导体平面上方点电荷 Q 处又增加了一个等量异号的点电荷，根据对称性，导体平面感应电荷在上方产生的电场是在下方对称位置安放等量异号点电荷，使得导体平面上方的合成电场强度在导体表面只有法向分量，没有切向分量。因此用关于导体平面镜像对称的等量异号电荷 $-Q$代替导体平面上的感应电荷电场，镜像电荷放置在导体平面下方，既维持求解区域上半空间的电位方程不变，又满足导体平面零电位的边界条件。

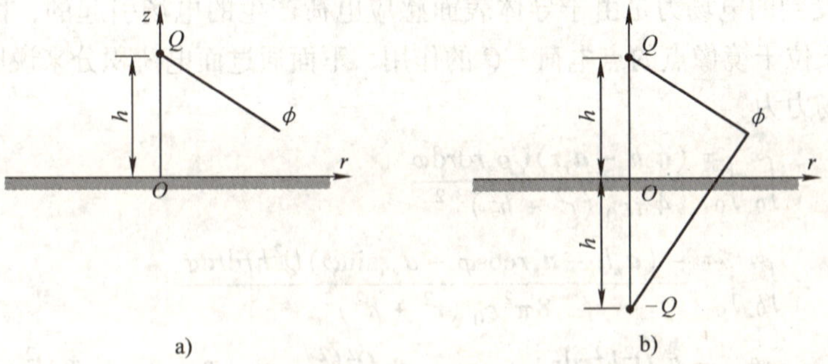

图 3.29　点电荷与无穷大接地导体平板系统

a) 点电荷与无穷大接地导体平面　b) 点电荷导体平面镜像

(2) 电位和电场强度计算

由于电场具有轴对称性，建立圆柱坐标系，z 轴经过点电荷且垂直于导体平面，以导体平面为零电位，点电荷 Q 所在区域的电位和电场强度用圆柱坐标表示分别为

$$\phi = \frac{Q}{4\pi\varepsilon_0}\left[\frac{1}{[r^2+(z-h)^2]^{1/2}} - \frac{1}{[r^2+(z+h)^2]^{1/2}}\right],\ z>0 \tag{3-145}$$

$$\boldsymbol{E} = \frac{Q}{4\pi\varepsilon_0}\left[\frac{\boldsymbol{a}_r r+\boldsymbol{a}_z(z-h)}{[r^2+(z-h)^2]^{3/2}} - \frac{\boldsymbol{a}_r r+\boldsymbol{a}_z(z+h)}{[r^2+(z+h)^2]^{3/2}}\right],\ z>0 \tag{3-146}$$

容易验证，$z=0$ 时导体平面电位为零，电场强度只有法向 $\boldsymbol{a}_z$分量，上半空间求得的解是满足场方程和边界条件的，因此根据矢量场唯一性定理，解是正确的。

(3) 感应电荷面密度

接地导体平面上存在感应电荷，可以有两种方法计算，一种是利用导体上方合成电场强度计算，即导体表面的感应电荷面密度由电场强度或电位移矢量的法向分量计算，有

$$\rho_s = \varepsilon_0\boldsymbol{E}(r,\varphi,0)\cdot\boldsymbol{a}_z = -\frac{Qh}{2\pi(r^2+h^2)^{3/2}} \tag{3-147a}$$

由式 (3-147a) 可知，导体表面电荷密度分布仅仅与圆柱坐标 r 有关，是轴对称的，该分布电荷产生的电场在空间关于导体平面对称，上半空间的电场由分布电荷电场与点电荷 Q 产生的电场叠加，而在下半空间，分布电荷产生的电场与点电荷 Q 产生的电场相互抵消。

这表明式（3-147a）的分布电荷在上半空间产生的电场等价于位于镜像点的点电荷 $-Q$ 产生的电场，而在下半空间产生的电场等价于由点电荷 Q 位置的点电荷 $-Q$ 产生的电场。

另一种导体表面感应电荷的计算方法是利用导体下方电场为零的思想，即感应面电荷法向电场强度分量与点电荷法向分量相互抵消，则

$$\rho_s = 2\boldsymbol{a}_z \cdot \varepsilon_0 \frac{Q(\boldsymbol{a}_r r - \boldsymbol{a}_z h)}{4\pi\varepsilon_0 (r^2 + h^2)^{3/2}} = -\frac{Qh}{2\pi (r^2 + h^2)^{3/2}} \tag{3-147b}$$

（4）感应电荷总量

导体表面的总感应电荷量可以通过面电荷积分或者利用高斯通量计算，有

$$Q_{in} = \int_0^\infty \int_0^{2\pi} \frac{-Qhr\mathrm{d}r\mathrm{d}\varphi}{2\pi (r^2 + h^2)^{3/2}} = \int_0^\infty \frac{-Qhr\mathrm{d}r}{(r^2 + h^2)^{3/2}} = \frac{Qh}{(r^2 + h^2)^{1/2}}\bigg|_{r=0}^{\infty} = -Q \tag{3-148}$$

式（3-148）表明感应电荷总量等于镜像电荷量。

（5）点电荷受到的电场力

点电荷 Q 受到的电场力是由于导体表面感应电荷产生的电场引起的，因此点电荷受到的电场力相当于位于镜像点的点电荷 $-Q$ 的作用，下面通过面电荷积分来说明这一结论。点电荷受到的电场力为

$$\begin{aligned}
F_{ind} &= \int_0^\infty \int_0^{2\pi} \frac{(\boldsymbol{a}_z h - \boldsymbol{a}_r r) Q\rho_s r\mathrm{d}r\mathrm{d}\varphi}{4\pi\varepsilon_0 (r^2 + h^2)^{3/2}} \\
&= \int_0^\infty \int_0^{2\pi} \frac{-(\boldsymbol{a}_z h - \boldsymbol{a}_x r\cos\varphi - \boldsymbol{a}_y r\sin\varphi) Q^2 hr\mathrm{d}r\mathrm{d}\varphi}{8\pi^2 \varepsilon_0 (r^2 + h^2)^3} \\
&= \int_0^\infty \frac{-\boldsymbol{a}_z Q^2 h^2 r\mathrm{d}r}{4\pi\varepsilon_0 (r^2 + h^2)^3} = \frac{\boldsymbol{a}_z Q^2 h^2}{16\pi\varepsilon_0 (r^2 + h^2)^2}\bigg|_{r=0}^{\infty} = -\frac{\boldsymbol{a}_z Q^2}{16\pi\varepsilon_0 h^2}
\end{aligned} \tag{3-149}$$

感应电荷在点电荷位置产生的电场强度等于镜像电荷在点电荷位置产生的电场强度，因此可以直接利用镜像电荷计算电场力，有

$$\boldsymbol{F}_{mir} = -\boldsymbol{a}_z \frac{Q^2}{4\pi\varepsilon_0 (2h)^2} = -\boldsymbol{a}_z \frac{Q^2}{16\pi\varepsilon_0 h^2} \tag{3-150}$$

两种方法计算点电荷受到的电场力是一样的，而且发现无论点电荷的电量是正还是负，点电荷受到的电场力总是指向接地导体平面，即受到接地导体的吸引，因为接地导体感应的电荷是与点电荷异号的。接地导体平面上单位面积的电场力 $\boldsymbol{f} = \boldsymbol{a}_z \rho_s^2 / (2\varepsilon_0)$。

2. 无限长平行圆导体静电系统

建立直角坐标系，设圆柱体半径分别为 a 和 b，一个圆柱轴线与 z 轴重合，另一个轴线位于 zOx 平面内 $x = d$ 处，如图 3.30a 所示。静电系统导体是等位体，导体间电位差为 U_0。

为了求解这个问题，先分析两无限长平行线电荷产生的空间电位分布，如图 3.30b 所示，以原点为零电位参考点，对称线电荷产生的电位为

$$\phi = \frac{\rho_l}{2\pi\varepsilon_0} \ln \frac{r_1}{r_2} = \frac{\rho_l}{4\pi\varepsilon_0} \ln \frac{(x+d)^2 + y^2}{(x-d)^2 + y^2} \tag{3-151}$$

等位面方程为

$$\frac{(x+d)^2 + y^2}{(x-d)^2 + y^2} = k^2 \tag{3-152}$$

整理后得到圆簇方程为

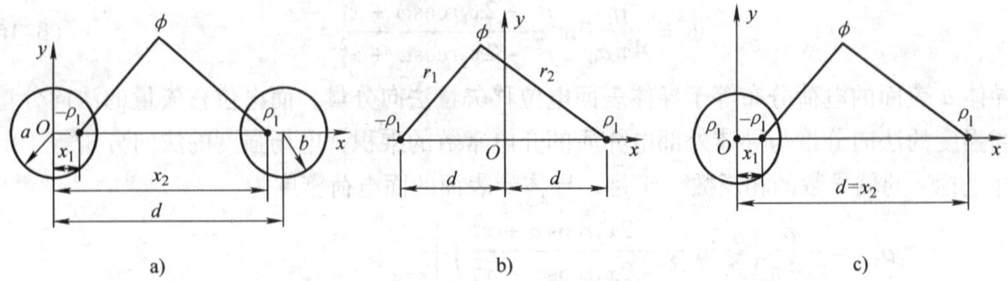

图 3.30　平行等量异号线电荷模型

a）平行圆柱导体输电线　b）平行线电荷　c）平行圆柱导体轴线的线电荷

$$\left(x+\frac{1+k^2}{1-k^2}d\right)^2+y^2=\frac{4k^2d^2}{(1-k^2)^2} \tag{3-153}$$

等位面是圆柱面，圆柱面轴线的圆心位于$((1+k^2)d/(k^2-1),\ 0)$，半径为$2kd/|1-k^2|$，它们随着参数k的变化而变化。当$k>1$时，圆簇位于$x>0$且围绕线电荷ρ_1；当$0<k<1$时，圆簇位于$x<0$且围绕线电荷$-\rho_1$；当$k=1$时，两簇圆同时退化为$x=0$的对称平面。两线电荷到等电位圆柱面轴线的距离乘积与圆柱面半径二次方相等，根据图 3.30c 可以验证

$$x_1x_2=\left(-d+\frac{1+k^2}{1-k^2}d\right)\left(d+\frac{1+k^2}{1-k^2}d\right)=\frac{4k^2d^2}{(1-k^2)^2} \tag{3-154}$$

下面来分析平行输电线问题，根据上面两平行线电荷空间电位分析，电位分布与线电荷大小有关，等位面是围绕线电荷的两簇圆，任意两个等位圆柱面之间的空间电位满足拉普拉斯方程，电场分布取决于这两个等位圆柱面的电位差。现在两圆导体是等位体，圆柱面是等位面，两导体之间空间电位满足拉普拉斯方程，边界面电位差给定，因此根据静电场唯一性定理，可以在圆导体内部分别设置等量异号镜像线电荷，圆导体外部电场由这两根等量异号线电荷确定，线电荷密度由导体电位差确定。如图 3.30a 所示，设线电荷分别位于距离圆柱导体a轴线x_1和x_2的位置，空间电位分布为

$$\phi=\frac{\rho_1}{4\pi\varepsilon_0}\ln\frac{(x-x_1)^2+y^2}{(x-x_2)^2+y^2} \tag{3-155}$$

线电荷位置根据等位面半径确定，由

$$x_1x_2=a^2,\ (d-x_1)(d-x_2)=b^2 \tag{3-156}$$

解得

$$x_1=\left[d^2+a^2-b^2-\sqrt{(d^2+2ad+a^2-b^2)(d^2-2ad+a^2-b^2)}\right]/(2d) \tag{3-157}$$

$$x_2=\left[d^2+a^2-b^2+\sqrt{(d^2+2ad+a^2-b^2)(d^2-2ad+a^2-b^2)}\right]/(2d) \tag{3-158}$$

线电荷密度根据导体之间的电位差确定，设导体b的电位高于导体a，则

$$U_0=\phi(d-b,0)-\phi(a,0)=\frac{\rho_1}{4\pi\varepsilon_0}\ln\frac{(d-b-x_1)^2}{(d-b-x_2)^2}\frac{(a-x_2)^2}{(a-x_1)^2} \tag{3-159}$$

根据几何关系电位差简化后得到线电荷密度为

$$\rho_1=\frac{4\pi\varepsilon_0U_0}{\ln\left[(ad-ax_1)^2(bx_1)^{-2}\right]} \tag{3-160}$$

为了计算导体a表面的电荷分布，可以将直角坐标转换为圆柱坐标，则

$$\phi = \frac{\rho_l}{4\pi\varepsilon_0}\ln\frac{r^2 - 2x_1 r\cos\varphi + x_1^2}{r^2 - 2x_2 r\cos\varphi + x_2^2} \tag{3-161}$$

导体 a 表面的电荷分布等于导体表面电位移矢量法向分量，而电位移矢量的法向分量等于电场强度的法向分量与导体外部电介质的介电常数的乘积，电场强度的法向分量等于电位对圆柱坐标 r 的偏导数的相反数。于是，导体 a 表面的面电荷密度为

$$\begin{aligned}\rho_{sa} &= -\frac{\rho_l}{4\pi}\left(\frac{\partial}{\partial r}\ln\frac{r^2 - 2x_2 r\cos\varphi + x_1^2}{r^2 - 2x_2 r\cos\varphi + x_2^2}\right)\Bigg|_{r=a} \\ &= -\frac{\rho_l}{2\pi}\left(\frac{a - x_1\cos\varphi}{a^2 - 2x_1 a\cos\varphi + x_1^2} - \frac{a - x_2\cos\varphi}{a^2 - 2x_2 a\cos\varphi + x_2^2}\right) \\ &= -\frac{\rho_l}{2\pi a}\frac{x_2 - x_1}{x_1 + x_2 - 2a\cos\varphi}\end{aligned} \tag{3-162}$$

导体内部电场强度为零，导体表面面电荷元 dS 产生的电位移矢量是法向的（外部与内部方向相反），大小为表面面电荷密度的一半。由于总的电位移矢量是外法向，大小等于表面面电荷密度，因此该面元以外所有电荷产生的电位移矢量等于面电荷密度的一半，方向是外法向。该面电荷受到的单位面积电场力 $\boldsymbol{f}_S$ 等于该面电荷以外所有电荷产生的电场强度与该面元面电荷密度的乘积，即

$$\boldsymbol{f}_S = \rho_s \boldsymbol{a}_n \frac{\rho_s}{2\varepsilon_0} = \boldsymbol{a}_n \frac{\rho_s^2}{2\varepsilon_0} \tag{3-163}$$

可见，不论导体表面电荷性质如何，单位面积电场力总是外法向的，使得导体膨胀。于是，根据对称性导体 a 受到的电场力沿 x 方向，因此单位长度的电场力为

$$\boldsymbol{F}_l = \int_0^{2\pi}\frac{\rho_{sa}^2(\boldsymbol{a}_x\cos\varphi + \boldsymbol{a}_y\sin\varphi)a\mathrm{d}\varphi}{2\varepsilon_0} = \boldsymbol{a}_x\int_0^{2\pi}\frac{\rho_l^2}{8\pi^2\varepsilon_0 a}\frac{(x_2 - x_1)^2\cos\varphi\mathrm{d}\varphi}{(x_2 + x_1 - 2a\cos\varphi)^2}$$

令 $c=(x_1+x_2)/(2a)>1$，于是，计算积分

$$\int_0^{2\pi}\frac{\cos\varphi\mathrm{d}\varphi}{(c - \cos\varphi)^2} = \frac{2\pi}{(c^2 - 1)^{3/2}} = \frac{16\pi a^3}{(x_2 - x_1)^3}$$

将积分代入得到单位长度电场力得

$$\boldsymbol{F}_l = \boldsymbol{a}_x\frac{\rho_l^2\,(x_2 - x_1)^2}{16\pi\varepsilon_0 a^3\,(c^2 - 1)^{3/2}} = \boldsymbol{a}_x\frac{\rho_l^2}{2\pi\varepsilon_0(x_2 - x_1)} \tag{3-164}$$

显然，两导体之间单位长度电场力等于镜像线电荷之间单位长度受到的电场力。

如果一个导体 b 缩小成线电荷，导体 a 接地，那么空间电场分布需要在导体 a 内部增加镜像线电荷产生的电场。由于导体表面电位等于零，因此上面两个导体之间电场的电位表达式因电位参考点不同而需要修改，如图 3.30c 所示。则

$$\phi = \frac{\rho_l}{4\pi\varepsilon_0}\ln\frac{(x - x_1)^2 + y^2}{(x - x_2)^2 + y^2} + C \tag{3-165}$$

式中，常数 C 由导体表面零电位确定，将 $x=a$ 和 $y=0$ 代入式（3-165）并令电位为零，得到

$$C = -\frac{\rho_l}{4\pi\varepsilon_0}\ln\frac{(a - x_1)^2}{(a - x_2)^2} = \frac{\rho_l}{2\pi\varepsilon_0}\ln\frac{a}{x_1} \tag{3-166}$$

于是，空间电位分布表达式为

$$\phi = \frac{\rho_1}{4\pi\varepsilon_0}\ln\left[\frac{(x-x_1)^2+y^2}{(x-x_2)^2+y^2}\frac{a^2}{x_1^2}\right] \tag{3-167}$$

如果图 3.30c 中导体 a 不接地，原来不带电荷，那么空间电场分布不仅需要在导体 a 内部增加镜像线电荷 $-\rho_1$，而且还要在导体 a 的轴线位置增加一个线电荷 ρ_1，以保证导体上电荷守恒。因此，设零电位点为 $(x_1+x_2)/2$，图 3.30c 所示空间电位分布用圆柱坐标表示为

$$\phi = \frac{\rho_1}{4\pi\varepsilon_0}\ln\frac{r^2-2x_1r\cos\varphi+x_1^2}{r^2-2x_2r\cos\varphi+x_2^2}+\frac{\rho_1}{2\pi\varepsilon_0}\ln\frac{x_1+x_2}{2r} \tag{3-168}$$

值得注意的是，由于导体内出现两个镜像线电荷，除了导体表面保持等位面是圆柱面，其他等位面基本上都不是圆柱面。

如果图 3.30c 中导体 a 不接地，自身带有单位长度线电荷 ρ_{l1}，那么导体是等位体，表面是等位圆柱面，外部空间电场分布由三部分电荷共同作用确定：导体外线电荷 ρ_1、导体内镜像线电荷 $-\rho_1$，以及为了保持导体表面净线电荷不变在圆柱轴线上放置的线电荷（$\rho_1+\rho_{l1}$）。于是，选定电位参考点就可以确定空间电位分布。电位参考点仍然选取在 $(x_1+x_2)/2$ 位置，则

$$\phi = \frac{\rho_1}{4\pi\varepsilon_0}\ln\frac{r^2-2x_1r\cos\varphi+x_1^2}{r^2-2x_2r\cos\varphi+x_2^2}+\frac{\rho_1+\rho_{l1}}{2\pi\varepsilon_0}\ln\frac{x_1+x_2}{2r} \tag{3-169}$$

如果图 3.30c 中导体 a 不接地，相对于点 $(x_1+x_2)/2$ 的电位为 U_0，那么原来带单位长度线电荷 ρ_{l1}，可以根据给定电位差确定

$$U_0 = \frac{\rho_1}{4\pi\varepsilon_0}\ln\frac{a^2-2x_1a\cos\varphi+x_1^2}{a^2-2x_2a\cos\varphi+x_2^2}+\frac{\rho_1+\rho_{l1}}{2\pi\varepsilon_0}\ln\frac{x_1+x_2}{2a} = \frac{\rho_1}{4\pi\varepsilon_0}\ln\frac{x_1}{x_2}+\frac{\rho_1+\rho_{l1}}{2\pi\varepsilon_0}\ln\frac{x_1+x_2}{2a}$$

解得导体 a 上的线电流密度为

$$\rho_{l1} = \left(2\pi\varepsilon_0U_0-\rho_1\ln\frac{x_1+x_2}{2x_2}\right)\left(\ln\frac{x_1+x_2}{2a}\right)^{-1} \tag{3-170}$$

求解电场问题过程中，电位参考点可以任意选取，不影响电场强度的分布。但空间存在接地导体时，接地导体的电位等于零，因此存在接地导体情况时不宜另外选取零电位点。此外，要保证空间电荷守恒，未知电荷量可以根据给定净电荷量或电位差来确定。

3. 点电荷与圆球导体系统

（1）镜像电荷配置

半径为 a 的圆球导体接地，圆球外点电荷 Q 距离球心位置为 d，导体圆球表面感应电荷极性与球外点电荷极性相反，圆球内放置镜像电荷用 $-q$ 表示，根据对称性，镜像电荷应放置在球外点电荷与球心的连线上且距离球心位置为 b（$b<a$），如图 3.31a 所示。

为了表达方便，将球心置于圆球坐标系原点，球外点电荷位于 z 轴或 $\theta=0$ 极轴，这样球内镜像电荷也位于极轴，求解区域是圆球外部，圆球外电位和电场强度由点电荷及其镜像电荷共同产生，在圆球坐标系中表示为

$$\phi = \frac{Q}{4\pi\varepsilon_0r_1}-\frac{q}{4\pi\varepsilon_0r_2} = \frac{Q}{4\pi\varepsilon_0(r^2+d^2-2rd\cos\theta)^{1/2}}-\frac{q}{4\pi\varepsilon_0(r^2+b^2-2rb\cos\theta)^{1/2}}$$

要确定镜像电荷量 q 和位置 b，根据边界条件，在球面上电位等于零，与角度 θ 无关，因此 Q 与 q 符号相同且满足

$$\frac{Q}{a_1} = \frac{q}{a_2} \tag{3-171}$$

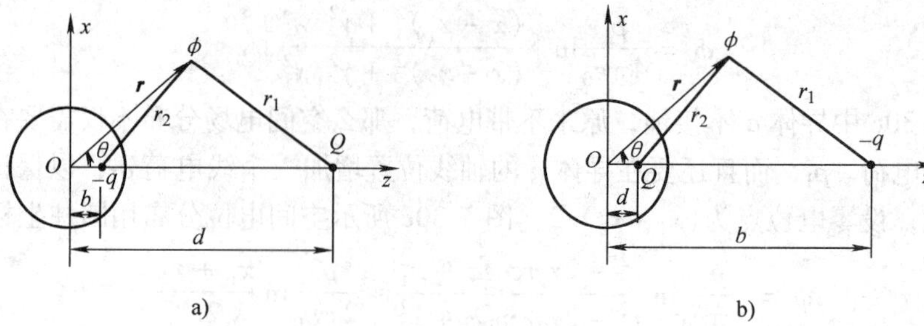

图 3.31　点电荷与接地导体圆球镜像

a）圆球外点电荷　b）圆球内点电荷

式中，$a_1 = [ad(\frac{a}{d} + \frac{d}{a} - 2\cos\theta)]^{1/2}$；$a_2 = [ab(\frac{a}{b} + \frac{b}{a} - 2\cos\theta)]^{1/2}$。

代入式（3-171）再根据角度 θ 的任意性，得到

$$\frac{Q}{\sqrt{ad}} - \frac{q}{\sqrt{ab}} = 0\ ,\ \frac{a}{d} + \frac{d}{a} = \frac{a}{b} + \frac{b}{a} \tag{3-172}$$

因一元二次方程只有两个根，一个为 $b=d$ 不合理，舍去，另一个解为

$$b = \frac{a^2}{d}\ ,\ q = \frac{aQ}{d} \tag{3-173}$$

于是，接地圆球导体外部电位为

$$\phi = \frac{Q}{4\pi\varepsilon_0}\left[\frac{1}{\sqrt{r^2 + d^2 - 2dr\cos\theta}} - \frac{a}{d\sqrt{r^2 + b^2 - 2br\cos\theta}}\right] \tag{3-174}$$

电位只与坐标 r 和 θ 有关，电场强度也只有这两个分量。

（2）导体表面感应电荷分布

圆球面上感应电荷密度等于导体外表面电位移矢量，即

$$\rho_s = -\varepsilon_0 \boldsymbol{a}_r \cdot \nabla\phi(r,\theta)\Big|_{r=a} = -\varepsilon_0 \frac{\partial\phi(r,\theta)}{\partial r}\Bigg|_{r=a} = \frac{(a^2 - d^2)Q}{4\pi a\,(a^2 + d^2 - 2da\cos\theta)^{3/2}} \tag{3-175}$$

由于导体球外部电场由导体表面感应电荷与点电荷产生，而感应电荷的电场与镜像电荷的电场一样，对圆球面来说两者的电通量相同，因此导体表面的感应电荷总量等于镜像电荷量。

感应电荷总量既可以利用面电荷密度积分得到，即

$$Q_{ind} = \int_0^{\pi} \rho_s 2\pi a^2 \sin\theta \mathrm{d}\theta = -\frac{(a^2 - d^2)Q}{2d\,(a^2 + d^2 - 2da\cos\theta)^{1/2}}\Bigg|_0^{\pi} = -\frac{aQ}{d} \tag{3-176}$$

也可以利用高斯定理计算，因为包含圆球面的电位移矢量的通量等于导体表面的总电荷量，而根据镜像法该通量等于镜像电荷量，两者结果应该是相等的。

（3）导体受到的电场力

导体受到的电场力与球外点电荷受到的电场力互为作用力与反作用力。圆球外点电荷受到的电场力等于球面感应电荷在点电荷位置电场强度与点电荷电荷量的乘积，而电场强度等于镜像电荷产生的电场强度，因此圆球面感应电荷与球外点电荷的作用力与镜像电荷和点电荷之间的作用力一样，即

$$
\begin{aligned}
\boldsymbol{F} &= \int_0^{\pi}\int_0^{2\pi} \frac{Q\rho_s a^2[\boldsymbol{a}_z(d - a\cos\theta) - \sin\theta(\boldsymbol{a}_x\cos\varphi + \boldsymbol{a}_y\sin\varphi)]\sin\theta\mathrm{d}\theta\mathrm{d}\varphi}{4\pi\varepsilon_0\,(a^2 + d^2 - 2ad\cos\theta)^{3/2}} \\
&= -\boldsymbol{a}_z\int_0^{\pi}\frac{Q^2(a^2 - d^2)(d - a\cos\theta)\mathrm{d}(a\cos\theta)}{8\pi\varepsilon_0\,(a^2 + d^2 - 2ad\cos\theta)^3} = \boldsymbol{a}_z\int_{-a}^{a}\frac{Q^2(a^2 - d^2)(d - u)\mathrm{d}u}{8\pi\varepsilon_0\,(a^2 + d^2 - 2du)^3} \\
&= -\boldsymbol{a}_z\frac{Q^2}{4\pi\varepsilon_0}\frac{ad}{(d^2 - a^2)^2}
\end{aligned} \tag{3-177}
$$

如果圆球导体不接地，那么在导体圆球表面的总电荷量 Q_0 应保持不变，总电荷量 Q_0 与感应电荷的等效镜像电荷量 $-q$ 之差的电荷量 Q_0+q 应作为另一个镜像电荷放置在球心位置，以满足导体圆球为等位面条件，以无穷远处为零电位点，导体圆球外部电位分布为

$$
\phi = \frac{Q_0 + q}{4\pi\varepsilon_0 r} + \frac{Q}{4\pi\varepsilon_0\,(r^2 + d^2 - 2rd\cos\theta)^{1/2}} - \frac{q}{4\pi\varepsilon_0\,(r^2 + b^2 - 2rb\cos\theta)^{1/2}} \tag{3-178}
$$

式中，$q = aQ/d$；$b = a^2/d$。

如果导体圆球电位 U_0 给定，那么导体外部电荷在导体圆球外部产生的电场除由外部电荷及其圆球面镜像电荷产生外，还应当在球心安放一个镜像电荷 q_0，电荷量与圆球电位成正比，即

$$
q_0 = 4\pi\varepsilon_0 a U_0 \tag{3-179}
$$

如果点电荷 Q 位于导体圆球壳内部，如图 3.31b 所示，导体圆球壳内表面感应等量异号电荷，其余电荷位于圆球壳外表面，圆球壳是等位体，内、外表面都是等位面，圆球壳内部电场由点电荷 Q 和外部镜像电荷 $-q$ 确定，镜像球面是球壳内圆球面，镜像电荷量为 $-aQ/d$，其中 a 为圆球壳内半径，d 为点电荷 Q 到球心的距离，镜像电荷到球心距离为 $b = a^2/d$。假设球壳电位为 U_0，那么圆球壳内部电位分布为

$$
\phi = U_0 + \frac{Q}{4\pi\varepsilon_0\,(r^2 + d^2 - 2rd\cos\theta)^{1/2}} - \frac{q}{4\pi\varepsilon_0\,(r^2 + b^2 - 2rb\cos\theta)^{1/2}} \tag{3-180}
$$

由于圆球壳层内电场强度等于零，壳层内球面上电位移矢量通量等于零，因此内表面感应电荷量与球壳内总电荷量等量异号，为 $-Q$，球壳外表面的电荷量为球壳净电荷量 Q_0 与球壳内点电荷电荷量 Q 之和，即 Q_0+Q，球壳外部电场由球壳表面电荷量确定。

以无穷远处为零电位点，球壳外部电位分布为

$$
\phi = \frac{Q_0 + Q}{4\pi\varepsilon_0 r} \tag{3-181}
$$

空间电位是连续的，若圆球壳外半径为 c，那么圆球壳电位为

$$
U_0 = \frac{Q_0 + Q}{4\pi\varepsilon_0 c} \tag{3-182}
$$

球面镜像时，原电荷与像电荷分别位于镜像球面内、外，在镜像球面上合成的电位为零，因此镜像面电位不等于零时，相当于球心（求解区域位于球外）或外表面（求解区域位于球内）额外均匀分布电荷量 q_0，其值由式（3-179）确定。

导体球壳层内电场强度为零；导体球壳外部电场球面对称。圆球壳外部电荷对球壳内部空腔中的电场没有影响，即静电屏蔽，但空腔电位受外部电荷影响。虽然圆球壳内部电荷对球壳外电场通过内表面感应电荷使等量异号感应电荷驱动到球壳外表面而产生影响，但当圆球壳保持固定电位时，即使球壳内的电荷发生变化，也不影响球壳外的电场，即恒定电位静电屏蔽，特别是金属球壳接地状态的静电屏蔽。

例 3.23 两个半径分别为 a 和 b 的金属圆球，球心相距 d，满足关系 $d^2=a^2+b^2$，称这两个圆球相互正交，如图 3.32 所示。已知两个正交金属圆球的总电荷量为 Q，计算空间电位分布。

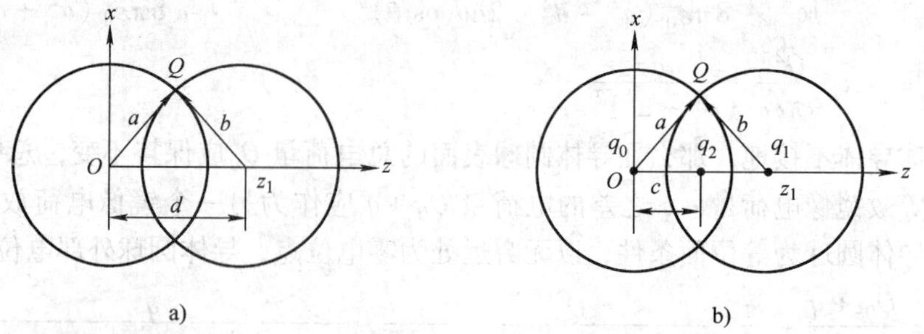

图 3.32 例 3.23 图 正交带电导体圆球

a）带电量 Q 的两个正交圆球 b）圆球内镜像点电荷

解答 导体静电平衡是等位体，电位相同。设导体电位为 U_0，利用镜像法分别在球心处设置点电荷 q_0 和 q_1，电荷量由导体电位确定，分别为

$$q_0=4\pi\varepsilon_0 aU_0\ ,\quad q_1=4\pi\varepsilon_0 bU_0 \tag{3-183}$$

再分别寻找它们关于圆球面的镜像电荷量及其位置，q_0 对圆球 b 的镜像电荷量 q_2 和镜像电荷位置距离球心 O 的距离 c 分别为

$$q_2=-\frac{q_0 b}{d}=-\frac{q_1 a}{d}\ ,\ d-c=\frac{b^2}{d}=\frac{d^2-a^2}{d}=d-\frac{a^2}{d} \tag{3-184}$$

镜像结果说明，各自球心处点电荷的镜像电荷量相同，而且在同一位置，根据矢量场的唯一性定理，在两金属圆球内空间设置三个镜像点电荷，能满足导体为等位体，金属球的电位根据总电荷量确定。

根据通量不变性原理，总电荷量等于三个镜像电荷的电荷总量，即

$$Q=q_0+q_1+q_2=4\pi\varepsilon_0 U_0(a+b-ab/d) \tag{3-185}$$

由此可以确定两金属球电位为

$$U_0=\frac{Q}{4\pi\varepsilon_0(a+b-ab/d)} \tag{3-186}$$

两圆球外部电位利用点电荷电位叠加原理，在圆球坐标系中为

$$\phi(r,\theta,\varphi)=\frac{q_0}{4\pi\varepsilon_0 r}+\frac{q_1}{4\pi\varepsilon_0 r_1}+\frac{q_2}{4\pi\varepsilon_0 r_2} \tag{3-187}$$

式中，$r_1=(r^2+d^2-2rd\cos\theta)^{1/2}$；$r_2=(r^2+c^2-2rc\cos\theta)^{1/2}$。

于是，外部电位分布为

$$\phi(r,\theta,\varphi)=\frac{Q}{4\pi\varepsilon_0(a+b-ab/d)}\left(\frac{a}{r}+\frac{b}{r_1}-\frac{ab}{dr_2}\right) \tag{3-188}$$

4. 点电荷与无穷大电介质平面系统

考虑两种简单介质的分界面是 $z=0$ 平面，如图 3.33 所示。上半空间（$z>0$）距离分界面 h 有一点电荷 Q，由于点电荷电场将穿越分界面而进入第二种介质，在两种介质之间电场强度发生折射，交界面出现极化面电荷，该极化面电荷将对上、下半空间电场分布发生影响，因此需要分开考虑每一种介质中的电位和电场强度分布。

点电荷位于 z 轴，电场具有轴对称性，在圆柱坐标系中分析电场。由于点电荷电场引起交界面产生极化面电荷分布，对上、下半空间电场产生影响，为此将问题分为两种独立无界介质的情况。

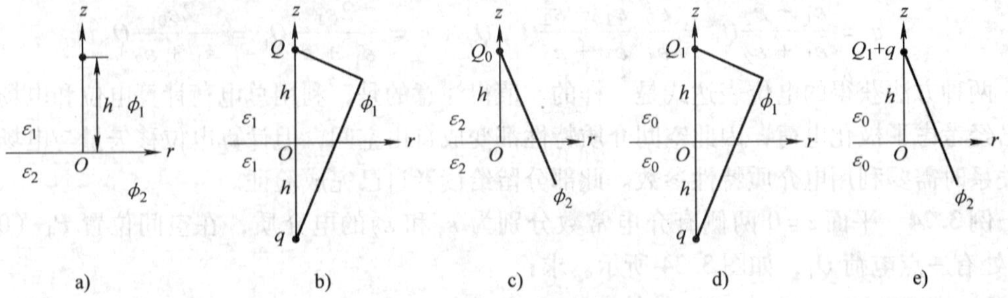

图 3.33　点电荷与介质平面镜像

a）点电荷与介质平面　b）介质 1 中的电位　c）介质 2 中的电位　d）介质 1 中的电位　e）介质 2 中的电位

在求解上半空间介质 1 中的电位和电场强度时，将下半空间填充成与上半空间相同的介质，并在下半空间增加镜像点电荷 q，以考虑交界面极化电荷影响，镜像电荷位置关于分界面对称，上半空间的电位由点电荷 Q 和镜像电荷 q 共同产生，如图 3.33b 所示。

在求解下半空间介质 2 中的电位和电场强度时，将上半空间介质填充成与下半空间相同的介质，并在原来点电荷位置配制镜像点电荷 Q_0，它包括原来电荷和交界面极化电荷影响，下半空间电位和电场由镜像点电荷 Q_0 产生，如图 3.33c 所示。

可以预见，当两种电介质参数相同时，必定有 $q=0$，$Q_0=Q$。现在需要确定镜像点电荷 q 和 Q_0，确保分界面上满足静电场交界面衔接条件、电位移矢量法向分量连续和电位连续。

建立圆柱坐标系，z 轴垂直分界面且过点电荷 Q，这样分界面两侧的电位分别为

$$\phi_1(r,z)=\frac{Q}{4\pi\varepsilon_1[r^2+(z-h)^2]^{1/2}}+\frac{q}{4\pi\varepsilon_1[r^2+(z+h)^2]^{1/2}},\quad z>0 \tag{3-189}$$

$$\phi_2(r,z)=\frac{Q_0}{4\pi\varepsilon_2[r^2+(z-h)^2]^{1/2}},\quad z<0 \tag{3-190}$$

根据交界面衔接条件，电位连续，$\phi_1(r,0)=\phi_2(r,0)$，得到

$$\varepsilon_2(Q+q)=\varepsilon_1 Q_0 \tag{3-191}$$

电位法向导数满足电位移矢量连续，$\boldsymbol{a}_z\cdot\varepsilon_1\nabla\phi_1(r,0)=\boldsymbol{a}_z\cdot\varepsilon_2\nabla\phi_2(r,0)$，得到

$$Q_0=Q-q \tag{3-192}$$

联立两个条件，解得

$$q=-\frac{\varepsilon_2-\varepsilon_1}{\varepsilon_2+\varepsilon_1}Q,\ Q_0=\frac{2\varepsilon_2}{\varepsilon_2+\varepsilon_1}Q \tag{3-193}$$

由式（3-193）可见，当两种介质特性参数相同时，不需要镜像电荷；当介质 2 的相对介电常数相对于介质 1 的数值趋于无穷大时，相当于点电荷与导体平面的镜像。

该介质平面镜像也可以利用总电荷量的电位计算，即计算点电荷所在位置的自由电荷与束缚电荷之和的总电荷量 $Q_t=Q+Q_b=Q\varepsilon_0/\varepsilon_1$。两种电介质交界面上束缚电荷是平面分布的，在该交界平面上产生的电场强度只有切向分量，而法向分量为该束缚面电荷面密度的一半，交界平面两侧的电场对称，可以用等价镜像点电荷 q 来取代束缚面电荷的电场，即上半空间由点电荷 Q_t 和位于下半空间的镜像电荷 q 共同作用产生，其电位和电场强度如图 3.33d

所示，下半空间由点电荷 Q_t 和与其重合的镜像电荷 q 之和产生，其电位和电场强度如图 3.33e 所示。两个电位在交界面上自然满足连续条件，只有根据电介质交界面上自由电荷面密度等于零的衔接条件才能确定镜像电荷量 q 为

$$q = \frac{\varepsilon_1 - \varepsilon_2}{\varepsilon_1 + \varepsilon_2}Q_t = \frac{\varepsilon_0}{\varepsilon_1}\frac{\varepsilon_1 - \varepsilon_2}{\varepsilon_1 + \varepsilon_2}Q, \quad Q_t + q = \frac{2\varepsilon_1}{\varepsilon_1 + \varepsilon_2}Q_t = \frac{2\varepsilon_0}{\varepsilon_1 + \varepsilon_2}Q$$

两种方法获得的电位表达式是一样的。值得注意的是，利用总电荷计算电位和电场强度时已经考虑了极化电荷，因此空间介质特性都变成自由空间，但计算电位移矢量与电场强度的关系时需要利用电介质特性参数。此部分留给读者自己完成验证。

例 3.24 平面 $z=0$ 两侧有介电常数分别为 ε_1 和 ε_2 的电介质，在空间位置 P_1（0，4，3）处有一点电荷 Q_1，如图 3.34 所示。求：

1）点 P_2（0，−4，−3）处的电位。

2）写出 $z=0$ 交界面处束缚面电荷密度的表达式。

3）若在点 P_2（0，−4，−3）处有点电荷 Q_2，求点电荷 Q_2 受到的电场力大小和方向。

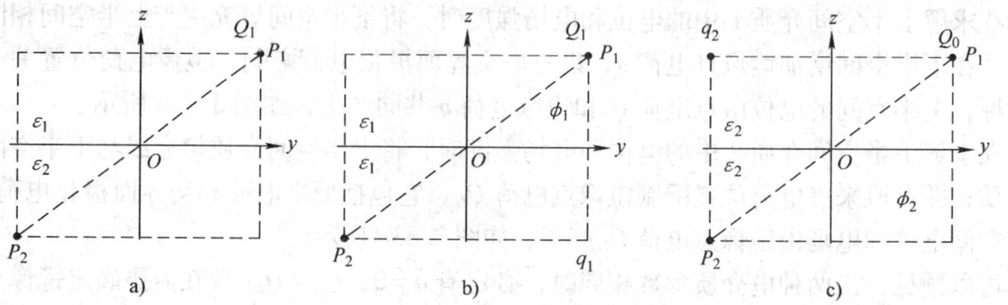

图 3.34　例 3.24 图　点电荷对无限大介质平面镜像

解答　1）在直角坐标系中利用镜像法求解。只考虑点电荷 Q_1 的作用，在介质 2 中的电场是由位于 P_1 点的镜像电荷 Q_0 产生的，此时空间充满介质 2，如图 3.34c 所示，镜像电荷量为

$$Q_0 = \frac{2\varepsilon_2}{\varepsilon_1 + \varepsilon_2}Q_1$$

以无穷远处为零电位参考点，介质 2 中的电位分布为

$$\phi_2 = \frac{Q_0}{4\pi\varepsilon_2\left[x^2 + (y-4)^2 + (z-3)^2\right]^{1/2}}, \quad z<0$$

介质 2 中的电场强度等于电位负梯度，即

$$\boldsymbol{E}_2 = -\nabla\phi_2 = \frac{Q_0\left[x\boldsymbol{a}_x + (y-4)\boldsymbol{a}_y + (z-3)\boldsymbol{a}_z\right]}{4\pi\varepsilon_2\left[x^2 + (y-4)^2 + (z-3)^2\right]^{3/2}}, \quad z<0$$

同样地，在介质 1 中的电场是由位于 P_1 点的点电荷 Q_1 和对称位置镜像电荷 q_1 产生的，如图 3.34b 所示，此时空间充满介质 1，镜像电荷量为

$$q_1 = \frac{\varepsilon_1 - \varepsilon_2}{\varepsilon_1 + \varepsilon_2}Q_1$$

以无穷远处为零电位参考点，介质 1 中的电位分布为

$$\phi_1 = \frac{Q_1}{4\pi\varepsilon_1\left[x^2 + (y-4)^2 + (z-3)^2\right]^{1/2}} + \frac{q_1}{4\pi\varepsilon_1\left[x^2 + (y-4)^2 + (z+3)^2\right]^{1/2}}, \quad z>0$$

介质 1 中的电场强度等于电位负梯度，即

$$\boldsymbol{E}_1 = -\nabla\phi_1 = \frac{Q_1[x\boldsymbol{a}_x + (y-4)\boldsymbol{a}_y + (z-3)\boldsymbol{a}_z]}{4\pi\varepsilon_1[x^2+(y-4)^2+(z-3)^2]^{3/2}} + \frac{q_1[x\boldsymbol{a}_x + (y-4)\boldsymbol{a}_y + (z+3)\boldsymbol{a}_z]}{4\pi\varepsilon_1[x^2+(y-4)^2+(z+3)^2]^{3/2}},\ z>0$$

2）交界面上电位移矢量法向分量连续，有

$$(\boldsymbol{D}_2 - \boldsymbol{D}_1)\cdot\boldsymbol{a}_z = (\varepsilon_2\boldsymbol{E}_2 - \varepsilon_1\boldsymbol{E}_1)\cdot\boldsymbol{a}_z = 0$$

交界面上束缚面电荷密度由介质极化强度与区域外法向单位矢量标量积计算，考虑到法向电位移矢量连续，可简化为电场强度法向分量计算。则

$$\rho_{bs} = (\boldsymbol{P}_2 - \boldsymbol{P}_1)\cdot\boldsymbol{a}_z = [(\varepsilon_2-\varepsilon_0)\boldsymbol{E}_2 - (\varepsilon_1-\varepsilon_0)\boldsymbol{E}_1]\cdot\boldsymbol{a}_z = \varepsilon_0(\boldsymbol{E}_1 - \boldsymbol{E}_2)\cdot\boldsymbol{a}_z$$

于是

$$\rho_{bs} = \varepsilon_0[\boldsymbol{E}_1(x,y,0) - \boldsymbol{E}_2(x,y,0)]\cdot\boldsymbol{a}_z = \frac{3\varepsilon_0[-Q_1 + q_1 + Q_0(\varepsilon_1/\varepsilon_2)]}{4\pi\varepsilon_1[x^2+(y-4)^2+9]^{3/2}}$$

$$= \frac{3\varepsilon_0(\varepsilon_1-\varepsilon_2)Q_1}{2\pi\varepsilon_1(\varepsilon_1+\varepsilon_2)[x^2+(y-4)^2+9]^{3/2}}$$

再从另一个角度计算束缚面电荷密度，因为点电荷所在位置总电荷量为 $Q_1\varepsilon_0/\varepsilon_1$，设交界面束缚面电荷密度为 ρ_{bs}，上、下半空间电场强度是由点电荷和面电荷产生的，则利用自由面电荷密度为零的交界面衔接条件得到

$$\varepsilon_1\left[\frac{\rho_{bs}}{2\varepsilon_0} + \boldsymbol{a}_z\cdot\frac{Q_1\varepsilon_0/\varepsilon_1(\boldsymbol{a}_r r - \boldsymbol{a}_z h)}{4\pi\varepsilon_0(r^2+h^2)^{3/2}}\right] = \varepsilon_2\left[-\frac{\rho_{bs}}{2\varepsilon_0} + \boldsymbol{a}_z\cdot\frac{Q_1\varepsilon_0/\varepsilon_1(\boldsymbol{a}_r r - \boldsymbol{a}_z h)}{4\pi\varepsilon_0(r^2+h^2)^{3/2}}\right]$$

式中，$h=3$；$r^2 = x^2+(y-4)^2$。

解得束缚面电荷密度分布为

$$\rho_{bs} = \frac{\varepsilon_1-\varepsilon_2}{\varepsilon_1+\varepsilon_2}\frac{\varepsilon_0}{\varepsilon_1}\frac{Q_1 h}{2\pi(r^2+h^2)^{3/2}}$$

两种计算方法的结果是相同的。

3）同时考虑电荷 Q_1 和 Q_2 的作用，位于 P_2 点的点电荷 Q_2 受到的电场力是受介质 2 中的电场强度作用，除了点电荷 Q_2 以外，还有两个镜像电荷 q_2 和 Q_0 产生的电场，如图 3.34c 所示。q_2 的电荷量等于 Q_2 的镜像电荷量，即

$$q_2 = \frac{\varepsilon_2-\varepsilon_1}{\varepsilon_1+\varepsilon_2}Q_2$$

该镜像电荷 q_2 在介质 2 中产生的电场强度为

$$\boldsymbol{E}_i = \frac{q_2[x\boldsymbol{a}_x + (y+4)\boldsymbol{a}_y + (z-3)\boldsymbol{a}_z]}{4\pi\varepsilon_2[x^2+(y+4)^2+(z-3)^2]^{3/2}},\quad z<0$$

点电荷 Q_2 在介质 2 中受到的电场力为

$$\boldsymbol{F}_2 = Q_2[\boldsymbol{E}_2(0,-4,-3) + \boldsymbol{E}_i(0,-4,-3)] = \frac{Q_2Q_0(-8\boldsymbol{a}_y - 6\boldsymbol{a}_z)}{4000\pi\varepsilon_2} + \frac{Q_2q_2(-6\boldsymbol{a}_z)}{864\pi\varepsilon_2}$$

$$= -\frac{Q_2Q_1(4\boldsymbol{a}_y + 3\boldsymbol{a}_z)}{1000\pi(\varepsilon_1+\varepsilon_2)} - \frac{Q_2^2(\varepsilon_2-\varepsilon_1)\boldsymbol{a}_z}{144\pi\varepsilon_2(\varepsilon_1+\varepsilon_2)}$$

不难发现，当两种介质特性相同时，交界面上没有束缚电荷，两个点电荷之间的作用力是直接相互作用的结果，不再出现自身在交界面极化电荷引起的电场力。

5. 均匀外电场中的导体圆球

对于处在均匀外电场中的导体圆球，圆球内部电场强度为零，整个球体是等位体，表面感应电荷，假设原来导体圆球不带电荷，那么感应电荷在以垂直外电场平面为分界面的两个半球上为等量异号，空间电场分布是轴对称的。为了利用镜像法计算导体圆球外部电场分布，将无穷远处的电荷产生的均匀外电场看成是两个正、负对称点电荷在导体圆球位置及其附近产生的均匀电场，正、负点电荷的电荷量 Q 趋于无穷大，但与到球心距离 d 的二次方之比是有限的数值。设外电场为 $\boldsymbol{a}_z E_0$，建立以球心为原点的圆球坐标系，远处点电荷的位置分别为 $Q\ (-d,\ 0,\ 0)$、$-Q\ (d,\ 0,\ 0)$，如图 3.35 所示。

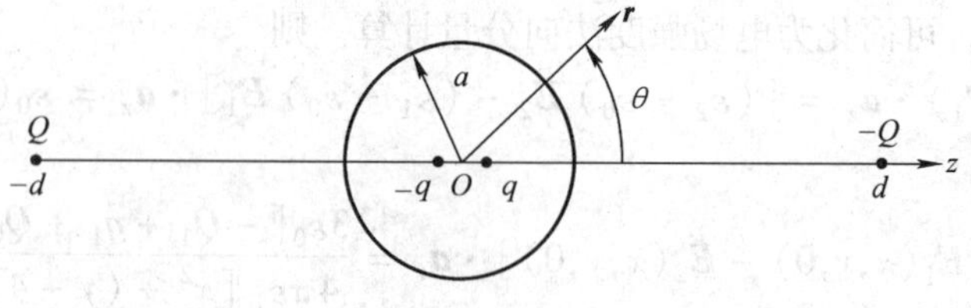

图 3.35　均匀外电场中的导体圆球

这两个点电荷在球心附近产生的电场强度为

$$\boldsymbol{E}_0 = \frac{Q(\boldsymbol{a}_r r + \boldsymbol{a}_z d)}{4\pi\varepsilon_0 (d^2 + r^2 + 2rd\cos\theta)^{3/2}} - \frac{Q(\boldsymbol{a}_r r - \boldsymbol{a}_z d)}{4\pi\varepsilon_0 (d^2 + r^2 - 2rd\cos\theta)^{3/2}} \tag{3-194}$$

当 d 趋于无穷时，只要满足电荷量与距离二次方之比恒定，圆球附近的电场强度将趋于均匀，这是因为

$$\lim_{d\to\infty} \boldsymbol{E}_0 = \boldsymbol{a}_z \frac{Q}{2\pi\varepsilon_0 d^2} = \boldsymbol{a}_z E_0 \tag{3-195}$$

在该正、负点电荷外电场中引入不带电荷的导体圆球后，导体表面的正、负感应电荷可以用位于导体内部的镜像电荷 $\pm aQ/d$ 等效，位置为 $\pm a^2/d$，如图 3.35 所示。感应电荷在导体内部的电场强度与外电场相反，导体内部镜像电荷形成电偶极子，其电偶极矩相当于极化强度为 $3\varepsilon_0 E_0$ 且半径为 a 的圆球的电偶极矩。根据式（3-195）得到电偶极矩为

$$\boldsymbol{p} = \boldsymbol{a}_z 2a^3 Q/d^2 = \boldsymbol{a}_z 4\pi\varepsilon_0 E_0 a^3 \tag{3-196}$$

以垂直外电场平面 $\theta=\pi/2$ 为零电位面，空间电位由无穷远处电荷与镜像电荷共同产生，即

$$\phi = \frac{Q}{4\pi\varepsilon_0 (d^2 + r^2 + 2dr\cos\theta)^{1/2}} - \frac{Q}{4\pi\varepsilon_0 (d^2 + r^2 - 2dr\cos\theta)^{1/2}} + \frac{aQ}{4\pi\varepsilon_0 (a^4 + d^2r^2 - 2a^2dr\cos\theta)^{1/2}} - \frac{aQ}{4\pi\varepsilon_0 (a^4 + d^2r^2 + 2a^2dr\cos\theta)^{1/2}},\quad r>a$$

利用 d 趋于无穷进行泰勒级数展开，取前两项大数和有限数，忽略所有无穷小量项得

$$\lim_{d\to\infty}\phi = \frac{Q}{4\pi\varepsilon_0 d}\left[\left(1 - \frac{r\cos\theta}{d}\right) - \left(1 + \frac{r\cos\theta}{d}\right)\right] + \frac{Q}{4\pi\varepsilon_0 dr}\left[\left(1 + \frac{a^3\cos\theta}{dr}\right) - \left(1 - \frac{a^3\cos\theta}{dr}\right)\right],\quad r>a$$

整理后并将外电场强度代入电荷距离二次方比，得到导体圆球外任意一点电位为

$$\phi = \left(\frac{a^3}{r^3} - 1\right) E_0 r\cos\theta,\quad r>a \tag{3-197}$$

导体圆球表面电位为零电位，面电荷密度分布为

$$\rho_s = -\varepsilon_0 \frac{\partial \phi}{\partial r}\bigg|_{r=a} = 3\varepsilon_0 E_0 \cos\theta \tag{3-198}$$

由式（3-198）可知，导体表面分布的感应电荷与极化强度为 $3\varepsilon_0 E_0$ 且半径为 a 的均匀极化圆球表面的束缚电荷密度分布相同，两者产生的空间电场强度相同。

由于导体表面总电荷为零，因此导体是否接地没有影响。如果导体不接地而且本身带有电荷量 Q_0，那么圆球外部电位分布需要考虑导体本身电荷作用，以及没有电荷时导体在外电场作用结果的叠加，因此仍按照球电位为零的条件获得电位分布为

$$\phi = \left(\frac{a^3}{r^3} - 1\right)E_0 r\cos\theta + \frac{Q_0}{4\pi\varepsilon_0}\left(\frac{1}{r} - \frac{1}{a}\right), \quad r > a \tag{3-199}$$

例 3.25 半径为 a 的接地导体圆球壳的球心处有一电偶极子，其电偶极矩为 $\boldsymbol{p}$，计算球壳内部电位分布。

解答 假设球心位于原点，电偶极矩方向为 z 轴正方向，将其看成是相互靠近的等量异号电荷 q，距离为 $2d$，那么 $\boldsymbol{p} = 2qd\boldsymbol{a}_z$。在导体球壳内部感应等量异号电荷，电场以偶极子方向为对称轴，利用镜像法，镜像电荷量 $Q = aq/d$，空间位置对称，距离球心 a^2/d。于是可以利用点电荷电位叠加原理计算接地圆球内电位为

$$\phi = \frac{q}{4\pi\varepsilon_0 (d^2 + r^2 - 2dr\cos\theta)^{1/2}} - \frac{q}{4\pi\varepsilon_0 (d^2 + r^2 + 2dr\cos\theta)^{1/2}}$$
$$- \frac{aq}{4\pi\varepsilon_0 (a^4 + d^2 r^2 - 2a^2 dr\cos\theta)^{1/2}} + \frac{aq}{4\pi\varepsilon_0 (a^4 + d^2 r^2 + 2a^2 dr\cos\theta)^{1/2}}, \quad r < a$$

由于 d 趋于零，根据泰勒级数展开，取前两项大数和有限数，忽略所有无穷小量项得

$$\lim_{d\to 0}\phi = \frac{q}{4\pi\varepsilon_0 r}\left[\left(1 + \frac{d\cos\theta}{r}\right) - \left(1 - \frac{d\cos\theta}{r}\right)\right] - \frac{q}{4\pi\varepsilon_0 a}\left[\left(1 + \frac{dr\cos\theta}{a^2}\right) - \left(1 - \frac{dr\cos\theta}{a^2}\right)\right], \quad r < a$$

整理后并将电偶极矩代入得到导体圆球壳内任意一点电位为

$$\phi = \frac{\boldsymbol{p}\cdot\boldsymbol{r}}{4\pi\varepsilon_0 r^3} - \frac{\boldsymbol{p}\cdot\boldsymbol{r}}{4\pi\varepsilon_0 a^3} = \frac{\boldsymbol{p}\cdot\boldsymbol{r}}{4\pi\varepsilon_0 r^3}\left(1 - \frac{r^3}{a^3}\right), \quad r < a$$

圆球壳内部包含电偶极子产生的电场和球壳内表面感应电荷产生的均匀电场。

6. 反演变换方法

反演变换法是利用空间电荷与坐标关于给定圆球面反演变换引起的场源分布和电位分布关系，圆球面的球心称为反演变换中心。设圆球坐标系中点（r，θ，φ）处有一电荷量为 q 的点电荷，其关于球心位于原点、半径为 a 的圆球面的反演点为（r_i，θ_i，φ_i），反演变换后电荷量为 q_i，反演变换电荷量与几何尺寸的关系分别为

$$q_i = aq/r, \; r_i = a^2/r, \; \theta_i = \theta, \; \varphi_i = \varphi \tag{3-200}$$

反演变换关系类似圆球面镜像关系，只是电荷不改变符号或极性，球心是反演变换中心，下面分析反演变换中心位于原点的电位和电荷密度关系。

设点（r_i，θ_i，φ_i）处的点电荷为 q_i，那么在空间任意一点产生的电位 $\phi(r, \theta, \varphi)$ 为

$$\phi(r,\theta,\varphi) = \frac{q_i}{4\pi\varepsilon_0 (r^2 + r_i^2 - 2rr_i\cos\gamma)^{1/2}} \tag{3-201}$$

式中，$\cos\gamma = \cos\theta\cos\theta_i + \sin\theta\sin\theta_i\cos(\varphi - \varphi_i)$。

现在关于球心位于原点且半径为 a 的圆球面反演点（a^2/r_i，θ_i，φ_i）处存在反演点电荷

aq_i/r_i时，该反演点电荷在空间产生的电位为

$$\phi_i(r,\theta,\varphi) = \frac{aq_i/r_i}{4\pi\varepsilon_0 [r^2 + a^4/r_i^2 - 2r(a^2/r_i)\cos\gamma]^{1/2}} \tag{3-202}$$

对式（3-202）做一些变换，可以得到

$$\phi_i(r,\theta,\varphi) = \frac{aq_i}{4\pi\varepsilon_0 r [r_i^2 + a^4/r^2 - 2r_i(a^2/r)\cos\gamma]^{1/2}} = \frac{a}{r}\phi\left(\frac{a^2}{r},\theta,\varphi\right) \tag{3-203}$$

式（3-203）表明反演变换后电位变换关系。

利用叠加原理可以证明体电荷密度$\rho(r,\ \theta,\ \varphi)$反演变换后变为

$$\rho_i(r_i,\theta_i,\varphi_i) = \frac{dq_i}{r_i^2\sin\theta_i dr_i d\theta_i d\varphi_i} = \frac{(a/r)dq}{r_i^2(\sin\theta)(a/r)^2 dr d\theta d\varphi} = \frac{a^5}{r_i^5}\rho\left(\frac{a^2}{r_i},\theta_i,\varphi_i\right)$$

即体电荷源密度的反演变换关系为

$$\rho_i(r,\theta,\varphi) = \frac{a^5}{r^5}\rho\left(\frac{a^2}{r},\theta,\varphi\right) \tag{3-204}$$

同样地，可以得到面电荷与线电荷密度的反演变换关系为

$$\rho_{si}(r,\theta,\varphi) = \frac{a^3}{r^3}\rho_s\left(\frac{a^2}{r},\theta,\varphi\right) \tag{3-205}$$

$$\rho_{li}(r,\theta,\varphi) = \frac{a}{r}\rho_l\left(\frac{a^2}{r},\theta,\varphi\right) \tag{3-206}$$

从物理观点来看，如果原来的电位问题存在固定电位的导体面，在反演变换问题中通常其反演变换面不再保持等位面，这是因为与系数（a/r）有关。但是如果原来的等位面电位是零，那么反演变换后仍保持零电位等位面。这样，由于电位参考点是任意选取的，对于等位面电位非零的情况，可以通过重新选择电位参考点使等位面的电位为零，于是相应反演变换面的电位也等于零。

由此得到新的物理观点，反演变换后的电位对应两个电位问题，不同的是叠加了一个恒定电位U_0，而恒定电位经过反演变换后相当于将点电荷Q放置在反演变换中心并在反演变换后的球面上产生恒定等位面U_0，其中电荷量$Q = 4\pi\varepsilon_0 aU_0$，因为恒定电位经过反演变换后得到的空间电位为$aU_0/r$。这样在应用反演变换方法时必须谨慎，并考虑是否存在无穷远处的电荷变换到原点的点电荷。

反演变换与圆球面镜像法不同的是不改变电荷性质，但反演位置和电荷量变换关系是相同的。面元变换与r成正比，圆球面的反演变换面仍然是圆球面或者无穷大平面（球面经过反演变换中心），平面的反演变换为经过反演变换中心的球面。

如图 3.36 所示，孤立导体圆球的半径为a，电荷量为Q，导体球电位$U_0 = Q/(4\pi\varepsilon_0 a)$，外部电位分布与距离$r$成反比，即$aU_0/r$。

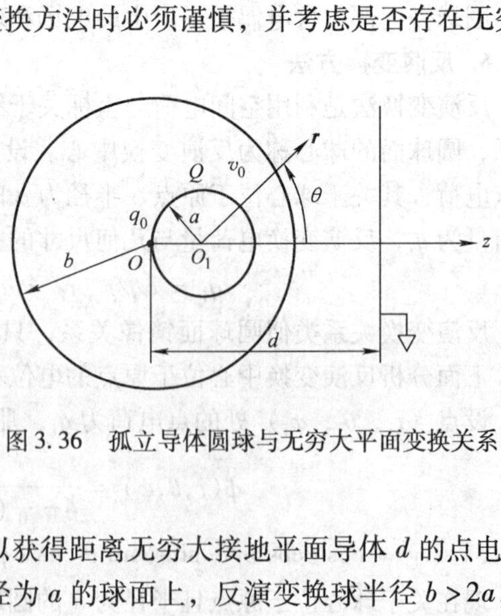

图 3.36　孤立导体圆球与无穷大平面变换关系

选择合适的反演变换中心和相关参数，可以获得距离无穷大接地平面导体d的点电荷q产生的电位。显然，如果反演变换中心选在半径为a的球面上，反演变换球半径$b>2a$，半

径为 a 的球面将反演变换成一个无穷大平面，平面距离反演变换中心 $d=b^2/2a$。

进一步分析可知，如果任意选择电位 $U_0=-Q/(4\pi\varepsilon_0 a)$，并在反演变换中心放置点电荷 $q_0=-bQ/a$，那么球面和其反演变换平面具有零电位。几何尺寸满足 $d>b>2a$。

为了计算点电荷 q 对无穷大接地导体平面的电位，必须选择反演变换半径满足镜像几何参数 $b^2=2ad$，以及初始电荷 $Q=-aq/b=-bq/(2d)$。导体平面电荷密度可以通过球面均匀电荷分布的反演变换计算得到。

如果反演变换中心选在均匀分布电荷圆球外部，反演变换电位问题可以通过接地导体球附近的点电荷计算，如同圆球面镜像法。

例 3.26 已知半径为 a 的导体圆球带电量为 Q_0，外部有一段长为 L 的线电荷，线电荷密度为 ρ_1，如图 3.37 所示，计算圆球外部的电位分布和线电荷受到的电场力。

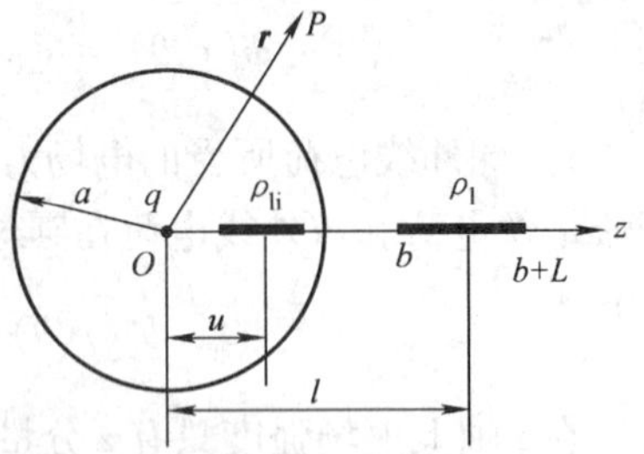

图 3.37 例 3.26 图 圆球外线电荷电场

解答 建立圆球坐标系，以线电荷位置为 z 轴，圆球球心为坐标原点。圆球外电场由球外线电荷、球内通过球面镜像的电荷，以及圆球面净电荷量减去球面镜像电荷量且位于球心处的镜像电荷三部分共同产生。先计算线电荷在圆球内部产生的球面镜像电荷量，取线电荷元长度为 $\mathrm{d}l$，则电荷量为

$$\mathrm{d}Q=\rho_1\mathrm{d}l$$

镜像电荷位置与电荷量分别为

$$u=\frac{a^2}{l},\ \mathrm{d}Q_\mathrm{i}=-\frac{a}{l}\mathrm{d}Q$$

均匀线电荷经过圆球面镜像后，镜像电荷密度分布是非均匀的，则

$$\rho_{\mathrm{li}}(u)=-\frac{\mathrm{d}Q_\mathrm{i}}{\mathrm{d}u}=-\frac{l}{a}\rho_1(l)$$

1）镜像线电荷总量为

$$Q_\mathrm{i}=\int_b^{b+L}-\frac{a}{l}\rho_1\mathrm{d}l=-a\rho_1\ln\frac{b+L}{b}$$

要保持圆球面是等位面，在球心处的镜像电荷总量根据球面电通量不变原理得到，即

$$q=Q_0-Q_\mathrm{i}=Q_0+a\rho_1\ln\frac{b+L}{b}$$

2）以无穷远处电位为零，圆球外任一点 P 处的电位根据叠加原理获得，其中球心处镜像点电荷产生的电位为

$$\phi_0(r,\theta)=\frac{q}{4\pi\varepsilon_0 r},\quad r>a$$

圆球外部线电荷产生的电位为

$$\phi_1(r,\theta)=\frac{\rho_1}{4\pi\varepsilon_0}\int_b^{b+L}\frac{\mathrm{d}l}{(r^2+l^2-2rl\cos\theta)^{1/2}},\quad r>a$$

利用不定积分

$$\int\frac{\mathrm{d}l}{\sqrt{a^2+(l-b)^2}}=\ln\left[\sqrt{a^2+(l-b)^2}+l-b\right]$$

得到

$$\phi_1(r,\theta) = \frac{\rho_1}{4\pi\varepsilon_0}\ln\frac{[r^2 + (b+L)^2 - 2r(b+L)\cos\theta]^{1/2} + b + L - r\cos\theta}{(r^2 + b^2 - 2rb\cos\theta)^{1/2} + b - r\cos\theta}, \quad r > a$$

圆球内部镜像线电荷产生的电位计算：注意到电荷符号并利用反演变换关系得到

$$\phi_2(r,\theta) = -\frac{a}{r}\phi_1\left(\frac{a^2}{r},\theta\right), \ r > a$$

其中，负号是由于镜像电荷符号与球外电荷性质相反。

因此，球外电位分布为三部分电位之和，即

$$\phi(r,\theta) = \phi_0(r,\theta) + \phi_1(r,\theta) - \frac{a}{r}\phi_1\left(\frac{a^2}{r},\theta\right), \ r > a$$

3）球外线电荷所受的电场力根据球面电荷产生的电场计算：球面电荷产生的电位等于球心镜像电荷和球外线电荷在圆球内的镜像电荷产生的电位，即

$$\phi_s(r,\theta) = \phi_0(r,\theta) - \frac{a}{r}\phi_1\left(\frac{a^2}{r},\theta\right), \ r > a$$

在 z 轴上电场强度只有 z 分量，电位表达式改写为

$$\phi_s(z) = \phi_0(z,0) - \frac{a}{z}\phi_1\left(\frac{a^2}{z},0\right), \ z > a$$

因此球外线电荷受到的电场力等于球面电荷产生的电场强度与线电荷乘积的积分，即

$$\boldsymbol{F} = \int_b^{b+L} -\boldsymbol{a}_z\frac{\partial\phi_s(z)}{\partial z}\rho_1\mathrm{d}z = -\boldsymbol{a}_z\rho_1[\phi_s(b+L) - \phi_s(b)]$$

其中镜像电荷在 z 轴上产生的电位为

$$\phi_s(z) = \phi_0(z,0) - \frac{a}{z}\phi_1\left(\frac{a^2}{z},0\right) = \frac{Q_0 - Q_i}{4\pi\varepsilon_0 z} - \frac{a}{z}\frac{\rho_1}{4\pi\varepsilon_0}\ln\frac{(b+L)z - a^2}{bz - a^2}, \ z > a$$

于是，圆球外线电荷受到的电场力为

$$\boldsymbol{F} = \boldsymbol{a}_z\frac{LQ_0\rho_1}{4\pi\varepsilon_0(b+L)b} + \boldsymbol{a}_z\frac{aL\rho_1^2}{4\pi\varepsilon_0(b+L)b}\ln\frac{b+L}{b} - \boldsymbol{a}_z\frac{a\rho_1^2}{4\pi\varepsilon_0}\left[\frac{1}{b+L}\ln\frac{(b+L)^2 - a^2}{b(b+L) - a^2} - \frac{1}{b}\ln\frac{b(b+L) - a^2}{b^2 - a^2}\right]$$

3.12 格林函数法

格林函数法是利用点源冲激函数激励下的泊松方程解（称为格林函数），对区域内场源分布卷积的体积分和边界上格林函数和位函数及其法向偏微分相关的面积分来求解区域内的拉普拉斯方程或泊松方程。问题的核心是寻找格林函数和计算积分，寻找格林函数与镜像法有异曲同工之处，通常有两部分：满足点源激励的泊松方程特解和拉普拉斯方程通解，格林函数还需要根据边界条件确定具体解的形式。下面先分析有界空间中泊松方程解的积分形式。

1. 泊松方程解的积分表达式

给定区域 V 内位函数 ϕ 满足的泊松方程为

$$\nabla^2\phi(\boldsymbol{r}) = -f(\boldsymbol{r}), \ \boldsymbol{r} \in V \tag{3-207}$$

边界 S 上位函数满足条件

$$\alpha\phi(\boldsymbol{r})+\beta\frac{\partial\phi(\boldsymbol{r})}{\partial n}=\phi_S(\boldsymbol{r}),\ \boldsymbol{r}\in S \tag{3-208}$$

式中，α 和 β 是常数且不同时为零；ϕ_S是边界上的给定函数。

当 $\beta=0$ 时，边界上位函数给定，称为第一类边值问题或狄利克雷问题；当 $\alpha=0$ 时，边界上位函数的法向导数给定，称为第二类边值问题或诺依曼问题；否则 α 和 β 都不等于零，边界上位函数及其法向导数的线性组合给定，称为第三类边值问题或罗宾问题。

格林函数法就是寻找格林函数 $G(\boldsymbol{r},\ \boldsymbol{s})$ 使得其满足点源激励响应，即下列泊松方程：

$$\nabla^2 G(\boldsymbol{r},\boldsymbol{s})=-4\pi\delta(\boldsymbol{r}-\boldsymbol{s}),\quad \boldsymbol{r}\in V \text{ 且 } \boldsymbol{s}\in V \tag{3-209}$$

显然，格林函数是对称的，即 $G(\boldsymbol{r},\boldsymbol{s})=G(\boldsymbol{s},\boldsymbol{r})$，而且 $G(\boldsymbol{r},\boldsymbol{s})=1/|\boldsymbol{r}-\boldsymbol{s}|$ 是方程的一个特解，称为基本解。理论上该基本解和满足拉普拉斯方程的通解之和构成格林函数。

利用格林第二定理，对于空间区域 V 内的任意点 $\boldsymbol{s}$，标量函数 $\phi(\boldsymbol{s})$ 和 $G(\boldsymbol{r},\ \boldsymbol{s})$ 满足

$$\int_V[G(\boldsymbol{r},\boldsymbol{s})\nabla^2\phi(\boldsymbol{s})-\phi(\boldsymbol{s})\nabla^2G(\boldsymbol{r},\boldsymbol{s})]\mathrm{d}V=\oint_S\left[G(\boldsymbol{r},\boldsymbol{s})\frac{\partial\phi(\boldsymbol{s})}{\partial n}-\phi(\boldsymbol{s})\frac{\partial G(\boldsymbol{r},\boldsymbol{s})}{\partial n}\right]\mathrm{d}S \tag{3-210}$$

式中的算子和积分都作用在变量 $\boldsymbol{s}$ 上。

将式（3-207）和式（3-209）代入式（3-210）后得到

$$\int_V[-G(\boldsymbol{r},\boldsymbol{s})f(\boldsymbol{s})+4\pi\phi(\boldsymbol{s})\delta(\boldsymbol{r}-\boldsymbol{s})]\mathrm{d}V=\oint_S\left[G(\boldsymbol{r},\boldsymbol{s})\frac{\partial\phi(\boldsymbol{s})}{\partial n}-\phi(\boldsymbol{s})\frac{\partial G(\boldsymbol{r},\boldsymbol{s})}{\partial n}\right]\mathrm{d}S \tag{3-211}$$

利用狄拉克 δ 函数的性质，得到

$$\phi(\boldsymbol{r})=\frac{1}{4\pi}\int_V G(\boldsymbol{r},\boldsymbol{s})f(\boldsymbol{s})\mathrm{d}V+\frac{1}{4\pi}\oint_S\left[G(\boldsymbol{r},\boldsymbol{s})\frac{\partial\phi(\boldsymbol{s})}{\partial n}-\phi(\boldsymbol{s})\frac{\partial G(\boldsymbol{r},\boldsymbol{s})}{\partial n}\right]\mathrm{d}S \tag{3-212}$$

式（3-212）就是利用区域内格林函数与场源的体积分和边界上格林函数和位函数及其法向导数相关的面积分表达的泊松方程解的积分形式。对于无界空间且场源位于有限区域时，在无穷远处的闭合曲面积分项等于零，泊松方程（3-207）的解只有场源的体积分项，这与第 2 章推导的结论相同。

积分表达式（3-212）不仅要知道格林函数，而且要知道边界上的位函数及其法向导数，这样的要求有点苛刻，但通过选取合适的格林函数可以简化积分表达式。为此对格林函数给出边界上的约束条件：

$$\alpha G(\boldsymbol{r},\boldsymbol{s})+\beta\frac{\partial G(\boldsymbol{r},\boldsymbol{s})}{\partial n}=0,\quad \boldsymbol{s}\in S \tag{3-213}$$

对于第一类边值问题，$\beta=0$，要求格林函数在边界上的值等于零，而且边界上的位函数是给定的，因此，区域内泊松方程的解或位函数的积分表达式（3-212）变为

$$\phi(\boldsymbol{r})=\frac{1}{4\pi}\int_V G(\boldsymbol{r},\boldsymbol{s})f(\boldsymbol{s})\mathrm{d}V-\frac{1}{4\pi}\oint_S\left[\phi(\boldsymbol{s})\frac{\partial G(\boldsymbol{r},\boldsymbol{s})}{\partial n}\right]\mathrm{d}S,\quad \boldsymbol{r}\in V \tag{3-214}$$

对于第二类边值问题，$\alpha=0$，要求边界上格林函数的法向导数等于零，而边界上位函数的法向导数给定，因此，区域内泊松方程的解或位函数的积分表达式（3-212）变为

$$\phi(\boldsymbol{r})=\frac{1}{4\pi}\int_V G(\boldsymbol{r},\boldsymbol{s})f(\boldsymbol{s})\mathrm{d}V+\frac{1}{4\pi}\oint_S\left[G(\boldsymbol{r},\boldsymbol{s})\frac{\partial\phi(\boldsymbol{s})}{\partial n}\right]\mathrm{d}S,\quad \boldsymbol{r}\in V \tag{3-215}$$

对于第三类边值问题，α 和 β 都不等于零，利用区域边界上位函数满足的条件乘以格林

函数，以及格林函数满足的边界条件乘以位函数分别得到

$$\alpha G(\boldsymbol{r},\boldsymbol{s})\phi(s)+\beta G(\boldsymbol{r},\boldsymbol{s})\frac{\partial\phi(s)}{\partial n}=G(\boldsymbol{r},\boldsymbol{s})\phi_S(s),\quad \boldsymbol{s}\in S \tag{3-216}$$

$$\alpha\phi(s)G(\boldsymbol{r},\boldsymbol{s})+\beta\phi(s)\frac{\partial G(\boldsymbol{r},\boldsymbol{s})}{\partial n}=0,\quad \boldsymbol{s}\in S \tag{3-217}$$

将式（3-216）减去式（3-217）可以得到

$$G(\boldsymbol{r},\boldsymbol{s})\frac{\partial\phi(s)}{\partial n}-\phi(s)\frac{\partial G(\boldsymbol{r},\boldsymbol{s})}{\partial n}=\beta^{-1}G(\boldsymbol{r},\boldsymbol{s})\phi_S(s),\quad \boldsymbol{s}\in S \tag{3-218}$$

于是对于第三类边值问题，泊松方程的解或位函数的积分表达式（3-212）简化为

$$\phi(\boldsymbol{r})=\frac{1}{4\pi}\int_V G(\boldsymbol{r},\boldsymbol{s})f(s)\mathrm{d}V+\frac{1}{4\pi\beta}\oint_S[G(\boldsymbol{r},\boldsymbol{s})\phi_S(s)]\mathrm{d}S,\quad \boldsymbol{r}\in V \tag{3-219}$$

对于区域内无源的拉普拉斯方程的解，以上三类边值问题中位函数的积分形式不存在体积分项，只有边界积分项，因此，位函数满足拉普拉斯方程的格林函数法也称为边界积分法。

对于二维边值问题，采用格林函数法时，积分表达式中的系数由球面角 4π 改为平面角 2π，空间体积分项改为面积分形式，而空间区域边界的闭合曲面积分改为平面边界的闭合线积分。

2. 第一类边值问题格林函数

格林函数法的核心思想是寻求格林函数和计算积分。在第 2 章中介绍了无界空间格林函数，下面利用镜像法结果，确定简单区域边界第一类边值问题的格林函数。

例 3.27 已知半径为 a 的圆球面内、外电位满足拉普拉斯方程 $\nabla^2\phi=0$，给定圆球面电位分布 ϕ_S（a，θ，φ）$=U_0\cos\theta$，U_0 为常数，确定圆球面内、外的电位分布。

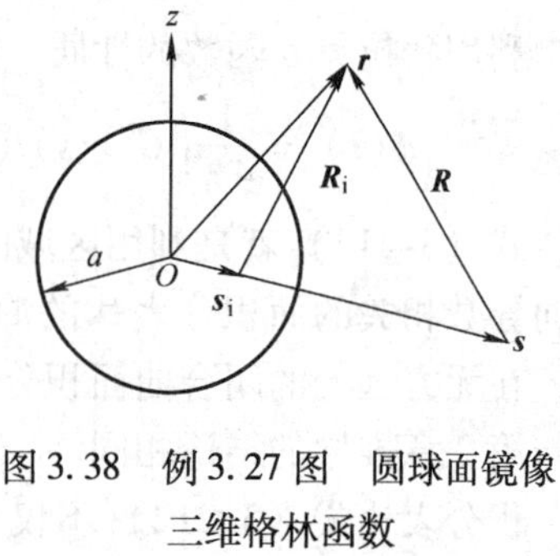

图 3.38 例 3.27 图 圆球面镜像三维格林函数

解答 建立圆球坐标系，球心位于坐标原点，如图 3.38 所示，根据圆球面镜像原理，单位点电荷源位于矢径 $\boldsymbol{s}$ 处，镜像源位于 $\boldsymbol{s}_i=\boldsymbol{s}(a/s)^2$ 处，镜像电荷量为 $-a/s$，场点矢径为 $\boldsymbol{r}$，那么圆球面电位为零意味着设计的格林函数在圆球面上等于零。

于是，圆球面格林函数类似单位点电荷的空间电位表达式，即

$$G(\boldsymbol{r},\boldsymbol{s})=\frac{1}{|\boldsymbol{r}-\boldsymbol{s}|}-\frac{a}{s|\boldsymbol{r}-\boldsymbol{s}_i|}=\frac{1}{|\boldsymbol{r}-\boldsymbol{s}|}-\frac{a}{s|\boldsymbol{r}-\boldsymbol{s}(a/s)^2|} \tag{3-220}$$

容易验证，无论是场点还是源点位于圆球面上，格林函数都满足第一类边界条件，即

$$G(\boldsymbol{r},\boldsymbol{a}_s a)=G(\boldsymbol{a}_r a,\boldsymbol{s})=0$$

对于圆球外部，格林函数满足泊松方程，场源 $s>a$，奇异点是 $\boldsymbol{s}$ 与 $\boldsymbol{r}$ 重合；同样地，在圆球内部，格林函数也满足泊松方程，场源 $s<a$，奇异点是 $\boldsymbol{s}$ 与 $\boldsymbol{r}$ 重合。无论是圆球外部还是内部电位函数均满足拉普拉斯方程。

格林函数的圆球坐标表示为

$$G=\frac{1}{(r^2+s^2-2rs\cos\gamma)^{1/2}}-\frac{1}{(r^2s^2/a^2+a^2-2rs\cos\gamma)^{1/2}} \tag{3-221}$$

其中，矢径 $\boldsymbol{r}$ 坐标为（r，θ，φ）和 $\boldsymbol{s}$ 坐标为（s，θ'，φ'），镜像矢径 $\boldsymbol{s}_i=\boldsymbol{s}(a/s)^2$，$\boldsymbol{r}$ 与 $\boldsymbol{s}$ 的

夹角 γ 的余弦满足两个矢量的单位矢量标量积，即

$$\cos\gamma = \boldsymbol{a}_r \cdot \boldsymbol{a}_s = \cos\theta\cos\theta' + \sin\theta\sin\theta'\cos(\varphi - \varphi')$$

格林函数对边界圆球面的法向导数为

$$\frac{\partial G}{\partial s} = -\frac{s - r\cos\gamma}{(r^2 + s^2 - 2rs\cos\gamma)^{3/2}} + \frac{sr^2/a^2 - r\cos\gamma}{(r^2 s^2/a^2 + a^2 - 2rs\cos\gamma)^{3/2}}$$

$$\left.\frac{\partial G}{\partial s}\right|_{s=a} = \frac{r^2 - a^2}{a(r^2 + a^2 - 2ar\cos\gamma)^{3/2}}$$

对于圆球外电位，圆球边界面的法矢量朝向球内，拉普拉斯方程只有边界积分项，即

$$\phi(\boldsymbol{r}) = \frac{1}{4\pi}\oint_S \frac{(r^2 - a^2)\phi(a,\theta',\varphi')\,\mathrm{d}S}{a(r^2 + a^2 - 2ar\cos\gamma)^{3/2}},\quad r > a$$

对于圆球内电位，圆球边界面的法矢量朝向球外，即

$$\phi(\boldsymbol{r}) = \frac{1}{4\pi}\oint_S \frac{(a^2 - r^2)\phi(a,\theta',\varphi')\,\mathrm{d}S}{a(r^2 + a^2 - 2ar\cos\gamma)^{3/2}},\quad r < a$$

将边界上电位代入如下积分得

$$\oint_S \frac{\cos\theta'\,\mathrm{d}S}{(r^2 + a^2 - 2ar\cos\gamma)^{3/2}} = \boldsymbol{a}_z \cdot \oint_S \frac{\boldsymbol{a}_s\,\mathrm{d}S}{(r^2 + a^2 - 2ar\,\boldsymbol{a}_r \cdot \boldsymbol{a}_s)^{3/2}}$$

由附录 B 得到圆球面上矢量积分为

$$\oint_S \frac{\boldsymbol{a}_s\,\mathrm{d}S}{(r^2 + a^2 - 2ar\,\boldsymbol{a}_r \cdot \boldsymbol{a}_s)^{3/2}} = \boldsymbol{a}_r \frac{2\pi}{r^2|r^2 - a^2|}(r^3 + a^3 - |r^3 - a^3|)$$

于是，圆球外部和内部电位为

$$\phi(\boldsymbol{r}) = \boldsymbol{a}_z \cdot \boldsymbol{a}_r \frac{U_0}{2ar^2}(r^3 + a^3 - |r^3 - a^3|)$$

即

$$\phi(\boldsymbol{r}) = \frac{U_0 a^2}{r^2}\cos\theta,\ r > a;\ \phi(\boldsymbol{r}) = U_0 r\cos\theta,\ r < a$$

圆球内部电位沿 z 轴线性分布，电场强度是均匀的，圆球外部如同均匀极化圆球产生的电场，即位于原点沿 z 轴的电偶极子产生的电场。

例 3.28 已知半径为 a 的圆柱面上电位分布 $\phi_S(a,\varphi,z) = U_0\cos\varphi$，圆柱面内、外电位满足拉普拉斯方程，计算空间电位分布。

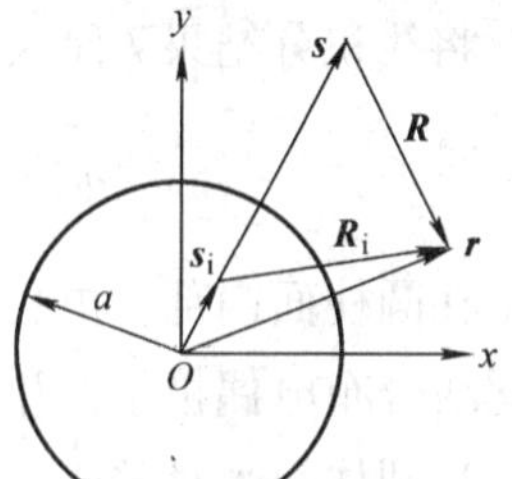

图 3.39 例 3.28 图 无限长圆柱面镜像二维格林函数

解答 如图 3.39 所示，采用圆柱坐标系，z 轴与圆柱轴线重合，无限长圆柱面电位给定，电场分布与坐标 z 无关，因此电位是二维平面场。利用平行于无限长圆柱导体轴线线电荷镜像原理，确定线电荷源与镜像电荷源位置，因空间位函数具有对数形式，所以取格林函数

$$G(\boldsymbol{r},\boldsymbol{s}) = \ln\frac{s|\boldsymbol{r} - \boldsymbol{s}_i|}{a|\boldsymbol{r} - \boldsymbol{s}|} = \frac{1}{2}\ln\frac{r^2 s^2/a^2 + a^2 - 2rs\cos\gamma}{r^2 + s^2 - 2rs\cos\gamma} \tag{3-222}$$

式中，场矢径 $\boldsymbol{r}$ 坐标为 $(r,\ \varphi,\ z)$ 和源矢径 $\boldsymbol{s}$ 坐标为 $(s,\ \varphi',\ z')$，镜像矢径 $\boldsymbol{s}_i = \boldsymbol{s}(a/s)^2$，$\boldsymbol{r}$ 与 $\boldsymbol{s}$ 的夹角 γ 的余弦满足两个矢量的单位矢量标量积 $\cos\gamma = \cos(\varphi - \varphi')$。

不难验证，无论场点 $\boldsymbol{r}$ 还是源点 $\boldsymbol{s}$ 位于圆柱面上，二维圆柱面格林函数都等于零。格林函数在圆柱径向方向导数为

$$\frac{\partial G}{\partial s}=-\frac{s-r\cos\gamma}{r^2+s^2-2rs\cos\gamma}+\frac{sr^2/a^2-r\cos\gamma}{r^2s^2/a^2+a^2-2rs\cos\gamma}$$

$$\left.\frac{\partial G}{\partial s}\right|_{s=a}=\frac{r^2-a^2}{a(r^2+a^2-2ar\cos\gamma)}$$

圆柱外电位，边界面外法矢量朝向圆柱内，二维场的边界积分是闭合曲线积分，即

$$\phi(\boldsymbol{r})=\frac{1}{2\pi}\oint_l\frac{(r^2-a^2)\phi_S(a,\varphi')\mathrm{d}l}{a(r^2+a^2-2ar\cos\gamma)}$$

圆柱内电位，边界面外法矢量朝向圆柱外，二维场的边界积分是闭合曲线积分，即

$$\phi(\boldsymbol{r})=\frac{1}{2\pi}\oint_l\frac{(a^2-r^2)\phi_S(a,\varphi')\mathrm{d}l}{a(r^2+a^2-2ar\cos\gamma)}$$

线积分要进行变量代换 $\varphi'=\alpha+\varphi$，$\gamma=\varphi-\varphi'=-\alpha$，得

$$I=\int_0^{2\pi}\frac{U_0\cos\varphi' a\mathrm{d}\varphi'}{r^2+a^2-2ar\cos(\varphi-\varphi')}=\int_\alpha^{2\pi+\alpha}\frac{aU_0\cos(\varphi+\alpha)\mathrm{d}\alpha}{r^2+a^2-2ar\cos\alpha}$$

利用三角余弦展开，并考虑到被积函数的周期性和半角代换，得到

$$I=\int_0^{\pi}\frac{2aU_0\cos\varphi\cos\alpha\mathrm{d}\alpha}{r^2+a^2-2ar\cos\alpha}=-\frac{\pi U_0\cos\varphi}{r}+\int_0^{\pi/2}\frac{2U_0\cos\varphi(r^2+a^2)\mathrm{d}(\tan\alpha)}{r[(r-a)^2+(r+a)^2\tan^2\alpha]}$$

最终得到

$$I=-\frac{\pi U_0\cos\varphi}{r}+\frac{\pi U_0\cos\varphi(r^2+a^2)}{r(r^2-a^2)}\mathrm{sgn}(r-a)$$

于是，圆柱外部和内部电位为

$$\phi(\boldsymbol{r})=\frac{(r^2-a^2)I}{2\pi a}\mathrm{sgn}(r-a)$$

将线积分结果 I 代入得到

$$\phi(\boldsymbol{r})=\frac{aU_0}{r}\cos\varphi,\ r>a;\ \phi(\boldsymbol{r})=\frac{U_0r}{a}\cos\varphi,\ r<a$$

在圆柱面内部，电位沿 x 轴线性分布，电场强度是均匀的。圆柱面外部如同沿 x 轴均匀极化线分布电偶极子产生的电场。

当圆柱面半径趋于无穷大时，格林函数（3-222）变为二维平面镜像格林函数，将坐标原点放在镜像平面上得到二维半空间格林函数为

$$G(\boldsymbol{r},\boldsymbol{s})=\ln\frac{|\boldsymbol{r}-\boldsymbol{s}_\mathrm{i}|}{|\boldsymbol{r}-\boldsymbol{s}|}=\frac{1}{2}\ln\frac{r^2+s^2-2rs\cos(\varphi+\varphi')}{r^2+s^2-2rs\cos(\varphi-\varphi')}\tag{3-223}$$

式中，φ 和 φ' 分别为二维平面内矢径 $\boldsymbol{r}$ 和 $\boldsymbol{s}$ 的角度。

二维场的散度和旋度定义为

$$\nabla\cdot\boldsymbol{A}=\lim_{S\to0}\frac{\oint_l\boldsymbol{A}\cdot\boldsymbol{a}_\mathrm{n}\mathrm{d}l}{S},\ \nabla\times\boldsymbol{A}=\boldsymbol{a}_3\lim_{S\to0}\frac{\oint_l\boldsymbol{A}\cdot\mathrm{d}\boldsymbol{l}}{S}\tag{3-224}$$

式中，场源沿第三维方向（单位矢量 $\boldsymbol{a}_3$）是均匀的，包含计算点的闭合回路 $\boldsymbol{l}$ 包围的面积 S

和回路 $\boldsymbol{l}$ 的外法线单位矢量 $\boldsymbol{a}_n$。

当圆球面半径趋于无穷大时，球面镜像格林函数变为三维半空间平面镜像格林函数，将坐标原点放在镜像平面上得到三维半空间格林函数。下面举例说明该格林函数。

例 3.29 已知无穷大平面 $z=0$ 上的电位分布 $\phi_S(x,y,0)=f(x,y)$，上、下半空间电位满足拉普拉斯方程，计算空间电位分布。

解答 给定无限大平面处的电位分布，上、下半空间电场和电位分布对称。如图 3-40 所示，采用平面镜像，源点和镜像点分别为 $\boldsymbol{s}=\boldsymbol{a}_x x'+\boldsymbol{a}_y y'+\boldsymbol{a}_z z'$，$\boldsymbol{s}_i=\boldsymbol{a}_x x'+\boldsymbol{a}_y y'-\boldsymbol{a}_z z'$，其中 $z'>0$，求解区域为上半空间，该半无限空间格林函数为

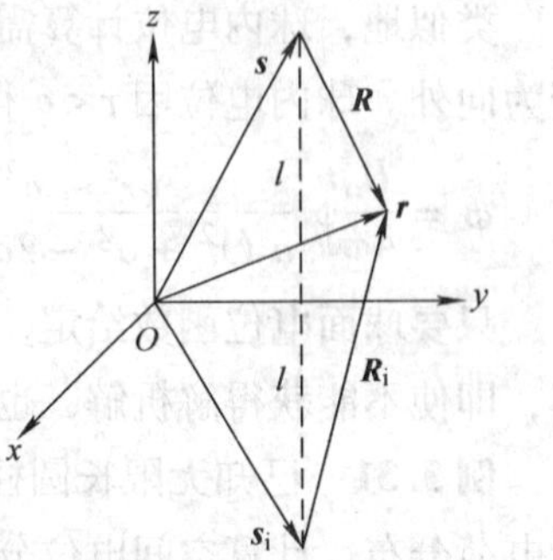

图 3.40 例 3.29 图 无限大平面镜像格林函数

$$G=\frac{1}{|\boldsymbol{r}-\boldsymbol{s}|}-\frac{1}{|\boldsymbol{r}-\boldsymbol{s}_i|} \tag{3-225}$$

根据对称性易验证当场点 $\boldsymbol{r}$ 或者源点 $\boldsymbol{s}$ 在镜像平面 $z=0$ 上（镜像源随源点移动）时，格林函数等于零，满足第一类边值问题格林函数边界条件。

$$G=\frac{1}{[(x-x')^2+(y-y')^2+(z-z')^2]^{1/2}}-\frac{1}{[(x-x')^2+(y-y')^2+(z+z')^2]^{1/2}}$$

格林函数梯度在 $z=0$ 平面上沿 z 轴的方向导数为

$$\frac{\partial G}{\partial z'}=\frac{z-z'}{[(x-x')^2+(y-y')^2+(z-z')^2]^{3/2}}+\frac{z+z'}{[(x-x')^2+(y-y')^2+(z+z')^2]^{3/2}}$$

$$\left.\frac{\partial G}{\partial z'}\right|_{z'=0}=\frac{2z}{[(x-x')^2+(y-y')^2+z^2]^{3/2}}$$

对于上半空间，边界面的外法矢量是 $-\boldsymbol{a}_z$ 方向，电位分布采用面积分

$$\phi(\boldsymbol{r})=\frac{1}{4\pi}\oint_S\frac{2zf(x',y')\,\mathrm{d}S}{[(x-x')^2+(y-y')^2+z^2]^{3/2}}$$

对于下半空间，边界面的外法矢量是 $\boldsymbol{a}_z$ 方向，电位分布采用面积分

$$\phi(\boldsymbol{r})=-\frac{1}{4\pi}\oint_S\frac{2zf(x',y')\,\mathrm{d}S}{[(x-x')^2+(y-y')^2+z^2]^{3/2}}$$

上、下半空间中的积分结果取决于平面上电位分布函数。

例 3.30 球面电位给定 U_0 且球内、外区域无电荷分布，计算空间电位分布。

解答 圆球内、外电位满足拉普拉斯方程，球面电位给定，是第一类边值问题，设圆球半径为 a，利用圆球面格林函数

$$G=\frac{1}{|\boldsymbol{r}-\boldsymbol{s}|}-\frac{a}{|s\boldsymbol{r}-(a^2/s)\boldsymbol{s}|},\left.\frac{\partial G}{\partial s}\right|_{s=a}=\frac{(r^2-a^2)}{a(r^2+a^2-2ar\cos\gamma)^{3/2}}$$

对于球外区域，单位法矢量朝向球面内部，有

$$\phi=-\frac{1}{4\pi}\oint_S\phi(\nabla_s G)\cdot\mathrm{d}\boldsymbol{S}$$

于是，球面电位给定时的球外电位分布由球面上电位和球面积分得到，即

$$\phi=-\frac{1}{4\pi}\oint_S\frac{U_0(r^2-a^2)\,\mathrm{d}S}{a(r^2+a^2-2ar\cos\gamma)^{3/2}}$$

利用附录 B 典型圆球面积分得到

$$\phi = -\frac{U_0}{4\pi}\int_0^{2\pi}\mathrm{d}\beta\int_0^{\pi}\frac{(r^2-a^2)a^2\sin\gamma\mathrm{d}\gamma}{a\,(r^2+a^2-2ar\cos\gamma)^{3/2}} = \frac{aU_0}{r}$$

类似地，球内电位计算需要增加一个负号，梯度与面元矢量的标量积因面元矢量由向内变为向外。球内电位因 $r<a$ 得到

$$\phi = \frac{U_0}{4\pi}\oint_S\frac{(r^2-a^2)\mathrm{d}S}{a\,(r^2+a^2-2ar\cos\gamma)^{3/2}} = \frac{U_0}{4\pi}\int_0^{2\pi}\mathrm{d}\beta\int_0^{\pi}\frac{(r^2-a^2)a^2\sin\gamma\mathrm{d}\gamma}{a\,(r^2+a^2-2ar\cos\gamma)^{3/2}} = U_0$$

只要球面电位函数给定，球面内外电位满足拉普拉斯方程，通过球面积分可以获得解析解，即使不能获得解析解，也可以通过数值计算积分得到数值解。

例 3.31 已知无限长圆柱面电位给定 $U_0\mathrm{sgn}(\pi-\varphi)$ $(0\leqslant\varphi<2\pi)$，圆柱面内、外区域无电荷分布，计算空间电位分布。

解答 设圆柱面半径为 a，利用圆柱面镜像格林函数

$$G(\boldsymbol{r},\boldsymbol{s}) = \ln\frac{s\,|\boldsymbol{r}-\boldsymbol{s}_{\mathrm{i}}|}{a\,|\boldsymbol{r}-\boldsymbol{s}|} = \frac{1}{2}\ln\frac{r^2s^2/a^2+a^2-2rs\cos\gamma}{r^2+s^2-2rs\cos\gamma}$$

圆柱面上格林函数的法向导数为

$$\left.\frac{\partial G}{\partial s}\right|_{s=a} = \frac{r^2-a^2}{a(r^2+a^2-2ar\cos\gamma)}$$

圆柱外电位，边界面外法矢量朝向圆柱内，二维场的边界积分是闭合曲线积分，有

$$\phi(\boldsymbol{r}) = \frac{1}{2\pi}\oint_l\frac{(r^2-a^2)U_0\mathrm{sgn}(\pi-\varphi')\mathrm{d}l}{a(r^2+a^2-2ar\cos\gamma)} = \frac{(r^2-a^2)U_0}{2\pi}\int_0^{2\pi}\frac{\mathrm{sgn}(\pi-\varphi')\mathrm{d}\varphi'}{r^2+a^2-2ar\cos(\varphi'-\varphi)}$$

圆柱内电位，边界面外法矢量朝向圆柱外，二维场的边界积分是闭合曲线积分，有

$$\phi(\boldsymbol{r}) = \frac{1}{2\pi}\oint_l\frac{(a^2-r^2)U_0\mathrm{sgn}(\pi-\varphi')\mathrm{d}l}{a(r^2+a^2-2ar\cos\gamma)} = \frac{(a^2-r^2)U_0}{2\pi}\int_0^{2\pi}\frac{\mathrm{sgn}(\pi-\varphi')\mathrm{d}\varphi'}{r^2+a^2-2ar\cos(\varphi'-\varphi)}$$

对于回路积分

$$\begin{aligned}
&\int_0^{2\pi}\frac{\mathrm{sgn}(\pi-\varphi')\mathrm{d}\varphi'}{r^2+a^2-2ar\cos(\varphi'-\varphi)}\\
&= \int_0^{\pi}\frac{\mathrm{d}\varphi'}{r^2+a^2-2ar\cos(\varphi'-\varphi)} - \int_{\pi}^{2\pi}\frac{\mathrm{d}\varphi'}{r^2+a^2-2ar\cos(\varphi'-\varphi)}\\
&= \int_{-\varphi}^{\pi-\varphi}\frac{\mathrm{d}u}{r^2+a^2-2ar\cos u} - \int_{\pi-\varphi}^{2\pi-\varphi}\frac{\mathrm{d}u}{r^2+a^2-2ar\cos u}\\
&= \int_{-\varphi}^{\varphi}\frac{\mathrm{d}u}{r^2+a^2-2ar\cos u} - \int_{-\varphi}^{\varphi}\frac{\mathrm{d}u}{r^2+a^2+2ar\cos u}
\end{aligned}$$

利用积分公式

$$\int\frac{\mathrm{d}u}{r^2+a^2-2ar\cos u} = \frac{2}{r^2-a^2}\arctan\left(\frac{r+a}{r-a}\tan\frac{u}{2}\right)$$

积分后得到

$$\int_0^{2\pi}\frac{\mathrm{sgn}(\pi-\varphi')\mathrm{d}\varphi'}{r^2+a^2-2ar\cos(\varphi'-\varphi)} = \frac{4}{r^2-a^2}\left[\arctan\left(\frac{r+a}{r-a}\tan\frac{\varphi}{2}\right) - \arctan\left(\frac{r-a}{r+a}\tan\frac{\varphi}{2}\right)\right]$$

由于两个反正切函数符号相同，进一步化简后得到圆柱面内、外的电位解析解，即

$$\phi(r) = \frac{2}{\pi}U_0\left[\arctan\left(\frac{r+a}{|r-a|}\tan\frac{\varphi}{2}\right) - \arctan\left(\frac{|r-a|}{r+a}\tan\frac{\varphi}{2}\right)\right] = \frac{2}{\pi}U_0\arctan\frac{2ar\sin\varphi}{|r^2-a^2|}$$

计算结果表明圆柱面上、下半空间电位和电场强度是对称分布的。

3.13 复变换法

复数是二维平面上点的表示方法，复变换法只适用于二维电磁场。复变换法是利用可导的复变量解析函数来求解二维场问题。对于二维平行平面场，通过选取合适的直角坐标系使场量空间分布与坐标 z 无关，即仅仅是 x 和 y 的函数，因此场量是复数 $z=x+\mathrm{j}y$ 的函数，即 $f(z)=f(x+\mathrm{j}y)=u(x,y)+\mathrm{j}v(x,y)$，该复变量函数的实部 $u(x,y)$ 或虚部 $v(x,y)$ 是表征场量的标量函数，例如静电场中的电位函数。对于平面内求解区域边界较为复杂的问题，通常先经过一个或多个可逆复变换，变换成边界形状简单而容易求解的复平面，再对求解结果采用反变换到原来复平面，这通常称为保角变换。

设可逆复变换 $f(\cdot)$ 实现复 z 平面与复 w 平面之间的变换，即

$$w = u + \mathrm{j}v = f(z)\ ,\ z = x + \mathrm{j}y = f^{-1}(w) \tag{3-226}$$

式中，函数 $f(\cdot)$ 是可微函数且存在反函数。

先分析复变量函数 $f(z)$ 的导数，利用复变量函数求导规则可以得到

$$\frac{\mathrm{d}f(z)}{\mathrm{d}z} = \frac{\partial f(x+\mathrm{j}y)}{\partial x} = -\mathrm{j}\,\frac{\partial f(x+\mathrm{j}y)}{\partial y} \tag{3-227}$$

将复变量函数 $f(z)$ 的实部和虚部代入式（3-227），利用复变量函数实现复平面之间的变换必须满足柯西－黎曼（Chaucy－Riemann）条件，即

$$\frac{\partial u}{\partial x} + \mathrm{j}\,\frac{\partial v}{\partial x} = -\mathrm{j}\left(\frac{\partial u}{\partial y} + \mathrm{j}\,\frac{\partial v}{\partial y}\right) = \frac{\partial v}{\partial y} - \mathrm{j}\,\frac{\partial u}{\partial y} \tag{3-228}$$

柯西－黎曼条件说明复变量函数的实部和虚部是有内在联系的，静电场中电场强度与电位是相互关联的，电力线垂直于等位面，因此研究复变函数实部与虚部的梯度之间的标量积有可能揭示这种内在联系，考虑到柯西－黎曼条件，得到

$$\nabla u \cdot \nabla v = \frac{\partial u}{\partial x}\frac{\partial v}{\partial x} + \frac{\partial u}{\partial y}\frac{\partial v}{\partial y} = 0 \tag{3-229}$$

由此说明复变量函数的实部与虚部的梯度处处正交。如果实部是静电场中的电位，实部等于常数表示等位线方程，与等位线正交的是电力线，即虚部是常数表示电力线方程。反之，如果虚部是电位，虚部等于常数表示等位线方程，与等位线正交的是电力线，即实部是常数表示电力线方程。因此复变量函数中的实部 u 与虚部 v 分别代表二维场量位函数 $\phi=u$ 与沿 z 轴单位长度上的通量函数 $\psi=v$，或者 $\phi=v$ 与 $\psi=u$。下面从二维静电场角度简要说明通量函数。设实部是电位函数 $\phi=u$，如图 3.41 所示，曲线 PQ 沿 z 轴单位长度的曲面上电场强度 $E=-\nabla\phi$ 的通量 ψ 为

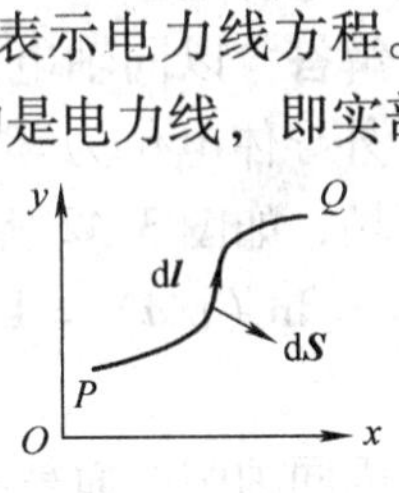

图 3.41 通量

$$\begin{aligned}\psi_{\mathrm{PQ}} &= \int_P^Q \boldsymbol{E}\cdot \mathrm{d}\boldsymbol{S}\\ &= \int_P^Q \boldsymbol{E}\cdot(\mathrm{d}\boldsymbol{l}\times \boldsymbol{a}_z)\end{aligned}$$

$$= \boldsymbol{a}_z \cdot \int_P^Q \boldsymbol{E} \times \mathrm{d}\boldsymbol{l}$$

$$= \boldsymbol{a}_z \cdot \int_P^Q \left(-\boldsymbol{a}_x \frac{\partial u}{\partial x} - \boldsymbol{a}_y \frac{\partial u}{\partial y}\right) \times (\boldsymbol{a}_x \mathrm{d}x + \boldsymbol{a}_y \mathrm{d}y)$$

$$= \int_P^Q \left(-\frac{\partial u}{\partial x}\mathrm{d}y + \frac{\partial u}{\partial y}\mathrm{d}x\right)$$

$$= \int_P^Q \left(-\frac{\partial v}{\partial y}\mathrm{d}y - \frac{\partial v}{\partial x}\mathrm{d}x\right)$$

$$= v(P) - v(Q)$$

由此可见，复变量函数的虚部表示电场强度的通量。

接下来分析经过复变换后场方程的形式，以标量位 ϕ 满足泊松方程为例

$$\nabla^2 \phi(x,y) = g(x,y) \tag{3-230}$$

省略复杂的偏微分计算，考虑到柯西—黎曼条件，经过变换后的泊松方程变为

$$\frac{\partial \phi}{\partial x} = \frac{\partial \phi}{\partial u}\frac{\partial u}{\partial x} + \frac{\partial \phi}{\partial v}\frac{\partial v}{\partial x}$$

$$\frac{\partial^2 \phi}{\partial x^2} = \frac{\partial^2 \phi}{\partial u^2}\left(\frac{\partial u}{\partial x}\right)^2 + \frac{\partial^2 \phi}{\partial v^2}\left(\frac{\partial v}{\partial x}\right)^2 + 2\frac{\partial \phi}{\partial u}\frac{\partial \phi}{\partial v}\frac{\partial u}{\partial x}\frac{\partial v}{\partial x} + \frac{\partial \phi}{\partial u}\frac{\partial^2 u}{\partial x^2} + \frac{\partial \phi}{\partial v}\frac{\partial^2 v}{\partial x^2}$$

同理，得

$$\frac{\partial^2 \phi}{\partial y^2} = \frac{\partial^2 \phi}{\partial u^2}\left(\frac{\partial u}{\partial y}\right)^2 + \frac{\partial^2 \phi}{\partial v^2}\left(\frac{\partial v}{\partial y}\right)^2 + 2\frac{\partial \phi}{\partial u}\frac{\partial \phi}{\partial v}\frac{\partial u}{\partial y}\frac{\partial v}{\partial y} + \frac{\partial \phi}{\partial u}\frac{\partial^2 u}{\partial y^2} + \frac{\partial \phi}{\partial v}\frac{\partial^2 v}{\partial y^2}$$

泊松方程变换为

$$|f'(z)|^2\left(\frac{\partial^2 \phi}{\partial u^2} + \frac{\partial^2 \phi}{\partial v^2}\right) = g \tag{3-231}$$

在复变量函数导数不等于零的区域，方程形式不变，但场源分布密度发生变化，因为两个复平面之间空间几何长度发生了伸缩变化：$|\mathrm{d}w| = |f'(z)||\mathrm{d}z|$，伸缩的比例就是复变量函数导数的绝对值。同样地，电位函数和通量函数是不变的，因此，静电场中电容器的电容量是不变的，但电场强度等于电位函数的负梯度将发生伸缩变化。

例 3.32 内导体外半径为 a、外导体内半径为 b 的同轴电缆，充满介电常数 ε 的电介质，计算单位长度的电容量。

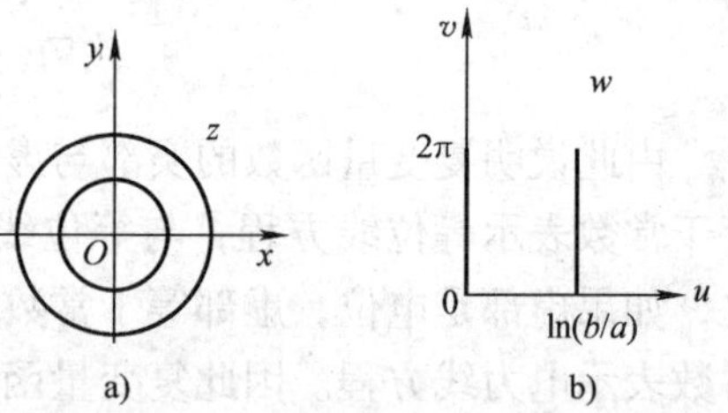

图 3.42 例 3.32 图 同轴电缆

解答 以同轴电缆轴线为 z 轴，内导体电位为 ϕ_0，外导体电位为零，导体间的静电场是二维平行平面场，如图 3.42 所示，利用对数复变量函数变换

$$w = \ln(z/a) = \ln(r\mathrm{e}^{\mathrm{j}\varphi}/a) = \ln(r/a) + \mathrm{j}\varphi \tag{3-232}$$

因同轴圆柱面是等位面，所以以复变量函数的实部为电位函数，同轴电缆的电位关于角度 φ 是周期变化的，如果限定角度范围是复角主值范围 $[0, 2\pi)$，经过对数复变量函数变换后得到平行板电容器，在 z 平面上同轴电缆内圆变换到 w 平面上的 $u=0$ 的虚轴，外圆变换到 $u=\ln(b/a)$，极板间距 $d = \ln(b/a)$，沿 z 轴单位长度面积 $S = 2\pi$，单位长度电容量为

$$C_1 = \frac{\varepsilon S}{d} = \frac{2\pi\varepsilon}{\ln(b/a)} \tag{3-233}$$

例 3.33　无限长直线电荷 ρ_1 与无穷大接地导体平面平行，计算空间电位分布。

解答　如图 3.43 所示，设线电荷 ρ_1 到平面 $y=0$ 的距离为 h，建立直角坐标系，将线电荷放在与 z 轴平行的位置（0，h，z），电场是二维平行平面场，可以利用复变量函数变换，将复数 $z=\mathrm{j}h$ 变换到原点 $w=0$，将实轴 $y=0$ 变换到 $|w|=1$ 的单位圆，即将无穷大导体平面变换到以原点为圆心的单位圆，求解区域位于单位圆内。

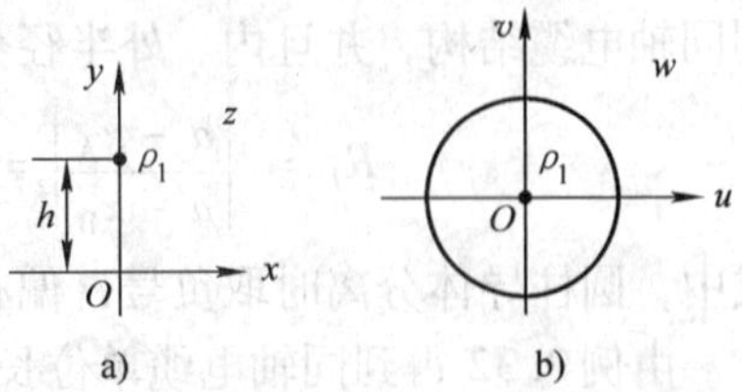

图 3.43　例 3.33 图　平行面线电荷

变换函数为

$$w = \frac{z - \mathrm{j}h}{z + \mathrm{j}h} \tag{3-234}$$

在 w 平面线电荷 ρ_1 产生的电位分布为

$$\phi = \frac{\rho_1}{2\pi\varepsilon}\ln\left|\frac{1}{w}\right| \tag{3-235}$$

将变换代入得到 z 平面内线电荷 ρ_1 产生的电位分布为

$$\phi = \frac{\rho_1}{2\pi\varepsilon}\ln\left|\frac{z+\mathrm{j}h}{z-\mathrm{j}h}\right| = \frac{\rho_1}{4\pi\varepsilon}\ln\frac{x^2+(y+h)^2}{x^2+(y-h)^2}\text{，}y\geqslant 0 \tag{3-236}$$

式（3-236）表明线电荷关于无穷大导体平面镜像的结果。

例 3.34　计算半径分别为 a 和 b 且轴线相距 d（$d>a+b$）的平行圆导体之间单位长度的电容。

解答　建立图 3.44 所示直角坐标系，以两圆公切线为直径作圆，与两圆圆心连线交点分别为 A 和 B，它们是关于两圆的对称点，利用几何关系可以得到

$$x_A x_B = a^2\text{，}(x_A - d)(x_B - d) = b^2\text{，}d > a + b \tag{3-237}$$

$$x_A x_B = a^2\text{，}(x_A + d)(x_B + d) = b^2\text{，}d < |a - b| \tag{3-238}$$

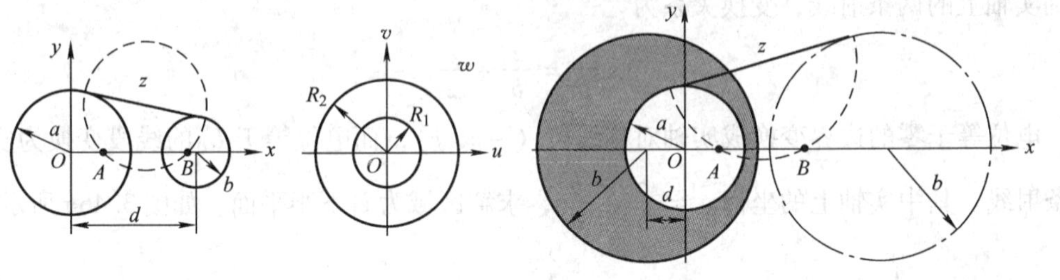

图 3.44　题 3.34 图

a）z 平面平行圆导线　b）w 平面同轴电缆　c）z 平面同轴偏心电缆

由式（3-237）或式（3-238）方程组确定两对称点的坐标为

$$x_{A,B} = \left|\left[d^2 - b^2 + a^2 \pm \sqrt{(d^2 - b^2 + a^2)^2 - (2ad)^2}\right]/(2d)\right| \tag{3-239}$$

将 z 平面上的 A 点和 B 点分别变换到 w 平面上的原点和无穷远处，则导体圆柱面 a 和 b 分别变换到 w 平面上的同心圆柱面，变换关系为

$$w = \frac{z - x_A}{z - x_B} \tag{3-240}$$

该变换关系同时适用于图 3.44c 内、外嵌套偏心同轴电缆圆柱导体的情况下，变换后得到同轴电缆结构，并且内、外半径分别为

$$R_1 = \left|\frac{a - x_A}{a - x_B}\right| = \frac{x_A}{a},\ R_2 = \left|\frac{|d-b| - x_A}{|d-b| - x_B}\right| = \frac{|d \pm x_A|}{b} \tag{3-241}$$

式中，圆柱导体分离时取负号，偏心嵌套时取正号，这样保证半径 $R_2 > R_1$。

由例 3.32 得到同轴电缆单位长度电容为

$$C_1 = \frac{2\pi\varepsilon}{\ln(R_2/R_1)} = \frac{2\pi\varepsilon}{\ln[a|d - x_A|/(bx_A)]}$$

$$= \frac{2\pi\varepsilon}{\ln\left[|(d^2 - a^2 - b^2)/(2ab)| + \sqrt{(d^2 - a^2 - b^2)^2/(2ab)^2 - 1}\right]} \tag{3-242}$$

平行输电线单位长度电容表达式（3-242）适用于同轴电缆、偏心电缆和分离输电线的情况。显然，不偏心同轴电缆单位长度的电容量结果与式（3-233）相同。

例 3.35 半圆柱面边界电位如图 3.45 所示，计算半圆柱面内部的电位分布。

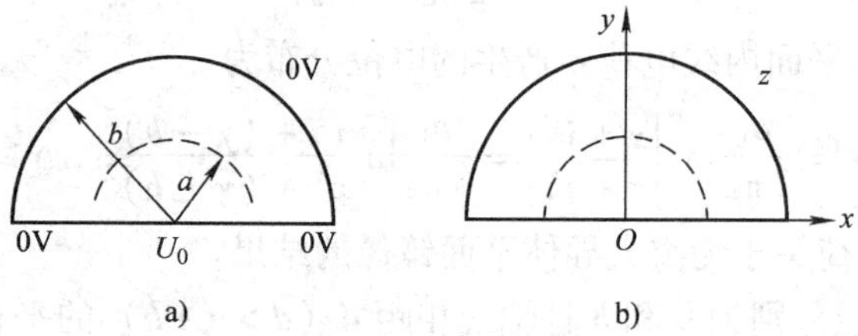

图 3.45 例 3.35 图 半圆柱与平板电极

a）电位分布 b）复 z 平面

解答 二维平行平面场的求解区域边界图形比较复杂，可用复变量函数变换将其变换成平板电容器，但需要经过多次变换。先将零电位边界变换到实轴线段，而将电位 U_0 线段变换到实轴上的两条射线，变换关系为

$$z_1 = \frac{z}{b} + \frac{b}{z} \tag{3-243}$$

电位等于零的边界变换成实轴对称线段（$-c$，c），而电位等于 U_0 的线段变换为实轴上两条射线。其中实轴上的坐标 $c = \frac{a}{b} + \frac{b}{a}$，求解区域为 z_1 下半平面，如图 3.46a 所示。

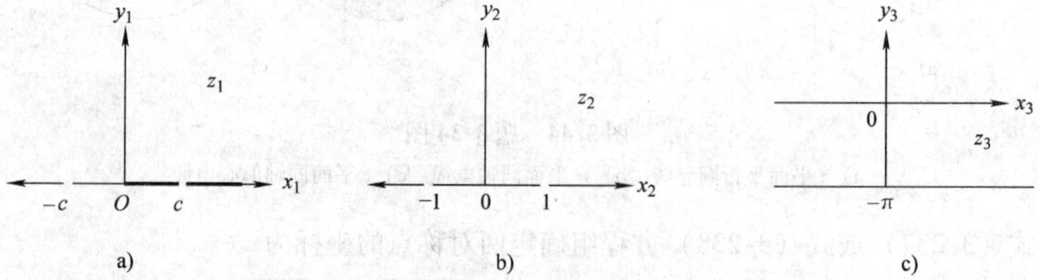

图 3.46 例 3.35 图 半圆柱与平板电极复变换

a）z_1 平面 b）z_2 平面 c）z_3 平面

再将实轴上 c 点移到原点，而将 $-c$ 点移动到无穷远处的变换为分式变换，如图 3.46b 所示，有

$$z_2 = \frac{z_1 - c}{z_1 + c} \tag{3-244}$$

于是，负半实轴对应电位等于零，而正半实轴对应电位等于 U_0；求解区域变为复平面 z_2 下半平面。

最后将正、负半实轴平角型平板电极用对数变换为平行板电极，如图 3.46c 所示，有

$$z_3 = \ln z_2 \tag{3-245}$$

这样实轴的电位等于 U_0，而与虚轴相交的平行线为零电位，两者之间的区域为求解区域。在 z_3 平面内的电位为

$$\phi = \left(1 + \frac{y_3}{\pi}\right)U_0 = \left(1 + \frac{z_3 - z_3^*}{2\pi j}\right)U_0 \tag{3-246}$$

于是，将变换式（3-243）~式（3-245）代入式（3-246）得到电位表达式为

$$\phi = U_0 + \frac{U_0}{2\pi j}\ln\left[\frac{a(z^2 + b^2) - (a^2 + b^2)z}{a(z^2 + b^2) + (a^2 + b^2)z}\,\frac{a(z^{*2} + b^2) + (a^2 + b^2)z^*}{a(z^{*2} + b^2) - (a^2 + b^2)z^*}\right] \tag{3-247}$$

$$\phi = U_0\left(1 - \frac{\alpha}{\pi}\right) \tag{3-248}$$

其中，角度由式（3-247）得到

$$\alpha = \arccos\frac{\left(\dfrac{r}{b} + \dfrac{b}{r}\right)^2 - \left(\dfrac{a}{b} + \dfrac{b}{a}\right)^2 - 4\sin^2\varphi}{\sqrt{\left[\left(\dfrac{r}{b} + \dfrac{b}{r}\right)^2 - \left(\dfrac{a}{b} + \dfrac{b}{a}\right)^2 - 4\sin^2\varphi\right]^2 + 4\left(\dfrac{a}{b} + \dfrac{b}{a}\right)^2\left(\dfrac{r}{b} - \dfrac{b}{r}\right)^2\sin^2\varphi}} \tag{3-249}$$

如果将平角改为任意角度为 α 的楔形平板电容器，极板的内、外半径分别为 a 和 b，将其对数变换为平行板电容器，单位长度的电容大小为

$$C = \frac{\varepsilon\ln(b/a)}{\alpha} \tag{3-250}$$

例 3.36 圆柱形电解槽，半径为 a，圆柱面电极电位为 U_0，中间有接地平板电极，模型如图 3.47a 所示，求圆柱面内的电位分布。

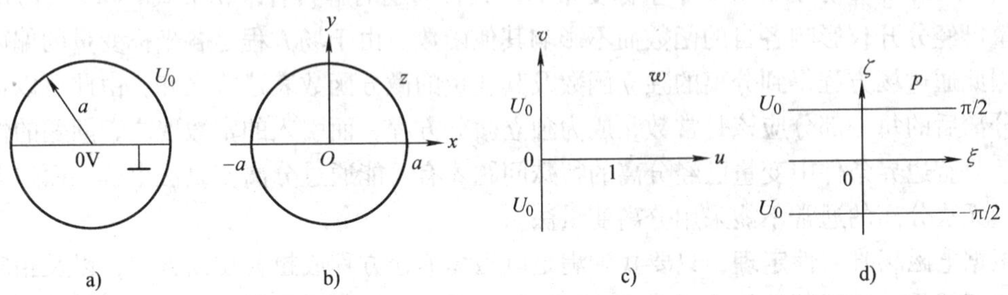

图 3.47 例 3.36 图 圆柱形电解槽

a）模型 b）复 z 平面 c）复 w 平面 d）复 p 平面

解答 建立复 z 平面，如图 3.47b 所示，在圆内上、下半圆内电位分布对称，即电位满足对称性 $\phi(r, -\varphi) = \phi(r,\varphi)$，而且电位关于角度 φ 是周期性的，即 $\phi(r,\varphi + 2\pi) = \phi(r,$

φ）。

为此，将复 z 平面上半径为 a 的圆内实轴变换到复 w 平面上的正半实轴，即将点 $z=a$ 变换到 $w=+\infty$，点 $z=0$ 变换到 $w=1$，点 $z=-a$ 变换到 $w=0$，采用分式变换关系实现为

$$w=\frac{a+z}{a-z} \tag{3-251}$$

这样，将 z 平面上半径为 a 的圆 $z=a\mathrm{e}^{\mathrm{j}\varphi}$ 变换到复 w 平面上的虚轴 $w=\mathrm{j}\cot(\varphi/2)$，如图 3.47c 所示。说明正半实轴电位为零，虚轴电位为 U_0。

再做对数变换，将复 w 平面变换到复 p 平面，形成平行板电容器结构，如图 3.47d 所示，整个实轴电位为零，上、下相距 $\pi/2$ 的两平板的电位为 U_0，则

$$p=\ln w=\ln|w|+\mathrm{j}\arg(w) \tag{3-252}$$

电位分布只是复数 w 的复角函数 $\arg(w)$，而且是线性的，复 w 平面上的电位解为

$$\phi=\frac{2}{\pi}U_0|\arg(w)|,\quad -\pi/2<\arg(w)<\pi/2 \tag{3-253}$$

将 $z=r\mathrm{e}^{\mathrm{j}\varphi}$ 代入分式变换式（3-251）得到

$$w=\frac{a+r\mathrm{e}^{\mathrm{j}\varphi}}{a-r\mathrm{e}^{\mathrm{j}\varphi}}=\frac{a+r\cos\varphi+\mathrm{j}\sin\varphi}{a-r\cos\varphi-\mathrm{j}\sin\varphi},\quad r<a \tag{3-254}$$

于是，复角为

$$\arg(w)=\arctan\frac{\sin\varphi}{a+r\cos\varphi}-\arctan\frac{\sin\varphi}{a-r\cos\varphi}=\arctan\frac{2ar\sin\varphi}{a^2-r^2} \tag{3-255}$$

圆内电位上、下半圆对称，解为

$$\phi=\frac{2}{\pi}U_0\arctan\frac{2ar|\sin\varphi|}{a^2-r^2},\quad r<a \tag{3-256}$$

利用复变换法计算的结果与例 3.31 格林函数法计算的结果相同。

3.14 分离变量法

分离变量法是一种利用唯一性定理和叠加原理为基础的求解方法，其核心思想是假设场量（通常是位函数）空间分布是坐标变量（u，v，w）的解耦函数（F，G，H），三个独立函数（F，G，H）分别对应一个坐标变量的函数，问题的解具有乘积形式 $F(u)G(v)H(w)$，即变量已经分开仅影响各自的函数而不影响其他函数。由于场方程是各坐标变量的偏微分之和，因此通过场方程得到分离的独立函数及其变量的微分函数表达式之和，由此可以得到各变量分离后的每一部分应该是常数，成为独立微分方程，而引入的常数取决于问题的性质或模式。只有边界条件中变量已经分离的特殊问题才有可能通过分离变量法求解，而边界条件中变量无法分离的通常不能采用分离变量法。

根据电磁场唯一性定理，只要找到满足电磁场泊松方程或拉普拉斯方程，以及相应边界条件的解就是给定问题的解。对于线性、均匀、各向同性和无色散介质，电磁场问题的解满足叠加原理。唯一性定理和叠加原理是分离变量法的理论基础。

对于电位泊松方程 $\nabla^2\phi=-f$，可以将定解问题的解分为两部分：非齐次方程的特解和齐次方程的通解。不妨设泊松方程的电位分为特解和通解两部分，即 $\phi=\phi_{\mathrm{p}}+\phi_{\mathrm{g}}$，其中特解满足泊松方程 $\nabla^2\phi_{\mathrm{p}}=-f$，通解满足拉普拉斯方程 $\nabla^2\phi_{\mathrm{g}}=0$。

特解只要找到一个符合方程形式的解即可。下面重点分析利用分离变量法求齐次方程的通解，即满足拉普拉斯方程的非零解。

3.14.1 直角坐标系中的分离变量法

分离变量法大多用于标量场问题求解。以直角坐标系统为例，假设电磁场的通解可以表示为一系列函数乘积之和，而和式中的每一乘积项都满足拉普拉斯方程，且可以表示为独立变量（x 或 y 或 z）的一元函数乘积，即

$$\phi_{\mathrm{g}}(x,y,z) = \sum_k \phi_{\mathrm{g}k}(x,y,z) = \sum_k f_k(x) g_k(y) h_k(z) \tag{3-257}$$

式中，本征值 k 为整数。若 k 为实数，则求和用积分表示为

$$\phi_{\mathrm{g}}(x,y,z) = \int_k \phi_{\mathrm{g}k}(x,y,z)\,\mathrm{d}k = \int_k f_k(x) g_k(y) h_k(z)\,\mathrm{d}k \tag{3-258}$$

且每个本征值函数都满足电磁场拉普拉斯方程，即

$$\nabla^2 \phi_{\mathrm{g}k} = 0 \tag{3-259}$$

于是，拉普拉斯方程转换为

$$\phi_{\mathrm{g}k}\left[\frac{\mathrm{d}^2 f_k(x)}{f_k(x)\,\mathrm{d}x^2} + \frac{\mathrm{d}^2 g_k(y)}{g_k(y)\,\mathrm{d}y^2} + \frac{\mathrm{d}^2 h_k(z)}{h_k(z)\,\mathrm{d}z^2}\right] = 0 \tag{3-260}$$

显然，特征值函数 $\phi_{\mathrm{g}k}$ 不能恒等于零，于是得到相互分离的和式

$$\frac{\mathrm{d}^2 f_k(x)}{f_k(x)\,\mathrm{d}x^2} + \frac{\mathrm{d}^2 g_k(y)}{g_k(y)\,\mathrm{d}y^2} + \frac{\mathrm{d}^2 h_k(z)}{h_k(z)\,\mathrm{d}z^2} = 0 \tag{3-261}$$

由于函数相互分离彼此独立，因此实数函数各项都只能是实常数，每个函数都满足二阶常微分方程，即

$$\frac{\mathrm{d}^2 f_k(x)}{\mathrm{d}x^2} + m^2 f_k(x) = 0\,,\ \frac{\mathrm{d}^2 g_k(y)}{\mathrm{d}y^2} + n^2 g_k(y) = 0\,,\ \frac{\mathrm{d}^2 h_k(z)}{\mathrm{d}z^2} - (m^2+n^2) h_k(z) = 0 \tag{3-262}$$

对于上述每一个常系数微分方程都可以求解。值得注意的是，m^2 和 n^2 都是实数，但 m 和 n 可以是纯虚数，这取决于问题的性质，即周期性、指数衰减或增长特性。

如果电磁场问题只是二维平行平面场，与第三维坐标 z 无关，那么 $h_k(z) = 1$，且引入的常数和为零，即 $m^2 + n^2 = 0$。

如果电磁场问题退化为一维问题，那么无论是泊松方程还是拉普拉斯方程都可以简化为二阶常微分方程，直接求解。实际问题可能需要分不同介质区域，并找出交界面衔接条件，这部分内容在 3.10 节的一维泊松方程问题中已经做了详细讨论。

式（3-262）三个二阶微分方程中的 m 和 n 必须首先确定，它们表示电磁场基本规律的模式或特征，称为特征值。下面重点分析二维电磁场问题的分离变量法求解。

对于二维问题，分离变量法变为求解微分方程

$$\frac{\mathrm{d}^2 f_k(x)}{\mathrm{d}x^2} + m^2 f_k(x) = 0\,,\ \frac{\mathrm{d}^2 g_k(y)}{\mathrm{d}y^2} - m^2 g_k(y) = 0 \tag{3-263}$$

1）当 $m^2 = 0$ 时，获得解的形式是线性一次函数

$$f_k(x) = a_{k0} + b_{k0}x\,,\ g_k(y) = c_{k0} + d_{k0}y \tag{3-264}$$

判断的方法是，如果对于 x 或 y 坐标是线性变化的，那么存在这种类型的解。如平行板

之间存在均匀电场或分量形式。

2）当 $m^2>0$ 时，获得解的形式分别是三角函数和指数函数（或者双曲函数）

$$f_k(x)=a_{km}\cos mx+b_{km}\sin mx\ ,\ g_k(y)=c_{km}\cosh my+d_{km}\sinh my \qquad (3\text{-}265)$$

判断的方法是，如果对于 x 坐标是周期性的，而对于 y 坐标是指数增长或衰减形式的，那么存在这种类型的解。

3）当 $m^2<0$ 时，重新设特征值 m 使得分离变量后的方程变为

$$\frac{\mathrm{d}^2 f_k(x)}{\mathrm{d}x^2}-m^2 f_k(x)=0\ ,\ \frac{\mathrm{d}^2 g_k(y)}{\mathrm{d}y^2}+m^2 g_k(y)=0 \qquad (3\text{-}266)$$

获得解的形式与式（3-265）正好交换位置，即

$$f_k(x)=a_{km}\cosh mx+b_{km}\sinh mx\ ,\ g_k(y)=c_{km}\cos my+d_{km}\sin my \qquad (3\text{-}267)$$

判断的方法是，如果对于 y 坐标是周期性的，而对于 x 坐标是指数增长或衰减形式的，那么存在这种类型的解。

需要注意的是，周期性中纯正弦与纯余弦的特殊情况，以及奇偶性中双曲余弦和双曲正弦的特殊情况，通常与坐标轴原点位置有关，因此建立合适的坐标系是可以简化问题求解的。

利用直角坐标系分离变量法直接求解拉普拉斯方程的步骤如下：

1）将场量写成分离变量形式，即独立变量一元函数乘积形式。

2）利用拉普拉斯方程获得分离的二阶一元微分方程组，其中特征值 m 和 n 待定。

3）根据场问题沿各坐标方向的变化规律，确定特征值 m 和 n。

4）将所有特征值 m 和 n 的函数乘积项累加获得统一解的形式，同时简化待定系数。

5）根据边界条件或交界面衔接条件确定所有待定系数，获得最终解。

有时候，不能直接用分离变量法，需要利用叠加原理对原始问题分解成几个简单问题，有些简单问题可以直接获得结果，有些需要利用分离变量法求解。

值得注意的是，并不是任何问题都能够用分离变量法来求解，至于哪些可以，哪些不可以没有明确的判据，只能根据前人的经验或尝试。只要满足方程和边界条件，根据矢量场的唯一性定理，该解就是正确的。

例 3.37　有一矩形截面的衰减电容器，宽 a 的上极板电位恒定为 U_0，左右极板高 b，且与下极板连通电位为零，左右极板与上极板存在很小的缝隙，如图 3.48 所示，计算极板所围自由空间的电位分布和电场强度分布。

解答　选择直角坐标系，电位分布与坐标 z 无关，电位边值问题可以描述为拉普拉斯方程

$$\nabla^2\phi(x,y)=0\ ,\ 0\leqslant x\leqslant a\ ,\ 0\leqslant y\leqslant b$$

边界条件为

$$\phi(0,y)=\phi(x,0)=\phi(a,y)=0\ ,\ \phi(x,b)=U_0$$

根据图 3.48 可以发现，电位沿 x 坐标是周期性的，半周期是 a，沿 y 轴是增长的，因此由式（3-265）可得解为

$$\phi(x,y)=\sum(A_m\cos mx+B_m\sin mx)(C_m\cosh my+D_m\sinh my)$$

由条件 $\phi(0,y)=0$ 得到 $A_m=0$，由条件 $\phi(x,0)=0$ 得到 $C_m=0$，由条件 $\phi(a,y)=0$ 得到特征值满足 $m=k\pi/a$，且 k 为整数。即根据边界条件电位只有关于 x 的正弦函数项，

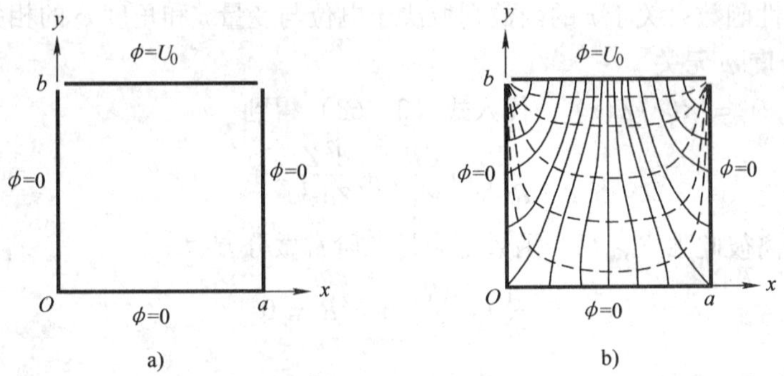

图 3.48　例 3.37 图

a）衰减电容器　b）等位线和电力线

而且关于 $x = a/2$ 是偶对称的，因此 k 只能是奇数。电位对于 y 坐标则是双曲正弦函数，解的形式变为

$$\phi(x,y) = \sum_{k=1}^{\infty} a_k \sin(k\pi x/a)\sinh(k\pi y/a)$$

其中，系数 a_k 利用边界条件中的给定电位函数确定

$$\phi(x,b) = \sum_{k=1}^{\infty} a_k \sin(k\pi x/a)\sinh(k\pi b/a) = U_0,\ 0 < x < a$$

利用周期函数的傅里叶分解（正弦函数的正交性）可以获得系数为

$$a_k \sinh(k\pi b/a)\int_0^a \sin^2(k\pi x/a)\,\mathrm{d}x = \int_0^a U_0 \sin(k\pi x/a)\,\mathrm{d}x$$

积分后解得 k 为偶数时的系数为零，k 为奇数时的系数为

$$a_k = \frac{\int_0^a U_0 \sin(k\pi x/a)\,\mathrm{d}x}{\sinh(k\pi b/a)\int_0^a \sin^2(k\pi x/a)\,\mathrm{d}x} = \frac{4U_0}{k\pi \sinh(k\pi b/a)}$$

由此得到电位解的形式为

$$\phi(x,y) = \sum_{k=\text{odd}}^{\infty} \frac{4U_0}{k\pi\sinh(k\pi b/a)}\sin\left(\frac{k\pi x}{a}\right)\sinh\left(\frac{k\pi y}{a}\right)$$

电场强度为

$$\begin{aligned}\boldsymbol{E}(x,y) &= -\nabla\phi(x,y)\\ &= -\sum_{k=\text{odd}}^{\infty}\frac{4U_0}{a\sinh(k\pi b/a)}\left[\boldsymbol{a}_x\cos\left(\frac{k\pi x}{a}\right)\sinh\left(\frac{k\pi y}{a}\right) + \boldsymbol{a}_y\sin\left(\frac{k\pi x}{a}\right)\cosh\left(\frac{k\pi y}{a}\right)\right]\end{aligned}$$

电容器内部的等位线和电力线如图 3.48b 所示，电力线垂直于边界和等位面。

3.14.2　圆柱坐标系中的分离变量法

在圆柱坐标系中拉普拉斯方程转换为

$$r^{-1}\frac{\partial}{\partial r}\left(r\frac{\partial\phi}{\partial r}\right) + r^{-2}\frac{\partial^2\phi}{\partial\varphi^2} + \frac{\partial^2\phi}{\partial z^2} = 0 \tag{3-268}$$

式中，变量 z 是独立的，而变量 r 和 φ 存在耦合关系。因此三维空间中可以直接分离出关于 z 变量的方程，其解为线性的三角函数或双曲函数；关于角度 φ 的函数分离变量后是周期性的三角函数或线性函数；关于 r 的函数则取决于电位与变量 z 和角度 φ 的相关性。

1. 电位与角度 φ 无关

令电位 $\phi(r,z) = R(r)Z(z)$，代入式（3-268）得到

$$\frac{\mathrm{d}}{R r\mathrm{d}r}\left(r\frac{\mathrm{d}R}{\mathrm{d}r}\right)+\frac{\mathrm{d}^2 Z}{Z\mathrm{d}z^2}=0 \tag{3-269}$$

由于函数相互分离彼此独立，每个函数都满足二阶常微分方程

$$\frac{\mathrm{d}}{r\mathrm{d}r}\left(r\frac{\mathrm{d}R}{\mathrm{d}r}\right)+n^2 R = 0 \tag{3-270a}$$

$$\frac{\mathrm{d}^2 Z}{\mathrm{d}z^2}-n^2 Z = 0 \tag{3-270b}$$

每个常系数微分方程都能求解。其中 n^2 是实数，但 n 可以是复数，其值取决于问题的性质。

如果 n 是非零实数，那么式（3-270a）和式（3-270b）的解分别为

$$Z(z) = C_n\cosh nz + D_n\sinh nz,\ R(r) = A_n J_0(nr) + B_n N_0(nr) \tag{3-271}$$

式中，J_0 和 N_0 分别是零阶实宗量第一类和第二类贝塞尔（F. W. Bessel）函数。

如果 n 是纯虚数，设 $m^2 = -n^2$，m 为非零实数，式（3-270a）和式（3-270b）的解分别为

$$Z(z) = C_m\cos mz + D_m\sin mz,\ R(r) = A_m I_0(mr) + B_m K_0(mr) \tag{3-272}$$

式中，I_0 和 K_0 分别是零阶虚宗量第一类和第二类贝塞尔函数。

如果 $n=0$，那么式（3-270a）和式（3-270b）的解分别为

$$Z(z) = C_0 + D_0 z,\ R(r) = A_0 + B_0\ln r \tag{3-273}$$

2. 电位与 z 无关

令电位 $\phi = R(r)\Phi(\varphi)$，代入式（3-268）后分离变量得到

$$r\frac{\mathrm{d}}{\mathrm{d}r}\left(r\frac{\mathrm{d}R}{\mathrm{d}r}\right)-m^2 R = 0 \tag{3-274a}$$

$$\frac{\mathrm{d}^2\Phi}{\mathrm{d}\varphi^2}+m^2\Phi = 0 \tag{3-274b}$$

式（3-274a）中关于 r 的微分方程为欧拉（L. Euler）方程，其解为

$$R(r) = A_m r^m + B_m r^{-m} \tag{3-275a}$$

式（3-274b）中关于角度 φ 的周期性微分方程的解为三角函数，即

$$\Phi(\varphi) = C_m\cos m\varphi + D_m\sin m\varphi \tag{3-275b}$$

若 $m=0$，那么式（3-274a）和式（3-274b）两个微分方程的解分别为

$$\Phi(\varphi) = C_0\varphi + D_0,\ R(r) = A_0\ln r + B_0 \tag{3-276}$$

二维场的合成结果为

$$\phi = (A_0\ln r + B_0)(C_0\varphi + D_0) + \sum_{m=1}^{\infty}(A_m r^m + B_m r^{-m})(C_m\cos m\varphi + D_m\sin m\varphi) \tag{3-277}$$

式中，待定系数 A、B、C 和 D 由边界条件确定。

3. 一般情况

令电位 $\phi(r,z) = R(r)\Phi(\varphi)Z(z)$，代入式（3-268）得到 $Z(z)$ 满足式（3-270b），$\Phi(\varphi)$ 满足式（3-274b），而 $R(r)$ 满足整数阶贝塞尔方程，即

$$r^2\frac{\mathrm{d}^2R}{\mathrm{d}r^2}+r\frac{\mathrm{d}R}{\mathrm{d}r}+(n^2r^2-m^2)R=0 \tag{3-278a}$$

如果 n 是非零实数，那么式（3-278a）的解为

$$R(r)=A_1J_m(nr)+B_1N_m(nr) \tag{3-278b}$$

式中，J_m和 N_m分别是 m 阶实宗量第一类和第二类贝塞尔函数。

如果 n 是纯虚数，则式（3-278a）中用 $-n^2$取代 n^2，这样方程的解为

$$R(r)=A_1I_m(nr)+B_1K_m(nr) \tag{3-278c}$$

式中，I_m和 K_m分别是 m 阶虚宗量第一类和第二类贝塞尔函数。

例 3.38 无穷大自由空间有均匀电场 $\boldsymbol{E}_0$，有一半径为 a 的无限长直介质圆柱，轴线与外电场垂直，介电常数为 ε，如图 3.49 所示，计算空间的电位和电场强度。

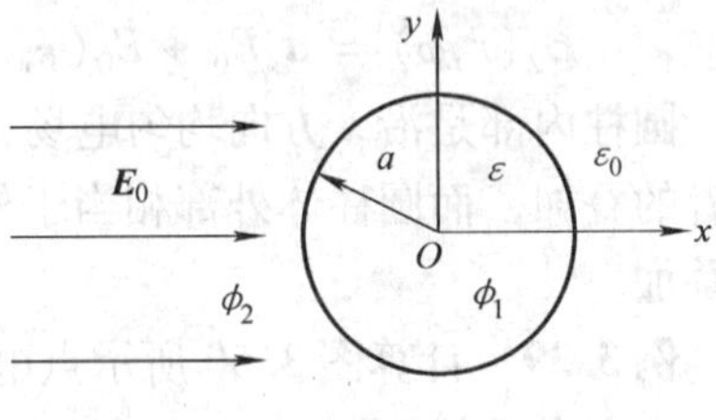

图 3.49 例 3.38 图 均匀外电场中圆柱介质

解答 选择圆柱坐标系，外电场沿 x 轴方向，圆柱轴线位于 z 轴，电位分布与坐标 z 无关，边值问题描述为电位满足拉普拉斯方程

$$\nabla^2\phi_1(r,\varphi)=0\ ,\ r<a;\ \nabla^2\phi_2(r,\varphi)=0\ ,\ r>a$$

自然边界条件和电位参考点为

$$\phi_1(0,\varphi)=0\ ,\ \lim_{r\to\infty}\phi_2(r,\varphi)\to -E_0r\cos\varphi$$

圆柱面处的交界面衔接条件为

$$\phi_1(a,\varphi)=\phi_2(a,\varphi)\ ,\ \varepsilon\frac{\partial\phi_1(a,\varphi)}{\partial r}=\varepsilon_0\frac{\partial\phi_2(a,\varphi)}{\partial r}$$

根据图 3.49 可以发现，电位关于角度 φ 是周期性的，且关于 x 轴偶对称，因此由式（3-277）得到电位没有正弦项、常数项和线性项或对数项，统一形式为

$$\phi(r,\varphi)=\sum_{n=1}^{\infty}(A_nr^n+B_nr^{-n})\cos n\varphi$$

式中，系数 A 和 B 利用边界条件确定。

在介质内部 $0\leqslant r\leqslant a$ 的电位根据自然边界条件与电位参考点可以确定不存在负指数项，即

$$\phi_1(r,\varphi)=\sum_{n=1}^{\infty}A_nr^n\cos n\varphi$$

在自由空间 $a\leqslant r$ 的电位根据自然边界条件不存在超过 $n=2$ 的指数项，即

$$\phi_2(r,\varphi)=-E_0r\cos\varphi+\sum_{n=1}^{\infty}B_nr^{-n}\cos n\varphi$$

根据圆柱面衔接条件，有

$$\sum_{n=1}^{\infty}A_na^n\cos n\varphi=-E_0a\cos\varphi+\sum_{n=1}^{\infty}B_na^{-n}\cos n\varphi$$

$$\varepsilon\sum_{n=1}^{\infty}nA_na^{n-1}\cos n\varphi=-\varepsilon_0E_0\cos\varphi-\varepsilon_0\sum_{n=1}^{\infty}nB_na^{-n-1}\cos n\varphi$$

根据余弦函数的正交性，对应角度项相同，当 $n>1$ 时，$A_n=B_n=0$。因此只能取 $n=1$，且满足

$$A_1 a\cos\varphi = E_0 a\cos\varphi + B_1 a^{-1}\cos\varphi$$

$$\varepsilon A_1\cos\varphi = \varepsilon_0(E_0\cos\varphi - B_1 a^{-2}\cos\varphi)$$

于是，得到待定系数

$$A_1 = -2E_0/(1+\varepsilon_r)\ ,\ B_1 = E_0(\varepsilon_r - 1)/(1+\varepsilon_r)$$

圆柱内部电位和电场强度为

$$\phi_1(r,\varphi) = -2E_0\,(\varepsilon_r+1)^{-1} r\cos\varphi\ ,\ \boldsymbol{E}_1(r,\varphi) = \boldsymbol{a}_x 2E_0\,(\varepsilon_r+1)^{-1}\ ,\ 0 \leqslant r < a$$

圆柱外部电位和电场强度为

$$\phi_2(r,\varphi) = -E_0 r\cos\varphi + E_0(\varepsilon_r - 1)\,(\varepsilon_r+1)^{-1} r^{-1}\cos\varphi$$

$$\boldsymbol{E}_2(r,\varphi) = \boldsymbol{a}_x E_0 + E_0(\varepsilon_r - 1)\,(\varepsilon_r+1)^{-1} r^{-2}(\boldsymbol{a}_r\cos\varphi + \boldsymbol{a}_\varphi\sin\varphi)\ ,\ r > a$$

圆柱内部是沿 x 方向均匀电场，相当于沿 x 方向均匀极化圆柱介质电场与外加均匀电场两者的叠加，而圆柱体外部相当于外加均匀电场和位于轴线的均匀分布电偶极子产生的电场的叠加。

例 3.39 计算图 3.50 所示点电荷 Q 在无限大平行分界面间填充电介质的空间电场。

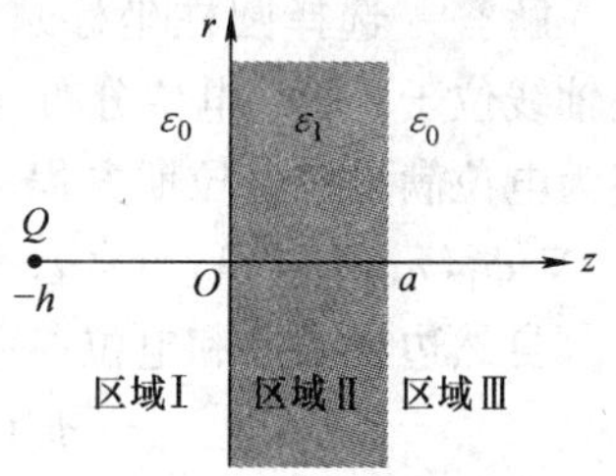

图 3.50 例 3.39 图

解答 无限大介质分界面垂直 z 轴，点电荷位于 z 轴，电场具有轴对称性，圆柱坐标系中电位与角度 φ 无关，利用分离变量法获得不同介质中的电位函数。根据式（3-271），特征值是连续的实数，令贝塞尔函数的积分为

$$\int_0^\infty J_0(mr)\mathrm{e}^{-m|z|}\mathrm{d}m = \frac{1}{\sqrt{r^2+z^2}}$$

于是，点电荷产生的电位为

$$\int_0^\infty \frac{Q}{4\pi\varepsilon_0} J_0(mr)\mathrm{e}^{-m|z+h|}\mathrm{d}m = \frac{Q}{4\pi\varepsilon_0\sqrt{r^2+(z+h)^2}}$$

除了点电荷电位以外，空间电位是有限的，指数增长项在 z 趋于无穷时不存在，在 r 趋于无穷时电位趋于零，在 $r=0$ 时电位有限。由此将空间分为三个区域，在区域Ⅰ存在点电荷，而在区域Ⅱ和Ⅲ没有自由电荷，因此除了区域Ⅰ中有点电荷 Q 引起的特解外，三个区域均满足拉普拉斯方程，分别得到各区域电位分布的积分表达式为

$$\phi_1(r,z) = \int_0^\infty\left[\frac{Q}{4\pi\varepsilon_0}\mathrm{e}^{-m|z+h|} + C_1(m)\mathrm{e}^{mz}\right]J_0(mr)\mathrm{d}m\ ,\ z<0$$

$$\phi_2(r,z) = \int_0^\infty[C_{21}(m)\mathrm{e}^{-mz} + C_{22}(m)\mathrm{e}^{mz}]J_0(mr)\mathrm{d}m\ ,\ 0<z<a$$

$$\phi_3(r,z) = \int_0^\infty[C_3(m)\mathrm{e}^{-mz}]J_0(mr)\mathrm{d}m\ ,\ z>a$$

式中，系数 C_1、C_{21}、C_{22} 和 C_3 根据 $z=0$ 和 $z=a$ 交界面衔接条件确定：

$$\phi_1(r,0) = \phi_2(r,0)\ ,\ \varepsilon_0\frac{\partial\phi_1(r,0)}{\partial z} = \varepsilon_1\frac{\partial\phi_2(r,0)}{\partial z}$$

$$\phi_2(r,a) = \phi_3(r,a)\ ,\ \varepsilon_1\frac{\partial\phi_2(r,a)}{\partial z} = \varepsilon_0\frac{\partial\phi_3(r,a)}{\partial z}$$

将电位积分表达式代入交界面衔接条件后，必须使得被积函数中方括号内的各项对应满足交界面衔接条件。为了方便起见，令

$$p = \frac{Q}{4\pi\varepsilon_0}e^{-mh}, \ \varepsilon_r = \frac{\varepsilon_1}{\varepsilon_0}$$

根据交界面衔接条件，对于任何 m，有被积函数的系数相等，即

$$p + C_1 = C_{21} + C_{22}, \ -p + C_1 = \varepsilon_r(-C_{21} + C_{22})$$

$$C_{21}e^{-ma} + C_{22}e^{ma} = C_3 e^{-ma}, \ \varepsilon_r(-C_{21}e^{-ma} + C_{22}e^{ma}) = -C_3 e^{-ma}$$

解得

$$C_1 = \frac{p(1-\varepsilon_r^2)(1-e^{2ma})}{(1-\varepsilon_r)^2 - (1+\varepsilon_r)^2 e^{2ma}}, \ C_3 = -\frac{4p\varepsilon_r e^{2ma}}{(1-\varepsilon_r)^2 - (1+\varepsilon_r)^2 e^{2ma}}$$

$$C_{21} = -\frac{2p(1+\varepsilon_r)e^{2ma}}{(1-\varepsilon_r)^2 - (1+\varepsilon_r)^2 e^{2ma}}, \ C_{22} = \frac{2p(1-\varepsilon_r)}{(1-\varepsilon_r)^2 - (1+\varepsilon_r)^2 e^{2ma}}$$

电位积分表达式为

$$\phi_1(r,z) = \frac{Q}{4\pi\varepsilon_0}\int_0^\infty \left[e^{-m|z+h|} + \frac{(1-\varepsilon_r^2)(1-e^{-2ma})}{(1+\varepsilon_r)^2 - (1-\varepsilon_r)^2 e^{-2ma}} e^{m(z-h)}\right] J_0(mr)\,dm, \ z<0$$

$$\phi_2(r,z) = \frac{Q}{2\pi\varepsilon_0}\int_0^\infty \frac{e^{-mh}[(1+\varepsilon_r)e^{-mz} - (1-\varepsilon_r)e^{m(z-2a)}]}{(1+\varepsilon_r)^2 - (1-\varepsilon_r)^2 e^{-2ma}} J_0(mr)\,dm, \ 0<z<a$$

$$\phi_3(r,z) = \frac{Q}{4\pi\varepsilon_0}\int_0^\infty \left[\frac{2\varepsilon_r e^{-m(z+h)}}{(1+\varepsilon_r)^2 - (1-\varepsilon_r)^2 e^{-2ma}}\right] J_0(mr)\,dm, \ z>a$$

当填充的电介质厚度 a 趋于无穷大时，第Ⅰ和第Ⅱ区域内的电位，相当于点电荷对无限大半空间介质平面镜像。在区域Ⅰ有点电荷 Q 和镜像电荷 $Q(1-\varepsilon_r)/(1+\varepsilon_r)$，两者产生电位；在区域Ⅱ有点电荷 $2Q/(1+\varepsilon_r)$ 产生的电位。电位表达式积分后可以得到相同的结果：

$$\phi_1(r,z) = \frac{Q}{4\pi\varepsilon_0}\int_0^\infty \left[e^{-m|z+h|} + \frac{1-\varepsilon_r}{1+\varepsilon_r}e^{m(z-h)}\right] J_0(mr)\,dm$$

$$= \frac{Q}{4\pi\varepsilon_0}\left[\frac{1}{\sqrt{r^2+(z+h)^2}} + \frac{1-\varepsilon_r}{1+\varepsilon_r}\frac{1}{\sqrt{r^2+(z-h)^2}}\right]$$

$$\phi_2(r,z) = \frac{Q}{2\pi\varepsilon_0}\int_0^\infty \frac{e^{-m(z+h)}}{(1+\varepsilon_r)} J_0(mr)\,dm = \frac{Q}{2\pi\varepsilon_0(1+\varepsilon_r)\sqrt{r^2+(z+h)^2}}$$

这一结果与点电荷关于无穷大平面介质镜像是一致的。

3.14.3 圆球坐标系中的分离变量法

在圆球坐标系中拉普拉斯方程转换为

$$\frac{\partial}{\partial r}\left(r^2\frac{\partial \phi}{\partial r}\right) + \frac{\partial}{\sin\theta\partial\theta}\left(\sin\theta\frac{\partial\phi}{\partial\theta}\right) + \frac{\partial^2\phi}{\sin^2\theta\partial\varphi^2} = 0 \tag{3-279}$$

式（3-279）分离变量后，关于角度 φ 的函数是周期性的，通过分离变量后可以得到解是三角函数，关于 θ 的函数是偶函数或根据圆球坐标特点采用余弦项 $\cos\theta$ 表示，而关于 r 的函数取决于电位与角度 φ 和 θ 的相关性。

1. 电位与角度 φ 无关

令电位 $\phi = R(r)\Theta(\theta)$，代入式（3-279）得到

$$\frac{d}{Rdr}\left(r^2\frac{dR}{dr}\right) + \frac{d}{\Theta\sin\theta d\theta}\left(\sin\theta\frac{d\Theta}{d\theta}\right) = 0 \tag{3-280}$$

由于函数相互分离彼此独立，每个函数都满足二阶常微分方程，即

$$\frac{\mathrm{d}}{\mathrm{d}r}(r^2\frac{\mathrm{d}R}{\mathrm{d}r}) - n(n+1)R = 0 \tag{3-281a}$$

$$\frac{\mathrm{d}}{\sin\theta\mathrm{d}\theta}(\sin\theta\frac{\mathrm{d}\Theta}{\mathrm{d}\theta}) + n(n+1)\Theta = 0 \tag{3-281b}$$

式中，n 是非负整数，因为 θ 在 0 或 π 的自然边界条件电位是有限值。

$$R(r) = A_n r^n + B_n r^{-n-1} \tag{3-282}$$

对于角度微分方程，引入新变量 $u = \cos\theta$ 后转化为勒让德（A. M. Legendre）方程得到

$$\frac{\mathrm{d}}{\mathrm{d}u}((1-u^2)\frac{\mathrm{d}\Theta}{\mathrm{d}u}) + n(n+1)\Theta = 0 \tag{3-283}$$

该微分方程的解是第一类和第二类勒让德多项式的线性组合，即

$$\Theta = C_n P_n(u) + D_n Q_n(u) \tag{3-284}$$

当问题涉及圆球坐标极轴时，第二类勒让德多项式 Q_n 趋于无穷大，因此通常 $D_n=0$。

勒让德多项式的前几项分别为

$$n=0,\ P_0(\cos\theta)=1$$

$$n=1,\ P_1(\cos\theta)=\cos\theta$$

$$n=2,\ P_2(\cos\theta)=0.5(3\cos^2\theta-1)$$

$$n=3,\ P_3(\cos\theta)=0.5(5\cos^3\theta-3\cos\theta)$$

一般地，勒让德多项式可以表示为

$$P_n(x) = \frac{1}{2^n n!}\frac{\mathrm{d}^n}{\mathrm{d}x^n}(x^2-1)^n,\ Q_n(x) = P_n(x)\int\frac{\mathrm{d}x}{(1-x^2)[P_n(x)]^2} \tag{3-285}$$

2. 电位与角度 φ 有关

令电位 $\phi = R(r)\Theta(\theta)\Phi(\varphi)$，代入式（3-279）得到

$$\frac{\mathrm{d}^2\Phi}{\mathrm{d}\varphi^2} + m^2\Phi = 0 \tag{3-286}$$

由于角度是满足自然周期性条件的，因此 m 是正整数，相关的解是

$$\Phi(\varphi) = C_m\cos m\varphi + D_m\sin m\varphi \tag{3-287}$$

关于 r 和 θ 的方程变为

$$\frac{\mathrm{d}}{R\mathrm{d}r}(r^2\frac{\mathrm{d}R}{\mathrm{d}r}) + \frac{\mathrm{d}}{\Theta\sin\theta\mathrm{d}\theta}(\sin\theta\frac{\mathrm{d}\Theta}{\mathrm{d}\theta}) - \frac{m^2}{\sin^2\theta} = 0 \tag{3-288}$$

由于函数相互分离彼此独立，R 满足的方程为式（3-281）和式（3-282）。Θ 满足二阶常微分方程

$$\frac{\mathrm{d}}{\sin\theta\mathrm{d}\theta}(\sin\theta\frac{\mathrm{d}\Theta}{\mathrm{d}\theta}) + [n(n+1) - \frac{m^2}{\sin^2\theta}]\Theta = 0 \tag{3-289}$$

对式（3-289）引入新变量 $u = \cos\theta$，微分方程转化为

$$\frac{\mathrm{d}}{\mathrm{d}u}((1-u^2)\frac{\mathrm{d}\Theta}{\mathrm{d}u}) + [n(n+1) - \frac{m^2}{1-u^2}]\Theta = 0 \tag{3-290}$$

同样地，问题包含极轴时，微分方程的解是连带勒让德（Associated Legendre）多项式，即

$$\Theta = P_n^m(u) = P_n^m(\cos\theta) \tag{3-291}$$

一般地，连带勒让德多项式可以表示为

$$P_n^m(x) = (-1)^m (1-x^2)^{m/2} \frac{\mathrm{d}^m}{\mathrm{d}x^m} P_n(x) \tag{3-292}$$

例 3.40 自由空间有均匀电场 $\boldsymbol{E}_0$，将一半径为 a 的介质圆球放入电场中，介电常数为 ε，如图 3.51 所示，计算空间的电位和电场强度。

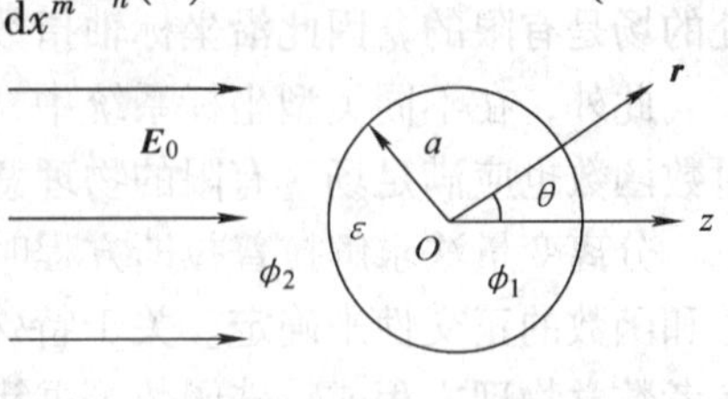

图 3.51 例 3.40 图

解答 选择圆球坐标系，圆球轴线位于 z 轴，球心位于原点，外加电场沿 z 轴方向，电位分布与 φ 无关是轴对称的，边值问题描述为拉普拉斯方程

$$\nabla^2 \phi_1(r,\theta) = 0 \text{ , } r<a;\ \nabla^2 \phi_2(r,\theta) = 0 \text{ , } r>a$$

自然边界条件和电位参考点为

$$\phi_1(0,\theta) = 0 \text{ , } \lim_{r\to\infty} \phi_2(r,\theta) \to -E_0 r\cos\theta$$

圆球面处的交界面衔接条件为

$$\phi_1(a,\theta) = \phi_2(a,\theta) \text{ , } \varepsilon \frac{\partial \phi_1(a,\theta)}{\partial r} = \varepsilon_0 \frac{\partial \phi_2(a,\theta)}{\partial r}$$

根据图 3.51 可以发现，电位对角度是周期性的，且关于 z 轴对称，只有余弦函数项。在球外，除了与 r 成正比的一次项，其他正幂函数都不存在；在球内因原点电位有限，负幂函数都不存在。圆球内、外电位解的一般形式为

$$\phi_1(r,\theta) = \sum_{n=0}^{\infty} A_n r^n P_n(\cos\theta)$$

$$\phi_2(r,\theta) = -E_0 r\cos\theta + \sum_{n=0}^{\infty} B_n r^{-n-1} P_n(\cos\theta)$$

式中，系数 A_n 和 B_n 利用圆球面衔接条件确定。

利用交界面衔接条件，以及勒让德多项式的正交性可以得到对应系数相等，即

$$A_n a^n = B_n a^{-n-1} \text{ , } \varepsilon n A_n a^{n-1} = -\varepsilon_0 (n+1) B_n a^{-n-2} \text{ , } n \neq 1$$

$$A_1 a = B_1 a^{-2} - E_0 a \text{ , } \varepsilon A_1 = -\varepsilon_0 (2B_1 a^{-3} + E_0)$$

于是，令 $\varepsilon_r = \varepsilon/\varepsilon_0$，得到待定系数

$$A_n = B_n = 0 \text{ , } n \neq 1;\ A_1 = -3E_0/(2+\varepsilon_r) \text{ , } B_1 = E_0 a^3 (\varepsilon_r - 1)/(2+\varepsilon_r)$$

在介质圆球外部自由空间的电位相当于均匀外电场和极化介质产生的电场，极化介质产生的远场与距离二次方成反比，因此，电位无穷级数求和中只能存在 $n=1$ 的负幂函数。

圆球内、外的电位和电场强度分别为

$$\phi_1(r,\theta) = -3E_0 (\varepsilon_r + 2)^{-1} r\cos\theta$$

$$\boldsymbol{E}_1(r,\theta) = -\nabla\phi_1 = \boldsymbol{a}_z 3 (\varepsilon_r + 2)^{-1} E_0 \text{ , } 0 \leqslant r < a$$

$$\phi_2(r,\theta) = \left[\frac{(\varepsilon_r - 1)a^3}{(\varepsilon_r + 2)r^3} - 1\right] E_0 r\cos\theta$$

$$\boldsymbol{E}_2(r,\theta) = \boldsymbol{a}_z E_0 + \frac{(\varepsilon_r - 1)a^3}{(\varepsilon_r + 2)r^3} E_0 (\boldsymbol{a}_r 2\cos\theta + \boldsymbol{a}_\theta \sin\theta) \text{ , } r > a$$

由此可见，在圆球介质内部电场强度是均匀的，圆球外部是均匀外电场和介质圆球均匀极化电场的叠加。

如果是金属圆球，那么只要将相对介电常数趋向于无穷大即可得到相应结果。

对于指数规律变化部分一定要注意场的物理意义，尤其存在无穷远边界时，通常无穷远处的场是有限的，因此沿坐标轴指数增长的分量应该为零，只能有指数衰减项。

此外，在不同类型坐标系统中，如圆柱坐标 $r=0$ 位置和圆球坐标 $r=0$ 位置的幂函数或对数函数也应满足场量有限的物理意义，这是坐标边界引起的自然边界条件。

分离变量法求解拉普拉斯方程时，各坐标函数是相互关联的。待定系数需要根据边界条件和函数的正交性来确定。关于特殊函数（如贝塞尔函数和勒让德函数）的性质读者可以参考数学物理方程或特殊函数等书籍，在此不再展开。

3.15 静电能量

3.15.1 静电系统能量

1. 点电荷系统的静电相互作用能量

尽管点电荷是理想模型，但讨论点电荷系统相互作用能量有助于分布电荷静电场能量的计算。静电系统能量增加与外力做功有关，无界空间引入一个点电荷 Q_1，外力不需要做功，但引入第二个点电荷 Q_2开始，外力要克服静电场力做功，因此静电场相互作用能量将变化，根据能量守恒原理，静电场能量增加等于外力对引入点电荷所做的功，即

$$W_2 = \int_{\infty}^{r_{12}} \frac{Q_1 Q_2\, \boldsymbol{a}_R \cdot \boldsymbol{a}_R \mathrm{d}R}{4\pi\varepsilon_0 R^2} = \frac{Q_1 Q_2}{4\pi\varepsilon_0 r_{12}} \tag{3-293}$$

式中，r_{12}是点电荷 Q_1与 Q_2之间的距离。

不妨设有 N 个点电荷组成的静电系统，任何两个点电荷 Q_k和 Q_j之间的距离为 r_{kj}，它们之间的静电相互作用能量可以通过依次引入点电荷所做的功来计算。由式（3-293）可以得到点电荷系统外力所做的功等于静电场能量的增加，即

$$W_e = \sum_{k=2}^{N}\sum_{j=1}^{k-1}\int_{\infty}^{r_{kj}} \frac{Q_k Q_j}{4\pi\varepsilon_0} \nabla G \cdot \mathrm{d}\boldsymbol{l} = \sum_{k=2}^{N}\sum_{j=1}^{k-1} \frac{Q_k Q_j}{4\pi\varepsilon_0 r_{kj}} \tag{3-294}$$

由式（3-294）可知，点电荷自身的静电作用能（自作用能）是奇异的，即趋于无穷大。再次说明点电荷是理想模型，不可能构成具有一定电荷量的数学意义上的点电荷。物理上的点电荷是具有一定尺度的带电小球。

式（3-294）可以看成是一个对称矩阵中下三角元素之和，其中每个元素为两个点电荷之间的静电场相互作用能，即

$$W_{kj} = W_{jk} = \frac{Q_k Q_j}{4\pi\varepsilon_0 r_{kj}} \tag{3-295}$$

因此，N 个点电荷系统的静电相互作用能量可以表示为除了主对角元素以外所有对称矩阵元素之和的一半，即

$$W_e = \frac{1}{2}\sum_{k=1}^{N}\sum_{j=1,j\neq k}^{N} \frac{Q_k Q_j}{4\pi\varepsilon_0 r_{kj}} = \frac{1}{2}\sum_{k=1}^{N} Q_k \phi_k \tag{3-296}$$

式中，第 k 个点电荷所在位置的电位 ϕ_k是由其他 $N-1$ 个点电荷产生的，即

$$\phi_k = \sum_{j=1,j\neq k}^{N} \frac{Q_j}{4\pi\varepsilon_0 r_{kj}} \tag{3-297}$$

2. 导体系统的静电相互作用能量

对于 N 个导体系统处于静电平衡状态的相互作用能，不能简单地用点电荷引入电荷的

方式，因为任何电荷引入到一个导体系统都将改变原来导体上电荷的分布，所以也会影响空间电场的分布，造成无法计算。对于导体系统，电荷的构成按照分布方式不变，但逐渐增加电荷量，这样导体作为等位体的电位也相应增加。现在设导体电荷由 xQ 增加到 $(x+\mathrm{d}x)Q$，电位由 $x\phi$ 增加到 $(x+\mathrm{d}x)\phi$。同样地，对于导体上每个面元上的电荷量也以类似方式增加，这样可以引用上述点电荷静电相互作用能量变化计算公式

$$\mathrm{d}W_{\mathrm{e}}=\frac{1}{2}\sum_{k=1}^{N}(x+\mathrm{d}x)Q_k(x+\mathrm{d}x)\phi_k-\frac{1}{2}\sum_{k=1}^{N}xQ_kx\phi_k=\sum_{k=1}^{N}x\mathrm{d}xQ_k\phi_k \tag{3-298}$$

式中，第 k 个导体的最终电荷量和电位分别为 Q_k 和 ϕ_k，式中二阶无穷小量已经忽略。

由此可以得到 N 个导体组成的静电系统的相互作用能量为

$$W_{\mathrm{e}}=\sum_{k=1}^{N}Q_k\phi_k\int_0^1 x\mathrm{d}x=\frac{1}{2}\sum_{k=1}^{N}Q_k\phi_k \tag{3-299}$$

显然，导体表面任意一个面元电荷独立产生的空间电位为零，电荷量趋于零，电场强度有限，因此面元电荷自身的静电能量为零。只有一个导体时式（3-299）表示该导体表面电荷之间的相互作用能量，或者一个导体的静电能量，因此导体系统的静电自作用能量等于零，系统能量等于导体表面面元静电荷之间的相互作用能，电荷是面电荷分布的静电能量有限。

除了点电荷是理想模型，线电荷也是理想模型，因此也不能计算自身的静电能量。只有面电荷分布和体电荷分布的静电系统可以计算总静电场能量。

3. 体电荷分布静电相互作用能量

由离散点电荷分布到离散导体表面电荷连续分布，两者具有类似的静电相互作用能量表达式，进一步分析空间体电荷分布的情况可以将累加求和变为电荷密度的积分形式，即

$$W_{\mathrm{e}}=\int_V 0.5\rho\phi\mathrm{d}V \tag{3-300}$$

式中，空间区域可以是电荷所在有源区域，也可以扩展到包括无源区域的整个空间。

需要指出的是，有界空间中体电荷密度和面电荷密度有限的电荷分布，其整个空间电位分布是有限的，因为任何空间电荷微元圆球尽管在球心位置的格林函数存在奇异点，但格林函数在该微元空间的体积分是有限的，该微元电荷密度与有限电位函数乘积在该微元空间的体积分为零，所以式（3-300）表示有界空间中体电荷密度与/或面电荷密度有限的空间电荷分布的静电场能量。再次强调线电荷分布的静电能量也是奇异的，因此不适用于式（3-300）。

静电能量的电荷密度与电位表达式表明，分布电荷是静电场的场源，也是静电能量空间分布的源。没有空间自由电荷分布，整个空间的静电场能量为零。

4. 静电能量的场量表示

尽管式（3-300）表示静电场能量仅仅是场源和电位乘积的积分，没有场源的区域对积分没有贡献，但静电场能量不只存在于场源所在的空间，因为电场存在于整个空间。利用式（3-300）和静电场特性可以得到整个空间体积分为

$$W_{\mathrm{e}}=\int_V 0.5\phi\,\nabla\cdot\boldsymbol{D}\mathrm{d}V \tag{3-301}$$

将矢量恒等式

$$\phi\,\nabla\cdot\boldsymbol{D}=\nabla\cdot(\phi\boldsymbol{D})-\nabla\phi\cdot\boldsymbol{D}=\nabla\cdot(\phi\boldsymbol{D})+\boldsymbol{E}\cdot\boldsymbol{D} \tag{3-302}$$

代入式（3-301）并利用高斯散度定理和电场强度与电位关系得到

$$W_e = \int_V 0.5\boldsymbol{E}\cdot\boldsymbol{D}\mathrm{d}V + \oint_{S_{inf}} \phi\boldsymbol{D}\cdot\mathrm{d}\boldsymbol{S} = \int_V 0.5\boldsymbol{E}\cdot\boldsymbol{D}\mathrm{d}V \tag{3-303}$$

由于电荷分布位于有限空间，积分区域 V 为整个空间，因此有限区域内的电荷分布相对于无穷远边界可以简化为点电荷形式，以该等效点电荷为原点，边界曲面 S_{inf} 在无穷远处，电荷在曲面上产生的电位与距离成反比，电位移矢量与距离二次方成反比，而面积与距离二次方成正比，因此闭合曲面积分与距离成反比，结果为零。

定义静电场能量体密度为电场强度与电位移矢量标量积的一半，即

$$w_e = 0.5\boldsymbol{E}\cdot\boldsymbol{D} \tag{3-304}$$

由式（3-304）定义的静电场能量体密度表明，静电场存在于充满电场的空间，对于有限空间面电荷与体电荷分布的静电能量密度在整个空间的体积分等于静电场能量。因点电荷与线电荷是理想电荷模型，其附近的静电场能量密度趋于无穷大，其自身静电能量是奇异的，按照场量表示的能量密度体积分计算静电场能量也是奇异的。

例 3.41 计算半径为 a、均匀分布带电量 Q 的小圆球内、外静电场能量。

解答 利用场量积分计算静电场能量，先计算场量。由于圆球对称性，以球心为原点的圆球坐标系中，电场强度、电位移矢量利用高斯定理计算，再确定能量体密度，得

$$\boldsymbol{E} = \boldsymbol{a}_r\frac{Q}{4\pi\varepsilon_0 r^2}, \boldsymbol{D} = \boldsymbol{a}_r\frac{Q}{4\pi r^2}, w_e = \frac{1}{2}\boldsymbol{E}\cdot\boldsymbol{D} = \frac{Q^2}{32\pi^2\varepsilon_0 r^4}, \quad r > a$$

$$\boldsymbol{E} = \boldsymbol{a}_r\frac{\rho r}{3\varepsilon_0} = \boldsymbol{a}_r\frac{Qr}{4\pi\varepsilon_0 a^3}, \boldsymbol{D} = \boldsymbol{a}_r\frac{Qr}{4\pi a^3}, w_e = \frac{1}{2}\boldsymbol{E}\cdot\boldsymbol{D} = \frac{Q^2 r^2}{32\pi^2\varepsilon_0 a^6}, \quad r < a$$

小圆球外部静电场能量为

$$W_{eo} = \int_a^\infty \frac{Q^2 4\pi r^2\mathrm{d}r}{32\varepsilon_0\pi^2 r^4} = \frac{Q^2}{8\pi\varepsilon_0 a}$$

计算结果表明，小球外部静电能量相当于小圆球表面均匀分布电荷 Q 导体静电能量。

小圆球内部静电场能量为

$$W_{ei} = \int_0^a \frac{Q^2 4\pi r^4\mathrm{d}r}{32\varepsilon_0\pi^2 a^6} = \frac{Q^2}{40\pi\varepsilon_0 a}$$

计算结果表明，不论半径为多大，电荷量一定的均匀分布电荷小圆球内部静电场能量等于外部静电场能量的五分之一。当圆球半径趋于零时，电荷量一定的小球静电场能量趋于无穷，即点电荷电场能量是奇异的。

3.15.2 静电系统电场力

1. 导体表面力密度

导体表面存在电荷分布，单位面积受到的电场力与电荷密度和周围电介质有关。取面元为 $\mathrm{d}S$，表面电荷密度为 ρ_s，周围介质的介电常数为 ε，导体内部静电场强度为零，面元处总的电场强度等于外表面电场强度，即

$$\boldsymbol{E} = \boldsymbol{a}_n\frac{\rho_s}{\varepsilon} \tag{3-305}$$

面电荷元本身在导体表面两侧产生的电场强度大小相等，方向相反，外法线分量为

$$\boldsymbol{E}_e = \boldsymbol{a}_n\frac{\rho_s}{2\varepsilon} \tag{3-306}$$

面元以外电荷在面元位置产生的电场强度为两者之差，因此单位面积的电场力为

$$f = \frac{dF}{dS} = \frac{a_n(2\rho_s - \rho_s)}{2\varepsilon dS}\rho_s dS = a_n\frac{\rho_s^2}{2\varepsilon} \tag{3-307}$$

式中，a_n是导体表面外法向单位矢量。由此可见，导体表面电场力总是要使导体向电介质空间扩张，而与导体表面电荷正、负无关。

例 3.42 带电量 Q、半径为 a 的导体圆球，计算总径向电场力和上半球对下半球的作用力。

解答 导体表面是等位面，电荷密度均匀分布，因此电荷密度 $\rho_s = Q/(4\pi a^2)$，总径向力等于表面力密度大小的球面积分，由于球面对称性可以得到总径向电场力为

$$F_r = \frac{\rho_s^2}{2\varepsilon}4\pi a^2 = \frac{Q^2}{8\pi\varepsilon a^2}$$

由于整个导体圆球电场力为零，上半球与下半球之间的作用力大小相等、方向沿 z 轴相反，利用半球面上电场力密度矢量的面积分，根据球面对称性最终受力只有 z 轴方向，则

$$F = \int_0^{\pi/2} d\theta \int_0^{2\pi} [(a_x\cos\varphi + a_y\sin\varphi)\sin\theta + a_z\cos\theta] \frac{Q^2a^2\sin\theta d\varphi}{2\varepsilon(4\pi a^2)^2}$$

$$= \int_0^{\pi/2} a_z \frac{Q^2}{16\pi\varepsilon a^2}\cos\theta\sin\theta d\theta = a_z\frac{Q^2}{32\pi\varepsilon a^2}$$

例 3.43 半径为 a 的导体圆球置于均匀外电场 E_0 中，计算导体圆球表面的力密度和总径向电场力。

解答 根据式（3-198）导体圆球在均匀外电场中的计算结果，外电场强度 E_0 沿 z 轴方向时导体表面感应电荷密度分布为

$$\rho_s = 3\varepsilon_0 E_0\cos\theta$$

导体圆球表面力密度为

$$f = a_r 4.5\varepsilon_0 E_0^2\cos^2\theta$$

总径向力利用球面积分获得，即

$$F = \int_0^{\pi} d\theta \int_0^{2\pi} 4.5\varepsilon_0 E_0^2 \cos^2\theta a^2\sin\theta d\varphi = \int_0^{\pi} 9\pi a^2\varepsilon_0 E_0^2\cos^2\theta\sin\theta d\theta = 6\pi a^2\varepsilon_0 E_0^2$$

2. 导体系统的电场力

为了研究静电场中 N 个导体系统受到的电场力，以无穷远处为电位参考点，设第 k 个导体的电位为 ϕ_k，电荷量为 q_k，系统静电能量由式（3-299）表示，利用能量守恒原理，外部输入系统的能量等于静电场储能增加和系统对外做功，则

$$dW_{in} = dW_e + F\cdot dr \tag{3-308}$$

系统与外部交换的能量与导体上的电荷及电位有关，即电位与电荷变化量乘积之和，得

$$dW_{in} = \phi dq \tag{3-309}$$

静电场能量增加等于电位与电荷量乘积之和一半的变化量，则

$$dW_e = \frac{1}{2}d(\phi q) = \frac{1}{2}\phi dq + \frac{1}{2}qd\phi \tag{3-310}$$

因此，系统对外做功由式（3-309）和式（3-310）代入式（3-308）得到

$$F\cdot dr = \frac{1}{2}\phi dq - \frac{1}{2}qd\phi \tag{3-311}$$

（1）导体电荷恒定

由于导体上的电荷恒定，即 $dq = 0$，系统与外部没有能量交换，导体系统对外做功是通

过静电场能量减少实现的，因此式（3-311）能量守恒变为

$$\boldsymbol{F}\cdot \mathrm{d}\boldsymbol{r} = -\frac{1}{2}q\mathrm{d}\phi = -\mathrm{d}W_{\mathrm{e}} \tag{3-312}$$

导体系统中受到的电场力为

$$\boldsymbol{F} = -\nabla W_{\mathrm{e}}\Big|_{q=\mathrm{const.}} \tag{3-313}$$

（2）导体电位恒定

由于导体电位恒定，即 $\mathrm{d}\phi=0$，系统与外部有能量交换，外部输入能量的一半用于静电场储能增加，另一半对外做功，因此式（3-311）能量守恒变为

$$\boldsymbol{F}\cdot \mathrm{d}\boldsymbol{r} = \frac{1}{2}\phi\mathrm{d}q = \mathrm{d}W_{\mathrm{e}} \tag{3-314}$$

导体系统中受到的电场力为

$$\boldsymbol{F} = \nabla W_{\mathrm{e}}\Big|_{\phi=\mathrm{const.}} \tag{3-315}$$

不论是电荷不变，还是电位不变，两种方式获得的导体受力是相同的。

如果导体不是平移而是旋转，那么导体受到的电场力要变为电场力矩或转矩。

3. 电介质交界面的电场力密度

处在外电场中的电介质会被极化，极化电荷受到电场力的作用，电场力总是要使电介质中的电偶极子向外电场增强的方向移动，或旋转到外电场一致方向。设电偶极子的电荷量为 q，间距矢量为 $\mathrm{d}\boldsymbol{r}$，那么电偶极矩 $\boldsymbol{p}=q\mathrm{d}\boldsymbol{r}$，其在外电场 $\boldsymbol{E}$ 中的能量相当于外力把电偶极子从无穷远处移动到电场所在位置所做的功，即

$$W_{\mathrm{e}} = -\boldsymbol{p}\cdot\boldsymbol{E} = -pE\cos\theta \tag{3-316}$$

电偶极子受到的电场力由式（3-313）得到，即

$$\boldsymbol{F} = -\nabla W_{\mathrm{e}} = (\boldsymbol{p}\cdot\nabla)\boldsymbol{E} \tag{3-317}$$

电偶极子受到的转矩为

$$\boldsymbol{T}_{\mathrm{e}} = -\boldsymbol{a}_{\mathrm{n}}\frac{\partial W_{\mathrm{e}}}{\partial\theta} = -\boldsymbol{a}_{\mathrm{n}}pE\sin\theta = \boldsymbol{p}\times\boldsymbol{E} \tag{3-318}$$

式中，$\boldsymbol{a}_{\mathrm{n}}$为电偶极矩与电场强度矢量夹角 θ 旋转轴线的方向单位矢量。

首先分析两种电介质交界面电场强度只有切向分量的情况。在电介质交界面上的电场力如图 3.52a 所示，利用虚位移原理计算单位面积上的电场力。因为电场强度不变，所以相当于电位不变的导体系统，沿电场方向移动介质，静电场能量不变，因此没有切向电场力；沿法向移动电介质，静电场能量发生变化，因此受到电场力。

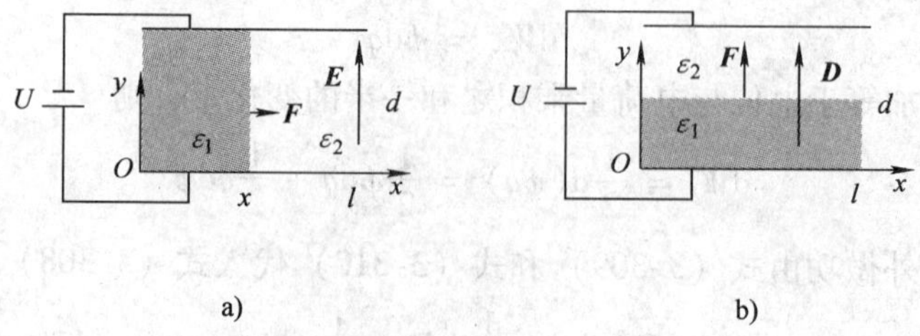

图 3.52　平板电容器电介质交界面电场力

a）切向电场　b）法向电场

由式（3-315）得到切向电场强度交界面力密度为

$$f\mathrm{d}S\cdot \boldsymbol{a}_x\mathrm{d}x = \frac{1}{2}(\varepsilon_1-\varepsilon_2)E_t^2\mathrm{d}S\mathrm{d}x$$

$$\Rightarrow \boldsymbol{f} = \boldsymbol{a}_x\frac{1}{2}(\varepsilon_1-\varepsilon_2)E_t^2 \tag{3-319}$$

式（3-319）表明两种电介质交界面上只有切向电场强度分量时，单位面积电场力垂直于交界面，大小等于两种介质静电场能量密度之差，方向为静电场能量密度高的区域指向能量密度低的区域，即介电常数大的介质指向介电常数小的介质。

例 3.44 平行极板电容器，垂直插入液体电介质 ε 中，如图 3.53 所示，计算密度为 γ 的液面上升高度 h 与电压 U、极板宽度 w、间距 d 和介质特性的关系。

解答 电场力与液面升高部分重力平衡，极板间的电场强度为

$$E = U/d$$

由式（3-319）得到电场力与重力平衡关系为

$$F = \frac{U^2(\varepsilon-\varepsilon_0)w}{2d} = \gamma gwdh$$

液面上升高度为

$$h = \frac{U^2(\varepsilon-\varepsilon_0)}{2\gamma gd^2}$$

由计算结果可以发现，极板间距越小，液面上升得越高。

现在分析交界面只有法向电场强度分量时，电介质交界面与电场强度垂直，电通量密度矢量连续，如图 3.52b 所示，单位面积电场力只有法向分量，如果电位移矢量不变则相当于电荷量不变，由式（3-313）得到电介质交界面上的电场力密度为

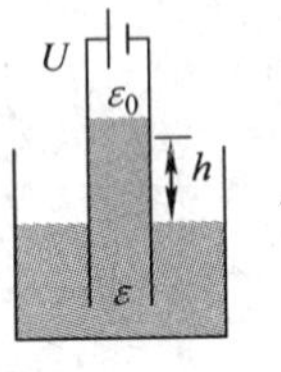

图 3.53 例 3.44 图

$$f\mathrm{d}S\cdot \boldsymbol{a}_y\mathrm{d}y = -\frac{1}{2}\left(\frac{1}{\varepsilon_1}-\frac{1}{\varepsilon_2}\right)D_n^2\mathrm{d}S\mathrm{d}y$$

$$\Rightarrow \boldsymbol{f} = \boldsymbol{a}_y\frac{\varepsilon_1-\varepsilon_2}{2\varepsilon_1\varepsilon_2}D_n^2 \tag{3-320}$$

式（3-320）表明两种电介质交界面只有法向电场强度分量时，交界面上单位面积电场力垂直于交界面，大小等于静电场能量密度之差，方向为静电场能量密度低的区域指向能量密度高的区域，但同样是介电常数大的介质指向介电常数小的介质。

例 3.45 平行极板电容器，平行液体电介质 ε 液面放置，计算密度为 γ 的液面上升高度 h 与极板电荷量 Q、极板面积 S、间距 d 和介质特性的关系。

解答 电场力与液面升高部分重力平衡，如图 3.54 所示，但极板电荷不变，电位移矢量等于极板电荷面密度，电场力与重力平衡关系为

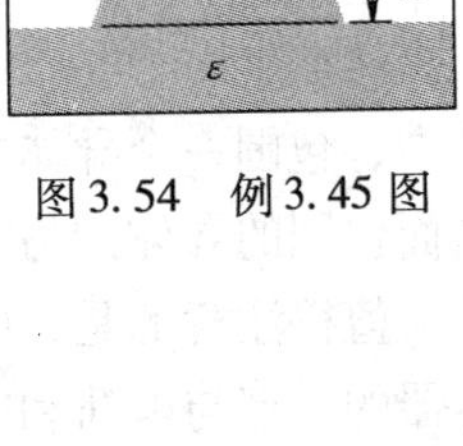

图 3.54 例 3.45 图

$$F = \frac{Q^2}{S^2}\frac{\varepsilon-\varepsilon_0}{2\varepsilon\varepsilon_0}S = \gamma ghS$$

液面上升高度为

$$h = \frac{(\varepsilon-\varepsilon_0)Q^2}{2\varepsilon\varepsilon_0\gamma gS^2}$$

由此可见，极板电荷量确定的条件下，液面高度与极板面积二次方成反比，这里极板间距要大于液面高度。

如果电介质交界面上具有任意方向的电场，那么电介质交界面上单位面积的电场力根据上述分析，电场强度切向分量形成侧向压力，而电位移矢量法向分量形成纵向拉力，两者都是由介电常数大的介质指向介电常数小的介质，因此对于任意方向电场情况下，交界面上单位面积电场力由式（3-319）和式（3-320）合成得到，即

$$f = \frac{1}{2}(\varepsilon_1 - \varepsilon_2)E_t^2 + \frac{\varepsilon_1 - \varepsilon_2}{2\varepsilon_1\varepsilon_2}D_n^2 \tag{3-321}$$

方向为介电常数大的介质指向介电常数小的介质，这里电介质1的介电常数较大。

特别要注意的是，交界面上单位面积电场力不再等于交界面附近两种介质的电场能量密度之差。

3.16 电容器及其储能

本节主要介绍电容器的概念、常用电容器的电容计算方法和电容器的储能。

1. 电容器及其电容

空间两个分离或绝缘的导体构成一个电容器，如平板电容器、同轴圆柱电容器、同心圆球电容器和分离导体圆球电容器，这些简单电容器模型如图3.55所示。

图3.55 简单电容器模型

a）平板电容器 b）同轴圆柱电容器 c）同心圆球电容器 d）分离导体圆球电容器

设介电常数为 ε 的空间只有两个导体，并带有等量异号电荷，正电荷量为 Q，两个导体之间的电位差为 U，那么定义该电容器的电容量为

$$C = \frac{Q}{U} \tag{3-322}$$

电容的单位是法拉（F），其值与两个导体的几何结构、空间相对位置和周围电介质特性有关。由于静电场中导体是等位体，因此两个等量异号电荷导体之间的电容也可以定义为场量的积分形式，即

$$C = \frac{\varepsilon\oint_S \boldsymbol{E} \cdot \mathrm{d}\boldsymbol{S}}{\int_l \boldsymbol{E} \cdot \mathrm{d}\boldsymbol{l}} \tag{3-323}$$

式中，包围一个导体的闭合曲面 S 面积分是该导体表面总电荷量，线积分的路径为由该闭合曲面包围的导体到另一个导体的任意路径。

值得注意的是，电容计算中两个导体上的电荷是等量异号时形成的电位差。事实上，电容器的电容与电荷和电位差无关，它仅仅是介质特性与导体几何形状和空间相对位置有关，即导体系统固有的特性，或者说电容器上的电位差与电荷量的关系是固定的。

例 3.46 计算平行平板电容器、同轴圆柱电容器和同心圆球电容器的电容。

解答 设平板电容器的极板面积为 S，间距为 d，填充介质的介电常数为 ε。若两极板间的电压为 U，忽略电场的边缘效应，则认为极板间电场强度均匀，大小为 $E=U/d$，极板上的电荷量 $Q=\varepsilon ES=\varepsilon SU/d$，因此平行平板电容器的电容为

$$C=\frac{Q}{U}=\frac{\varepsilon S}{d} \tag{3-324}$$

即电容量与平板面积和填充电介质的介电常数成正比，而与两平行极板间距成反比。

同轴电缆是指内导体圆柱轴线与外导体圆筒轴线重合的功率或信号传输线。通常内、外导体间填充电介质，外部包绝缘材料。设同轴电缆的内导体半径为 a，外导体内半径为 b，其间充满介电常数为 ε 的电介质，内导体单位长度电荷量为 Q，忽略边缘效应，内、外导体之间的电场强度轴对称分布，大小为 $E=Q/(2\pi\varepsilon r)$，内、外导体的电位差 $U=Q(2\pi\varepsilon)^{-1}\cdot\ln(b/a)$，因此长为 L 的同轴电缆的电容为

$$C=\frac{QL}{U}=\frac{2\pi\varepsilon L}{\ln(b/a)} \tag{3-325}$$

对于同心圆球电容器，设内导体球半径为 a，外导体球壳内半径为 b，内、外导体球之间填充介电常数为 ε 的电介质，内导体球带电荷量为 Q，电场强度球对称分布，利用高斯定理计算电场强度大小为 $E=Q/(4\pi\varepsilon r^2)$，内、外导体之间电位差 $U=Q(b-a)/(4\pi\varepsilon ab)$，因此同心圆球电容器的电容大小为

$$C=\frac{Q}{U}=\frac{4\pi\varepsilon ab}{b-a} \tag{3-326}$$

式（3-326）表明，同心圆球电容器的电容量相当于半径为 $\sqrt{ab}$ 圆球面积且间距为$b-a$ 的平板电容器的电容量。当外导体圆球壳内半径趋于无穷大时，同心圆球电容器成为孤立导体圆球电容器，其电容量为 $C=4\pi\varepsilon a$。

例 3.47 图 3.56 所示电容器填充不同介质时的电容计算。

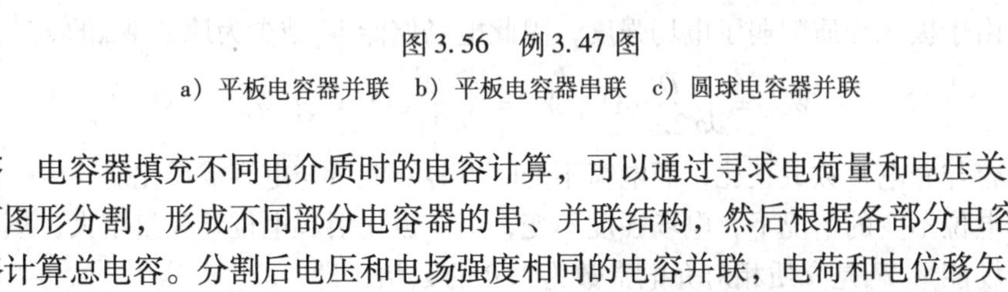

图 3.56　例 3.47 图

a）平板电容器并联　b）平板电容器串联　c）圆球电容器并联

解答 电容器填充不同电介质时的电容计算，可以通过寻求电荷量和电压关系，也可以通过几何图形分割，形成不同部分电容器的串、并联结构，然后根据各部分电容，以及串、并联电路计算总电容。分割后电压和电场强度相同的电容并联，电荷和电位移矢量相同的电容串联。电容器并联后的电容等于各部分电容之和，电容器串联后的电容倒数等于各部分电容倒数之和。

对于图 3.56a 所示平板电容器，电压和电场强度相同、电荷不同形成并联结构，总电容等于两部分总电荷与电压之比，即

$$C = \frac{Q_1 + Q_2}{U} = \frac{\varepsilon_1 l_1 w}{d} + \frac{\varepsilon_2 l_2 w}{d} = \frac{(\varepsilon_1 l_1 + \varepsilon_2 l_2) w}{d} \tag{3-327}$$

对于图 3.56b 所示平板电容器，电荷和电位移矢量相同、电压不同形成串联结构，总电容的倒数等于两部分电压之和与总电荷之比，即

$$\frac{1}{C} = \frac{U_1 + U_2}{Q} = \frac{d_1}{\varepsilon_1 lw} + \frac{d_2}{\varepsilon_2 lw} = \frac{\varepsilon_2 d_1 + \varepsilon_1 d_2}{\varepsilon_1 \varepsilon_2 lw}, \ C = \frac{\varepsilon_1 \varepsilon_2 lw}{\varepsilon_2 d_1 + \varepsilon_1 d_2} \tag{3-328}$$

对于图 3.56c 所示两个半圆球电容器，电压和电场强度相同、电荷不同形成上下半球电容器并联结构，由式（3-326）得到总电容为

$$C = \frac{Q_1 + Q_2}{U} = \frac{2\pi(\varepsilon_1 + \varepsilon_2)ab}{b - a} \tag{3-329}$$

2. 电容器的储能

（1）电容器的充电特性

根据电流连续性原理和式（3-322），电容器上的充电电流与电荷量的关系为

$$I = \frac{\mathrm{d}Q}{\mathrm{d}t} = C\frac{\mathrm{d}U}{\mathrm{d}t} \tag{3-330}$$

当充电电压源 U_0和电容器电容 C 之间存在限流电阻 R 时，充电过程可以描述为电容器电压的微分方程，即

$$U_0 = RC\frac{\mathrm{d}U}{\mathrm{d}t} + U \tag{3-331}$$

假设初始时刻电容器上没有电荷，那么电容器上电压和电流的变化规律分别为

$$U(t) = U_0[1 - \mathrm{e}^{-t/(RC)}], \ I(t) = R^{-1}U_0\mathrm{e}^{-t/(RC)} \tag{3-332}$$

若电源电压 U_0给定，那么电容器最终稳定电压为 U_0。从式（3-332）可以发现，电容器不允许直接施加电压源充电，因为这时充电电流将超过线路允许值，造成线路电阻损耗引起的过热而损坏。充电过程的时间常数为电阻与电容的乘积，即 $T = RC$。

（2）电容器的储能

电容器的充电能量为

$$W_e = \int_0^t UI\mathrm{d}t = \int_0^U CU\mathrm{d}U = \frac{1}{2}CU^2 = \frac{1}{2}QU = \frac{1}{2C}Q^2 \tag{3-333}$$

式（3-333）表明，电容器存储的电能与电容量和电压二次方成正比，或者与电荷二次方成正比、与电容量成反比。存在多个电容器时，存储的总电能等于每个电容器储能之和。

与填充相对介电常数为 1.0 的介质相比，填充相对介电常数为 ε_r的电介质，在电荷不变的情况下，由于极化介质削弱了电场强度，因此电场储能 W_e减少为原来 W_{e0}的 ε_r^{-1}，即

$$W_{e0} = \int_\Omega \frac{D^2}{2\varepsilon_0}\mathrm{d}\Omega, \ W_e = \int_\Omega \frac{D^2}{2\varepsilon}\mathrm{d}\Omega = \varepsilon_r^{-1}W_{e0} \tag{3-334}$$

这是因为电容与介电常数成正比，而电荷不变时电容器能量与电容成反比。

在导体电位不变的情况下，电场强度不变，由于极化引起电位移矢量增大，填充介质 ε_r状态的静电场能量 W_e是介质相对介电常数为 1.0 的 ε_r倍，即

$$W_{e0} = \int_\Omega \frac{1}{2}E^2\varepsilon_0\mathrm{d}\Omega, \ W_e = \int_\Omega \frac{1}{2}E^2\varepsilon\mathrm{d}\Omega = \varepsilon_r W_{e0} \tag{3-335}$$

在导体电位分布不变的条件下，填充简单电介质的静电场能量是真空状态的相对介电常数倍，这是因为电容与介电常数成正比，而电压不变时电容器能量与电容成正比。

因为填充简单电介质后的电容是真空状态的相对介电常数倍，根据电容器电能存储表达式可以获得相同的结论。

（3）电容器内的电场力

对于电容器来说，电场能量可以用电容和电荷量表示，因此在电荷恒定的条件下，极板受到的电场力或极板间填充介质分界面上的电场力都与构成电容器的几何尺寸有关，由式（3-313）得到

$$\boldsymbol{F} = -\nabla\left(\frac{1}{2C}Q^2\right) = \frac{1}{2}U^2\nabla C \tag{3-336}$$

在电压恒定的条件下，极板受到的电场力或极板间填充介质分界面上的电场力与电容器的几何尺寸有关，由式（3-315）得到变化的关系

$$\boldsymbol{F} = \nabla\left(\frac{1}{2}CU^2\right) = \frac{1}{2}U^2\nabla C \tag{3-337}$$

从式（3-336）和式（3-337）的结果可以看出，不论是电荷不变，还是电压不变，两种方式获得的电容器极板电场力是相同的，都可以通过计算电容器电容关于几何尺寸的梯度获得受力大小。

如果电容器的电容与旋转角度有关，那么电场力要变为电场力矩，静电电机的原理就是利用电容器极板间的相互作用力实现机电能量转换的，或者利用电容变化作为位移或角度传感器。

3. 电容器结构参数优化

电容器的制造成本取决于材料、电容量和耐压三个因素，在给定条件下设计合理结构是为了满足工程需要。

（1）给定电容器结构条件下的最高电压、电荷量与电荷密度计算

例 3.48 半径为 a 的导体圆球放置在空气中，计算其充电电压、能量和电荷密度极限值。

解答 空气的击穿电场强度为 E_0，因此导体圆球的充电电压为导体表面电场强度大小，达到空气击穿电场强度。于是，充电电压极限为正、负最大值，即

$$U_{\max} = \pm aE_0$$

极限能量为

$$W_{\mathrm{e\,max}} = \frac{1}{2}U_{\max}Q_{\max} = 2\pi\varepsilon_0 a^3 E_0^2$$

极限电荷密度为正、负最大值电位移矢量的模，即

$$\rho_{\mathrm{s\,max}} = \pm\varepsilon_0 E_0$$

（2）给定电压条件下的几何尺寸最佳值设计

例 3.49 同轴圆柱电容器，外导体内半径为 b，当电压 U 给定时，电容器电场强度不超过击穿电场强度 E_0 的一半，求最小内导体半径 a。

解答 由式（3-325）得到内导体单位长度电荷量为

$$Q = CU = \frac{2\pi\varepsilon_0 U}{\ln(b/a)}$$

利用高斯定理计算电场强度得

$$\boldsymbol{E} = \boldsymbol{a}_r\frac{Q}{2\pi\varepsilon_0 r} = \boldsymbol{a}_r\frac{U}{r\ln(b/a)}$$

最大电场强度值位于内导体表面，即

$$E_{\max} = \frac{U}{a\ln(b/a)} \leqslant \frac{1}{2}E_0$$

令

$$f(a) = a\ln(b/a)$$

利用一阶导数为零，计算函数$f(a)$极值点得

$$f'(a) = \ln(b/a) - 1 = 0$$

极值点满足内导体半径$a=b/\mathrm{e}$，函数最大值$f_{\max}(a)=b/\mathrm{e}$。

当电压$U\leqslant E_0b/(2\mathrm{e})$时，内导体半径最小，满足方程$f(a)=a\ln(b/a)=2U/E_0$；

当电压$U>E_0b/(2\mathrm{e})$时，不论选择怎样的内导体半径，电容器内电场强度最大值超过允许值$E_0/2$，内导体半径无最小值。

例 3.50 设计同心圆球电容器的最佳半径之比，使得在相同电压U和外导体内半径b下，最大电场强度最小。

解答 设内导体球的电荷量为Q，半径为a，由式（3-326）得到

$$Q=\frac{4\pi\varepsilon_0 abU}{b-a}$$

在内导体圆球表面电场强度最大，即

$$E_{\max}=\frac{Q}{4\pi\varepsilon_0 a^2}=\frac{bU}{ab-a^2}$$

设同心圆球电容器的最佳半径之比$\lambda=a/b<1$，得到

$$E_{\max}=\frac{U}{b(\lambda-\lambda^2)}$$

令$f(\lambda)=\lambda-\lambda^2$，则$f'(\lambda)=1-2\lambda=0$，$\lambda=1/2$，$f_{\max}(\lambda)=1/4$。因此同心圆球电容器的最佳内、外半径之比为1/2时，最大电场强度最小，为$4U/b$。

类似地，可以给定电荷条件下的最佳几何尺寸设计。

例 3.51 设半径分别为a和b的导线（$a<b$），轴线相距d，输送直流电压U_0。计算：

1）等效线电荷。

2）最大电场强度。

3）单位长度电容。

4）单位长度作用力。

5）单位长度电场能量。

6）导体表面电荷密度。

解答 以低电位导线轴线为z轴，两轴线所在平面为zOx平面，建立圆柱坐标系，如图3.57所示。电力系统中的输电线路可以近似认为是平行输电线，两根输电线之间单位长度的电容可以利用电轴法计算电场的结果得到，因为输电线可以认为是等位面，等效线电荷放置在输电线导体内部，距离原点分别为b_1和b_2。计算等效线电荷位置，由

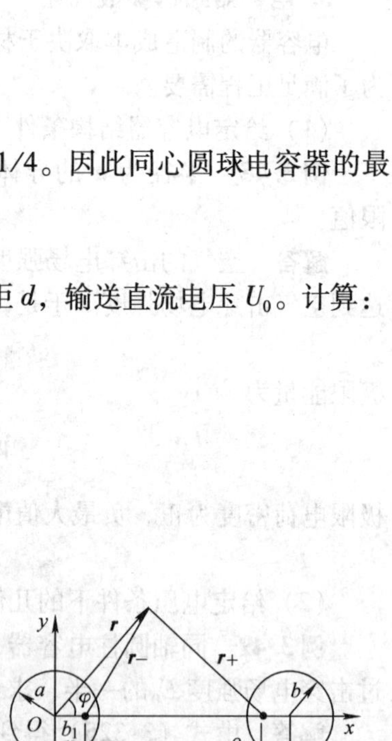

图3.57 例3.51图 平行直流输电线

$$b_1b_2=a^2,(d-b_1)(d-b_2)=b^2$$

解得

$$b_1=(d^2+a^2-b^2)/(2d)-\sqrt{(d-a-b)(d-a+b)(d+a-b)(d+a+b)}/(2d)$$

$$b_2=(d^2+a^2-b^2)/(2d)+\sqrt{(d-a-b)(d-a+b)(d+a-b)(d+a+b)}/(2d)$$

空间电位函数为

$$\phi(r,\varphi)=\frac{\rho_1}{4\pi\varepsilon_0}\ln\frac{r_-^2}{r_+^2}=\frac{\rho_1}{4\pi\varepsilon_0}\ln\frac{r^2+b_1^2-2rb_1\cos\varphi}{r^2+b_2^2-2rb_2\cos\varphi}$$

输电线半径不同时的直流电压为

$$U_0=\phi(d-b,0)-\phi(a,0)=\frac{\rho_1}{4\pi\varepsilon_0}\ln\frac{(d-b-b_1)^2(a-b_2)^2}{(d-b-b_2)^2(a-b_1)^2}$$

考虑到几何约束关系，直流电压简化为

$$U_0=\frac{\rho_1}{2\pi\varepsilon_0}\ln\frac{a(d-b_1)}{bb_1}=\frac{\rho_1}{2\pi\varepsilon_0}\ln K$$

式中，$K=\dfrac{a(d-b_1)}{bb_1}$。于是，等效线电荷密度为

$$\rho_1=\frac{2\pi\varepsilon_0U_0}{\ln K}$$

因导体 b 的半径比导体 a 大，所以电场强度最强的位置在导体 a 表面 $\varphi=0$ 的位置，导体 a 表面的电场强度为

$$\boldsymbol{E}_{\mathrm{a}}=-\boldsymbol{a}_{\mathrm{r}}\frac{\partial\phi(a,\varphi)}{\partial r}=\boldsymbol{a}_{\mathrm{r}}\frac{U_0}{a\ln K}\frac{b_1-b_2}{b_1+b_2-2a\cos\varphi}$$

电场强度沿 x 轴的导体表面最强，即

$$\boldsymbol{E}_{\mathrm{a\,max}}=\boldsymbol{a}_{\mathrm{x}}\frac{U_0}{a\ln K}\frac{b_1-b_2}{b_1+b_2-2a}$$

导体表面电荷密度等于电场强度与介电常数的乘积，即

$$\boldsymbol{\rho}_{\mathrm{sa}}=\varepsilon_0\boldsymbol{E}_{\mathrm{a}}\cdot\boldsymbol{a}_{\mathrm{r}}=\frac{\varepsilon_0U_0}{a\ln K}\frac{b_1-b_2}{b_1+b_2-2a\cos\varphi}$$

根据对称性，a 与 b 交换，b_k 与 $d-b_k$ 交换，化简后得到

$$\rho_{\mathrm{sb}}=\frac{\varepsilon_0U_0}{b\ln K}\frac{b_2-b_1}{2d-b_1-b_2+2b\cos\varphi}$$

式中，角度 φ 是以导体 b 轴线为 z 轴时的圆柱坐标。

单位长度电容为

$$C_1=\frac{\rho_1}{U_0}=\frac{2\pi\varepsilon_0}{\ln K}$$

单位长度的作用力方向是相互吸引，大小为线电荷之间的作用力，即

$$F_1=\frac{\rho_1^2}{2\pi\varepsilon_0(b_2-b_1)}=\frac{2\pi\varepsilon_0U_0^2}{(b_2-b_1)(\ln K)^2}$$

单位长度电场能量为

$$W_{\mathrm{el}}=\frac{1}{2}C_1U_0^2=\frac{\pi\varepsilon_0U_0^2}{\ln K}$$

4. 超级电容器

传统电容器利用介质特性、电极间距和截面积结构形成电容的大小和耐压高低，即电容

器的电容与介电常数和极板截面积成正比，而与电极间距成反比，耐压与介质击穿强度和电极间距有关。

超级电容器又称为电双层电容器（Electrical Double－Layer Capacitor，EDLC），是利用电极表面与电解质之间形成的亥姆霍兹电双层界面结构来存储能量的，因此间距很小可以形成很大的电容，但电压较低，需要采用串并联结构形成合适的电压和电容量。

超级电容采用活性炭材料制作成多孔电极，同时在相对的炭多孔电极之间充填电解质溶液，当在两端施加电压时，相对的多孔电极上分别聚集正负电荷，而电解质溶液中的正负离子将由于电场作用分别聚集到与正负极板相对的界面上，从而形成两个集电层，相当于两个电容器串联。由于活性炭材料具有超高比表面积，即获得了极大的电极面积，而且电解液与多孔电极间的界面距离在纳米级，即获得了极小的介质厚度，单位质量的电容量高。炭材料还具有成本低、技术成熟以及超级电容器的内阻较小等优点。

超级电容器既具有传统电容器的电能存储特性，又具有电池的充放电特性，是一种新型储能装置。它具备充电时间短、使用寿命长、温度特性好、节约能源和绿色环保等特点。超级电容器的大电容特性可以稳定电压，大电流特性可以提供瞬时高功率，因此用途十分广泛。如起重装置和车辆的稳压电源、电力负荷削峰填谷的储能装置以及大功率脉冲电源等。

思考题与习题

1. 静电场中导体具有什么特性？

2. 面分布电偶极子两侧的电位是否连续？

3. 什么是电介质的击穿强度？

4. 什么是静电屏蔽？

5. 为什么镜像电荷只能放置在求解区域外部？

6. 为什么无界空间中两个电荷量不等的异号电荷一定存在等位圆球面？

7. 如果从无穷远处引入一个不带电的导体到静电场中，那么静电场能量如何变化？

8. 若通过闭合曲面的电通量为零，是否表明电场强度处处为零？为什么？

9. 半径为 a 的均匀介质带电球，体电荷密度为 ρ_0，内有半径为 b 的球形空腔，两球心间距离为 d，求电场分布。

10. 半径为 a 的球面内、外电场分别为 $\boldsymbol{E}=\boldsymbol{a}_r\dfrac{E_0 r}{a}$，$r<a$；$\boldsymbol{E}=\boldsymbol{a}_r\dfrac{E_0 a^2}{r^2}$，$r>a$。求空间电荷分布。

11. 半径为 a 的圆柱内、外电位分别为 $\phi=A\left(1-\dfrac{a^2}{r^2}\right)r\cos\varphi$，$r>a$；$\phi=0$，$r<a$。求空间电荷分布。

12. 半径为 a 的带电球，电荷体密度为 $\rho=\rho_0(1-r^3/a^3)$，外部带内、外半径分别为 b 和 c 的不带电同心导体球壳，且 $c>b>a$，写出空间电位满足的偏微分方程和边界条件，计算空间电位和电场强度分布。

13. 自由空间中位于 xOy 平面上的面电荷在 $z>0$ 空间产生的电场强度为 $\boldsymbol{E}_0(x, y, z)$。现在 xOy 平面的上、下半空间分别填充介电常数为 ε_1 和 ε_2 的简单理想电介质，计算 xOy 平面上的自由电荷密度和束缚电荷密度，上、下半空间的电位移矢量和极化强度。

14. 平板电容器的极板面积为 S，间距为 d，中间充满相对介电常数为 ε_r 的均匀电介质和体密度为 ρ_0 的电荷。若两极板间的电压为 U_0，忽略边缘效应。求：

1）极板间的电场分布。

2）极板上自由电荷面密度。

3）电介质内部和表面的极化电荷密度。

15. 带电量 Q 的两个点电荷相距 $2d$，中间有半径为 a 的接地导体圆球，计算：

1）点电荷受力为零时的导体圆球半径。

2）如果导体球不接地且电位等于 U_0，那么点电荷的受力为多大？

16. 空气中相距 $d=1\text{cm}$ 的两块平行导电平板充电到 100V 后脱离电源，然后将厚度为 $\delta=2\text{mm}$ 的理想介质片插入两板间，此介质的 $\varepsilon=5\varepsilon_0$，如图 3.58 所示。求：

1）两极板间的电压。

2）如插入导体，求两极板间的电压和插入导体表面的电荷分布。

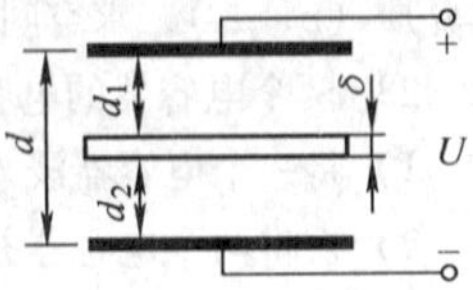

图 3.58　平行极板电场

17. 位于球心的点电荷带电量为 Q，外部有两层球壳。内层是介电常数为 ε 的电介质，内、外半径分别为 a 和 b；外层是导体，内、外半径分别为 c 和 d，$d>c>b>a>0$；其他区域都是空气。计算空间电位、电场强度、电位移矢量和电荷密度分布，并画出上述各量大小随矢径长度的关系曲线。

18. 半径为 a 的金属球，内部有半径为 b 的球形空腔，两球心相距 d_1，$d_1<a-b$，空腔内有点电荷 q_1，点电荷距离空腔球心为 c，金属球外部有点电荷 q_2，距离金属球心为 d_2，如图 3.59 所示，金属球的电位为 ϕ_0，求空间电位分布。

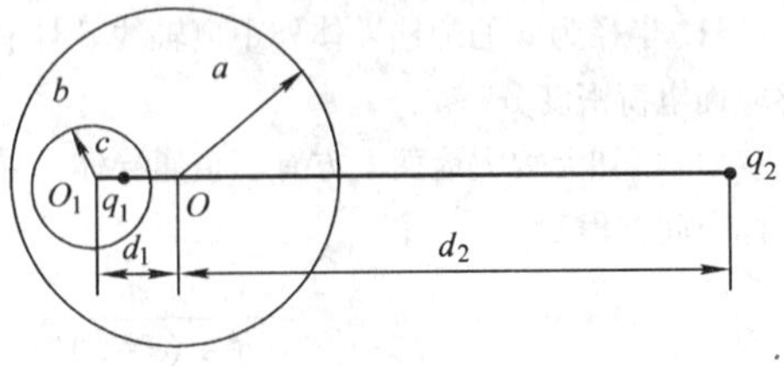

图 3.59　空腔导体与点电荷

19. 已知圆柱坐标系中 $z=0$ 平面上的电荷密度分布为 $\rho_s=\dfrac{Qh}{2\pi(r^2+h^2)^{3/2}}$，其中电荷量 Q 和高度 h 为常数，求空间电位和电场强度分布。

20. 带电量为 Q 的导体圆球，半径为 a，在球外距离球心 $2a$ 处的 P 点有一个带正电荷 q 的点电荷，计算点电荷 q 从 P 点移动到无穷远处电场力所做的功。

21. 求点电荷 Q 关于接地导体板和半球面凸起的空间电位分布，如图 3.60 所示。

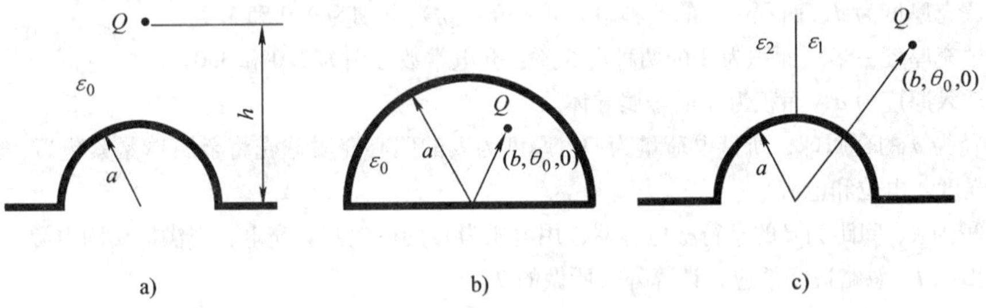

图 3.60　导体平面凸起与点电荷

a）正上方点电荷　b）半球壳内点电荷　c）半球壳外介质中

22. 半径为 a 的导体圆柱面内有平行轴线的线电荷 ρ_l，距离轴线为 d，圆柱轴线离地面高 h，圆柱面电位为 U_0，柱面内、外电介质的介电常数分别为 ε_1 和 ε_2，如图 3.61 所示。计算空间电位分布。

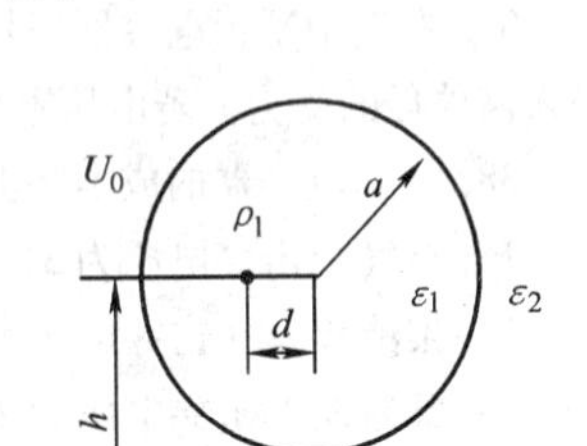

图 3.61　平行大地平面的导体圆柱面

23. 半径为 a，介电常数为 ε_2 的均匀介质球处在均匀外电场 $\boldsymbol{E}_0$ 中，设球外介质的介电常数为 ε_1，求空间电位分布。

24. 自由空间中沿 x 轴有均匀电场 $\boldsymbol{E}_0$，半径为 a 的介质圆柱，介电常数为 ε_1，轴线位于 z 轴，求圆柱内、外的电位分布。

25. 半径为 a 的球面上电荷分布 $\rho_s=\rho_0\cos\theta$，其中 ρ_0 为常数，求空间电位分布。

26. 半径为 a 的球面上电位分布 $\phi=\phi_0\cos\theta$，圆球内、外无电荷，求空间电位分布。

27. 无限长导体圆柱的截面半径为 a，柱面沿 z 轴放置，处在沿 x 轴方向的均匀电场 $\boldsymbol{E}_0$ 中，柱外为均匀电介质（ε，μ_0），求空间电位和电场强度分布。

28. 两个电容器的电容相同，介质为空气，充电到 U_0 后断开电源。

1）将一个电容器浸入相对介电常数为 2.3 的变压器油中，计算电容器的能量损失。

2）再将两个电容器并联，计算最终两个电容器能量。

3）问两次损失能量的原因是什么？

29. 已知顶点绝缘的同心圆锥面内、外圆锥面角度分别为 θ_i 和 θ_o，电压为 U_0。计算电位分布。

30. 点电荷 Q 距离无穷大导体平面高度 h，计算点电荷受到的电场力，垂直导体平面移动点电荷至无穷远处外力所做的功。

31. 半径为 a 的圆柱导体外距离轴线 d 处有平行线电荷 ρ_l，导体接地，计算空间电位分布和圆柱表面感应面电荷密度分布。

32. 已知无穷大地面上方有一金属导体，导体对地电位为 U_0，设地面为平面 $z=0$，导体表面满足圆柱坐标空间方程

$$\frac{1}{[r^2+(z-h)^2]^{1/2}}-\frac{1}{[r^2+(z+h)^2]^{1/2}}=\frac{2a}{h^2-a^2}$$

其中，$h>a>0$。计算：

1）导体表面电荷分布。

2）导体对地电容。

3）导体与大地系统的静电场能量。

33. 平板电容器的极板面积为 A，极板间距为 d，忽略边缘效应，计算下列情况下平板电容器的电容：

1）如极板间填充空气。

2）如增加厚度为 a（$<d$）、相对介电常数为 2.0、面积 A 的电介质。

3）如填充厚度为 d、面积一半的两种电介质：介电常数分别为 2.0 和 3.0。

4）如填充厚度一半、面积为 A 的两种电介质：介电常数分别为 2.0 和 3.0。

5）如插入厚度为 a、面积为 A 的金属导体。

34. 半径为 a 的金属球，所带电荷量为 Q，厚度为 b 的同心介质球壳将金属球紧紧包裹，介电常数为 ε，求电场强度、电位和电容。

35. 面积为 A、间距为 d 的平行板电容器，用电压为 U 的电池对其充电，充满后切断电源，用外力将极板分开到相距 $2d$，忽略边缘效应，计算外力所做的功。

36. 平板电容器充电后，电场储能为 W，现在空气隙中插入相对介电常数为 6.0 的米卡电介质板，计算电场能量，解释电场能量减少的原因。

37. 空气中平板电容器极板受力为 $\boldsymbol{F}_0$。液体介质的相对介电常数为 ε_r。若电荷量不变，计算极板完全浸入液体后的受力。若电压不变，计算极板完全浸入液体后的受力。

38. 已知电容器的成本随电容量增大和耐压提高而增加，面积相同的平板电容器，分别填充电介质：

1）空气（击穿电压为 3MV/m，相对介电常数为 1.0）。

2）聚酯薄膜（击穿电压为 16MV/m，相对介电常数为 2.3）。

3）钛酸钡（击穿电压为 200MV/m，相对介电常数为 1200）。

计算三种电介质制成的平板电容器单位面积的最大电荷量。

39. 已知半径分别为 a 和 b 的圆球面上有均匀分布面电荷，总电荷量分别为 Q_1 和 Q_2，球心相距 d，$d>a+b$，计算两带电球之间的相互作用力大小和空间静电场能量。

40. 间距为 d、面积为 S 的平板电容器，两极板间电压为 U_0，沿电场方向介质的介电常数 $\varepsilon=\varepsilon_1+(\varepsilon_2-\varepsilon_1)\dfrac{z}{d}$，忽略边缘效应，求平板电容器的电容和介质束缚电荷密度。

41. 球形电容器的内导体半径为 a，外导体半径为 b，中间充满不均匀的电介质，介电常数为 $\varepsilon=\varepsilon_0(1+kr)^{-1}$，其中 k 是大于零的常数。若内导体电荷量为 Q，外导体接地。计算：

1）介质中的电位移矢量分布。

2）极化电荷密度分布。

3）电容量。

42. 球形电容器的内导体半径为 a，外导体半径为 b，中间充满不均匀的电介质，介电常数为 $\varepsilon=\varepsilon_0(1+\varepsilon_r\cos^2\theta)$，其中 ε_r 是大于零的常数。计算电容器的电容。

43. 同轴电缆的内导体外径为 a，外导体内径为 b，内、外导体间的电压为 U_0，填充相对介电常数为 $\varepsilon_r=\dfrac{r}{a}$ 的电介质，求介质中的电场强度、电位移矢量和极化电荷分布。

第 4 章　恒定电流电场

第 3 章介绍了静止电荷产生的静电场与能量，导体在静电场中表面感应电荷，导体内部电场强度为零。本章主要介绍导体内部产生持续且稳定的电荷运动状态下的电场，以及由此产生的导体焦耳热损耗。首先介绍运动电荷产生的电流及电流密度概念，然后分析导体内的电流需要局外场源驱动来维持，利用电荷守恒原理说明恒定电流是连续的，恒定电流产生的电场是无旋场，导出导体内的电场强度和电流密度满足欧姆定律的微分形式、导体内的焦耳定律微分与积分形式，两理想导体之间填充简单介质时存在静电比拟关系，其电导和电容可以通过静电比拟计算，并介绍电气设备安全接地时的接地电阻和跨步电压概念，为接地器设计提供理论基础，最后分析非均匀介质的恒定电流电场。

4.1　电流及其密度

电流是电荷运动的结果。电荷运动有两种类型：一是电荷在自由空间运动，如阴极射线管发射的电子束、电解液中离子在外电场作用下的定向移动、宏观带电体如等离子体中电荷运动；二是载流子在介质中运动，如半导体内部的空穴和自由电子、金属内部的自由电子。单位时间内垂直通过截面积的正电荷量称为电流。

更广义的电流有，电介质极化后束缚电荷移动产生的极化电流、磁介质中磁化强度引起的磁化电流，以及时变电场引起的位移电流。

单位时间内垂直通过单位截面积的正电荷量或电通量称为电流密度。电流密度是矢量，用符号 $\boldsymbol{J}$ 表示，单位是安培/米^2（$\mathrm{A/m^2}$）。

1. 运流电流

自由空间中电荷运动形成的电流称为运流电流，如阴极射线管发出的电子流、等离子体运动产生的电流。

设单位体积内正、负粒子的带电量分别为 q_+ 和 q_-，粒子浓度分别为 N_+ 和 N_-，运动平均速度分别为 $\boldsymbol{v}_+$ 和 $\boldsymbol{v}_-$，在很小的时间段 $\mathrm{d}t$ 内电荷移动距离为 $v\mathrm{d}t$，如图 4.1 所示，那么垂直通过很小截面积 S 的总电荷量 $\mathrm{d}Q$ 为

$$\mathrm{d}Q=(N_+q_+\boldsymbol{v}_+ + N_-q_-\boldsymbol{v}_-)\cdot\boldsymbol{a}_\mathrm{n}S\mathrm{d}t \tag{4-1}$$

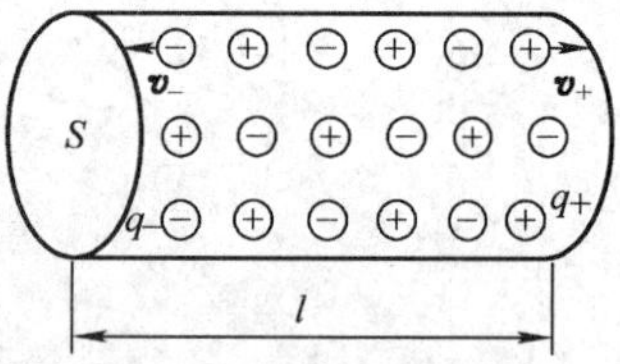

图 4.1　长为 l 截面积为 S 的圆柱体元内带电粒子运动

该截面上流过的电流等于单位时间内的正电荷量，即

$$I=\frac{\mathrm{d}Q}{\mathrm{d}t}=(N_+q_+\boldsymbol{v}_+ + N_-q_-\boldsymbol{v}_-)\cdot\boldsymbol{a}_\mathrm{n}S \tag{4-2}$$

式中，$\boldsymbol{a}_\mathrm{n}$ 是截面单位法矢量，它与电荷运动速度的标量积再与时间乘积为体积。

运流电流密度定义为单位截面积上单位时间内通过的电荷量，即

$$\boldsymbol{J}=N_+q_+\boldsymbol{v}_+ + N_-q_-\boldsymbol{v}_- \tag{4-3}$$

截面 S 上的电流等于电流密度在该截面上的通量，即满足

$$I = \int_S \boldsymbol{J} \cdot \mathrm{d}\boldsymbol{S} \tag{4-4}$$

如果体电荷密度为ρ，那么电流密度矢量$\boldsymbol{J}$也可以表示为体电荷密度ρ与运动速度$\boldsymbol{v}$的乘积，即

$$\boldsymbol{J} = \rho \boldsymbol{v} \tag{4-5a}$$

若为面电荷密度ρ_s与其运动速度$\boldsymbol{v}$的乘积，则得面电流密度$\boldsymbol{J}_s$，即

$$\boldsymbol{J}_s = \rho_s \boldsymbol{v} \tag{4-5b}$$

例 4.1 半径为a、均匀带电量为Q的圆球绕自身直径以角速度ω_s旋转，计算球电荷形成的电流密度。

解答 设圆球自身转轴为z轴，球上任意一点的速度用圆球坐标表示为

$$\boldsymbol{v}_s = \omega_s \boldsymbol{a}_z \times \boldsymbol{a}_r r = \boldsymbol{a}_\varphi \omega_s r \sin\theta$$

圆球的体电荷密度均匀，因此电流密度为

$$\boldsymbol{J} = \rho \boldsymbol{v}_s = \boldsymbol{a}_\varphi \frac{3Q\omega_s r \sin\theta}{4\pi a^3}$$

2. 传导电流

导体中载流子运动形成的电流称为传导电流。传导电流的载流子有自由电子与空穴等，因此，电流密度需要考虑所有可能载流子的浓度和平均运动速度，即

$$\boldsymbol{J} = \sum_k N_k q_k \boldsymbol{v}_k \tag{4-6}$$

每种载流子平均运动速度$\boldsymbol{v}$与电场强度$\boldsymbol{E}$和载流子迁移率μ_m有关，即

$$\boldsymbol{v} = \mu_m \boldsymbol{E} \tag{4-7}$$

金属银、铜和铝的电子迁移率分别是$5.2\times10^{-3}\mathrm{m^2 \cdot V^{-1} \cdot s^{-1}}$、$3.2\times10^{-3}\mathrm{m^2 \cdot V^{-1} \cdot s^{-1}}$和$1.4\times10^{-4}\mathrm{m^2 \cdot V^{-1} \cdot s^{-1}}$，它们都是良导体。于是，将式（4-7）代入式（4-6）得电流密度与电场强度有关，即得到欧姆定律的微分形式

$$\boldsymbol{J} = \sigma \boldsymbol{E} \tag{4-8}$$

式中，电导率σ与电荷体密度ρ和迁移率μ_m有关，有

$$\sigma = \sum_k N_k q_k \mu_{mk} = \sum_k \rho_k \mu_{mk} \tag{4-9}$$

迁移率越大，导电性能越好。电导率的单位是西门子/米（S/m），常见的良导体，如银、铜和铝在20℃时的电导率分别为6.8×10^7S/m、5.8×10^7S/m和3.5×10^7S/m。此外，非金属石墨也是良导体，电导率为2.86×10^4S/m。理想导体的电导率为无穷大。

对于半导体材料来说，电子与空穴的迁移率是不同的，比如半导体锗（Germanium）的电子和空穴迁移率分别为$0.38\mathrm{m^2 \cdot V^{-1} \cdot s^{-1}}$和$0.18\mathrm{m^2 \cdot V^{-1} \cdot s^{-1}}$，电导率为2.38 S/m；半导体硅的电子和空穴的迁移率则分别为$0.12\mathrm{m^2 \cdot V^{-1} \cdot s^{-1}}$和$0.03\mathrm{m^2 \cdot V^{-1} \cdot s^{-1}}$，电导率为$3.85\times10^{-4}$S/m。

对于绝缘材料的电导率通常在10^{-10}S/m以下，如米卡（Mica）绝缘纸为$10^{-15}\sim10^{-11}$S/m。理想电介质的电导率为零。

3. 局外场源

恒定电流是电流密度不随时间变化的电流，或者说宏观上载流子稳定移动。要维持恒定电流需要对电荷或载流子做功，以克服电荷或载流子运动过程中受到的阻力引起的能量消耗。这种驱动电荷或载流子运动的场源称为局外场源，相应的电场为局外电场。如化学电池内部的化学反应电场、电机绕组内部感应电动势的电场。

如图 4.2 所示，电池电压为 U，导体中自由电子向电池阳极运动，电池内部在局外场 $\boldsymbol{E}_{ext}$作用下，正电荷向阳极移动，而负电荷向阴极移动。电流恒定时，由于电极上电荷累积达到动态平衡或稳定状态，从而在空间形成库仑电场 $\boldsymbol{E}_c$。库仑电场是无旋的，无论是电池内部还是外部都由阳极指向阴极，正好符合外部导体中的自由电子由阴极经过导体驱动到阳极的过程。

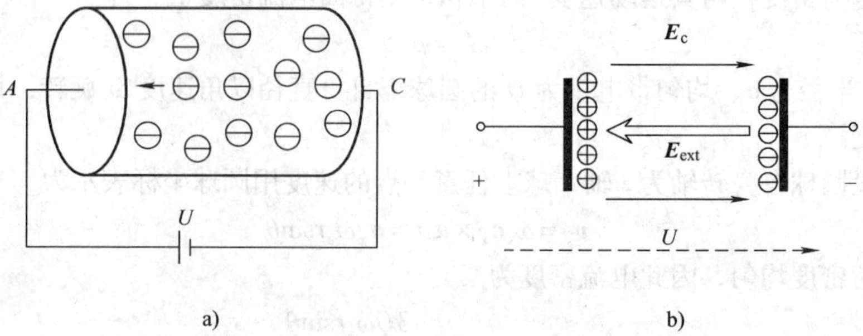

图 4.2 电池对导体供电

a）电池电压施加在导体两端 b）电池内部电场

假设连接导体和电源的导线电阻率等于零，其内部电场强度等于零，图 4.2a 所示电池外部只有库仑场而没有局外场，其作用结果为导体电阻 R_o上的电压降，即

$$U = \int_A^C \boldsymbol{E}_c \cdot \mathrm{d}\boldsymbol{l} = \int_A^C \frac{\boldsymbol{J}}{\sigma} \cdot \mathrm{d}\boldsymbol{l} = IR_o \tag{4-10}$$

类似地，图 4.2b 所示电池内部合成电场作用也等于内部电阻 R_i上的电压降，即

$$\int_C^A (\boldsymbol{E}_{ext} + \boldsymbol{E}_c) \cdot \mathrm{d}\boldsymbol{l} = IR_i \tag{4-11}$$

当电池内部电阻为零时，局外电场与库仑电场平衡，合成电场强度为零。当外电路断开时，电流为零，电池内部局外电场与库仑电场相平衡，电池外部库仑电场引起的电位差等于电池电压。

考虑到库仑场的无旋性 $\nabla \times \boldsymbol{E}_c = \boldsymbol{0}$，即库仑电场强度沿闭合路径积分等于零，由式（4-10）和式（4-11）相加得到电池内部局外电场强度积分等于整个闭合回路电阻压降，即

$$\int_C^A \boldsymbol{E}_{ext} \cdot \mathrm{d}\boldsymbol{l} = I(R_o + R_i) \tag{4-12}$$

式（4-12）表明，局外场 $\boldsymbol{E}_{ext}$是维持恒定电流的根本动力，没有局外场 $\boldsymbol{E}_{ext}$就没有恒定电流 I。该式也可以理解为整个闭合回路局外电场强度的积分是电动势，其值等于闭合回路电阻压降之和，即电路中的基尔霍夫电压定律（KVL）。局外场源引起的恒定电流电场与静电场不同，静电场是相对观测者静止的电荷引起的电场，相互作用是库仑力。恒定电流电场是在局外场源驱动下形成稳定的电荷移动的电场。局外场源可以由化学能转换成电能，也可以由导体切割磁感应线产生，或者由时间变化的磁场在导体回路中产生。

4. 电路欧姆定律

静电场描述静止电荷形成的电场，恒定电流电场主要分析运动电荷形成恒定电流时的电场。比如导体内直流电流流动时，满足宏观电路欧姆定律，即导体两端的电压等于电流与导体电阻的乘积。简单直流电路中，导体内不论是否存在局外场源，两端电压与电流的关系都满足欧姆定律，即

$$U = \int_l \boldsymbol{E} \cdot \mathrm{d}\boldsymbol{l} = \int_l \frac{\boldsymbol{J}}{\sigma} \cdot \mathrm{d}\boldsymbol{l} = I\int_l \frac{\mathrm{d}l}{\sigma S} = RI \tag{4-13}$$

式中，电阻 R 与材料特性和几何尺寸长度 l 及截面积 S 有关。对于均匀截面有

$$R = \frac{l}{\sigma S} = \frac{1}{G} \tag{4-14}$$

电阻 R 的倒数称为电导，用符号 G 表示，单位为西门子（S）。材料电导率 σ 或其倒数电阻率与温度 T 有关，有

$$\sigma(T) = \frac{\sigma(T_0)}{1+\alpha(T-T_0)} \tag{4-15}$$

温度的单位是开尔文（K），电阻温度系数 α 的单位是 K^{-1}。随温度升高电导率减小或电阻率增大的称为正温度系数，而随温度升高电导率增大或电阻率降低的称为负温度系数。热敏电阻就是利用温度对电阻影响而制成的温度传感元件。

需要指出的是，正常导体中传导电流符合欧姆定律，其他电流如运流电流不满足欧姆定律，超导体中的超导电子电流也不遵循欧姆定律。

4.2 恒定电流电场的特性

1. 电流连续性原理

电荷守恒原理是物理学的基本假设，即电荷既不可能被创造也不可能被消灭，所有电荷不论是静止的还是运动的任何时刻总量是不变的。于是得到电流连续性原理的积分形式为

$$I = \oint_S \boldsymbol{J} \cdot \mathrm{d}\boldsymbol{S} = -\frac{\partial Q}{\partial t} = -\frac{\partial}{\partial t}\int_V \rho \mathrm{d}V \tag{4-16}$$

式（4-16）表明，流出闭合曲面 S 的电流密度通量或电流大小等于闭合曲面包围区域内总电荷量的时间减少率。

根据高斯散度定理，并考虑到空间区域及其闭合曲面边界的任意性，得到电流连续性原理的微分形式为

$$\nabla \cdot \boldsymbol{J} = -\frac{\partial \rho}{\partial t} \tag{4-17}$$

式（4-17）表明，电流密度的空间散度等于空间体电荷密度的时间减少率。电流连续性原理所描述的方程中采用偏微分的原因是电荷密度和电流密度既是空间函数，也是时间函数。

2. 恒定电流密度的无散性

恒定电流电场电荷累积过程结束，任何区域内正电荷量与负电荷量达到动态平衡，电荷空间分布将保持不变，即空间电荷密度不随时间变化，否则电流密度将发生变化，因此恒定电流电场中电流密度的散度处处为零，即

$$\nabla \cdot \boldsymbol{J} = 0 \tag{4-18}$$

也就是说，恒定电流的电流密度是无散场，说明电流密度矢量线是闭合的或延伸到无穷远处闭合。

正因为恒定电流的电流密度矢量场是无散场，直流电路中任何节点处的支路电流满足基尔霍夫电流定律（KCL），即

$$\oint_S \boldsymbol{J}\cdot \mathrm{d}\boldsymbol{S} = \sum I_k = 0 \tag{4-19}$$

对于简单导电介质，温度一定的条件下电导率是常数，由电流连续性方程式（4-17）、欧姆定律微分形式（4-8）和电位移矢量与电场强度的关系式（3-57）得到

$$\nabla\cdot\boldsymbol{J} = \sigma\,\nabla\cdot\boldsymbol{E} = \frac{\sigma}{\varepsilon}\nabla\cdot\boldsymbol{D} = \frac{\sigma}{\varepsilon}\rho = -\frac{\partial\rho}{\partial t} \tag{4-20}$$

式（4-20）的最后一个等式表明体电荷密度的动态关系在导体内满足指数规律衰减，即

$$\rho(t) = \rho_0 \mathrm{e}^{-t/\tau} \tag{4-21}$$

式中，ρ_0为 $t=0$ 时刻的电荷体密度；衰减的时间常数 $\tau=\sigma/\varepsilon$，称为弛豫时间。

对良导体铜来说，电导率为 5.8×10^7S/m，介电常数约为 8.85×10^{-12}F/m，因此弛豫时间非常小，大约为 1.53×10^{-19}s。由此说明良导体构成的直流电路中电荷动态过程很快结束，电流很快达到恒定状态。同样地，静电场中的导体静电感应也很快达到平衡状态。

3. 恒定电流电场的无旋性

由前面分析可知，局外场提供恒定电流，电流密度矢量是无散的，对于无局外场的导体，内部只有库仑场，电场强度沿闭合路径的积分恒等于零，只要闭合回路局外场积分等于零，那么合成电场强度矢量 $\boldsymbol{E}$ 的线积分与路径无关，因此恒定电流电场强度满足

$$\oint_l \boldsymbol{E}\cdot \mathrm{d}\boldsymbol{l} = 0 \tag{4-22}$$

或者由斯托克斯定理得到电场强度的旋度为零，即

$$\nabla\times\boldsymbol{E} = \boldsymbol{0} \tag{4-23}$$

式（4-23）表明恒定电流电场是无旋的，可以引入标量电位 ϕ，使得 $\boldsymbol{E}=-\nabla\phi$，于是对于简单导电介质，电位满足拉普拉斯方程$\nabla^2\phi=-\nabla\cdot\boldsymbol{E}=0$，可以利用静电场求解电位的方法来计算恒定电流电场。

正是由于恒定电流电场的无旋性，直流电路中任意回路满足基尔霍夫电压定律，即

$$\oint_l \boldsymbol{E}\cdot \mathrm{d}\boldsymbol{l} = \sum U_k = e \tag{4-24}$$

式中，电场强度 $\boldsymbol{E}$ 包含局外电场和库仑电场两部分；U_k是回路中各支路电流引起的电阻电压降；e 是局外电场引起的回路总电动势。

值得注意的是式（4-22）与式（4-24）的差别，前者要求闭合回路中局外场强的回路积分 U_e等于零，即不含电源的导体内部，而后者适合于任何闭合回路，包括含局外电场支路的回路。

例 4.2 已知平行轨道内有均匀磁场 $\boldsymbol{B}$，轨道间的导体长为 L，截面积为 S，导体以速度 $\boldsymbol{v}$ 运动，导体的电导率为 σ，轨道为理想导体，如图 4.3 所示，负载电阻为 R，计算导体中的电场强度 $\boldsymbol{E}$。

解答 运动导体内部存在局外电场和库仑电场，负载上只有库仑电场。局外电场强度为

$$\boldsymbol{E}_e = \boldsymbol{v}\times\boldsymbol{B}$$

运动导体相当于电池，按照图 4.3b 向上局外电场的内部电动势为

$$e = \int_0^L \boldsymbol{E}_e\cdot \mathrm{d}\boldsymbol{l} = BLv$$

回路电场强度积分等于电阻压降，因此电流为电动势与回路电阻之比，即

$$I=\frac{e}{R+R_i}=\frac{BLv}{R+R_i}$$

式中，运动导体电阻为 $R_i=L/(\sigma S)$。运动导体中的合成电场强度为

$$\boldsymbol{E}=\frac{\boldsymbol{J}}{\sigma}=\frac{L\boldsymbol{v}\times\boldsymbol{B}}{\sigma S(R+R_i)}=\frac{\boldsymbol{v}\times\boldsymbol{B}}{1+\sigma SR/L}$$

运动导体内部的库仑电场强度为

$$\boldsymbol{E}_c=\boldsymbol{E}-\boldsymbol{E}_e=-\frac{\boldsymbol{v}\times\boldsymbol{B}}{1+L/(\sigma SR)}$$

不难发现，运动导体内部库仑电场与局外电场方向相反。

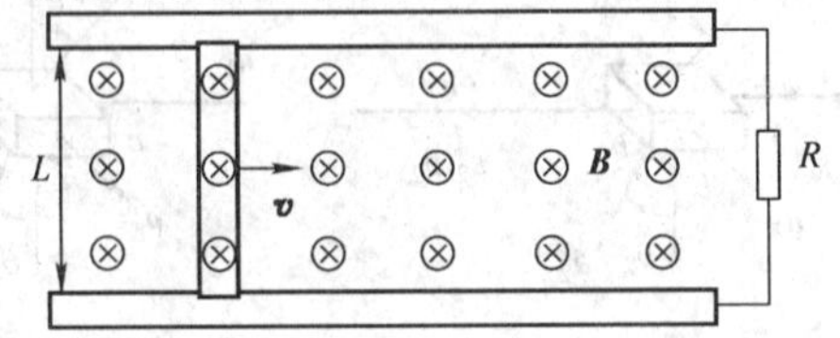

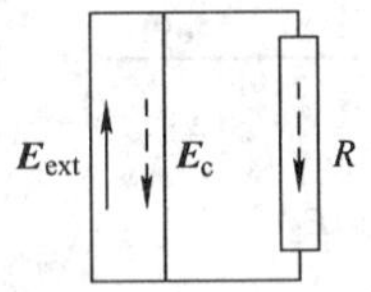

图 4.3　例 4.2 图

a）均匀磁场中的运动导体　b）导体内部电场

4.3　恒定电流电场的交界面衔接条件

恒定电流流过不同导体组成的系统时，在交界面上电场强度和电流密度的连续性是求解恒定电流电场的基本条件。恒定电流电场中存在电流密度、电场强度和电位移矢量（磁场强度和磁感应强度在静磁场内容中介绍），应用恒定电流电场积分方程推导交界面衔接条件，而微分方程由于介质特性突变而不再适用。推导交界面衔接条件时，作如下基本假设：

交界面光滑；场量（$\boldsymbol{E}_1$，$\boldsymbol{J}_1$，$\boldsymbol{D}_1$）和（$\boldsymbol{E}_2$，$\boldsymbol{J}_2$，$\boldsymbol{D}_2$）在交界面附近有限；交界面附近是简单介质，参数分别为（ε_1，μ_1，σ_1）和（ε_2，μ_2，σ_2）。

在简单介质的假设下，$\boldsymbol{J}=\sigma\boldsymbol{E}$，$\boldsymbol{D}=\varepsilon\boldsymbol{E}$，介质 1 中的场量同方向，介质 2 中的场量也同方向，因此在交界面处场量入射角相同，折射角也相同。

1. 电场强度切向分量的连续性

如图 4.4a 所示，取任意对称闭合回路 $abcda$，边 bc 和 da 的高度 h 与边 ab 和 cd 的长度 l 相比可以忽略不计，利用恒定电流电场的无旋性得到

$$\oint_l \boldsymbol{E}\cdot \mathrm{d}\boldsymbol{l}=\boldsymbol{a}_t\times\boldsymbol{a}_n\cdot(\boldsymbol{E}_1-\boldsymbol{E}_2)l+\boldsymbol{a}_n\cdot\frac{\partial}{\partial\tau}(\boldsymbol{E}_1+\boldsymbol{E}_2)l\frac{h}{2}=0 \tag{4-25}$$

式中，矩形回路平面法矢量为 $\boldsymbol{a}_t$；τ 是 $\boldsymbol{a}_n\times\boldsymbol{a}_t$ 方向坐标，该项是交界面附近法向分量的贡献。

于是，由于矩形回路平面法矢量 $\boldsymbol{a}_t$ 的任意性，由式（4-25）得到

$$\boldsymbol{a}_n\times(\boldsymbol{E}_1-\boldsymbol{E}_2)=\boldsymbol{0} \tag{4-26}$$

交界面单位法矢量 $\boldsymbol{a}_n$ 由介质 2 指向介质 1，两侧电场强度矢量与法矢量共面。由欧姆定律的微分形式得到

$$\boldsymbol{a}_n\times\left(\frac{\boldsymbol{J}_1}{\sigma_1}-\frac{\boldsymbol{J}_2}{\sigma_2}\right)=\boldsymbol{0} \tag{4-27}$$

式（4-27）表明，交界面两侧电导率不同但不等于零时，只要一侧电流密度存在切向分量，交界面另一侧就存在电流密度切向分量。如果一侧是导体，另一侧是理想电介质，那么交界面导体侧只有切向分量，而理想电介质侧电流密度和电导率都为零，因此等式就不成立，但电场强度切向分量仍然连续。这是因为理想电介质中存在静电场。

利用关系 $\boldsymbol{D}=\varepsilon\boldsymbol{E}$ 得到电位移矢量的切向分量满足

$$\boldsymbol{a}_{\mathrm{n}}\times\left(\frac{\boldsymbol{D}_1}{\varepsilon_1}-\frac{\boldsymbol{D}_2}{\varepsilon_2}\right)=\boldsymbol{0} \tag{4-28}$$

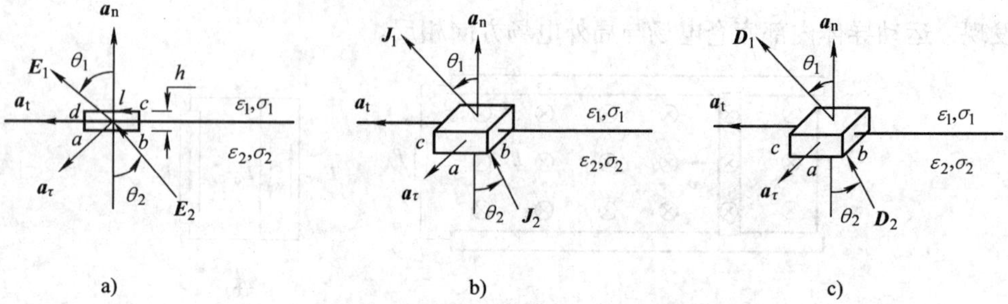

图 4.4　恒定电流电场交界面条件

a）电场强度　b）电流密度　c）电位移矢量

2. 电流密度矢量法向分量的连续性

利用电流连续性原理，恒定电流电场中电荷密度时间变化率等于零。任意闭合曲面上电流密度通量等于零。如图 4.4b 所示，取任意闭合曲面 *abcda*，侧面积与上、下底面的面积相比可以忽略不计，有

$$\oint_S \boldsymbol{J}\cdot\mathrm{d}\boldsymbol{S}=\boldsymbol{a}_{\mathrm{n}}\cdot(\boldsymbol{J}_1-\boldsymbol{J}_2)S+J_{12\mathrm{t}}S_{\mathrm{h}}=0 \tag{4-29}$$

式中，侧面电流贡献 $J_{12\mathrm{t}}S_{\mathrm{h}}$ 可忽略不计。

于是，得到电流密度法向分量的连续性公式为

$$\boldsymbol{a}_{\mathrm{n}}\cdot(\boldsymbol{J}_1-\boldsymbol{J}_2)=0 \tag{4-30}$$

式（4-30）表明电流密度的法向分量连续，特别是在导体与理想介质的交界面处，理想介质的电导率为零，电流密度为零，因此交界面导体侧的电流密度只能有切向分量，这是实际物理模型遵循的基本规律。

根据欧姆定律微分形式得到电场强度法向分量满足

$$\boldsymbol{a}_{\mathrm{n}}\cdot(\sigma_1\boldsymbol{E}_1-\sigma_2\boldsymbol{E}_2)=0 \tag{4-31}$$

3. 电位移矢量法向分量的连续性

利用电场强度与电位移矢量的关系 $\boldsymbol{D}=\varepsilon\boldsymbol{E}$，由高斯定理得任意闭合曲面电位移矢量的通量等于闭合曲面包含的自由电荷量。

如图 4.4c 所示，取任意闭合曲面 *abcda*，侧面积与上、下底面的面积相比可以忽略不计，有

$$\oint_S \boldsymbol{D}\cdot\mathrm{d}\boldsymbol{S}=\boldsymbol{a}_{\mathrm{n}}\cdot(\boldsymbol{D}_1-\boldsymbol{D}_2)S+D_{12\mathrm{t}}S_{\mathrm{h}}=\rho_{\mathrm{s}}S \tag{4-32}$$

式中，$D_{12\mathrm{t}}$ 是交界面附近切向分量的贡献，因侧面积相对底面积很小，可以忽略不计。则有

$$\boldsymbol{a}_{\mathrm{n}}\cdot(\boldsymbol{D}_1-\boldsymbol{D}_2)=\rho_{\mathrm{s}} \tag{4-33}$$

或者

$$\left(\frac{\varepsilon_1}{\sigma_1}-\frac{\varepsilon_2}{\sigma_2}\right)J_n=\rho_s \tag{4-34}$$

两种介质交界面上，无散场的法向分量连续，无旋场的切向分量连续。电流密度是无散场，因此电流密度法向分量连续。恒定电流电场是无旋场，因此电场强度的切向分量连续。电位移矢量的法向分量在交界面没有自由电荷的区域连续，否则相差自由电荷面密度大小。当两种导电介质中的电流密度只有切向分量时，交界面上没有自由面电荷密度；否则电流密度有法向分量时，交界面存在自由面电荷密度的条件是介质特性满足

$$\frac{\varepsilon_1}{\sigma_1}\neq\frac{\varepsilon_2}{\sigma_2} \tag{4-35}$$

交界面衔接条件能确定的仅仅是交界面处两侧电场的场量关系，并不是交界面两侧场量关系。即使知道一侧的电场分布也不能根据交界面衔接条件确定另一侧的电场分布。

当交界面处没有面电流和面电荷时，两侧场量与单位法矢量夹角 θ_1 和 θ_2 满足折射定律，即

$$\frac{\tan\theta_1}{\tan\theta_2}=\frac{\varepsilon_1}{\varepsilon_2}=\frac{\sigma_1}{\sigma_2} \tag{4-36}$$

4. 电位交界面衔接条件

恒定电流电场中，线性、均匀和各向同性介质区域内，电场强度无旋，导体内净体电荷密度为零，电位移矢量无散，因此电位满足拉普拉斯方程

$$\nabla^2\phi=0 \tag{4-37}$$

交界面处电场强度有限，因此交界面两侧的电位差为

$$\phi_1-\phi_2=\lim_{h\to0}\int_{-h}^{h}\boldsymbol{E}\cdot\mathrm{d}\boldsymbol{l}=0 \tag{4-38}$$

式（4-38）表明恒定电流电场中两种介质交界面处电位是连续的，因此电位在空间是处处连续的。电位在交界面上连续与电场强度切向分量连续是等价的。

电位的另一个交界面衔接条件是利用电位移矢量法向分量的连续性或者电流密度法向分量连续，由电位交界面处的法向导数得到

$$\varepsilon_2\frac{\partial\phi_2}{\partial n}-\varepsilon_1\frac{\partial\phi_1}{\partial n}=\rho_s,\sigma_2\frac{\partial\phi_2}{\partial n}-\sigma_1\frac{\partial\phi_1}{\partial n}=0 \tag{4-39}$$

这两个式子是等价的，因为交界面上面电荷密度与两侧介质参数和法向电流密度存在约束关系。

4.4 电阻器及其电阻

1. 焦耳定律

导体内部存在恒定电流和电场，考虑沿电流密度方向长为 l、截面积为 S 的体元，电导率为 σ，电荷量 $\mathrm{d}q$ 在电场力 $\boldsymbol{F}$ 作用下 $\mathrm{d}t$ 时间内产生位移 $\boldsymbol{l}$，电场力克服阻力做功等于导体产生焦耳损耗，焦耳损耗以热能的形式存在，使导体发热与温度升高，温升超过允许值时需要采用冷却措施。

焦耳损耗功率可以利用电场力对载流子作用力与平均运动速度得到

$$P_{\text{loss}} = \int_V \boldsymbol{v} \cdot \mathrm{d}\boldsymbol{F} = \int_V \frac{\mathrm{d}\boldsymbol{l} \cdot \boldsymbol{E}\mathrm{d}q}{\mathrm{d}t} = \int_V (\mathrm{d}\boldsymbol{l} \cdot \boldsymbol{E})(\mathrm{d}\boldsymbol{S} \cdot \boldsymbol{J}) = \int_V \boldsymbol{J} \cdot \boldsymbol{E}\mathrm{d}V \tag{4-40a}$$

式（4-40a）称为导体的焦耳定律积分形式，宏观上导体的焦耳损耗功率等于导体两端的电压和流过导体的电流的乘积。

单位体积内的焦耳损耗功率表示为

$$p_{\text{loss}} = \boldsymbol{E} \cdot \boldsymbol{J} = \sigma \boldsymbol{E} \cdot \boldsymbol{E} = \sigma^{-1} \boldsymbol{J} \cdot \boldsymbol{J} \tag{4-40b}$$

式（4-40b）称为导体的焦耳定律微分形式，表明单位体积导体损耗功率等于电场强度与电流密度的标量积。因为电流密度矢量等于电导率与电场强度矢量的乘积，所以导体内单位体积的焦耳损耗功率也等于电导率与电场强度二次方的乘积或者电流密度二次方与电导率之比。

2. 导体电阻

电阻器是电气元件，它用电阻值和标称功率表征。电阻值确定时，标称功率限制了该电阻器允许通过电流的能力。对于线性、均匀和各向同性导电材料来说，截面积均匀导线的电阻与长度成正比，与截面积和电导率成反比，电阻等于长度除以截面积和电导率的乘积，即式（4-14）。

例 4.3 计算直径为 1mm、长为 1m 的铜线在 75℃的电阻。

解答 铜的电导率在 20℃时为 5.8×10^7S/m，温度系数 $\alpha = 0.0039$/K，因此导体电阻为

$$R = \frac{l}{\sigma S} = \frac{1 \times [1 + 0.0039 \times (75 - 20)]}{5.8 \times 10^7 \times 0.25\pi \times 10^{-6}} = 0.02666\Omega$$

由于公式计算要求材料截面积均匀，在不均匀截面积条件下，需要采用电压和电流法计算和测量得到。

在利用电压和电流关系，即欧姆定律计算导体电阻时，通常需要利用边界条件求解电位拉普拉斯方程，然后计算电位负梯度得到电场强度，电场强度再乘以电导率获得电流密度，接着对电流密度计算截面积上的通量获得电流，最后利用欧姆定律计算电阻。

在给定电流时，因电流是连续的，先根据给定电流计算电流密度，电流密度再除以电导率获得电场强度，并计算电场强度的路径积分获得电压，最后同样利用欧姆定律计算电阻。

由于电阻与电压和电流的大小无关，因此边界上的电压或电流可以根据需要设定，通常设定一个边界的电位为零，另一个边界的电位等于电压。

例 4.4 内半径为 a、外半径为 b、厚度为 h 的 90°扇形电阻片，电导率为 σ，如图 4.5 所示，计算两个电极位置分别沿着轴向、周向或径向放置时的电阻。

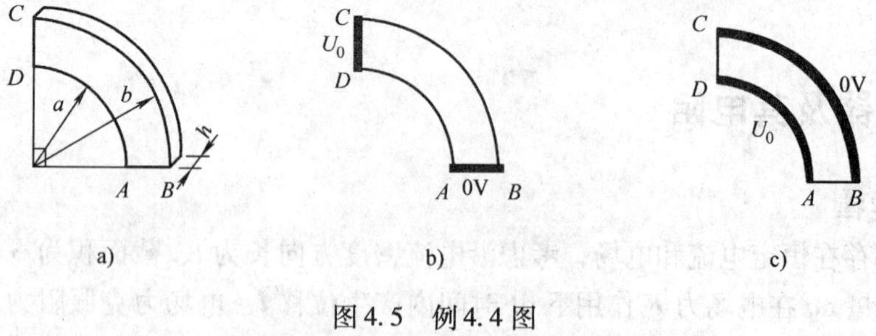

图 4.5 例 4.4 图

a）轴向电极 b）周向电极 c）径向电极

解答 建立圆柱坐标系，扇形轴线为 z 轴，$0 \leqslant \varphi \leqslant \pi/2$，$0 \leqslant z \leqslant h$。

若电极轴向放置，两侧面 $ABCD$ 安放电极，导体截面均匀，轴向电场强度和电流密度均匀，则电阻为

$$R=\frac{h}{\sigma S}$$

其中，导体截面积为扇形面积，计算公式为

$$S=\frac{\pi}{4}(b^2-a^2)$$

若电极周向放置，边 AB 和 CD 安放电极，周向电场和电流密度需要求解拉普拉斯方程，根据对称性，电位与 z 和 r 无关，仅仅是角度 φ 的函数，圆柱坐标满足

$$\nabla^2\phi=\frac{\mathrm{d}^2\phi}{r^2\mathrm{d}\varphi^2}=0$$

解得

$$\phi=C_1\varphi+C_0$$

边界条件为

$$\phi(0)=0,C_0=0$$

$$\phi\left(\frac{\pi}{2}\right)=U_0,C_1=\frac{2}{\pi}U_0$$

确定电位待定系数后，得到

$$\phi=\frac{2}{\pi}U_0\varphi$$

电场强度为

$$\boldsymbol{E}=-\nabla\phi=-\boldsymbol{a}_\varphi\frac{2U_0}{\pi r}$$

电流密度为

$$\boldsymbol{J}=\sigma\boldsymbol{E}=-\boldsymbol{a}_\varphi\frac{2U_0\sigma}{\pi r}$$

电极电流为

$$I=\int_a^b\boldsymbol{J}\cdot(-\boldsymbol{a}_\varphi)h\mathrm{d}r=\int_a^b\frac{2U_0\sigma}{\pi r}h\mathrm{d}r=U_0\frac{2\sigma h}{\pi}\ln\frac{b}{a}$$

电阻为

$$R=\frac{U_0}{I}=\frac{\pi}{2\sigma h\ln(b/a)}$$

若电极径向放置，弧 AD 和 BC 安放电极，电场强度和电流密度径向，根据对称性，电位与 z 和 φ 无关，仅仅是径向坐标 r 的函数，满足

$$\nabla^2\phi=\frac{\mathrm{d}}{r\mathrm{d}r}\left(r\frac{\mathrm{d}\phi}{\mathrm{d}r}\right)=0$$

解得

$$\phi=C_1\ln r+C_0$$

边界条件为

$$\phi(a)=U_0,\ \phi(b)=0$$

求解得到

$$\phi = U_0 \frac{\ln(b/r)}{\ln(b/a)}$$

电场强度和电流密度分别为

$$\boldsymbol{E} = -\nabla\phi = \boldsymbol{a}_{\mathrm{r}} \frac{U_0}{r\ln\ (b/a)},\ \boldsymbol{J} = \sigma\boldsymbol{E} = \boldsymbol{a}_{\mathrm{r}} \frac{U_0\sigma}{r\ln\ (b/a)}$$

电极电流为

$$I = \int_0^{\pi/2} \boldsymbol{J} \cdot \boldsymbol{a}_{\mathrm{r}} hr\mathrm{d}\varphi = \int_0^{\pi/2} \frac{U_0\sigma}{r\ln(b/a)} hr\mathrm{d}\varphi = U_0 \frac{\pi\sigma h}{2\ln(b/a)}$$

径向电极放置时的电阻为

$$R = \frac{U_0}{I} = \frac{2\ln(b/a)}{\pi\sigma h}$$

利用电位边值问题求解恒定电流电场是一般方法，但求解过程比较复杂。

比较简单的方法有两种：一是 $I \to \boldsymbol{J} \to \boldsymbol{E} \to U \to R$，即给定电极电流，电流密度直接可以根据电流和面积计算，再由欧姆定律微分形式得到电场强度，电场强度路径积分计算电压，从而利用欧姆定律求得电阻；二是 $U \to \boldsymbol{E} \to \boldsymbol{J} \to I \to R$，即给定电极间电压，求解电位方程，电场强度直接根据电位梯度计算，电流密度由欧姆定律微分形式确定，从而通过电流密度面积分得到电流，最后求得电阻。

还有一种方法是利用静电场计算方法求解恒定电流电场问题，即静电比拟方法。

4.5 静电比拟

1. 静电比拟方法

有时计算恒定电流电场比较困难，这时候需要通过转换场的形式来计算，静电比拟就是利用静电场来模拟计算恒定电流电场，或者利用恒定电流电场实验来模拟静电场。并且可以通过计算电容来计算电导或电阻。

当两导体之间填充介电常数为 ε 的介质时，如何利用导体间的静电场来计算电容呢？根据电容等于电荷量除以电压，若两个导体间施加电压使其带等量异号电荷，如图 4.6 所示，这样形成静电场，通过求解电位方程得到电位分布，导体电位分别为 U_{a} 和 U_{b}。由于电位是相对的，电场强度分布仅仅取决于两个导体的电位差，两个导体间的电压通过电场强度沿导体间静电场的路径积分获得，电荷量通过导体表面的电荷密度计算通量，而电荷密度等于导体表面电位移矢量，它等于电场强度与介电常数的乘积，两个导体间的电容为

$$C = \frac{Q}{U} = \frac{\int_S \boldsymbol{D} \cdot \mathrm{d}\boldsymbol{S}}{\int_l \boldsymbol{E} \cdot \mathrm{d}\boldsymbol{l}} = \frac{\varepsilon\int_S \boldsymbol{E} \cdot \mathrm{d}\boldsymbol{S}}{\int_l \boldsymbol{E} \cdot \mathrm{d}\boldsymbol{l}} \tag{4-41}$$

当两个分离导体之间填充电导率为 σ 的介质时，如何利用导体间的恒定电流电场来计算电阻呢？如图 4.7 所示，根据欧姆定律，电阻等于电压除以电流，若两个导体间施加如图 4.6 所示相同的电压，在导体间形成恒定电流电场，通过求解电位方程，获得电位分布和电场强度分布，两个导体间的电压通过沿导体间的路径积分获得，电流通过导体表面的电流密度计算通量，而电流密度与电场强度满足欧姆定律的微分形式，这样两个导体间的电阻表示为电场强度的积分形式，即

$$R = \frac{U}{I} = \frac{\int_l \boldsymbol{E}\cdot \mathrm{d}\boldsymbol{l}}{\int_S \boldsymbol{J}\cdot \mathrm{d}\boldsymbol{S}} = \frac{\int_l \boldsymbol{E}\cdot \mathrm{d}\boldsymbol{l}}{\sigma\int_S \boldsymbol{E}\cdot \mathrm{d}\boldsymbol{S}} \tag{4-42}$$

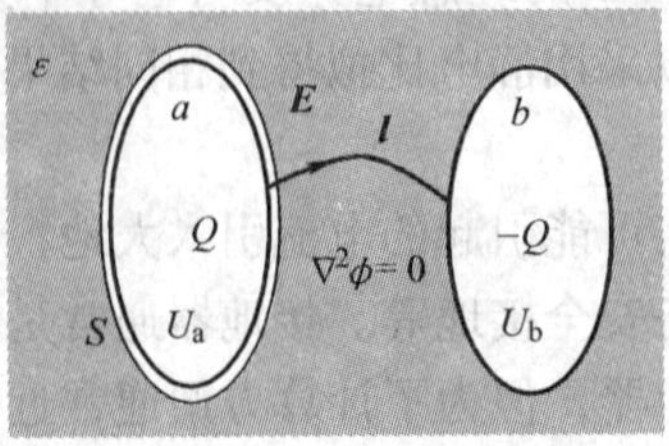

图 4.6　两导体之间填充理想介质

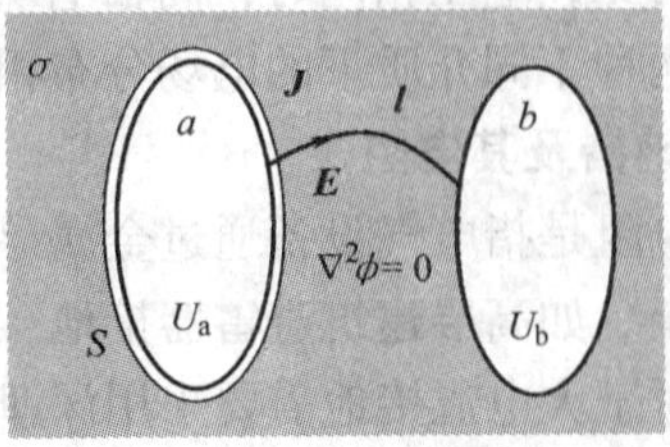

图 4.7　两导体之间填充导电介质

当两个导体之间的电压相同时，无论是填充电导率还是电介质，导体间电位满足拉普拉斯方程，边界条件是导体电位恒定，是等位体，因此电位分布相同。在导体间电压差相同的条件下，空间电场强度分布都相同，这样的恒定电流电场与静电场空间分布相同。于是，由电场强度空间分布相同，电阻或电导与电容参数的关系由式（4-41）和式（4-42）得到

$$RC = \frac{C}{G} = \frac{\varepsilon}{\sigma} \tag{4-43}$$

具体方法是将导电介质更换为理想电介质，计算电容 C，利用静电比拟公式获得电阻 R 或电导 G。特别是两种介质都存在时的电导和电容计算必须单独考虑，但分析电场必须按照恒定电流电场的方法。

例 4.5　假设同轴电缆内导体半径为 a，外导体内半径为 b，其间充满介电常数为 ε 的理想电介质和电导率为 σ 的非理想介质，计算同轴电缆单位长度上的电容与漏电阻。

解答　电缆导体假设为理想导体，利用轴对称性和高斯定理计算。

1）设内导体单位长度电荷密度为 ρ_1，电场强度为

$$\boldsymbol{E} = \boldsymbol{a}_r \frac{\rho_1}{2\pi\varepsilon r}$$

内、外导体电位差为

$$U = \int_a^b \boldsymbol{E}\cdot \boldsymbol{a}_r \mathrm{d}r = \frac{\rho_1}{2\pi\varepsilon}\ln\frac{b}{a}$$

单位长度电容为

$$C_1 = \frac{\rho_1}{U} = \frac{2\pi\varepsilon}{\ln(b/a)}$$

2）设内导体单位长度漏电流 I 沿径向流向外导体，电流密度和电场强度分别为

$$\boldsymbol{J} = \boldsymbol{a}_r \frac{I}{2\pi r},\quad \boldsymbol{E} = \frac{\boldsymbol{J}}{\sigma} = \boldsymbol{a}_r \frac{I}{2\pi\sigma r}$$

内、外导体电位差为

$$U = \int_a^b \boldsymbol{E}\cdot \boldsymbol{a}_r \mathrm{d}r = \frac{I\ln(b/a)}{2\pi\sigma}$$

单位长度电导为

$$G_1 = \frac{I}{U} = \frac{2\pi\sigma}{\ln(b/a)}$$

电压 U 给定时两种情况下的电场强度分布相同，都可以表示为

$$\boldsymbol{E} = \boldsymbol{a}_{\mathrm{r}} \frac{U}{r\ln(b/a)}$$

由此可见，电压相同时，同轴电缆在介电常数为 ε 的理想电介质与电导率为 σ 的非理想介质这两种不同介质下的电场分布相同，说明可以采用静电比拟得到相同结果。

2. 接地器及其电阻

接地电阻是指电气设备通过金属导线深入大地将可能引起的电流引入大地，以确保设备和人身安全。如高层建筑避雷器接地、电力系统设备安全接地等。接地器通常是金属线棒深入地下，对于大电流接地需要采用深埋金属平板接地器，但为了计算方便通常近似地采用金属圆球等效实际接地器，如图 4.8 所示。

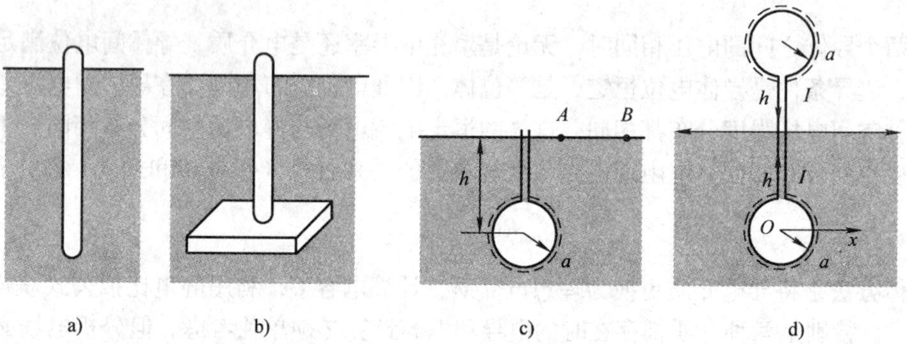

图 4.8　接地器示意图

a）线棒　b）平板　c）圆球　d）镜像法

例 4.6　半径为 a 的导体圆球埋入地下深度为 h，如图 4.8c 所示，计算接地电阻。

解答　假设导体球心距离地面 h，大地电导率为 σ，大地表面电流密度沿 x 轴，根据镜像法，空气中对称地放置一个半径相同的导体球，镜像电流也相同，空气用电导率为 σ 的土壤填充，如图 4.8d 所示。计算导体圆球产生的电场强度，设导体电流为 I，那么两圆球连线上的电场强度为

$$\boldsymbol{E} = \boldsymbol{a}_{\mathrm{y}} \left[\frac{I}{4\pi\sigma y^2} - \frac{I}{4\pi\sigma\ (2h-y)^2} \right]$$

位于地面上的电场强度为

$$\boldsymbol{E} = \boldsymbol{a}_{\mathrm{x}} \frac{xI}{2\pi\sigma(h^2+x^2)^{3/2}}$$

地下导体圆球的电位为

$$U = \int_a^h \boldsymbol{E}\cdot\boldsymbol{a}_{\mathrm{y}}\mathrm{d}r + \int_0^\infty \boldsymbol{E}\cdot\boldsymbol{a}_{\mathrm{x}}\mathrm{d}x = \frac{I}{4\pi\sigma}\left(\frac{1}{a} - \frac{2}{h} + \frac{1}{2h-a}\right) + \frac{I}{2\pi\sigma h} = \frac{hI}{2\pi\sigma a(2h-a)}$$

圆球接地器的接地电阻为

$$R = \frac{U}{I} = \frac{1}{4\pi\sigma a\left(1 - \dfrac{a}{2h}\right)}$$

当 h 足够大时，相当于单个导体球电位，接地电导 $G = 4\pi\sigma a$，而孤立导体圆球在无界理想电介质 ε 中的电容 $C = 4\pi\varepsilon a$。

当导体半球埋置在地表时，半球平面与地面重合，镜像后成为整个圆球深埋地下，半球接地电阻是单个导体圆球的两倍，电导等于深埋孤立圆球的一半，即 $G=2\pi\sigma a$。

例 4.7 金属细棒接地器的外形满足方程$\dfrac{x^2+y^2}{a^2}+\dfrac{z^2}{a^2+c^2}=1$，其中 a 和 c 为常数，下半空间（$z\leqslant 0$）土壤的电导率为 σ，如图 4.9a 所示，计算金属接地器的接地电阻。

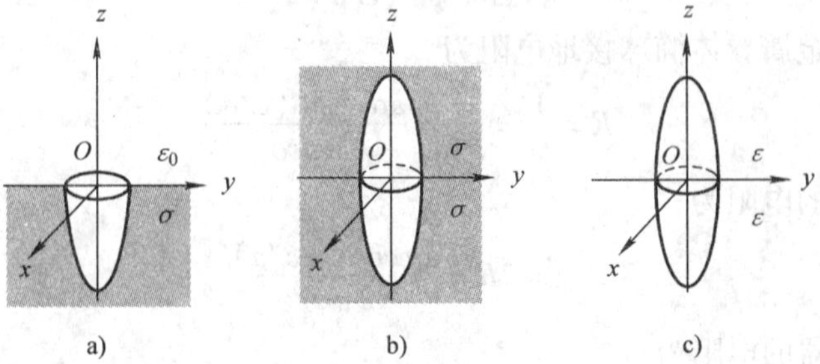

图 4.9 例 4.7 图 接地半椭球导体

a）半椭球接地器 b）镜像法模型 c）静电比拟模型

解答 计算接地电阻，一般的思路是假设从接地器流向土壤大地的电流为 I，计算土壤中电流密度和电场强度分布，从而获得金属接地器的电位和接地电阻。

先利用镜像法，将整个空间充满电导率为 σ 的土壤，镜像后的电流为 $2I$，分别从上、下半椭球流出，保持地面电场强度只有切向分量，金属接地器的电位与原来的问题相同，空间电位满足拉普拉斯方程，这个问题求解比较困难，需要采用已知结论的方法。

利用静电比拟将空间电导率为 σ 的介质改为介电常数为 ε 的理想电介质，保持金属导体的电位不变，静电场电位满足拉普拉斯方程，因此椭球外部电位分布与原来问题相同。这样将原来的恒定电流电场问题转换成静电场问题，只要计算空间电位和金属导体表面的电荷量就可以获得导体电容，进而利用静电比拟得到接地器接地电阻。

由于导体椭球是等位体，等位面满足旋转椭球方程，即

$$\frac{x^2+y^2}{a^2}+\frac{z^2}{a^2+c^2}=1$$

因此，外部电位分布可以看成是位于 z 轴上椭球的两个焦点之间均匀线电荷 ρ_1分布产生的电场，设线电荷密度为 ρ_1，则总电荷量为

$$Q=2c\rho_1$$

均匀线电荷产生的空间电位分布为

$$\phi=\frac{\rho_1}{4\pi\varepsilon}\int_{-c}^{c}\frac{\mathrm{d}l}{[x^2+y^2+(z-l)^2]^{1/2}}=\frac{\rho_1}{4\pi\varepsilon}\ln\frac{\sqrt{x^2+y^2+(z-c)^2}-(z-c)}{\sqrt{x^2+y^2+(z+c)^2}-(z+c)}$$

金属导体椭球外部电位为

$$\phi=\frac{\rho_1}{4\pi\varepsilon}\ln\frac{\sqrt{x^2+y^2+(z-c)^2}-(z-c)}{\sqrt{x^2+y^2+(z+c)^2}-(z+c)},\quad \frac{x^2+y^2}{a^2}+\frac{z^2}{a^2+c^2}\geqslant 1$$

金属导体椭球表面电位可以取 $z=0$，$x^2+y^2=a^2$，则有

$$\phi_c=\frac{\rho_1}{4\pi\varepsilon}\ln\frac{\sqrt{a^2+c^2}+c}{\sqrt{a^2+c^2}-c}=\frac{\rho_1}{2\pi\varepsilon}\ln\left[\sqrt{1+(c/a)^2}+c/a\right]=\frac{\rho_1}{2\pi\varepsilon}\operatorname{arccosh}\left(\frac{c}{a}\right)$$

金属导体椭球电容与焦距 c 和离心率 $c/(a^2+c^2)^{1/2}$ 有关，即

$$C=\frac{Q}{\phi_c}=\frac{4\pi\varepsilon c}{\operatorname{arccosh}(c/a)}$$

对于导体圆球电容，相当于焦距或离心率趋于零的旋转椭球，有

$$C=\lim_{c\to 0}\frac{4\pi\varepsilon c}{\operatorname{arccosh}(c/a)}=4\pi\varepsilon a$$

利用静电比拟得到金属导体椭球接地电阻为

$$R=\frac{1}{G}=\frac{\varepsilon}{\sigma C}=\frac{\operatorname{arccosh}(c/a)}{4\pi c\sigma}$$

导体半椭球接地器的电阻为

$$R_g=2R=\frac{\operatorname{arccosh}(c/a)}{2\pi c\sigma}$$

半个导体圆球接地器的电阻为

$$R_{hs}=\lim_{c\to 0}\frac{\operatorname{arccosh}(c/a)}{2\pi c\sigma}=\frac{1}{2\pi a\sigma}$$

3. 跨步电压

在接地器附近存在恒定电流电场，大地表面电位是分布的，如果人在电位梯度方向跨过一步的距离，那么这一步的电位差称为跨步电压。以图 4.8c 接地器为例计算地面相距为 d 的 A、B 两点间的跨步电压 U_{AB}，其中 A 点和 B 点的横坐标分别为 x 和 $x+d$，得到

$$U_{AB}=\int_x^{x+d}\boldsymbol{E}\cdot\boldsymbol{a}_x\mathrm{d}x=\int_x^{x+d}\frac{xI\mathrm{d}x}{2\pi\sigma(h^2+x^2)^{3/2}}=\frac{I}{2\pi\sigma(h^2+x^2)^{1/2}}-\frac{I}{2\pi\sigma[h^2+(x+d)^2]^{1/2}}$$

令 $u=\sqrt{1+d^2/(3h^2)}$，角度 $\theta=\arctan(u^6-1)$，根据对称性只考虑 x 轴正方向的跨步电压计算，利用微分和代数知识可以求得接地器深度 h 一定时，跨步电压最大的 A 点位置坐标为

$$x_{max}=\sqrt{\frac{h^2}{2u}\sec\frac{\theta}{3}+\frac{d^2}{4}}-\frac{d}{2}$$

最大跨步电压为

$$U_{AB\,max}=\frac{I}{2\pi\sigma(h^2+x_{max}^2)^{1/2}}-\frac{I}{2\pi\sigma[h^2+(x_{max}+d)^2]^{1/2}}$$

当跨步电压在人体内产生的电流超过允许值时，将对人身产生伤害，因此在接地器周围应该有醒目的危险警示标记，以防发生事故。

4.6 非均匀介质问题

对于线性非均匀介质，电场强度是无旋的，可以引入标量电位，在理想介质中无自由电荷体密度，电位移矢量的散度为零，因此静电场电位满足的方程为

$$\nabla\cdot(\varepsilon\nabla\phi)=\varepsilon\nabla^2\phi+\nabla\varepsilon\cdot\nabla\phi=-\rho=0 \tag{4-44}$$

在恒定电流电场中，电流密度的散度等于零，因此电位满足的方程为

$$\nabla\cdot(\sigma\nabla\phi)=\sigma\nabla^2\phi+\nabla\sigma\cdot\nabla\phi=0 \tag{4-45}$$

由式（4-44）和式（4-45）得到，非均匀介质条件下，静电场和恒定电流电场中的电位不再满足泊松方程或拉普拉斯方程，因此直接求解电位方程变得困难。

1. 非均匀理想电介质

非均匀理想电介质是指电导率为零的理想电介质，但介电常数是与空间坐标有关的。

例 4.8 圆柱形平板电容器，极板面积为 S，间距为 d（沿 z 轴），极板间填充非均匀理想电介质，介电常数为 $\varepsilon=\varepsilon_0(1+kz/d)$，其中 k 为常数，两极板间电压为 U_0，计算极板间的电场强度和自由电荷体密度。

解答 设位于 $z=0$ 的极板电位为 U_0，$z=d$ 的极板电位为零。理想电介质无自由电荷，极板间的电位移矢量 $\boldsymbol{D}$ 连续且沿 z 轴方向，极板间电场强度与电位移矢量成线性关系，即

$$\boldsymbol{E}=\boldsymbol{a}_z D/\varepsilon$$

极板间的电压为

$$U_0=\int_0^d \boldsymbol{E}\cdot \mathrm{d}\boldsymbol{l}=\frac{D}{\varepsilon_0}\int_0^d \frac{\mathrm{d}z}{1+kz/d}=\frac{Dd}{\varepsilon_0 k}\ln(1+k)$$

于是，解得电位移矢量和电场强度矢量分别为

$$\boldsymbol{D}=\boldsymbol{a}_z\frac{k\varepsilon_0 U_0}{d\ln(1+k)},\ \boldsymbol{E}=\boldsymbol{a}_z\frac{kU_0}{(d+kz)\ln(1+k)}$$

本题也可以根据电位仅仅是 z 的函数和式（4-44）所确定的电位方程求解，由

$$\varepsilon_0\left(1+\frac{kz}{d}\right)\frac{\mathrm{d}^2\phi}{\mathrm{d}z^2}+\varepsilon_0\frac{k}{d}\frac{\mathrm{d}\phi}{\mathrm{d}z}=0$$

边界条件为 $\phi(0)=U_0$，$\phi(d)=0$；电位方程改写为

$$\frac{\mathrm{d}}{\mathrm{d}z}\left[\varepsilon_0\left(1+\frac{kz}{d}\right)\frac{\mathrm{d}\phi}{\mathrm{d}z}\right]=0$$

考虑到边界条件解得

$$\phi=A+B\ln\left(1+\frac{kz}{d}\right)=U_0-U_0\frac{\ln(1+kz/d)}{\ln(1+k)}$$

电场强度为

$$\boldsymbol{E}=-\nabla\phi=\boldsymbol{a}_z\frac{kU_0}{(d+kz)\ln(1+k)}$$

2. 非理想电介质

非理想电介质是指具有导电性的电介质，这里主要分析电导率为常数的线性且各向同性的非均匀电介质中的电场分布和自由电荷密度分布。

例 4.9 例 4.8 中填充介质的电导率为 σ，介电常数为 $\varepsilon=\varepsilon_0(1+kz/d)$，两极板间电压为 U_0，计算极板间的电场强度。

解答 因存在导电介质，自由电荷可以流动，极板间电流密度矢量连续，由电流连续性原理可知，电流密度的散度为零，介质中自由体电荷密度恒定，根据欧姆定律微分形式得到电场强度与电流密度的关系为

$$\boldsymbol{E}=\boldsymbol{a}_z\frac{J}{\sigma}=\boldsymbol{a}_z\frac{U_0}{d}$$

电流密度为

$$\boldsymbol{J}=\boldsymbol{a}_z\frac{\sigma U_0}{d}$$

电位移矢量为

$$\boldsymbol{D}=\varepsilon\boldsymbol{E}=\boldsymbol{a}_z\frac{\varepsilon_0 U_0}{d^2}\ (d+kz)$$

自由电荷体密度为

$$\rho=\nabla\cdot\boldsymbol{D}=\frac{k\varepsilon_0 U_0}{d^2}$$

本题电导率为大于零的常数，由式（4-45）得到电位满足拉普拉斯方程且解是关于 z 的线性函数，由边界条件得到电位和电场强度分别为

$$\phi=A+Bz=U_0\left(1-\frac{z}{d}\right)$$

$$\boldsymbol{E}=-\nabla\phi=\boldsymbol{a}_z\frac{U_0}{d}$$

上述两个例子都没有考虑动态时变过程，仅仅分析稳态静电场和恒定电流电场情况。如果 $k=0$，即均匀介质，结果是显然的。稳态条件下极化强度和极化电荷密度留给读者自己完成。

思考题与习题

1. 为什么需要局外电场来维持导体中的恒定电流?

2. 恒定电流电场中，两种导体交界面上存在面电荷的条件是什么?

3. 如果导体的电导率随空间位置变化，那么电位与电导率具有怎样的关系?

4. 已知半径为 a 的极薄导体圆盘带电荷量 Q 时的面电荷密度为 $Q(2\pi a\sqrt{a^2-r^2})^{-1}$，其中 r 为到圆心的距离，当圆盘绕垂直平面对称轴以角速度 ω 旋转时，如图 4.10 所示，求面电流密度。

5. 已知盘式单极直流发电机的内、外电极半径分别为 a 和 $1.732a$，圆盘转向和均匀磁感应强度方向如图 4.11 所示，发电机总电流为 I，计算圆盘上均匀分布的面电流密度。

6. 半径为 b 的导线由两种介质制成，半径为 $a(a<b)$ 的同轴芯线的电导率为 σ_a，外包层的电导率为 σ_b，如图 4.12 所示，计算导线流过总电流 I 时，导线单位长度的损耗功率和电阻。

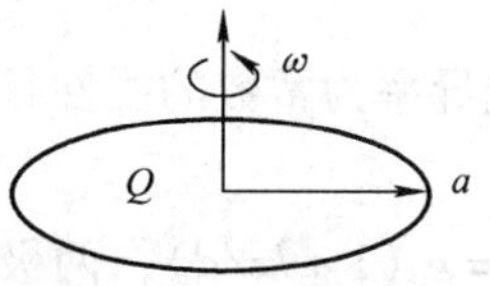

图 4.10　习题 4 图

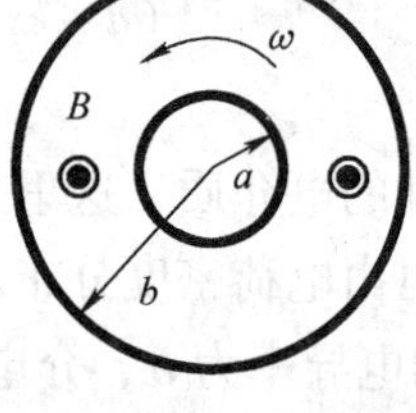

图 4.11　习题 5 图

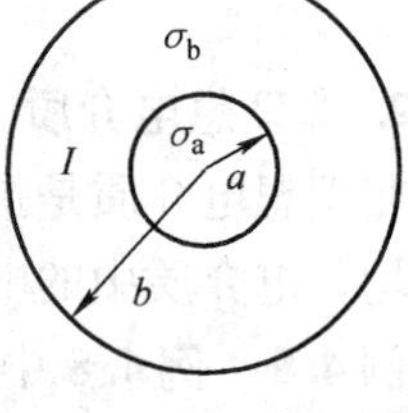

图 4.12　习题 6 图

7. 同轴电缆的内导体半径为 a，外导体内半径为 b，内、外导体间的电压为 U_0，求：

1）真空介质状态下的静电场和电位分布。

2）填充相对磁导率为 1.0、相对介电常数为 2.0、漏电导为 σ 的导电介质时，单位长度的漏电阻和损耗功率。

8. 电导率为 σ_2 的均匀导电介质中，有沿 x 轴的均匀电流密度 $\boldsymbol{J}_0$，将电导率为 σ_1、半径为 a 的无限长圆柱体放入此导电介质中，圆柱的轴线沿 z 轴，求圆柱内、外电流密度分布，交界面上的自由面电荷密度。

9. 同轴电缆的内导体半径为 a，外导体内半径为 c，其中填充两种非理想介质，分界面半径为 b，内、外介质参数分别为 σ_1、ε_1 和 σ_2、ε_2，内导体与外导体间电压 U_0 给定。求：

1）电场分布。

2）交界面自由电荷密度。

3）单位长度电容、漏电阻和损耗功率。

10. 两个半径为 a 的导体小球，相距为 $d(d>>a)$，周围充满电导率为 σ 的均匀介质，计算两导体小球之间的漏电阻。

11. 面积为 S 的平行板电容器，间距为 d，填充厚度分别为 a 和 b 的电介质($d=a+b$)，两种介质的介电常数和电导率分别为 ε_a、σ_a 和 ε_b、σ_b，已知极板间施加的电压为 U_0。忽略边缘效应，计算：

1）电场强度。

2）电流密度。

3）两极板表面和电介质交界面上的自由电荷面密度。

4）等效电容。

5）等效漏电阻和损耗功率。

6）画出有损耗电容器的等效电路。

12. 双极性高压直流电站因故单极性运行，输电电流为 I_{dc}，球形接地器半径为 a，深度为 h，土壤电导率为 σ，与接地点相距分别为 d_1 和 d_2 处有两台配电变压器，变压器的中性点都接地，假设两台变压器中性点之间线路的等效电阻为 R_{dc}，如图 4.13 所示，忽略直流偏置电流 I_b 对大地电场分布的影响，计算该直流偏置电流。

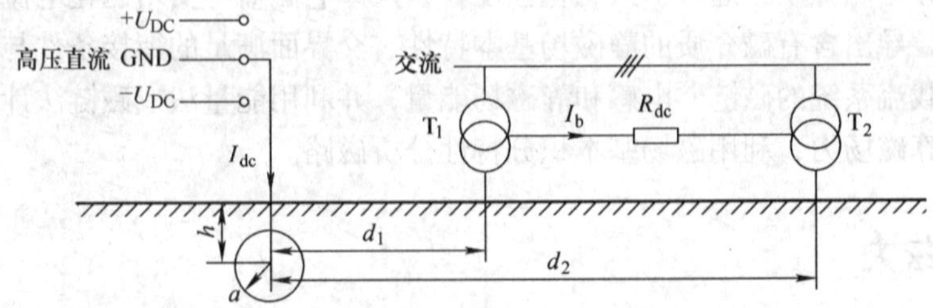

图 4.13　单极高压直流接地器附近的接地变压器

13. 双极性高压直流电站，容量为 6400MW，电压为 ±800kV，将接地器看成是金属圆球，土壤电导率为 σ，正常运行时，接地器没有电流，发生单极故障时直流母线电流流入大地回路，计算接地电流。要使地面跨步电压小于 U_0，接地电阻小于 R_0，计算接地器的深度和半径的关系。

14. 已知两导体之间施加 1000V 直流电压，测得直流电流为 0.5mA，计算绝缘电阻和介质直流损耗功率。

第 5 章　静　磁　学

第 3 章分析了静止电荷产生的静电场，第 4 章分析了导体中稳定运动电荷或恒定电流产生的电场，它们都是无旋场，但静电能量存储在空间或导体间的电容器中，而恒定电流电场的能量是以热能的形式耗散在导体的电阻中。恒定电流还会产生静磁场，本章主要介绍静磁能量的基础理论、问题求解方法和存储元件。首先介绍运动电荷在磁场中受到的洛仑兹力，并导出载流导体在外磁场中的电磁力和电磁转矩。然后介绍载流回路之间的安培定律，说明电流是产生磁场的场源，并根据毕奥 - 萨伐尔定律导出磁感应强度的积分表达式，利用数学方法证明磁感应强度是一种旋度场，因此是无散的，由此说明磁通遵循连续性原理，磁感应强度没有散度源，其旋度源与电流密度和磁介质磁导率有关，为此引入与介质特性无关的磁场强度，导出自由空间中磁场的基本特性。接着介绍磁位及其满足的方程，并由分子电流模型的磁偶极子介绍磁介质，通过引入磁化强度，以及库仑磁荷与安培磁化电流观点分析磁介质产生的磁位，导出含有磁介质的静磁场基本特性、交界面满足的衔接条件与静磁场边值问题。最后介绍载流系统的磁链、电感和静磁场能量，并利用能量法或磁链法计算电感，利用虚位移原理计算磁场力，利用磁场基本积分特性分析磁路。

5.1　洛仑兹力

带正电荷量 q 的点电荷在磁场 $\boldsymbol{B}$ 中以速度 $\boldsymbol{v}$ 运动受到磁场力 $\boldsymbol{F}$，根据洛仑兹力得到

$$\boldsymbol{F} = q\boldsymbol{v} \times \boldsymbol{B} \tag{5-1}$$

正电荷的速度矢量 $\boldsymbol{v}$、磁感应强度矢量 $\boldsymbol{B}$ 和磁场力矢量 $\boldsymbol{F}$ 三者符合右手螺旋关系，如图 5.1a 所示。当速度矢量与磁感应强度矢量平行时受到的磁场力为零，将不改变电荷运动状态。当速度矢量与磁感应强度矢量垂直时，磁场力提供改变运动状态的向心力。无论何种运动状态，磁场力对运动电荷只改变动量方向，不对电荷做功，因此不改变动能，磁场力提供的功率恒等于零，即

$$P = \boldsymbol{F} \cdot \boldsymbol{v} = (q\boldsymbol{v} \times \boldsymbol{B}) \cdot \boldsymbol{v} = 0 \tag{5-2}$$

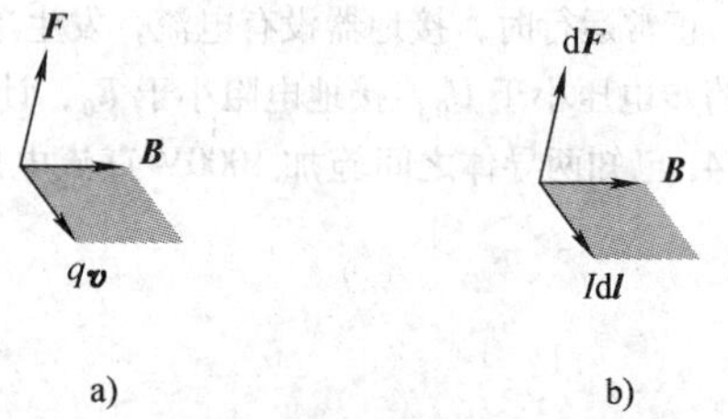

图 5.1　磁场对运动电荷的作用力

a）磁场中的运动电荷　b）磁场中的电流元

利用磁场对电荷作用改变运动路径可以约束带电粒子的运动轨迹，并利用不同电荷与质量比分离带电粒子。

导体中电荷运动形成电流，用符号 I 表示，单位为安培（A）。单位时间内通过导体横截面上的电荷量 q、单位长度导线上的电流元矢量 $I\mathrm{d}\boldsymbol{l}$ 与运动速度 $\boldsymbol{v}$ 的关系是

$$I\mathrm{d}\boldsymbol{l} = q\boldsymbol{v} \tag{5-3}$$

线电流元在磁场中受到的力与磁感应强度 $\boldsymbol{B}$ 的关系由式（5-1）和式（5-3）得到

$$\mathrm{d}\boldsymbol{F} = I\mathrm{d}\boldsymbol{l} \times \boldsymbol{B} \tag{5-4a}$$

其中，线元矢量的方向与电流流向一致。

式（5-4a）表明，磁场力总是垂直于线电流元与磁场方向构成的平面，如图 5.1b 所示。同样地，面电流元 $\boldsymbol{J}_s \mathrm{d}S$ 和体电流元 $\boldsymbol{J}\mathrm{d}V$ 在磁场 $\boldsymbol{B}$ 中受到的力可以分别表示为

$$\mathrm{d}\boldsymbol{F} = \boldsymbol{J}_s \times \boldsymbol{B}\mathrm{d}S \tag{5-4b}$$

$$\mathrm{d}\boldsymbol{F} = \boldsymbol{J} \times \boldsymbol{B}\mathrm{d}V \tag{5-4c}$$

式（5-4）表明，当电流方向与磁场平行时，磁场力等于零，当线电流元与磁场垂直时，单位长度导线上电流受到的磁场力最大。因此电流密度 $\boldsymbol{J}$、磁感应强度 $\boldsymbol{B}$ 和磁场力 $\boldsymbol{F}$ 三者空间相互正交是设计机电能量转换装置最基本的思想。

对于导体电流为 I 的回路 $\boldsymbol{l}$ 来说，磁场力等于回路线积分，即

$$\boldsymbol{F} = \oint_c I\mathrm{d}\boldsymbol{l} \times \boldsymbol{B} \tag{5-5a}$$

类似地，面电流和体电流空间在磁场中受到的磁场力分别为

$$\boldsymbol{F} = \int_S \boldsymbol{J}_s \times \boldsymbol{B}\mathrm{d}S \tag{5-5b}$$

$$\boldsymbol{F} = \int_V \boldsymbol{J} \times \boldsymbol{B}\mathrm{d}V \tag{5-5c}$$

需要指出的是，电流回路自身磁场产生的磁场作用力等于零，因此载流回路受到的磁场力即是电流体在外磁场中的作用力。导体内运动电荷密度与电流密度的关系为

$$\boldsymbol{J} = \rho \boldsymbol{v} \tag{5-6}$$

导体内电流在磁场中单位体积受到的力为

$$\boldsymbol{f} = \rho \boldsymbol{v} \times \boldsymbol{B} = \boldsymbol{J} \times \boldsymbol{B} \tag{5-7}$$

如图 5.2 所示，载流导体回路 $abcd$ 的边 ab 在外磁场 $\boldsymbol{B}$ 中受到的电磁转矩 $\mathrm{d}\boldsymbol{T}$ 等于磁场力矢量 $\mathrm{d}\boldsymbol{F}$ 与空间点 O 到作用点 P 矢径 $\boldsymbol{r}$ 的矢量叉乘关系，即

$$\mathrm{d}\boldsymbol{T} = \boldsymbol{r} \times \mathrm{d}\boldsymbol{F} \tag{5-8}$$

将式（5-4c）代入式（5-8）后对电流空间积分得到电磁转矩表达式为

$$\boldsymbol{T} = \int_V \boldsymbol{r} \times (\boldsymbol{J} \times \boldsymbol{B})\mathrm{d}V \tag{5-9}$$

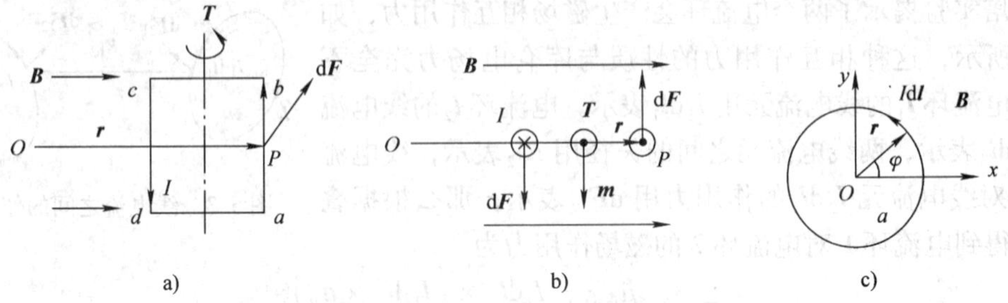

图 5.2　磁场力产生的转矩

a）载流回路产生的转矩　b）俯视图　c）均匀磁场中的圆环线电流

将式（5-9）中体电流密度体积分改为面电流密度面积分或者线电流线积分，可以得到面电流、线电流系统在外磁场中的电磁转矩表达式。

例 5.1　计算半径为 a、载流为 I 的线电流圆环在均匀磁场 $\boldsymbol{B}$ 中受到的转矩 $\boldsymbol{T}$。

解答　为了方便起见，将电流环放置在 xOy 平面内，电流环平面单位法矢量为 $\boldsymbol{a}_n = \boldsymbol{a}_z$，且圆心位于原点，如图 5.2c 所示。电流环受到的电磁转矩利用圆柱坐标计算得

$$T = \oint_l R \times (I\mathrm{d}l \times B) = \int_0^{2\pi} R \times (Ia_\varphi \times B) a\mathrm{d}\varphi$$

利用矢量运算恒等式$R \times (a_\varphi \times B) = a_\varphi (R \cdot B) - B(R \cdot a_\varphi)$，矢径$R = aa_r - r_0$，其中$r_0$为转矩作用点矢径，是常矢量，并考虑到积分$\int_0^{2\pi} a_\varphi \mathrm{d}\varphi = 0$，得到电磁转矩为

$$\begin{aligned} T &= \int_0^{2\pi} Ia_\varphi (aa_r \cdot B - r_0 \cdot B) a\mathrm{d}\varphi + \int_0^{2\pi} B(r_0 \cdot Ia_\varphi) a\mathrm{d}\varphi \\ &= Ia^2 \int_0^{2\pi} a_\varphi (a_r \cdot B) \mathrm{d}\varphi \\ &= Ia^2 \int_0^{2\pi} (-a_x \sin\varphi + a_y \cos\varphi)(B_x \cos\varphi + B_y \sin\varphi) \mathrm{d}\varphi \\ &= I\pi a^2 (-B_y a_x + B_x a_y) = I\pi a^2 a_z \times B = m \times B \end{aligned}$$

其中，电流环具有的磁偶极矩$m = \pi a^2 I a_n$，即电流与面积乘积，方向为与电流流向符合右手螺旋关系的单位法矢量方向。

由图 5. 2b 可以判断磁偶极矩方向与磁感应强度矢量和转矩的关系。在电流连续和磁场均匀的条件下，转矩的计算与坐标原点无关。而在非均匀磁场中通常需要计算相对于旋转轴的转矩。

5.2 安培定律

两个点电荷产生的电场力，大小与电荷量成正比，而与距离二次方成反比，方向在点电荷连线上，这是库仑实验的重要结论。相对于静电理论，人们对磁的认识和理论研究起步较晚，但自从奥斯特实验发现通电导线能使磁针偏转且稳定于垂直导线位置这一现象之后，很快奠定了磁学理论基础，其中法国学者的贡献最为突出，毕奥 - 萨伐尔通过实验得出磁感应强度的计算公式，安培通过实验导出了两个载流回路之间的磁场相互作用力，后来法拉第实验发现了电磁感应原理。

安培实验揭示了两个电流环会产生磁场相互作用力，如图 5. 3 所示，这种相互作用力的性质与库仑电场力完全不同，若电流环l_1的线电流元用$I_1\mathrm{d}l_1$表示，电流环l_2的线电流元用$I_2\mathrm{d}l_2$表示，两线电流元之间的矢径用R_{12}表示，线电流元$I_1\mathrm{d}l_1$对线电流元$I_2\mathrm{d}l_2$的作用力用$\mathrm{d}F_{12}$表示，那么根据叠加原理得到电流环 1 对电流环 2 的磁场作用力为

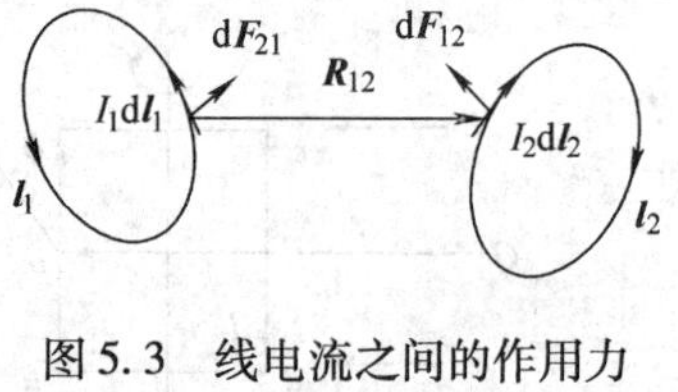

图 5. 3 线电流之间的作用力

$$F_{12} = \frac{\mu_0}{4\pi} \oint_{l_2} \oint_{l_1} \frac{I_2 \mathrm{d}l_2 \times (I_1 \mathrm{d}l_1 \times a_R)}{R^2} \tag{5-10}$$

需要说明的是，任意两个线电流元之间的磁场作用力是不同的，如图 5. 3 所示，但任意两个闭合电流环之间的作用力大小相等方向相反。这是因为

$$\mathrm{d}F_{12} = \frac{\mu_0}{4\pi} \frac{I_2 \mathrm{d}l_2 \times (I_1 \mathrm{d}l_1 \times a_R)}{R^2}, \mathrm{d}F_{21} = -\frac{\mu_0}{4\pi} \frac{I_1 \mathrm{d}l_1 \times (I_2 \mathrm{d}l_2 \times a_R)}{R^2} \tag{5-11}$$

利用矢量恒等式$A \times (B \times C) = B(A \cdot C) - C(A \cdot B)$，电流恒定时，线电流环 1 对线电流环 2 的作用力表达式（5-10）可以改写为

$$\boldsymbol{F}_{12} = \frac{\mu_0 I_1 I_2}{4\pi}\oint_{l_2}\oint_{l_1}\frac{(\boldsymbol{a}_R \cdot \mathrm{d}\boldsymbol{l}_2)\mathrm{d}\boldsymbol{l}_1}{R^2} - \frac{\mu_0}{4\pi}\oint_{l_2}\oint_{l_1}\frac{(I_2\mathrm{d}\boldsymbol{l}_2 \cdot I_1\mathrm{d}\boldsymbol{l}_1)\boldsymbol{a}_R}{R^2} \tag{5-12}$$

考虑到梯度场沿任意闭合回路积分等于零，式（5-12）右边第一项交换积分次序后，沿闭合回路$\boldsymbol{l}_2$的积分为零，右边第二项在电流恒定的条件下变为

$$\boldsymbol{F}_{12} = -\frac{\mu_0}{4\pi}\oint_{l_2}\oint_{l_1}\frac{(I_2\mathrm{d}\boldsymbol{l}_2 \cdot I_1\mathrm{d}\boldsymbol{l}_1)\boldsymbol{a}_R}{R^2} \tag{5-13}$$

式（5-13）表明两个回路积分地位相同，所不同的是单位矢量指向，因此线电流环 1 对线电流环 2 的作用力$\boldsymbol{F}_{12}$与线电流环 2 对线电流环 1 的作用力$\boldsymbol{F}_{21}$大小相等、方向相反。进一步可以得到两个电流连续的系统之间的安培力大小相等、方向相反。

由安培定律可以获得运动点电荷 q_1对 q_2的磁场力为

$$\boldsymbol{F}_{12} = \frac{\mu_0 q_1 q_2}{4\pi}\frac{\boldsymbol{v}_2 \times (\boldsymbol{v}_1 \times \boldsymbol{a}_R)}{R^2} \tag{5-14}$$

式中，单位矢量$\boldsymbol{a}_R$由点电荷 q_1指向点电荷 q_2，点电荷 q_1和 q_2的速度分别为$\boldsymbol{v}_1$和$\boldsymbol{v}_2$。

自由空间中，当两点电荷速度相同，即$\boldsymbol{v}_1=\boldsymbol{v}_2=\boldsymbol{v}$且垂直于点电荷连线时，磁场力与电场力方向相反，大小之比为速度与光速之比的二次方：$F_m/F_e=(v/c)^2$。尽管运动电荷之间的磁场力很小，但载流导体在磁场中产生的安培力相当大。这是因为导体内单位体积的自由电荷量很大，约 $10^{28}/m^3$，即单位体积内自由电荷浓度很高。

5.3 毕奥－萨伐尔定律与磁感应强度

1. 磁感应强度的概念

与电场强度的定义为单位电荷受到的电场力类似，单位电流线元在外磁场中受到的最大磁场力大小与线元长度之比定义为该点的磁感应强度大小，磁感应强度的方向与电流和受力方向垂直且满足右手螺旋关系。

由式（5-11）和式（5-4）可以得到毕奥－萨伐尔（Biot－Savart）定律，即

$$\mathrm{d}\boldsymbol{B} = \frac{\mu_0}{4\pi}\frac{I\mathrm{d}\boldsymbol{l} \times \boldsymbol{a}_R}{R^2} \tag{5-15}$$

式中，真空中的磁导率为$\mu_0=4\pi\times10^{-7}$ H/m；电流 I 的单位是安培（A）；磁感应强度的单位是特斯拉（T），或者韦伯/米^2（Wb/m^2），因此，磁感应强度也称为磁通量密度，简称磁密。

由式（5-15）可知，线电流元$I\mathrm{d}\boldsymbol{l}$对磁感应强度的贡献总是垂直于线元矢量 d$\boldsymbol{l}$ 和线元到场点位置矢径 $\boldsymbol{R}$ 构成的平面。当线电流元矢量 d$\boldsymbol{l}$ 与矢径 $\boldsymbol{R}$ 平行时，对磁感应强度的贡献为零。平面内的线电流在该平面上产生的磁感应强度与该平面垂直。

对于线电流环产生的空间磁感应强度由式（5-15）定义为闭合曲线积分，得

$$\boldsymbol{B} = \frac{\mu_0}{4\pi}\oint_l\frac{I\mathrm{d}\boldsymbol{l} \times \boldsymbol{a}_R}{R^2} \tag{5-16}$$

一般地，给定电流源区域（满足电流连续性条件）的电流元可以等价地表示为

$$I\mathrm{d}\boldsymbol{l} = \boldsymbol{J}_s\mathrm{d}S = \boldsymbol{J}\mathrm{d}V \tag{5-17}$$

面电流和体电流密度产生的磁感应强度分别为

$$\boldsymbol{B} = \frac{\mu_0}{4\pi}\int_S \frac{\boldsymbol{J}_s \mathrm{d}S \times \boldsymbol{a}_R}{R^2} \tag{5-18a}$$

$$\boldsymbol{B} = \frac{\mu_0}{4\pi}\int_V \frac{\boldsymbol{J} \times \boldsymbol{a}_R \mathrm{d}V}{R^2} \tag{5-18b}$$

统一地将三种电流密度形式产生的磁感应强度，即式（5-16）和式（5-18）写成

$$\boldsymbol{B} = \frac{\mu_0}{4\pi}\int_\Omega \frac{\boldsymbol{J}_\Omega \mathrm{d}\Omega \times \boldsymbol{a}_R}{R^2} = \frac{\mu_0}{4\pi}\int_\Omega \nabla G \times \boldsymbol{J}_\Omega \mathrm{d}\Omega \tag{5-19}$$

式中，$\mathrm{d}\Omega$ 是任何空间电流密度元；∇G 是对格林函数 G 的场点坐标计算梯度。

例 5.2 如图 5.4 所示，计算无限长直载流导线产生的磁感应强度。

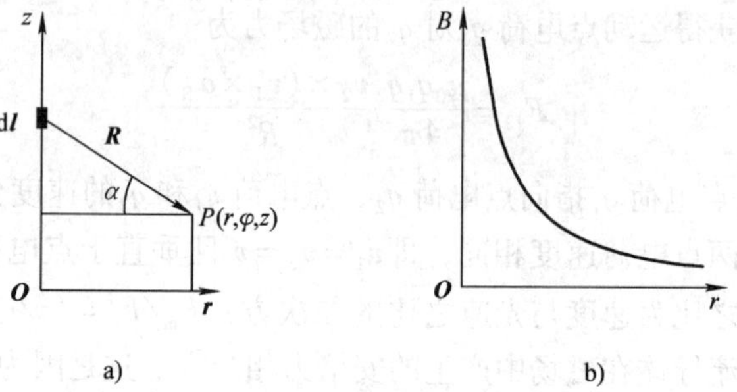

图 5.4 例 5.2 图 长直载流导线产生的磁场

a）计算模型 b）磁感应强度分布曲线

解答 假设电流 I 沿 z 轴正方向流动，以导线为 z 轴建立圆柱坐标系，利用轴对称性，磁场与坐标 z 无关，垂直于 z 轴平面上的磁场都相同，是二维平行平面场，磁感应强度为

$$\boldsymbol{B} = \frac{\mu_0 I}{4\pi}\int_l \frac{\boldsymbol{a}_z \mathrm{d}l \times \boldsymbol{R}}{R^3} \tag{5-20}$$

场点 P 的坐标为（r，φ，z），线电流元位置为（0，0，l），由图 5.4a 得到矢径 $\boldsymbol{R} = \boldsymbol{a}_r r - \boldsymbol{a}_z r\tan\alpha$，矢径长度 $R = r\sec\alpha$，线电流元长度 $\mathrm{d}l = \mathrm{d}(r\tan\alpha)$，代入式（5-17）得到

$$\boldsymbol{B} = \frac{\mu_0 I}{4\pi}\int_{-\pi/2}^{\pi/2} \frac{\mathrm{d}(r\tan\alpha)\boldsymbol{a}_z \times (\boldsymbol{a}_r r - \boldsymbol{a}_z r\tan\alpha)}{(r\sec\alpha)^3} = \boldsymbol{a}_\varphi \frac{\mu_0 I}{4\pi r}\int_{-\pi/2}^{\pi/2} \cos\alpha \mathrm{d}\alpha = \boldsymbol{a}_\varphi \frac{\mu_0 I}{2\pi r}$$

由此可见，平面内的线电流产生的磁感应强度垂直于该平面。长直线电流产生围绕线电流的旋涡磁场，在任意 z 值平面内磁感应线是以电流为中心的同心圆环，由于磁场与 z 坐标无关，只与圆柱坐标 r 和角度 φ 有关，因此是二维平行平面场，磁感应强度大小与坐标 r 的关系满足双曲线位于第一象限的分支，如图 5.4b 所示。不难验证，磁感应强度的散度为零。除了 $r=0$ 处外，磁感应强度的旋度处处为零，说明电流是磁场的旋涡源。

值得注意的是，磁感应强度中间等式积分角度 α 的上、下限改为一般的俯仰角度可以得到任意长度载流线段在空间产生的磁感应强度表达式。

2. 磁通连续性原理

磁感应强度在有向曲面上的通量称为磁通量，磁感应线是闭合曲线，因此磁通是连续的。为此利用矢量恒等式 $\nabla \times (G\boldsymbol{J}) = \nabla G \times \boldsymbol{J} + G\nabla \times \boldsymbol{J}$，并将哈密顿算子作用在场点坐标，电流密度是场源坐标函数，因此其旋度为零，即 $\nabla \times \boldsymbol{J} = \boldsymbol{0}$，将电流密度统一成体电流密度形式，磁感应强度积分式（5-19）可以改写为

$$\boldsymbol{B} = \frac{\mu_0}{4\pi}\int_{\Omega} \nabla\times\left(\frac{\boldsymbol{J}\mathrm{d}\Omega}{R}\right) - \frac{\mu_0}{4\pi}\int_{\Omega}\frac{\nabla\times(\boldsymbol{J}\mathrm{d}\Omega)}{R} = \nabla\times\left[\frac{\mu_0}{4\pi}\int_{\Omega}\frac{\boldsymbol{J}\mathrm{d}\Omega}{R}\right] \tag{5-21}$$

式（5-21）表明，磁感应强度是某一矢量场的旋度，利用矢量场中旋度的散度等于零的性质，磁感应强度的散度恒等于零，即

$$\nabla\cdot\boldsymbol{B} = 0 \tag{5-22}$$

式（5-22）表明，磁感应强度矢量场是无散的，磁感应强度矢量线是封闭的，磁场是一种管形场，即管壁上磁感应强度只有沿管道的切向分量，管道内磁通量是不变的，磁通在管内是连续的。由高斯散度定理，磁感应强度矢量场在任意闭合曲面上的通量为零，即

$$\oint_S \boldsymbol{B}\cdot\mathrm{d}\boldsymbol{S} = 0 \tag{5-23}$$

式（5-22）和式（5-23）分别表示磁通连续性原理的微分和积分形式，流入任意闭合曲面的磁通量等于流出该闭合曲面的磁通量。

3. 自由空间中安培环流定律

如图 5.5 所示，磁感应强度沿任意闭合曲线的积分与以闭合曲线为边界的曲面上的电流密度通量相关，即安培环路定律，有

$$\oint_l \boldsymbol{B}\cdot\mathrm{d}\boldsymbol{l} = \mu_0\int_S \boldsymbol{J}\cdot\mathrm{d}\boldsymbol{S} = \mu_0 I \tag{5-24}$$

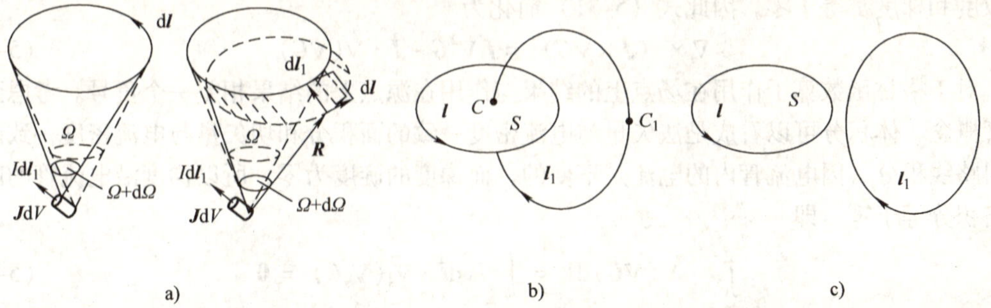

图 5.5　磁感应强度环量

a）立体角变化（回路 l 静止与相对移动）　b）回路 l_1 与回路 l 互连　c）回路 l_1 与回路 l 分离

根据图 5.5，对体电流引入电流管的概念，即电流密度矢量在管壁上只有沿管道的切向分量，因静磁场中电流密度的散度为零，将电流源的体电流密度用电流管的形式表示为 $\boldsymbol{J}\mathrm{d}V = \boldsymbol{J}(\mathrm{d}\boldsymbol{S}\cdot\mathrm{d}\boldsymbol{l}_1) = (\boldsymbol{J}\cdot\mathrm{d}\boldsymbol{S})\mathrm{d}\boldsymbol{l}_1$，电流管的回路 $\boldsymbol{l}_1$，回路方向与电流密度方向一致，电流管内电流密度的通量不变，产生的磁感应强度在闭合回路 $\boldsymbol{l}$ 上的环量为

$$\oint_l \boldsymbol{B}\cdot\mathrm{d}\boldsymbol{l} = \oint_l \frac{\mu_0}{4\pi}\int_{S_1}\boldsymbol{J}\cdot\mathrm{d}\boldsymbol{S}\oint_{l_1}\frac{(\mathrm{d}\boldsymbol{l}_1\times\boldsymbol{a}_R)\cdot\mathrm{d}\boldsymbol{l}}{R^2} \tag{5-25}$$

利用矢量混合运算并交换积分次序，式（5-25）可以改写为

$$\oint_l \boldsymbol{B}\cdot\mathrm{d}\boldsymbol{l} = \frac{\mu_0}{4\pi}\int_{S_1}\boldsymbol{J}\cdot\mathrm{d}\boldsymbol{S}\oint_{l_1}\oint_l\frac{(\mathrm{d}\boldsymbol{l}\times\mathrm{d}\boldsymbol{l}_1)\cdot\boldsymbol{a}_R}{R^2} \tag{5-26}$$

式中，闭合回路线积分等于立体角变化量，即图 5.5a 带状曲面与线电流元所张的立体角，有

$$\oint_l \frac{(\mathrm{d}\boldsymbol{l}\times\mathrm{d}\boldsymbol{l}_1)\cdot\boldsymbol{a}_R}{R^2} = \mathrm{d}\Omega \tag{5-27}$$

式（5-27）表示沿电流管回路l_1移动时观测到闭合回路$\boldsymbol{l}$为边界的曲面立体角变化。当电流管不穿越闭合回路$\boldsymbol{l}$所围平面时，立体角沿电流管回路一周变化为零，如图 5.5c 所示。当电流管穿越闭合回路$\boldsymbol{l}$所围平面时，如果穿越方向与闭合回路$\boldsymbol{l}$符合右手螺旋关系，那么立体角沿电流管回路一周变化为正的 4π，否则为负的 4π，如图 5.5b 所示。因此，式（5-26）的面积分变为以回路$\boldsymbol{l}$为边界的曲面积分，有

$$\oint_l \boldsymbol{B} \cdot \mathrm{d}\boldsymbol{l} = \frac{\mu_0}{4\pi}\int_{S_1} \boldsymbol{J} \cdot \mathrm{d}\boldsymbol{S} \oint_{l_1} \mathrm{d}\Omega = \mu_0 \int_S \boldsymbol{J} \cdot \mathrm{d}\boldsymbol{S} = \mu_0 I \tag{5-28}$$

式中，电流I是以回路$\boldsymbol{l}$为边界的曲面S上电流密度的通量。

另外，利用矢量环量与旋度面积分的关系，有

$$\oint_l \boldsymbol{B} \cdot \mathrm{d}\boldsymbol{l} = \int_S (\nabla \times \boldsymbol{B}) \cdot \mathrm{d}\boldsymbol{S} \tag{5-29}$$

计算磁感应强度的旋度，由式（5-18）或式（5-19）得到

$$\nabla \times \boldsymbol{B} = -\frac{\mu_0}{4\pi}\int_V \nabla \times (\boldsymbol{J}\mathrm{d}V \times \nabla G) \tag{5-30}$$

利用两个矢量叉乘的旋度计算公式

$$\nabla \times (\boldsymbol{J} \times \nabla G) = \boldsymbol{J}\,\nabla \cdot \nabla G - \nabla G\,\nabla \cdot \boldsymbol{J} + \nabla G \cdot \nabla \boldsymbol{J} - \boldsymbol{J} \cdot \nabla(\nabla G) \tag{5-31}$$

哈密顿算子是作用在场点坐标上，对源点坐标函数作用的结果等于零，即作用在电流密度上的散度和梯度都等于零，因此式（5-31）简化为

$$\nabla \times (\boldsymbol{J} \times \nabla G) = \boldsymbol{J}\,\nabla^2 G - \boldsymbol{J} \cdot \nabla(\nabla G) \tag{5-32}$$

对于格林函数算子作用在场点上的结果与作用在源点上的结果相差一个负号。考虑到电流管概念，体积分可以看成是法矢量与电流密度一致的面积分和切矢量与电流密度一致的闭合回路线积分，因电流管内的电流是不变的，而梯度的旋度为零，所以梯度沿电流管的闭合回路积分等于零，即

$$\int_V \boldsymbol{J} \cdot \nabla(\nabla G)\mathrm{d}V = \int_S \mathrm{d}I \oint_l \mathrm{d}\boldsymbol{l} \cdot \nabla_s(\nabla_s G) = \boldsymbol{0} \tag{5-33}$$

考虑到格林函数的拉普拉斯算子结果为式（2-57），于是，磁感应强度的旋度为

$$\nabla \times \boldsymbol{B} = \frac{\mu_0}{4\pi}\int_V \boldsymbol{J}\mathrm{d}V\,\nabla^2 G = \mu_0 \int_V \boldsymbol{J}(\boldsymbol{s})\delta(\boldsymbol{r} - \boldsymbol{s})\mathrm{d}V = \mu_0 \boldsymbol{J}(\boldsymbol{r}) \tag{5-34}$$

将式（5-34）代入式（5-29）并利用斯托克斯定理即可得到安培环路定律表达式(5-24)。

由此说明磁感应强度的旋涡源是电流密度，任意闭合曲线上磁感应强度的环量等于闭合曲线包含的电流和磁导率的乘积，磁感应强度与介质导磁特性有关。

5.4 磁场强度

在静电场中，电场强度与电介质的特性参数有关，为此引入与电介质特性无关的电位移矢量。类似地，自由空间中的静磁场可以引入与介质特性参数无关的磁场场量——磁场强度，用符号$\boldsymbol{H}$表示，单位为安培/米（A/m），磁场强度定义为磁感应强度与磁导率之比，即

$$\boldsymbol{H} = \frac{\boldsymbol{B}}{\mu_0} \tag{5-35}$$

由于自由空间中的磁导率 μ_0 为常数，因此磁场强度矢量总是与磁感应强度矢量一致。由于 μ_0 数值很小，要在自由空间产生 1.0T 的磁感应强度需要 8×10^5 A/m 的面电流，常规铜线制作的磁极体积较大，并将产生大量的焦耳损耗。

将式（5-35）分别代入式（5-34）和式（5-24）得到自由空间中磁场强度的旋度和沿任意闭合曲线的积分满足的方程为

$$\nabla\times\boldsymbol{H}=\boldsymbol{J} \tag{5-36}$$

$$\oint_l \boldsymbol{H}\cdot \mathrm{d}\boldsymbol{l}=\int_S \boldsymbol{J}\cdot \mathrm{d}\boldsymbol{S}=I \tag{5-37}$$

式（5-36）和式（5-37）是著名的安培环路定律（微分与积分形式），也是静磁场的一对特性方程，表明磁场强度的旋涡源是传导电流密度，沿任意闭合曲线的积分等于闭合曲线包含的传导电流，与介质的导磁特性无关。

在没有传导电流的区域，磁场强度的旋度为零，如磁化介质，因此与是否存在磁介质的磁化电流无关。磁化电流的概念和计算方法将在 5.6 节的磁介质特性中介绍。

5.5 磁位

5.5.1 矢量磁位

1. 矢量磁位概述

磁感应强度是旋度场，散度为零，可以表示为一个矢量场的旋度，该矢量场称为矢量磁位，用符号 $\boldsymbol{A}$ 表示，单位为韦伯/米（Wb/m），使得

$$\boldsymbol{B}=\nabla\times\boldsymbol{A} \tag{5-38}$$

而满足这一关系的矢量磁位可以具有形如 $\boldsymbol{A}+\nabla\psi$ 的函数，其中 ψ 是任意具有两阶连续偏导数的标量场。也就是说，要确定矢量磁位 $\boldsymbol{A}$，除了确定其旋度为磁感应强度外，还必须要限制矢量磁位的散度。通常静磁场中选取矢量磁位的散度为零，即

$$\nabla\cdot\boldsymbol{A}=0 \tag{5-39}$$

式（5-39）称为矢量磁位的库仑规范。

当电流位于有限区域时，以无限远处为位函数参考点，由式（5-21）可以发现，满足式（5-38）的矢量磁位表达式为

$$\boldsymbol{A}=\frac{\mu_0}{4\pi}\int_\Omega \frac{\boldsymbol{J}_\Omega \mathrm{d}\Omega}{R}=\frac{\mu_0}{4\pi}\int_\Omega \frac{\boldsymbol{J}_\Omega(\boldsymbol{s})\mathrm{d}\Omega}{|\boldsymbol{r}-\boldsymbol{s}|} \tag{5-40}$$

式中，电流元是式（5-17）中的任意一种或几种的空间叠加。

矢量磁位是正比于磁场的场源电流密度矢量与格林函数乘积的空间卷积，因此是矢量。标量电位是正比于电荷密度与格林函数乘积的空间卷积，是标量。矢量磁位的积分比磁感应强度的积分要简单，因此利用矢量磁位计算磁感应强度相对比较容易。

对于场源电流密度分布区域无限的情况，式（5-40）的积分可能发散，因此矢量磁位的参考点不能选在无穷远处，需要在有限空间内重新定义参考点 $\boldsymbol{r}_0$，于是式（5-40）修改为

$$\boldsymbol{A}=\frac{\mu_0}{4\pi}\int_\Omega\left(\frac{\boldsymbol{J}_\Omega}{|\boldsymbol{r}-\boldsymbol{s}|}-\frac{\boldsymbol{J}_\Omega}{|\boldsymbol{r}_0-\boldsymbol{s}|}\right)\mathrm{d}\Omega \tag{5-41}$$

式中，$\boldsymbol{r}_0$为有限空间内的位函数参考点矢径；$\boldsymbol{r}$为空间场点矢径；$\boldsymbol{s}$为空间场源矢径。

由式（5-40）和式（5-41）可以发现，直角坐标系中当电流密度只有一个方向时，矢量磁位也只有该方向的分量。此外，轴对称问题中，电流密度矢量只有周向分量，那么矢量磁位也只有轴向分量。了解这些特点对求解矢量磁位非常重要。

例 5.3 计算无限长直载流 I 的线电流产生的矢量磁位和磁感应强度。

解答 如图 5.4 所示，建立圆柱坐标系，矢量磁位只有 z 轴方向分量且仅仅与 r 有关，因此选取 $r=a$ 处的矢量磁位为零，则由式（5-41）得到线电流矢量磁位积分公式为

$$\begin{aligned}\boldsymbol{A} &= \boldsymbol{a}_z\frac{\mu_0 I}{4\pi}\int_{-\infty}^{\infty}\left(\frac{1}{\sqrt{l^2+r^2}}-\frac{1}{\sqrt{l^2+a^2}}\right)\mathrm{d}l \\ &= \boldsymbol{a}_z\frac{\mu_0 I}{4\pi}\lim_{l\to+\infty}\left(\ln\frac{\sqrt{l^2+r^2}+l}{\sqrt{l^2+a^2}+l}-\ln\frac{\sqrt{l^2+r^2}-l}{\sqrt{l^2+a^2}-l}\right)=\boldsymbol{a}_z\frac{\mu_0 I}{2\pi}\ln\frac{a}{r}\end{aligned}$$

磁感应强度为

$$\boldsymbol{B}=\nabla\times\boldsymbol{A}=\boldsymbol{a}_\varphi\frac{\mu_0 I}{2\pi r}$$

此结果与例 5.2 利用毕奥－萨伐尔定律计算的结果相同。

下面证明矢量磁位积分表达式（5-40）的散度为零，即满足库仑规范式（5-39）。根据矢量恒等式

$$\nabla\cdot(G\boldsymbol{J})=\nabla G\cdot\boldsymbol{J}+G\nabla\cdot\boldsymbol{J}$$

哈密顿算子作用在场点坐标上，电流密度仅仅是场源坐标函数，与场点坐标无关，因此电流密度的散度等于零，由式（5-40）得到矢量磁位的散度为

$$\nabla\cdot\boldsymbol{A}=\frac{\mu_0}{4\pi}\int_\Omega(\nabla G\cdot\boldsymbol{J}_\Omega+G\nabla\cdot\boldsymbol{J}_\Omega)\mathrm{d}\Omega=\frac{\mu_0}{4\pi}\int_\Omega\nabla G\cdot\boldsymbol{J}_\Omega\mathrm{d}\Omega \tag{5-42}$$

根据矢量恒等式$\nabla_s\cdot(G\boldsymbol{J})=\nabla_s G\cdot\boldsymbol{J}+G\nabla_s\cdot\boldsymbol{J}$，算子作用在场源坐标上，对格林函数的梯度要改变符号，电流是连续的，导体内没有净电荷密度，由式（4-18）可知，恒定电流密度的散度等于零。于是，式（5-42）变为

$$\nabla\cdot\boldsymbol{A}=\frac{\mu_0}{4\pi}\int_\Omega-\nabla_s G\cdot\boldsymbol{J}_\Omega\mathrm{d}\Omega=\frac{\mu_0}{4\pi}\int_\Omega-\nabla_s\cdot(G\boldsymbol{J}_\Omega)\mathrm{d}\Omega=-\frac{\mu_0}{4\pi}\oint_S G\boldsymbol{J}_\Omega\cdot\mathrm{d}\boldsymbol{S}=0 \tag{5-43}$$

式（5-43）的最后等式的闭合曲面是电流密度分布区域的边界，由于在无穷远处无电流源，即电流密度矢量为零，或者电流源的边界法矢量与电流密度矢量垂直，因此通量为零。

例 5.4 半径为 a 的圆环载有电流 I，计算空间任意一点的矢量磁位和磁感应强度。

解答 建立圆柱坐标系，线电流环位于 xOy 平面，圆心位于原点，如图 5.6 所示。

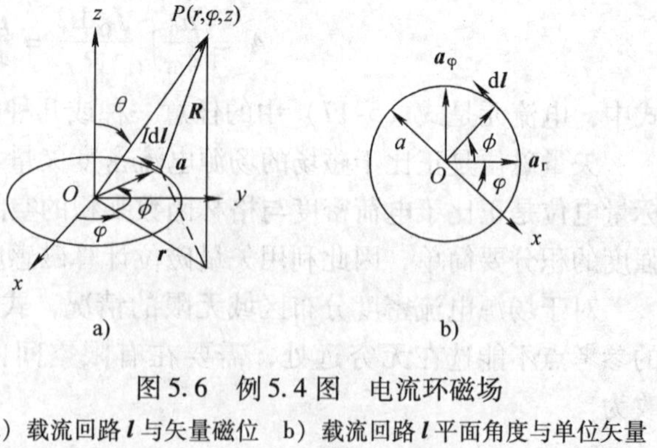

图 5.6 例 5.4 图 电流环磁场

a）载流回路 l 与矢量磁位 b）载流回路 l 平面角度与单位矢量

场点坐标为（r，φ，z），源点坐标为（a，φ_0，0），源点到场点矢径 $\boldsymbol{R}=\boldsymbol{a}_r r+\boldsymbol{a}_z z-\boldsymbol{a}_{r0}a$，电流元矢量为 $\mathrm{d}\boldsymbol{l}=\boldsymbol{a}_{\varphi0}a\mathrm{d}\varphi_0$，

单位矢量 $\boldsymbol{a}_{r0}=\boldsymbol{a}_x\cos\varphi_0+\boldsymbol{a}_y\sin\varphi_0$，$\boldsymbol{a}_{\varphi0}=\boldsymbol{a}_z\times\boldsymbol{a}_{r0}$。

矢量磁位为

$$\boldsymbol{A}=\frac{\mu_0}{4\pi}\oint_l\frac{I\mathrm{d}\boldsymbol{l}}{R}=\frac{\mu_0 I}{4\pi}\boldsymbol{a}_z\times\oint_l\frac{\boldsymbol{a}_{r0}a\mathrm{d}\varphi_0}{R}$$

令 $\phi=\varphi_0-\varphi$，则 $\boldsymbol{a}_{r0}=\boldsymbol{a}_r\cos\phi+\boldsymbol{a}_\varphi\sin\phi$，于是

$$\boldsymbol{A}=\frac{\mu_0 I}{4\pi}\boldsymbol{a}_z\times\int_0^{2\pi}\frac{(\boldsymbol{a}_r a\cos\phi+\boldsymbol{a}_\varphi a\sin\phi)\mathrm{d}\phi}{(r^2+z^2+a^2-2ar\cos\phi)^{1/2}}$$

考虑到周期积分 $\int_0^{2\pi}f(\cos\phi)\sin\phi\mathrm{d}\phi=0$，$\boldsymbol{a}_\varphi=\boldsymbol{a}_z\times\boldsymbol{a}_r$，矢量磁位可以简化为

$$\boldsymbol{A}=\boldsymbol{a}_\varphi\frac{\mu_0 I}{4\pi}\int_0^{2\pi}\frac{a\cos\phi\mathrm{d}\phi}{(r^2+z^2+a^2-2ar\cos\phi)^{1/2}}\tag{5-44}$$

被积分函数可以用椭圆积分表示，这里对椭圆积分不作进一步讨论。矢量磁位仅仅只有角度方向分量且与角度无关。因此磁感应强度只有 r 和 z 分量，没有角度 φ 方向分量。

下面仅仅考虑特殊情况下的矢量磁位和磁场。

当场点位于 z 轴上，$r=0$，矢量磁位 $\boldsymbol{A}=0$，磁感应强度可以通过定义积分表达式求出或者对式（5-44）计算旋度和取极限得到，因矢量磁位只有一个分量，所以其旋度有两个分量分别为

$$\frac{\partial A_\varphi}{\partial z}=\frac{\mu_0 I}{4\pi}\int_0^{2\pi}\frac{az\cos\phi\mathrm{d}\phi}{(r^2+z^2+a^2-2ar\cos\phi)^{3/2}}$$

$$\frac{\partial(rA_\varphi)}{r\partial r}=\frac{\mu_0 I}{4\pi}\int_0^{2\pi}\frac{a(z^2+a^2-ar\cos\phi)\cos\phi\mathrm{d}\phi}{r(r^2+z^2+a^2-2ar\cos\phi)^{3/2}}$$

在轴线附近，利用泰勒展开可得

$$\frac{1}{(r^2+z^2+a^2-2ar\cos\phi)^{3/2}}=\frac{1}{(z^2+a^2)^{3/2}}+\frac{3ar\cos\phi}{(z^2+a^2)^{5/2}}+o(r^2)$$

圆环电流在垂直轴线上的磁感应强度为

$$\boldsymbol{B}=\lim_{r\to0}\left[-\boldsymbol{a}_r\frac{\partial A_\varphi}{\partial z}+\boldsymbol{a}_z\frac{\partial(rA_\varphi)}{r\partial r}\right]=\boldsymbol{a}_z\frac{\mu_0 Ia^2}{2\ (a^2+z^2)^{3/2}}\tag{5-45}$$

当圆环半径 $a\to0$ 但 $\pi a^2 I=m$ 时，电流环退化成位于原点且磁偶极矩为 $\boldsymbol{m}$ 的磁偶极子。利用泰勒展开和极限运算将被积函数简化为

$$\begin{aligned}\boldsymbol{A}&=\boldsymbol{a}_\varphi\frac{\mu_0 m}{4\pi^2}\lim_{a\to0}\int_0^{2\pi}\frac{\cos\phi\mathrm{d}\phi}{a\ (r^2+z^2+a^2-2ar\cos\phi)^{1/2}}\\&=\boldsymbol{a}_\varphi\frac{\mu_0 m}{4\pi^2}\lim_{a\to0}\int_0^{2\pi}\frac{\cos\phi\mathrm{d}\phi}{(r^2+z^2)^{1/2}}\left[\frac{1}{a}+\frac{r\cos\phi}{r^2+z^2}+o(a)\right]\\&=\boldsymbol{a}_\varphi\frac{\mu_0 m}{4\pi}\frac{r}{(r^2+z^2)^{3/2}}\end{aligned}\tag{5-46}$$

磁偶极子在空间任意一点的矢量磁位和磁感应强度在圆球坐标系中分别表示为

$$\boldsymbol{A}=\frac{\mu_0\boldsymbol{m}\times\boldsymbol{r}}{4\pi r^3}\tag{5-47}$$

$$\boldsymbol{B}=\nabla\times\boldsymbol{A}=\frac{\mu_0 m}{4\pi r^3}\ (\boldsymbol{a}_r 2\cos\theta+\boldsymbol{a}_\theta\sin\theta)\tag{5-48}$$

式（5-47）表示磁偶极子位于原点而方向可以是任意的，式（5-48）表示磁偶极子位

于原点且沿 z 轴正方向。

2. 矢量磁位的环量与磁通量

矢量磁位沿任意闭合曲线的积分等于以该闭合曲线为边界的有向曲面上的磁通量。利用斯托克斯定理和矢量磁位的旋度等于磁感应强度，可以得到矢量磁位的环量为

$$\Phi = \int_S \boldsymbol{B} \cdot \mathrm{d}\boldsymbol{S} = \int_S \nabla \times \boldsymbol{A} \cdot \mathrm{d}\boldsymbol{S} = \oint_l \boldsymbol{A} \cdot \mathrm{d}\boldsymbol{l} \tag{5-49}$$

利用矢量磁位环量计算磁通量比用磁感应强度计算面积分简单，因此在磁场数值计算中常采用矢量磁位求解磁场问题。

3. 矢量磁位方程

首先需要确定矢量磁位在求解区域内满足的偏微分方程。自由空间中，利用矢量恒等式 $\nabla \times \nabla \times \boldsymbol{A} = \nabla(\nabla \cdot \boldsymbol{A}) - \nabla^2 \boldsymbol{A}$，对式（5-38）两边计算旋度，并考虑到矢量磁位的散度规范式（5-39）和磁感应强度旋度式（5-34），得到矢量磁位满足泊松方程

$$\nabla^2 \boldsymbol{A} = -\mu_0 \boldsymbol{J} \tag{5-50}$$

在没有电流的无源区域，电流密度为零，矢量磁位满足拉普拉斯方程

$$\nabla^2 \boldsymbol{A} = \boldsymbol{0} \tag{5-51}$$

由式（5-50）和式（5-51）可知，要根据场源和介质分布划分空间区域，静磁场边值问题除了矢量磁位在不同区域满足的二阶偏微分方程，还需要确定边界条件，包括相邻区域的交界面衔接条件。由于许多工程问题通过二维场简化三维场的求解，为此有必要分析二维磁场磁感应强度矢量线满足的矢量磁位方程。

二维磁场中不仅要确定矢量磁位的边界条件，而且需要绘制磁感应强度矢量线，因此分析二维磁场中用矢量磁位表示磁感应强度矢量线是十分必要的。

设空间任意一点的矢径微元为 $\mathrm{d}\boldsymbol{r}$，磁感应强度 $\boldsymbol{B}$ 等于矢量磁位 $\boldsymbol{A}$ 的旋度，磁感应强度矢量线满足微分方程

$$\mathrm{d}\boldsymbol{r} \times \boldsymbol{B} = \boldsymbol{0} \text{ 或 } \mathrm{d}\boldsymbol{r} \times \nabla \times \boldsymbol{A} = \boldsymbol{0}$$

用直角坐标系表示为如下方程组：

$$\mathrm{d}A_x = \mathrm{d}\boldsymbol{r} \cdot \frac{\partial \boldsymbol{A}}{\partial x}, \mathrm{d}A_y = \mathrm{d}\boldsymbol{r} \cdot \frac{\partial \boldsymbol{A}}{\partial y}, \mathrm{d}A_z = \mathrm{d}\boldsymbol{r} \cdot \frac{\partial \boldsymbol{A}}{\partial z}$$

对于二维平行平面磁场，如无限长直载流导线磁场，通常电流密度只有 z 轴分量且矢量磁位与 z 轴坐标无关，因此矢量磁位满足

$$\mathrm{d}\boldsymbol{A} = \boldsymbol{a}_z \mathrm{d}A_z = \boldsymbol{0} \text{ 或 } \boldsymbol{A} = \boldsymbol{C}$$

由此可见，二维平行平面磁场中等矢量磁位闭合曲线满足磁感应强度矢量线方程，即矢量磁位 $\boldsymbol{A}$ 等于常矢量 $\boldsymbol{C}$ 的闭合曲线方程是磁感应强度矢量线的方程，或者磁感应强度矢量线对应恒定的矢量磁位。例 5.3 的无限长直载流 I 的导线产生的矢量磁位只有 z 轴分量，等矢量磁位表示 r 为常数的同心圆，即磁感应强度矢量线。若二维磁场区域边界与磁感应强度矢量平行，那么矢量磁位函数为定值，可以作为零矢量磁位边界处理。

对于轴对称二维磁场，如圆环线电流和同轴直螺线管等产生的矢量磁位在对称轴位于 z 轴的圆柱坐标系中只有 φ 轴分量且与坐标 φ 无关，这时 $\mathrm{d}\boldsymbol{r} = \boldsymbol{a}_r \mathrm{d}r + \boldsymbol{a}_\varphi r \mathrm{d}\varphi + \boldsymbol{a}_z \mathrm{d}z$，磁感应强度矢量线满足方程组

$$\mathrm{d}\varphi = 0, \quad \frac{\mathrm{d}A_\varphi}{A_\varphi} + \frac{\mathrm{d}r}{r} = 0$$

即

$$\varphi = C_1,\ A_{\varphi} r = C_2$$

式中，C_1和C_2为常数。

类似地，如果轴对称磁场用圆球坐标表示，那么矢量磁位只有 φ 轴分量且与坐标 φ 无关，这时 $\mathrm{d}\boldsymbol{r} = \boldsymbol{a}_{\mathrm{r}}\mathrm{d}r + \boldsymbol{a}_{\theta} r\mathrm{d}\theta + \boldsymbol{a}_{\varphi} r\sin\theta\mathrm{d}\varphi$，磁感应强度矢量线满足方程组

$$\mathrm{d}\varphi = 0,\ \frac{\mathrm{d}A_{\varphi}}{A_{\varphi}} + \frac{\mathrm{d}r}{r} + \frac{\cos\theta\mathrm{d}\theta}{\sin\theta} = 0$$

即

$$\varphi = C_1,\ A_{\varphi} r\sin\theta = C_2$$

式中，C_1和C_2为常数。

由式（5-48）不难得到圆球坐标系中磁感应强度矢量线满足微分方程

$$\mathrm{d}\varphi = 0,\ \sin\theta\mathrm{d}r = 2r\cos\theta\mathrm{d}\theta$$

即

$$\varphi = C_1,\ \sin^2\theta = C_2 r$$

式中，C_1和C_2为常数。代入式（5-47）可证实是矢量磁位在圆球坐标系中满足的方程。

5.5.2 标量磁位

1. 标量磁位概述

静电场中，由于电场强度无旋，引入标量电位使得其负梯度等于电场强度。类似地，在没有电流的无源区域，静磁场中的磁场强度的旋度等于零，即

$$\nabla \times \boldsymbol{H} = \mathbf{0} \tag{5-52}$$

因此可以引入标量磁位 ϕ_{m}，其中下标 m 表示磁场标量磁位，以区别于电场标量电位，使得磁场强度等于标量磁位的负梯度，即

$$\boldsymbol{H} = -\nabla\phi_{\mathrm{m}} \tag{5-53}$$

与标量电位类似，标量磁位也需要确定位函数的参考点，任意两点之间标量磁位之差等于磁场强度沿任意不包含电流源的路径积分，即

$$\phi_{\mathrm{ma}} - \phi_{\mathrm{mb}} = \int_a^b \boldsymbol{H}\cdot\mathrm{d}\boldsymbol{l} \tag{5-54}$$

当磁场强度沿包含电流源的路径积分时，标量磁位存在多值性，如围绕无限长直导线电流磁场，这时需要限定求解区域使得区域内任意闭合曲线不包含电流源。

2. 标量磁位方程

自由空间中，磁感应强度和磁场强度都是无散场，标量磁位满足拉普拉斯方程

$$\nabla^2\phi_{\mathrm{m}} = 0 \tag{5-55}$$

由于标量磁位满足拉普拉斯方程，因此必定存在求解区域的边界，即存在电流的场源区域与无源区域的边界，通过限定边界使区域内任意闭合曲线不包含电流源，以及相应的边界条件来确定标量磁位。

例 5.5 计算无限长直载流 I 的线电流周围产生的标量磁位。

解答 如图 5.4 所示，建立圆柱坐标系，线电流位于 z 轴，限定坐标角度范围 $\varphi\in[0,2\pi)$ 和 r 的范围 $r\in(0,+\infty)$，这样求解区域内磁场强度无旋，任何闭合回路不包含线电流，标量磁位仅仅是角度 φ 的函数，与坐标 r 和 z 无关。由式（5-55）得到拉普拉斯方程

$$\frac{1}{r^2}\frac{d^2\phi_m}{d\varphi^2}=0$$

解得

$$\phi_m = C_1\varphi + C_0$$

式中，C_0和C_1为待定常数。

要确定两个待定系数，需要两个条件。选取标量磁位的参考点$\varphi=0$，则$\phi_m(0)=0$，系数$C_0=0$。另一个系数需要利用磁场强度的路径积分即场源大小来确定。

磁场强度为

$$\boldsymbol{H} = -\nabla\phi_m = -\boldsymbol{a}_\varphi\frac{C_1}{r}$$

当角度接近2π时，由式（5-54）得到磁场强度的闭合路径积分为载流直线的电流I，因此，$-2\pi C_1 = I$。等价地，$\phi_m(0)-\lim\limits_{\varphi\to 2\pi-0}\phi_m(\varphi)=I$。于是，标量磁位和磁场强度分别为

$$\phi_m = -\frac{I}{2\pi}\varphi,\ \boldsymbol{H}=\boldsymbol{a}_\varphi\frac{I}{2\pi r}$$

标量磁位计算的磁场强度与利用安培环路定律计算的结果相同。

5.6 磁介质特性

5.6.1 磁性材料

材料的磁性起源于原子结构内部核子运动、核外电子轨道运动和自旋形成的磁矩。材料根据磁性能分类有完全抗磁性、抗磁性、无磁性、顺磁性、反铁磁性、铁磁性和亚铁磁性。铁磁性和亚铁磁性都是强磁性。强磁性材料又分为硬磁性材料和软磁性材料。具有磁性的介质称为磁介质。正确理解磁介质需要量子力学基础知识。

无磁性材料是指材料本身对外没有磁的作用，即使在外磁场下也不改变空间磁场分布，磁感应强度与磁场强度的关系为$\boldsymbol{B}=\mu_0\boldsymbol{H}$，如真空和空气。

抗磁性材料是指材料内部原子轨道电子已经填满，如惰性气体，或者多原子气体，本身没有磁性，但在外磁场下会出现与外磁场方向相反的磁场，使得材料内部磁场小于外磁场，磁感应强度与磁场强度的关系为$\boldsymbol{B}=\mu_0\mu_r\boldsymbol{H}$，其中相对磁导率$\mu_r$小于1.0，如铜、银和金等。

顺磁性材料是指材料内部原子轨道尚未填满，存在轨道和自旋磁矩，热扰动使原子磁矩随即排列，本身磁性很弱，但在外磁场下会出现磁矩克服热扰动而趋于外磁场方向，使得材料内部磁场稍强于外磁场，磁感应强度与磁场强度的关系为$\boldsymbol{B}=\mu_0\mu_r\boldsymbol{H}$，其中相对磁导率$\mu_r$大于且接近1.0，如过渡金属元素构成的盐、铝等。

反铁磁性材料内部存在两种晶格结构，它们相邻的自发磁化磁矩方向完全相反且大小相同，合成磁矩为零，在外磁场作用下，磁感应强度与磁场强度的特性与顺磁性材料类似。

铁磁性材料主要是含有过渡金属铁、钴或镍的强铁磁性元素的材料或合金，晶格内自发磁化磁矩平行排列，对外显示很强的磁性。

亚铁磁性材料内部存在两种晶格结构，它们的自发磁化磁矩方向相反排列，但大小是不同的，因此对外仍显示较强的磁性，如$MO\cdot Fe_2O_3$，其中M为铁、锰、钴、镍和铜等二阶过渡金属元素。

软磁性材料的相对磁导率远大于1.0，如电工硅钢、纯铁和坡莫合金等。硬磁性材料磁化后保留强磁场，相对磁导率类似顺磁性材料，约为1.05，如钕铁硼和钐钴。

根据泡利不相容原理，成对电子的自旋方向相反，因此对外磁矩为零，磁化为零，没有磁性，这也是大多数物质不含磁性的原因。然而，铁、钴和镍的3d 轨道没有填满，铁、钴和镍分别存在4 个、3 个和2 个未配对3d 电子，它们具有铁磁性。对于软磁性材料磁化后撤销外磁场就会分离成很多磁化区，形成自我封闭的磁场，对外显示磁场越弱，总体能量和外部磁场能量越小。但同时磁畴数量增加，畴壁能量增大，交换相互作用能也增加。铁磁性主要是自发磁化形成磁畴，在没有外磁场时，磁畴的磁化磁场是随机排列的，相邻磁畴之间形成畴壁。在外磁场作用下，磁畴畴壁移动使得与外磁场方向相同的磁畴增大，而相反的减小。随着外磁场增强，磁畴向外磁场方向翻转对齐，畴壁逐渐消失。在足够强的外磁场下，材料形成一个磁畴。

磁性材料内部具有四种基本能量形式：相邻磁化单元之间的交换相互作用能、磁化单元的静磁能、磁化单元晶格的各向异性能和磁致伸缩能。这些能量的耦合作用结果是使得整个系统的能量最小。交换作用能最小时，原子磁矩排列整齐；静磁能量与本身单元以外磁性材料产生的磁场有关，所有单元静磁能量总和最小；晶格各向异性能最小使得磁化沿着易磁化轴对齐；磁致伸缩能最小时材料尺寸变化是沿着磁化轴线方向。

强磁性铁磁材料加热到居里温度成为顺磁性材料，冷却后会形成许多自发磁化的小区域，称为磁畴，磁畴的磁化强度为相应温度下的饱和磁化强度。但总体上自发磁化区域的磁化趋向是随机的，对外不显示磁性。对于硬磁材料来说，矫顽力很大，需要很强的外磁场使其饱和磁化，表征硬磁性材料特性的是磁能积大小。

超导材料，如钇钡铜氧（YBaCuO）、铋锶钙铜氧（BiSrCaCuO）和二硼化镁（MgB_2），在超导态的磁特性是完全抗磁性，磁通守恒。有关超导材料及其特性和应用将在第9 章介绍。

5.6.2 磁介质的磁化

原子内部电子具有轨道角动量和自旋角动量，两者都相当于小电流环，但轨道角动量形成的磁场比自旋角动量形成的磁场弱，可能是由于电子云的缘故。自旋角动量排列整齐可以产生较强的磁场，如铁、钴和镍的3d 轨道未填满电子。类似等量异号邻近电荷形成电偶极子，小电流环称为磁偶极子，磁偶极子产生的磁场与电流和面积有关。

定义磁偶极矩大小等于电流与面积的乘积，方向为与电流满足右手螺旋关系且垂直电流环平面，公式为

$$\boldsymbol{m} = \boldsymbol{a}_{\mathrm{n}} I S \tag{5-56}$$

对于电子来说，电荷量为负，自旋角动量方向与自转磁偶极矩方向相反。

一般地，线电流、面电流和体电流形成的磁偶极矩分别采用线、面和体积分计算。

线电流环的磁偶极矩为

$$\boldsymbol{m} = 0.5\oint_l \boldsymbol{r} \times I\mathrm{d}\boldsymbol{l} \tag{5-57a}$$

面电流密度产生的磁偶极矩为

$$\boldsymbol{m} = 0.5\int_S \boldsymbol{r} \times \boldsymbol{J}_{\mathrm{s}}\mathrm{d}S \tag{5-57b}$$

体电流密度产生的磁偶极矩为

$$m = 0.5\int_V \boldsymbol{r} \times \boldsymbol{J}\mathrm{d}V \tag{5-57c}$$

式（5-57）积分前的系数0.5是由于三角形面积等于矢量叉乘形成的平行四边形面积的一半。因为电流是连续的，所以积分与坐标原点位置无关。

例 5.6 球心位于原点、半径为 a 的理想介质圆球，带有均匀分布的自由电荷体密度 ρ_0，当圆球绕 z 轴以匀角速度 ω 旋转时，计算圆球内部的电流密度分布和整个圆球的磁偶极矩，以及位于 z 轴上任意一点的磁感应强度。

解答 圆球旋转时电荷密度形成电流密度，有

$$\boldsymbol{J} = \rho_0 \boldsymbol{v} = \rho_0 \omega \boldsymbol{a}_z \times r\boldsymbol{a}_r = \boldsymbol{a}_\varphi \omega\rho_0 r\sin\theta$$

整个圆球产生的磁偶极矩为

$$\begin{aligned} \boldsymbol{m} &= \frac{1}{2}\int_V \boldsymbol{r} \times \boldsymbol{J}\mathrm{d}V = \int_0^a\int_0^\pi\int_0^{2\pi} \boldsymbol{a}_r r \times \boldsymbol{a}_\varphi \omega\rho_0 r^3 \sin^2\theta \mathrm{d}r\mathrm{d}\theta\mathrm{d}\varphi \\ &= \boldsymbol{a}_z \int_0^a r^4\mathrm{d}r \int_0^\pi \pi\omega\rho_0 \sin^3\theta\mathrm{d}\theta = \boldsymbol{a}_z \frac{4\pi\omega\rho_0 a^5}{15} \end{aligned}$$

圆球 z 轴上任意一点的磁感应强度利用积分计算，积分时先计算圆环，再计算球面，最后计算整个球体，根据对称性，磁感应强度只有 z 轴分量。于是

$$\boldsymbol{B} = \frac{\mu_0}{4\pi}\int_V \frac{\boldsymbol{J}\mathrm{d}V \times (\boldsymbol{a}_z z - \boldsymbol{a}_r r)}{R^3} = \frac{\mu_0\omega\rho_0}{4\pi}\int_V \frac{r\sin\theta \boldsymbol{a}_\varphi \times (\boldsymbol{a}_z z - \boldsymbol{a}_r r)}{R^3}\mathrm{d}V$$

式中，$R = (r^2 + z^2 - 2rz\cos\theta)^{1/2}$，$\mathrm{d}V = r^2\sin\theta\mathrm{d}r\mathrm{d}\theta\mathrm{d}\varphi$，$\boldsymbol{a}_\varphi \times \boldsymbol{a}_z = \boldsymbol{a}_x\cos\varphi + \boldsymbol{a}_y\sin\varphi$，$\boldsymbol{a}_\varphi \times \boldsymbol{a}_r = (\boldsymbol{a}_x\cos\varphi + \boldsymbol{a}_y\sin\varphi)\cos\theta - \boldsymbol{a}_z\sin\theta$，先对角度 φ 积分，相应的正弦项 $\sin\varphi$ 和余弦项 $\cos\varphi$ 的积分都为零，最终只有 z 轴分量项对 θ 和 r 积分，即

$$\begin{aligned} \boldsymbol{B} &= \boldsymbol{a}_z \frac{\mu_0\rho_0\omega}{2}\int_0^a r^4\mathrm{d}r \int_0^\pi \frac{\sin^3\theta\mathrm{d}\theta}{(z^2 + r^2 - 2zr\cos\theta)^{3/2}} \\ &= \boldsymbol{a}_z \frac{\mu_0\rho_0\omega}{2}\int_0^a r^4\mathrm{d}r \int_0^\pi \frac{-\sin^2\theta\mathrm{d}\cos\theta}{(z^2 + r^2 - 2zr\cos\theta)^{3/2}} \\ &= \boldsymbol{a}_z \frac{\mu_0\rho_0\omega}{2}\int_0^a r^4\mathrm{d}r \int_0^\pi \frac{2}{zr}\frac{-\cos\theta\mathrm{d}\cos\theta}{(z^2 + r^2 - 2zr\cos\theta)^{1/2}} \\ &= \boldsymbol{a}_z \frac{\mu_0\rho_0\omega}{3z^3}\int_0^a (|z^3 + r^3| - |z^3 - r^3|)r\mathrm{d}r \end{aligned}$$

当 $|z| > a$ 时，磁感应强度简化为

$$\boldsymbol{B} = \boldsymbol{a}_z \frac{2\mu_0\rho_0\omega}{3|z|^3}\int_0^a r^4\mathrm{d}r = \boldsymbol{a}_z \frac{2\mu_0\rho_0\omega a^5}{15|z|^3}$$

当 $|z| < a$ 时，磁感应强度的计算分为两个区域，则

$$\begin{aligned} \boldsymbol{B} &= \boldsymbol{a}_z \frac{\mu_0\rho_0\omega}{3z^3}\int_0^{|z|} (|z^3 + r^3| - |z^3 - r^3|)r\mathrm{d}r + \boldsymbol{a}_z \frac{\mu_0\rho_0\omega}{3z^3}\int_{|z|}^a (|z^3 + r^3| - |z^3 - r^3|)r\mathrm{d}r \\ &= \boldsymbol{a}_z \frac{2\mu_0\rho_0\omega z^2}{15} + \boldsymbol{a}_z \frac{\mu_0\rho_0\omega}{3z^3}\int_{|z|}^a (|z^3 + r^3| - |z^3 - r^3|)r\mathrm{d}r \\ &= \boldsymbol{a}_z \frac{\mu_0\rho_0\omega}{15}(5a^2 - 3z^2) \end{aligned}$$

磁感应强度关于 $z=0$ 平面对称，球内磁感应强度曲线是二次曲线，在球心处磁感应强

度最强，球外相当于位于原点和 z 轴方向磁偶极矩为 $\boldsymbol{m}$ 的磁偶极子产生的磁场。

在外磁场作用下，顺磁性与铁磁性磁介质中的磁偶极子会向外磁场方向对齐，使得磁场增强，产生吸引力，而抗磁性磁介质中的磁偶极子会与外磁场方向相反对齐，使得磁场减弱，产生排斥力。对于铁磁性磁介质来说，无外磁场时内部磁化区域（磁畴）是随机排列的，在外磁场作用下内部磁畴磁化方向趋向于外磁场对齐方向，因此可以产生很强的磁场，磁场强度与磁感应强度大小关系是非线性的，在周期性外磁场作用下的磁化特性是磁滞回线，即磁滞现象同时伴有涡流现象，如图 5.7 所示。

对于软铁磁性材料来说，外磁场容易改变内部磁畴的磁化趋向，即只要较小的外磁场就可以使得磁畴发生对齐。随着外部磁场强度增强，磁感应强度增加很快，但达到一定程度时，外磁场增加很多，而磁感应强度增加不显著，即磁化趋于饱和状态。当外磁场减弱时，磁化特性不是按照原来的状态返回，出现磁感应强度滞后于磁场强度的现象。当外磁场消失时，磁畴分布变得广泛，对外显示的磁性较弱，磁滞回线窄，矫顽力 H_c 和剩余磁感应强度 B_r 都较小，如电工钢矫顽力约 100A/m，剩余磁感应强度约 0.8T。而对硬磁性材料来说，要使磁畴对齐需要很强的外磁场，但一旦磁化就保持磁化状态，体现在磁滞回线的矫顽力和剩余磁感应强度很大，如烧结钕铁硼永磁的矫顽力接近 10^6A/m，剩余磁感应强度约为 1.1T。

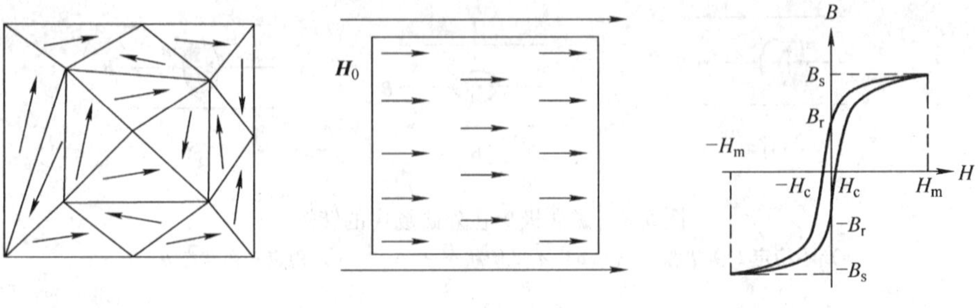

图 5.7 铁磁介质的磁化特性

a）无外磁场磁畴磁化状态 b）强外磁场磁化状态 c）磁滞特性曲线

定义磁化强度矢量 $\boldsymbol{M}$ 等于单位体积内磁偶极矩 $\boldsymbol{m}$ 的总和，即

$$\boldsymbol{M} = \lim_{V \to 0} \frac{\sum \boldsymbol{m}}{V} \tag{5-58}$$

磁介质中，磁感应强度、磁场强度和磁化强度的关系满足

$$\boldsymbol{B} = \mu_0(\boldsymbol{H} + \boldsymbol{M}) \tag{5-59}$$

磁介质内，磁感应强度 $\boldsymbol{B}$、磁场强度 $\boldsymbol{H}$ 和磁化强度 $\boldsymbol{M}$ 三个矢量通常不在同一方向上，这是因为晶格结构各向异性使得磁化趋向存在特定的轴线（易磁化轴），磁化强度 $\boldsymbol{M}$ 与磁场强度 $\boldsymbol{H}$ 之间满足的关系类似极化强度与电场强度的张量关系。但为了分析方便，很多问题都假设三者同方向且是线性关系，用磁化率 χ_m 或相对磁导率 μ_r 表示磁介质的磁化特性 $\boldsymbol{M} = \chi_m \boldsymbol{H}$。于是

$$\boldsymbol{B} = \mu_0(\boldsymbol{H} + \chi_m \boldsymbol{H}) = \mu_0 \mu_r \boldsymbol{H} = \mu \boldsymbol{H} \tag{5-60}$$

其中，真空或空气的磁导率 $\mu_0 = 4\pi \times 10^{-7}$H/m，相对磁导率 $\mu_r = 1 + \chi_m$，真空或空气的相对磁导率为 1.0，钕铁硼稀土永磁材料的相对磁导率比 1.0 稍大一些，约为 1.05。电工钢的相对磁导率在 10^3 以上，非晶合金材料的相对磁导率高达 10^4，这些高磁导率材料可用于制造

电机或变压器等机电能量转换装置。

5.7 磁化介质产生的磁场

5.7.1 磁偶极子产生的远场

磁偶极子形成磁偶极矩 $\boldsymbol{m}$，如图 5.8 所示，磁偶极矩在外磁场中的位能为

$$W_{\mathrm{m}} = -\boldsymbol{m} \cdot \boldsymbol{B} = -mB\cos\theta \tag{5-61}$$

式中，θ 是磁偶极矩与磁感应强度之间的夹角。

以磁感应强度为极轴，磁偶极子在外磁场中受到的电磁转矩为

$$\boldsymbol{T} = -\boldsymbol{a}_{\theta} \frac{\partial W_{\mathrm{m}}}{\partial \theta} = \boldsymbol{m} \times \boldsymbol{B} \tag{5-62}$$

在例 5.1 中已经得到均匀外磁场中载流线圈磁矩受到的转矩与式（5-62）一致。

均匀磁场中磁偶极子受到的电磁力等于零，而在非均匀磁场中，磁偶极矩受到的力为

$$\boldsymbol{F} = -\nabla W_{\mathrm{m}} = \nabla(\boldsymbol{m} \cdot \boldsymbol{B}) = (\boldsymbol{m} \cdot \nabla)\boldsymbol{B} \tag{5-63}$$

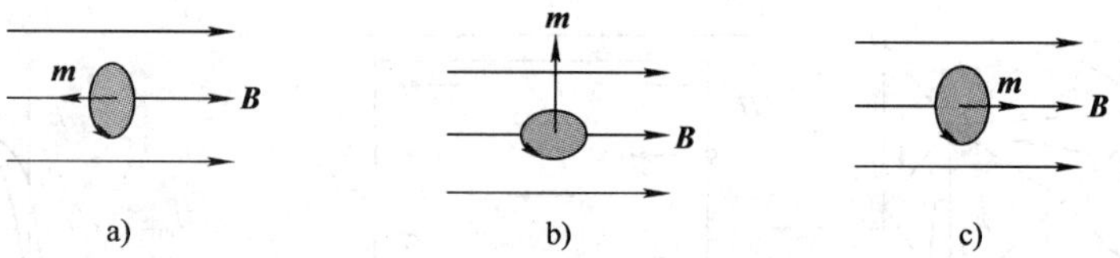

图 5.8 磁偶极矩在外磁场中的转矩

a）不稳定平衡状态 $\theta=\pi$ b）不平衡状态 $\theta=\pi/2$ c）稳定平衡状态 $\theta=0$

无电流源区域的磁场是无旋的。由式（5-47）磁偶极矩产生的磁场用矢量磁位 $\boldsymbol{A}$ 表示为

$$\boldsymbol{A} = \frac{\mu_0}{4\pi} \frac{\boldsymbol{m} \times \boldsymbol{R}}{R^3} \tag{5-64}$$

其中，矢量磁位大小与距离二次方成反比，与磁偶极矩同方向轴线位置上的矢量磁位等于零。

考虑磁化介质时，磁感应强度的旋度由式（5-59）得到，得

$$\nabla \times \boldsymbol{B} = \mu_0(\nabla \times \boldsymbol{H} + \nabla \times \boldsymbol{M}) = \mu_0(\boldsymbol{J} + \boldsymbol{J}_{\mathrm{m}}) \tag{5-65}$$

其中，传导电流密度 $\boldsymbol{J}$ 产生的磁场强度是有旋的，磁化强度产生的磁场强度是无旋的，但磁化电流产生的磁感应强度是有旋的。磁化体电流密度 $\boldsymbol{J}_{\mathrm{m}}$ 为磁化强度的旋度，即

$$\boldsymbol{J}_{\mathrm{m}} = \nabla \times \boldsymbol{M} \tag{5-66}$$

磁感应强度是无散的，得到

$$\nabla \cdot \boldsymbol{B} = \mu_0(\nabla \cdot \boldsymbol{H} + \nabla \cdot \boldsymbol{M}) = 0 \tag{5-67}$$

即

$$\nabla \cdot \boldsymbol{H} = -\nabla \cdot \boldsymbol{M} = \rho_{\mathrm{m}} \tag{5-68}$$

其中，磁化强度产生的磁场强度是有散的，散度源是磁荷体密度 $\rho_{\mathrm{m}} = -\nabla \cdot \boldsymbol{M}$。

磁化介质可以按照磁化电流分析磁场，磁化体电流密度的量纲与传导体电流密度同为安

培/米² (A/m²)。尽管磁单极尚未发现，但与电荷类比，磁化介质还可以按照磁荷分析磁场，磁荷体密度的量纲也是 A/m²。磁化介质这两种不同观点，使得其磁场的分析方法不同，但结果是一致的。

5.7.2 磁化介质产生的矢量磁位与磁化电流

如图 5.9 所示，空间区域为 Ω，磁介质的磁化强度为 $\boldsymbol{M}$，磁化介质产生的磁场，采用磁化电流表示场源，则空间看成是自由空间，矢量磁位满足的方程为泊松方程，即

$$\nabla^2 \boldsymbol{A} = -\mu_0 \boldsymbol{J}_{\mathrm{m}} = -\mu_0 \nabla \times \boldsymbol{M} \tag{5-69}$$

类似传导电流计算矢量磁位的积分表达式，磁化介质产生的矢量磁位可以利用整个空间磁化电流体密度与格林函数空间卷积进行计算，特别注意磁化介质边界上的磁化电流体密度可能成为磁化电流面密度。这里从磁偶极子的磁偶极矩出发计算矢量磁位，由于磁化体元内的磁偶极矩 $\mathrm{d}\boldsymbol{m} = \boldsymbol{M}\mathrm{d}\Omega$，利用磁偶极矩产生的矢量磁位表达式 (5-64) 得到

$$\mathrm{d}\boldsymbol{A} = \frac{\mu_0}{4\pi}\frac{\mathrm{d}\boldsymbol{m} \times \boldsymbol{R}}{R^3} = \frac{\mu_0}{4\pi}\frac{\boldsymbol{M} \times \boldsymbol{R}}{R^3}\mathrm{d}\Omega \tag{5-70}$$

对磁化强度空间积分后得到

$$\boldsymbol{A} = \frac{\mu_0}{4\pi}\int_\Omega \frac{\boldsymbol{M} \times \boldsymbol{R}}{R^3}\mathrm{d}\Omega = \frac{\mu_0}{4\pi}\int_\Omega (\boldsymbol{M} \times \nabla_s G)\,\mathrm{d}\Omega \tag{5-71}$$

利用算子作用于源点坐标的矢量恒等式 $\nabla_s \times (G\boldsymbol{M}) = \nabla_s G \times \boldsymbol{M} + G\,\nabla_s \times \boldsymbol{M}$，代入式 (5-71) 得到矢量磁位为

$$\boldsymbol{A} = \frac{\mu_0}{4\pi}\int_\Omega \frac{\nabla_s \times \boldsymbol{M}}{R}\mathrm{d}\Omega - \frac{\mu_0}{4\pi}\int_\Omega \nabla_s \times \frac{\boldsymbol{M}}{R}\mathrm{d}\Omega \tag{5-72}$$

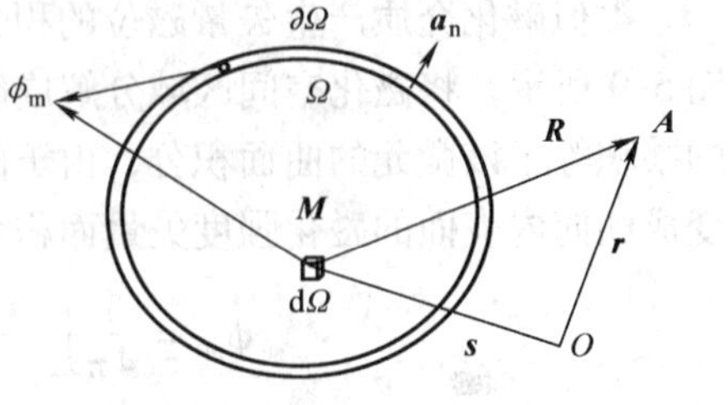

图 5.9　磁化介质产生的矢量磁位和标量磁位

根据旋度定理，即矢量场旋度的体积分与该矢量场在区域边界上的面积分关系，即

$$\int_\Omega \nabla \times \boldsymbol{A}\mathrm{d}\Omega = \oint_S \mathrm{d}\boldsymbol{S} \times \boldsymbol{A} = -\oint_S \boldsymbol{A} \times \boldsymbol{a}_{\mathrm{n}}\mathrm{d}S$$

将式 (5-72) 矢量磁位第二个积分项转换为曲面积分得到

$$\boldsymbol{A} = \frac{\mu_0}{4\pi}\int_\Omega \frac{\nabla_s \times \boldsymbol{M}}{R}\mathrm{d}\Omega + \frac{\mu_0}{4\pi}\oint_S \frac{\boldsymbol{M} \times \boldsymbol{a}_{\mathrm{n}}}{R}\mathrm{d}S \tag{5-73}$$

比较磁化介质产生的矢量磁位与传导电流密度产生的矢量磁位，可以发现磁化介质的等效电流密度与磁化强度紧密相关。

磁化电流体密度等于磁化强度的旋度，即产生磁化强度的旋度源，它是安培分子电流模型描述的磁化介质的体电流密度，如式 (5-66)。

当分子电流均匀排列时，磁化体内部电流密度相互抵消，而磁化体表面出现了等效磁化电流面密度 $\boldsymbol{J}_{\mathrm{ms}}$，磁化电流密度与磁化强度的关系为

$$\boldsymbol{J}_{\mathrm{m}} = \nabla \times \boldsymbol{M} \tag{5-74a}$$

$$\boldsymbol{J}_{\mathrm{ms}} = \boldsymbol{M} \times \boldsymbol{a}_{\mathrm{n}} \tag{5-74b}$$

式中，$\boldsymbol{a}_{\mathrm{n}}$是磁化区域外法线单位矢量。

极化介质束缚电荷密度是标量，因此它是极化强度矢量散度关系或单位法矢量标量积关

系。这里磁化电流密度是矢量，因此对磁化强度矢量进行旋度和单位法矢量的矢量积运算。磁介质用磁化电流计算矢量磁位或磁场时，整个空间看成是自由空间，公式中的磁导率用自由空间磁导率 μ_0。

对于简单磁介质，$\boldsymbol{M}=\chi_m\boldsymbol{H}$，$\boldsymbol{J}_m=\nabla\times\boldsymbol{M}=\chi_m\nabla\times\boldsymbol{H}=\chi_m\boldsymbol{J}$，因此只有存在传导电流的空间位置的磁化介质才有磁化体电流。在两种不同磁导率介质的交界面处可能存在磁化面电流，但当交界面上磁感应强度只有法向分量时，磁场强度和磁化强度也只有法向分量，这时交界面上磁化面电流密度为零。

5.7.3 磁化介质产生的标量磁位与磁荷

在没有电流的无源区域，磁场强度的旋度等于零，引入标量磁位 ϕ_m 使得 $\boldsymbol{H}=-\nabla\phi_m$，代入式（5-59）后计算散度，由于磁感应强度的散度为零，因此标量磁位满足泊松方程

$$\nabla^2\phi_m=-\nabla\cdot\boldsymbol{H}=\nabla\cdot\boldsymbol{M}=-\rho_m \tag{5-75}$$

其中，磁化体的空间磁荷体密度为

$$\rho_m=-\nabla\cdot\boldsymbol{M} \tag{5-76}$$

式（5-75）的解可以用整个空间磁荷体积分表示，即

$$\phi_m=\frac{1}{4\pi}\int_V\frac{-\nabla_s\cdot\boldsymbol{M}}{R}\mathrm{d}V \tag{5-77}$$

类似磁化介质产生矢量磁位的积分推导过程，对于磁化介质在空间产生的标量磁位，如图 5.9 所示，将磁化空间区域分解成磁化区域内部和具有厚度很薄的边界。散度与体积微元的乘积等于该微元的曲面积分，由于磁化介质边界外的磁化强度为零，薄壳层的散度体积分变成朝向内表面的磁化强度矢量面积分，改变面矢量方向为外法向得到标量磁位为

$$\phi_m=\frac{1}{4\pi}\int_\Omega\frac{-\nabla_s\cdot\boldsymbol{M}}{R}\mathrm{d}V+\frac{1}{4\pi}\int_{V-\Omega}\frac{-\nabla_s\cdot\boldsymbol{M}}{R}\mathrm{d}V \tag{5-78}$$

利用算子作用于源点坐标的矢量恒等式 $\nabla_s\cdot(G\boldsymbol{M})=\boldsymbol{M}\cdot\nabla_s G+G\nabla_s\cdot\boldsymbol{M}$，将式（5-78）右边第二个体积分化为

$$\int_{V-\Omega}\frac{-\nabla_s\cdot\boldsymbol{M}}{R}\mathrm{d}V=\int_{V-\Omega}\boldsymbol{M}\cdot\nabla_s G\mathrm{d}V-\int_{V-\Omega}\nabla_s\cdot(G\boldsymbol{M})\mathrm{d}V \tag{5-79}$$

式（5-79）右边第一个体积分因磁化强度为零而等于零，第二个积分利用高斯定理，得

$$\int_{V-\Omega}\nabla_s\cdot(G\boldsymbol{M})\mathrm{d}V=-\oint_{\partial\Omega}G\boldsymbol{M}\cdot\boldsymbol{a}_n\mathrm{d}S+\oint_{S_{inf}}G\boldsymbol{M}\cdot\mathrm{d}\boldsymbol{S} \tag{5-80}$$

在无穷远处磁化强度为零，式（5-80）无穷远处闭合曲面积分等于零。磁化区域边界面单位法矢量朝外。于是，式（5-78）变为

$$\phi_m=\frac{1}{4\pi}\int_\Omega\frac{-\nabla_s\cdot\boldsymbol{M}}{R}\mathrm{d}V+\frac{1}{4\pi}\oint_S\frac{\boldsymbol{M}\cdot\boldsymbol{a}_n\mathrm{d}S}{R}=\frac{1}{4\pi}\int_\Omega\frac{\rho_m}{R}\mathrm{d}V+\frac{1}{4\pi}\oint_S\frac{\rho_{ms}\mathrm{d}S}{R} \tag{5-81}$$

除了保留了原来磁化体磁荷密度 ρ_m，还增加了磁化面磁荷密度 ρ_{ms}，即

$$\rho_m=-\nabla\cdot\boldsymbol{M} \tag{5-82a}$$

$$\rho_{ms}=\boldsymbol{M}\cdot\boldsymbol{a}_n \tag{5-82b}$$

标量磁位是所有空间磁化介质的体磁荷与面磁荷共同贡献的结果。尽管磁单极尚未发现，但利用磁荷概念模拟电荷计算磁场的方法仍然是十分重要的。磁场强度矢量线由正磁荷

出发而终止于负磁荷，因此磁化介质产生的磁场强度是无旋有散的，在磁化体内部存在与磁化方向相反的磁场强度，称为退磁场或去磁场。退磁场的强弱与磁化体的几何结构有关，如沿软磁性材料硅钢片薄板方向很容易磁化，而垂直薄板方向很难磁化，因为磁化强度产生的退磁场很强。

磁感应强度与标量磁位和磁化强度的关系为 $\boldsymbol{B}=\mu_0(\boldsymbol{M}-\nabla\phi_{\mathrm{m}})$，磁化介质产生的磁感应强度无散但有旋，产生磁感应强度的旋度源是磁化电流，因此磁感应强度矢量线是封闭的，磁通是连续的。

5.8 静磁场交界面衔接条件与边值问题

5.8.1 静磁场交界面衔接条件

在交界面上，应用静磁场积分方程推导交界面衔接条件，而微分方程由于介质特性突变而不再适用。推导交界面衔接条件时，作如下基本假设：交界面光滑且无奇异场源，如线电流；场量在交界面有限；交界面附近是简单介质。

1. 磁场强度切向分量的连续性

交界面单位法矢量 $\boldsymbol{a}_{\mathrm{n}}$ 由介质 2 指向介质 1，在交界面上任意取对称的矩形回路 $abcda$，回路平面的单位法矢量为交界面切向矢量 $\boldsymbol{a}_{\mathrm{t}}$，边 ab 和 cd 的长为 l，边 bc 和 da 的长为 h，如图 5.10a 所示，利用静磁场安培环路定律得到

$$\boldsymbol{a}_{\mathrm{n}}\times\boldsymbol{a}_{\mathrm{t}}\cdot(\boldsymbol{H}_1-\boldsymbol{H}_2)l+\boldsymbol{a}_{\mathrm{n}}\cdot\frac{\partial}{\partial\tau}(\boldsymbol{H}_1+\boldsymbol{H}_2)l\frac{h}{2}=\boldsymbol{a}_{\mathrm{t}}\cdot\boldsymbol{J}_{\mathrm{s}}l \tag{5-83}$$

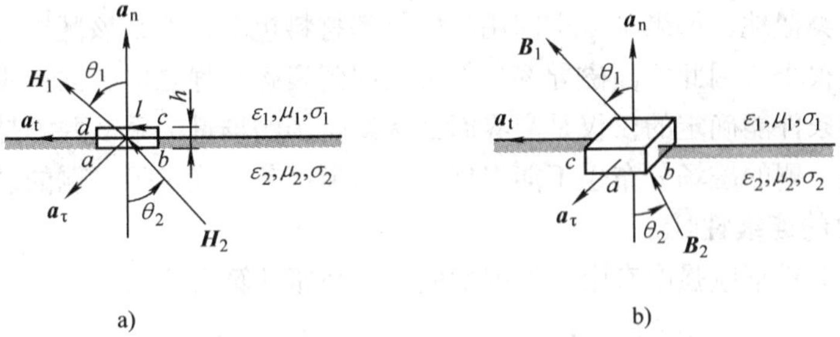

图 5.10　磁场交界面条件

a）磁场强度　b）磁感应强度

当 h 很小趋于零时，并利用矢量混合运算将式（5-83）改写为

$$\boldsymbol{a}_{\mathrm{t}}\cdot\boldsymbol{a}_{\mathrm{n}}\times(\boldsymbol{H}_1-\boldsymbol{H}_2)=\boldsymbol{a}_{\mathrm{t}}\cdot\boldsymbol{J}_{\mathrm{s}} \tag{5-84}$$

考虑到回路法矢量 $\boldsymbol{a}_{\mathrm{t}}$ 的任意性，磁场强度切向分量在交界面上满足

$$\boldsymbol{a}_{\mathrm{n}}\times(\boldsymbol{H}_1-\boldsymbol{H}_2)=\boldsymbol{J}_{\mathrm{s}} \tag{5-85}$$

式（5-85）表明，交界面单位法矢量与两侧磁场强度矢量位于同一平面，磁场强度切向分量之差等于交界面面电流密度大小，交界面法矢量、面电流矢量和磁场强度切向分矢量三者是相互垂直的。当交界面上没有面电流密度时，磁场强度切向分量连续。根据磁介质特性得到磁感应强度切向分量满足的交界面衔接条件为

$$\boldsymbol{a}_{\mathrm{n}} \times \left(\frac{\boldsymbol{B}_1}{\mu_1} - \frac{\boldsymbol{B}_2}{\mu_2}\right) = \boldsymbol{J}_{\mathrm{s}} \tag{5-86}$$

2. 磁感应强度矢量法向分量的连续性

根据图 5. 10b 取任意闭合曲面 $abcda$，侧面积 S_{h} 与上、下底面的面积 S 相比可以忽略不计。利用高斯定理和磁通连续性原理，磁感应强度矢量的通量等于零，即

$$\oint_S \boldsymbol{B} \cdot \mathrm{d}\boldsymbol{S} = \boldsymbol{a}_{\mathrm{n}} \cdot (\boldsymbol{B}_1 - \boldsymbol{B}_2) S + B_{12\mathrm{t}} S_{\mathrm{h}} = 0 \tag{5-87}$$

式中，侧面积上磁感应强度通量 $B_{12\mathrm{t}} S_{\mathrm{h}}$ 可以忽略不计。

由于闭合曲面的任意性，两种介质中的磁感应强度矢量的法向分量总是连续的，有

$$\boldsymbol{a}_{\mathrm{n}} \cdot (\boldsymbol{B}_1 - \boldsymbol{B}_2) = 0 \tag{5-88}$$

磁场强度的法向分量连续性为

$$\boldsymbol{a}_{\mathrm{n}} \cdot (\mu_1 \boldsymbol{H}_1 - \mu_2 \boldsymbol{H}_2) = 0 \tag{5-89}$$

两种介质交界面上，无散场的法向分量连续，无旋场的切向分量连续。静磁场是无散场，因此磁感应强度的法向分量连续，磁场强度矢量的切向分量在交界面没有面电流密度的区域连续，否则相差面电流密度大小。

在交界面无面电流密度的条件下，场量入射角与折射角满足折射定律，即

$$H_1 \sin\theta_1 = H_2 \sin\theta_2,\ \mu_1 H_1 \cos\theta_1 = \mu_2 H_2 \cos\theta_2,\ \frac{\tan\theta_1}{\tan\theta_2} = \frac{\mu_1}{\mu_2} \tag{5-90}$$

当交界面一侧的磁介质相对磁导率趋于无穷大且内部无传导电流源时，磁场矢量将垂直于交界面，比如空气与高磁导率软磁材料交界面。由于磁通量和磁感应强度有限，相对磁导率趋于无穷大的区域内磁场强度趋于零。因此，当场源被高磁导率材料包围时，空间磁场将被约束在该高磁导率材料的内部，因磁场强度的切向分量连续，所以泄漏到高磁导率材料外部的磁场很弱。类似地，如果某一空间用高磁导率材料包围，那么该区域受到高磁导率材料外部的磁场影响很小。因此，高磁导率材料可以起到聚磁和静磁屏蔽的作用。

交界面衔接条件能确定的仅仅是交界面处两侧电场的场量关系，并不是交界面两侧场量关系。即使知道一侧的磁场分布也不能根据交界面衔接条件确定另一侧的磁场分布。

3. 矢量磁位的连续性

因为交界面上磁感应强度有限，根据切向分量环路计算得磁通等于零，即

$$\oint_l \boldsymbol{A} \cdot \mathrm{d}\boldsymbol{l} = A_{1\mathrm{t}} l - A_{2\mathrm{t}} l + A_{12\mathrm{n}} h = B_{\mathrm{av}} l h \tag{5-91}$$

式中，$A_{12\mathrm{n}} h$ 是回路高度 h 对环量的贡献；B_{av} 是回路内平均磁感应强度；因场强有限，高度 h 相对边长 l 很小而忽略不计。因回路任意性得到矢量磁位的切向分量连续，即

$$A_{1\mathrm{t}} - A_{2\mathrm{t}} = 0 \tag{5-92}$$

根据静磁场库仑规范，矢量磁位无散，任意闭合曲面积分等于零，即

$$\oint_S \boldsymbol{A} \cdot \mathrm{d}\boldsymbol{S} = A_{1\mathrm{n}} S - A_{2\mathrm{n}} S + A_{12\mathrm{t}} S_{\mathrm{h}} = 0 \tag{5-93}$$

因此，矢量磁位的法向分量连续，即

$$A_{1\mathrm{n}} - A_{2\mathrm{n}} = 0 \tag{5-94}$$

矢量磁位在交界面上不仅切向分量连续，而且法向分量连续，因此矢量磁位连续，即

$$\boldsymbol{A}_1 = \boldsymbol{A}_2 \tag{5-95}$$

由式（5-92）或式（5-95）可以推导出交界面上磁感应强度法向分量连续的衔接条件，

即式（5-88），它比采用矢量磁位的旋度逼近交界面时的法向分量连续要简单。

由于交界面上磁感应强度法向分量连续已经被矢量磁位连续所替代，因此，矢量磁位的另一个交界面衔接条件是利用磁场强度切向分量的连续性。矢量磁位的一阶偏导满足磁场强度切向分量交界面衔接条件，矢量磁位的旋度与磁导率之比值的切向分量与面电流密度有关，即

$$\boldsymbol{a}_n \times \left(\frac{1}{\mu_1}\nabla \times \boldsymbol{A}_1 - \frac{1}{\mu_2}\nabla \times \boldsymbol{A}_2\right) = \boldsymbol{J}_s \tag{5-96}$$

式中，两个矢量磁位的旋度表示先计算各自场域内矢量磁位的旋度，然后计算将空间坐标趋近于边界的极限。

4. 标量磁位的连续性

无电流源区域磁场强度无旋，可以引入标量磁位，使得磁场强度等于标量磁位的负梯度，即 $\boldsymbol{H} = -\nabla\phi_m$，因交界面上磁场强度有限，标量磁位处处连续，在交界面上也连续，有

$$\phi_{m1} = \phi_{m2} \tag{5-97}$$

由式（5-97）可以推导出交界面上磁场强度切向分量连续的衔接条件，因此它只适用于交界面上没有传导面电流密度的情况。反之，如果交界面上存在面电流，那么标量磁位在交界面上将不再处处连续。

磁场强度的散度等于磁荷体密度，即$\nabla \cdot \boldsymbol{H} = \rho_m$，交界面上存在磁荷面密度 ρ_{ms}，磁场强度法向分量之差为磁荷面密度，即

$$\rho_{ms} = \boldsymbol{a}_n \cdot (\boldsymbol{M}_2 - \boldsymbol{M}_1) = \boldsymbol{a}_n \cdot (\boldsymbol{H}_1 - \boldsymbol{H}_2) = H_{1n} - H_{2n} \tag{5-98a}$$

即

$$\frac{\partial\phi_{m2}}{\partial n} - \frac{\partial\phi_{m1}}{\partial n} = \rho_{ms} \tag{5-98b}$$

考虑到磁感应强度的法向分量连续，因此标量磁位法向偏导数也满足

$$\mu_2 \frac{\partial\phi_{m2}}{\partial n} = \mu_1 \frac{\partial\phi_{m1}}{\partial n} \tag{5-98c}$$

需要注意的是，式（5-98）中的三个等式是等价的，用磁荷面密度时标量磁位法向偏导数前没有磁导率，与标量电位与电介质交界面极化电荷面密度关系一致，用磁感应强度法向分量连续的磁位表示与电位移矢量法向分量连续的标量电位表示也相一致。磁介质中没有磁单极形成的自由磁荷密度，但电介质中存在自由电荷密度，这是有区别的。

磁位函数的交界面衔接条件本身包含了磁场的交界面衔接条件，因此，两者只能取其一。需要指出的是，在求解磁位函数方程时，还需要增加位函数参考点和坐标系统自然边界条件的约束。

5.8.2 静磁场边值问题

静磁场问题用矢量磁位或标量磁位描述为求解区域内的泊松方程或拉普拉斯方程，边界上给定磁位（狄利克雷问题）、磁位法向偏导数（诺伊曼问题），或者两者线性组合（罗宾问题）。从数学的角度静电场边值问题中求解泊松方程和拉普拉斯方程的方法都可以用于静磁场边值问题求解。这里通过举例说明静磁场边值问题的求解。

例 5.7 计算均匀磁化圆球产生的磁感应强度，磁化强度 $\boldsymbol{M} = \boldsymbol{a}_z M_0$。

解答 建立圆球坐标系，磁化强度沿 z 轴正方向，大小为 M_0，根据磁化强度确定的磁

化电流密度来计算磁感应强度。在圆球内部，磁化电流体密度等于磁化强度的旋度，$\boldsymbol{J}_{\mathrm{m}}=\mathbf{0}$，圆球表面存在磁化电流面密度。于是，矢量磁位在圆球内、外均满足拉普拉斯方程，圆球面边界上矢量磁位连续，利用式（5-73）得矢量磁位积分表达式为

$$\boldsymbol{A}=\frac{\mu_0}{4\pi}\oint_S\frac{\boldsymbol{M}\times\boldsymbol{a}_{\mathrm{n}}\mathrm{d}S}{R}=\frac{\mu_0\boldsymbol{M}}{4\pi}\times\oint_S\frac{\boldsymbol{a}_{\mathrm{n}}\mathrm{d}S}{R}\tag{5-99}$$

利用附录 B 圆球面格林函数的矢量面积分得到

$$\boldsymbol{A}=\frac{\mu_0\boldsymbol{M}\times\boldsymbol{a}_{\mathrm{r}}}{6r^2}(r^3+a^3-|r^3-a^3|)\tag{5-100}$$

圆球面内，磁感应强度为

$$\boldsymbol{B}=\nabla\times\boldsymbol{A}=\nabla\times\frac{\mu_0\boldsymbol{M}\times\boldsymbol{a}_{\mathrm{r}}r}{3}=\frac{2\mu_0\boldsymbol{M}}{3}\tag{5-101}$$

圆球面外部，磁感应强度为

$$\boldsymbol{B}=\nabla\times\boldsymbol{A}=\nabla\times\frac{\mu_0a^3\boldsymbol{M}\times\boldsymbol{a}_{\mathrm{r}}}{3r^2}=\frac{\mu_0a^3M_0}{3r^3}\ (\boldsymbol{a}_{\mathrm{r}}2\cos\theta+\boldsymbol{a}_{\theta}\sin\theta)\tag{5-102}$$

计算结果表明圆球内磁感应强度是均匀的，圆球外相当于位于原点沿 z 轴方向的磁偶极子产生的磁场，磁偶极子的磁偶极矩等于磁化强度与圆球体积的乘积。

另外，空间没有传导电流，磁场强度无旋，圆球内、外可以引入标量磁位，利用磁化强度确定的磁荷密度来计算标量磁位。在圆球内部，磁化强度均匀，磁荷体密度为零，因此标量磁位在圆球内、外均满足拉普拉斯方程，圆球表面存在磁荷面密度，先利用式（5-81）计算标量磁位得

$$\phi_{\mathrm{m}}=\frac{1}{4\pi}\oint_S\frac{\boldsymbol{M}\cdot\boldsymbol{a}_{\mathrm{n}}\mathrm{d}S}{R}=\frac{\boldsymbol{M}}{4\pi}\cdot\oint_S\frac{\boldsymbol{a}_{\mathrm{n}}\mathrm{d}S}{R}\tag{5-103}$$

同样地，利用附录 B 圆球面格林函数的矢量面积分得到

$$\phi_{\mathrm{m}}=\frac{\boldsymbol{M}\cdot\boldsymbol{a}_{\mathrm{r}}}{6r^2}\ (r^3+a^3-|r^3-a^3|)\tag{5-104}$$

圆球面内，磁场强度和磁感应强度分别为

$$\boldsymbol{H}=-\nabla\phi_{\mathrm{m}}=-\nabla\frac{\boldsymbol{M}\cdot\boldsymbol{a}_{\mathrm{r}}r}{3}=-\frac{\boldsymbol{M}}{3}\tag{5-105a}$$

$$\boldsymbol{B}=\mu_0(\boldsymbol{H}+\boldsymbol{M})=\frac{2\mu_0\boldsymbol{M}}{3}\tag{5-105b}$$

圆球面外部，磁场强度和磁感应强度分别为

$$\boldsymbol{H}=-\nabla\phi_{\mathrm{m}}=-\nabla\frac{a^3\boldsymbol{M}\cdot\boldsymbol{a}_{\mathrm{r}}}{3r^2}=\frac{a^3M_0}{3r^3}\ (\boldsymbol{a}_{\mathrm{r}}2\cos\theta+\boldsymbol{a}_{\theta}\sin\theta)\tag{5-106a}$$

$$\boldsymbol{B}=\mu_0(\boldsymbol{H}+\boldsymbol{M})=\mu_0\boldsymbol{H}=\frac{\mu_0a^3M_0}{3r^3}(\boldsymbol{a}_{\mathrm{r}}2\cos\theta+\boldsymbol{a}_{\theta}\sin\theta)\tag{5-106b}$$

根据计算发现，磁场强度矢量在圆球内部是均匀的且与磁化方向和磁感应强度方向相反，磁场强度矢量线起始于上半球面正磁荷而终止于下半球面负磁荷，因此磁场强度是有散无旋的，磁化圆球的退磁因子是 1/3。

不难发现，磁偶极子场强矢量线与电偶极子场强矢量线在偶极子外部是一致的，具有相同的方程形式。

例 5.8 两种磁介质的磁导率分别为 μ_1 和 μ_2，交界面是无穷大平面，如图 5.11 所示，计算下列情况下的空间磁感应强度分布：

1）无限长线电流 I 位于交界面。

2）半径为 a 的无限长载流导体垂直于交界面，其中体电流密度为 $\boldsymbol{J}$，导体的磁导率为 μ_3。

3）平行于交界面的无限长线电流 I 距离交界面高度为 h。

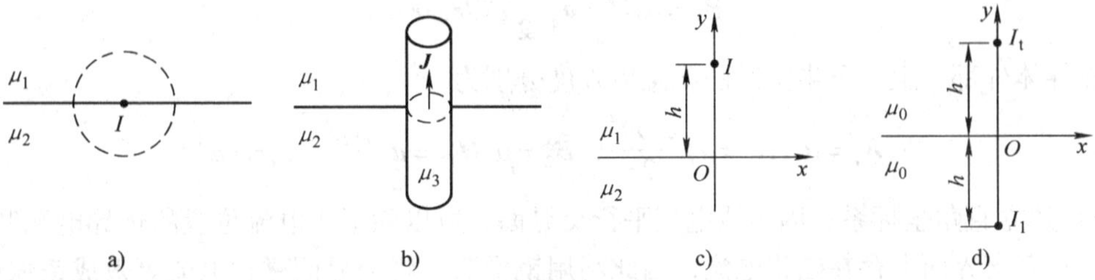

图 5.11 例 5.8 图 无穷大磁介质交界平面

a）线电流位于交界 b）体电流垂直交界面 c）线电流平行交界面 d）线电流镜像

解答 建立圆柱坐标系，线电流位于 z 轴，电流流向与 z 轴正方向一致。利用磁场交界面衔接条件判断磁场的连续性关系来求解。

1）除了线电流位置，磁感应强度在交界面上只有法向分量且是连续的。磁感应强度只有 φ 方向分量，大小与坐标 z 和 φ 无关。根据图 5.11a 和安培环路定律得到

$$\pi r\left(\frac{B}{\mu_1}+\frac{B}{\mu_2}\right)=I$$

即

$$\boldsymbol{B}=\boldsymbol{a}_\varphi\frac{\mu_1\mu_2 I}{\pi(\mu_1+\mu_2)r}$$

不难得到自由空间中线电流产生的磁感应强度 $\boldsymbol{B}_0=\boldsymbol{a}_\varphi\dfrac{\mu_0 I}{2\pi r}$。由于交界面上线电流元的电流密度只有平行交界面的切向分量，因此除了线电流位置，其他交界面上的磁场只有法向分量。如果交界面上存在线电流回路，只有在线电流处存在磁化电流，而在其他空间位置没有磁化电流，那么电流回路在上、下空间介质中产生的磁感应强度 $\boldsymbol{B}$ 与在自由空间中产生的磁感应强度 $\boldsymbol{B}_0$ 的关系是 $\boldsymbol{B}=\dfrac{2\mu_1\mu_2}{\mu_0(\mu_1+\mu_2)}\boldsymbol{B}_0$。由此可以根据自由空间磁场强度计算出磁介质中的磁场强度（留给读者自己完成）。

需要注意的是，如果线电流改为圆柱导体均匀电流密度，那么因磁导率不同而不能按照上述方法计算，否则因导体圆柱表面没有面电流而无法满足导体圆柱面与磁介质之间磁场强度切向分量连续的交界面衔接条件，读者可以自行分析。

2）由于各交界面上没有传导电流面密度，因此磁场强度切向分量连续，上、下半空间的磁场强度只有 φ 方向分量，大小仅仅是坐标 r 的函数，与坐标 z 和 φ 无关。根据图 5.11b，空间分为两个区域计算磁场强度、三个区域计算磁感应强度。

在圆柱导体内部的磁场强度根据安培环路定律得

$$H_3 = \frac{J \times a_r \pi r^2}{2\pi r} = a_\varphi \frac{1}{2} Jr,\ r < a$$

在导体外部的磁场强度为

$$H_{12} = \frac{J \times a_r \pi a^2}{2\pi r} = a_\varphi \frac{Ja^2}{2r},\ r > a$$

在导体内部的磁感应强度为

$$B_3 = \mu_3 H = a_\varphi \frac{1}{2}\mu_3 Jr,\ r < a$$

在导体外部，上、下半空间的磁感应强度分别为

$$B_1 = \mu_1 H_{12} = a_\varphi \frac{\mu_1 Ja^2}{2r},\ B_2 = \mu_2 H_{12} = a_\varphi \frac{\mu_2 Ja^2}{2r},\ r > a$$

3）建立直角坐标系，因为线电流平行交界面，所以除了线电流位置的传导电流和磁化电流，只有交界面上存在磁化电流，因此利用镜像法，将交界面磁化电流等效成镜像电流。线性、均匀且各向同性的磁介质中磁化电流密度与传导电流密度的关系为

$$J_m = \nabla \times M = (\mu_r - 1)\nabla \times H = (\mu_r - 1)J$$

对于上半空间求解区域，根据图 5.11c，除了传导电流 I 及其磁化电流 $I(\mu_1-\mu_0)/\mu_0$，该位置总电流为 $I_t = I + I(\mu_1-\mu_0)/\mu_0 = I\mu_1/\mu_0$，在下半空间对称位置还要放置镜像电流 I_1，如图 5.11d 所示，然后按照自由空间计算上半空间的磁感应强度得

$$B_1 = a_z \times \frac{\mu_0(\mu_1/\mu_0)I[a_x x + a_y(y-h)]}{2\pi[x^2+(y-h)^2]} + a_z \times \frac{\mu_0 I_1[a_x x + a_y(y+h)]}{2\pi[x^2+(y+h)^2]}, y>0$$

对于下半空间求解区域，除了总电流 I_t，还需要在该位置增加镜像电流 I_1，再按照自由空间计算下半空间的磁感应强度得

$$B_2 = a_z \times \frac{\mu_0(\mu_1 I/\mu_0 + I_1)[a_x x + a_y(y-h)]}{2\pi[x^2+(y-h)^2]}, y<0$$

镜像电流的大小需要根据交界面衔接条件确定，在交界面上磁感应强度的法向分量连续已经满足，还需要满足交界面上磁场强度切向分量连续。于是得到

$$H_{1x} = \frac{B_{1x}}{\mu_1} = \frac{(\mu_1 I - \mu_0 I_1)h}{2\pi\mu_1(x^2+h^2)} = \frac{(\mu_1 I + \mu_0 I_1)h}{2\pi\mu_2(x^2+h^2)} = \frac{B_{2x}}{\mu_2} = H_{2x}$$

解得镜像电流为

$$I_1 = \frac{\mu_1}{\mu_0}\frac{(\mu_2-\mu_1)I}{\mu_1+\mu_2} = \frac{\mu_2-\mu_1}{\mu_1+\mu_2}I_t$$

于是，上、下半空间的磁感应强度和磁场强度分别为

$$B_1 = \frac{\mu_1 I[a_y x - a_x(y-h)]}{2\pi[x^2+(y-h)^2]} + \frac{\mu_1 I[a_y x - a_x(y+h)]}{2\pi[x^2+(y+h)^2]}\frac{\mu_2-\mu_1}{\mu_2+\mu_1}, y>0$$

$$H_1 = \frac{I[a_y x - a_x(y-h)]}{2\pi[x^2+(y-h)^2]} + \frac{I[a_y x - a_x(y+h)]}{2\pi[x^2+(y+h)^2]}\frac{\mu_2-\mu_1}{\mu_2+\mu_1}, y>0$$

$$B_2 = \frac{\mu_1\mu_2 I[a_y x - a_x(y-h)]}{\pi(\mu_1+\mu_2)[x^2+(y-h)^2]}, H_2 = \frac{\mu_1 I[a_y x - a_x(y-h)]}{\pi(\mu_1+\mu_2)[x^2+(y-h)^2]}, y<0$$

由计算结果可以看出，上半空间磁场相当于整个空间介质为上半空间磁导率，给定线电流源和位于镜像位置的镜像电流源共同产生，其中镜像电流源大小 I_{1i} 为

$$I_{1i}=\frac{\mu_2-\mu_1}{\mu_1+\mu_2}I,\ I-I_{1i}=\frac{2\mu_1}{\mu_1+\mu_2}I$$

而在下半空间的磁场相当于整个空间填充下半空间磁导率，除了保持给定位置的线电流外，还需要在这一位置增加镜像线电流，镜像线电流大小为 $-I_{1i}$。

显然，当线电流距离交界面高度 h 趋于零时，磁感应强度和磁场强度都与位于交界面上的线电流产生的磁场计算结果相同。

例 5.9 自由空间中有半径为 a 的无限长载流导体，电流密度 $\boldsymbol{J}$ 沿轴向均匀分布，计算空间矢量磁位分布。

解答 如图 5.11b 所示，空间磁介质的磁导率都为 μ_0，建立圆柱坐标系，载流导体轴线位于 z 轴且电流密度方向为 z 轴正方向，空间矢量磁位只有 z 分量，且与坐标 z 和 φ 无关。将空间分为导体内部和外部两个区域，矢量磁位分别满足一维泊松方程和拉普拉斯方程，即

$$\nabla^2A_{1z}(r)=\frac{\mathrm{d}}{r\mathrm{d}r}\left(r\frac{\mathrm{d}A_{1z}}{\mathrm{d}r}\right)=-\mu_0J,r<a \tag{5-107}$$

$$\nabla^2A_{2z}(r)=\frac{\mathrm{d}}{r\mathrm{d}r}\left(r\frac{\mathrm{d}A_{2z}}{\mathrm{d}r}\right)=0,r>a \tag{5-108}$$

导体圆柱面上的衔接条件分别为矢量磁位连续、磁场强度切向分量连续或矢量磁位法向导数连续，有

$$A_{1z}(a)=A_{2z}(a) \tag{5-109}$$

$$\left.\frac{\mathrm{d}A_{1z}}{\mathrm{d}r}\right|_{r=a}=\left.\frac{\mathrm{d}A_{2z}}{\mathrm{d}r}\right|_{r=a} \tag{5-110}$$

矢量磁位泊松方程包括特解和通解，而拉普拉斯方程只有通解，两者通解形式相同，由式（5-107）和式（5-108）分别解得

$$A_{1z}(r)=-\frac{1}{4}\mu_0Jr^2+C_0\ln r+C_1,\ r<a$$

$$A_{2z}(r)=C_3\ln r+C_4,\ r>a$$

其中，四个待定系数需要四个条件确定，即由两个交界面衔接条件、一个矢量磁位参考点和一个圆柱坐标自然边界条件确定。

考虑到矢量磁位在 $r=0$ 处有限的自然边界条件，得到 $C_0=0$。选择导体圆柱面上的矢量磁位为零，并由式（5-109）得到 $C_1=\frac{1}{4}\mu_0Ja^2$，$C_4=-C_3\ln a$。再由式（5-109）和式（5-110）得到 $C_3=-\frac{1}{2}\mu_0Ja^2$，$C_4=\frac{1}{2}\mu_0Ja^2\ln a$。于是，空间矢量磁位分布分别为

$$\boldsymbol{A}_1=\boldsymbol{a}_zA_{1z}(r)=\boldsymbol{a}_z\frac{1}{4}\mu_0J(a^2-r^2),\ r<a \tag{5-111}$$

$$\boldsymbol{A}_2=\boldsymbol{a}_zA_{2z}(r)=\boldsymbol{a}_z\frac{1}{2}\mu_0Ja^2\ln\frac{a}{r},\ r>a \tag{5-112}$$

式（5-111）和式（5-112）表明，尽管矢量磁位是矢量，但其空间分布是连续函数，在导体圆柱内沿 z 轴正方向，轴线处最大，随 r 增大按照抛物线二次函数减小，在圆柱面 $r=a$ 处等于零，然后矢量磁位沿 z 轴反方向，按照对数函数不断增大。

从结果可以看出，矢量磁位为常矢量的条件是 r 为常数，这正是磁感应线方程。由于矢量磁位参考点是任意的，因此当圆柱体电流不变而半径趋于零时，圆柱外部矢量磁位式

(5-112)简化为例 5.3 无限长直线电流产生的矢量磁位形式。

5.9 电抗器及其电感

电抗器由线圈和铁心组成，主要是为了将线圈磁场按照设计的磁通路径闭合，既增强磁场又削弱周围磁场，主要用于滤波、谐振和储能等。电抗器的主要参数是电感，当同一铁心上有多个线圈时，不仅线圈自身有电感，而且相互之间也存在耦合电感。

1. 自感

电流产生磁场，电流和磁通都是连续的，电流管和磁通管又是相互匝链的，因此通电回路的电流变化会引起回路内磁通的变化，磁通的变化又会在闭合线圈回路感应电动势而阻碍电流的变化。这种因自身电流变化引起的感应电动势是与电流回路的几何结构和周围介质磁特性相关联的，用自感表示。

如图 5.12 所示，由于导体回路电流是分布且连续的，具有截面积 S 的一个导体回路匝数是 1.0，电流管回路的匝数与导体截面上电流密度分布有关，设电流密度为 $\boldsymbol{J}$，电流管面元矢量为 d$\boldsymbol{S}$，电流为 dI，导体总电流为 I，那么电流管的匝数为

$$N_{\mathrm{i}} = \frac{\boldsymbol{J}\cdot\mathrm{d}\boldsymbol{S}}{\int_S \boldsymbol{J}\cdot\mathrm{d}\boldsymbol{S}} = \frac{\mathrm{d}I}{I} \tag{5-113}$$

显然，电流密度均匀分布时，电流管匝数与截面积成正比。任意电流管回路都与一定量的磁通相关联，所有电流管回路电流与其包围的磁通量乘积总和与导体电流之比称为该导体回路的磁链，即每个电流管回路磁链之和为导体回路总磁链，有

$$\Psi = \sum N_{\mathrm{i}}\Phi_{\mathrm{i}} = \frac{\int_S\oint_l(\boldsymbol{A}\cdot\mathrm{d}\boldsymbol{l})(\boldsymbol{J}\cdot\mathrm{d}\boldsymbol{S})}{\int_S \boldsymbol{J}\cdot\mathrm{d}\boldsymbol{S}} = \frac{\int_V \boldsymbol{A}\cdot\boldsymbol{J}\mathrm{d}V}{I} \tag{5-114}$$

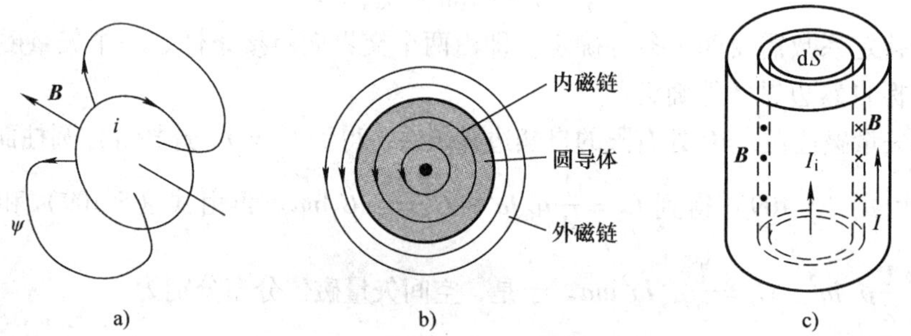

图 5.12　导体电流与磁链

a）电流回路与磁链　b）载流导体内、外磁链　c）圆筒磁通

当有多匝导体组成线圈时，每匝磁通之和称为线圈的磁链，因此式（5-114）的积分区域由一匝遍及线圈所有匝数即可。

一个线圈单位电流产生的总磁链大小定义为该线圈的自感，即

$$L = \frac{\Psi}{I} = \frac{\int_V \boldsymbol{A}\cdot\boldsymbol{J}\mathrm{d}V}{I^2} \tag{5-115}$$

自感包括导体内部磁通链引起的内自感和导体外部磁通链引起的外自感两部分，如图5.12b所示。外自感与线圈的几何结构、匝数和周围磁介质特性参数磁导率有关。内自感需要计算所有电流管的内磁通或者内磁通与其匝链的导体匝数乘积。

例5.10 计算半径为a的长直导体单位长度的内自感。

解答 将导体看成是在无穷远处圆球面闭合的，整体是1.0匝，内部磁场产生的磁链只是部分匝链，设电流密度$\boldsymbol{J}$均匀分布，半径为r处，dr厚度圆筒、单位长度截面上的磁通量为

$$\mathrm{d}\Phi_{\mathrm{i}}=\frac{\mu_0 I_{\mathrm{i}}}{2\pi r}\mathrm{d}r=\mu_0\frac{\pi r^2 J}{2\pi r}\mathrm{d}r$$

该磁通量与半径为r的截面上的所有电流管回路匝链形成内磁链，而与圆筒外部导体的电流管回路不匝链，内部导体的匝数与截面积成正比，因此

$$\mathrm{d}\Psi_{\mathrm{i}}=\frac{\pi r^2}{\pi a^2}\mathrm{d}\Phi_{\mathrm{i}}=\mu_0\frac{J}{2a^2}r^3\mathrm{d}r \tag{5-116}$$

导体单位长度总内磁链为

$$\Psi_{\mathrm{i}}=\int_0^a\mu_0\frac{Jr^3}{2a^2}\mathrm{d}r=\frac{\mu_0 a^2 J}{8}=\frac{\mu_0 I}{8\pi}$$

单位长度内自感为

$$L_{\mathrm{i}}=\frac{\Psi_{\mathrm{i}}}{I}=\frac{\mu_0}{8\pi} \tag{5-117}$$

可见，单位长度内自感大小与导体几何尺寸无关，但与材料磁导率有关。

利用电流管匝数与磁通量乘积的内磁链也可以计算内自感，得

$$L_{\mathrm{i}}=\frac{1}{\pi a^2 J}\int_0^{2\pi}\int_0^a\left(\int_r^a 0.5\mu_0 J r\mathrm{d}r\right)\frac{r\mathrm{d}r\mathrm{d}\varphi}{\pi a^2}=\frac{\mu_0}{8\pi} \tag{5-118}$$

其中，小括号内的积分表示电流管的单位长度磁通量，圆导体截面双重积分的面积之比的分式表示电流密度均匀时电流管的匝数，积分外部分式的分母表示总电流，单位长度内自感计算结果是一样的。

例5.11 单位长度匝数为N、半径为a的细长密绕螺线管，内部磁介质的磁导率为μ，计算单位长度的自感。

解答 对于有限长螺线管，内部磁场不均匀，无法采用解析法精确计算单位电流的磁链和自感。这里假设螺线管很细长，螺线管内磁场强度均匀，设导线电流为I，那么螺线管内的磁感应强度为

$$B=\mu NI$$

所有导线匝链的磁通量相同，因此单位长度的自感为

$$L_1=\frac{\Psi_1}{I}=\frac{N\Phi}{I}=\frac{NB\pi a^2}{I}=\pi a^2\mu N^2 \tag{5-119}$$

螺线管单位长度的自感与截面积、磁导率和单位长度匝数二次方成正比。

自感的计算方法主要有三种：场强法、位函数法和能量法。场强法是利用电流计算磁场强度和磁感应强度，然后计算磁通量和磁链。位函数法是用电流计算矢量磁位，利用矢量磁位计算闭合路径的磁通量和磁链。能量法是利用电流计算场量（场强或位函数），然后计算能量，利用自感能量公式计算自感。磁场能量将在下一节中介绍。特别需要指出的是，磁链

定义式（5-115）计算自感已经包含了这三种方法。

2. 互感

当存在两个或更多个电流回路时，每个电流回路中的磁场不仅有自身电流产生的，还包括其他回路电流产生的，因此每个电流管的磁通量也包含自身电流引起的磁通量和其他回路电流引起的磁通量，所有电流管电流与磁通量乘积的总和形成的回路磁链包含自身电流产生的磁链和其他回路电流产生的磁链，如图 5.13 所示。互感是两个载流导体线圈之间的磁通链相互作用对感应电动势的影响。

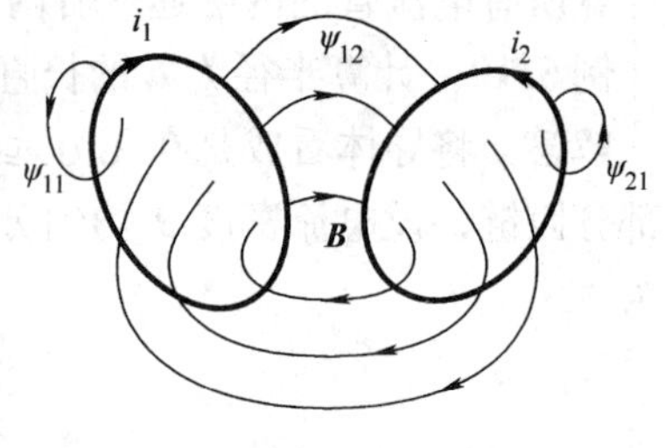

图 5.13　两个载流线圈之间的磁链

两个线圈 1 和 2 之间的互感包含线圈 1 对线圈 2 的互感 M_{12}与线圈 2 对线圈 1 的互感 M_{21}。它表示一个线圈单位电流产生的与另一个线圈匝链的磁链大小，如线圈 1 的电流 I_1在线圈 2 中产生的磁链 ψ_{12}引起的互感 M_{12}表示为

$$M_{12} = \frac{\psi_{12}}{I_1} \tag{5-120}$$

由于磁通量与回路电流符合右手螺旋关系，为正，两个线圈之间的互感符号与回路的电流流向或回路正方向有关，因此自感总是正的，而互感存在正、负或零的可能性。

在磁介质特性线性、均匀且各向同性的条件下，两个线圈之间的互感相同，仅仅与每个线圈的几何结构和匝数、两个线圈的空间相对位置，以及周围磁介质特性有关。

值得注意的是，线电流是理想模型，其越接近线电流产生的磁场则越大，因此线电流回路的自感是无穷大。但对于两个独立的线电流回路，可以通过线积分运算计算互感，而且两者的互感是相同的。因为第一个线电流回路产生的矢量磁位为

$$\boldsymbol{A}_1 = \frac{\mu_0 I_1}{4\pi}\oint_{l_1}\frac{\mathrm{d}\boldsymbol{l}_1}{|\boldsymbol{r}-\boldsymbol{r}_1|} \tag{5-121}$$

不考虑第二个线电流回路自身电流时的磁通量为

$$\Phi_{12} = \oint_{l_2}\boldsymbol{A}_1\cdot\mathrm{d}\boldsymbol{l}_2 = \frac{\mu_0 I_1}{4\pi}\oint_{l_2}\oint_{l_1}\frac{\mathrm{d}\boldsymbol{l}_1\cdot\mathrm{d}\boldsymbol{l}_2}{|\boldsymbol{r}_2-\boldsymbol{r}_1|} \tag{5-122}$$

因此，两个线电流回路之间的互感为

$$M_{12} = \frac{\Phi_{12}}{I_1} = \frac{\mu_0}{4\pi}\oint_{l_2}\oint_{l_1}\frac{\mathrm{d}\boldsymbol{l}_1\cdot\mathrm{d}\boldsymbol{l}_2}{|\boldsymbol{r}_2-\boldsymbol{r}_1|} = M_{21} \tag{5-123a}$$

式（5-123a）计算互感时，认为导体只有一根或回路只有一个，即线圈只有一匝。由于两个导体闭合回路之间互感相同，因此需要利用互感相等的特点寻找合适的方法计算互感。

对于自由空间中电流分别为 I_1和 I_2的两个线圈之间的互感 M_{12}，根据空间电流密度分布，$\boldsymbol{J}_1$和 $\boldsymbol{J}_2$表示为双重体积分形式得

$$M_{12} = \frac{\mu_0}{4\pi I_1 I_2}\int_{V_1}\int_{V_2}\frac{\boldsymbol{J}_1\cdot\boldsymbol{J}_2\mathrm{d}V_1\mathrm{d}V_2}{|\boldsymbol{r}_2-\boldsymbol{r}_1|} = M_{21} \tag{5-123b}$$

例 5.12　半径分别为 a 和 b 的细长螺线管同轴对称放置，长分别为 L_a和 L_b（$L_a >> L_b$），单位长度匝数分别为 N_a和 N_b，计算两者之间的互感。

解答　因为螺线管 a 比 b 长得多，所以利用螺线管 a 的电流 I_a产生的磁场计算互感，若

近似认为螺线管 a 在两螺线管重叠位置的磁场是均匀的，那么螺线管 a 内的磁感应强度为

$$B_a = \mu_0 N_a I_a$$

由于两个螺线管半径不同，因此磁通量计算需要考虑两者重合部分的螺线管面积，于是互感为

$$M_{ab} = \frac{N_b L_b B_a S_{ab}}{I_a} = \frac{1}{2}\pi\left(b^2 + a^2 - |b^2 - a^2|\right) L_b \mu_0 N_a N_b$$

例 5.13 长度为 L 的圆柱体由相对磁导率无穷大的材料制成，其中开有内、外半径分别为 a 和 b 的同轴圆桶空气隙，并分别安放匝数各为 N_a 和 N_b 的线圈，两端形成圆环，线圈轴向导体构成平面的夹角为 θ，如图 5.14 所示，忽略端部效应，计算两线圈之间的互感。

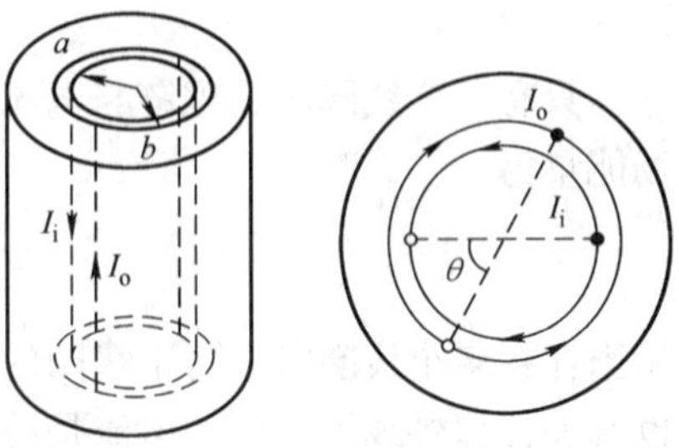

图 5.14 例 5.13 图

解答 不考虑端部效应，因气隙很小，内导体电流 I_i 产生的空气隙磁场是均匀的，高磁导率材料内部的磁场强度为零，利用安培环路定律，气隙磁场强度径向分量近似为

$$H_i = \frac{N_a I_i}{2(b-a)}$$

由于两个线圈平面存在夹角 θ，逆时针为正，线圈平面方向按照电流流向符合右手螺旋关系，因此与外导体线圈匝链的磁链为负的，即

$$\Psi_o = \int_{\theta}^{\pi-\theta} -\mu_0 H_i L a N_b \mathrm{d}\alpha = \frac{\mu_0 N_a N_b a L (2\theta - \pi) I_i}{2(b-a)}$$

内、外线圈之间的互感为

$$M_{ab} = \frac{\Psi_o}{I_i} = \frac{(2\theta - \pi) a L \mu_0 N_a N_b}{2(b-a)} \tag{5-124}$$

由计算结果可知，当两个线圈轴向导体构成的平面相互垂直时，相互匝链的磁链为零，互感等于零。当两个线圈通电流时，各自线圈的自感不变，但是因为线圈相对位置角 θ 变化，会引起互感和耦合能量变化，从而产生电磁转矩，这是机电能量转换装置产生两个磁场并相互作用形成电磁转矩的基本方式。

5.10 静磁场能量

静磁场的场源是导体恒定电流，导体中建立电流需要通过局外场，即需要外部电源提供电功率，因此建立磁场能量的过程是外部电功率输入的过程。这里考虑导体电流缓慢变化，忽略由于电流变化引起的电磁能量辐射，从而利用电磁感应原理获得磁场能量的磁链或电感表达形式。

对于简单介质，磁场与电流成线性关系，静磁场能量可以采用电流密度和矢量磁位表达，并进一步推导出静磁场能量的能量体密度表达式。

1. 简单介质中线圈回路系统静磁场能量

对于由 N 个线圈回路构成静磁场系统的静磁场能量计算，各线圈回路空间位置固定，

电流从零增加到恒定值。对于每个线圈建立磁场的能量可以通过极其缓慢变化的电流关系获得，不考虑线圈电阻损耗，第 k 个线圈的外部电压与内部感应电动势满足基尔霍夫电压定律，外部输入能量等于磁场能量的增加，即

$$W_{mk} = \int_{-\infty}^{t} u_k i_k \mathrm{d}t = \int_{-\infty}^{t} -e_k i_k \mathrm{d}t \tag{5-125}$$

根据电磁感应定律，感应电动势与磁链时间变化率有关，即 $\mathrm{d}\psi = -e\mathrm{d}t$，于是

$$W_{mk} = \int_{0}^{\Psi_k} i_k \mathrm{d}\psi \tag{5-126}$$

当只有一个线圈时，磁链与电流成正比，比例系数为线圈自感，因此一个线圈自身的静磁场能量为

$$W_m = \frac{1}{2}LI^2 = \frac{1}{2}\Psi I = \frac{\Psi^2}{2L} \tag{5-127}$$

当存在多个线圈时，每个线圈的磁链不仅与自身线圈的电流有关，而且与其他线圈的电流也有关，但各线圈之间的电流是独立的，磁链可以表示为各线圈电流的线性组合，系数为线圈自身的自感 L_{kk} 与两个不同线圈之间的互感 L_{kn}，即

$$\psi_k = \sum_{n=1}^{N} L_{kn} i_n \tag{5-128}$$

于是，所有线圈中的静磁场能量为

$$W_m = \sum_{k=1}^{N} \int_{0}^{\Psi_k} i_k \mathrm{d}\psi_k = \sum_{k=1}^{N}\sum_{n=1}^{N} \int_{0}^{I_n} i_k L_{kn} \mathrm{d}i_n \tag{5-129}$$

假设电流都线性增加，即 $i_k = xI_k$，这样磁链也线性增加，$\psi_k = x\Psi_k$，其中 $0 \leqslant x \leqslant 1$，总静磁场能量等于自感能量与互感能量之和，有

$$W_m = \sum_{k=1}^{N}\sum_{n=1}^{N} \int_{0}^{1} xI_k L_{kn} I_n \mathrm{d}x = \sum_{k=1}^{N}\sum_{n=1}^{N} \frac{1}{2} L_{kn} I_k I_n = \frac{1}{2}\sum_{k=1}^{N} \Psi_k I_k \tag{5-130}$$

式（5-130）中的系数二分之一是由于电流增加磁场按比例增强的结果。如果磁场是非线性的，如带铁磁性材料的线圈，那么由于磁化特性的饱和现象，磁场能量中的系数将小于二分之一。

对于线电流分布的理想模型，线电流周围磁感应强度与距离成反比而趋于无穷大，自感为无穷大，自身静磁场能量是奇异的。这时只能考虑静磁场相互作用能量，而不考虑自身磁场能量，这一点与点电荷或线电荷系统自身静电场能量奇异一样。

2. 分布电流静磁场能量

因电流连续，分布电流可以看成是电流管组成的，同样取电流管回路，回路方向与电流密度方向一致，均匀地增加电流，磁通均匀地增加，外部输入能量为磁场能量增加，每个电流管中的磁通量等于矢量磁位与线元标量积对电流管回路的积分，即

$$\boldsymbol{\Phi} = \oint_l \boldsymbol{A} \cdot \mathrm{d}\boldsymbol{l} \tag{5-131}$$

线电流回路对磁场能量贡献利用电流线性增长建立磁场的方法计算得到，即

$$W_m = \sum_{k=1}^{N} \frac{1}{2} I_k \Phi_k = \sum_{k=1}^{N} \frac{1}{2} \oint_{l_k} \boldsymbol{A} \cdot I\mathrm{d}\boldsymbol{l} \tag{5-132a}$$

类似地，得到面电流密度和体电流密度分布回路电流的磁场能量为

$$W_m = \sum_{k=1}^{N} \frac{1}{2} \int_{S_k} \boldsymbol{A} \cdot \boldsymbol{J}_s \mathrm{d}S \tag{5-132b}$$

$$W_m = \sum_{k=1}^{N} \frac{1}{2}\int_{V_k} \boldsymbol{A} \cdot \boldsymbol{J} \mathrm{d}V \tag{5-132c}$$

空间磁场能量利用统一的电流体密度空间分布和矢量磁位计算为整个空间体积分得

$$W_m = \frac{1}{2}\int_V \boldsymbol{A} \cdot \boldsymbol{J} \mathrm{d}V \tag{5-133}$$

式（5-133）表明，静磁场能量可以通过电流密度和矢量磁位标量积的体积分获得。二分之一的系数是由于场源和场的线性关系引起的。这个积分公式也可以通过电流管中电流与回路的磁通量乘积的体积分来推导，即

$$W_m = \frac{1}{2}\int_S \Phi \boldsymbol{J} \cdot \mathrm{d}\boldsymbol{S} \tag{5-134}$$

将式（5-131）磁通量与矢量磁位回路积分关系代入式（5-134），并将面积分与线积分合并成体积分后得到

$$W_m = \frac{1}{2}\int_V (\boldsymbol{J} \cdot \mathrm{d}\boldsymbol{S})(\boldsymbol{A} \cdot \mathrm{d}\boldsymbol{l}) \tag{5-135}$$

由于电流密度方向与回路方向相同，因此式（5-135）可以表示为式（5-133），即

$$W_m = \frac{1}{2}\int_V (\boldsymbol{J} \cdot \boldsymbol{A})(\mathrm{d}\boldsymbol{S} \cdot \mathrm{d}\boldsymbol{l}) = \frac{1}{2}\int_V (\boldsymbol{J} \cdot \boldsymbol{A})\mathrm{d}V$$

对单个载流导体回路或线圈来说，式（5-133）与式（5-127）相比较可以得到能量法计算自感的公式（5-115）。

考虑到静磁场特性式（5-36）和矢量磁位与磁感应强度关系式（5-38），有矢量恒等式 $\nabla \cdot (\boldsymbol{A} \times \boldsymbol{H}) = \boldsymbol{H} \cdot \boldsymbol{B} - \boldsymbol{A} \cdot \boldsymbol{J}$，代入式（5-133）并利用高斯散度定理得到

$$W_m = \frac{1}{2}\int_V \boldsymbol{B} \cdot \boldsymbol{H} \mathrm{d}V - \frac{1}{2}\oint_{S_{\mathrm{inf}}} (\boldsymbol{A} \times \boldsymbol{H}) \cdot \mathrm{d}\boldsymbol{S} = \int_V \frac{1}{2}\boldsymbol{B} \cdot \boldsymbol{H} \mathrm{d}V \tag{5-136}$$

由于电流源的区域有限，在整个空间边界闭合面上矢量磁位与距离成反比，磁场强度与距离二次方成反比，曲面面积与距离二次方成正比，因此无穷远处的闭合曲面积分趋于零。如果电流源不是处在封闭的空间分布，那么式（5-136）中积分将可能发散，如无限长载流导线产生的磁场能量是无穷大。

式（5-136）中被积函数是单位体积的能量，因此定义静磁场能量密度为磁感应强度与磁场强度矢量标量积的一半，即

$$w_m = \frac{1}{2}\boldsymbol{B} \cdot \boldsymbol{H} \tag{5-137}$$

静磁场能量可以表示为整个空间的静磁场能量体密度的体积分。由于线电流周围磁场能量密度趋于无穷大，因此线电流自身静磁场能量趋于无穷大。对于线性、均匀和各向同性介质，磁场能量充满整个存在磁场的空间。

由式（5-133）可知，空间传导电流为零时，静磁场能量为零，那么对于永磁体这样的磁化介质，其产生的静磁场能量为零，即由式（5-136）的磁感应强度和磁场强度标量积的空间体积分为零，说明磁化体外部的磁场能量与磁化体内部的退磁场能量大小相同、符号相反。但是，永磁体是外部磁场充磁后形成的磁化体，外部电磁能量已经存储在磁化体内部，因此永磁体的磁场能量需要采用不同于式（5-133）和式（5-136）的计算方法。

下面简要证明有限区域内磁化体产生的空间磁场能量体密度的空间体积分等于零。利用磁场强度的无旋性，可以引入标量磁位 ϕ_m 使得 $\boldsymbol{H} = -\nabla\phi_m$，考虑到磁介质材料特性关系式

(5-59)，由于磁感应强度无散，因此标量磁位满足泊松方程（5-75），利用矢量恒等式 $\nabla\cdot(\phi_m\boldsymbol{B})=\nabla\phi_m\cdot\boldsymbol{B}+\phi_m\nabla\cdot\boldsymbol{B}=-\boldsymbol{H}\cdot\boldsymbol{B}$,则磁场能量体密度两倍的整个空间体积分为

$$\int_V \boldsymbol{B}\cdot\boldsymbol{H}\mathrm{d}V=-\int_V\nabla\cdot(\phi_m\boldsymbol{B})\mathrm{d}V=-\oint_{S_{\inf}}\phi_m\boldsymbol{B}\cdot\boldsymbol{a}_n\mathrm{d}S$$

在无穷远处的闭合曲面上，磁化强度 $\boldsymbol{M}$ 为零，$\boldsymbol{B}=\mu_0\boldsymbol{H}$，于是积分改写为

$$\int_V \boldsymbol{B}\cdot\boldsymbol{H}\mathrm{d}V=-\mu_0\oint_{S_{\inf}}\phi_m\boldsymbol{H}\cdot\boldsymbol{a}_n\mathrm{d}S=0$$

标量磁位 ϕ_m 以 R^{-1} 衰减，而磁感应强度 $\boldsymbol{B}$ 和磁场强度 $\boldsymbol{H}$ 都以 R^{-2} 衰减，因此，闭合曲面积分等于零。根据这一结论，计算均匀磁化圆球外部磁场能量体密度的空间积分变为计算圆球内部磁场能量体密度的空间积分，而圆球内部磁场是均匀的，能量体密度是负的，磁场能量体密度乘以圆球体积的相反数等于圆球外部磁场能量体密度的空间积分。

需要说明的是，根据磁场能量密度定义式（5-137）和能量积分式（5-136）确定磁化介质产生的空间静磁场能量为零，但磁化介质如永磁体本身经过外磁场充磁后将电磁能量转换为磁能已经存储在磁化体内部，只是其能量计算公式需要修改为磁化强度与磁场强度的体积分关系，即

$$W_{\mathrm{mpm}}=-\frac{\mu_0}{2}\int_V\boldsymbol{M}\cdot\boldsymbol{H}\mathrm{d}V$$

其中负号表示磁化强度产生的内部磁场是退磁场，两者标量积为负值。

例 5.14 利用能量法计算导体单位长度内自感。

解答 电流均匀分布长直导线的磁场强度分布，在圆柱坐标系中可以表示为

$$H_i=\frac{\pi r^2 J}{2\pi r}=\frac{1}{2}Jr$$

单位长度导体内部磁场能量为

$$W_{\mathrm{mi}}=\int_0^a\mu_0H_i^2\pi r\mathrm{d}r=\int_0^a\mu_0(0.5Jr)^2\pi r\mathrm{d}r=\frac{\mu_0\pi J^2a^4}{16}$$

内自感为

$$L_i=\frac{2W_{\mathrm{mi}}}{I^2}=\frac{\mu_0}{8\pi}$$

能量法计算结果与磁链法计算结果相同。

例 5.15 矩形截面环形螺线管高度为 h，宽度为 w，螺线管平均半径为 a，该处面电流密度大小为 J_s，计算螺线管内部的静磁场能量。

解答 将螺线管电流看成是面电流分布，根据圆柱对称性，螺线管外部没有磁场，内部磁场强度只有周向分量且大小仅仅与坐标 r 有关，即

$$\boldsymbol{H}=\boldsymbol{a}_\varphi\frac{aJ_s}{a+u},\quad |u|\leqslant\frac{w}{2}<a$$

螺线管内部的静磁场能量为

$$W_m=\int_{-w/2}^{w/2}\frac{1}{2}\mu_0\left(\frac{aJ_s}{a+u}\right)^2 2\pi(a+u)h\mathrm{d}u=\pi\mu_0h(aJ_s)^2\ln\frac{2a+w}{2a-w}$$

当宽度 w 远小于平均直径时，螺线管内部磁场可以近似认为是均匀的，即

$$W_m=\frac{1}{2}\mu_0J_s^2V$$

式中，矩形截面螺线管体积 $V=2\pi awh$。

通过与单个线圈静磁场能量相比较可以得到单匝矩形截面环形螺线管的自感为

$$L=\frac{2W_{m}}{I^{2}}=\frac{\mu_{0}h}{2\pi}\ln\frac{2a+w}{2a-w} \tag{5-138}$$

式中，单匝螺线管的电流为 $I=2\pi aJ_{s}$。当考虑多匝螺线管线圈时，式中的自感应该乘以匝数 N 的二次方。

5.11 磁场力

与静电场导体系统利用静电场能量计算导体受到电场力的推导类似，利用能量守恒和虚位移原理由静磁场能量计算载流线圈系统中线圈受到的磁场力。结果也适用于载流线圈与铁磁介质间的磁场力计算。

1. 能量守恒原理与虚位移原理

对于系统外部输入系统的电能，在不计焦耳损耗和电磁辐射的条件下，应该等于系统磁场储能增加和对外所做的机械功，即

$$\mathrm{d}W_{in}=\mathrm{d}W_{m}+\mathrm{d}W_{out} \tag{5-139}$$

根据图 5.15 得到输入系统能量增量为

$$\mathrm{d}W_{in}=Ui\mathrm{d}t=-ei\mathrm{d}t=i\mathrm{d}\psi \tag{5-140}$$

磁场能量增量为

$$\mathrm{d}W_{m}=\frac{1}{2}\mathrm{d}(i\psi)=\frac{1}{2}(i\mathrm{d}\psi+\psi\mathrm{d}i) \tag{5-141}$$

系统对外做功增量即电磁力与虚位移的标量积为

$$\mathrm{d}W_{out}=\boldsymbol{F}\cdot\mathrm{d}\boldsymbol{r} \tag{5-142}$$

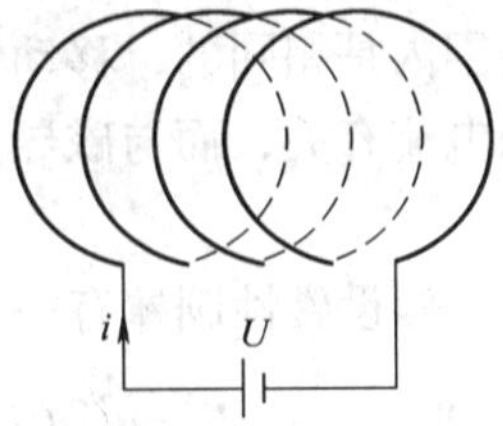

图 5.15 线圈输入能量

于是，将式（5-140）~式（5-142）代入式（5-139）得到能量增量平衡关系为

$$i\mathrm{d}\psi=\frac{1}{2}(i\mathrm{d}\psi+\psi\mathrm{d}i)+\boldsymbol{F}\cdot\mathrm{d}\boldsymbol{r} \tag{5-143}$$

2. 线圈磁链不变

如果各线圈磁链恒定，即 $\mathrm{d}\psi=0$，那么系统与外界没有能量交换，$\mathrm{d}W_{in}=0$，系统对外做虚功等于磁场储能减少，$\mathrm{d}W_{out}=-\mathrm{d}W_{m}$，由式（5-143）得到磁场力等于磁场能量的负梯度，即

$$\boldsymbol{F}=-\nabla W_{m}\big|_{\psi=\text{const.}} \tag{5-144}$$

3. 线圈电流不变

如果保持各线圈电流恒定，即 $\mathrm{d}i=0$，那么系统与外界交换能量，由式（5-143）可知其中外部输入能量的一半使得磁场储能增加，另一半对外做虚功，或者说对外做虚功等于磁场能量增加，磁场力等于磁场能量的梯度，即

$$\boldsymbol{F}=\nabla W_{m}\big|_{i=\text{const.}} \tag{5-145}$$

尽管磁链恒定与电流恒定两个不同条件下计算线圈磁场力的形式不同，但对于同一磁场状态下的磁场力应该是相同的。

特别地，两个线圈系统中，如果线圈电流不变、线圈自感不变的条件下，磁场能量等于

自感能量和互感能量之和，而自感能量不变，磁场力仅仅取决于互感的空间变化率。

当空间线圈的运动是角位移时，磁场力要改为电磁转矩，即机械虚功由转矩和虚角位移相互作用的结果。如果各载流线圈的自感不变，互感随角位移变化，那么除了线圈电流以外，电磁转矩仅仅与线圈间的互感有关，而与自感无关。

通过比较静电场与静磁场的电磁力与能量关系不难发现，静电场能量与静磁场能量对偶，电荷与磁链对偶，电位与电流对偶。

例 5.16 半径为 a 的长直螺线管，单位长度匝数为 N，线圈电流为 I，一端插入相对磁导率为 μ_r 的磁性圆棒，圆棒半径为 b，如图 5.16 所示，计算磁性棒插入端面受到的磁场力。

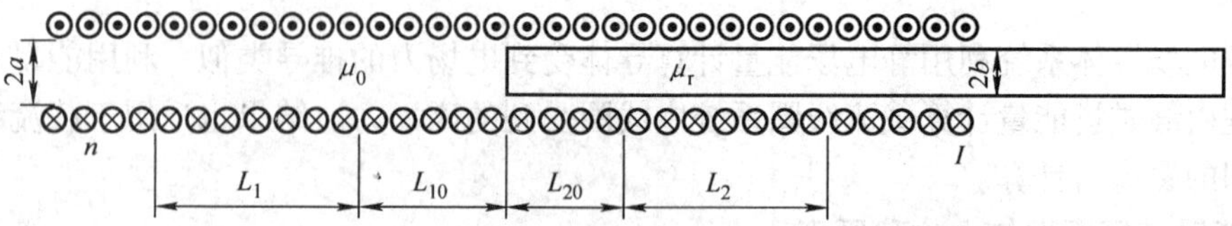

图 5.16 例 5.16 图

解答 由于端部磁场发散，螺线管内部磁场不都是均匀的，但可以认为在图 5.16 所示距离端部一定长度的区域，即在 L_1 和 L_2 段，磁场是均匀的，而端部效应在距离端部一定的范围内是相同的，移动铁棒影响的是均匀磁场的区域。在均匀磁场区域，磁场强度仅仅与线圈电流有关，而与磁导率无关，即

$$H = NI$$

假设磁性圆棒有一个小的进入螺线管的位移 dx，那么磁场能量变化为

$$\mathrm{d}W_m = \frac{1}{2}\mu_0 H^2 \pi a^2 [(L_1 - \mathrm{d}x) - L_1] + [\frac{1}{2}\mu_0\mu_r H^2 \pi b^2 + \frac{1}{2}\mu_0 H^2 \pi (a^2 - b^2)][(L_2 + \mathrm{d}x) - L_2]$$

即

$$\mathrm{d}W_m = \frac{1}{2}\mu_0 (\mu_r - 1) H^2 \pi b^2 \mathrm{d}x$$

因此，电流不变，磁场能量增加等于磁场力对外做功，磁场力为

$$F = \frac{\mathrm{d}W_m}{\mathrm{d}x} = \frac{1}{2}\mu_0(\mu_r - 1) H^2 \pi b^2 = \frac{\pi}{2}\mu_0 (\mu_r - 1)(NIb)^2$$

磁场力的方向由铁磁性材料指向空气，即圆铁棒将被吸入螺线管。

如果铁棒刚插入螺线管一点或者将接近另一端，那么由于端部效应不可忽略而不能采用上面均匀磁场区域的计算方法。

对于例 5.13 的互感在电流给定情况下自感能量不变，产生的转矩由式（5-124）的互感能量确定，则

$$T = \frac{\mathrm{d}W_m}{\mathrm{d}\theta} = I_a I_b \frac{\mathrm{d}M_{ab}}{\mathrm{d}\theta} = -\frac{aL\mu_0 N_a N_b}{b - a} I_a I_b$$

负号表示内圆线圈受到顺时针的转矩。由于气隙磁场均匀，线圈电流恒定时的电磁转矩是恒定的。实际上气隙磁场不可能是均匀方波，因此当两个线圈平面重合时的转矩为零。如果线圈是分布的，那么磁场可以接近正弦分布，由于耦合能量与角度有关，电磁转矩最大将发生在互感为零的状态，即两个线圈中心平面正交的位置。

5.12 磁路

磁路是磁感应线或磁通管经过的路径。因为磁通是连续的，所以磁路总是形成闭合回路。磁路是分析和设计电磁器件和装置的重要方法。利用磁导率大的磁性材料可以产生强磁场而需要的电流却不大，如电抗器、变压器和电机等。利用磁性材料既可以让磁场按照人为设计的路径走向，又能将磁场约束在磁性材料包围的封闭空间内，减少磁场对外部环境的影响。因为任何磁场都在空间分布，所以在电磁器件和装置中磁路特指磁场主体部分经过的路径，或者称为主磁路。与主磁路不同的是漏磁路。分析主磁路的方法是磁场安培环路定律、磁通连续性原理和磁路欧姆定律。下面以具体实例说明磁路中的磁场分布、能量、电感和电磁力等计算方法。

5.12.1 铁心磁路

磁路中高磁导率的铁磁材料称为铁心，如果磁路铁心的平均长度为 l，截面积为 A，相对磁导率为 μ_{rfe}，线圈有 N 匝，电流为 I，开设的气隙长度为 g，如图 5.17 所示，如何确定铁心内部和气隙中的磁场呢?

首先，在铁心磁路中的主磁场 $\boldsymbol{\Phi}$ 是由线圈电流产生的，此外线圈电流还产生漏磁场 $\boldsymbol{\Phi}_{\sigma}$，如图 5.17b 所示。根据安培环路定律，闭合磁路的磁场强度由以闭合回路为边界的曲面上的电流产生，为此定义线圈的磁动势等于电流 I 和匝数 N 的乘积 NI，用符号 F_m 表示，单位是安匝数。忽略磁心磁路长度不同引起的磁场分布不均匀，忽略气隙中磁场的边缘效应，认为气隙长度相对于截面尺寸很小，气隙中的磁场是均匀的。于是，整个磁路磁场按照平均磁路上的磁场计算，因磁感应强度连续，线圈的磁动势等于磁路的磁位降，即磁场强度的闭合回路积分，或者铁心和气隙两部分磁路上的磁场强度线积分，有

$$F_m = \oint_l \boldsymbol{H} \cdot \mathrm{d}\boldsymbol{l} = F_{mfe} + F_{mg} = NI \tag{5-146}$$

式（5-146）表明，安培环路定律反映了磁路基尔霍夫电压定律，线圈磁动势等于磁路中铁心磁位降和气隙磁位降之和。激励磁场的源是总电流，即磁动势或安匝数 NI，类似于维持电路中电流的电动势。铁心线圈磁路模型和等效磁路图如图 5.17b、c 所示。

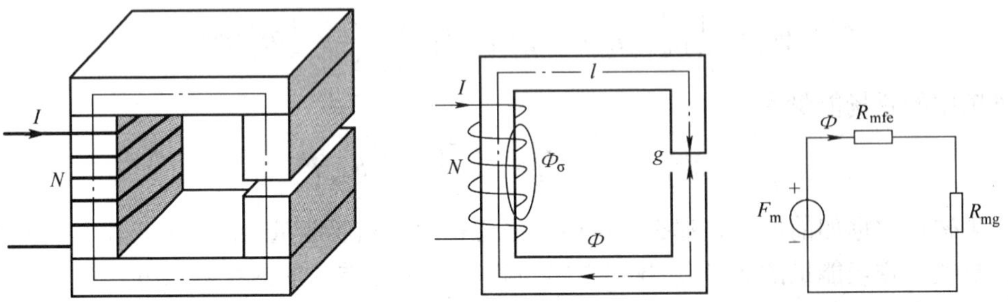

a)　　b)　　c)

图 5.17　铁心磁路

a）铁心线圈　b）简化磁路模型　c）等效磁路图

铁心与气隙磁路的磁场强度分别设为 H_{fe} 和 H_g，则磁位降分别为

$$F_{mfe} = (l - g)H_{fe},\ F_{mg} = gH_g \tag{5-147}$$

根据磁通连续性原理，磁路中的磁通 Φ 相同，相同截面积磁路的磁感应强度相同，即

$$\mu_0\mu_{rfe}H_{fe} = \mu_0 H_g = \Phi/A \tag{5-148}$$

于是，将式（5-148）和式（5-147）代入式（5-146），用磁通 Φ 表示磁动势或磁位降为

$$NI = \Phi\left(\frac{g}{\mu_0 A} + \frac{l-g}{\mu_0\mu_{rfe}A}\right) \tag{5-149}$$

定义铁心和气隙的磁阻分别为

$$R_{mfe} = \frac{l-g}{\mu_0\mu_{rfe}A},\ R_{mg} = \frac{g}{\mu_0 A} \tag{5-150}$$

式（5-150）表明，磁路中的磁阻与磁路长度成正比，与磁导率和截面积成反比，类似电路中的电阻。但磁阻的单位是电感单位亨利的倒数。铁心和气隙磁路流过同一磁通，因此磁路是串联的，串联磁路的磁阻等于各部分磁阻之和，即

$$R_m = \frac{g}{\mu_0 A} + \frac{l-g}{\mu_0\mu_{rfe}A} \tag{5-151}$$

假设气隙长度为1mm，磁路平均长度为201mm，铁心相对磁导率为4000，那么截面积相同的条件下气隙磁阻是铁心磁阻的20倍，而气隙磁场强度是铁心磁场强度的4000倍，说明线圈磁动势主要用于产生气隙磁场磁位降。

将式（5-151）和式（5-149）代入式（5-146）得到带铁心线圈磁路的磁路欧姆定律为

$$F_m = (R_{mg} + R_{mfe})\Phi = R_m\Phi \tag{5-152}$$

式（5-152）表明，磁路中的磁动势、磁通和磁阻与直流电路中的电动势、电流和电阻关系类似，磁路和电路两者具有相似性，磁路遵循磁路欧姆定律，串联磁路的磁通相同，总磁阻等于各部分磁阻之和，而并联磁路的磁通等于各支路磁通的代数和，总磁阻倒数等于各支路磁阻倒数之和。带铁心线圈磁路的等效主磁路如图5.17c所示。

磁路与直流电路也存在不同之处，磁路中存储磁场能量，电路中消耗电功率。带铁心线圈主磁路存储的磁场能量包含铁心和气隙两部分。磁场能量等于磁场能量密度和体积的乘积，也等于磁通量二次方与磁阻乘积的一半。

铁心中的磁场能量为

$$W_{mfe} = \frac{1}{2}\mu_0\mu_{rfe}H_{fe}^2(l-g)A = \frac{\Phi^2(l-g)}{2\mu_0\mu_{rfe}A} = \frac{1}{2}R_{mfe}\Phi^2 \tag{5-153}$$

气隙中的磁场能量为

$$W_{mg} = \frac{1}{2}\mu_0 H_g^2 gA = \frac{\Phi^2 g}{2\mu_0 A} = \frac{1}{2}R_{mg}\Phi^2 \tag{5-154}$$

如果磁路数据如前所述，那么串联磁路磁通相同，磁场能量与磁阻成正比，气隙磁场能量也将是铁心磁场能量的20倍。这里磁阻与磁通二次方乘积前的系数二分之一是由于建立磁场是一个线性过程，一旦建立稳定磁场，磁场能量就存储在磁路中并保持不变。在直流电路中，电阻和电流二次方的乘积是电功率，电流恒定时消耗在导体电阻中的电功率不变，但消耗的电能与时间有关，两者是有区别的。

带铁心线圈通电流后产生磁场和磁通，因此线圈中匝链磁链，主磁路磁场的磁链称为主磁链，与此相对应的电感称为主电感，有

$$L_m = \frac{N\Phi}{I} = N^2\left(\frac{g}{\mu_0 A} + \frac{l-g}{\mu_0\mu_{rfe}A}\right)^{-1} = \Lambda_m N^2 \tag{5-155}$$

式中，引入了磁导的概念，它数值上等于磁阻的倒数，即

$$\Lambda_m = \left(\frac{g}{\mu_0 A} + \frac{l-g}{\mu_0\mu_{rfe}A}\right)^{-1} \tag{5-156}$$

电感的单位是亨利（H），磁导的单位也是亨利。当气隙磁阻比磁心磁阻大得多时，主磁路的磁导以气隙磁导为主，即将铁心看成是相对磁导率无穷大的理想磁性材料，有

$$\Lambda_m \approx \mu_0 A/g \tag{5-157}$$

由此说明气隙长度大小直接影响铁心磁路线圈的电感。当磁路没有气隙时，铁心磁导很大，电感很大，而且铁心通常采用铁磁性材料，具有非线性特性，因此磁导率变化范围大，相应地电感变化范围大。当铁心存在气隙时，磁心磁导下降很多，铁心非线性影响相对减小，气隙恒定时电感基本变化不大。

在气隙处，两个铁心端面相互吸引，磁路线性时，气隙磁场产生的电磁力在电流不变的条件下为

$$f = \frac{\partial W_m}{\partial g} = \frac{\Phi^2}{2\mu_0\mu_{rfe}A} - \frac{\Phi^2}{2\mu_0 A} \approx -\frac{\Phi^2}{2\mu_0 A} \tag{5-158}$$

式中，电磁力为负值，表示电磁力方向与气隙增大方向相反，说明异极性相互吸引。不难得到单位面积的磁极磁场吸引力大小近似等于气隙磁场能量密度，因为磁通量与截面积之比等于磁感应强度，而铁心和气隙的磁感应强度相同。

利用单位面积电磁力与气隙磁场能量密度成正比，可以设计磁悬浮装置或电磁力装卸货物的机械装置。

5.12.2 环形螺线管磁路

环形磁路是基本的结构，如电子线路中的小型铁氧体电感线圈磁路、磁场测量中的罗氏线圈磁路和中高频环形变压器磁路等。环形螺线管的中心直径为 D，圆形截面直径为 d，均匀绕制线圈总共 N 匝，电流为 I，如图 5.18 所示。

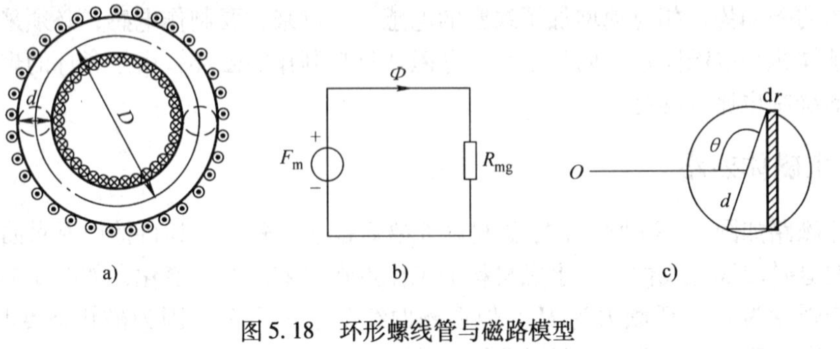

图 5.18 环形螺线管与磁路模型

a）环形螺线管 b）等效磁路图 c）螺线管内磁场计算

内部磁场按照安培环路定律计算，总安匝数与磁动势不变，利用圆柱坐标系有

$$H(r) = \frac{NI}{2\pi r} = \frac{F_m}{2\pi r} \tag{5-159}$$

螺线管线圈外部磁场为零，磁力线在内部圆环闭合，磁场强度在圆形截面上不是均匀分

布的，因 $r=(D-d\cos\theta)/2$，所以线圈内总磁通量需要通过积分求得

$$\Phi = \int_S \boldsymbol{B}\cdot \mathrm{d}S = \int_0^{\pi}\frac{\mu_0 NId\sin\theta}{2\pi r}\mathrm{d}r = \int_0^{\pi}\frac{\mu_0 NId^2\sin^2\theta}{2\pi(D-d\cos\theta)}\mathrm{d}\theta \tag{5-160}$$

利用几何关系 $d^2\sin^2\theta = d^2 - D^2 + (D^2 - d^2\cos^2\theta)$，代入式（5-160）后得到

$$\Phi = \frac{\mu_0 NID}{2} + \int_0^{\pi}\frac{\mu_0 NI(d^2-D^2)}{2\pi(D-d\cos\theta)}\mathrm{d}\theta \tag{5-161}$$

利用三角变换 $D-d\cos\theta = [(D+d)\tan^2(\theta/2)+(D-d)]\cos^2(\theta/2)$，代入式（5-161）后积分得到

$$\Phi = \frac{NI\mu_0 D}{2}[1-\sqrt{1-(d/D)^2}] \tag{5-162}$$

总磁动势为 $F_m = NI$，定义螺线管内磁场的总磁阻为

$$R_m = \frac{F_m}{\Phi} = \frac{2}{\mu_0 D[1-\sqrt{1-(d/D)^2}]} \tag{5-163}$$

线圈电感与线圈电流产生磁场路径的磁导成正比，与磁阻成反比。即

$$L = \frac{N\Phi}{I} = \frac{N^2}{R_m} = \frac{N^2\mu_0 D}{2}[1-\sqrt{1-(d/D)^2}] \tag{5-164}$$

由式（5-164）可知，自感等于匝数二次方除以磁阻或匝数二次方乘以磁导。

当 $d \ll D$ 时，细螺线管内磁场近似认为是均匀的，可以利用轴线位置平均磁场计算磁通量 $\Phi \approx NI\mu_0 d^2/(4D)$，磁路磁阻变为 $R_m \approx 4D/(\mu_0 d^2) = l_{av}/\mu_0 A$。根据磁路欧姆定律，螺线管产生一定量磁通所需要的磁动势为 $F_m = NI = R_m\Phi$。磁路中磁动势等于磁通量与磁阻的乘积，类似直流电路中的电动势等于电流与电阻的乘积。所不同的是，电流二次方与电阻乘积的单位是功率，而磁通二次方与磁阻乘积的单位是能量。在空心环形磁路中，要产生 1.0T 的磁场，估计需要的总磁动势为 $F_m = l_{av}B/\mu_0 = 10^7 D/4$，一般铜线线圈可以实现，但发热和冷却比较困难，对于超过铁心饱和磁感应强度的强磁场空心线圈可以采用超导材料。如果将空心环改为填充相对磁导率为 10^4 的软磁性材料，那么产生相同磁感应强度，所需磁动势或线圈安匝数只需要 $F_m = 10^3 D/4$。因此采用磁性材料不仅可以增强磁场，而且可以有效地减小产生磁场的磁动势，相应地增加了线圈的电感。反过来，要制作电感，必须采用磁性材料以减小电感体积和线圈匝数。而且采用高导磁性材料制作的磁环，由于磁环的聚磁作用，磁环上线圈的绕制也比较容易。

5.12.3 永磁体磁路

永磁体磁路如图 5.19a 所示，永磁材料充磁后被永久磁化，其特性用退磁曲线表示。钕铁硼材料的退磁曲线是线性的，永磁材料的工作点在退磁曲线上变化，如图 5.19b 所示，其剩余磁感应强度为 B_r，矫顽力为 H_c，但退磁曲线与温度有关，因为磁化强度与温度有关，超过居里温度永磁特性将消失。退磁曲线上的磁感应强度与磁场强度的乘积称为永磁体的磁能积，最大磁能积是线性退磁曲线的中点位置，它是永磁体性能的重要指标。

其工作点取决于外磁路，设永磁磁化长度为 l_m，磁路平均长度为 l_{av}，气隙长度为 g，均匀截面积为 A。永磁材料的相对磁导率取决于剩余磁感应强度和矫顽力，有

$$\mu_{rpm} = \frac{B_r}{\mu_0 H_c} \tag{5-165}$$

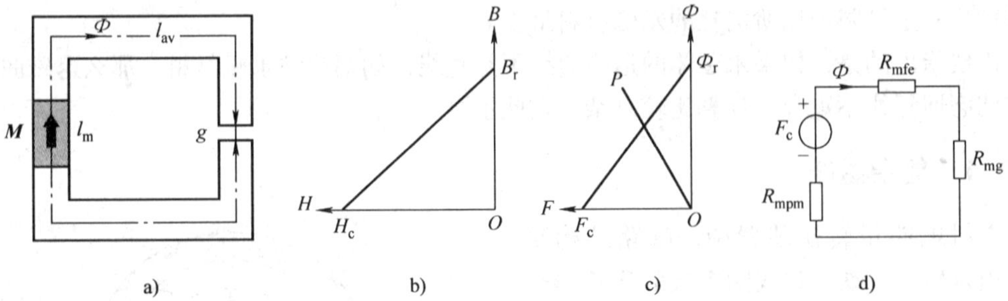

图 5.19　永磁体磁路

a）永磁磁路结构　b）永磁退磁特性　c）等价特性　d）永磁等效磁路图

永磁体的剩余磁感应强度对应的磁通量为 Φ_r，该磁通量表示外磁路短路（磁阻为零的材料连接）时产生的磁通量 $\Phi_r = B_r A$。永磁体矫顽力对应的磁动势为 F_c，该磁动势表示充磁时外加安匝数或要使永磁体永久退磁所需要的外部退磁磁动势 $F_c = H_c l_m$，如图 5.19c 所示。

需要指出的是，永磁体磁化后内部磁场并不是均匀的，磁化强度比矫顽力要大一些。这是因为 $\boldsymbol{B} = \mu_0(\boldsymbol{H} + \boldsymbol{M})$，如果都是均匀的，那么 $\boldsymbol{B}_r = \mu_0 \boldsymbol{M}$，$\boldsymbol{H}_c = -\boldsymbol{M}$，这样永磁体的磁化特性的相对磁导率为 1.0，但实际上要稍大一些，即磁化强度比矫顽力要稍大一些。均匀磁化体的磁化电流大小为 Ml_m，电流流向与磁化方向符合右手螺旋关系。

永磁体与外磁路连接时，磁路中的磁通为 Φ，外磁路磁位降为 F，外磁路磁阻为 R_{mo}，于是在外磁路磁通 Φ 与磁位降 F 构成的平面内，磁位降、磁通和磁阻关系为 $F = R_{mo}\Phi$，永磁体的等价退磁直线的方程为

$$F = F_c\left(1 - \frac{\Phi}{\Phi_r}\right) = R_{mpm}(\Phi_r - \Phi) \tag{5-166}$$

其中，永磁体的内磁阻为

$$R_{mpm} = \frac{F_c}{\Phi_r} = \frac{l_m}{\mu_0 \mu_{rpm} A} \tag{5-167}$$

外磁路磁场磁位降与磁通量的关系由磁路欧姆定律 $F = \Phi R_{mo}$ 确定，外磁路磁阻包含铁心磁阻和气隙磁阻，即

$$R_{mo} = \frac{F}{\Phi} = R_{mg} + R_{mfe} = \frac{g}{\mu_0 A} + \frac{l_{av} - l_m - g}{\mu_0 \mu_{rfe} A} \tag{5-168}$$

外磁路特性曲线与永磁体等价退磁特性曲线的交点为永磁体的工作点，由式（5-166）~式（5-168）得到

$$\Phi = F_c/(R_{mo} + R_{mpm}) \tag{5-169}$$

$$F = F_c/(1 + R_{mpm}/R_{mo}) \tag{5-170}$$

可以看出，带有永磁体的磁路相当于增加了永磁磁动势 F_c 和内磁阻 R_{mpm} 串联部分的磁路，其他部分与带铁心线圈磁路一致。

假设铁心相对磁导率无穷大，那么永磁磁位降等于气隙磁位降，永磁磁通量等于气隙磁通量，气隙长度和截面积确定的条件下要产生一定大小的气隙磁场需要的永磁体体积为

$$V_{pm} = l_m A_{pm} = \frac{H_g B_g l_g A_g}{H_{pm} B_{pm}} \tag{5-171}$$

由式（5-171）可知，分母是永磁体的磁能积，分子是气隙磁场磁能，永磁体磁能积最大时产生一定气隙磁场所消耗的永磁材料最少。

需要指出的是，如果永磁体的退磁曲线不是直线，如铝镍钴永磁材料，那么退磁曲线与工作状态回复线不重合，计算比较复杂，在此不再展开。

5.12.4 复杂磁路

在机电能量转换装置中，磁路结构复杂，由永磁体、铁心和线圈组成的磁路越来越多，如图5.20所示，外部固定的高磁导率铁磁材料铁心与扇形永磁体构成定子，内部转子铁心和电枢绕组构成转子，定子与转子两端通过轴承支撑轴向形成很小的均匀机械安装气隙，定子永磁磁场和转子绕组磁场相互作用可以实现机电能量转换。根据图5.20所示的定子永磁磁场由下向上穿过气隙和转子并通过定子铁心闭合。

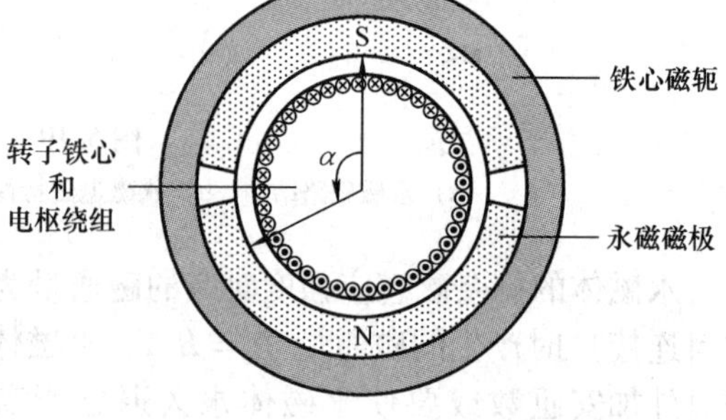

图5.20　永磁型机电能量转换装置

沿着气隙径向的磁场是主要的，而且气隙很小，工程上假设沿气隙径向磁场均匀，由于本身具有周期性，因此假设主磁路气隙磁场分别由永磁体和线圈独立产生的正弦波磁场相叠加，已知永磁体和线圈产生的径向磁场分别为

$$B_{\mathrm{pm}}(\theta)=B_1\cos\theta \tag{5-172}$$

$$B_{\mathrm{coil}}(\theta)=B_2\cos(\theta-\alpha) \tag{5-173}$$

考虑磁路线性，转子外径为 D，等效气隙长度包括机械气隙长度，永磁体厚度为 g，轴向长度为 l，那么磁场能量为

$$W_{\mathrm{m}}=\int_0^{2\pi}\frac{1}{4\mu_0}(B_{\mathrm{pm}}+B_{\mathrm{coil}})^2 lDg\mathrm{d}\theta \tag{5-174}$$

将式（5-172）和式（5-173）代入式（5-174），积分后得到磁场能量为

$$W_{\mathrm{m}}=\frac{\pi lDg}{4\mu_0}(B_1^2+B_2^2+2B_1B_2\cos\alpha) \tag{5-175}$$

在保持磁场波形幅值不变的条件下，相当于产生磁场的电流不变，定、转子之间的电磁转矩为

$$T_{\mathrm{em}}=\frac{\mathrm{d}W_{\mathrm{m}}}{\mathrm{d}\alpha}=-\frac{B_1B_2V}{2\mu_0}\sin\alpha \tag{5-176}$$

其中，负号表示线圈受到永磁体的电磁转矩与角度 α 增大的逆时针方向相反，即转子受到顺时针方向的电磁转矩。等效气隙体积 $V=\pi Dgl$，电磁转矩与电磁气隙体积、定转子磁场幅值和两者之间的夹角正弦成正比，转子受到的电磁转矩与转子磁场和定子磁场的矢量积成正比。

电磁悬浮磁路结构示意图如图5.21所示，将磁路根据介质分为车体段 l_1、轨道段 l_2 和两个悬浮气隙 g，磁路截面积分别为 A_1、A_2 和 A_g，控制线圈匝数为 N，电流为 I，因磁通是连续的，忽略漏磁路磁场，各段磁感应强度根据磁路截面积计算，磁场强度由磁感应强度和磁导率计算，利用安培环路定律确定磁位降等于回路包含的总磁动势，即

$$\sum_{k=1}^{3}H_kl_k=\Phi\left(\frac{l_1}{\mu_1A_1}+\frac{l_2}{\mu_2A_2}+\frac{2g}{\mu_0A_g}\right)=NI \tag{5-177}$$

式中，车体和轨道铁磁材料的磁导率分别为μ_1和μ_2。

磁场总能量为

$$W_m = \frac{1}{2}\sum_{k=1}^{3} B_k H_k A_k l_k = \frac{1}{2}\sum_{k=1}^{3} \Phi H_k l_k = \frac{1}{2}\Phi NI \tag{5-178}$$

由式（5-177）求得磁通量后代入式（5-178）得到

$$W_m = \frac{(NI)^2}{2\left(\frac{l_1}{\mu_1 A_1} + \frac{l_2}{\mu_2 A_2} + \frac{2g}{\mu_0 A_g}\right)} \tag{5-179}$$

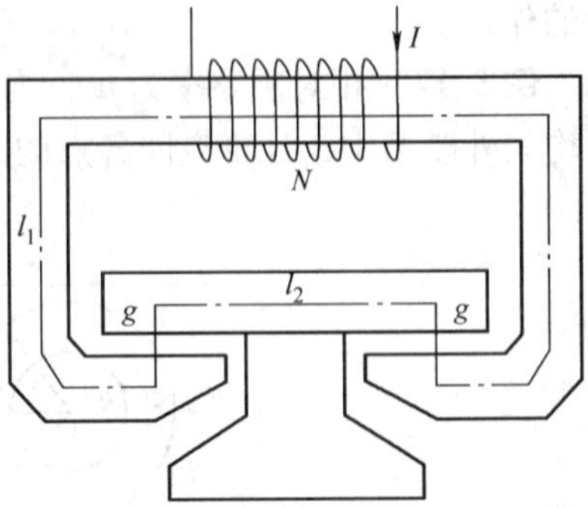

图 5.21　电磁悬浮磁路结构示意图

在电流不变的条件下，车体受到的悬浮磁场力为

$$F = \frac{\partial W_m}{\partial g} = -\frac{\mu_0 A_g (NI)^2}{\left(\frac{A_g l_1}{\mu_{r1} A_1} + \frac{A_g l_2}{\mu_{r2} A_2} + 2g\right)^2} \tag{5-180}$$

其中，负号表示电磁悬浮力是向上的吸引力，与气隙长度增大方向相反。

式（5-180）表明，悬浮力的大小主要正比于线圈安匝数的二次方和气隙磁路截面积，而与磁路等效气隙长度的二次方成反比。当车体总重量一定时，磁悬浮列车静止状态的气隙长度最大，需要最大电流和安匝数将列车悬浮起来，而随着气隙长度减小，电流和安匝数减小，如果车体和轨道材料的相对磁导率很大，那么要保持一定气隙长度需要对电流加以控制，以免车体与轨道吸附在一起而引起摩擦。

由于电流产生磁场需要绕制线圈，因此不仅增加车体重量，而且在绕组电阻上需要消耗电功率，而车载电源的容量有限，尤其是列车启动悬浮时的电流很大，为此可以在气隙位置的车体上增加永磁体，这样不仅可以增强磁场而且可以有效地减少线圈的电流和损耗功率，提高系统的效率，不足是永磁材料价格昂贵，投资成本增加。

5.13　静磁屏蔽

电场和磁场达到一定强度时，不仅对人体有危害，而且对周围仪器设备会产生静电感应电压和电磁干扰，因此静磁屏蔽是电磁应用中十分重要的内容。静电场无法穿透导体，导体可以屏蔽外部的静电场；接地导体不仅可以屏蔽导体外部的静电场，而且还可以保持内部电位不受外部电场影响。类似地，恒定电位导体空腔内部的电场不影响导体外部的电场分布和电位分布。

静磁场可以穿透电介质、导体和磁介质，因此静磁屏蔽需要利用高磁导率的聚磁作用，使得磁场进入高磁导率区域后再进入另一个低磁导率区域时被极大地削弱。

如图 5.20 所示，永磁体磁场进入定子铁心高磁导率材料后，设磁感应强度为 1.0T，材料相对磁导率为 1000，那么定子铁心内的磁场强度比永磁体要小得多。由于磁感应强度几乎平行于定子铁心外圆，磁场强度的切向分量连续，因此定子铁心外部空气中的磁场强度接近定子铁心中的磁场强度，于是，外部空气中的磁感应强度等于磁场强度与真空磁导率的乘积，约为铁心中磁感应强度的千分之一，所以外部磁场被极大地削弱。由此可见，高磁导率的定子铁心不仅起到了永磁磁极间磁场的聚磁作用，而且对定子铁心外部起到了磁屏蔽的作用。

例 5.17 相对磁导率为 μ_r，内、外半径分别为 a 和 b 的磁介质球壳处在磁场强度为 $\boldsymbol{H}_0$ 的均匀外磁场中，计算空间各点的磁场强度。

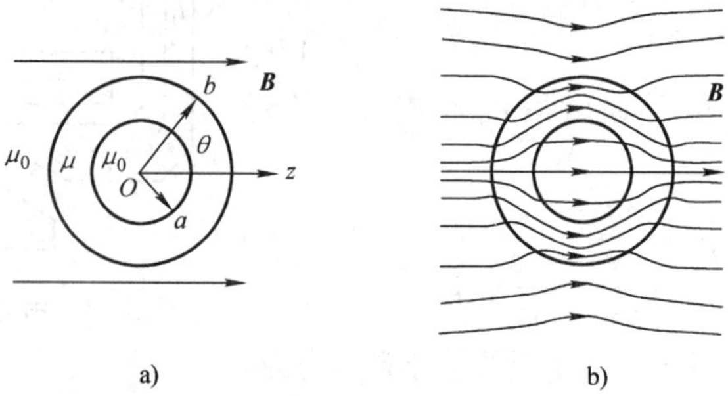

图 5.22 例 5.17 图

a）均匀外磁场中的球壳 b）球壳内外磁场分布

解答 如图 5.22 所示，建立圆球坐标系，导磁球壳球心位于坐标原点，外磁场沿 z 轴正方向，空间磁场分为球壳外部、球壳和内部空腔三个区域，因没有传导电流，可以采用标量磁位求解，而且在每个区域标量磁位满足拉普拉斯方程

$$\nabla^2\phi_{m1}=0,\ r>b;\ \nabla^2\phi_{m2}=0,\ a<r<b;\ \nabla^2\phi_{m3}=0,\ r<a \tag{5-181}$$

根据对称性，空间磁场垂直于 $z=0$ 的 xOy 平面，因此可以将该平面作为标量磁位的零磁位面。球壳是均匀磁介质，因外磁场均匀，磁介质为球形，内部磁荷体密度为零，所以可以假设磁介质球壳是两个沿 z 轴被均匀磁化的圆球叠加，将空间标量磁位分为三部分的叠加，即外磁场产生的标量磁位 ϕ_{me}、半径为 a 的均匀磁化圆球产生的标量磁位 ϕ_{ma} 和半径为 b 的均匀磁化圆球产生的标量磁位 ϕ_{mb}，它们在空间都满足拉普拉斯方程且在 xOy 平面为等磁位面，有

$$\nabla^2\phi_{me}=0;\ \nabla^2\phi_{mb}=0,\ r\neq b;\ \nabla^2\phi_{ma}=0,\ r\neq a \tag{5-182}$$

设内、外两圆球的磁化强度分别为 $\boldsymbol{M}_a$ 和 $\boldsymbol{M}_b$ 且沿 z 轴正方向，磁化强度大小由合成磁场的交界面衔接条件确定。于是，由对称性得空间标量磁位与坐标 φ 无关，只是 r 和 θ 的函数。

均匀外磁场产生的标量磁位为

$$\phi_{me}=-H_0 r\cos\theta \tag{5-183a}$$

均匀磁化圆球产生的标量磁位由例 5.7 得到

$$\phi_{ma}=\frac{M_a}{6r^2}(r^3+a^3-|r^3-a^3|)\cos\theta \tag{5-183b}$$

$$\phi_{mb}=\frac{M_b}{6r^2}(r^3+b^3-|r^3-b^3|)\cos\theta \tag{5-183c}$$

于是，各求解区域的标量磁位分别为

$$\phi_{m1}=\left(-H_0+\frac{b^3}{3r^3}M_b+\frac{a^3}{3r^3}M_a\right)r\cos\theta,\ r>b \tag{5-184a}$$

$$\phi_{m2}=\left(-H_0+\frac{1}{3}M_b+\frac{a^3}{3r^3}M_a\right)r\cos\theta,\ a<r<b \tag{5-184b}$$

$$\phi_{m3}=\left(-H_0+\frac{1}{3}M_b+\frac{1}{3}M_a\right)r\cos\theta,\ r<a \tag{5-184c}$$

因标量磁位在球壳两个交界面上已经满足连续性条件，在球心满足自然边界条件，而且零磁位参考点相同，所以根据实际磁介质球壳内、外表面磁感应强度法向分量连续，可以确定两个圆球的磁化强度大小 M_a 和 M_b。即

$$\lim_{r\to b}\left(\frac{\partial\phi_{m1}}{\partial r}-\mu_r\frac{\partial\phi_{m2}}{\partial r}\right)=0 \tag{5-185a}$$

$$\lim_{r\to a}\left(\frac{\partial\phi_{m3}}{\partial r}-\mu_r\frac{\partial\phi_{m2}}{\partial r}\right)=0 \tag{5-185b}$$

将式（5-184a）和式（5-184b）代入式（5-185a）整理后得到

$$(1-\mu_r)\frac{2a^3}{b^3}M_a+(\mu_r+2)M_b=3(\mu_r-1)H_0 \tag{5-186a}$$

将式（5-184b）和式（5-184c）代入式（5-185b）整理后得到

$$(1+2\mu_r)M_a+(1-\mu_r)M_b=-3(\mu_r-1)H_0 \tag{5-186b}$$

联立式（5-186a）和式（5-186b）解得两个叠加磁化球的磁化强度分别为

$$M_a=\frac{9(\mu_r-1)}{2(1-\mu_r)^2a^3b^{-3}-(1+2\mu_r)(2+\mu_r)}H_0 \tag{5-187a}$$

$$M_b=3H_0+\frac{9(1+2\mu_r)}{2(1-\mu_r)^2a^3b^{-3}-(1+2\mu_r)(2+\mu_r)}H_0 \tag{5-187b}$$

根据上述分析和矢量场唯一性定理，各区域的标量磁位既满足拉普拉斯方程又满足交界面衔接条件和边界条件，因此解是正确的。空间各处的磁场强度利用标量磁位的负梯度分别表示为

$$\boldsymbol{H}_1=-\nabla\phi_{m1}=\boldsymbol{H}_0+\left(\frac{b^3}{3r^3}M_b+\frac{a^3}{3r^3}M_a\right)(\boldsymbol{a}_r2\cos\theta+\boldsymbol{a}_\theta\sin\theta),\ r>b \tag{5-188a}$$

$$\boldsymbol{H}_2=-\nabla\phi_{m2}=\boldsymbol{H}_0-\frac{M_b}{3}\boldsymbol{a}_z+\frac{a^3}{3r^3}M_a(\boldsymbol{a}_r2\cos\theta+\boldsymbol{a}_\theta\sin\theta),\ a<r<b \tag{5-188b}$$

$$\boldsymbol{H}_3=-\nabla\phi_{m3}=\boldsymbol{H}_0-\frac{1}{3}(M_b+M_a)\boldsymbol{a}_z,\ r<a \tag{5-188c}$$

显然，当 $\mu_r=1$ 时，空间磁介质特性均匀，两个磁化球的磁化强度都为零，即 $M_a=M_b=0$，空间只有均匀分布的外磁场。而当 $\mu_r\to\infty$ 时，$M_a=0$，$M_b=3H_0$，圆球壳内标量磁位处处为零，磁场强度也处处为零，球壳内空腔磁感应强度为零，外磁场完全被高磁导率球壳所屏蔽，但球壳内磁感应强度是存在的，有

$$\boldsymbol{B}_2=\lim_{\mu_r\to\infty}\mu_0\mu_r\boldsymbol{H}_2=\frac{3b^3}{a^3-b^3}\mu_0H_0\left[\boldsymbol{a}_z+\frac{a^3}{2r^3}(\boldsymbol{a}_r2\cos\theta+\boldsymbol{a}_\theta\sin\theta)\right],\ a<r<b \tag{5-189}$$

因为球壳内空腔的磁场是均匀的，所以在相对磁导率给定的条件下，根据球壳内磁场与外磁场之比的相对值可以确定球壳内、外半径之比，以实现磁屏蔽。

磁屏蔽的效果可以用屏蔽因子表示，定义为外部磁场强度与被屏蔽区域磁场强度之比，即

$$S_f=\frac{H_e}{H_i} \tag{5-190}$$

对于高磁导率球壳的磁屏蔽效果，由式（5-188c）和式（5-187）得到

$$S_f = \frac{(1+2\mu_r)(2+\mu_r)-2(1-\mu_r)^2a^3b^{-3}}{9\mu_r} \approx \frac{2\mu_r}{9}\left(1-\frac{a^3}{b^3}\right)+1 \qquad (5\text{-}191)$$

由式（5-191）可知，静磁屏蔽效果主要取决于材料的相对磁导率。而对于铁磁性材料的磁导率通常是非线性的，而且磁路存在饱和，因此静磁屏蔽设计时要考虑外磁场强弱和材料的磁导率特性。有时为了保证机械结构强度并提高磁屏蔽效果，可以采用不同磁导率的多层静磁屏蔽，除了被动磁屏蔽还可以采用主动补偿磁屏蔽。

思考题与习题

1. 什么是磁通连续性原理？

2. 什么是磁滞现象？

3. 什么是磁屏蔽？

4. 磁感应强度的场源与磁场强度的场源有何异同？

5. 两个同轴平行圆环，半径分别为 a 和 b，相距为 d，互感函数为 $M(a,b,d)$，电流都为 1.0A 且方向相同，两线圈之间的作用力大小表示为________。

6. 如图5.23所示，自由空间中，从原点出发的单位矢径 $\boldsymbol{a}_r$ 方向上有两点 P_1 和 P_2。若线段 P_1P_2 上均匀分布线电荷密度 ρ_l 产生的空间电场强度矢量为 $\boldsymbol{E}$；若线段 P_1P_2 上线电流 I（电流方向与矢径相同）产生的空间磁感应强度矢量为 $\boldsymbol{B}$，那么磁感应强度与电场强度的关系表达式为 $\boldsymbol{B}=$________。

7. 如图5.24所示，无限长直导线与共面平行矩形线圈间的互感 $M=$________。

8. 如图5.25所示，铁心截面积为 $8\times10^{-4}\text{m}^2$，铁心平均长度为 $l_{Fe}=0.3\text{m}$，空气隙长度 $\delta=5\times10^{-4}\text{m}$，线圈匝数为3，铁心磁导率 $\mu=1300\mu_0$。产生磁通 1.04×10^{-3} Wb，所需励磁电流为________。

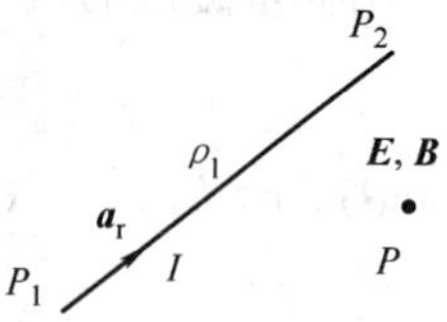

图5.23　线源电磁场

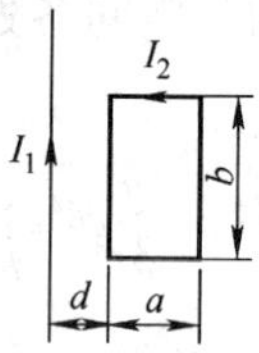

图5.24　载流直线与回路

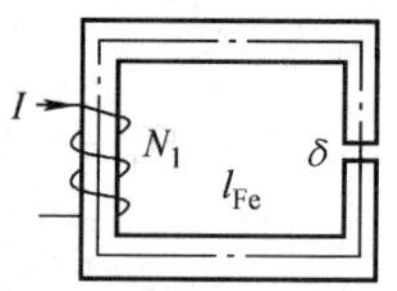

图5.25　带气隙铁心

9. 均匀磁化圆球的半径为 a，磁化强度为 $\boldsymbol{a}_zM_0$，那么空间磁场强度满足 $\nabla\times\boldsymbol{H}=$________，圆球的磁偶极矩 $\boldsymbol{m}=$________，磁场能量体密度的整个磁场空间积分 $W_m=$________。

10. 已知空间矢量磁位 $\boldsymbol{A}=\boldsymbol{a}_xk\ln[b^{-2}(y^2+z^2)]$，其中系数 k 和 b 是常数。计算空间磁场的场源分布，穿过位于 xOy 平面内且平行坐标轴矩形回路的磁通量，最小坐标顶点为 $(a,a,0)$，最大坐标顶点为 $(3a,2a,0)$。

11. 已知边长为 a 的正 n 边形线圈有 N 匝，电流为 I，计算多边形中心点的磁感应强度。

12. 两种半无限大的介质，磁导率分别为 μ_1 和 μ_2。两种介质分界面上分别放置有无限长载流导线，通电流分别为 I_1 和 I_2，两条导线相距为 d，如图5.26所示，求 P 点的磁感应强度。

13. 有一厚度均匀为2cm的磁路，相关尺寸均以cm为单位，空气隙长度为1cm。若在1000匝线圈内的电流为0.2A，磁性材料的相对磁导率为4000，如图5.27所示。求：

1）磁路内的磁通量。

2）气隙和铁心中存储的磁能。

14. 两种半无限大的介质，磁导率分别为 μ_1 和 μ_2。两种介质中分别放置有无限长载流导线，通电流分别为 I_1 和 I_2，两条导线的连线垂直交界面，且距离交界面为 h，如图5.28所示。求：

1）导线单位长度所受磁场力；

2）交界面上的磁化面电流密度。

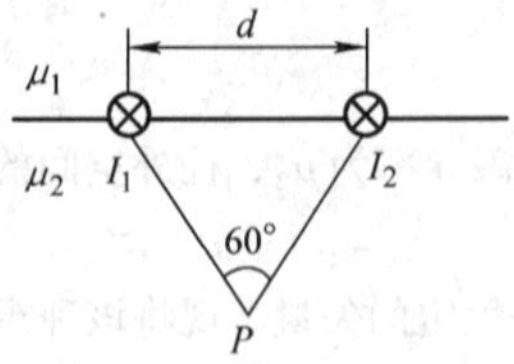

图 5.26　交界面上的平行线电流

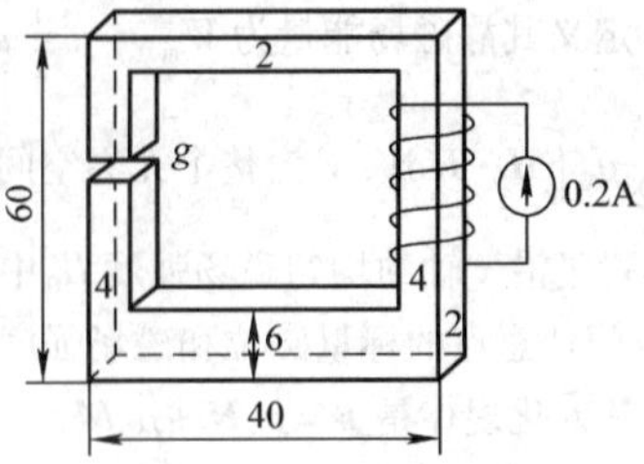

图 5.27　铁心磁路

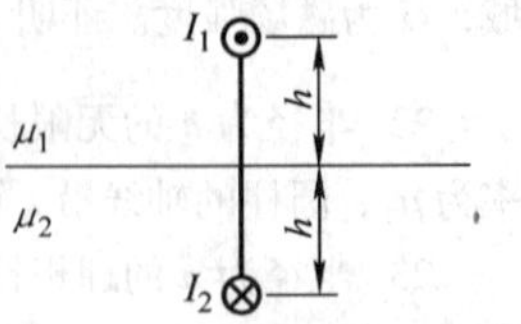

图 5.28　平行交界面线电流

15. 自由空间中，有两个相距为 $2a$ 且半径均为 $2a$ 的无限长直平行圆柱，轴线位于 $y=0$ 平面内，一个轴线经过点（$-a$，0，0），另一个轴线经过点（a，0，0），如图 5.29 所示，假设坐标原点为位函数的参考点，在直角坐标系中表示计算结果。求：

1）一个圆柱充满体电荷密度 ρ，另一个充满体电荷密度 $-\rho$ 时，空间任意一点的标量电位 ϕ 和电场强度 $\boldsymbol{E}$。

2）一个圆柱沿 z 轴方向电流密度为 $\boldsymbol{J}$，另一个圆柱沿轴线电流密度为 $-\boldsymbol{J}$ 时，空间任意一点的矢量磁位 $\boldsymbol{A}$ 和磁场强度 $\boldsymbol{H}$。

16. 球心位于原点、半径为 a 的理想介质圆球，带有均匀分布的自由电荷，体密度为 ρ_0，整个空间的相对介电常数为 1.0。计算：

1）圆球内、外的电场强度。

2）当圆球绕 z 轴以匀角速度 ω 旋转时，圆球内部的电流密度分布，以及位于球外 z 轴上任意一点的磁感应强度。

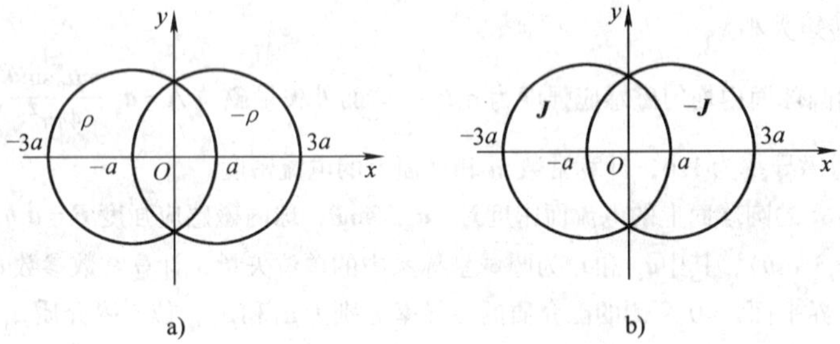

图 5.29　轴线平行的圆柱电荷与电流

a）电荷密度分布　b）电流密度分布

17. 直流场源产生的远处矢量磁位的圆球坐标表达式 $\boldsymbol{A}=\boldsymbol{a}_\varphi\dfrac{\mu_0 m\sin\theta}{4\pi r^2}$，其中 m 为常数。

1）判断场源性质。

2）求磁感应强度。

3）证明矢量磁位满足库仑规范。

18. 半径为 a 的导体球壳，带电荷量为 Q，绕直径以角速度 ω 旋转。求：

1）电流密度分布。

2）以无穷远处作为位函数参考点时的空间矢量磁位和标量磁位分布。

19. 半径为 a 的球，电荷均匀分布，体密度为 ρ_0，带电球绕直径以角速度 ω 旋转。求电流密度分布和空间矢量磁位分布。

20. 计算半径为 a 的均匀磁化球，磁化强度为 $\boldsymbol{M}=\boldsymbol{a}_z M_0$ 产生的标量磁位。

21. 永磁体的磁化强度为 $\boldsymbol{M}$，定义其静磁场能量为 $W_{\mathrm{m}}=-\frac{1}{2}\mu_0\int_{V_{\mathrm{M}}}\boldsymbol{M}\cdot\boldsymbol{H}\mathrm{d}V$，其中 V_{M} 为永磁体的空间区域，$\boldsymbol{H}$ 为磁场强度。证明 $W_{\mathrm{m}}=\frac{1}{2}\mu_0\int_V\boldsymbol{H}\cdot\boldsymbol{H}\mathrm{d}V$，$V$ 为整个无界空间。

22. 半径为 a 的无限长圆柱体置于沿 x 轴的均匀磁场强度 H_0 中，圆柱的磁导率为 μ_2，柱外空间的磁导率为 μ_1，圆柱的轴线沿 z 轴。求空间任意点的标量磁位和磁场强度。

23. 半径为 a 的理想铁磁体，其磁化规律是 $\boldsymbol{B}=\mu_1\boldsymbol{H}+\mu_0\boldsymbol{M}_0$，其中 $\boldsymbol{M}_0$ 是恒定的矢量。现将该理想铁磁体置于磁导率为 μ_2 的均匀介质空间中。求空间任意点的磁感应强度。

24. 半径为 a 的均匀介质导磁球，磁导率为 μ，置于沿 z 轴的均匀磁场 B_0 中。求球内、外的矢量磁位和磁感应强度。

25. 在沿 z 轴的均匀磁场 B_0 中，有半径为 a 的圆柱体，圆柱轴线沿 z 轴，介电常数为 ε，圆柱体绕轴线以角速度 ω 旋转。求圆柱体中的束缚电荷密度。

26. 边长为 a 的正方形线圈匝数为 N，电流为 I，求平面内中心点的磁感应强度及其梯度。

27. 两个半径分别为 a 和 b 的同轴圆环，电流 I_{a} 和 I_{b} 方向一致，计算电流环间的作用力。

28. 内、外半径分别为 a 和 b 的磁介质球壳，磁化强度为 $\boldsymbol{M}_0$，计算空间磁感应强度分布。

29. 内、外半径分别为 a 和 b 的圆筒形磁介质，磁导率为 μ，沿轴向电流密度 $\boldsymbol{J}=\boldsymbol{a}_z J_0$，求磁化电流分布，以及空间各点的磁感应强度。

30. 一根长为 1cm、直径为 0.1cm 的铁针，平行地放置在磁感应强度为 0.1T 的外磁场中，铁针内部饱和磁感应强度为 2.0T，计算铁针远处的磁感应强度。

31. 同心电流环载有相同大小和方向的恒定电流 I，圆环半径分别为 a 和 $b(b\gg a)$。现在内部电流环绕直径转过一个角度 θ，计算内部电流环受到的转矩。

32. 均匀磁场 $\boldsymbol{B}$ 中有一边长为 a 的等边三角形，磁场平行于三角形平面。计算三角形内流过恒定电流 I 时受到的磁场力和转矩大小。

33. 半径为 a 的圆球面内均匀磁感应强度为 $\boldsymbol{a}_z B_0$，球面外矢量磁位 $\boldsymbol{A}=\boldsymbol{a}_\varphi\frac{m\mu_0\sin\theta}{4\pi r^2}$，其中 m 为常数，球面内、外介质的相对磁导率为 1.0，计算常数 m 和球面上的电流密度。

34. 已知半径为 R 的圆球面上的电流面密度 $\boldsymbol{J}_{\mathrm{s}}=\boldsymbol{a}_\varphi J_0\sin\theta$，球内磁感应强度 $\boldsymbol{B}=\boldsymbol{a}_z b$，球外磁感应强度表示为 $\boldsymbol{B}=ar^{-3}(\boldsymbol{a}_z-\boldsymbol{a}_r 3\cos\theta)$，其中 $\boldsymbol{a}_\varphi$ 和 $\boldsymbol{a}_r$ 为圆球坐标系中的单位矢量，计算常数参数 a 和 b。

35. 在无穷大分界平面 $z=0$ 两侧的磁介质的磁导率分别为 μ_1 和 μ_2，位于磁介质 μ_1 中的空间电流密度为 $\boldsymbol{J}(x,y,z)$。求：

1）写出矢量磁位和场强满足的交界面衔接条件。

2）确定介质 μ_1 中磁场的镜像电流密度分布 $\boldsymbol{J}_1(x,y,z)$。

3）确定介质 μ_2 中磁场的镜像电流密度分布 $\boldsymbol{J}_2(x,y,z)$。

36. 已知自由空间中位于 xOy 平面内的恒定传导面电流在 $z>0$ 空间产生的磁感应强度为 $\boldsymbol{B}_0(x,y,z)$。现在 xOy 平面两侧的上、下半空间填充磁导率分别为 μ_1 和 μ_2 的磁介质。计算传导电流面密度、磁化电流密度、磁感应强度和磁场强度。

37. 已知平行直流输电线间距 $2d=20\mathrm{m}$，距离地面高度 $h=\sqrt{3}d$，大地和空气磁导率均为 μ_0，如图 5.30 所示。双极性直流输电电压为±800kV，输电容量为 6400MW，每极输电线由 6 根钢心铝线组成，每根铝线截面积为 $900\mathrm{mm}^2$，铝的电阻率为 $2.83\times10^{-8}\Omega\cdot\mathrm{m}$。计算：

1）输电电流密度 J 和每千米线路损耗功率 P_1。

2）地面磁感应强度最大值 $B_{\max}$。

3）要使安全磁感应强度 B 不超过 $10^{-5}\mathrm{T}$，确定地面安全带宽度 w 最小为多少米？

38. 采用金属工件在静磁场中高速旋转的电磁感应加热系统如图 5.31 所示，铁心相对磁导率为 2000，铁心和永磁磁极截面尺寸为 5cm×20cm，上、下铁心磁极高度都为 3cm，上、下磁轭截面尺寸各为2.5cm×

20cm，长度均为 10cm，气隙长度 g 为 5cm。永磁体剩余磁感应强度为 1.17T，矫顽力为 800kA/m，气隙中产生 0.5T 磁感应强度，设计永磁体的长度？

39. 大电流电磁推进系统如图 5.32 所示，平行轨道间距为 d，轨道正方形截面边长为 a，轨道间放置截面相同、良好接触且可滑动的金属铜块，计算电流为 I 时滑块沿轨道方向的电磁力与载流轨道长度 $L(>d)$ 之间的关系。

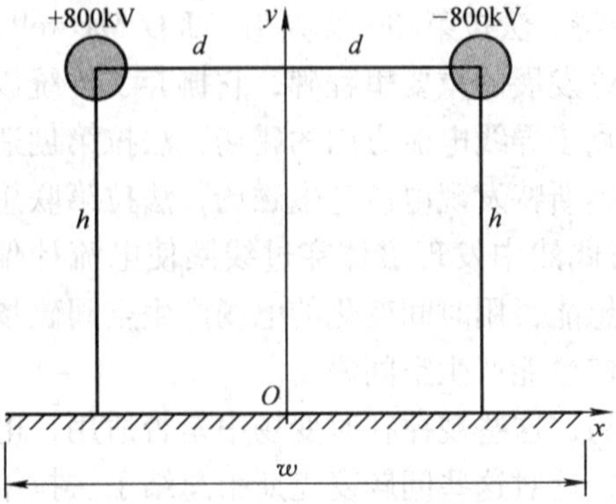

图 5.30　高压直流输电线

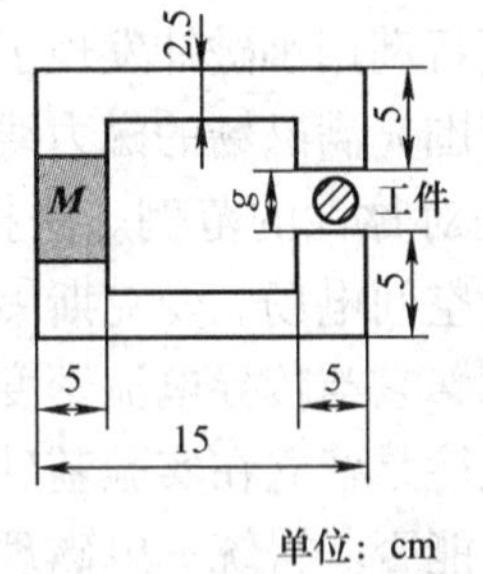

图 5.31　高速感应加热系统

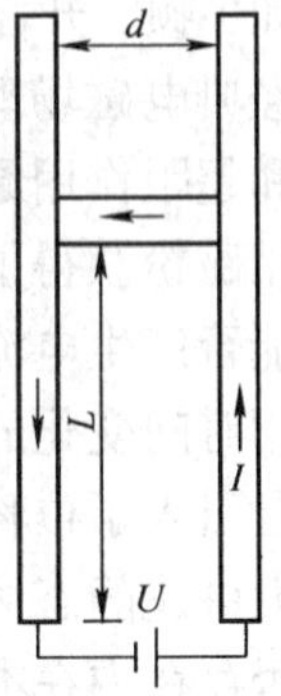

图 5.32　大电流电磁推进系统

40. 混合励磁磁路结构如图 5.33 所示，永磁体厚度为 h_m，截面积为 S，剩余磁感应强度为 B_r，矫顽力为 H_c，线圈电流为 I，匝数为 N，两侧铁心柱截面积为 S，中间铁心柱气隙长度为 g，截面积为 $2S$，铁心磁导率为 μ，图示平均磁路长度均为 l。画出等效磁路图，推导出磁路各部分磁阻、磁通量和气隙处截面吸引力的计算公式。

41. 磁悬浮磁路结构如图 5.34 所示，轨道导磁板截面积为 S_1，相对磁导率为 μ_{r1}，E 形电磁铁相对磁导率为 μ_{r2}，中间心柱截面积为 $2S_2$，两侧截面积均为 S_2，图示磁路平均长度均为 l，集中线圈匝数为 N，电流为 I，电磁铁心和线圈总质量为 m。画出等效磁路图，推导出磁铁悬浮气隙长度 h_g 与电流 I 的关系。如果中间心柱用厚度为 h_m 的永磁体替代相同高度和截面积的铁心（图中灰色部分），重新画出等效磁路并推导出悬浮气隙长度 h_g 与电流 I 的关系。

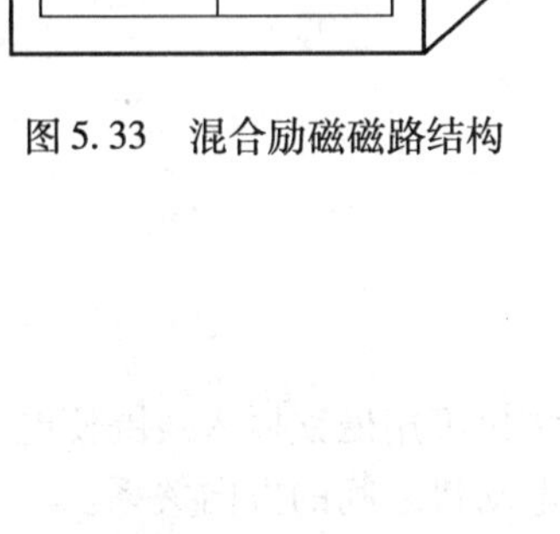

图 5.33　混合励磁磁路结构

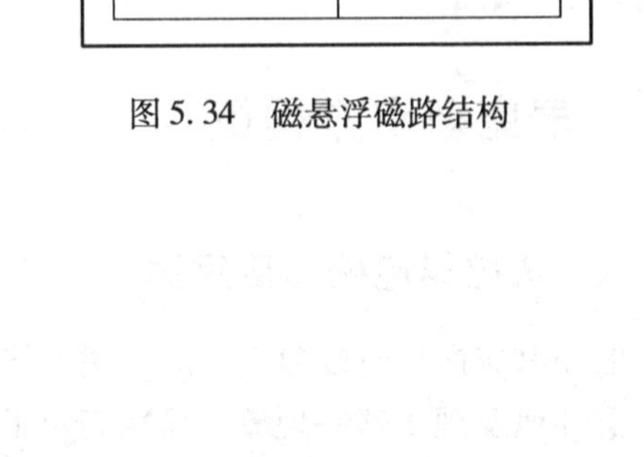

图 5.34　磁悬浮磁路结构

第 6 章　时变电磁场

正如牛顿、开普勒和伽利略创立了经典力学，奥斯特、法拉第和麦克斯韦（J. C. Maxwell）形成了经典电磁场理论。场这一概念的建立是电磁理论发展的重要里程碑，它摒弃了传统以太概念和超距作用原理。奥斯特利用小磁针发现了垂直于导线电流方向的磁场，法拉第创造性地利用磁粉获得了电流线周围充满磁场的磁力线。奥斯特发现电流产生磁场，法拉第联想到磁场能否产生电流，这就是对称性的范例。法拉第偶然中发现磁体穿过线圈使电流计偏转，利用时间变化的磁场产生空间电场。麦克斯韦猜想能否用时间变化的电场产生空间磁场呢？于是引入了位移电流密度，它与传导电流密度一样也能产生空间磁场。

前面讲述静态场的基本规律是建立在实验基础上的，这些规律在时变场中是否适用，电与磁是否存在内在本质联系，能否获得统一电磁理论，针对这些问题麦克斯韦总结了法拉第电磁感应定律、高斯定理和安培定律，创造性地提出了位移电流的概念，从而建立起统一的电磁理论，并预见电磁波的存在。

有的波传播需要载体或介质，如波浪需要流体，声波需要空气。电磁波不仅可以在真空中传播，而且在介质中也能传播。

麦克斯韦对电磁理论的贡献反映在其 1873 年出版的著作 *Treatise on Electricity and Magnetism* 中。麦克斯韦电磁理论提出后因没有被实验证实而不断受到质疑和批评，后来由于赫兹（H. R. Herz）实验证实了电磁波的存在，从而说明了麦克斯韦方程组的有效性。

但是，麦克斯韦方程组并不具有对称性，因为电场强度的旋度除了时间变化的磁场却没有一种空间磁流，而磁场强度的旋度不仅含有电场的时间变化，还包含空间电流。电场强度的散度具有空间分布的电荷，而磁感应强度的散度却总是零，没有空间分布的磁荷。

空间变化与时间变化等价表明电和磁的相互转化、电磁波的形成，麦克斯韦方程组提出了光电统一理论，光是波长极短的电磁波。

本章主要阐述时变电磁场的麦克斯韦方程组、介质电磁特性的本构关系和简单介质的交界面衔接条件，然后讨论电磁场量的波动性、电磁能量及其守恒原理的坡印亭定理微分与积分形式，接着分析时谐电磁场的复数表示、准静态场分析方法，并利用电磁场理论证明电路基本定律、涡流及其损耗、电磁屏蔽，最后简要介绍自旋电子学基础，分析电磁能量转换装置。

6.1　麦克斯韦方程组

6.1.1　法拉第电磁感应定律

时变电流产生时变磁场，时变磁场能激发旋涡电场，法拉第用磁铁插入线圈使电流计偏转，意外地发现了这一现象。楞次确定了磁场变化与感应电动势之间的方向关系。

传统正方向的规定方法如图 6.1 所示，电流流向与磁通流向符合右手螺旋关系，磁通流向与其感应的电动势方向（驱动正电荷运动的方向）符合右手螺旋关系，当磁通变化时，周围就产生旋涡电场。如果周围存在导体，则导体两端会出现电动势，可以通过伏特计或检流计确定电动势方向。

电磁感应原理说明，时变磁场产生的感应电动势总是要使感应电动势产生的电流阻碍原来磁场的变化，即有

$$e = -\frac{\mathrm{d}\psi}{\mathrm{d}t} \tag{6-1}$$

式中，负号表明感应电动势力图产生一个阻碍磁场变化的电流。

对于一个闭合回路，如图 6.2 所示，磁链与磁通一样，因此闭合回路感应电动势为

$$e = -\frac{\mathrm{d}\Phi}{\mathrm{d}t} = -\frac{\partial}{\partial t}\int_S \boldsymbol{B} \cdot \mathrm{d}\boldsymbol{S} \tag{6-2}$$

式中，对时间计算偏微分是因为磁感应强度是时间与空间的函数。

尽管电磁感应定律是由导体回路获得，但电磁感应定律与是否存在导体回路无关，任何空间回路都可以。感应电动势的方向就是驱动正电荷方向，因此与电场方向一致。

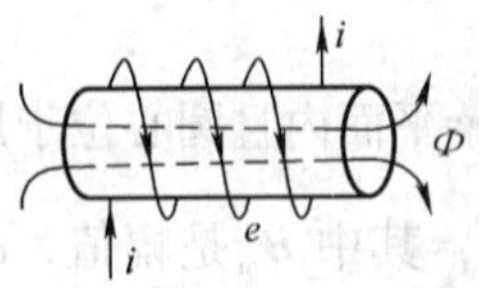

图 6.1　电流、磁通和电动势正方向

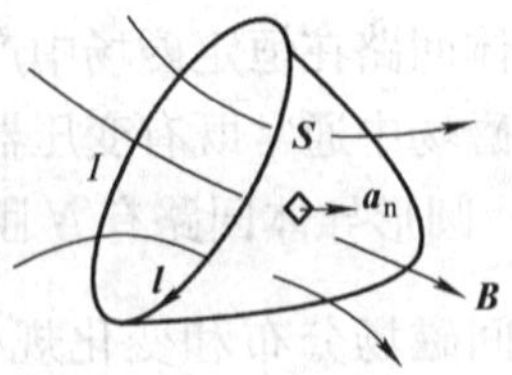

图 6.2　磁感应强度和通量

闭合回路电场强度的线积分等于感应电动势，即

$$e = \oint_l \boldsymbol{E} \cdot \mathrm{d}\boldsymbol{l} \tag{6-3}$$

曲面 S 的边界为闭合回路 $\boldsymbol{l}$，两者符合右手螺旋关系，由式（6-2）和式（6-3）得到

$$\oint_l \boldsymbol{E} \cdot \mathrm{d}\boldsymbol{l} = -\frac{\partial}{\partial t}\int_S \boldsymbol{B} \cdot \mathrm{d}\boldsymbol{S} \tag{6-4}$$

由于式（6-4）是对任意闭合回路及其曲面成立，因此根据斯托克斯定理可以将积分转换成微分形式得

$$\nabla \times \boldsymbol{E} = -\frac{\partial \boldsymbol{B}}{\partial t} \tag{6-5}$$

式（6-4）和式（6-5）是一对表征电磁感应定律的积分和微分方程，时变磁场是旋涡电场的场源，表明电磁感应的本质是时变磁场激发旋涡电场，即使没有场源的区域也可以通过时变磁场产生旋涡电场。

时变磁场产生的电场强度是非保守场，因此不能表示为标量位的负梯度。时变磁场产生旋涡电场，旋涡电场在导体回路感应电动势，并产生感应电流以此来阻碍导体回路中的磁通量变化，这是电磁感应定律的基本原理。

在时变磁场中，有一个静止的导电回路 $\boldsymbol{l}$，以回路 $\boldsymbol{l}$ 为边界的有向曲面为 $\boldsymbol{S}$，磁感应强度的曲面积分是穿过该曲面的磁通量，即有

$$\Phi = \int_S \boldsymbol{B} \cdot \mathrm{d}\boldsymbol{S} \tag{6-6}$$

由于感应电动势是电场强度的路径积分，因此感应电动势的正方向总是表示驱动正电荷

移动的方向，通常回路中电流与感应电动势的正方向相同。电磁感应定律表明回路感应电动势的大小与磁通时间变化率相同，但感应电动势产生的电流要阻碍磁通的变化。

如图 6.3 所示，当磁感应强度 $\boldsymbol{B}$ 增加时，电场强度实际方向与回路方向相反，这样电场强度将驱使电子逆电场方向移动，感应电流与感应电动势方向相同但与回路方向相反，阻碍磁场增强，导体回路电流产生去磁作用。

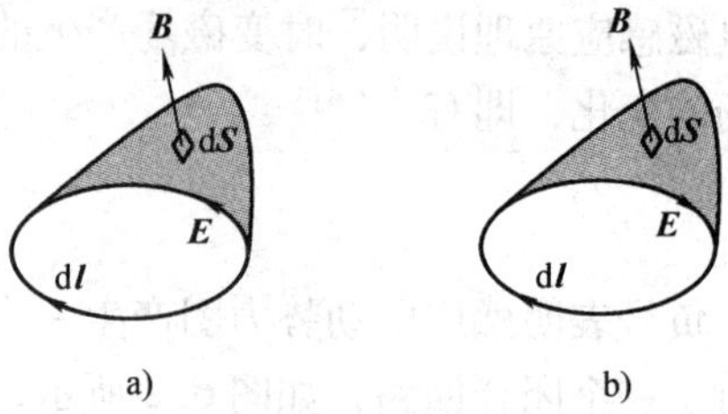

图 6.3　磁感应强度变化与电场强度方向的关系
a）B 增加　b）B 减小

当磁感应强度方向不变但数值减小时，电场强度实际方向与回路方向相同，电场强度驱使电子逆电场方向移动，感应电流、电动势与回路三者方向一致，阻碍磁场减弱，导体回路电流产生助磁作用。

由于导体回路中的感应电动势是穿越导体回路为边界的曲面上磁通量的变化，因此可以有不同的情形。静止导体回路在时变磁场中产生的感应电动势称为感生电动势或变压器电动势；运动导体回路在恒定磁场中产生的感应电动势称为动生电动势或运动电动势。运动导体回路在时变磁场中通常既有变压器电动势又有运动电动势。

例 6.1　圆形导体回路有 N 匝相同线圈串联，放置在 xOy 平面内且圆心位于原点，圆柱坐标系中空间磁场分布和变化规律为 $\boldsymbol{B}=\boldsymbol{a}_z B_m \cos\left(\dfrac{\pi r}{d}\right)\cos\omega t$，其中 B_m 是幅值，d 是线圈直径，ω 是角频率，如图 6.4 所示。计算导体回路的感应电动势。

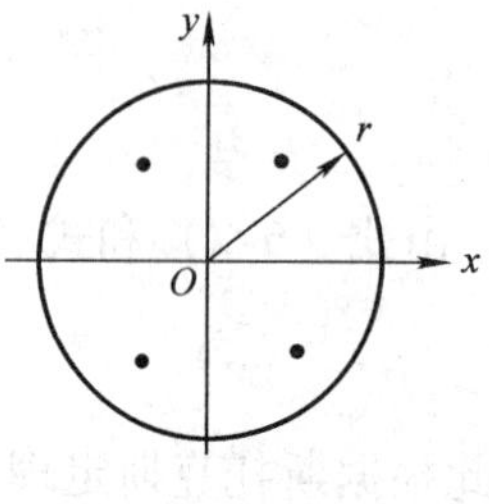

图 6.4　时变磁场感应电动势

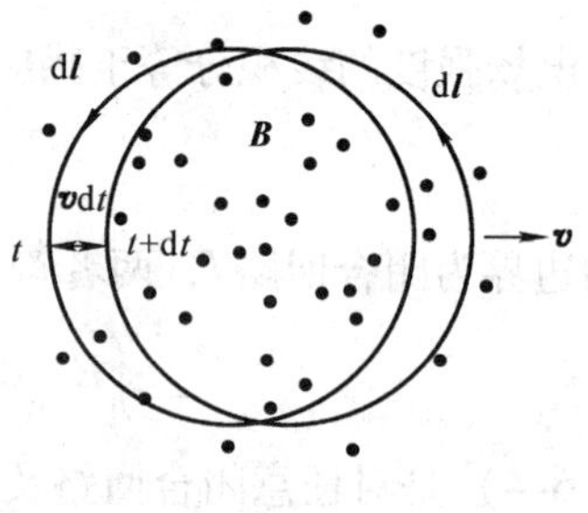

图 6.5　运动导体感应电动势

解答　磁场与线圈平面垂直，每匝线圈的磁通相同，有

$$\Phi=\int_0^{d/2}\boldsymbol{B}\cdot\boldsymbol{a}_z 2\pi r\mathrm{d}r=\int_0^{d/2}B_m\cos\left(\frac{\pi r}{d}\right)\cos\omega t(2\pi r)\mathrm{d}r$$

$$=\frac{2d^2B_m}{\pi}\cos\omega t\int_0^{\pi/2}\theta\cos\theta\mathrm{d}\theta=\left(1-\frac{2}{\pi}\right)d^2B_m\cos\omega t$$

静止线圈产生的感应电动势为

$$e=-N\frac{\mathrm{d}\Phi}{\mathrm{d}t}=\left(\frac{2}{\pi}-1\right)\omega d^2NB_m\sin\omega t$$

在正弦交变磁场下，感应电动势在时间相位上滞后于磁场 90°，幅值与交变磁场频率和幅值成正比。这种空间正弦分布且幅值随时间正弦规律变化的磁场称为脉振磁场或驻波磁场。

静止磁场中的运动导体，需要利用导体内部电荷在磁场中运动受到磁场力作用而运动，由于原子核内质子的质量比核外自由电子的质量大得多，因此实际受磁场力驱动而移动的电荷是自由电子。

如图6.5所示，假设空间磁场 $\boldsymbol{B}$ 垂直纸面朝外，导体回路 $\boldsymbol{l}$ 以速度 $\boldsymbol{v}$ 运动，那么回路中的电荷受到的磁场力由洛仑兹力给出

$$\boldsymbol{F}=q\boldsymbol{v}\times\boldsymbol{B} \tag{6-7}$$

相应地，导体内的电场强度为

$$\boldsymbol{E}=\boldsymbol{v}\times\boldsymbol{B} \tag{6-8}$$

于是，导体回路上的感应电动势为

$$e=\int_l \boldsymbol{E}\cdot \mathrm{d}\boldsymbol{l}=\int_l(\boldsymbol{v}\times\boldsymbol{B})\cdot \mathrm{d}\boldsymbol{l} \tag{6-9}$$

式中，积分没有采用闭合回路的原因是导体可以不形成闭合回路。

不难发现，因为电场强度 $\boldsymbol{E}$ 与速度 $\boldsymbol{v}$ 和磁场 $\boldsymbol{B}$ 矢量构成的平面垂直，当线元速度与磁场平行时，该线元对感应电动势没有贡献；当线元矢量与速度或磁场方向平行时，该线元对感应电动势也没有贡献。

导体在静止磁场中运动与虚拟一个导体回路而磁场向相反方向运动而引起虚拟回路内磁通的变化是一致的。利用矢量运算 $(\boldsymbol{a}\times\boldsymbol{b})\cdot\boldsymbol{c}=(\boldsymbol{c}\times\boldsymbol{a})\cdot\boldsymbol{b}$，可以得到感应电动势的另一种表达式为

$$e=\int_l \boldsymbol{B}\cdot(\mathrm{d}\boldsymbol{l}\times\boldsymbol{v})=\frac{\int_S \boldsymbol{B}\cdot \mathrm{d}\boldsymbol{S}}{\mathrm{d}t}=-\frac{\mathrm{d}\Phi}{\mathrm{d}t} \tag{6-10}$$

式中，负号是由于回路变化过程中，根据回路方向确定面方向与磁场一致，但回路线元 $\mathrm{d}\boldsymbol{l}$ 和速度引起的面积变化矢量 $\mathrm{d}\boldsymbol{S}$ 与磁感应强度标量积引起的磁通变化正好相反。即图6.5右边月牙形区域磁通增加，但面元方向与磁感应强度相反，而左边月牙区域磁通减少，但面元矢量与磁感应强度相同。

例6.2 均匀磁场 $\boldsymbol{B}_0$ 中一半径为 a 的圆线圈绕直径做匀角速度 ω 旋转，轴线与磁场垂直，如图6.6所示，计算线圈中的感应电动势。

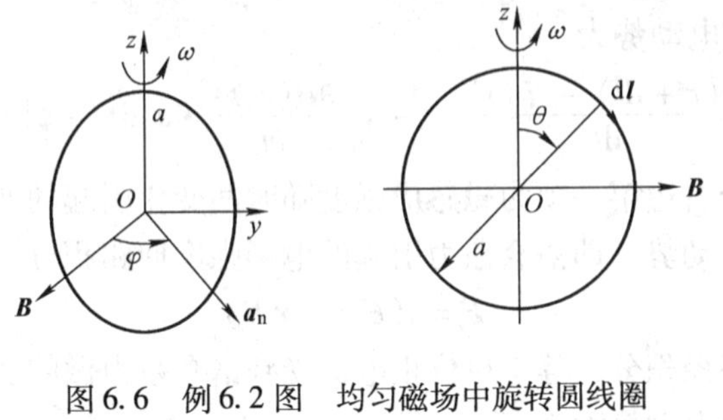

图6.6 例6.2图 均匀磁场中旋转圆线圈

解答 设磁场沿 x 轴，旋转轴沿 z 轴，圆环半径为 a，角速度为 ω，线圈平面单位法矢量 $\boldsymbol{a}_\mathrm{n}$ 与磁感应强度矢量夹角为 φ，线元矢量 $\mathrm{d}\boldsymbol{l}=\boldsymbol{a}_\theta a\mathrm{d}\theta$，线元速度 $\boldsymbol{v}=\omega\,\boldsymbol{a}_z\times\boldsymbol{a}_r a=\boldsymbol{a}_\varphi a\omega\sin\theta$，那么圆环感应电动势为

$$\begin{aligned} e&=\oint_l(\boldsymbol{v}\times\boldsymbol{B})\cdot \mathrm{d}\boldsymbol{l}=\int_0^\pi 2a^2B_0\omega\sin\theta(\boldsymbol{a}_\varphi\times\boldsymbol{a}_x)\cdot\boldsymbol{a}_\theta \mathrm{d}\theta \\ &=\int_0^\pi 2a^2B_0\omega\sin\theta\,\boldsymbol{a}_x\cdot\boldsymbol{a}_r \mathrm{d}\theta=\int_0^\pi 2a^2B_0\omega\sin^2\theta\sin\varphi \mathrm{d}\theta=\pi a^2B_0\omega\sin\varphi \end{aligned}$$

可见，感应电动势与最大磁通量 $\Phi_{\mathrm{m}}=\pi a^2 B_0$ 和旋转角速度成正比，线圈平面与 zOx 重合时感应电动势最大，垂直时感应电动势为零。由于磁场均匀，线圈内的磁通量等于圆面矢量与磁感应强度矢量的标量积 $\pi a^2 B_0\cos\varphi$，这样可以更简洁地计算感应电动势。

闭合导体回路在时变电磁场 $\boldsymbol{B}$ 中以速度 $\boldsymbol{v}$ 运动，产生的感应电动势为 e。

如图 6.7 所示，在 t 时刻以回路 $\boldsymbol{l}$ 为边界的曲面为 S_1，回路经过 $\mathrm{d}t$ 时间后的曲面为 S_2，两个回路之间是恒定宽度的带状面域，回路 $\boldsymbol{l}$ 在 t 到 $t+\mathrm{d}t$ 时刻的磁通量变化为 $\mathrm{d}\Phi$。先计算 t 时刻回路 $\boldsymbol{l}$ 的磁通量等于曲面 S_1 上的磁感应强度的通量，即

$$\Phi(t)=\int_{S_1}\boldsymbol{B}(\boldsymbol{r},t)\cdot\boldsymbol{a}_{\mathrm{n}}\mathrm{d}S \tag{6-11}$$

再计算运动后的磁通量，它等于 $t+\mathrm{d}t$ 时刻在曲面 S_2 上的磁感应强度的通量，有

$$\Phi(t+\mathrm{d}t)=\int_{S_2}\boldsymbol{B}(\boldsymbol{r},t+\mathrm{d}t)\cdot\boldsymbol{a}_{\mathrm{n}}\mathrm{d}S$$

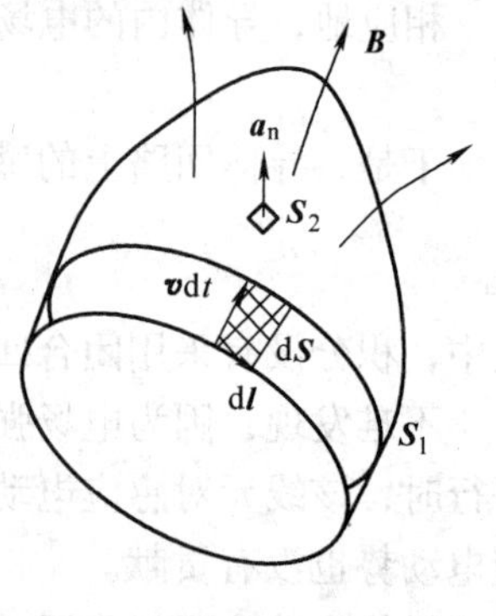

图 6.7　运动线圈和时变磁场产生的感应电动势

或者等于该时刻曲面 S_1 上的磁通量与等宽带状区域的磁通量之差，即

$$\Phi(t+\mathrm{d}t)=\int_{S_1}\boldsymbol{B}(\boldsymbol{r},t+\mathrm{d}t)\cdot\boldsymbol{a}_{\mathrm{n}}\mathrm{d}S-\oint_l\boldsymbol{B}(\boldsymbol{r},t+\mathrm{d}t)\cdot(\mathrm{d}\boldsymbol{l}\times\boldsymbol{v}\,\mathrm{d}t) \tag{6-12}$$

将磁感应强度按照时间进行泰勒展开，忽略二阶以上时间无穷小量，得到

$$\Phi(t+\mathrm{d}t)=\int_{S_1}\left[\boldsymbol{B}(\boldsymbol{r},t)+\frac{\partial\boldsymbol{B}(\boldsymbol{r},t)}{\partial t}\mathrm{d}t\right]\cdot\boldsymbol{a}_{\mathrm{n}}\mathrm{d}S-\oint_l\boldsymbol{B}(\boldsymbol{r},t)\cdot(\mathrm{d}\boldsymbol{l}\times\boldsymbol{v}\,\mathrm{d}t) \tag{6-13}$$

运动回路的磁通量变化由式（6-13）与式（6-11）之差得到

$$\begin{aligned}\Phi(t+\mathrm{d}t)-\Phi(t)&=\int_{S_1}\frac{\partial\boldsymbol{B}(\boldsymbol{r},t)}{\partial t}\mathrm{d}t\cdot\boldsymbol{a}_{\mathrm{n}}\mathrm{d}S-\oint_l[\boldsymbol{v}\times\boldsymbol{B}(\boldsymbol{r},t)]\cdot\mathrm{d}\boldsymbol{l}\mathrm{d}t\\&=\left[\int_{S_1}\frac{\partial B(\boldsymbol{r},t)}{\partial t}\cdot\boldsymbol{a}_{\mathrm{n}}\mathrm{d}S-\oint_l\boldsymbol{v}\times\boldsymbol{B}(\boldsymbol{r},t)\cdot\mathrm{d}\boldsymbol{l}\right]\mathrm{d}t\end{aligned} \tag{6-14}$$

于是，运动回路的感应电动势为

$$e(t)=-\lim_{\mathrm{d}t\to0}\frac{\Phi(t+\mathrm{d}t)-\Phi(t)}{\mathrm{d}t}=-\int_{S_1}\frac{\partial\boldsymbol{B}(\boldsymbol{r},t)}{\partial t}\cdot\boldsymbol{a}_{\mathrm{n}}\mathrm{d}S+\oint_l[\boldsymbol{v}\times\boldsymbol{B}(\boldsymbol{r},t)]\cdot\mathrm{d}\boldsymbol{l} \tag{6-15}$$

感应电动势中等号右边第一项为磁感应强度随时间变化引起的变压器电动势，第二项为线圈运动引起的运动电动势，即洛仑兹力引起的电场强度回路积分。

$$\boldsymbol{F}=q(\boldsymbol{E}+\boldsymbol{v}\times\boldsymbol{B}) \tag{6-16}$$

电场强度的闭合路径积分，等于单位正电荷受到洛仑兹力做的功，而单位正电荷受到的洛仑兹力做功等于感应电动势大小。

例 6.3　在 $|z|\ll1$ 的无源空气隙（μ_0,ε_0）内，有一位于 xOy 平面的矩形线圈，匝数为 N，尺寸分别为 $2a$ 和 b，线圈以恒定速度 $\boldsymbol{v}_0$ 沿 x 轴正方向运动，在 $t=0$ 时刻线圈位置如图 6.8 所示。已知 xOy 平面内磁感应强度的法向分量 $\boldsymbol{B}=\boldsymbol{a}_z B_{\mathrm{m}}\cos(\omega_1 t-kx)$，其中 B_{m}、ω_1 和 k 均为大于零的常数，且 $\omega_1\ll kc$（c 为真空中的光速）。假设线圈平面法向为 z 轴正方向，求：

1）线圈内的磁通量 Φ 和感应电动势 e 随时间变化的函数。

2）当感应电动势峰值最大时，线圈边长 b 的最小值。

3）当 b 和 v_0 满足什么条件时，线圈内的感应电动势为零，并解释其物理意义。

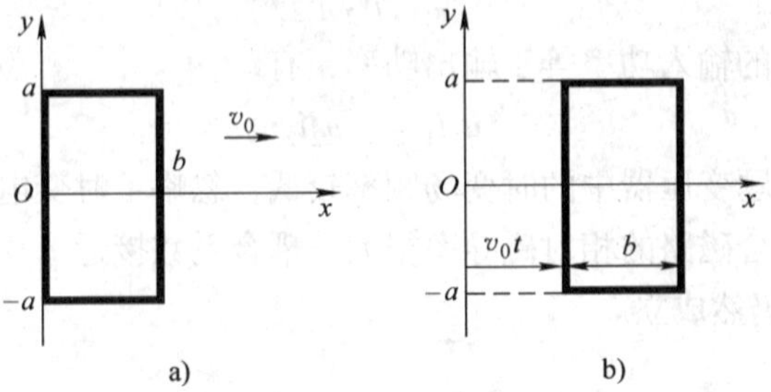

图 6.8　例 6.3 图　线圈在时变磁场中运动

a）初始时刻　b）任意时刻

解答　令 $\alpha = kb/2$，线圈运动到任意时刻 t 的磁通量为

$$\Phi = \int_S \boldsymbol{B} \cdot \mathrm{d}\boldsymbol{S} = \int_{v_0 t}^{b+v_0 t} B_\mathrm{m}\cos(\omega_1 t - kx)2a\mathrm{d}x = \frac{2abB_\mathrm{m}}{\alpha}\sin\alpha\sin(\omega_1 t - \alpha - kv_0 t)$$

感应电动势为

$$e = -N\frac{\mathrm{d}\Phi}{\mathrm{d}t} = 2abB_\mathrm{m}\alpha^{-1}N(\omega_1 - kv_0)\sin\alpha\cos(\omega_1 t - \alpha - kv_0 t)$$

感应电动势峰值最大的条件是

$$\sin(kb/2) = 1，或\ b = \pi/k$$

线圈感应电动势为零的条件是幅值为零，即

$$\sin(kb/2) = 0，或者\ \omega_1 - kv_0 = 0$$

即线圈边长满足波长 $b = 2\pi/k$，或者线圈运动速度等于波速 $v_0 = \omega_1/k$ 时，线圈内的磁通量总是等于零，因此感应电动势也为零。

例 6.4　理想变压器耦合磁路相对磁导率无穷大，两个线圈完全耦合没有漏磁场，线圈电阻为零，如图 6.9 所示。证明理想变压器的输入电功率等于输出电功率。

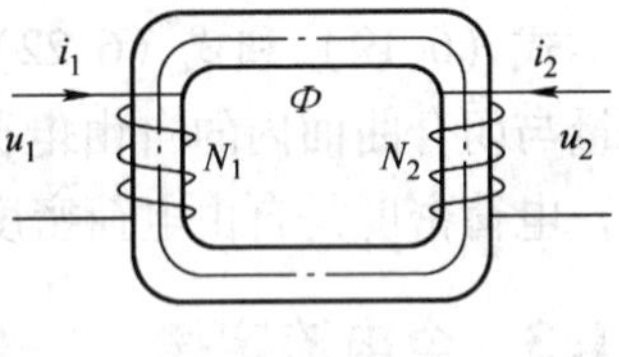

图 6.9　例 6.4 图

证明　设变压器输入侧电压为 u_1，电流为 i_1，线圈匝数为 N_1，输出侧电压为 u_2，电流为 i_2，线圈匝数为 N_2，按照电功率输入变压器的方式规定正方向，且线圈电流都是从同名端流入，铁心磁路中的主磁路磁通为 Φ。

尽管磁路相对磁导率无穷大，但两个绕组的电压和频率有限，因此耦合磁路的磁通量和磁感应强度有限，磁场强度为零，闭合磁路磁位降等于零，利用安培环路定律，耦合磁路总磁动势也等于零，即

$$\oint_l \boldsymbol{H} \cdot \mathrm{d}\boldsymbol{l} = N_1 i_1 + N_2 i_2 = 0$$

理想变压器电流与匝数成反比且同名端电流反相位，有

$$i_1 = -\frac{N_2}{N_1}i_2 \tag{6-17}$$

根据电磁感应定律，线圈电压降落方向与电流流向相同，电压与感应电动势平衡，即

$$u_1 = -e_1 = N_1\frac{\mathrm{d}\Phi}{\mathrm{d}t}，u_2 = -e_2 = N_2\frac{\mathrm{d}\Phi}{\mathrm{d}t}$$

理想变压器电压与匝数成正比，即

$$u_1 = \frac{N_1}{N_2} u_2 \tag{6-18}$$

由此得到，理想变压器的输入功率等于输出功率，有

$$u_1 i_1 = -u_2 i_2$$

需要指出的是，本题变压器中的时变场频率较低，忽略了时变电场的影响。在实际变压器中，变压器的磁场耦合磁路的相对磁导率很大，耦合系数接近1.0，因此式（6-17）和式（6-18）在工程应用中仍然成立。

6.1.2 高斯定理

高斯定理建立了电场中电位移矢量的通量与场源自由电荷的关系，在电磁场中表现为电位移矢量与自由电荷密度之间的关系，即

$$\oint_S \boldsymbol{D} \cdot \mathrm{d}\boldsymbol{S} = \int_V \rho \mathrm{d}V \tag{6-19}$$

式中，闭合曲面 S 包围的区域为 V，或者区域 V 的边界是闭合曲面 S。

由于闭合曲面的任意性，利用高斯散度定理，矢量的闭合曲面积分与该矢量散度在以闭合曲面为边界的区域体积分相等，即

$$\oint_S \boldsymbol{D} \cdot \mathrm{d}\boldsymbol{S} = \int_V \nabla \cdot \boldsymbol{D} \mathrm{d}V \tag{6-20}$$

于是，比较两式得到

$$\int_V \nabla \cdot \boldsymbol{D} \mathrm{d}V = \int_V \rho \mathrm{d}V \tag{6-21}$$

因为区域 V 的任意性，所以被积函数相等，有

$$\nabla \cdot \boldsymbol{D} = \rho \tag{6-22}$$

式（6-19）和式（6-22）分别称为高斯定理的积分与微分形式，表明空间电位移矢量通量与闭合曲面内的自由电荷量，或者电位移矢量的散度与自由电荷密度的关系。特别注意，电荷密度是自由电荷密度，不包括束缚电荷密度或者极化电荷密度。

6.1.3 全电流定律

静磁场中安培环路定律建立了导体电流和磁场强度的关系，即

$$\oint_l \boldsymbol{H} \cdot \mathrm{d}\boldsymbol{l} = \int_S \boldsymbol{J} \cdot \mathrm{d}\boldsymbol{S} \tag{6-23}$$

式中，有向闭合曲线 $\boldsymbol{l}$ 是有向曲面 $\boldsymbol{S}$ 的边界。电流密度 $\boldsymbol{J}$ 可以是导体内的分布传导电流密度，与电场强度满足欧姆定律 $\boldsymbol{J} = \sigma \boldsymbol{E}$，或者电荷在空间运动的运流电流密度 $\boldsymbol{J} = \rho \boldsymbol{v}$。

由于闭合曲线的任意性，根据斯托克斯定理，式（6-23）可以转换为旋度形式，即

$$\nabla \times \boldsymbol{H} = \boldsymbol{J} \tag{6-24}$$

麦克斯韦通过电磁感应定律获得时变磁场是旋涡电场源，受此启发，提出了逆向命题：时变电场是旋涡磁场源。但他在研究安培环路定律时，发现电流密度的散度恒等于零，这是在恒定电流条件下得到的。在时变场中，根据电荷守恒原理，电流密度和电荷密度满足关系

$$\nabla \cdot \boldsymbol{J} + \frac{\partial \rho}{\partial t} = 0 \tag{6-25}$$

也就是说，只要电荷随时间发生变化，电流密度的散度是不等于零的。

考虑以回路 $\boldsymbol{l}$ 为边界的曲面穿越导体与穿越电容器极板之间空间两种情况，如图 6.10 所示。由于外部导体中的电流是电荷运动的结果，而电荷在电容器极板分布不能穿越电容器极板间的电介质，因此根据安培环路定律闭合回路 $\boldsymbol{l}_1$ 和 $\boldsymbol{l}_2$ 上的积分等于电流 I，但根据曲面积分经过导体的曲面 $\boldsymbol{S}_1$ 和 $\boldsymbol{S}_2$ 结果为 I 而经过电容器内部的曲面 $\boldsymbol{S}_3$ 积分为零，结果不一致。

说明时变场中要满足安培环路定律，除了考虑导体中的传导电流，还需要考虑另外一种电流，麦克斯韦把它称为位移电流，位移电流密度用 $\boldsymbol{J}_\mathrm{d}$ 表示。于是，时变场中的安培环路定律修改为

$$\nabla \times \boldsymbol{H} = \boldsymbol{J} + \boldsymbol{J}_\mathrm{d} \tag{6-26}$$

对式（6-26）计算散度，并利用电荷守恒原理式（6-25），得到位移电流散度与电荷密度关系为

$$\nabla \cdot \boldsymbol{J}_\mathrm{d} = \frac{\partial \rho}{\partial t} \tag{6-27}$$

根据高斯定理，电荷密度等于电位移矢量的散度，得到

$$\nabla \cdot \boldsymbol{J}_\mathrm{d} = \frac{\partial}{\partial t}\nabla \cdot \boldsymbol{D} = \nabla \cdot \frac{\partial \boldsymbol{D}}{\partial t} \tag{6-28}$$

式中，空间与时间偏微分次序进行了交换。

于是，位移电流密度定义为电位移矢量对时间的偏微分，它是由时变电场引起的旋涡磁场的场源，有

$$\boldsymbol{J}_\mathrm{d} = \frac{\partial \boldsymbol{D}}{\partial t} \tag{6-29}$$

通常导体中的位移电流密度很小，与导体中的传导电流密度相比可以忽略不计。但电容器极板电荷变化使得传导电流转换为位移电流而穿越电容器极板间的电介质空间，这时位移电流密度不可忽略。

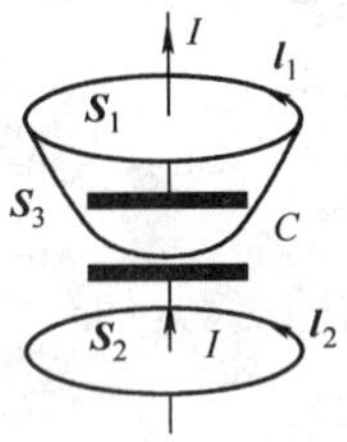

图 6.10　电容器上位移电流与传导电流

通过引入位移电流密度，这样安培环路定律修改为全电流定律，得

$$\oint_l \boldsymbol{H} \cdot \mathrm{d}\boldsymbol{l} = \int_S \left(\boldsymbol{J} + \frac{\partial \boldsymbol{D}}{\partial t}\right) \cdot \mathrm{d}\boldsymbol{S} \tag{6-30}$$

根据斯托克斯定理将积分形式转换为微分形式，构成又一对电磁场方程，即

$$\nabla \times \boldsymbol{H} = \boldsymbol{J} + \frac{\partial \boldsymbol{D}}{\partial t} \tag{6-31}$$

式（6-30）和式（6-31）分别是全电流定律的积分与微分方程，表明不仅电荷运动产生的电流是旋涡磁场的场源，而且时变电场也是旋涡磁场的场源，也就是没有电荷的区域，只要电场是时变的，将激发磁场。

由此可见，不仅时变磁场可以激发旋涡电场，时变电场同样可以激发旋涡磁场。时变电磁场形成电场和磁场的相互激发，在正弦状态下不断相互激发形成电磁波的传播。

6.1.4　磁通连续性原理

稳定电流产生的静态磁场是旋涡的，时变电场产生的磁场也是旋涡的，因此时变磁场也是旋涡的，即磁感应强度矢量线总是封闭的，任意闭合曲面穿过的净磁通量为零，或者磁感

应强度的散度恒为零，有

$$\oint_S \boldsymbol{B} \cdot \mathrm{d}\boldsymbol{S} = 0 \tag{6-32}$$

$$\nabla \cdot \boldsymbol{B} = 0 \tag{6-33}$$

式（6-32）和式（6-33）分别是磁通连续性原理的积分与微分形式。磁感应强度的散度等于零表明磁场中不存在磁单极，或类似电荷的磁荷。但作为静态电磁场类比，静磁场中仍然引入磁化介质的空间磁荷密度概念。

6.1.5　麦克斯韦方程组的微分和积分形式

麦克斯韦方程组是麦克斯韦电磁理论的核心，反映了电磁感应定律、全电流定律、磁通连续性原理和电场中自由电荷满足的高斯定理，同时说明电和磁既可以相互独立存在，又可以同时存在，在时变的条件下还能相互激发，因此从理论上预见了时变电磁场的波动性。正如上述定理存在微分和积分形式，麦克斯韦方程组同样存在微分和积分形式。其微分形式为

$$\nabla \times \boldsymbol{E} = -\frac{\partial \boldsymbol{B}}{\partial t} \tag{6-34a}$$

$$\nabla \times \boldsymbol{H} = \boldsymbol{J} + \frac{\partial \boldsymbol{D}}{\partial t} \tag{6-34b}$$

$$\nabla \cdot \boldsymbol{B} = 0 \tag{6-34c}$$

$$\nabla \cdot \boldsymbol{D} = \rho \tag{6-34d}$$

麦克斯韦方程组的积分形式为

$$\oint_l \boldsymbol{E} \cdot \mathrm{d}\boldsymbol{l} = -\frac{\partial}{\partial t}\int_S \boldsymbol{B} \cdot \mathrm{d}\boldsymbol{S} \tag{6-35a}$$

$$\oint_l \boldsymbol{H} \cdot \mathrm{d}\boldsymbol{l} = \int_S \left(\boldsymbol{J} + \frac{\partial \boldsymbol{D}}{\partial t}\right) \cdot \mathrm{d}\boldsymbol{S} \tag{6-35b}$$

$$\oint_S \boldsymbol{B} \cdot \mathrm{d}\boldsymbol{S} = 0 \tag{6-35c}$$

$$\oint_S \boldsymbol{D} \cdot \mathrm{d}\boldsymbol{S} = \int_V \rho \mathrm{d}V \tag{6-35d}$$

麦克斯韦的贡献是引入位移电流密度，统一了电磁场方程，预见时变电磁场是一种波（赫兹用实验证实电磁波的存在）。但是，麦克斯韦方程组不是完全独立的，只有两个旋度方程是独立的，场源电荷密度与电流密度也不是相互独立的，它们必须满足电荷守恒定律或者电流连续性方程。尽管第一个微分方程隐含磁荷可能存在，但磁通连续性原理表明磁荷不存在。

除了麦克斯韦方程组，电磁场理论的完备性还需要增加电荷守恒式（6-25）与电荷在电磁场中受到的洛仑兹力方程式（6-16）。但要求解电磁场问题，除了统一电磁场理论方程，还需要材料的基本特性和交界面衔接条件。

6.2　材料的本构关系

电磁场一般性本构关系包括电介质材料特性、磁介质材料特性和导体导电特性，即

$$\boldsymbol{D} = \varepsilon_0 \boldsymbol{E} + \boldsymbol{P},\ \boldsymbol{B} = \mu_0(\boldsymbol{H} + \boldsymbol{M}),\ \boldsymbol{J} = \sigma \boldsymbol{E} \tag{6-36}$$

简单介质是指线性（场量成比例关系）、均匀（介电常数、磁导率和电导率材料特性参数与空间坐标无关）且各向同性（材料特性参数与场量方向无关）。对于简单介质，材料特性参数为常数，材料本构关系满足

$$\boldsymbol{D}=\varepsilon\boldsymbol{E},\ \boldsymbol{B}=\mu\boldsymbol{H},\ \boldsymbol{J}=\sigma\boldsymbol{E} \tag{6-37}$$

否则介质将是非线性、非均匀或者各向异性的。当材料的电磁特性参数与频率无关时称为无色散介质，否则称为色散介质。

理想电介质是电导率为零，没有传导电流密度的绝缘体。理想导体是电阻率为零或者电导率趋于无穷大，理想导体内部电场强度为零、净自由电荷为零。理想导体也称为完纯导体。理想导体内部没有时变电磁场，但可以有静态磁场，这与超导体的完全抗磁性是不同的。

研究导行电磁波的传输特性时，经常考虑两种特殊的交界面：一种称为电壁，即电场强度只有法向分量的完纯导体表面；另一种称为磁壁，即磁感应强度只有法向分量或者相对磁导率无穷大的磁介质表面。

一般来说，电位移矢量与电场强度的关系、磁感应强度与磁场强度的关系是张量，而且电和磁可能相互耦合，如铁电材料的电致磁现象或磁致电现象。

6.3 时变场的交界面衔接条件

在交界面上，电磁场量发生变化，微分方程不成立，但积分方程依然成立，因此交界面衔接条件由积分方程导出。如图 6.11 所示，假设交界面 S 光滑，交界面上没有奇异场源（如点电荷、线电流），交界面两侧的场量有限且对时间和空间坐标偏导数有限，交界面单位法矢量 $\boldsymbol{a}_n$ 由介质 2 指向介质 1，交界面上任意单位切矢量为 $\boldsymbol{a}_t$，交界面上的自由面电荷密度为 $\boldsymbol{\rho}_s$，传导或运流电流的面电流密度为 $\boldsymbol{J}_s$，则交界面上场量切向分量由闭合回路积分方程获得，法向分量由闭合曲面积分方程获得。下面分析电场强度切向分量、电位移矢量法向分量、磁场强度切向分量、磁感应强度法向分量和电流密度法向分量的连续性。

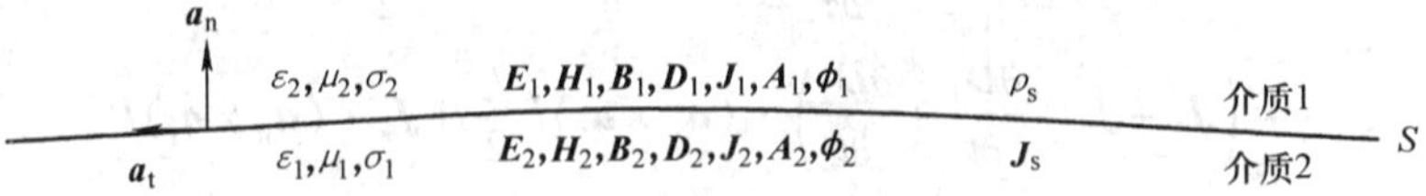

图 6.11　两种介质的交界面

1. 电场强度切向分量连续性

先分析电场强度切向分量的连续性，在交界面上 O 点两侧的电场强度切向分量分别为 E_{1t} 和 E_{2t}，法向分量分别为 E_{1n} 和 E_{2n}，以该点为中心做一个小矩形回路，其中平行与垂直于交界面的矩形边长分别为 l 和 h，因此矩形面积为 $S=lh$，如图 6.12 所示。交界面两侧电场强度和磁感应强度连续有限，而且交界面没有奇异场源，因此电场强度空间位置偏导有限，磁感应强度时间变化率也有限。利用电磁感应定律的麦克斯韦积分方程形式可以获得

$$\boldsymbol{a}_t\cdot(\boldsymbol{E}_2-\boldsymbol{E}_1)l-\frac{\partial}{\partial\tau}[\boldsymbol{a}_n\cdot(\boldsymbol{E}_2+\boldsymbol{E}_1)]l\frac{h}{2}=-\frac{\partial}{\partial t}[\boldsymbol{B}\cdot(\boldsymbol{a}_n\times\boldsymbol{a}_t)]lh \tag{6-38}$$

式中，$\boldsymbol{\tau}$ 是平行于交界面且沿 $\boldsymbol{a}_t$ 方向的切向坐标。

考虑到矩形边长很小且 $l>>h\to0$，因此交界面两侧电场强度满足

$$\boldsymbol{a}_t\cdot(\boldsymbol{E}_1-\boldsymbol{E}_2)=0 \tag{6-39}$$

由于切向单位矢量 $\boldsymbol{a}_t$ 的任意性，表明交界面两侧电场强度矢量 $\boldsymbol{E}_1$ 和 $\boldsymbol{E}_2$ 的切向分量大小相同且方向一致，因此 $\boldsymbol{E}_1$ 和 $\boldsymbol{E}_2$ 与单位法矢量 $\boldsymbol{a}_n$ 共面，电场强度切向分量在交界面上满足

$$\boldsymbol{a}_n \times (\boldsymbol{E}_1 - \boldsymbol{E}_2) = \boldsymbol{0} \tag{6-40}$$

对于简单介质，利用材料本构关系，电位移矢量的切向分量满足

$$\boldsymbol{a}_n \times (\varepsilon_2 \boldsymbol{D}_1 - \varepsilon_1 \boldsymbol{D}_2) = \boldsymbol{0} \tag{6-41}$$

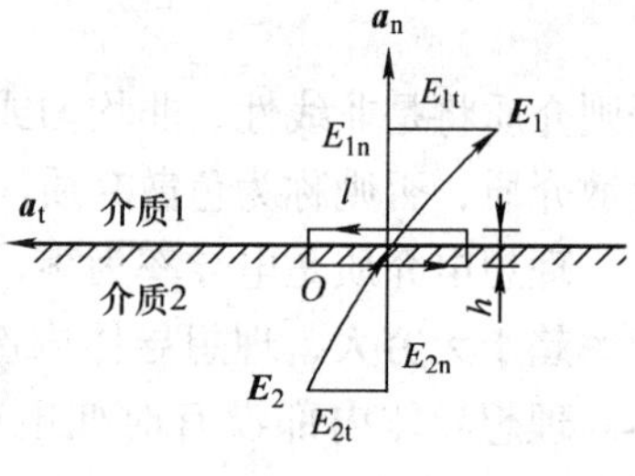

图 6.12　交界面处电场强度

2. 电位移矢量法向分量连续性

为了推导电位移矢量法向分量的连续性，以交界面上 O 点为中心，分别以法向和电场强度切向为对称轴做一个小长方体，长方体的底面与交界面平行，边长分别为 l 和 w，侧面与交界面垂直且高度为 h，其中长度 l 方向与切向方向平行，如图 6.13 所示。交界面面电荷密度为 ρ_s，利用高斯定理的麦克斯韦积分形式得到

$$\boldsymbol{a}_n \cdot (\boldsymbol{D}_1 - \boldsymbol{D}_2) lw + \frac{\partial}{\partial \tau}[\boldsymbol{a}_t \cdot (\boldsymbol{D}_1 + \boldsymbol{D}_2)] lw \frac{h}{2} + \frac{\partial}{\partial \tau_2}[\boldsymbol{a}_n \times \boldsymbol{a}_t \cdot (\boldsymbol{D}_1 + \boldsymbol{D}_2)] lw \frac{h}{2} = \rho_s lw \tag{6-42}$$

式中，τ_2 是平行于交界面沿 $\boldsymbol{a}_n \times \boldsymbol{a}_t$ 方向的切向坐标。

考虑到长方体边长很小且 $l = w >> h \to 0$，电位移矢量切向偏导数有限，因此交界面两侧电位移矢量满足

$$\boldsymbol{a}_n \cdot (\boldsymbol{D}_1 - \boldsymbol{D}_2) = \rho_s \tag{6-43}$$

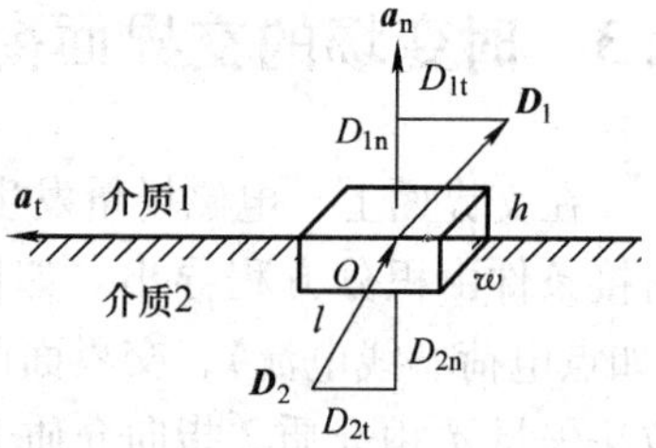

图 6.13　交界面处电位移矢量

3. 磁场强度切向分量连续性

类似电场强度切向分量连续性分析，根据图 5.10 可知，磁场强度切向分量的连续性可以通过利用交界面回路上全电流定律的麦克斯韦方程积分形式获得，有

$$\begin{aligned}&\boldsymbol{a}_t \cdot (\boldsymbol{H}_2 - \boldsymbol{H}_1) l + \frac{\partial}{\partial \tau}[\boldsymbol{a}_n \cdot (\boldsymbol{H}_2 + \boldsymbol{H}_1)] l \frac{h}{2} \\ &= \left(\boldsymbol{J}_1 + \boldsymbol{J}_2 + \frac{\partial \boldsymbol{D}_1}{\partial t} + \frac{\partial \boldsymbol{D}_2}{\partial t}\right) \cdot (\boldsymbol{a}_n \times \boldsymbol{a}_t) l \frac{h}{2} + \boldsymbol{J}_s \cdot (\boldsymbol{a}_n \times \boldsymbol{a}_t) l\end{aligned} \tag{6-44}$$

由于电位移矢量对时间的偏微分有限，交界面上存在面电流密度 $\boldsymbol{J}_s$，磁场强度法向分量对位置偏导数有限，当 $h \to 0$ 时，磁场强度满足

$$(\boldsymbol{a}_n \times \boldsymbol{a}_t) \times \boldsymbol{a}_n \cdot (\boldsymbol{H}_2 - \boldsymbol{H}_1) = (\boldsymbol{a}_n \times \boldsymbol{a}_t) \cdot \boldsymbol{a}_n \times (\boldsymbol{H}_2 - \boldsymbol{H}_1) = \boldsymbol{J}_s \cdot (\boldsymbol{a}_n \times \boldsymbol{a}_t) \tag{6-45}$$

由于切向单位矢量 $\boldsymbol{a}_t$ 的任意性，得到磁场强度交界面衔接条件为

$$\boldsymbol{a}_n \times (\boldsymbol{H}_1 - \boldsymbol{H}_2) = \boldsymbol{J}_s \tag{6-46}$$

4. 磁感应强度法向分量连续性

类似电位移矢量法向分量连续性，由图 6.13 可知，磁感应强度法向分量的连续性可以通过利用闭合曲面磁通连续性原理的麦克斯韦方程积分形式获得，有

$$\boldsymbol{a}_n \cdot (\boldsymbol{B}_1 - \boldsymbol{B}_2) lw + \frac{\partial}{\partial \tau}[\boldsymbol{a}_t \cdot (\boldsymbol{B}_1 + \boldsymbol{B}_2)] lw \frac{h}{2} + \frac{\partial}{\partial \tau_2}[\boldsymbol{a}_n \times \boldsymbol{a}_t \cdot (\boldsymbol{B}_1 + \boldsymbol{B}_2)] lw \frac{h}{2} = 0 \tag{6-47}$$

因磁感应强度切向分量位置偏导数有限，当 $l = w >> h \to 0$ 时，磁感应强度法向分量

满足

$$\boldsymbol{a}_{\mathrm{n}} \cdot (\boldsymbol{B}_1 - \boldsymbol{B}_2) = 0 \tag{6-48}$$

5. 电流密度法向分量连续性

交界面上电流密度法向分量的连续性类似电位移矢量法向分量连续性分析，利用闭合曲面电流连续性原理可以获得

$$\begin{aligned} &\boldsymbol{a}_{\mathrm{n}} \cdot (\boldsymbol{J}_1 - \boldsymbol{J}_2) lw + \frac{\partial}{\partial \tau}[\boldsymbol{a}_{\mathrm{t}} \cdot (\boldsymbol{J}_1 + \boldsymbol{J}_2)] lw \frac{h}{2} + \frac{\partial}{\partial \tau_2}[\boldsymbol{a}_{\mathrm{n}} \times \boldsymbol{a}_{\mathrm{t}} \cdot (\boldsymbol{J}_1 + \boldsymbol{J}_2)] lw \frac{h}{2} \\ &+ \frac{\partial}{\partial \tau}(\boldsymbol{a}_{\mathrm{t}} \cdot \boldsymbol{J}_{\mathrm{s}}) lw + \frac{\partial}{\partial \tau_2}(\boldsymbol{a}_{\mathrm{n}} \times \boldsymbol{a}_{\mathrm{t}} \cdot \boldsymbol{J}_{\mathrm{s}}) lw = -\frac{\partial \rho_{\mathrm{s}}}{\partial t} lw \end{aligned} \tag{6-49}$$

因交界面两侧电流密度切向分量对位置坐标的偏导数有限，当 $l = w >> h \to 0$ 时，电流密度法向分量在交界面上满足

$$a_{\mathrm{n}} \cdot (\boldsymbol{J}_1 - \boldsymbol{J}_2) = -\nabla_{\tau} \cdot \boldsymbol{J}_{\mathrm{s}} - \frac{\partial \rho_{\mathrm{s}}}{\partial t} \tag{6-50}$$

式中，交界面上面电流密度的二维散度在正交坐标系中表示为

$$\nabla_{\tau} \cdot \boldsymbol{J}_{\mathrm{s}} = \left(\boldsymbol{a}_{\mathrm{t}} \frac{\partial}{\partial \tau}\right) \cdot \boldsymbol{J}_{\mathrm{s}} + \left(\boldsymbol{a}_{\mathrm{n}} \times \boldsymbol{a}_{\mathrm{t}} \frac{\partial}{\partial \tau_2}\right) \cdot \boldsymbol{J}_{\mathrm{s}} \tag{6-51}$$

由上述分析可知，电场强度切向分量连续；磁感应强度法向分量连续；磁场强度切向分量连续性与交界面上传导电流面密度有关，磁场强度切向分量之差在数值上等于交界面上的传导电流面密度；电位移矢量法向分量的连续性与交界面上自由电荷的面密度有关，电位移矢量法向分量之差等于自由电荷的面密度；电流密度的法向分量连续性不仅与交界面上传导电流面密度的二维散度有关，而且与自由电荷的面密度时间变化率有关，电流密度法向分量之差等于自由电荷面密度时间增长率和传导电流面密度在交界面的二维散度之和的相反数。

对于两种理想介质的交界面衔接条件，由于交界面上没有传导电流面密度和自由电荷的面密度，电场强度切向分量连续、磁场强度切向分量连续、电位移矢量法向分量连续和磁感应强度法向分量连续，两种介质中都没有传导电流密度。

对于理想导体和理想介质的交界面，由于理想导体内部电场强度等于零，因此交界面处理想介质电场强度只有法向分量而没有切向分量，交界面处理想介质侧的电位移矢量等于交界面上自由电荷的面密度，即理想导体表面的自由电荷密度。对于时变场，理想导体内部没有磁场和电流密度，因此交界面处理想介质侧的磁场强度切向分量等于理想导体表面的面电流密度，磁感应强度的法向分量为零，而理想导体表面上面电流密度的二维散度等于自由电荷面密度的时间减少率。

6.4 时变电磁场的波动性

6.4.1 电磁场量的波动性

1. 电磁场量的场源

在讨论电磁场波动性之前，先分析电磁场量的场源，即矢量场的散度源和旋涡源。电位移矢量的散度源是自由电荷体密度，电场强度的散度源利用电介质本构关系得到

$$\nabla \cdot \boldsymbol{E} = \frac{\nabla \cdot (\boldsymbol{D} - \boldsymbol{P})}{\varepsilon_0} = \frac{\rho + \rho_{\mathrm{b}}}{\varepsilon_0} \tag{6-52}$$

电场强度的散度源包括自由电荷和束缚电荷体密度。

电场强度的旋度等于磁感应强度时间变化率的相反数，即电场强度的旋涡源是时变磁感应强度，或者时变磁场强度和磁化强度再乘以真空中的磁导率，即

$$\nabla\times\boldsymbol{E}=-\mu_0\frac{\partial\boldsymbol{H}}{\partial t}-\mu_0\frac{\partial\boldsymbol{M}}{\partial t}\tag{6-53}$$

电位移矢量的旋度可以表示为

$$\nabla\times\boldsymbol{D}=\nabla\times\boldsymbol{P}-\varepsilon_0\mu_0\frac{\partial\boldsymbol{H}}{\partial t}-\varepsilon_0\mu_0\frac{\partial\boldsymbol{M}}{\partial t}\tag{6-54}$$

电位移矢量的旋涡源是极化强度的旋度，时变磁感应强度乘以真空中的介电常数或者时变磁场强度与时变磁化强度之和的时间变化率再乘以真空中的介电常数和磁导率，即再除以自由空间中的光速二次方。

磁感应强度的散度为零，是无散场。但磁场强度的散度源为磁化强度的散度，即

$$\nabla\cdot\boldsymbol{H}=-\nabla\cdot\boldsymbol{M}=\rho_{\mathrm{m}}\tag{6-55}$$

磁化强度的散度的相反数也称为磁荷体密度，用来模拟电场中的电荷体密度。

磁场强度的旋度是电流密度，包括传导电流密度、运流电流密度和位移电流密度，它们是磁场强度的旋涡源。磁感应强度的旋度表示为

$$\nabla\times\boldsymbol{B}=\mu_0\boldsymbol{J}+\mu_0\nabla\times\boldsymbol{M}+\varepsilon_0\mu_0\frac{\partial\boldsymbol{E}}{\partial t}+\mu_0\frac{\partial\boldsymbol{P}}{\partial t}=\mu_0\left(\boldsymbol{J}+\boldsymbol{J}_{\mathrm{m}}+\varepsilon_0\frac{\partial\boldsymbol{E}}{\partial t}+\frac{\partial\boldsymbol{P}}{\partial t}\right)\tag{6-56}$$

磁感应强度的旋涡源包括传导电流密度、运流电流密度、磁化电流密度和位移电流密度再乘以真空中的磁导率，位移电流密度包括时变电场强度时间变化率与真空中介电常数乘积，以及时变极化强度时间变化率。

2. 电磁场量的波动性

麦克斯韦预见了时变电磁场是波。为了获得电磁场的波动性，对场量旋度再求旋度，即旋涡源的旋度，并利用矢量恒等式$\nabla\times\nabla\times\boldsymbol{A}=\nabla(\nabla\cdot\boldsymbol{A})-\nabla^2\boldsymbol{A}$即可得到。

对电场强度的旋度方程式（6-34a）计算旋度得

$$\nabla\times\nabla\times\boldsymbol{E}=-\frac{\partial\nabla\times\boldsymbol{B}}{\partial t}=\nabla(\nabla\cdot\boldsymbol{E})-\nabla^2\boldsymbol{E}\tag{6-57}$$

将电场强度的散度式（6-52）和磁场强度的旋度表达式（6-56）代入式（6-57）得到

$$\nabla^2\boldsymbol{E}-\varepsilon_0\mu_0\frac{\partial^2\boldsymbol{E}}{\partial t^2}=\mu_0\frac{\partial(\boldsymbol{J}+\boldsymbol{J}_{\mathrm{m}})}{\partial t}+\mu_0\frac{\partial^2\boldsymbol{P}}{\partial t^2}+\frac{\nabla(\rho+\rho_{\mathrm{b}})}{\varepsilon_0}\tag{6-58}$$

式（6-58）的左边是电场强度的波动方程形式，右边是电场强度的波动源，包括时变传导电流和时变磁化电流、极化强度引起的时变位移电流、自由电荷和束缚电荷体密度的梯度。通常场源与场量是相关联的，因此不能简单地由式（6-58）与标准波动方程相比较得到电场强度的波速。

类似地，对磁场强度的旋度方程式（6-34b）计算旋度得到

$$\nabla\times\nabla\times\boldsymbol{H}=\nabla\times\boldsymbol{J}+\frac{\partial\nabla\times\boldsymbol{D}}{\partial t}=\nabla(\nabla\cdot\boldsymbol{H})-\nabla^2\boldsymbol{H}\tag{6-59}$$

将磁场强度的散度式（6-55）和电位移矢量的旋度表达式（6-54）代入式（6-59）得到

$$\nabla^2\boldsymbol{H}-\varepsilon_0\mu_0\frac{\partial^2\boldsymbol{H}}{\partial t^2}=-\nabla\times\boldsymbol{J}-\frac{\partial\nabla\times\boldsymbol{P}}{\partial t}-\nabla(\nabla\cdot\boldsymbol{M})+\varepsilon_0\mu_0\frac{\partial^2\boldsymbol{M}}{\partial t^2}\tag{6-60}$$

式（6-60）的左边是磁场强度的波动方程形式，右边是磁场强度的波动源，包括传导电流密度的旋度、极化强度引起的位移电流密度的旋度、磁荷体密度的梯度和磁化强度的二阶时间偏导数引起的位移电流密度旋度。

尽管上述电场强度和磁场强度具有波动性，但波动方程的源复杂，求解困难，由于存在不同性质的介质，波动性的特点不明显，比如波速不一定是光速。下面分析简单介质中电磁场的波动性。

假设介质是线性、均匀且各向同性的，介质特性参数恒定，本构关系线性，用电场强度和磁场强度表示的麦克斯韦微分方程组分别为

$$\nabla\times\boldsymbol{E}=-\mu\frac{\partial\boldsymbol{H}}{\partial t} \tag{6-61a}$$

$$\nabla\times\boldsymbol{H}=\boldsymbol{J}+\varepsilon\frac{\partial\boldsymbol{E}}{\partial t} \tag{6-61b}$$

$$\nabla\cdot\boldsymbol{E}=\frac{\rho}{\varepsilon} \tag{6-61c}$$

$$\nabla\cdot\boldsymbol{H}=0 \tag{6-61d}$$

上述麦克斯韦方程组是在线性、均匀和各向同性介质限定条件下获得的，因此称为限定性麦克斯韦方程组的微分形式。

从麦克斯韦方程组中的两个旋度方程可以发现，如果旋涡磁场 $\boldsymbol{B}$ 增强，旋涡电场 $\boldsymbol{E}$ 也增强，但是符合左手螺旋关系，如图 6.14 所示。如果旋涡电场 $\boldsymbol{D}$ 增强，旋涡磁场 $\boldsymbol{H}$ 也增强，但是符合右手螺旋关系。两个旋涡场相互耦合且可形成两个正交平面波，传播方向可与场方向垂直。

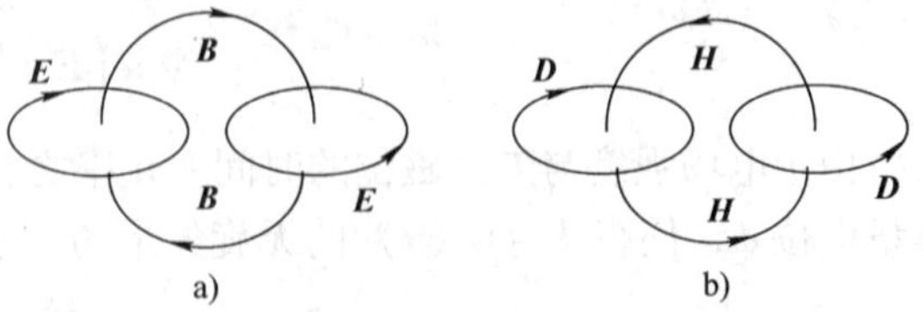

图 6.14　电场和磁场相互耦合关系

利用矢量恒等式对电场旋度方程再求一次旋度得到

$$\nabla\times\nabla\times\boldsymbol{E}=\nabla(\nabla\cdot\boldsymbol{E})-\nabla^2\boldsymbol{E}=-\mu\frac{\partial}{\partial t}\nabla\times\boldsymbol{H} \tag{6-62}$$

将磁场强度旋度和电场强度散度代入，整理后得到

$$\nabla^2\boldsymbol{E}-\mu\varepsilon\frac{\partial^2\boldsymbol{E}}{\partial t^2}=\nabla\left(\frac{\rho}{\varepsilon}\right)+\mu\frac{\partial\boldsymbol{J}}{\partial t} \tag{6-63}$$

在导电介质中，由欧姆定律的微分形式得到电流密度 $\boldsymbol{J}=\sigma\boldsymbol{E}$ 代入式（6-63）得到有损耗导电介质中的电场强度波动方程为

$$\nabla^2\boldsymbol{E}-\mu\varepsilon\frac{\partial^2\boldsymbol{E}}{\partial t^2}-\mu\sigma\frac{\partial\boldsymbol{E}}{\partial t}=\nabla\left(\frac{\rho}{\varepsilon}\right) \tag{6-64}$$

类似地，可以获得磁场强度的波动方程为

$$\nabla^2\boldsymbol{H}-\mu\varepsilon\frac{\partial^2\boldsymbol{H}}{\partial t^2}=-\nabla\times\boldsymbol{J} \tag{6-65}$$

同样地，在导电介质中，电流密度的旋度 $\nabla\times\boldsymbol{J}=\sigma\nabla\times\boldsymbol{E}$ 代入式（6-65），考虑到电场强度旋度与磁场强度关系式（6-61a），得到有耗导体中的磁场波动方程为

$$\nabla^2\boldsymbol{H}-\mu\varepsilon\frac{\partial^2\boldsymbol{H}}{\partial t^2}-\mu\sigma\frac{\partial\boldsymbol{H}}{\partial t}=\boldsymbol{0} \tag{6-66}$$

在有损耗的导电介质中，电磁波是衰减的；电磁波不能透入理想导体和相对磁导率为无穷大的磁性介质，分别称为电壁和磁壁。在无源空间电磁波满足二阶齐次偏微分方程，说明电磁波可以在自由空间或介质空间自由传播。

在无源自由空间中，电流密度和电荷密度都等于零，电导率为零，电场强度和磁场强度的波动方程简化为齐次亥姆霍兹方程得

$$\nabla^2 \boldsymbol{E} - \mu\varepsilon \frac{\partial^2 \boldsymbol{E}}{\partial t^2} = \boldsymbol{0} \tag{6-67a}$$

$$\nabla^2 \boldsymbol{H} - \mu\varepsilon \frac{\partial^2 \boldsymbol{H}}{\partial t^2} = \boldsymbol{0} \tag{6-67b}$$

6.4.2 动态位函数的波动性

1. 动态位函数的波动性

在静电场中，电场强度无旋引入了标量电位，在静磁场中磁感应强度无散引入了矢量磁位，它们都只是空间坐标的函数，称为静态位函数。在时变电磁场中，磁感应强度的散度为零，因此可以引入随时间变化的动态矢量磁位 $\boldsymbol{A}$，使得

$$\nabla \times \boldsymbol{A} = \boldsymbol{B} \tag{6-68}$$

于是，将式（6-68）代入式（6-5）得到电场强度的旋度方程变为

$$\nabla \times \left(\boldsymbol{E} + \frac{\partial \boldsymbol{A}}{\partial t} \right) = \boldsymbol{0} \tag{6-69}$$

由于电场强度与矢量磁位的时间变化率之和是无旋场，因此可以引入随时间变化的动态标量电位 ϕ，使得式（6-69）的无旋矢量场等于动态标量电位的负梯度，即

$$\boldsymbol{E} + \frac{\partial \boldsymbol{A}}{\partial t} = -\nabla\phi \tag{6-70}$$

考虑简单介质系统，磁场强度的旋度方程式（6-61b）可以用动态位函数表示为

$$\frac{1}{\mu}\nabla \times \nabla \times \boldsymbol{A} = \boldsymbol{J} + \varepsilon \frac{\partial}{\partial t}\left(-\nabla\phi - \frac{\partial \boldsymbol{A}}{\partial t} \right) \tag{6-71}$$

利用矢量恒等式$\nabla \times \nabla \times \boldsymbol{A} = \nabla(\nabla \cdot \boldsymbol{A}) - \nabla^2 \boldsymbol{A}$，代入式（6-71）得到

$$\nabla^2 \boldsymbol{A} - \mu\varepsilon \frac{\partial^2 \boldsymbol{A}}{\partial t^2} = \nabla\left(\nabla \cdot \boldsymbol{A} + \mu\varepsilon \frac{\partial}{\partial t}\phi \right) - \mu \boldsymbol{J} \tag{6-72}$$

由于确定矢量场必须要确定其旋度和散度，因此动态矢量磁位的散度必须确定，才能求解，为此对于时变电磁场引入洛仑兹规范简化动态矢量磁位方程得

$$\nabla \cdot \boldsymbol{A} + \mu\varepsilon \frac{\partial}{\partial t}\phi = 0 \tag{6-73}$$

式（6-73）表明，动态矢量磁位的散度等于动态标量电位的时间变化率与电磁波速度二次方之比。对于静态场，式（6-73）的洛仑兹规范转化为式（5-39）的库仑规范。

将式（6-73）代入式（6-72），动态矢量磁位满足的波动方程简化为

$$\nabla^2 \boldsymbol{A} - \mu\varepsilon \frac{\partial^2 \boldsymbol{A}}{\partial t^2} = -\mu \boldsymbol{J} \tag{6-74}$$

对动态标量电位满足的梯度关系方程式（6-70）两边计算散度，并考虑到电场强度散度方程式（6-61c）和洛仑兹规范式（6-73），得到动态标量电位满足的波动方程为

$$\nabla^2 \phi - \mu\varepsilon \frac{\partial^2 \phi}{\partial t^2} = -\frac{\rho}{\varepsilon} \tag{6-75}$$

2. 非齐次动态位函数波动方程的解

对于时变场，利用场源积分获得泊松方程的解。场源位于有限区域内，设有限区域电荷密度ρ随时间变化，在远处产生的电磁波可以从动态标量电位进行计算。先取一个小体元$\mathrm{d}V$，体元内的电荷看成是位于原点的点电荷，产生的动态标量电位除了原点以外满足球面对称的拉普拉斯方程，即

$$\frac{\partial}{r^2\partial r}\left(r^2\frac{\partial}{\partial r}\phi\right)-\mu\varepsilon\frac{\partial^2\phi}{\partial t^2}=0 \tag{6-76}$$

为了求得拉普拉斯方程的解，引入新的变量

$$\phi=\frac{\xi}{r},\ \frac{\partial\phi}{\partial r}=\frac{\partial\xi}{r\partial r}-\frac{\xi}{r^2} \tag{6-77}$$

于是，将式（6-77）代入式（6-76）得到新变量满足的波动方程为

$$\frac{\partial^2\xi}{\partial r^2}-\mu\varepsilon\frac{\partial^2\xi}{\partial t^2}=0 \tag{6-78}$$

该方程的解是任意具有二阶导数的关于（$t-r/v$）的函数f，其中$v=(\mu\varepsilon)^{-1/2}$是由介质特性确定的波速。在某一时刻$t$经过时间变化$\Delta t$与距离变化$\Delta r$的关系是$\Delta t=\Delta r/v$。

于是，方程的解在$t+\Delta t$时刻的空间位置$r+\Delta r$满足

$$\xi(r+\Delta r,t+\Delta t)=f(t+\Delta t-(r+\Delta r)/v)=f(t-r/v) \tag{6-79}$$

式（6-79）说明，位于球心的时变点电荷满足的电位方程的解是一种以速度v沿球面径向传播的球面波，同时说明场源时间变化对空间场点动态标量电位的影响要产生时间滞后现象，即存在距离与波速之比的时间差。

利用格林定理，位于空间任意位置体元电荷产生的动态标量电位为

$$\mathrm{d}\phi(\boldsymbol{r},t)=\frac{\rho(t-R/v)\mathrm{d}V}{4\pi\varepsilon R} \tag{6-80}$$

式中，场源矢径$\boldsymbol{s}$到场点矢径$\boldsymbol{r}$的距离$R=|\boldsymbol{r}-\boldsymbol{s}|$。

具有场源时间延迟特性的空间电荷积分后得到动态标量电位为

$$\phi(\boldsymbol{r},t)=\frac{1}{4\pi\varepsilon}\int_V\frac{\rho(t-R/v)\mathrm{d}V}{R} \tag{6-81}$$

同样地，对于矢量泊松方程式（6-74），可以利用直角坐标系分解成三个标量波动方程，每个标量波动方程类似动态标量电位波动方程的求解，由于场源位于有限区域，无限远处位函数为零，各分量的解满足零参考点条件和叠加原理，与动态标量电位不同的只是场源和介质特性参数，只要用电流密度代替电荷密度，磁导率代替介电常数的倒数，得到合成后的动态矢量磁位是具有场源时间延迟特性的电流密度的体积分形式，即

$$\boldsymbol{A}(\boldsymbol{r},t)=\frac{\mu}{4\pi}\int_V\frac{\boldsymbol{J}(t-R/v)\mathrm{d}V}{R} \tag{6-82}$$

一般地，有限空间中时变电磁场源产生的电磁场动态标量电位或动态矢量磁位满足的波动方程的解可以通过场源时间延迟特性的体积分获得。对于时谐电磁场，利用正弦稳态复数形式表示场源空间分布得

$$\rho(\boldsymbol{r},t)=\rho(\boldsymbol{r})\mathrm{e}^{\mathrm{j}\omega t},\ \boldsymbol{J}(\boldsymbol{r},t)=\boldsymbol{J}(\boldsymbol{r})\mathrm{e}^{\mathrm{j}\omega t} \tag{6-83}$$

然后，将式（6-83）分别代入式（6-81）和式（6-82）得到时谐场动态标量电位和矢量磁位函数复数形式的积分表达式，即

$$\phi(\boldsymbol{r},t) = \frac{1}{4\pi\varepsilon}\int_V \frac{\rho(\boldsymbol{s})\mathrm{e}^{\mathrm{j}\omega(t-|\boldsymbol{r}-\boldsymbol{s}|/v)}\mathrm{d}V}{|\boldsymbol{r}-\boldsymbol{s}|} \tag{6-84a}$$

$$\boldsymbol{A}(\boldsymbol{r},t) = \frac{\mu}{4\pi}\int_V \frac{\boldsymbol{J}(\boldsymbol{s})\mathrm{e}^{\mathrm{j}\omega(t-|\boldsymbol{r}-\boldsymbol{s}|/v)}\mathrm{d}V}{|\boldsymbol{r}-\boldsymbol{s}|} \tag{6-84b}$$

应该指出的是，场源的空间坐标要改为源点矢径 $\boldsymbol{s}$，复指数采用时间延迟特性。有关时谐场的复数形式将在 6.6 节介绍。

6.5 时变电磁场的能量

电磁场是物质，能量是物质的基本属性，电磁场具有能量。时变电磁场中，电场能量密度与磁场能量密度的定义仍与静态场能量密度相一致。

根据洛仑兹力，电荷在电磁场中运动受到的电磁力为

$$\boldsymbol{F} = q(\boldsymbol{E}+\boldsymbol{v}\times\boldsymbol{B}) \tag{6-85}$$

于是，单位时间内电磁力对电荷所做的功为电磁力与运动速度的标量积，即电磁力在单位时间内做功形成的功率，有

$$P = \boldsymbol{F}\cdot\boldsymbol{v} = q(\boldsymbol{E}+\boldsymbol{v}\times\boldsymbol{B})\cdot\boldsymbol{v} = q\boldsymbol{E}\cdot\boldsymbol{v} \tag{6-86}$$

其中磁场力与运动速度矢量垂直，因此磁场力不做功，其输送的功率为零。

单位体积运动电荷量 ρ 与速度矢量 $\boldsymbol{v}$ 的乘积等于传导电流密度矢量 $\boldsymbol{J}$，因此单位时间内单位体积导体电磁力做功为导体中单位体积的焦耳损耗功率，即

$$\frac{\mathrm{d}P}{\mathrm{d}V} = \boldsymbol{E}\cdot\rho\boldsymbol{v} = \boldsymbol{E}\cdot\boldsymbol{J} \tag{6-87}$$

根据麦克斯韦方程中全电流定律式（6-34b）可知，传导电流密度可以用磁场强度的旋度与位移电流密度之差表示，即

$$\boldsymbol{E}\cdot\boldsymbol{J} = \boldsymbol{E}\cdot\left(\nabla\times\boldsymbol{H}-\frac{\partial\boldsymbol{D}}{\partial t}\right) = \boldsymbol{E}\cdot\nabla\times\boldsymbol{H}-\boldsymbol{E}\cdot\frac{\partial\boldsymbol{D}}{\partial t} \tag{6-88}$$

利用矢量恒等式

$$\boldsymbol{E}\cdot\nabla\times\boldsymbol{H} = \boldsymbol{H}\cdot\nabla\times\boldsymbol{E}-\nabla\cdot(\boldsymbol{E}\times\boldsymbol{H}) \tag{6-89}$$

将式（6-89）代入式（6-88）得到

$$\boldsymbol{E}\cdot\boldsymbol{J} = \boldsymbol{H}\cdot\nabla\times\boldsymbol{E}-\nabla\cdot(\boldsymbol{E}\times\boldsymbol{H})-\boldsymbol{E}\cdot\frac{\partial\boldsymbol{D}}{\partial t} \tag{6-90}$$

据麦克斯韦方程中的电磁感应定律，电场强度的旋度等于磁感应强度时间减少率，于是，将式（6-34a）代入式（6-90）有

$$\boldsymbol{E}\cdot\boldsymbol{J} = -\boldsymbol{H}\cdot\frac{\partial\boldsymbol{B}}{\partial t}-\nabla\cdot(\boldsymbol{E}\times\boldsymbol{H})-\boldsymbol{E}\cdot\frac{\partial\boldsymbol{D}}{\partial t} \tag{6-91}$$

1. 坡印亭矢量

定义坡印亭矢量为电场强度矢量 $\boldsymbol{E}$ 与磁场强度矢量 $\boldsymbol{H}$ 的叉乘，用符号 $\boldsymbol{S}$ 表示，坡印亭矢量的单位为瓦特/米^2(W/m^2)，即

$$\boldsymbol{S} = \boldsymbol{E}\times\boldsymbol{H} \tag{6-92}$$

坡印亭矢量的物理意义是沿电磁波传播方向单位面积上的功率流，坡印亭矢量同时与电场强度和磁场强度构成的平面正交。

2. 坡印亭定理

坡印亭矢量代表功率流，那么根据能量守恒原理，空间任意区域中坡印亭矢量的通量与区域内的能量变化率有关，或者利用高斯定理空间任意点的坡印亭矢量的散度与该点能量密度的时间变化率或功率密度有关。为此先计算坡印亭矢量的散度为

$$\nabla \cdot \boldsymbol{S} = \boldsymbol{H} \cdot \nabla \times \boldsymbol{E} - \boldsymbol{E} \cdot \nabla \times \boldsymbol{H} \tag{6-93}$$

将麦克斯韦旋度方程式（6-34a）和式（6-34b）代入式（6-93）得到

$$-\nabla \cdot \boldsymbol{S} = \boldsymbol{H} \cdot \frac{\partial \boldsymbol{B}}{\partial t} + \boldsymbol{E} \cdot \frac{\partial \boldsymbol{D}}{\partial t} + \boldsymbol{E} \cdot \boldsymbol{J} \tag{6-94}$$

式（6-94）与式（6-91）完全一致。时变电磁场中引入磁场和电场的能量体密度，即

$$w_m = \frac{1}{2}\boldsymbol{H} \cdot \boldsymbol{B} \tag{6-95a}$$

$$w_e = \frac{1}{2}\boldsymbol{E} \cdot \boldsymbol{D} \tag{6-95b}$$

对能量体密度计算时间偏导数，有

$$\frac{\partial w_m}{\partial t} = \frac{1}{2}\left(\boldsymbol{H} \cdot \frac{\partial \boldsymbol{B}}{\partial t} + \boldsymbol{B} \cdot \frac{\partial \boldsymbol{H}}{\partial t}\right) \tag{6-96a}$$

$$\frac{\partial w_e}{\partial t} = \frac{1}{2}\left(\boldsymbol{E} \cdot \frac{\partial \boldsymbol{D}}{\partial t} + \boldsymbol{D} \cdot \frac{\partial \boldsymbol{E}}{\partial t}\right) \tag{6-96b}$$

将能量体密度的时间变化率，即式（6-96）代入式（6-94）得到

$$-\nabla \cdot \boldsymbol{S} = \frac{\partial w_m}{\partial t} + \frac{\partial w_e}{\partial t} + p_m + p_e + p_c \tag{6-97}$$

式中，单位体积内的磁介质磁滞损耗 p_m、电介质电滞损耗 p_e 和导体焦耳损耗 p_c 分别为

$$p_m = \frac{1}{2}\left(\boldsymbol{H} \cdot \frac{\partial \boldsymbol{B}}{\partial t} - \boldsymbol{B} \cdot \frac{\partial \boldsymbol{H}}{\partial t}\right) \tag{6-98a}$$

$$p_e = \frac{1}{2}\left(\boldsymbol{E} \cdot \frac{\partial \boldsymbol{D}}{\partial t} - \boldsymbol{D} \cdot \frac{\partial \boldsymbol{E}}{\partial t}\right) \tag{6-98b}$$

$$p_c = \boldsymbol{E} \cdot \boldsymbol{J} \tag{6-98c}$$

式（6-97）表明，流入单位体积的电磁功率等于内部单位体积存储的磁场能量与电场能量之和的时间增加率，以及单位体积内磁介质磁滞损耗、电介质电滞损耗和导电介质的焦耳损耗功率之和，称为坡印亭定理的微分形式。

例 6.5 空间区域内磁场变化规律 $\boldsymbol{H} = \boldsymbol{a}_z H_m \cos\omega t$，$\boldsymbol{B} = \boldsymbol{a}_z \boldsymbol{B}_m \cos(\omega t - \varphi_{hys})$，计算磁滞损耗功率体密度。

解答 磁介质的磁滞特性是磁感应强度时间相位滞后于磁场强度时间相位的现象，其正弦稳态磁滞损耗可以采用如下三种方法计算：

1）$p_m = \dfrac{1}{2}\left(\boldsymbol{H} \cdot \dfrac{\partial \boldsymbol{B}}{\partial t} - \dfrac{\partial \boldsymbol{H}}{\partial t} \cdot \boldsymbol{B}\right) = \dfrac{1}{2} H_m B_m \omega \sin\varphi_{hys}$。

2）$p_m = \dfrac{1}{T}\displaystyle\int_0^T \boldsymbol{H} \cdot \dfrac{\partial \boldsymbol{B}}{\partial t} \mathrm{d}t = \dfrac{1}{2} H_m B_m \omega \sin\varphi_{hys}$。

3）$p_m = -\dfrac{1}{T}\displaystyle\int_0^T \boldsymbol{B} \cdot \dfrac{\partial \boldsymbol{H}}{\partial t} \mathrm{d}t = \dfrac{1}{2} H_m B_m \omega \sin\varphi_{hys}$。

这里的负号是由于磁滞回线方向与积分回路方向相反。

对于简单介质，场量之间满足介质特性线性，不存在磁介质的磁滞损耗和电介质的电滞

损耗。于是，得到简单介质中坡印亭定理的微分形式为

$$-\nabla\cdot\boldsymbol{S}=\frac{\partial w_{\mathrm{m}}}{\partial t}+\frac{\partial w_{\mathrm{e}}}{\partial t}+\boldsymbol{E}\cdot\boldsymbol{J} \tag{6-99}$$

式（6-99）表明，流入简单介质中单位体积的电磁功率等于该单位体积内电磁储能时间增加率和单位体积内导体的焦耳损耗功率之和，即单位体积内微观功率平衡关系。

利用散度定理得到简单介质中坡印亭定理的积分形式为

$$-\oint_S\boldsymbol{S}\cdot\boldsymbol{a}_{\mathrm{n}}\mathrm{d}S=\frac{\mathrm{d}}{\mathrm{d}t}\int_\Omega(w_{\mathrm{e}}+w_{\mathrm{m}})\mathrm{d}V+\int_V\boldsymbol{J}\cdot\boldsymbol{E}\mathrm{d}V \tag{6-100}$$

式（6-100）表明，在简单介质中，流入任意闭合曲面的电磁功率等于该闭合曲面内电磁能量存储的时间增加率和导体焦耳损耗功率之和，即封闭区域内宏观功率平衡关系。

由此说明电磁场能量是通过空间介质传播而非通过导体内部传播。特别是理想导体，电导率无穷大，导体内部电场和磁场都等于零，导体内不存在损耗和电磁场能量。但导体在电能传输中起引导作用，如电力系统。如果没有导体中的电流定向传输，电磁能量将发散传播，如电视台电磁发射。

例 6.6　半径为 a 的圆导体，电流为 I，电导率为 σ，利用坡印亭定理计算单位长度导体的焦耳损耗功率。

解答　对于恒定电流，磁场和电场恒定，在圆柱坐标系中，电流沿圆柱轴线流动，导体内部电场强度和表面磁场强度分别为 $\boldsymbol{E}=\boldsymbol{a}_z I/(\pi a^2\sigma)$，$\boldsymbol{H}=\boldsymbol{a}_\varphi I/(2\pi r)$，坡印亭矢量 $\boldsymbol{S}=\boldsymbol{E}\times\boldsymbol{H}=-\boldsymbol{a}_r I^2/(2\pi^2\sigma a^2 r)$。

根据坡印亭定理，电场和磁场能量体密度不随时间变化，流入单位长度圆柱导体的坡印亭矢量能流等于导体内部的焦耳损耗功率，即

$$P_{\mathrm{loss}}=-\oint_A\boldsymbol{S}\cdot\mathrm{d}\boldsymbol{S}=\boldsymbol{a}_r I^2/(2\pi^2a^3\sigma)\cdot\boldsymbol{a}_r 2\pi a=I^2/(\pi a^2\sigma)=I^2R_1$$

式中，沿电流流向两个截面上的坡印亭矢量与面法矢量垂直，点积为零。上式结果等于单位长度导体电阻损耗。

3. 能量与功率密度

电场能量体密度，单位为焦耳/米^3（$\mathrm{J/m^3}$），线性介质中，电场强度与电位移矢量成正比，电场能量体密度可以表示为

$$w_{\mathrm{e}}=\frac{1}{2}\boldsymbol{E}\cdot\boldsymbol{D}=\frac{\varepsilon}{2}E^2=\frac{1}{2\varepsilon}D^2 \tag{6-101}$$

对时间微分为电场功率体密度，即

$$\frac{\mathrm{d}w_{\mathrm{e}}}{\mathrm{d}t}=\varepsilon E\frac{\mathrm{d}E}{\mathrm{d}t}=\varepsilon^{-1}D\frac{\mathrm{d}D}{\mathrm{d}t} \tag{6-102}$$

磁场能量体密度，单位为焦耳/米^3（$\mathrm{J/m^3}$），线性介质中磁场强度与磁感应强度成正比，磁场能量密度可以表示为

$$w_{\mathrm{m}}=\frac{1}{2}\boldsymbol{H}\cdot\boldsymbol{B}=\frac{1}{2}\mu H^2=\frac{1}{2\mu}B^2 \tag{6-103}$$

对时间微分为磁场功率体密度，即

$$\frac{\mathrm{d}w_{\mathrm{m}}}{\mathrm{d}t}=\mu H\frac{\mathrm{d}H}{\mathrm{d}t}=\mu^{-1}B\frac{\mathrm{d}B}{\mathrm{d}t} \tag{6-104}$$

导电介质的损耗功率体密度，单位为瓦特/米^3（$\mathrm{W/m^3}$），简单介质中导体损耗功率密度

表示为

$$p_c = \boldsymbol{J} \cdot \boldsymbol{E} = \sigma E^2 = \sigma^{-1} J^2 \tag{6-105}$$

例 6.7 利用坡印亭矢量计算电压为 U、电荷量为 Q 的电容器内部电场储能。

解答 以圆柱形平板电容器为例，设半径为 a，极板间距为 h，根据对称性，忽略边缘效应，在圆柱坐标系中，设电场强度沿 z 轴方向且均匀，那么位移电流引起的圆盘边界圆柱面上的磁场强度为

$$\boldsymbol{H} = \boldsymbol{a}_\varphi \frac{a\varepsilon}{2} \frac{\partial E_z}{\partial t}$$

坡印亭矢量为

$$\boldsymbol{S} = \boldsymbol{E} \times \boldsymbol{H} = -\boldsymbol{a}_r \frac{a\varepsilon}{2} E_z \frac{\partial E_z}{\partial t}$$

假设没有介质损耗，磁场储能忽略不计，那么圆柱形平板电容器的电场储能为

$$W_e = \int_{-\infty}^{t} P\mathrm{d}t = \int_{-\infty}^{t} -\oint_S \boldsymbol{S} \cdot \mathrm{d}\boldsymbol{S}\mathrm{d}t = \int_{-\infty}^{t} \pi a^2 h \varepsilon E_z \frac{\partial E_z}{\partial t}\mathrm{d}t = \pi a^2 h\left(\frac{1}{2}\varepsilon E_z^2\right) = \frac{1}{2}QU$$

其中，电容器的电容 $C = \pi a^2 \varepsilon / h$，电场强度 $E_z = U/h$，注意计算过程中必须考虑到电容器充电动态过程，即功率积分过程，而不是最终稳定状态功率计算，因为最终稳定状态电场强度恒定，磁场强度为零，坡印亭矢量为零矢量。

6.6 时谐电磁场

1. 时谐场

时谐电磁场是电磁场量随时间按照单一频率正弦规律变化。即使随时间不是正弦变化，但只要具有固定时间周期，也可以通过时域傅里叶（Fourier）分解成一系列幅值、相位和频率不同的正弦波之和。

2. 平均坡印亭矢量

时间正弦规律变化的时谐场中，电场强度和磁场强度都是同一频率时间变化的，因此表示单位面积功率流的坡印亭矢量也是周期性变化，但变化的频率是电场和磁场的两倍，其中存在平均值，定义平均坡印亭矢量为一个电磁场周期内的平均值，周期为电场或磁场的变化周期，则

$$\boldsymbol{S}_{av} = \frac{1}{T}\int_{t}^{T+t} \boldsymbol{S}\mathrm{d}t \tag{6-106}$$

3. 电磁场复矢量和复坡印亭矢量

在介绍复矢量前，先回顾时间正弦函数的复数形式和相量形式。对于给定角频率 ω、幅值 F_m 和初相位 φ_0 的周期性时间正弦函数，即

$$f(t) = F_m \cos(\omega t + \varphi_0) \tag{6-107}$$

如果在函数名称上方加小黑圆点表示其复数形式，那么定义固定频率和初相位的正弦函数表达式（6-107）的复数形式为

$$\dot{f}(t) = f(t) + \frac{\mathrm{d}f(t)}{\mathrm{j}\omega\mathrm{d}t} \tag{6-108}$$

通常对于正弦函数 $g(t) = G_m \sin(\omega t + \varphi_0)$，先要将正弦形式转换成余弦形式，即相位延

迟 1/4 周期 $g(t)=G_m\cos(\omega t+\varphi_0-\pi/2)$，然后利用上述关系写出复数形式，这一点必须统一，否则变换关系将不是唯一的。然而，式（6-108）适用于固定频率的正弦和余弦周期时间函数。复数形式仍然是时间显式函数，可以简化为复指数函数形式。设纯虚数用 j 表示，复数的模等于正弦函数的幅值，复角等于时间相位角，即式（6-107）的瞬时值形式与复数实部相关联，有

$$\dot{f}(t)=F_m e^{j(\omega t+\varphi_0)} \tag{6-109}$$

当角频率确定时，复数形式与原时间瞬时值函数的关系是

$$f(t)=\frac{1}{2}[\dot{f}(t)+\dot{f}^*(t)]=\text{Re}\{\dot{f}(t)\} \tag{6-110}$$

式中，上标星号“*”表示复数的共轭。

因为角频率确定的条件下，复数形式相当于一个恒定的复数与单位复旋转因子 $e^{j\omega t}$ 的乘积，其中恒定的复数称为相量，用大写字母上方加小圆点表示，即

$$\dot{F}=\dot{f}(t)e^{-j\omega t}=F_m e^{j\varphi_0} \tag{6-111}$$

于是，时间瞬时值、复数形式和相量三者的关系为

$$f(t)=\text{Re}\{\dot{f}(t)\}=\text{Re}\{\dot{F}e^{j\omega t}\} \tag{6-112}$$

在复平面上，瞬时值形式 $f(t)$ 是沿实轴随时间变化的实数量，复数形式 $\dot{f}(t)$ 是随时间逆时针旋转的复数量，而相量形式 $\dot{F}$ 是相对静止的复数，或者看成是以角频率 ω 旋转的复平面上观测复数形式 $\dot{f}(t)$ 的结果。

由此可见，对于随时间按照正弦规律变化的非时变系数线性方程，可以等价为复数形式的线性方程，各项系数不变，进而可以消除旋转因子得到相量形式的线性方程。

例 6.8 简单的 *RLC* 串联电路，电路参数恒定，正弦电源电压为 $e(t)$，线路电流为 $i(t)$，电容器电压为 $u(t)$。电路稳态时电流按照正弦规律变化，电容器上电压也是正弦规律变化，分别写出瞬时值、复数和相量形式的串联电路电压方程，以及电容器上的电压和电流关系。

解答 瞬时值形式的串联电路电压方程为

$$e(t)=Ri(t)+L\frac{di(t)}{dt}+\frac{1}{C}\int_{-\infty}^{t}i(t)dt \tag{6-113}$$

电容器上的电压和电流关系为

$$i(t)=C\frac{du(t)}{dt} \tag{6-114}$$

复数形式的方程分别为

$$\dot{e}(t)=R\dot{i}(t)+L\frac{d\dot{i}(t)}{dt}+\frac{1}{C}\int_{-\infty}^{t}\dot{i}(t)dt \tag{6-115a}$$

$$\dot{i}(t)=C\frac{d\dot{u}(t)}{dt} \tag{6-115b}$$

由复数定义得到用复数形式表示的电压方程为

$$\dot{e}(t)=\left(R+j\omega L+\frac{1}{j\omega C}\right)\dot{i}(t) \tag{6-116}$$

相量形式的电路电压方程为

$$\dot{E}=\left(R+\mathrm{j}\omega L+\frac{1}{\mathrm{j}\omega C}\right)\dot{I} \tag{6-117}$$

电容器上的电压和电流的相量关系为

$$\dot{I}=\mathrm{j}\omega C\dot{U} \tag{6-118}$$

尽管复数形式的一个方程包含实部和虚部两个方程，但这两个方程是等价的，因为一个方程的时间微分可以得到另一个方程。这里的关键是微分方程必须是线性的，系数与时间无关，但方程中可以有时间微分、时间积分，或与时间无关的线性算子。对于时间微分算子可转换成复数$(\mathrm{j}\omega)^n$，而时间积分算子转换成复数$(\mathrm{j}\omega)^{-n}$，其中 n 为时间微分阶数或时间积分重数。如上述电感电压中的电流微分和电容电压中的电流积分。

值得注意的是，电路中相量的模常用时间瞬时值的有效值，这里统一采用幅值，两者相差常系数$\sqrt{2}$。

下面分析时谐电磁场复矢量表示。电磁场量既是时间函数又是空间函数，而且是矢量，而直角坐标系中每个分量相当于标量，因此复矢量是将每个分量的时间周期变化部分用相量表示而分量的空间方向不变。

对于单一频率正弦变化的时谐场，即电磁场量中每个非零分量都随时间按照正弦规律变化，这样场矢量可以用复矢量表示。为了有别于实际瞬时值场矢量，通常在实际场矢量上方加小黑圆点表示相应的复矢量，但在不引起混淆的前提下，为了书写方便省略了小黑圆点，复矢量中不再出现时间的显式函数。

理论上，时间正弦函数与余弦函数都可以作为复矢量的原始时间函数，只不过时间正弦函数是利用复数的虚部，而时间余弦函数利用复数的实部。这里统一采用时间余弦函数和取复数实部的方法获得瞬时值。

复矢量中各分量的模等于瞬时值场矢量相应分量的幅值（这里不采用取有效值的方法），复矢量中各分量的复角等于瞬时值场矢量相应时间正弦量中的初始相位，即时间正弦量在 $t=0$ 时刻的相位，它可以是常数，也可以是空间函数。

设时谐场中的电场强度具有如下形式：

$$\boldsymbol{E}(\boldsymbol{r},t)=\boldsymbol{a}_{\mathrm{x}}E_{\mathrm{xm}}(\boldsymbol{r})\cos(\omega t+\varphi_{\mathrm{x}})+\boldsymbol{a}_{\mathrm{y}}E_{\mathrm{ym}}(\boldsymbol{r})\cos(\omega t+\varphi_{\mathrm{y}})+\boldsymbol{a}_{\mathrm{z}}E_{\mathrm{zm}}(\boldsymbol{r})\cos(\omega t+\varphi_{\mathrm{z}}) \tag{6-119}$$

式中，各分量的幅值$(E_{\mathrm{mx}},E_{\mathrm{my}},E_{\mathrm{mz}})$和初相位$(\varphi_{\mathrm{x}},\varphi_{\mathrm{y}},\varphi_{\mathrm{z}})$与时间 t 无关。

类似地，由式（6-108）和式（6-111）得到电场强度的复矢量定义为

$$\dot{\boldsymbol{E}}(\boldsymbol{r})=\left[\boldsymbol{E}(\boldsymbol{r},t)+\frac{\partial\boldsymbol{E}(\boldsymbol{r},t)}{\mathrm{j}\omega\partial t}\right]\mathrm{e}^{-\mathrm{j}\omega t} \tag{6-120}$$

即，将式（6-119）代入式（6-120）得到

$$\dot{\boldsymbol{E}}(\boldsymbol{r})=\boldsymbol{a}_{\mathrm{x}}E_{\mathrm{xm}}\mathrm{e}^{\mathrm{j}\varphi_{\mathrm{x}}}+\boldsymbol{a}_{\mathrm{y}}E_{\mathrm{ym}}\mathrm{e}^{\mathrm{j}\varphi_{\mathrm{y}}}+\boldsymbol{a}_{\mathrm{z}}E_{\mathrm{zm}}\mathrm{e}^{\mathrm{j}\varphi_{\mathrm{z}}} \tag{6-121}$$

电场强度复矢量变换为瞬时值形式得

$$\boldsymbol{E}(\boldsymbol{r},t)=\frac{1}{2}\left[\dot{\boldsymbol{E}}(\boldsymbol{r})\mathrm{e}^{\mathrm{j}\omega t}+\dot{\boldsymbol{E}}^{*}(\boldsymbol{r})\mathrm{e}^{-\mathrm{j}\omega t}\right]=\mathrm{Re}\left\{\dot{\boldsymbol{E}}(\boldsymbol{r})\mathrm{e}^{\mathrm{j}\omega t}\right\} \tag{6-122}$$

尽管电场强度复矢量隐含了时间信息，保留了各分量幅值和初相位信息，但每个分量已经没有实际矢量的物理意义，只是简化了形式，更利于时谐场的数学分析。

下面给出一些常用时谐场的瞬时值与复矢量形式，读者可以直接利用式（6-120）来计

算与验证。

均匀时谐电场的瞬时值形式为

$$\boldsymbol{E}=\boldsymbol{a}_x E_m \cos\omega t \tag{6-123a}$$

均匀时谐电场的复矢量形式为

$$\dot{\boldsymbol{E}}=\boldsymbol{a}_x E_m \tag{6-123b}$$

空间幅值按正弦规律变化的时谐电场的瞬时值形式为

$$\boldsymbol{E}=\boldsymbol{a}_x E_m \cos kz \cos(\omega t+\pi/3) \tag{6-124a}$$

空间幅值按正弦规律变化的时谐电场的复矢量形式为

$$\dot{\boldsymbol{E}}=\boldsymbol{a}_x E_m \cos kz \mathrm{e}^{\mathrm{j}\pi/3} \tag{6-124b}$$

空间指数衰减的时谐电场的瞬时值形式为

$$\boldsymbol{E}=\boldsymbol{a}_x E_m \mathrm{e}^{-\alpha z}\cos(\omega t-\pi/6) \tag{6-125a}$$

空间指数衰减的时谐电场的复矢量形式为

$$\dot{\boldsymbol{E}}=\boldsymbol{a}_x E_m \mathrm{e}^{-\alpha z}\mathrm{e}^{-\mathrm{j}\pi/6} \tag{6-125b}$$

空间传播的时谐电磁场的瞬时值表达式分别为

$$\boldsymbol{E}=\boldsymbol{a}_x E_m \cos(\omega t-kz) \tag{6-126a}$$

$$\boldsymbol{H}=\boldsymbol{a}_y H_m \cos(\omega t-kz) \tag{6-126b}$$

空间传播的时谐电磁场的复矢量形式分别为

$$\dot{\boldsymbol{E}}=\boldsymbol{a}_x E_m \mathrm{e}^{-\mathrm{j}kz} \tag{6-127a}$$

$$\dot{\boldsymbol{H}}=\boldsymbol{a}_y H_m \mathrm{e}^{-\mathrm{j}kz} \tag{6-127b}$$

由式（6-122）得到瞬时值矢量对时间导数的复矢量与瞬时值场复矢量的关系为

$$\frac{\partial \boldsymbol{E}(\boldsymbol{r},t)}{\partial t}=\frac{1}{2}[\mathrm{j}\omega\dot{\boldsymbol{E}}(\boldsymbol{r})\mathrm{e}^{\mathrm{j}\omega t}-\mathrm{j}\omega\dot{\boldsymbol{E}}^{*}(\boldsymbol{r})\mathrm{e}^{-\mathrm{j}\omega t}]=\mathrm{Re}\{\mathrm{j}\omega\dot{\boldsymbol{E}}(\boldsymbol{r})\mathrm{e}^{\mathrm{j}\omega t}\} \tag{6-128}$$

由式（6-128）可以发现，电场强度瞬时值时间导数的复矢量等于其瞬时值复矢量乘以纯虚数和角频率 $\mathrm{j}\omega$。

类似地，电场强度对时间积分的复矢量等于其瞬时值复矢量除以 $\mathrm{j}\omega$，因为

$$\int \boldsymbol{E}(\boldsymbol{r},t)\,\mathrm{d}t=\frac{1}{2\mathrm{j}\omega}[\dot{\boldsymbol{E}}(\boldsymbol{r})\mathrm{e}^{\mathrm{j}\omega t}-\dot{\boldsymbol{E}}^{*}(\boldsymbol{r})\mathrm{e}^{-\mathrm{j}\omega t}]=\mathrm{Re}\{(\mathrm{j}\omega)^{-1}\dot{\boldsymbol{E}}(\boldsymbol{r})\mathrm{e}^{\mathrm{j}\omega t}\} \tag{6-129}$$

复矢量可以有模矢量与复角形式，或者实部与虚部矢量形式，空间传播时谐电场强度和磁场强度复矢量式（6-127a）和式（6-127b）分别改写为

$$\dot{\boldsymbol{E}}=\boldsymbol{a}_x E_m \mathrm{e}^{-\mathrm{j}kz}=\boldsymbol{E}_r+\mathrm{j}\,\boldsymbol{E}_i \tag{6-130a}$$

$$\dot{\boldsymbol{H}}=\boldsymbol{a}_y H_m \mathrm{e}^{-\mathrm{j}kz}=\boldsymbol{H}_r+\mathrm{j}\,\boldsymbol{H}_i \tag{6-130b}$$

复矢量中尽管没有将时间信息显式地表示出来，但角频率是确定的，瞬时值等于复矢量与时间频率复旋转因子 $\mathrm{e}^{\mathrm{j}\omega t}$ 的乘积取实部。式（6-130a）和式（6-130b）代入式（6-122）后分别得到

$$\boldsymbol{E}=\mathrm{Re}\{\dot{\boldsymbol{E}}\mathrm{e}^{\mathrm{j}\omega t}\}=\mathrm{Re}\{(\boldsymbol{E}_r+\mathrm{j}\,\boldsymbol{E}_i)\mathrm{e}^{\mathrm{j}\omega t}\} \tag{6-131a}$$

$$\boldsymbol{H}=\mathrm{Re}\{\dot{\boldsymbol{H}}\mathrm{e}^{\mathrm{j}\omega t}\}=\mathrm{Re}\{(\boldsymbol{H}_r+\mathrm{j}\,\boldsymbol{H}_i)\mathrm{e}^{\mathrm{j}\omega t}\} \tag{6-131b}$$

坡印亭矢量的瞬时值形式可以用复矢量的实部和虚部矢量表示为

$$\boldsymbol{S} = \boldsymbol{E} \times \boldsymbol{H} = (\boldsymbol{E}_r \cos\omega t - \boldsymbol{E}_i \sin\omega t) \times (\boldsymbol{H}_r \cos\omega t - \boldsymbol{H}_i \sin\omega t) \tag{6-132}$$
$$= (\boldsymbol{E}_r \times \boldsymbol{H}_r)\cos^2\omega t + (\boldsymbol{E}_i \times \boldsymbol{H}_i)\sin^2\omega t - (\boldsymbol{E}_r \times \boldsymbol{H}_i + \boldsymbol{E}_i \times \boldsymbol{H}_r)\cos\omega t \sin\omega t$$

复坡印亭矢量定义为电场强度复矢量与磁场强度复矢量共轭的叉积，即

$$\dot{\boldsymbol{S}} = \dot{\boldsymbol{E}} \times \dot{\boldsymbol{H}}^* \tag{6-133}$$

式中，磁场强度右上角的星号“ * ”表示共轭复数形式。

平均坡印亭矢量为

$$\boldsymbol{S}_{av} = \frac{1}{2}(\boldsymbol{E}_r \times \boldsymbol{H}_r) + \frac{1}{2}(\boldsymbol{E}_i \times \boldsymbol{H}_i) = \frac{1}{2}\mathrm{Re}\{\dot{\boldsymbol{E}} \times \dot{\boldsymbol{H}}^*\} \tag{6-134}$$

最后等式为电场强度复矢量与磁场强度共轭复矢量叉积取实部。

平均坡印亭矢量等于复坡印亭矢量取实部的 1/2，这里 1/2 是由于电场强度和磁场强度都采用幅值表示模，而不是有效值。如果都采用有效值作为模，那么 1/2 可以省略。

4. 复矢量形式的麦克斯韦方程组

两个复数函数相等，它们的实部和虚部分别相等。复数取实部 Re 与取虚部 Im 算符与梯度∇、散度$\nabla\bullet$、旋度$\nabla\times$、拉普拉斯∇^2或Δ、求和$\sum$、积分$\int$、偏微分算子和微分算子等线性算子可以交换位置。对于时谐场，用复矢量表示场矢量，因为对时间求偏微分相当于复矢量前乘以 jω，所以由式（6-120）得到复矢量形式的麦克斯韦旋度方程为

$$\nabla \times \dot{\boldsymbol{E}}(\boldsymbol{r}) = \nabla \times \left[\boldsymbol{E}(\boldsymbol{r},t) + \frac{\partial \boldsymbol{E}(\boldsymbol{r},t)}{\mathrm{j}\omega\partial t}\right]\mathrm{e}^{-\mathrm{j}\omega t} = -\mathrm{e}^{-\mathrm{j}\omega t}\frac{\partial}{\partial t}\left[\boldsymbol{B}(\boldsymbol{r},t) + \frac{\partial \boldsymbol{B}(\boldsymbol{r},t)}{\mathrm{j}\omega\partial t}\right]$$
$$= -\mathrm{e}^{-\mathrm{j}\omega t}\frac{\partial}{\partial t}[\dot{\boldsymbol{B}}(\boldsymbol{r})\mathrm{e}^{\mathrm{j}\omega t}] = -\mathrm{j}\omega\dot{\boldsymbol{B}}(\boldsymbol{r})$$

电场强度复矢量的旋度等于磁感应强度复矢量乘以 $-\mathrm{j}\omega$，即

$$\nabla \times \dot{\boldsymbol{E}} = -\mathrm{j}\omega\dot{\boldsymbol{B}} \tag{6-135a}$$

类似地，可以得到其他方程的复矢量形式为

$$\nabla \times \dot{\boldsymbol{H}} = \dot{\boldsymbol{J}} + \mathrm{j}\omega\dot{\boldsymbol{D}} \tag{6-135b}$$

$$\nabla \cdot \dot{\boldsymbol{B}} = 0 \tag{6-135c}$$

$$\nabla \cdot \dot{\boldsymbol{D}} = \dot{\rho} \tag{6-135d}$$

简单导电介质中，无自由电荷源的波动方程简化为

$$\nabla^2\dot{\boldsymbol{E}} + \omega^2\mu\varepsilon\dot{\boldsymbol{E}} - \mathrm{j}\omega\mu\sigma\dot{\boldsymbol{E}} = \boldsymbol{0} \tag{6-136a}$$

$$\nabla^2\dot{\boldsymbol{H}} + \omega^2\mu\varepsilon\dot{\boldsymbol{H}} - \mathrm{j}\omega\mu\sigma\dot{\boldsymbol{H}} = \boldsymbol{0} \tag{6-136b}$$

例 6.9 已知自由空间中的均匀平面电磁波 $\boldsymbol{E} = \boldsymbol{a}_x E_m \cos(\omega t - kz)$，计算坡印亭矢量和平均坡印亭矢量。

解答一 利用瞬时值形式求解。电场强度必须满足波动方程，于是得到关系

$$k^2 = \mu\varepsilon\omega^2$$

磁场强度计算公式为

$$-\mu\frac{\partial \boldsymbol{H}}{\partial t} = \nabla \times \boldsymbol{E} = \boldsymbol{a}_y E_m k \sin(\omega t - kz)$$

积分后得到磁场强度为

$$\boldsymbol{H} = \boldsymbol{a}_y E_m Y \cos(\omega t - kz)$$

式中，导纳 $Y = k/(\mu\omega) = \sqrt{\varepsilon/\mu}$为实数。

设自由空间电磁波的波阻抗为 $Z = (\mu/\varepsilon)^{1/2}$，则导纳 $Y = 1/Z$，波速为 $v = (\mu\varepsilon)^{-1/2}$，那么电场强度幅值等于波阻抗与磁场强度幅值的乘积，两者矢量关系满足

$$\boldsymbol{H} = \boldsymbol{a}_z \times \boldsymbol{E}Y = \boldsymbol{a}_y E_m Y\cos(\omega t - kz)$$

坡印亭矢量为

$$\boldsymbol{S} = \boldsymbol{E} \times \boldsymbol{H} = \boldsymbol{a}_z E_m^2 Y \cos^2(\omega t - kz)$$

平均坡印亭矢量为

$$\boldsymbol{S}_{av} = T^{-1}\int_t^{T+t} \boldsymbol{a}_z E_m^2 Y \cos^2(\omega t - kz)\,dt = \boldsymbol{a}_z \frac{1}{2}E_m^2 Y$$

解答二 利用复矢量求解。电场强度复矢量为

$$\dot{\boldsymbol{E}} = \boldsymbol{a}_x E_m e^{-jkz}$$

磁场强度复矢量为

$$-j\omega\mu\dot{\boldsymbol{H}} = \nabla \times \dot{\boldsymbol{E}} = -\boldsymbol{a}_y jE_m k e^{-jkz}$$

$$\dot{\boldsymbol{H}} = \boldsymbol{a}_y E_m Y e^{-jkz}$$

复坡印亭矢量为

$$\dot{\boldsymbol{S}} = \dot{\boldsymbol{E}} \times \dot{\boldsymbol{H}}^* = \boldsymbol{a}_z E_m^2 Y$$

平均坡印亭矢量为

$$\boldsymbol{S}_{av} = \frac{1}{2}\mathrm{Re}\,\{\dot{\boldsymbol{E}} \times \dot{\boldsymbol{H}}^*\} = \boldsymbol{a}_z \frac{1}{2}E_m^2 Y$$

采用时间瞬时值或者采用复矢量的计算结果相同，但采用复矢量计算更加简洁。

5. 平均能量密度

利用式（6-130a）电场强度的复数形式得到电场能量体密度为

$$\begin{aligned} w_e &= \frac{1}{2}\varepsilon\,|\mathrm{Re}\,\{\dot{\boldsymbol{E}}e^{j\omega t}\}|^2 \\ &= \frac{1}{2}\varepsilon(\boldsymbol{E}_r\cos\omega t - \boldsymbol{E}_i\sin\omega t)\cdot(\boldsymbol{E}_r\cos\omega t - \boldsymbol{E}_i\sin\omega t) \\ &= \frac{1}{2}\varepsilon(E_r^2\cos^2\omega t + E_i^2\sin^2\omega t - \boldsymbol{E}_r\cdot\boldsymbol{E}_i\sin2\omega t) \end{aligned}$$

平均电场能量体密度为

$$w_{eav} = \frac{1}{4}\varepsilon(E_r^2 + E_i^2) = \frac{1}{4}\varepsilon E_m^2 = \frac{1}{4}\mathrm{Re}\{\dot{\boldsymbol{E}}\cdot\dot{\boldsymbol{D}}^*\} \tag{6-137a}$$

式中，$E_m^2 = E_{xm}^2 + E_{ym}^2 + E_{zm}^2$为各电场强度分量幅值二次方之和。

类似地，复功率等于电压相量与电流相量共轭乘积的一半，定义复电场能量密度为

$$\dot{w}_e = \frac{1}{2}\dot{\boldsymbol{E}}\cdot\dot{\boldsymbol{D}}^* \tag{6-137b}$$

利用式（6-130b）磁场强度的复数形式得到磁场能量体密度为

$$\begin{aligned} w_m &= \frac{1}{2}\mu\,|\mathrm{Re}\,\{\dot{\boldsymbol{H}}e^{j\omega t}\}|^2 \\ &= \frac{1}{2}\mu(\boldsymbol{H}_r\cos\omega t - \boldsymbol{H}_i\sin\omega t)\cdot(\boldsymbol{H}_r\cos\omega t - \boldsymbol{H}_i\sin\omega t) \\ &= \frac{1}{2}\mu(H_r^2\cos^2\omega t + H_i^2\sin^2\omega t - \boldsymbol{H}_r\cdot\boldsymbol{H}_i\sin2\omega t) \end{aligned}$$

平均磁场能量体密度为

$$w_{\mathrm{mav}}=\frac{1}{4}\mu(H_{\mathrm{r}}^{2}+H_{\mathrm{i}}^{2})=\frac{1}{4}\mu H_{\mathrm{m}}^{2}=\frac{1}{4}\mathrm{Re}\ \{\dot{\boldsymbol{H}}\cdot\dot{\boldsymbol{B}}^{*}\}\tag{6-138a}$$

式中，$H_{\mathrm{m}}^{2}=H_{\mathrm{xm}}^{2}+H_{\mathrm{ym}}^{2}+H_{\mathrm{zm}}^{2}$为各磁场强度分量幅值二次方之和。

相应地，定义复磁场能量密度为

$$\dot{w}_{\mathrm{m}}=\frac{1}{2}\dot{\boldsymbol{H}}\cdot\dot{\boldsymbol{B}}^{*}\tag{6-138b}$$

平均电磁能量体密度为

$$w_{\mathrm{emav}}=w_{\mathrm{eav}}+w_{\mathrm{mav}}=\frac{1}{4}\varepsilon E_{\mathrm{m}}^{2}+\frac{1}{4}\mu H_{\mathrm{m}}^{2}\tag{6-139}$$

6. 复坡印亭定理

利用矢量恒等式$\nabla\cdot(\dot{\boldsymbol{E}}\times\dot{\boldsymbol{H}}^{*})=\dot{\boldsymbol{H}}^{*}\cdot\nabla\times\dot{\boldsymbol{E}}-\dot{\boldsymbol{E}}\cdot\nabla\times\dot{\boldsymbol{H}}^{*}$，并考虑到复麦克斯韦旋度方程式（6-135a）、式（6-135b），以及复电磁能量密度定义式（6-137b）和式（6-138b），可以得到复坡印亭矢量式（6-134）的散度，即简单介质复坡印亭定理的微分形式为

$$-\nabla\cdot\dot{\boldsymbol{S}}=\mathrm{j}2\omega(\dot{w}_{\mathrm{m}}^{*}-\dot{w}_{\mathrm{e}})+\dot{\boldsymbol{E}}\cdot\dot{\boldsymbol{J}}^{*}\tag{6-140}$$

类似地，利用高斯散度定理对式（6-140）两边体积分得到复坡印亭定理的积分形式为

$$-\oint_{S}(\dot{\boldsymbol{E}}\times\dot{\boldsymbol{H}}^{*})\cdot\mathrm{d}\boldsymbol{S}=\mathrm{j}2\omega\int_{V}(\dot{w}_{\mathrm{m}}^{*}-\dot{w}_{\mathrm{e}})\mathrm{d}V+\int_{V}\dot{\boldsymbol{E}}\cdot\dot{\boldsymbol{J}}^{*}\mathrm{d}V\tag{6-141}$$

复坡印亭定理表示输入闭合曲面的复电磁功率等于闭合曲面内的损耗功率（有功功率）和电磁能量振荡功率（无功功率）之和，其中损耗功率包括导体焦耳热损耗、磁滞损耗和电滞损耗。对于简单介质，不存在磁滞和电滞损耗，积分形式的坡印亭定理中等式右边第一项为无功功率，第二项为有功功率。

例 6.10 已知相对磁导率为 1 的介质中电场强度瞬时值 $\boldsymbol{E}=\boldsymbol{a}_{\mathrm{x}}E_{\mathrm{xm}}\mathrm{e}^{-\alpha z}\cos(\omega t-\beta z)$，求平均坡印亭矢量，相对介电常数为 2.0 时的平均电磁场能量密度。

解答一 用瞬时值计算。磁场强度瞬时值与电场强度的关系为

$$\nabla\times\boldsymbol{E}=\boldsymbol{a}_{\mathrm{y}}E_{\mathrm{xm}}\mathrm{e}^{-\alpha z}[-\alpha\cos(\omega t-\beta z)+\beta\sin(\omega t-\beta z)]=-\mu_{0}\frac{\partial\boldsymbol{H}}{\partial t}$$

积分后得到磁场强度瞬时值表达式为

$$\boldsymbol{H}=\boldsymbol{a}_{\mathrm{y}}(\omega\mu_{0})^{-1}E_{\mathrm{xm}}\mathrm{e}^{-\alpha z}[\alpha\sin(\omega t-\beta z)+\beta\cos(\omega t-\beta z)]$$

坡印亭矢量为

$$\boldsymbol{S}=\boldsymbol{E}\times\boldsymbol{H}=\boldsymbol{a}_{\mathrm{z}}(\omega\mu_{0})^{-1}E_{\mathrm{xm}}^{2}\mathrm{e}^{-2\alpha z}[\alpha\sin(\omega t-\beta z)\cos(\omega t-\beta z)+\beta\cos^{2}(\omega t-\beta z)]$$

平均坡印亭矢量为

$$\boldsymbol{S}_{\mathrm{av}}=\boldsymbol{a}_{\mathrm{z}}(2\omega\mu_{0})^{-1}\beta E_{\mathrm{xm}}^{2}\mathrm{e}^{-2\alpha z}$$

平均电场能量密度为

$$w_{\mathrm{eav}}=\frac{1}{4}\varepsilon E_{\mathrm{m}}^{2}=\frac{1}{2}\varepsilon_{0}E_{\mathrm{xm}}^{2}\mathrm{e}^{-2\alpha z}$$

平均磁场能量密度为

$$w_{\mathrm{mav}}=\frac{1}{4}\mu_{0}H_{\mathrm{m}}^{2}=\frac{1}{4}(\mu_{0}\omega^{2})^{-1}(\alpha^{2}+\beta^{2})E_{\mathrm{xm}}^{2}\mathrm{e}^{-2\alpha z}$$

平均电磁能量密度为

$$w_{\text{emav}} = w_{\text{eav}} + w_{\text{mav}} = \frac{1}{4}[2\varepsilon_0 + (\mu_0\omega^2)^{-1}(\alpha^2+\beta^2)]E_{\text{xm}}^2 e^{-2\alpha z}$$

解答二 用复矢量计算。

电场强度复矢量为

$$\dot{\boldsymbol{E}} = \boldsymbol{a}_{\text{x}} E_{\text{xm}} e^{-(\alpha + j\beta)z}$$

磁场强度复矢量为

$$\dot{\boldsymbol{H}} = j(\omega\mu_0)^{-1}\nabla \times \dot{\boldsymbol{E}} = \boldsymbol{a}_{\text{y}}(\omega\mu_0)^{-1}E_{\text{xm}}e^{-(\alpha+j\beta)z}(\beta - j\alpha)$$

复坡印亭矢量为

$$\dot{\boldsymbol{S}} = \dot{\boldsymbol{E}} \times \dot{\boldsymbol{H}}^* = \boldsymbol{a}_{\text{z}}(\omega\mu_0)^{-1}E_{\text{xm}}^2 e^{-2\alpha z}(\beta + j\alpha)$$

平均坡印亭矢量为

$$\boldsymbol{S}_{\text{av}} = \frac{1}{2}\text{Re}\{\dot{\boldsymbol{S}}_{\text{av}}\} = \boldsymbol{a}_{\text{z}}(2\omega\mu_0)^{-1}\beta E_{\text{xm}}^2 e^{-2\alpha z}$$

平均电场能量密度为

$$w_{\text{eav}} = \frac{1}{4}\varepsilon\,|\dot{\boldsymbol{E}}|^2 = \frac{1}{2}\varepsilon_0 E_{\text{xm}}^2 e^{-2\alpha z}$$

平均磁场能量密度为

$$w_{\text{mav}} = \frac{1}{4}\mu_0\,|\dot{\boldsymbol{H}}|^2 = \frac{1}{4}(\mu_0\omega^2)^{-1}(\alpha^2+\beta^2)E_{\text{xm}}^2 e^{-2\alpha z}$$

平均电磁能量密度为

$$w_{\text{emav}} = w_{\text{eav}} + w_{\text{mav}} = \frac{1}{4}[2\varepsilon_0 + (\mu_0\omega^2)^{-1}(\alpha^2+\beta^2)]E_{\text{xm}}^2 e^{-2\alpha z}$$

若 $\alpha>0$ 且 $z>0$，计算结果表明电场强度和磁场强度是以指数 $e^{-\alpha z}$ 衰减的，而坡印亭矢量和能量体密度则是以指数 $e^{-2\alpha z}$ 衰减的，说明功率和能量的衰减比电场和磁场要快。

7. 电磁联合复矢量

电磁场分析中，可以采用不同的形式表示电磁场方程。采用统一量纲形式的复矢量是最常用的，因为电场强度与磁场强度的量纲相差阻抗单位，而磁化强度与极化强度的量纲相差光速单位，所以可以引入自由空间中的本征阻抗和光速得到电磁联合复矢量为

$$\boldsymbol{F} = \boldsymbol{E} + jZ_0\boldsymbol{H} \tag{6-142a}$$

$$\boldsymbol{G} = \boldsymbol{P} + jc^{-1}\boldsymbol{M} \tag{6-142b}$$

式中，省略了复矢量上的小黑圆点，自由空间电磁波的本征阻抗 $Z_0 = \sqrt{\mu_0/\varepsilon_0}$，以及电磁波传播的光速 $c = \sqrt{1/\mu_0\varepsilon_0}$。

于是，电磁场量可以用引入的联合复矢量表示，即

$$\boldsymbol{E} = (\boldsymbol{F} + \boldsymbol{F}^*)/2 \tag{6-143a}$$

$$\boldsymbol{H} = (\boldsymbol{F} - \boldsymbol{F}^*)/(2jZ_0) \tag{6-143b}$$

$$\boldsymbol{P} = (\boldsymbol{G} + \boldsymbol{G}^*)/2 \tag{6-143c}$$

$$\boldsymbol{M} = (\boldsymbol{G} - \boldsymbol{G}^*)/(2jc^{-1}) \tag{6-143d}$$

用 $\boldsymbol{F}$ 和 $\boldsymbol{G}$ 重新书写复数形式的麦克斯韦方程组、波动方程和坡印亭矢量，留给读者自己完成。

6.7 准静态电磁场

6.7.1 准静态电磁场的概念

时变电磁场耦合求解是比较困难的，有些时变场中因时变电场产生的时变磁场很弱，或者时变磁场产生的时变电场很弱，这时可以忽略这种相互激发的较弱的电场或磁场，而认为电场是无旋的，磁场的旋度取决于传导电流而忽略位移电流。

准静态电磁场从电磁能量的角度分析是指电磁场量随时间变化，但引起的耦合场能量可以忽略不计。准静态场通常从电磁波的角度来定义，即电磁波的波长远远大于所研究电磁系统的几何尺寸。如频率较低的时谐电磁场，或者随时间缓慢变化的电磁场。准静态场分为准静态电场和准静态磁场两种。准静态电场和准静态磁场可以独立存在，也可以同时存在，取决于时变电磁场的场源（分布电荷和电流密度）随时间变化的频率和空间区域尺度乘积相对于光速的大小。当系统空间的几何尺度与频率乘积远远小于光速时，可以忽略场源时变引起的空间场量响应的时间延迟。如50Hz电力变压器最大尺寸为10m，几何尺度与频率乘积为500m/s，相对于光速可以忽略不计，因此电力变压器运行特性采用准静态场分析计算。但是，对于长度约为10mm的毫米波波导，工作频率为10GHz，几何尺度与频率乘积为10^8m/s，与光速可比，因此毫米波波导内部电磁场不满足准静态场条件。

从能量的角度分析准静态场可以发现，准静态电场是电场随时间变化而因时变电场引起的磁场能量可忽略不计，不考虑电磁感应引起的旋涡电场，因此，准静态电场的旋度等于零。准静态磁场是磁场随时间变化而因时变磁场引起的电场能量可忽略不计，不考虑位移电流引起的旋涡磁场，因此，准静态磁场的旋度取决于传导电流。

准静态电场忽略了电磁感应引起的旋涡电场，$\nabla \times \boldsymbol{E} = \boldsymbol{0}$，因此可以引入标量电位且其负梯度等于电场强度；准静态磁场忽略了位移电流引起的旋涡磁场，$\nabla \times \boldsymbol{H} = \boldsymbol{J}$，因此可以引入矢量磁位且其散度等于零，旋度等于磁感应强度。准静态场中的电流密度散度等于零，即$\nabla \cdot \boldsymbol{J} = 0$。因此，麦克斯韦方程组中的场量旋度方程中对时间偏导数部分忽略不计，电流连续性方程中的电荷密度时间偏导数项也忽略不计。

需要特别指出的是，准静态场可以同时具有准静态电场和准静态磁场，如工频平行输电线中的电磁场。

6.7.2 准静态电场

准静态电场的典型模型是平板电容器，在低频正弦电压下电容器内部的电磁场动态过程可以认为只有电场。

例 6.11 工频50Hz输电线路上有正弦电压 $u = 310\sin 100\pi t$ V，施加在半径为1m的平面圆形极板组成的平板电容器上，两极板的间距为1mm，理想介质的特性参数分别为 $\varepsilon_r = 4$，$\mu_r = 1$。如图6.15所示，忽略边缘效应，计算两极板间的电场强度和磁场强度。

解答 考虑极板面积为S、间距为d的平行板电容器在工频50Hz正弦电压条件下极板间的电磁场。电容器施加220V交流电压形成交变电场，时变电场可以激发磁场，因磁场很弱，不再考虑时变磁场进一步激发电场。电容器圆柱轴线为z轴，由负极指向正极，如图6.15所示。

电场强度根据电压计算是均匀的，因此是无旋的，则

$$\boldsymbol{E} = -\boldsymbol{a}_z \frac{u}{d} = -\boldsymbol{a}_z \frac{U_m}{d}\sin 2\pi ft$$

式中，负号表示左极板为正极，右极板为负极，频率 $f = 50\text{Hz}$。

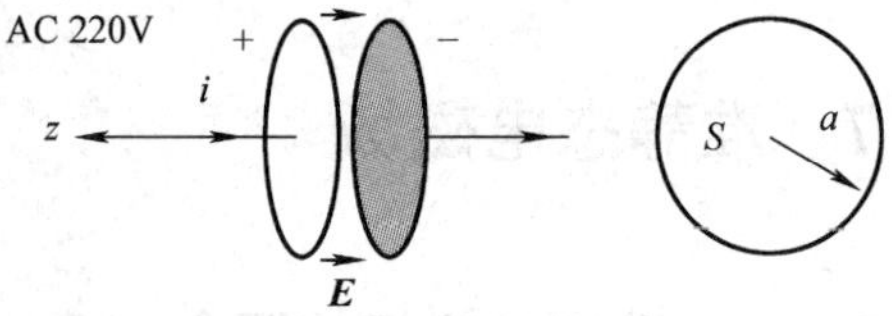

图 6.15　例 6.11 图

电容器极板间的位移电流密度为

$$\boldsymbol{J}_d = \varepsilon \frac{\partial \boldsymbol{E}}{\partial t} = -\boldsymbol{a}_z \frac{2\pi f\varepsilon U_m}{d}\cos 2\pi ft$$

电容器极板间没有传导电流，利用全电流定律和几何对称性，磁场强度回路积分等于位移电流密度的面积分，极板间磁场强度是不均匀分布的，但大小只与坐标 r 有关，有

$$\boldsymbol{H} = \frac{1}{2}\boldsymbol{J}_d \times \boldsymbol{a}_r r = -\boldsymbol{a}_\varphi \frac{\pi f\varepsilon_0\varepsilon_r U_m r}{d}\cos 100\pi t$$

忽略边缘效应时，平板电容器极板间的电场和磁场能量分别为

$$W_e = \frac{1}{2}\varepsilon \boldsymbol{E}\cdot\boldsymbol{E}\pi a^2 d = \frac{\pi a^2 \varepsilon U_m^2}{2d}\sin^2 2\pi ft$$

$$W_m = \frac{1}{2}\mu\int_0^a \boldsymbol{H}\cdot\boldsymbol{H}2\pi r\mathrm{d}r = \frac{\pi\mu\,(\pi a^2 f\varepsilon U_m)^2}{4d}\cos^2 100\pi t$$

最大磁场能量与电场能量之比为

$$\frac{W_{m\,max}}{W_{e\,max}} = \frac{\pi\mu\,(\pi a^2 f\varepsilon U_m)^2}{4d}\frac{2d}{\pi a^2\varepsilon U_m^2} = \frac{1}{2}\mu\varepsilon\,(\pi af)^2 = 5.483\times 10^{-13} \tag{6-144}$$

由此可见，平板电容器内部的磁场能量与电场能量相比几乎可以忽略不计，电容器存储的能量就是电场能量。另外，几何尺度 $a >> d$，式（6-144）表明几何尺度与频率乘积 af 远小于介质中电磁波的速度 $(\mu\varepsilon)^{-1/2}$。

进一步分析电容器左边极板两侧的磁场强度，导线中的传导电流为

$$i = C\frac{\mathrm{d}u}{\mathrm{d}t} = \frac{2\pi^2 f\varepsilon_0\varepsilon_r a^2 U_m}{d}\cos 100\pi t$$

极板上的面电流密度利用电流连续性得到

$$\boldsymbol{J}_s = \boldsymbol{a}_r \frac{i - J_d\pi r^2}{2\pi r} = \boldsymbol{a}_r \frac{\pi f\varepsilon_0\varepsilon_r (a^2 - r^2) U_m}{rd}\cos 100\pi t$$

因极板上面电流密度对称不产生磁场，左极板左侧导线周围的磁场强度为

$$\boldsymbol{H}_o = -\boldsymbol{a}_\varphi \frac{i}{2\pi r} = -\boldsymbol{a}_\varphi \frac{\pi f\varepsilon_0\varepsilon_r a^2 U_m}{rd}\cos 100\pi t$$

左极板右侧介质中没有传导电流，不难验证两侧磁场强度之差在数值上等于极板上的面电流密度，符合磁场强度切向分量连续性的交界面衔接条件，即 $\boldsymbol{a}_z \times (\boldsymbol{H}_o - \boldsymbol{H}) = \boldsymbol{J}_s$。

6.7.3　准静态磁场

根据对偶性，准静态磁场的理想模型是长直螺线管，螺线管在低频正弦电流下内部产生均匀时变磁场，从而激发旋涡电场，但旋涡电场很弱，可以不考虑旋涡电场进一步激发磁场。事实上，螺线管是电感，电感存储磁场能量。

例6.12 考虑环形螺线管内交变电流产生的电磁场，设螺线管圆环平均直径为D，螺线管直径为d，内部磁介质相对磁导率为μ_r，紧密绕制N匝线圈，电流为$i(t)=I_m\sin 100\pi t$，计算螺线管内的磁场和电场能量。

解答 由式（5-164）得到环形螺线管的电感为

$$L=\frac{N^2\mu_0\mu_r d^2}{2D[1+\sqrt{1-(d/D)^2}]}$$

螺线管内部的磁场强度为

$$\boldsymbol{H}=\boldsymbol{a}_\varphi\frac{Ni}{2\pi r},\ (D-d)/2<r<(D+d)/2$$

磁场能量等于自感能量，这里假设$d\ll D$，按照螺线管轴线平均磁场近似计算磁场能量得

$$W_m=\frac{\mu_0\mu_r}{2}H_{av}^2\frac{\pi D\pi d^2}{4}=\frac{\mu_0\mu_r N^2d^2i^2}{8D}$$

螺线管内部没有传导电流，电场强度近似按照长直螺线管电磁感应定律计算得

$$E=\frac{\mu_0\mu_r r}{2}\frac{dH_{av}}{dt}=\frac{\mu_0\mu_r rN}{2\pi D}\frac{di}{dt}$$

式中，r为距离螺线管内轴线的半径，电场强度方向围绕螺线管环形轴线。

设$\omega=100\pi$，位移电流密度大小近似为

$$J_d=\varepsilon_0\frac{\partial E}{\partial t}=\frac{\varepsilon_0\mu_0\mu_r rN\omega^2}{2\pi D}i$$

螺线管内电场能量为

$$W_e=\int_0^{d/2}\frac{\varepsilon_0}{2}\left(\frac{\mu_0\mu_r rN}{2\pi D}\frac{di}{dt}\right)^2\pi D2\pi r dr=\frac{\omega^2\varepsilon_0(\mu_0\mu_r Nd^2)^2}{256D}I_m^2\cos^2(\omega t)$$

最大电场能量与磁场能量之比为

$$\frac{W_{e\,max}}{W_{m\,max}}=\frac{\varepsilon_0\mu_0\mu_r\omega^2d^2}{32}\tag{6-145}$$

设螺线管直径d为10cm，磁介质的相对磁导率为10000，频率为50Hz的交流电流，得到最大能量比值约为3.43×10^{-12}。由于频率与螺线管尺寸乘积等于$df=5\text{m/s}$，远小于电磁波在磁介质中的传播速度$(\varepsilon_0\mu_0\mu_r)^{-1/2}=3\times10^6\text{m/s}$，磁路中电流产生的磁场是主要的，位移电流可以忽略不计，因此电场能量可以忽略不计。

对于50Hz平行输电线产生的电磁场，也可以按照准静态场计算。下面考虑圆形输电导线内部的时变电磁场。

例6.13 如图6.16所示，两相距1m的平行输电线，传输正弦电流$i(t)=100\sin 100\pi t$ A，导线半径为2mm，介质特性分别为$\varepsilon_r=1$，$\mu_r=1$，$\sigma=5.8\times10^7\text{S/m}$。计算导体内的磁场强度和电场强度，以及导体内部单位长度最大电场能量与最大磁场能量之比。

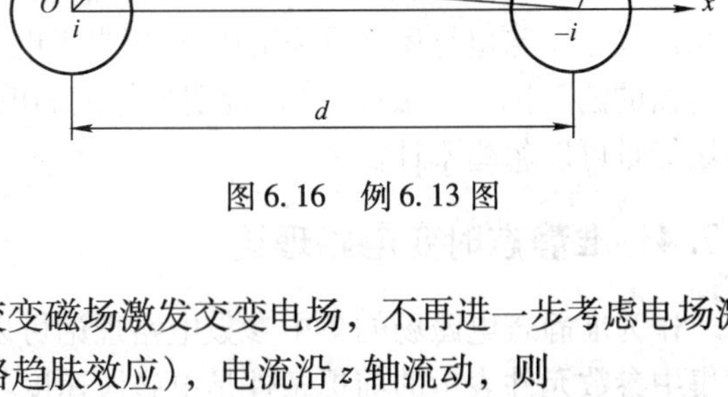

图6.16 例6.13图

解答 导体内交变电流产生交变磁场，交变磁场激发交变电场，不再进一步考虑电场激发磁场，并假设导体内部电流均匀分布（忽略趋肤效应），电流沿z轴流动，则

$$\boldsymbol{J}=\boldsymbol{a}_z\frac{i}{\pi a^2}=\boldsymbol{a}_z\frac{I_m}{\pi a^2}\sin 2\pi ft$$

磁场强度根据电流密度和叠加原理计算，得导体内部磁场强度为

$$\boldsymbol{H}=\frac{1}{2}\boldsymbol{J}\times\left(\boldsymbol{a}_r r-\frac{a^2}{r_n}\boldsymbol{a}_n\right)=\left[\frac{\boldsymbol{a}_y x-\boldsymbol{a}_x y}{a^2}-\frac{\boldsymbol{a}_y(x-d)-\boldsymbol{a}_x y}{(x-d)^2+y^2}\right]\frac{I_m}{2\pi}\sin 2\pi ft$$

导体内的电场强度根据电流密度计算得

$$\boldsymbol{E}=\frac{\boldsymbol{J}}{\sigma}=\boldsymbol{a}_z\frac{I_m}{\pi a^2\sigma}\sin 2\pi ft$$

位移电流密度根据电位移矢量或电场强度计算得

$$\boldsymbol{J}_d=\varepsilon\frac{\partial\boldsymbol{E}}{\partial t}=\frac{\varepsilon\partial\boldsymbol{J}}{\sigma\partial t}=\boldsymbol{a}_z\frac{2\varepsilon fI_m}{a^2\sigma}\cos 2\pi ft$$

最大的位移电流密度与传导电流密度之比为

$$\frac{J_{d\max}}{J_{\max}}=\frac{2\pi f\varepsilon}{\sigma}=4.793\times10^{-17} \tag{6-146}$$

式（6-146）表明，导体内部电流密度主要是传导电流密度，位移电流密度可以忽略不计。导体内部电场能量，根据对称性只计算一根导体单位长度能量，有

$$W_e=\frac{1}{2}\varepsilon\boldsymbol{E}\cdot\boldsymbol{E}\pi a^2=\frac{\varepsilon}{2\pi a^2}\left(\frac{I_m}{\sigma}\right)^2\sin^2 2\pi ft$$

导体内部磁场能量，根据对称性只计算一根导体单位长度能量，利用圆柱坐标计算得

$$\begin{aligned}W_m&=\frac{1}{2}\mu\int_0^{2\pi}\int_0^a\boldsymbol{H}\cdot\boldsymbol{H}r\mathrm{d}r\mathrm{d}\varphi\\&=\int_0^{2\pi}\int_0^a\left(\frac{r^2}{a^2}-1+\frac{a^2+d^2-r^2}{r^2-2rd\cos\varphi+d^2}\right)\frac{r\mathrm{d}r\mathrm{d}\varphi}{8\pi^2a^2}\mu I_m^2\sin^2 2\pi ft\end{aligned}$$

因为

$$\int_0^{2\pi}\frac{\mathrm{d}\varphi}{r^2-2rd\cos\varphi+d^2}=\frac{4}{d^2-r^2}\arctan\left(\frac{d+r}{d-r}\tan\varphi\right)\bigg|_{\varphi=0}^{\pi/2}=\frac{2\pi}{d^2-r^2}$$

积分后得到

$$W_m=\left(\frac{1}{2}+\ln\frac{d^2}{d^2-a^2}\right)\frac{\mu I_m^2}{8\pi}\sin^2 2\pi ft$$

由于两导线之间距离远大于导线直径，因此磁场能量中的对数项可以忽略不计。

导体内部最大的电场能量与磁场能量之比为

$$\frac{W_{e\max}}{W_{m\max}}=\frac{\varepsilon I_m^2}{2\pi a^2\sigma^2}\frac{16\pi}{\mu I_m^2}=\frac{8\varepsilon}{a^2\sigma^2\mu}=1.577\times10^{-17} \tag{6-147}$$

由式（6-147）可见，导体内部电场能量相对于磁场能量可以忽略不计。另外，导体内部几何尺寸 a 与电导率 σ 乘积的倒数相当于电阻 R，而磁导率与介电常数之比开根号为电磁波传播的波阻抗 $Z=(\mu/\varepsilon)^{1/2}$，说明导体内的电阻比电磁波波阻抗小得多，电场能量相对于磁场能量可以忽略不计。

6.7.4 准静态时变电路理论

作为准静态电磁场的集中参数电路理论可以由电磁场基本方程获得。时变场中电路可以用集中参数元件表示的前提条件是电磁波速度与频率之比远远大于电路几何尺寸，即电磁波

的波长远大于电路几何尺寸，电路中的电流连续，时变场用准静态场分析。

为了分析时变电路，先利用麦克斯韦方程组推导电路基本定律，再建立简单电路的微分方程，并在一定条件下获得电路解析解，最后利用坡印亭定理证明多端口电路输入功率的计算公式。

假设给定时变 RLC 串联电路的电源电动势为 e，元件参数分别为电阻 R、电感 L 和电容 C，如图 6.17a 所示，忽略元件之间连接线的电阻。下面利用准静态电磁场证明电路中的基尔霍夫电压定律（KVL）、基尔霍夫电流定律（KCL）和欧姆定律等，并获得时变电路基本方程，再对输入响应进行求解。

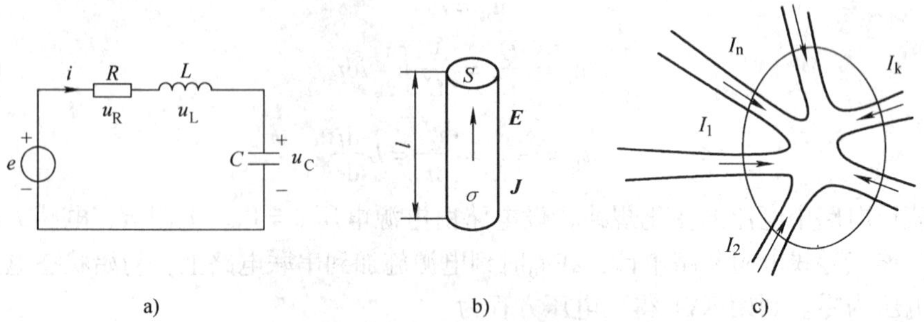

图 6.17　RLC 基本电路

a）RLC 串联电路　b）导体电路　c）节点电流

欧姆定律描述导体电流、电压和电导或电阻的关系。导体的电导率 σ 给定，如图 6.17b 所示，欧姆定律的微分形式表示电场强度与电流密度成正比，即

$$\boldsymbol{J} = \sigma \boldsymbol{E} \tag{6-148}$$

考虑均匀截面导体，电流密度均匀，电流相同，对微分形式的积分为

$$I = \int_S \boldsymbol{J} \cdot \boldsymbol{a}_1 \mathrm{d}S = \boldsymbol{E} \cdot \boldsymbol{a}_1 \int_S \sigma \mathrm{d}S \tag{6-149}$$

电场强度等于电位负梯度，再沿导体长度方向积分得到欧姆定律，即导体中的电流 I 等于导体电导 G 与电压 U 的乘积，有

$$I = -\int_0^l \nabla \phi \cdot \boldsymbol{a}_1 \mathrm{d}l \frac{\sigma S}{l} = GU \tag{6-150}$$

基尔霍夫电流定律描述电路中节点电流满足连续性方程。导体内部没有电荷累积，电流密度无散，即 $\nabla \cdot \boldsymbol{J} = 0$，对于电路中的节点，如图 6.17c 所示，利用高斯定理得到

$$\oint_S \boldsymbol{J} \cdot \mathrm{d}\boldsymbol{S} = \int_V \nabla \cdot \boldsymbol{J} \mathrm{d}V = 0 \tag{6-151}$$

由于导体外部电流密度为零，因此得到基尔霍夫电流定律，即流入电路节点的电流代数和等于零。表示为

$$\oint_S \boldsymbol{J} \cdot \mathrm{d}\boldsymbol{S} = \sum_{k=1}^{n} I_k = 0 \tag{6-152}$$

基尔霍夫电压定律描述电路中回路各支路电压降和电动势的关系。导体回路中各部分电场作用形成电位差和内电动势，利用麦克斯韦方程组中的电场强度旋度表达式，沿导体回路闭合曲线的电场强度积分等于回路中的感应电动势，则

$$\oint_l \boldsymbol{E} \cdot \mathrm{d}\boldsymbol{l} = -\frac{\partial}{\partial t}\int_S \boldsymbol{B} \cdot \mathrm{d}\boldsymbol{S} = EMF \tag{6-153}$$

其中，感应电动势包括回路中的电感电动势和电源电动势。若存在运动导体，则还包含运动导体在磁场中的感应电动势。

由图 6.17a 可知，连接电路元件的导体可以看成是理想导体，电场强度等于零，线积分等于零，电阻 R 上的电场强度是无旋的，线积分等于电阻压降，根据欧姆定律等于电流除以电导，或电流乘以电阻。在电感 L 上电流产生磁场而感应电动势，电场强度是有旋的，其线积分等于自感电动势，自感电动势方向与电流一致，根据电磁感应定律电感上的电压降等于负的自感电动势。电容上的电场强度是无旋的，其线积分等于电容电压降。于是

$$u_{\mathrm{R}} + u_{\mathrm{C}} = e_{\mathrm{L}} + e \tag{6-154a}$$

$$u_{\mathrm{R}} = Ri \tag{6-154b}$$

$$u_{\mathrm{C}} = \frac{Q}{C} = \frac{1}{C}\int_{-\infty}^{t} i\mathrm{d}t \tag{6-154c}$$

$$u_{\mathrm{L}} = -e_{\mathrm{L}} = \frac{\mathrm{d}\psi_{\mathrm{L}}}{\mathrm{d}t} = L\frac{\mathrm{d}i}{\mathrm{d}t} \tag{6-154d}$$

为了获得电路中电流的变化规律，设电路由电源电压 $e = V_0$、电阻 R、电感 L 和电容 C 串联而成，连接导线电阻忽略不计，在 t_0时刻电源施加到串联电路上，初始状态电感电流为零，电容电压为零。利用 KVL 得到电压方程为

$$V_0 u(t - t_0) = Ri + L\frac{\mathrm{d}i}{\mathrm{d}t} + \frac{1}{C}\int_{t_0}^{t} i\mathrm{d}t \tag{6-155}$$

式中，$u(t)$ 为单位阶跃函数，表示 $t = 0$ 时刻产生单位阶跃，方程中 $t = t_0$时刻线路接通电源。

当电源电压恒定时，设 t_0时刻接通电源，之前线路电流为零，电容电压为零。对电压方程计算一次微分后将微分和积分混合运算方程转换为二阶常系数微分方程的零状态冲激响应形式得

$$\frac{\mathrm{d}^2 i}{\mathrm{d}t^2} + \frac{R}{L}\frac{\mathrm{d}i}{\mathrm{d}t} + \frac{1}{LC}i = \frac{V_0}{L}\delta(t - t_0) \tag{6-156}$$

初始条件是 $i(t_{0+}) = 0$，因线路电流不能突变，原微分方程两边从 $t = t_{0-}$ 时刻到 $t = t_{0+}$ 时刻电容器积分为零，得到 $t = t_{0+}$ 时刻电感上电流时间变化率，即微分方程中电流一阶导数的初始条件为

$$\left.\frac{\mathrm{d}i}{\mathrm{d}t}\right|_{t = t_{0+}} = \frac{V_0}{L} \tag{6-157}$$

这样，非齐次二阶常系数微分方程转换为齐次二阶常系数微分方程得

$$\frac{\mathrm{d}^2 i}{\mathrm{d}t^2} + \frac{R}{L}\frac{\mathrm{d}i}{\mathrm{d}t} + \frac{1}{LC}i = 0,\ t > t_0 \tag{6-158}$$

求解 RL 串联电路的输入响应，电源电压恒定且没有电容器时，电路中只有电感储能元件，电路简化为一阶微分方程得

$$V_0 u(t - t_0) = Ri + L\frac{\mathrm{d}i}{\mathrm{d}t} \tag{6-159}$$

在 $t = t_0$时刻接通电源，利用初始电流、稳态电流和电路时间常数这三个要素得到 RL 串联电路的电流随时间变化为

$$i(t) = \frac{V_0}{R}[1 - \mathrm{e}^{-(t - t_0)/T}]u(t - t_0) \tag{6-160}$$

式中，时间常数 $T = L/R$。

现在分析 RLC 串联电路输入直流电压时的电流响应。根据上面分析，电源电压恒定时，电路电流方程为二阶常系数齐次微分方程，方程形式和初始条件分别为

$$\frac{\mathrm{d}^2 i}{\mathrm{d}t^2}+2\gamma\omega_0\frac{\mathrm{d}i}{\mathrm{d}t}+\omega_0^2 i=0,\ t>t_0 \tag{6-161}$$

式中，方程中的参数分别为固有角频率 $\omega_0=\sqrt{1/(LC)}$，阻尼系数 $\gamma=RC\omega_0/2$。

初始条件为

$$i(t_{0+})=0,\ \frac{\mathrm{d}i(t_{0+})}{\mathrm{d}t}=\frac{V_0}{L} \tag{6-162}$$

微分方程式（6-161）的特征方程与特征根分别为

$$r^2+2\gamma\omega_0 r+\omega_0^2=0 \tag{6-163}$$

$$r_{1,2}=-\gamma\omega_0\pm\omega_0\sqrt{\gamma^2-1} \tag{6-164}$$

根据特征根不同形式确定电流响应：

1）当 $\gamma=1$ 时，两个特征根是相同实数，电流表达式为

$$i(t)=(c_0+c_1 t)\mathrm{e}^{-\omega_0 t}u(t-t_0) \tag{6-165}$$

根据初始条件确定系数，得

$$c_0=-c_1 t_0,\ c_1=\frac{V_0}{L}\mathrm{e}^{\omega_0 t_0} \tag{6-166}$$

由式（6-166）解得系数 c_0 和 c_1，再代入式（6-165）得到电流表达式为

$$i(t)=CV_0\omega_0^2(t-t_0)\mathrm{e}^{-\omega_0(t-t_0)}u(t-t_0) \tag{6-167}$$

2）当 $\gamma>1$ 时，两个特征根为不同实数，电流表达式为

$$i(t)=(c_1\mathrm{e}^{r_1 t}+c_2\mathrm{e}^{r_2 t})u(t-t_0) \tag{6-168}$$

根据初始条件确定系数，得

$$c_1\mathrm{e}^{r_1 t_0}+c_2\mathrm{e}^{r_2 t_0}=0 \tag{6-169}$$

$$c_1 r_1\mathrm{e}^{r_1 t_0}+c_2 r_2\mathrm{e}^{r_2 t_0}=CV_0\omega_0^2 \tag{6-170}$$

由式（6-169）和式（6-170）解得系数 c_1 和 c_2，再代入式（6-168）得到电流表达式为

$$i(t)=CV_0\omega_0(\gamma^2-1)^{-1/2}\sinh\left[\sqrt{\gamma^2-1}\omega_0(t-t_0)\right]\mathrm{e}^{-\gamma\omega_0(t-t_0)}u(t-t_0) \tag{6-171}$$

3）当 $\gamma<1$ 时，两个特征根为共轭复数，电流表达式为

$$i(t)=\left[c_1\cos(\sqrt{1-\gamma^2}\omega_0 t)+c_2\sin(\sqrt{1-\gamma^2}\omega_0 t)\right]\mathrm{e}^{-\gamma\omega_0 t}u(t-t_0) \tag{6-172}$$

根据初始条件确定系数，得

$$c_1\cos(\sqrt{1-\gamma^2}\omega_0 t_0)+c_2\sin(\sqrt{1-\gamma^2}\omega_0 t_0)=0 \tag{6-173}$$

$$\left[-c_1\sqrt{1-\gamma^2}\omega_0\sin(\sqrt{1-\gamma^2}\omega_0 t_0)+c_2\sqrt{1-\gamma^2}\omega_0\cos(\sqrt{1-\gamma^2}\omega_0 t_0)\right]\mathrm{e}^{-\gamma\omega_0 t_0}=CV_0\omega_0^2 \tag{6-174}$$

由式（6-173）和式（6-174）解得系数 c_1 和 c_2，再代入式（6-172）得到电流表达式为

$$i(t)=CV_0\omega_0(1-\gamma^2)^{-1/2}\sin(\sqrt{1-\gamma^2}\omega_0(t-t_0))\mathrm{e}^{-\gamma\omega_0(t-t_0)}u(t-t_0) \tag{6-175}$$

接下来分析 RLC 串联电路输入正弦电压时的稳态电流响应。设电源电压为

$$V(t)=V_0\cos(\omega_1 t+\varphi) \tag{6-176}$$

将其改写成复数形式得

$$V(t)=\mathrm{Re}\{V_0\mathrm{e}^{\mathrm{j}(\omega_1 t+\varphi)}\} \tag{6-177}$$

因为电流稳态响应也是正弦规律变化的，所以可以表示成类似的形式有

$$i(t)=\mathrm{Re}\{I_0\mathrm{e}^{\mathrm{j}(\omega_1 t+\phi)}\} \tag{6-178}$$

由式（6-154）得到正弦稳态电路方程为

$$\frac{\mathrm{d}^2 i}{\mathrm{d}t^2}+2\gamma\omega_0\frac{\mathrm{d}i}{\mathrm{d}t}+\omega_0^2 i=C\omega_0^2\frac{\mathrm{d}V}{\mathrm{d}t} \tag{6-179}$$

分别将复数形式的电源电压表达式（6-177）和电流表达式（6-178）代入式（6-179）得到

$$\left(\frac{\mathrm{d}^2}{\mathrm{d}t^2}+2\gamma\omega_0\frac{\mathrm{d}}{\mathrm{d}t}+\omega_0^2\right)\mathrm{Re}\{I_0\mathrm{e}^{\mathrm{j}(\omega_1 t+\phi)}\}=C\omega_0^2\frac{\mathrm{d}}{\mathrm{d}t}\mathrm{Re}\{V_0\mathrm{e}^{\mathrm{j}(\omega_1 t+\varphi)}\} \tag{6-180}$$

因微分算子与取实部算子可以交换，计算时间微分后，再消去取实部算子，得到

$$(-\omega_1^2+2\mathrm{j}\omega_1\gamma\omega_0+\omega_0^2)I_0\mathrm{e}^{\mathrm{j}(\omega_1 t+\phi)}=\mathrm{j}\omega_1 C\omega_0^2 V_0\mathrm{e}^{\mathrm{j}(\omega_1 t+\varphi)} \tag{6-181}$$

式（6-181）消除时间指数项并整理后得到

$$[2\omega_1\gamma\omega_0+\mathrm{j}(\omega_1^2-\omega_0^2)]I_0=\omega_1 C\omega_0^2 V_0\mathrm{e}^{\mathrm{j}(\varphi-\phi)} \tag{6-182}$$

根据复数模相等、复角相同得到正弦稳态电流幅值和初相位角分别为

$$I_0=\frac{C\omega_1 V_0}{\sqrt{(1-a^2)^2+4a^2\gamma^2}} \tag{6-183}$$

$$\phi=\varphi+\arctan\frac{1-a^2}{2a\gamma} \tag{6-184}$$

式中，$a=\omega_1/\omega_0$。

由式（6-184）可知，当输入电压频率与电路自然频率相同时，$a=1$，稳态电流与电压同相位，容抗与感抗大小相等且其上的电压相位相反，电路发生串联谐振，电源电压完全降落在电阻上。当输入电压频率比电路自然频率小时，$a<1$，稳态电流相位超前于电压相位，因为容抗比感抗大，电路呈现阻容性。当输入电压频率比电路自然频率大时，$a>1$，稳态电流相位滞后于电压相位，因为感抗比容抗大，电路呈现阻感性。

正弦稳态 *RLC* 串联电路阻抗与输入电压频率有关，正弦稳态运行时，*RLC* 串联电路的阻抗为

$$Z=R+\mathrm{j}\left(\omega_1 L-\frac{1}{\omega_1 C}\right)=R+\mathrm{j}\frac{a^2-1}{\omega_1 C} \tag{6-185}$$

电容上的电流相位超前电压 90°，电感上的电压相位超前电流 90°，电阻上电流和电压同相位。阻抗最小状态发生在输入正弦电压频率等于自然频率，即 $a=1$ 时，电抗与容抗上的电压相位相差 180°而相互抵消，电路阻抗等于电路中的总串联电阻。一般情况下，容抗与感抗不等，阻抗、电阻和电抗构成直角三角形，其中斜边是阻抗的模，两个直角边分别是电阻和电抗大小。

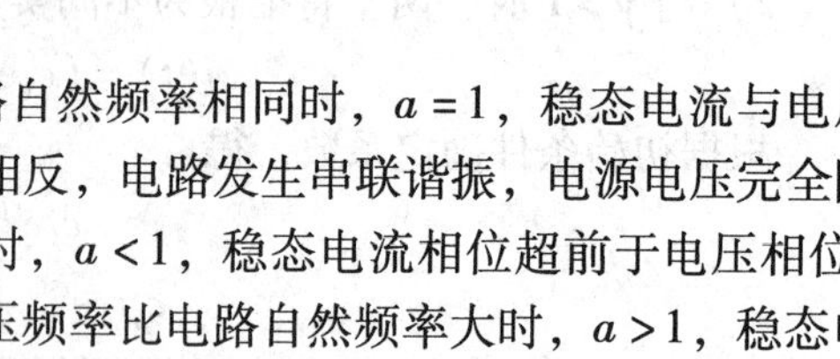

图 6.18　多端口电路网络

对于多端口电路网络，各端相对于系统内部虚拟接地端 u_g 的电压和电流如图 6.18 所示，假设闭合系统与外部只有电磁能量交换，没有其他形式的能量交换，如电磁辐射，那么输入闭合系统的电功率可以利用坡印亭定理证明等于各端口

电压与电流乘积的代数和。

考虑系统外部具有准静态电磁场特性，输入闭合系统的电磁功率等于坡印亭矢量的闭合曲面积分，即

$$P_{\text{in}}=-\oint_S \boldsymbol{E}\times\boldsymbol{H}\cdot \mathrm{d}\boldsymbol{S}=-\int_V \nabla\cdot(\boldsymbol{E}\times\boldsymbol{H})\mathrm{d}V=-\int_V(\boldsymbol{H}\cdot\nabla\times\boldsymbol{E}-\boldsymbol{E}\cdot\nabla\times\boldsymbol{H})\mathrm{d}V \tag{6-186}$$

式中，负号表示输入电磁功率是进入闭合曲面，而坡印亭矢量的通量是流出闭合曲面。

考虑到电场强度无旋且等于电位 ϕ 的负梯度，磁场强度的旋度等于传导电流密度 $\boldsymbol{J}$，式（6-186）简化为

$$P_{\text{in}}=-\int_V(\boldsymbol{J}\cdot\nabla\phi)\mathrm{d}V \tag{6-187}$$

利用矢量恒等式 $\nabla\cdot(\phi\boldsymbol{J})=\boldsymbol{J}\cdot\nabla\phi+\phi\,\nabla\cdot\boldsymbol{J}$，因电流密度 $\boldsymbol{J}$ 无散，式（6-187）改写为散度体积分，并利用高斯散度定理得到闭合曲面积分为

$$P_{\text{in}}=-\int_V\nabla\cdot(\phi\boldsymbol{J})\mathrm{d}V=-\oint_S\phi\boldsymbol{J}\cdot\mathrm{d}\boldsymbol{S} \tag{6-188}$$

在闭合曲面 $\boldsymbol{S}$ 上，只有输入端存在传导电流，而输入端的电位等于相对虚拟接地点的电压，曲面积分等于该端的输入电流，因此，式（6-188）可以改写为

$$P_{\text{in}}=\sum_{k=1}^{n}u_k\left[\int_{S_k}-\boldsymbol{J}\cdot\mathrm{d}\boldsymbol{S}\right]=\sum_{k=1}^{n}u_k i_k \tag{6-189}$$

式（6-189）证明了多端口电路网络输入电磁功率等于端口电压和电流乘积之和。需要说明的是，端口电流的代数和等于零，即满足电流密度的散度等于零的条件。这样输入电磁功率表达式中的电位与参考点选择无关。

对于 RLC 串联电路，电源输入电路的输入瞬时功率由式（6-189）得到，即

$$P(t)=V(t)i(t) \tag{6-190}$$

正弦稳态时，利用电压式（6-177）和电流式（6-178）表示瞬时功率，即

$$P(t)=\frac{1}{2}V_0I_0\cos(\varphi-\phi)+\frac{1}{2}V_0I_0\cos(2\omega_1t+\varphi+\phi) \tag{6-191}$$

式（6-191）表明，正弦稳态电路输入功率等于平均功率和两倍频交变功率之和。在一个输入电压周期内，两倍频瞬时功率分量有正、有负，一个周期内是相互抵消的。

定义正弦稳态电路有功功率等于瞬时功率的平均值。由式（6-191）得到

$$P_{\text{a}}=\frac{1}{2}V_0I_0\cos(\varphi-\phi) \tag{6-192}$$

单相有功功率等于电压与电流有效值，以及两者相位差或功率因数角的余弦的乘积。数值为正表明系统输入有功功率，数值为负表明系统输出有功功率，数值等于零表明系统在一个周期内既不输入有功功率也不输出有功功率。通常含有电阻性质的负载需要消耗有功功率，电源提供有功功率，而储能系统既可以将有功功率转换成能量存储起来，也可以释放能量转换成有功功率。

除了有功功率，还需要定义正弦稳态电路的无功功率，有

$$Q=\frac{1}{2}V_0I_0\sin(\varphi-\phi) \tag{6-193}$$

无功功率的正负取决于电压和电流之间相位差的正弦，即功率因数角的正弦。通常交流

电路中的电容和电感需要无功功率，电容器吸收超前的容性无功功率，或者释放感性的无功功率，而电抗器或电感吸收感性的无功功率，或释放容性的无功功率。输电线路的电感、滤波电抗器或感性负载使输电系统功率因数下降或滞后，而输电线路的电容、无功补偿电容器使输电线路的功率因数提高或超前。

视在功率等于电压和电流有效值的乘积，通常用复功率表示。复功率定义为

$$S = P_{\mathrm{a}} + \mathrm{j}Q = \frac{1}{2}V_0 I_0 \mathrm{e}^{\mathrm{j}(\varphi - \phi)} = \frac{1}{2}V_0 \mathrm{e}^{\mathrm{j}(\omega_1 t + \varphi)} I_0 \mathrm{e}^{-\mathrm{j}(\omega_1 t + \phi)} \tag{6-194}$$

因此，复功率等于电压复相量与电流复相量共轭乘积的一半，或者复数形式的电压与电流共轭乘积的一半。复功率、有功功率与无功功率构成功率直角三角形，其中视在功率等于复功率的模，复功率与有功功率之间的夹角等于电压与电流之间的相位差，即功率因数角。

RLC 串联电路谐振的条件是输入频率等于自然振荡频率，或者容抗与感抗相等。电路发生谐振，电流与电压同相位，即单位功率因数。当电路谐振时，电源提供的电功率用于电路电阻消耗，电感上的磁场储能与电容器上的电场储能相互转换，形成能量振荡。振荡能量可以根据稳态电流计算得到，当电流最大时，电感电压和电容电压都等于零，电流 $I_0 = V_0/R$，电源电压最大等于电阻压降，电感能量最大，电容能量等于零，电场能量完全转化为磁场储能。当电流等于零时，电源电压等于零，电容电压与电感电压平衡且最大，磁场能量完全转化为电场能量。

由式（6-183）得到电路串联谐振（$a = 1$）时振荡的电磁能量为

$$W_{\mathrm{osc}} = \frac{1}{2}LI_0^2 = \frac{CV_0^2}{2(RC\omega_1)^2} \tag{6-195}$$

然而，实际电路中存在电阻，不可能有理想谐振，这时要求平均功率达到谐振功率峰值一半的频率范围，即满足谐振条件

$$P_{\mathrm{avg}}(\omega_1) = \frac{1}{2}P_{\mathrm{avg}}(\omega_0) \tag{6-196}$$

对于 *RLC* 串联电路，平均功率等于电阻上消耗的平均功率，式（6-196）改写为

$$\frac{V_0^2 R}{2\,|Z(\omega_1)|^2} = \frac{V_0^2}{4R} \tag{6-197}$$

将式（6-185）代入式（6-197）得到电抗与电阻相等是谐振要满足的频率条件，即

$$\left|\omega_1 L - \frac{1}{\omega_1 C}\right| = R \tag{6-198}$$

定义电路系统的品质因数 Q 等于 2π 乘以最大储能再除以电路一个周期内的能量损耗，即

$$Q = \frac{2\pi}{T}\frac{\frac{1}{2}LI_0^2}{\frac{1}{2}RI_0^2} = \frac{\omega_0 L}{R} = \frac{\omega_0\omega_1}{|\omega_1^2 - \omega_0^2|} \approx \frac{\omega_0}{2|\omega_1 - \omega_0|} \tag{6-199}$$

品质因数是根据式（6-198）谐振条件确定的频带宽度来近似计算的。电路系统中通过参数动态控制使电路快速进入谐振状态。

例 6.14　正弦电流 $i(t) = 1000\sin 100\pi t$ A 流过半径 a 为 15mm 的长直平行圆导线，两导体轴线相距 1m，介质特性为 $\varepsilon_{\mathrm{r}} = 1$，$\mu_{\mathrm{r}} = 1$，如图 6.19 所示。假设导线为理想导体，计算导体内、外的磁场强度；若输电电压 $u(t) = 750\sin 100\pi t$ kV，计算导体内、外的电场强度。计

算上述电流和电压条件下的坡印亭矢量，并利用坡印亭矢量计算传输的电功率。

解答 不考虑电磁场相互激发过程，理想导体内部电场强度和磁场强度均为零，导体表面是等位面，导体之间自由空间没有电荷分布，电位满足拉普拉斯方程，可以用电轴法放置相距 2h 的等效准静态电场的线电荷密度 $\pm\rho_l$ 表示导体外的电场分布。另外，导体电流集中的表面形成面电流分布，导体表面外侧磁场只有切向分量，矢量磁位满足拉普拉斯方程，导体表面是等矢量磁位面，根据矢量磁位与标量电位的关系，可以将线电荷密度替换成等效线电流。

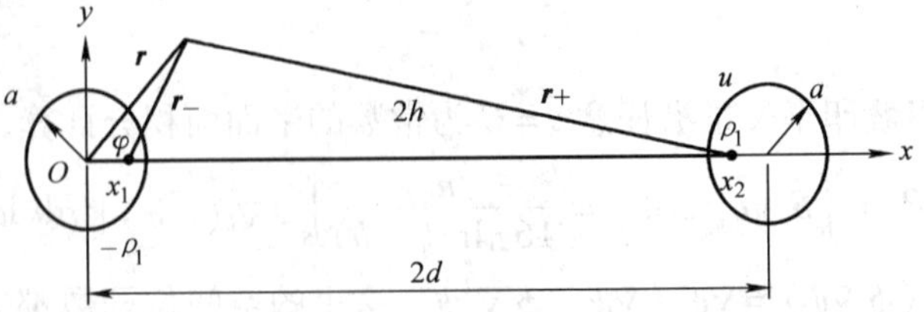

图 6.19　例 6.14 图

以导体轴线为 z 轴，建立圆柱坐标系，因导线轴线相距 $2d$，半径为 a，利用电轴法确定等效线电荷或线电流位置 x_1 和 x_2 的几何关系为

$$a^2 = x_1 x_2,\ 2d = x_1 + x_2$$

解得

$$x_1 = d - \sqrt{d^2 - a^2},\ x_2 = d + \sqrt{d^2 - a^2}$$

以对称平面为零电位面，导体外电位分布为

$$\phi = \frac{\rho_l}{4\pi\varepsilon_0} f(r,\varphi) \tag{6-200}$$

其中，标量函数为

$$f(r,\varphi) = \ln \frac{r^2 + x_1^2 - 2x_1 r\cos\varphi}{r^2 + x_2^2 - 2x_2 r\cos\varphi} \tag{6-201}$$

根据交界面衔接条件，两导体之间的电压等于导体表面电位差，即

$$\phi(2d-a,0) - \phi(a,0) = u \tag{6-202}$$

也即

$$u = \frac{\rho_l}{4\pi\varepsilon_0} \ln \frac{(2d-a-x_1)^2}{(2d-a-x_2)^2} \frac{(a-x_2)^2}{(a-x_1)^2} = \frac{\rho_l}{\pi\varepsilon_0} \ln \frac{a}{x_1} \tag{6-203}$$

于是，得到等效线电荷密度分布为

$$\rho_l = \frac{\pi\varepsilon_0 u}{\ln(a/x_1)} \tag{6-204}$$

理想导体外部电位空间分布为

$$\phi = \frac{u}{4\ln(a/x_1)} f(r,\varphi) \tag{6-205}$$

由电场强度 $\boldsymbol{E} = -\nabla\phi$，得到

$$\boldsymbol{E} = -\frac{u}{4\ln(a/b)} \left(\boldsymbol{a}_r \frac{\partial}{\partial r} + \boldsymbol{a}_\varphi \frac{\partial}{r\partial\varphi} \right) f(r,\varphi) \tag{6-206}$$

设 z 轴导体电流沿 z 轴反方向流动，光速为 c，则矢量磁位为

$$A = a_z \frac{i\phi}{\rho_1 c^2} = a_z \frac{\mu_0 i}{4\pi} f(r,\varphi) \tag{6-207}$$

磁场强度为

$$H = \mu_0^{-1} \nabla \times A = \frac{i}{4\pi}\left(a_r \frac{\partial}{r\partial\varphi} - a_\varphi \frac{\partial}{\partial r}\right) f(r,\varphi) = -\frac{i}{4\pi} a_z \times \nabla f(r,\varphi) \tag{6-208}$$

坡印亭矢量为

$$S = E \times H = -\frac{u \nabla f(r,\varphi)}{4\ln(a/x_1)} \times \left[-\frac{i}{4\pi} a_z \times \nabla f(r,\varphi)\right] = a_z \frac{ui}{16\pi \ln(a/x_1)} |\nabla f(r,\varphi)|^2 \tag{6-209}$$

电磁波能量传输利用坡印亭矢量沿任意 $z=C$ 为常数的平面面积分计算，得

$$P = \int_S S \cdot a_z r\mathrm{d}r\mathrm{d}\varphi = \frac{ui}{16\pi\ln(a/b)} \int_S |\nabla f(r,\varphi)|^2 r\mathrm{d}r\mathrm{d}\varphi \tag{6-210}$$

利用矢量恒等式$\nabla \cdot (\phi \nabla\psi) = \nabla\phi \cdot \nabla\psi + \phi \nabla^2\psi$，这里的空间位函数都等于$f(r,\varphi)$，并且满足拉普拉斯方程，于是

$$\nabla \cdot (f(r,\varphi)\nabla f(r,\varphi)) = |\nabla f(r,\varphi)|^2 \tag{6-211}$$

二维散度积分利用高斯定理转换成边界闭合曲线积分，闭合曲线包含无穷远处的圆和两个导体表面圆形回路。有

$$P = \frac{ui}{16\pi\ln(a/x_1)} \sum_{k=1}^{3} \oint_{l_k} f_k(r,\varphi)\, \nabla f_k(r,\varphi) \cdot a_n r\mathrm{d}\varphi \tag{6-212}$$

在 r 趋于无穷的边界闭合曲线是逆时针方向的，标量函数曲线积分等于零。结果为两个导体表面顺时针的闭合回路线积分，回路外法线矢量 a_n 朝向圆导体内部，即

$$P = \frac{ui}{16\pi\ln(a/x_1)} \sum_{k=1}^{2} \oint_{l_k} f_k(a,\varphi)\, \nabla f_k(a,\varphi) \cdot a_n a\mathrm{d}\varphi \tag{6-213}$$

式（6-213）分别以各自的导体轴线为坐标轴，这样回路半径都等于导体半径。利用位函数的对称性，两个闭合回路上位函数数值相同但符号相反，电场强度在两个导体表面分布一致，但方向与法矢量相差一个符号，因此标量函数的梯度与单位法矢量标量积也相差一个符号，两个回路的线积分相同，仅仅计算位于 z 轴的导体表面闭合回路线积分，这时 $f_1(r,\varphi)=f(r,\varphi)$，于是，得到导体表面函数值为

$$f_1(a,\varphi) = \ln\frac{a^2 + x_1^2 - 2x_1 a\cos\varphi}{a^2 + x_2^2 - 2x_2 a\cos\varphi} = 2\ln\frac{x_1}{a} \tag{6-214}$$

导体表面梯度与单位法矢量标量积为

$$\nabla f_1(a,\varphi) \cdot a_n = -\left.\frac{\partial f(r,\varphi)}{\partial r}\right|_{r=a} = -\frac{1}{a} \frac{2(a^2 - x_1^2)}{a^2 + x_1^2 - 2x_1 a\cos\varphi} \tag{6-215}$$

将式（6-214）和式（6-215）代入式（6-213）后积分得到

$$\begin{aligned} P &= \frac{ui}{2\pi}\int_0^{2\pi} \frac{(a^2 - x_1^2)\mathrm{d}\varphi}{a^2 + x_1^2 - 2x_1 a\cos\varphi} = \frac{2ui}{\pi}\int_0^{\pi/2} \frac{(a^2 - x_1^2)\mathrm{d}\varphi}{a^2 + x_1^2 - 2x_1 a\cos 2\varphi} \\ &= \frac{2ui}{\pi}\int_0^{\pi/2} \frac{(a^2 - x_1^2)\mathrm{d}\tan\varphi}{(a - x_1)^2 + (a + x_1)^2 \tan^2\varphi} = \frac{2ui}{\pi} \arctan \left.\frac{(a + x_1)\tan\varphi}{a - x_1}\right|_{\varphi=0}^{\pi/2} = ui \end{aligned} \tag{6-216}$$

根据电路理论很容易得到输电线的电功率 $P=ui$，传输方向是沿 z 轴正方向。

由此可见，输电线传输的瞬时功率等于电压与电流的乘积，其实是通过空气介质传输能量，导线起到引导电磁波的作用，因此输电线是特殊的电磁波波导。

6.7.5 涡流及其损耗

金属导体在交变磁场下，产生旋涡电场，形成旋涡电流密度与电流，称为涡流。如交流线圈铁心磁路，交流电流产生交变磁场，铁心内部产生旋涡电场或感应电动势，产生旋涡电流密度，引起导体电阻上的焦耳损耗。在一定磁场感应强度幅值和频率下，金属内部涡流产生的热量也可能足以使金属产生高温甚至熔化。电磁感应加热金属部件和感应冶金就是利用涡流产生的焦耳损耗的加热原理。但在机电能量转换装置中，为了提高功率转换效率要尽可能减小金属内部产生涡流损耗，如铁心采用很薄的高磁导率硅钢片叠压而成，并涂绝缘漆达到片间绝缘，防止涡流在相邻硅钢片间流通。下面分析无穷大金属平板在平行交变磁场中的涡流。

如图6.20a所示，金属平板厚度为d，磁导率为μ，介电常数为ε，电导率为σ，外部磁感应强度沿z轴方向为$\boldsymbol{B}(t)=\boldsymbol{a}_z B_m\cos\omega t$，根据对称性，磁场产生的涡流沿$x$方向且仅与$y$有关，即电场强度只有$x$分量，金属内部磁场强度只有$z$轴分量且满足正弦稳态复数方程，有

$$\frac{d^2\dot{H}(y)}{dy^2}+(\omega^2\mu\varepsilon-j\omega\sigma\mu)\dot{H}(y)=0 \tag{6-217}$$

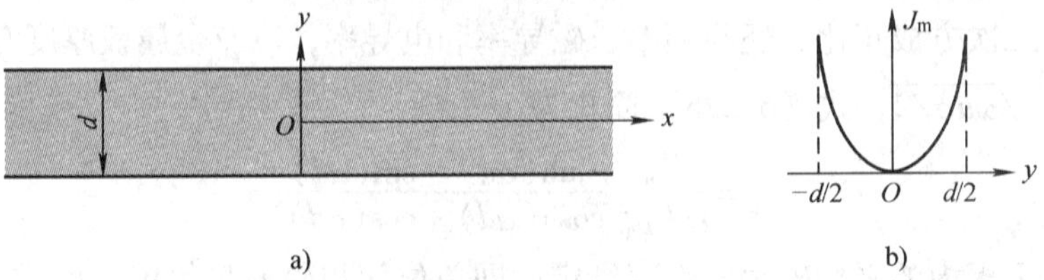

图6.20 平板涡流

a）模型 b）电流密度幅值分布

令$\gamma^2=j\omega\sigma\mu-\omega^2\mu\varepsilon$，解方程式（6-217）得磁场强度复矢量大小为

$$\dot{H}(y)=c_1e^{\gamma y}+c_2e^{-\gamma y} \tag{6-218}$$

其中，损耗角正切$\tan\delta=\sigma/(\omega\varepsilon)$，传播常数分别用实部与虚部、模与复角形式表示为$\gamma=\alpha+j\beta=me^{j(\pi-\delta)/2}$，传播常数幅值$m=\omega\sqrt{\mu\varepsilon\sec\delta}$，衰减常数$\alpha=m\sin(\delta/2)$，相位常数$\beta=m\cos(\delta/2)$。

利用交界面磁场强度切向分量连续，由式（6-218）得到待定系数满足的方程为

$$\dot{H}(-d/2)=c_1e^{-\gamma d/2}+c_2e^{\gamma d/2}=B_m/\mu_0 \tag{6-219}$$

$$\dot{H}(d/2)=c_1e^{\gamma d/2}+c_2e^{-\gamma d/2}=B_m/\mu_0 \tag{6-220}$$

由式（6-219）和式（6-220）解得待定系数为

$$c_1=c_2=\frac{B_m}{2\mu_0\cosh(\gamma d/2)} \tag{6-221}$$

将式（6-221）代入式（6-218）得到平板内磁场强度复矢量为

$$\dot{\boldsymbol{H}}(y)=\boldsymbol{a}_z\frac{B_m\cosh(\gamma y)}{\mu_0\cosh(\gamma d/2)} \tag{6-222}$$

由式（6-222）和磁场强度复数旋度方程得到平板内电场强度复矢量为

$$\dot{\boldsymbol{E}}(y)=\frac{\nabla\times\dot{\boldsymbol{H}}(y)}{\sigma+\mathrm{j}\omega\varepsilon}=\boldsymbol{a}_{x}\frac{\mathrm{j}\omega\mu B_{m}\sinh(\gamma y)}{\mu_{0}\gamma\cosh(\gamma d/2)}\tag{6-223}$$

金属导体平板内的电流密度复矢量由式（6-223）得到

$$\dot{\boldsymbol{J}}=\sigma\dot{\boldsymbol{E}}(y)=\boldsymbol{a}_{x}\frac{\mathrm{j}\omega\sigma\mu B_{m}\sinh(\gamma y)}{\mu_{0}\gamma\cosh(\gamma d/2)}\tag{6-224}$$

电流密度幅值随 y 空间分布等于复矢量的模，由式（6-224）得到

$$J_{m}(y)=|\dot{\boldsymbol{J}}|=\frac{B_{m}\sqrt{\omega\mu\sigma\sin\delta}\sqrt{\cosh(2\alpha y)-\cos(2\beta y)}}{\mu_{0}\sqrt{\cosh(\alpha d)+\cos(\beta d)}}\tag{6-225}$$

由式（6-225）可知，电流密度幅值越接近平板表面越大，说明在交变磁场作用下，涡流趋向于导体表面，这种现象称为趋肤效应，如图 6.20b 所示。

类似地，由式（6-222）~式（6-224）可以看出，磁场强度、电场强度和电流密度幅值随空间分布是关于 y 的偶函数，都存在指数衰减项 $e^{-\alpha(d/2-|y|)}$。$(1/\alpha)$ 的单位是 m，称为透入深度或趋肤深度，表示电磁场量相对于平板表面数值的 1/e 所达到的深度。

平板单位体积平均焦耳损耗功率为

$$p_{e}=\frac{1}{2d}\int_{-d/2}^{d/2}\sigma^{-1}\dot{\boldsymbol{J}}\cdot\dot{\boldsymbol{J}}^{*}\mathrm{d}y=\frac{\omega\mu B_{m}^{2}\sin\delta}{2\mu_{0}^{2}\alpha d}\frac{\sinh(\alpha d)-\sin(\beta d)\tan(\delta/2)}{\cosh(\alpha d)+\cos(\beta d)}\tag{6-226}$$

式（6-226）表明，在金属平板外部磁场给定的条件下，单位体积平均焦耳损耗功率与磁场强度幅值二次方成正比，还与频率、磁导率和电导率，以及金属板厚度有关。在低频情况下，$\alpha=\beta=\sqrt{\omega\mu\sigma/2}$，式（6-226）简化为

$$p_{e}=\frac{B_{m}^{2}}{\sigma d^{2}\mu_{0}^{2}}\frac{\sinh(\alpha d)-\sin(\alpha d)}{\cosh(\alpha d)+\cos(\alpha d)}\alpha d\tag{6-227}$$

如果金属平板内的平均磁感应强度给定，即单位面积磁通量给定，由式（6-222）可以得到平板内的磁感应强度复矢量为

$$\dot{\boldsymbol{B}}(y)=\mu\dot{\boldsymbol{H}}=\boldsymbol{a}_{z}\frac{\mu B_{m}\cosh(\gamma y)}{\mu_{0}\cosh(\gamma d/2)}\tag{6-228}$$

平板内的单位面积磁通量复数为

$$\dot{\Phi}=\frac{1}{d}\int_{-d/2}^{d/2}\boldsymbol{a}_{z}\cdot\dot{\boldsymbol{B}}(y)\mathrm{d}y=\frac{2\mu B_{m}\sinh(\gamma d/2)}{d\mu_{0}\gamma\cosh(\gamma d/2)}\tag{6-229}$$

平均磁感应强度幅值为

$$B_{mav}=|\dot{\Phi}|=\frac{2\mu B_{m}\sin(\delta/2)}{\mu_{0}\alpha d}\sqrt{\frac{\cosh(\alpha d)-\cos(\beta d)}{\cosh(\alpha d)+\cos(\beta d)}}\tag{6-230}$$

将式（6-230）代入式（6-226）得到用平均磁感应强度表示的单位体积焦耳损耗功率为

$$p_{e}=\frac{\omega\mu B_{mav}^{2}\alpha d}{4\mu^{2}\tan(\delta/2)}\frac{\sinh(\alpha d)-\sin(\beta d)\tan(\delta/2)}{\cosh(\alpha d)-\cos(\beta d)}\tag{6-231}$$

类似地，在低频情况下，$\alpha=\beta=\sqrt{\omega\mu\sigma/2}$，$\delta=\pi/2$，式（6-231）简化为

$$p_{e}=\frac{B_{mav}^{2}}{\sigma d^{2}\mu^{2}}\frac{\sinh(\alpha d)-\sin(\alpha d)}{\cosh(\alpha d)-\cos(\alpha d)}(\alpha d)^{3}\tag{6-232}$$

当 $\alpha d\ll1$ 时，式（6-232）可以进一步简化为

$$p_e \approx \frac{B_{\text{mav}}^2}{3\sigma d^2 \mu^2}(\alpha d)^4 = \frac{1}{12}\sigma d^2 \omega^2 B_{\text{mav}}^2 \tag{6-233}$$

式（6-233）表明，单位体积内涡流引起的焦耳损耗功率与叠片厚度二次方成正比，与材料电导率成正比，与频率和磁感应强度幅值乘积二次方成正比。因此，在频率较高的条件下，从材料利用率提高和减小损耗的角度，都需要采用厚度薄的金属板，这也是绝大多数机电能量转换装置中铁心磁路采用较薄的高磁导率磁性材料的原因。

6.7.6 电磁屏蔽

在静态电磁场中，电场和磁场是独立的，除了理想导体和超导材料外，磁场可以穿过金属和电介质，而电场只能穿过电介质，静电场在导体表面感应电荷而受导体限制被排除在外，导体内部及其内部空腔中的电场强度等于零，即良导体是静电屏蔽的材料。

静磁屏蔽不同于静电屏蔽，也难于高频磁场屏蔽，这是因为静磁场不同于电场和高频磁场，可以穿透金属。类似的思想是采用良导磁材料，如高磁导率的镍铁合金，磁场的磁通主要约束在良导磁体所在空间区域，而良导磁体内部空腔内的磁场得到削弱，通常通过多层高导磁材料实现磁屏蔽。

对于时变电磁场如何屏蔽磁场，尤其是频率高时，仅仅需要一层金属就足以屏蔽高频磁场，因为导体表面会产生涡流，可以有效地阻止磁场穿透导体层，在趋肤深度或透入深度$\alpha^{-1}=(\pi f\mu\sigma)^{-1/2}$时，磁场已经削弱到36.79%。在高频状态下趋肤深度很小，而金属厚度达到数个趋肤深度，那么磁场会有效地排斥在金属表面层，即磁场无法透入金属内部。在音频范围内的时变电磁场，除了金属层，还需要高磁导率的屏蔽层。

6.8 自旋电子学（Spintronics）

电子是费米子，具有自旋角动量和自旋磁矩，根据泡利不相容原理，电子自旋只有两种量子态，每个量子态上只能有一个电子。泡利原理与库仑定律和薛定谔方程共同决定了原子结构以及凝聚态物质变化的物理、化学和生物学性质。两个相同方向的电子自旋交换位置获得的波函数是反对称的，说明它们相互靠近的概率很小。

电子之间的交换相互作用是库仑静电场作用的结果。自旋与轨道相互作用是因为观测者相对于电场运动而获得一个磁场，这个磁场对电子磁矩产生作用的结果。任何电场都对运动电子的自旋产生作用。当磁场垂直于原子平面时，磁场与角动量平行，电子磁矩获得的能量等于磁矩与磁场标量积。电子自旋与原子核自旋相互作用是磁相互作用，原子核磁矩比电子磁矩小得多，约为两千分之一。电子自旋磁矩相互作用是磁相互作用。

6.8.1 磁电阻效应

法国学者费尔特（A. Fert）和德国学者克鲁伯格（P. Grünberg）因1988年对磁多层产生的巨磁电阻效应的发现而获得2007年诺贝尔物理学奖，研究内容主要是通过调控金属磁性纳米多层膜铁磁、非磁性和铁磁（$FM_1/NM/FM_2$）中磁性层磁矩的相对取向，从而引起其电阻或电流的巨大变化，该历史性突破的核心是电子自旋相关的导电机理。不仅电子的电荷而且电子的自旋都是电子导电的自由度。该发现深刻影响了计算机信息存储空间密度的提高，现在高密度优盘达到每英寸100GB以上。

金属的导电电阻来源于传导电子流动过程中遇到的散射，包括晶格热运动和各种缺陷引起的散射，散射多则电阻高。一般铁磁金属中两种自旋的传导电子同时存在，因此自旋散射导电可以分解为两个独立的自旋向上导电通道和自旋向下导电通道的并联。

各向异性磁电阻（Anisotropic Magnetoresistance，AMR）效应是在 1857 年由汤姆逊（W. Thomson）发现的。正常情况下磁场使传导电子产生回旋运动，因此总是使电阻增加，磁电阻比定义为施加磁场时的电阻与没有磁场时的电阻之比，结果表明垂直于磁场的磁电阻比要大于平行于磁场的磁电阻比。各向异性磁电阻是材料中自旋与轨道耦合相互作用引起的。

巨磁电阻（Giant Magnetic Resistance，GMR）是在 1988 年由法国费尔特教授和德国克鲁伯格教授分别独立发现的，采用 Fe/Cr 纳米多层膜且电流平行于膜平面（CIP）结构测量得到低温磁电阻比高达 50%，如图 6.21a 所示。

隧道结（Magnetic Tunneling Junction，MTJ）磁电阻是由金属铁磁性和绝缘体纳米构成的多层结构，最简单的是铁磁金属/绝缘体/铁磁金属三层且电流垂直于平面（CPP）结构，如图 6.21b、c 所示。1975 年法国学者朱里勒（M. Julliere）首先在 Fe/Ge/Co 多层膜观测到隧穿电阻效应，并提出了三明治核心结构唯象模型。当两个铁磁性纳米层的自旋极化方向相同时，磁性隧穿结为低电阻状态；而当两个磁性纳米层的自旋极化方向相反时，磁性隧穿结为高电阻状态。在 2008 年得到 CoFeB/MgO/CoFeB 磁性隧道结在室温下可获得高达 604% 的磁电阻比。

在电流垂直平面磁电阻效应结构中，为了增强稳定性，需要采用反铁磁钉扎材料，如 FeMn、IrMn、NiMn、PtMn、NiO 和 $\alpha-Fe_2O_3$等。

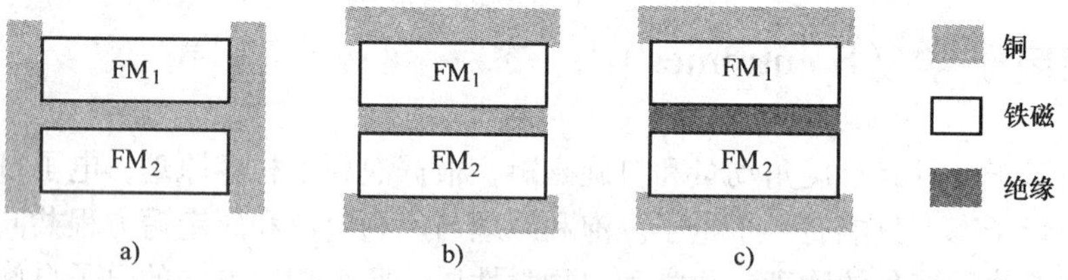

图 6.21　磁电阻效应器件结构示意图

a）CIP 结构　b）CPP 自旋阀　c）CPP 隧道结

庞磁电阻（Colossal Magnetic Resistance，CMR）不同于磁多层结构，以钙钛矿型锰氧化物最具代表性 $La_{0.7}Sr_{0.3}MnO_3$的磁电阻体效应，在几特斯拉磁场下其磁电阻比高达 10^6%。此外，NiMnSb、CrO_2是自旋极化率高的庞磁电阻材料，但庞磁电阻需要低温和强磁场，实用化存在技术难度。随着超导技术发展，强磁场和低温的实现推动了庞磁电阻器件的应用。

6.8.2 自旋转移效应

在自旋电子学的发展过程中，既然磁场能改变电子导电特性，那么电子自旋能否改变磁场特性呢？即巨磁电阻的逆效应，电子自旋转移转矩和电流直接引起纳米磁体的磁化状态变化。1996 年 J. C. Slonczewski 和 L. Berger 首先给出了自旋转移转矩（Spin Transfer Torque，STT）的理论，并且很快被实验验证。传统意义上材料的磁性需要外部磁场改变，由于需要产生磁场的电流线，传统磁记录器件难以微型化，而电流直接改变磁性不仅机理上而且技术上都产生了历史性的突破。

铁磁钉扎层的磁化强度固定，铁磁自由层的磁化强度可以变化，中间导体层厚度大于自旋扩散平均自由程长度。假设电子流从左边钉扎层进入，成为自旋极化电子流进入导体层，自旋扩散再进入铁磁自由层，与自由层中的磁矩发生自旋相关散射，引起自旋极化电子的动量矩转移给自由层磁矩，使自由层磁矩产生转动或进动，并可导致自由层磁矩翻转。只有与自由层磁化方向垂直的自旋动量矩被吸收，离开自由层后的自旋方向与磁化层极化方向一致。当钉扎层与自由层磁化方向平行（相同或相反）时，自旋动量矩不发生转移。

STT 诱导铁磁自由层磁化翻转可以实现高密度信息存储器件，即磁性随机存储器。1997年推出的 IBM 高密度磁存储器，极大地提高了硬盘存储密度。STT 诱导的进动频率在微波段，直流电流经过纳米器件可以产生微波频率的振荡，获得微波发生器，反之微波电流通过纳米器件可以获得直流电流，形成微波整流器。此外电流诱导畴壁移动可形成高密度跑道存储器件。

6.8.3 自旋累积效应

在研究磁性多层膜或自旋阀结构的巨磁电阻效应时，发现电场或电流垂直于界面（CPP）相对于平行于界面（CIP）的情形，磁电阻比要大几倍或十几倍。这是由于电流经过不同介质界面时，铁磁材料中自旋向上和向下通道的电子电导不同，引起界面附近自旋的累积或欠缺效应，形成相应的内电场。考虑两个铁磁磁化方向相反的三层结构，电流垂直于截面流过时，多数载流子的自旋方向发生变化，因此对于一种自旋电子多数载流子进入界面电流大而流出界面电流小，在界面形成自旋累积效应；对于另一种自旋电子少数载流子进入界面电流小而流出界面电流大，在界面形成自旋欠缺效应。

6.8.4 自旋动态模型

朗道－李夫希兹（L. D. Landau，E. M. Lifshitz；LL）方程描述了磁化强度 $\boldsymbol{M}$ 在磁场中的动态行为，即

$$\frac{\mathrm{d}\boldsymbol{M}}{\mathrm{d}t}=-\nu\boldsymbol{M}\times\boldsymbol{H}-\frac{4\pi\mu_0\lambda}{M_s^2}\boldsymbol{M}\times(\boldsymbol{M}\times\boldsymbol{H}) \tag{6-234}$$

式中，参数 ν 是磁旋比；λ 表示阻尼作用程度或者弛豫频率，单位为赫兹（Hz）；$\boldsymbol{H}$ 是外磁场强度和磁化介质产生的磁场强度的合成磁场强度，称为有效磁场强度。

等式右边第一项负号表示电子磁矩与自旋角动量方向相反，电子磁矩是磁化强度的根本原因，转矩作用在磁化强度上要用负号。磁场强度不仅包含外部磁场，还包含磁化强度本身产生的磁场（如交换相互作用和去磁场）。

利用矢量恒等式 $\boldsymbol{A}\times(\boldsymbol{B}\times\boldsymbol{C})=(\boldsymbol{A}\cdot\boldsymbol{C})\boldsymbol{B}-(\boldsymbol{A}\cdot\boldsymbol{B})\boldsymbol{C}$ 得到凯特（C. Kittel）自旋动态方程为

$$\frac{\mathrm{d}\boldsymbol{M}}{\mathrm{d}t}=-\nu\boldsymbol{M}\times\boldsymbol{H}-\frac{4\pi\mu_0\lambda}{M_s^2}[(\boldsymbol{M}\cdot\boldsymbol{H})\boldsymbol{M}-(\boldsymbol{M}\cdot\boldsymbol{M})\boldsymbol{H}] \tag{6-235}$$

式（6-235）两边同乘以磁化强度矢量得到

$$\boldsymbol{M}\times\frac{\mathrm{d}\boldsymbol{M}}{\mathrm{d}t}=-\nu\boldsymbol{M}\times(\boldsymbol{M}\times\boldsymbol{H})+4\pi\mu_0\lambda(\boldsymbol{M}\times\boldsymbol{H}) \tag{6-236}$$

令阻尼系数 $\alpha=\dfrac{4\pi\mu_0\lambda}{\nu M_s}$，其中 M_s是饱和磁化强度。将式（6-236）代入式（6-234）得到朗道－李夫希兹－吉尔博特（L. D. Laudau，E. M. Lifshitz，T. L. Gilbert；LLG）形式的自旋动态方程为

$$\frac{\mathrm{d}\boldsymbol{M}}{\mathrm{d}t}=-\nu(1+\alpha^2)\boldsymbol{M}\times\boldsymbol{H}+\frac{\alpha}{M_s}\boldsymbol{M}\times\frac{\mathrm{d}\boldsymbol{M}}{\mathrm{d}t} \tag{6-237}$$

如果忽略阻尼 $\alpha=0$ 且仅考虑单个自旋磁矩，那么在恒定外磁场作用下的动态过程为

$$\frac{\mathrm{d}\boldsymbol{M}}{\mathrm{d}t}=-\nu\boldsymbol{M}\times\boldsymbol{H} \tag{6-238}$$

设外磁场位于 z 轴正方向 $\boldsymbol{H}=\boldsymbol{a}_z H_a$，那么由式（6-238）可知磁化强度的 z 轴分量的时间变化率等于零，即磁化强度的 z 轴分量不变，若初始状态极角为 θ_0，则有

$$M_z=M_s\cos\theta_0 \tag{6-239}$$

对于另外两个平面 xOy 平面的分量，引入新的复数变量表示矢量，有

$$F=M_x+\mathrm{j}M_y \tag{6-240}$$

这样，将式（6-240）代入式（6-238）后，考虑到磁场强度只有 z 轴分量，有

$$\frac{\mathrm{d}F}{\mathrm{d}t}=\mathrm{j}\nu H_a F \tag{6-241}$$

解得

$$F=F_0\mathrm{e}^{\mathrm{j}\nu H_a t}=M_s\sin\theta_0\mathrm{e}^{\mathrm{j}(\nu H_a t+\varphi_0)} \tag{6-242}$$

式中，F_0和 φ_0分别是初始时刻 xOy 平面磁化强度分量大小和方位角。

由式（6-242）得到，磁化强度绕 z 轴进动的角频率 $\omega_0=\nu H_a$，称为拉莫（J. Larmour）频率，与外加磁场成正比。当存在阻尼时，磁化强度矢量末端将在半径为饱和磁化强度 M_s 的圆球面上进动并接近 z 轴。而当外磁场反向时，磁化强度将沿圆球面旋转，跨过赤道而逐渐与 z 轴反方向相一致。

如果是核子自旋，那么进动频率仍然与外磁场成正比，但进动方向将与电子自旋进动方向相反。如果外部强磁场作用使核子自旋极化（向外磁场对齐），同时在与外磁场正交方向施加一个与拉莫频率相同的射频电磁波信号，那么核子将产生核磁共振。

对于图 6.22 所示的自旋转移转矩效应，固定磁化区域 FM_1 的磁化强度 $\boldsymbol{M}_1$被认为是固定不变的，而磁化区域 FM_2 的磁化强度 $\boldsymbol{M}_2$受电子自旋效应影响是可以变化的，这时需要在式（6-237）中增加一项表示自旋磁矩的影响，即

$$\frac{\mathrm{d}\boldsymbol{M}}{\mathrm{d}t}=-\nu(1+\alpha^2)\boldsymbol{M}\times\boldsymbol{H}+\frac{\alpha}{M_s}\boldsymbol{M}\times\frac{\mathrm{d}\boldsymbol{M}}{\mathrm{d}t}+\frac{\beta}{M_s}\boldsymbol{M}\times(\boldsymbol{a}_1\times\boldsymbol{M}) \tag{6-243}$$

式中，$\boldsymbol{M}$ 是磁化强度 $\boldsymbol{M}_2$；$\boldsymbol{a}_1$是固定磁化强度 $\boldsymbol{M}_1$的单位矢量；β 是与材料特性有关的参数。

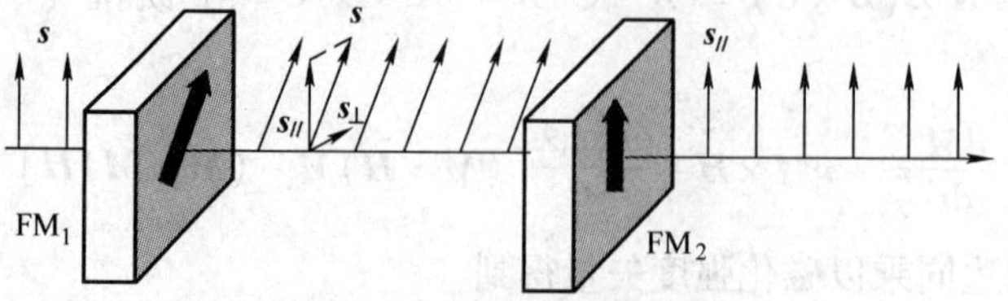

图 6.22　自旋转移效应示意图

6.9 电磁能量转换装置

前面分析电磁场问题主要着眼于微分方程及其求解，即更多地关注电磁场量的空间分布和时间变化规律。在分析工程实际应用的电磁能量转换装置时，需要抓住装置的功能特点，采用电磁场积分形式的宏观物理量，或者空间平均值大小和时间变化规律，即更多地关注电场强度路径积分的电压、电流密度曲面积分的电流、磁场强度回路积分的总电流和磁感应强度曲面积分的磁通量等宏观物理量和特性。因此，电磁能量转换装置需要场与路相结合的分析方法。

6.9.1 静止电磁能量转换装置

电能传输是电力系统的基础，为了输送一定容量的电能需要降低输电线路损耗，在不增加输电导线尺寸的条件下，需要减小输电电流，因此需要升高输电电压，提高线路绝缘水平。实现低电压大电流与高电压小电流转换的电磁能量转换装置称为变压器。世界上绝大多数电力系统采用三相交流输电，即各相电压或电流幅值和频率相同而时间相位互差 $2\pi/3$。但随着智能电网和分布式发电系统的发展，直流电能变换和传输正在迅速发展。要实现大容量电能变换需要磁性元件实现电磁耦合，变压器是一种静止的电磁能量转换装置，本节主要介绍变压器的原理，即主要分析单相正弦电源供电变压器的电磁能量转换关系，并简要介绍脉冲电源供电的电力电子变压器。

1. 正弦波电源供电

单相正弦电源供电的变压器原理如图 6.23a 所示，输入电能的一次绕组的匝数、电压和电流分别为 N_1、u_1 和 i_1，输出电能的二次绕组的匝数、电压和电流分别为 N_2、u_2 和 i_2，两个绕组之间没有传导电流关联，即在电气上是相互隔离的，但通过高磁导率铁心磁路实现磁场耦合，铁心平均磁路长度为 l_{av}，主磁通为 Φ_m。一次和二次绕组除了铁心中主磁通磁链还有漏磁通磁链，由于漏磁场路径要经过绕组所在空间与空气隙，因此相对来说漏磁场产生的漏磁链比主磁链要小得多。

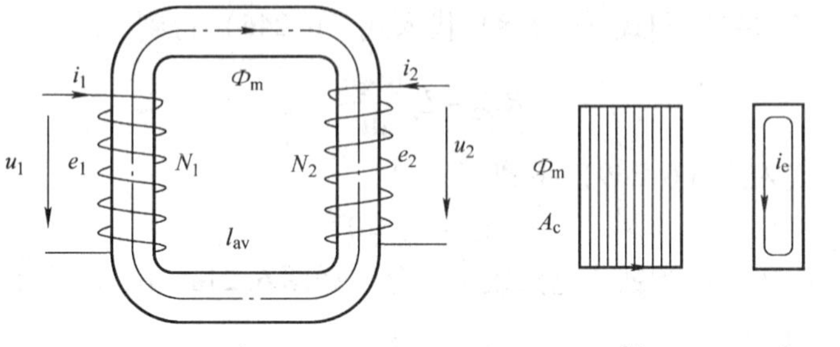

图 6.23 变压器部件等效电路

a）变压器原理图 b）铁心截面图 c）铁心叠片与涡流

忽略绕组之间漏磁场的耦合，那么绕组的漏磁链等于电流和漏电感的乘积，即

$$\psi_{k\sigma} = L_{k\sigma} i_k,\ k = 1,2 \tag{6-244}$$

假设回路中的电流流向与感应电动势和回路方向一致，并且与主磁通符合右手螺旋关

系，利用电磁感应定律，对于一次绕组回路 l_1，绕组电动势 e_1分为漏磁链电动势 $e_{1\sigma}$ 和主磁链电动势 e_{1m}，则有

$$e_1 = e_{1\sigma} + e_{1m} = \oint_{l_1} \boldsymbol{E} \cdot d\boldsymbol{l} = R_1 i_1 - u_1 \tag{6-245}$$

类似地，对于二次绕组回路 l_2，绕组电动势 e_2分为漏磁链电动势 $e_{2\sigma}$ 和主磁链电动势 e_{2m}，有

$$e_2 = e_{2\sigma} + e_{2m} = \oint_{l_2} \boldsymbol{E} \cdot d\boldsymbol{l} = R_2 i_2 - u_2 \tag{6-246}$$

其中，电动势与磁链或磁通的关系分别为

$$e_{k\sigma} = -\frac{d\psi_{k\sigma}}{dt} = -L_{k\sigma}\frac{di_k}{dt},\ k=1,2 \tag{6-247}$$

$$e_{km} = -N_k\frac{d\Phi_m}{dt} = N_k\oint_{l_3} \boldsymbol{E} \cdot d\boldsymbol{l},\ k = 1,2 \tag{6-248}$$

对于铁心叠片中的涡流与感应电动势比较复杂，这里简单地用等效涡流与电阻表示铁心截面回路 l_3内主磁场的影响，但认为与一次绕组匝数相同，如图 6.23b、c 所示，有

$$e_c = \oint_{l_3} \boldsymbol{E} \cdot d\boldsymbol{l} = N_1^{-1} R_e i_e \tag{6-249}$$

铁心主磁路磁通与磁动势有关，磁动势有绕组电流的作用与涡流的影响，认为等效涡流的短路绕组匝数等于一次绕组匝数，那么沿铁心闭合回路 l_c的磁场强度积分为

$$F_m = \oint_{l_c} \boldsymbol{H} \cdot d\boldsymbol{l} = N_1 i_1 + N_2 i_2 + N_1 i_e = N_1 i_m \tag{6-250}$$

式中，i_m是等效的励磁磁动势 F_m所对应的用一次绕组匝数 N_1表示的电流。

由此铁心磁化过程存在磁滞现象，因此时间相位上磁动势 F_m超前主磁通 Φ_m一个角度。可以将磁动势 F_m分解为与磁通 Φ_m同相位的磁动势和超前 90°的磁动势两个分量，相应地电流也分解为两个分量，分别称为磁化电流分量 i_μ 和磁滞电流分量 i_h，即

$$i_m = i_\mu + i_h \tag{6-251}$$

将式（6-247）和式（6-248）代入式（6-245）得到

$$u_1 = R_1 i_1 + L_{1\sigma}\frac{di_1}{dt} - e_{1m} \tag{6-252a}$$

同样地，将式（6-247）和式（6-248）代入式（6-246）得到

$$u_2 = R_2 i_2 + L_{2\sigma}\frac{di_2}{dt} - e_{2m} \tag{6-252b}$$

将式（6-248）代入式（6-249）得到

$$R_e i_e - e_{1m} = 0 \tag{6-252c}$$

式（6-252）可以用绕组和铁心电路表示，分别如图 6.24a、b、c 所示。

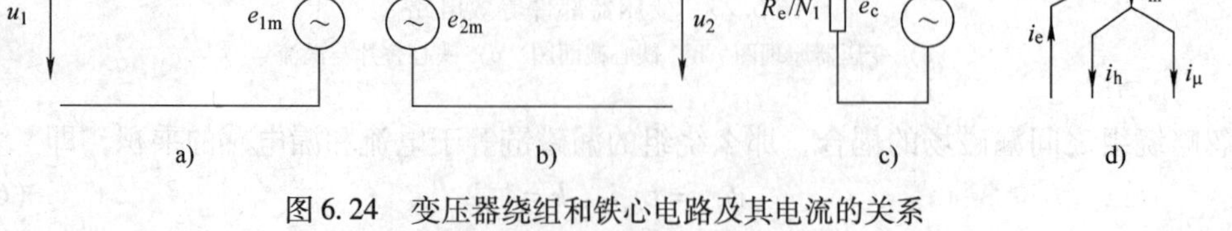

图 6.24　变压器绕组和铁心电路及其电流的关系

a）一次绕组电路　b）二次绕组电路　c）铁心电路　d）电流关系

将式（6-251）代入式（6-250）得到各电流关系为

$$i_1 = i_\mu + i_h - i_e - i_2' \tag{6-253}$$

式中，$i_2' = i_2 N_2 / N_1$是用一次绕组匝数表示的二次电流，称为二次电流折算到一次侧的电流大小。

式（6-253）表明，一次电流需要提供抵消二次电流产生的磁动势所需的电流外，还需要提供主磁路磁通所需要的磁化电流和铁心产生涡流与磁滞损耗引起的损耗电流，电流关系如图 6.24d 所示。而一次绕组提供抵消二次绕组磁动势的电流是实现一次侧电能转换成主磁路铁心磁场能量再转换成二次侧电能的基本原理。因为绕组电阻和漏电感压降相对主磁路磁通产生的感应电动势很小，所以一次电压与二次电压的相位都近似地与主磁路磁通产生的电动势相反，而二次电流相位与实际正方向的流向相反，故一次侧电能输入而二次侧电能输出。

主磁通 Φ_m与磁化电流分量 i_μ 成正比，可以用主磁路磁导表示为

$$\Phi_m = A_c B_m = \Lambda_m F_\mu = \Lambda_m N_1 i_\mu \tag{6-254}$$

一次绕组的主磁路磁链可以用磁化电感和磁化电流表示为

$$\psi_{1m} = N_1 \Phi_m = \Lambda_m N_1^2 i_\mu = L_\mu i_\mu \tag{6-255}$$

式中，$L_\mu = \Lambda_m N_1^2$，而主磁路磁导 Λ_m是非线性的，与磁化电流 i_μ 有关。

由于磁滞电流分量 i_h超前磁化电流分量 i_μ 相位 90°，因此用磁滞损耗电阻 R_h来表示，并与磁化电感并联，且符合电流、磁动势和磁通的关系，即

$$\frac{d\psi_{1m}}{dt} = R_h i_h = -e_{1m} \tag{6-256}$$

为了将变压器用统一的等效电路表示，除了对二次电流进行折算外，还需要对二次绕组的电压、电动势、电阻和电感参数进行折算，即将二次绕组的匝数变换成与一次绕组匝数相同的形式，但保持电磁场特性和材料空间分布特性不变。于是

$$e_{2m}' = k e_{2m} = e_{1m},\ u_2' = k u_2,\ i_2' = i_2/k,\ R_2' = k^2 R_2,\ L_{2\sigma}' = k^2 L_{2\sigma} \tag{6-257}$$

式中，变比 $k = N_1/N_2$。将式（6-257）代入式（6-252b）得到将二次绕组折算到一次侧的电压方程为

$$u_2' = R_2' i_2' + L_{2\sigma}' \frac{di_2'}{dt} - e_{1m} \tag{6-258}$$

于是，由电压方程式（6-252a）、式（6-252c）、式（6-256）、式（6-258）和电流关系式（6-253）得到用同一主磁路感应电动势 e_{1m}为耦合支路的变压器等效电路，如图 6.25 所示。等效电路将磁场耦合转换为电路耦合，可以方便地进行变压器运行分析和特性计算。

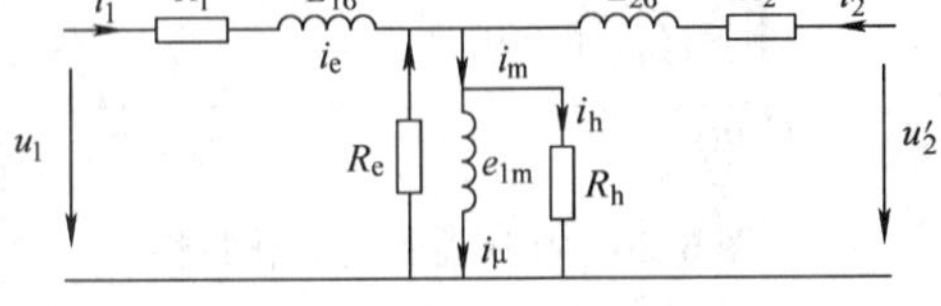

图 6.25　变压器等效电路

下面分析变压器二次侧开路，一次侧施加正弦电压后铁心内部磁通与一次电流的关系。设一次电压幅值和初相位分别为 U_{1m}和 φ_0，角频率为 ω，则电压瞬时值为

$$u_1 = U_{1m}\cos(\omega t + \varphi_0) \tag{6-259}$$

如果不考虑绕组电阻和漏磁场磁链，那么一次绕组的磁链等于铁心磁路的磁通与绕组匝数 N_1的乘积，那么根据电磁感应定律有

$$u_1 = -e_{1m} = N_1 \frac{d\Phi}{dt} \tag{6-260}$$

将式（6-259）代入式（6-260）积分后得到铁心中的磁通量随时间变化的规律为

$$\Phi(t) = \frac{1}{N_1}\int_0^t u_1 \mathrm{d}t + \Phi(0) = \frac{U_{1\mathrm{m}}}{\omega N_1}[\sin(\omega t + \varphi_0) - \sin\varphi_0] + \Phi(0) \tag{6-261}$$

式中，$\Phi(0)$为$t=0$时刻铁心内的初始磁通量，取决于变压器的剩磁。

由式（6-261）可知，当铁心初始磁通量与电压初相位满足$U_{1\mathrm{m}}\sin\varphi_0 = \omega N_1 \Phi(0)$时，铁心磁通随时间变化是正弦的，磁通幅值为电压幅值与角频率和绕组匝数乘积之比。但一次绕组提供的电流I_0一般不超过额定功率运行状态的10%。若忽略剩磁磁通，那么理想的合闸状态是初相位等于零或180°，即余弦电压输入，这样正负半波对称，一个周期的积分不存在直流分量。

由于铁心内剩磁的不确定性和施加电压时刻相位的随机性，在铁心内存在一个随时间衰减的磁通。该磁通将使变压器铁心磁路工作在不对称磁化状态，产生畸变的绕组电流。特别地，当$\Phi(0)>0$，$\varphi_0 = -\pi/2$，$\omega t = \pi$时，铁心内的最大磁通可以超过正弦磁通状态幅值的两倍，有

$$\Phi_{\max} = \frac{2U_{1\mathrm{m}}}{\omega N_1} + \Phi(0) = A_{\mathrm{c}} B_{\max} \tag{6-262}$$

忽略铁心中位移电流和铁心内部的涡流与磁滞，磁场强度的闭合回路积分等于一次电流与一次绕组匝数的乘积，即

$$\oint_l \boldsymbol{H}\cdot \mathrm{d}\boldsymbol{l} = N_1 i_1 = H_{\mathrm{av}} l_{\mathrm{av}} \tag{6-263}$$

即使不考虑涡流与磁滞现象，铁心$B-H$曲线也具有非线性饱和特性，如图6.26所示，正弦磁通幅值对应磁感应强度B_{N}、磁场强度H_{N}和空载电流I_0，但磁通幅值为式（6-262）时对应磁感应强度$B_{\max}$和磁场强度$H_{\max}$，显然磁感应强度增加一倍，磁场强度增加数十倍。

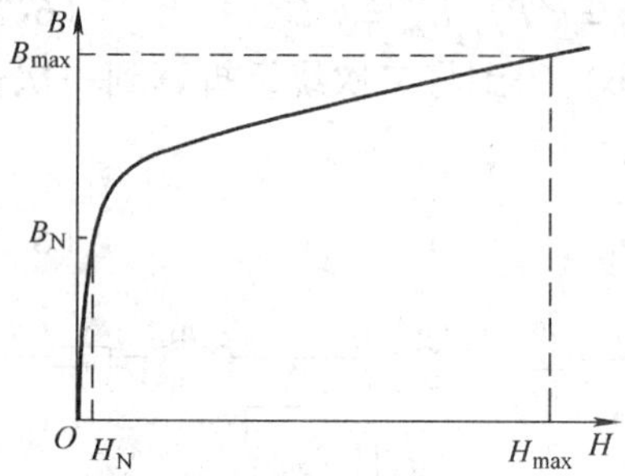

图6.26　变压器铁心磁化特性

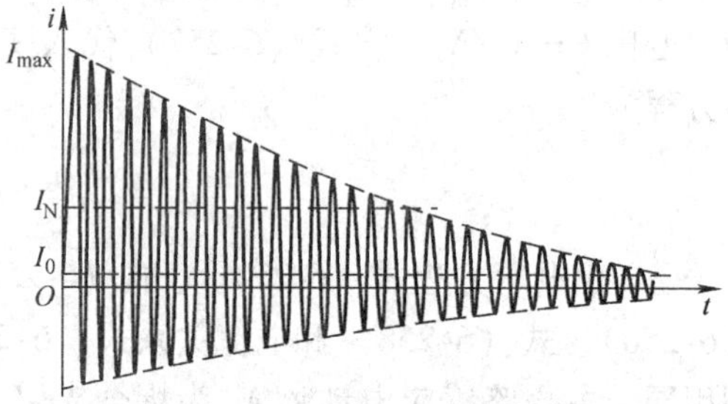

图6.27　变压器空载合闸浪涌电流

当二次侧开路时，空载磁通幅值可以达到正常运行磁通幅值的两倍，即磁感应强度幅值为两倍，因此磁场强度因磁路饱和需要很大的值，即需要一次绕组提供额定功率运行状态电流I_{N}数倍的浪涌电流$I_{\max}$才能达到铁心所需的最大磁通，这个电流随变压器绕组电阻和主磁路电感确定的时间常数衰减，而变压器的电阻很小，主磁路电感很大，时间常数很大，因此变压器空载合闸会产生浪涌电流，如图6.27所示。

浪涌电流不仅在绕组中产生焦耳损耗功率，使变压器温升增大，影响绝缘和变压器寿命，而且会导致变压器空载合闸失败，因此选择合适的时机合闸很重要。

2. 脉冲电源供电

随着直流电网的发展，直流电压变换和传输是最基本的功能。要实现直流电压变换，可

以利用电力电子器件实现升压或降压控制，如图 6.28a、b 所示，这种电路利用控制器件 VT 的脉冲触发导通与关断，以及二极管 VD 单向导通性实现电磁能量变换。当控制器件 VT 导通时，电源电能对电感 L 充磁而转换成磁场能量，二极管 VD 反向截止。当控制器件 VT 关断时，电感 L 对电容 C 充电，二极管 VD 导通，磁场能量转换成电场能量。对于升压电路，电感电流连续，电容电流连续性取决于负载状态。而对于降压电路，电感和电容电流连续。升压与降压的比例由 VT 触发脉冲占空比控制。两种电路既需要电感和电容，又不能实现电气隔离，电能只能单向传输，一旦发生负载短路，系统则无法控制。

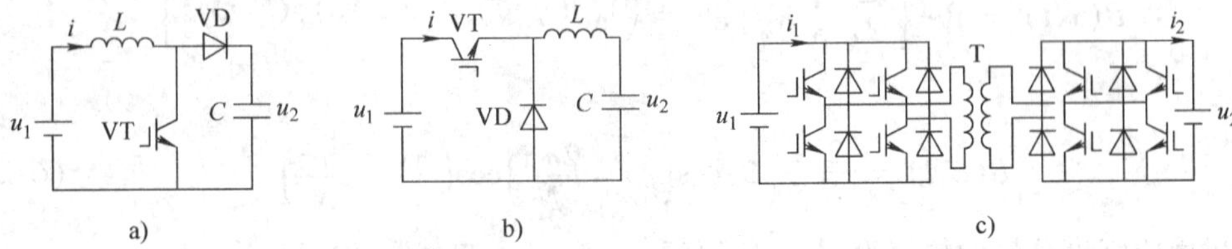

图 6.28　直流电压变换

a）升压电路　b）降压电路　c）电力电子变压器电路

脉冲电源供电的电力电子变压器如图 6.28c 所示，其原理与正弦波电源供电变压器类似，但直流电压通过 H 桥逆变将脉冲电压输入变压器一次绕组，同时利用二次绕组的 H 桥可控整流将脉冲电压变为直流电压，因变压器本身具有漏电感，所以只要一次侧与二次侧 H 桥控制触发脉冲移相角合适就可以实现双向功率传输。因脉冲电压上升沿和下降沿波形陡峭，对变压器绝缘要求较高，高效率脉冲变压器的铁心材料需要采用中高频低损耗非晶合金、纳米非晶合金或铁氧体等。与正弦波变压器不同的是，铁心内部的磁通变化不再是正弦波，而是方波积分后的三角波，但同样存在直流磁通偏置问题，在控制过程中需要注意电压脉冲的伏秒平衡，即一次与二次绕组的电压脉冲幅值与宽度时间乘积的平衡，使得磁通三角波的正、负半波对称。

脉冲电源供电的电力电子变压器前端串联电容可以利用变压器自身的漏电感形成串联谐振，串联电容大小与谐振频率有关。

如果变压器铁心不形成完整的闭合回路，而是相互分离的，同时一次绕组与二次绕组也相互分离，特别是采用印制电路绕组，即耦合磁场通过空气隙耦合，则可以在更高的频率（如 10kHz ~1.0MHz）下实现无接触电磁能量传输。

6.9.2　运动电磁能量转换装置

变压器是静止的电磁能量转换装置，利用时变电磁场电磁感应原理和耦合磁路实现能量传送和电气隔离，但核心是有两个相互耦合的时变磁场。工程应用中有许多电磁能量转换装置是存在驱动机构的，利用电磁能量产生机械能或者利用机械能产生电磁能量，无论哪种形式的电磁能量转换都需要耦合磁场。图 5.20 给出了永磁型机电能量转换装置的基本结构，静止或固定的结构称为定子，而运动或旋转的结构称为动子或转子。定子与转子之间的空间称为气隙，由于定、转子铁心采用高磁导率材料，根据磁路理论耦合磁场能量主要集中在气隙中。当两个正弦磁场极对数相同、幅值不变而空间相位相差 90°时产生的电磁转矩最大。要产生恒定的电磁转矩，必须保持两个磁场相对静止。而磁场、电流密度和相对运动速度三者矢量相互正交是实现机电能量转换装置的基本设计思想。

下面主要分析旋转和直线运动电磁能量转换装置的能量转换过程，因此简化了装置内部的结构和电磁场计算。

1. 时空周期性运动磁场

假设空间坐标 s 的周期为 2τ，时间坐标 t 的周期为 T，那么静止载流导体产生方向垂直于空间坐标轴且沿坐标轴运动的周期性磁场分量表示为

$$B(x,t)=B_{\mathrm{m}}\cos\left[2\pi\left(\frac{t}{T}-\frac{s}{2\tau}\right)\right] \tag{6-264}$$

一般地，利用时空相位周期均分方法，式（6-264）可以展开为复数取实部的形式，即

$$B(x,t)\ =\ \mathrm{Re}\left\{\sum_{n=0}^{N-1}\frac{1}{N}B_{\mathrm{m}}\left[\mathrm{e}^{\mathrm{j}\left(\omega t-\frac{2n\pi}{N}\right)}\mathrm{e}^{-\mathrm{j}\left(\frac{\pi s}{\tau}-\frac{2n\pi}{N}\right)}+\mathrm{e}^{\mathrm{j}\left(\omega t-\frac{2n\pi}{N}\right)}\mathrm{e}^{\mathrm{j}\left(\frac{\pi s}{\tau}-\frac{2n\pi}{N}\right)}\right]\right\}$$

即

$$B(x,t)\ =\ \frac{2}{N}\sum_{n=0}^{N-1}B_{\mathrm{m}}\cos\left(\omega t-\frac{2n\pi}{N}\right)\cos\left(\frac{\pi s}{\tau}-\frac{2n\pi}{N}\right) \tag{6-265}$$

式中，磁感应强度分量的幅值为 B_{m}；角频率 $\omega=2\pi/T$；自然数 $N\geqslant 3$。

式（6-265）表明，一个时间与空间周期变化的磁场可以展开成时间和空间相位差均匀分布或互差 $2\pi/N$ 的脉振磁场的叠加，这里的自然数 N 称为相数。特别地，$N=3$ 的三相对称结构和 $N=4$ 的四相对称或两相正交结构是最常用的。磁场的时间正弦变化可以通过电流随时间的正弦周期性变化实现，磁场的空间正弦变化需要利用电流空间分布的阶梯波逼近实现，因此电磁能量转换装置中磁场不可能做到理想的单一方向变化的时空周期性正弦波，通常存在空间谐波和时间谐波，但可以通过采取各种措施抑制空间和时间谐波。

如果需要得到空间静止的周期性磁场，那么最简单的方法是电流为直流而保持电流空间分布满足周期性要求。另外，根据相对运动，采用电流随时间和空间满足周期性变化，但载流导体以与磁场相同的速度反向运动，也能获得空间静止的周期性磁场。

相应地，周期性运动磁场也可以利用直流电流产生，通过移动载直流导体来实现。需要强调的是，直流电流产生的磁场可以用永磁磁极取代以减小体积和重量，但失去了通过调节直流电流来调节磁场的功能。

磁场相对载流导体运动与电磁能量转换装置类型的关系见表 6.1。

表 6.1　电磁能量转换装置与磁场相对运动的关系

序号	定子磁场	转子磁场	装置类型	备注
1	静止	反向运动	直流电机	电刷与换向器
2	运动	静止	同步电机	转子直流或永磁
3	运动	运动	异步电机	
4	静止	反向运动	同步电机	电刷与集电环

2. 旋转电机

旋转电机结构固有的周期性使得磁场周期性运动较容易实现，这时式（6-264）中的空间坐标为圆周角，当一个圆周有 $2p$ 个或 p 对磁极时，空间极距用角度表示为 $\tau=\pi/p$。如果将整个圆周称为 2π 机械角度，那么定义圆周的电角度为 $2\pi p$。下面以定子运动磁场和转子恒定直流磁场的三相同步电机为例，如图 6.29a 所示，说明电磁能量转换原理。

由图 6.29b 可知，有效导体沿轴向放置且磁场相对导体向左切向运动，因此只有径向磁场分量 B_{r} 产生感应电动势，磁场轴向分量 B_{a} 和切向分量 B_{t} 都没有贡献。由图 6.29c 可知，导体轴向电流受到径向磁场的切向力和切向磁场的径向力，轴向磁场没有贡献，而切向磁场

产生的径向力对电磁转矩没有贡献，因此只分析气隙中径向磁场的作用。

当转子旋转时，转子磁场径向分量用电角度 θ 表示为

$$B_{r}(\theta,t)=B_{rm}\cos(\omega t-\theta) \tag{6-266}$$

转子磁场在定子导体回路产生交变磁通，因此各相感应电动势为

$$e_{fk}(t)=E_{fm}\cos(\omega t-2k\pi/3-\pi/2),\ k=1,2,3 \tag{6-267}$$

式中，$\omega=2\pi pn/60$，p 为极对数，n 为每分钟转速，感应电动势幅值 E_{fm} 与磁场幅值 B_{rm}、电机结构参数（轴向长度 L_a、气隙圆周直径 D_a 和极数 $2p$）和等效整距线圈串联匝数 N_c 有关，即

$$E_{fm}=\omega N_c\Phi_{fm}=\omega N_c D_a L_a B_{rm}/p \tag{6-268}$$

其中，Φ_{fm} 为转子磁场进入定子的每极磁通量。

式（6-267）表明，定子三相绕组对称，产生的感应电动势频率与转子磁场运动后在定子绕组中的磁场交变频率相同，相序根据磁场幅值出现的先后确定，图 6.29 所示对应一对磁极电机逆时针绕组排列为正相序。

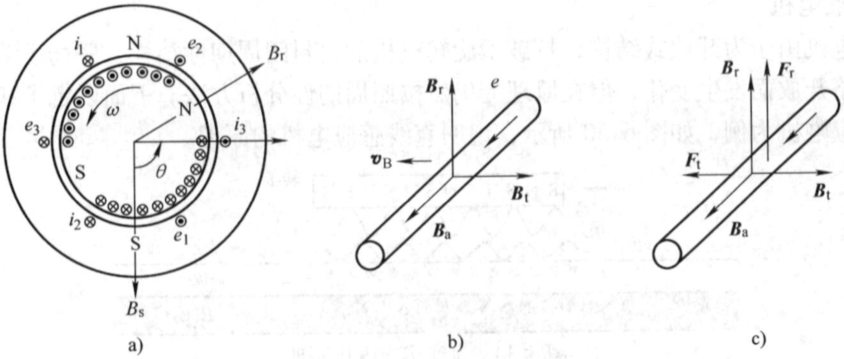

图 6.29　旋转同步电机原理

a）旋转同步电机模型　b）磁场与导体感应电动势　c）磁场与载流导体受力

当定子绕组外部接电气负载（如 R、L）时，感应电动势在负载中产生电流，电流的交变频率与感应电动势相同但时间相位将因电感而滞后于感应电动势一个角度 φ_i，在对称结构和均匀气隙情况下，电动势与电流的对称关系可以简化为

$$e_{fk}=(R_s+R_e)i_k+(L_s+L_e)\frac{di_k}{dt},\ k=1,2,3 \tag{6-269}$$

式中，定子每相电阻和等效电感分别为 R_s 和 L_s；外部负载电阻和电感分别为 R_e 和 L_e。由于对称性每相等效电感 L_s 等于自感 L 与互感 M 之差，而空间相差 120°电角度绕组间的互感为负值。

交变电流的稳态时间形式可由式（6-267）和式（6-269）解得

$$i_k(t)=I_m\cos(\omega t-2k\pi/3-\pi/2-\varphi_i),\ k=1,2,3 \tag{6-270}$$

定子电流幅值为 I_m，三相电流产生的磁场与电流成正比，由式（6-265）得到

$$B_s(\theta,t)=\sum_{k=1}^{3}K_i i_k(t)\cos(\theta-2k\pi/3)=B_{sm}\cos(\omega t-\theta-\pi/2-\varphi_i) \tag{6-271}$$

由式（6-271）可知，定子磁场与转子磁场同步，但在空间滞后 $\pi/2+\varphi_i$ 电角度。当 i_3 最大时，定子磁场幅值位于 $\theta=0$，因此转子磁场受到定子磁场的转矩方向是与转子转向相反的，说明电机需要依靠外部机械转矩驱动转子以克服电磁转矩的作用。这时电机转子输入机械能，通过磁场耦合作用在定子绕组感应电动势并向负载输出电功率，旋转同步电机作为发电机运行。

由于旋转同步电机的定子电流频率与转子转速成正比，因此调节转子转速可以获得变频电源。但当定子与交流电网连接时，感应电动势的频率必须与电网频率相同而且相序也要相同，否则不同频率或相序的定子电流将对电网和电机产生不良影响。

当定子接交流电网时，由同步发电机状态逐渐减小转子外部驱动机械转矩，那么转子径向磁场将逐渐与定子径向磁场接近，当转矩为零时，两者几乎重合，定子电流也接近于零。如果反方向增加机械转矩，那么转子磁场将滞后于定子磁场，定子电流相位相对于感应电动势由大于90°滞后变为大于90°超前，交流电网提供电功率输入同步电机，同步电机通过定转子磁场耦合在转子上输出机械功率，同步电机进入电动机运行状态。在这一过程中转子转速几乎保持同步。由于转子是直流恒定磁场且绕组转速与磁场相同，因此转子绕组不感应电动势，外部提供的直流电能转化为绕组电阻上的焦耳损耗。由此可见，实现电磁能量转换装置的必定是电磁感应电动势相关的交变电流或两者乘积的电磁功率。

如果定子交流电源可以变频，那么转速可以变化，但频率的变化必须保持定、转子磁场的相对关系，否则同步电机将失去同步而不能正常运行。

3. 直线电机

直线电机由于为开放式结构，打破了旋转电机的自封闭周期性结构，磁场运动的周期性在两端磁路开放而发生变化，但在原理上仍然按照周期性分析方法。下面以定子和动子运动磁场的感应电机为例，如图6.30所示，说明直线感应电机的原理。

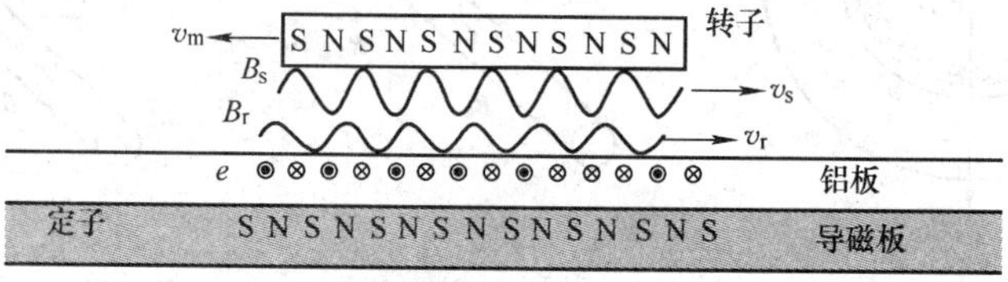

图6.30　直线感应电机原理

定子是由导磁板上覆盖铝板构成的，转子是由三相对称绕组构成多极运动磁场，设三相对称电流的角频率为ω_1，极距为τ，相对转子产生垂直铝板的磁场分量为

$$B_s(x,t)=B_{sm}\cos\left(\omega_1 t-\frac{\pi x}{\tau}\right) \tag{6-272}$$

式（6-272）表示转子行波磁场，它相对于转子以速度$v_s=\pi\omega_1/\tau$向右移动，某时刻的转子磁极已经用NS标明，它将在定子铝板上产生旋涡电场并感应涡流，由于铝板相当于笼型绕组，涡流产生的磁场类似同心式分布绕组电流产生的磁场，但在时间相位上要滞后于感应电动势，而导体感应电动势与磁场同相位，如图6.30所示，因此铝板涡流磁场（NS标在导磁板侧）相对于定子向右以速度v_r运动，将阻碍转子行波磁场的运动，即使得转子向与行波磁场运动方向相反的方向以速度v_m向左运动。转子向右发送磁场波推动定子铝板，而铝板感应涡流磁场对动子磁场的反作用力推动转子向左运动。这样实际定子磁场相对于定子铝板的速度是较小的速度，有

$$B_r(x,t)=B_{rm}\cos\left(s\omega_1 t-\frac{\pi x}{\tau}\right) \tag{6-273}$$

式中，转差率$s=v_r/v_s=(v_s-v_m)/v_s=(\omega_1-\omega)/\omega_1$。

转差率为正说明转子绕组输入电功率，通过磁场耦合在定子产生涡流焦耳损耗的同时推动转子运动输出机械功率，直线感应电机作为电动机运行。当转差率为负时，转子磁场相对转子的速度v_s小于转子运动速度v_m，因此实际转子磁场相对定子是相左的，这时定子要阻碍

转子磁场而使转子减速，将机械能通过耦合磁场转换成定子涡流焦耳损耗并使部分能量回馈给转子回收再利用，直线感应电机作为发电机运行。

由于直线感应电机铝板涡流产生焦耳损耗，因此相对效率较低，但优势是结构既简单又可靠，成本低廉。

由于直线电机运动速度大小和方向变化，因此需要电力电子控制器实现三相交流电流频率和相位的控制，以适应电动机和发电机或回馈制动运行方式的需要，这一点与恒定频率电源供电的旋转同步电机通过机械负载转矩方向变化实现电动和发电是不同的。

在旋转电机中两个磁场引起的径向力由于对称性相互抵消，因此转子轴承只承受重力和不平衡径向力作用，切向是摩擦力。在直线电机中转子与定子之间除了驱动力还有很强的磁场吸引力，而产生驱动力和吸引力的磁场与气隙长度成反比，因此对支撑结构或轨道的刚度和光滑性要求很高，对气隙大小要合理设计。

思考题与习题

1. 电磁感应定律应用于静止线圈和运动线圈的主要区别是什么？

2. 什么是位移电流？

3. 什么是霍尔效应？

4. 为什么良导体中的位移电流相对于传导电流可以忽略不计？

5. 为什么电容器存储的是电能而电抗器存储的是磁能？

6. 时变场中磁感应强度的场源是什么？

7. 时变场中的介质损耗是什么？

8. 为什么麦克斯韦微分方程组不是完全独立的？

9. 为什么坡印亭定理描述了电磁场中的能量守恒原理？

10. 满足波动方程的解一定是电磁波吗？

11. 已知半径为 a 的圆球内电荷密度 $\rho(\boldsymbol{r},t)=\rho_0\cos\theta\sin\omega t$，计算电偶极矩和电流密度。

12. 时变电磁场电荷密度满足 $\int_V\rho(\boldsymbol{r},t)\mathrm{d}V=0$，定义电偶极矩 $\boldsymbol{p}(t)=\int_V\boldsymbol{r}\rho(\boldsymbol{r},t)\mathrm{d}V$，利用电荷守恒原理证明 $\dfrac{\mathrm{d}\boldsymbol{p}(t)}{\mathrm{d}t}=\int_V\boldsymbol{J}(\boldsymbol{r},t)\mathrm{d}V$。

13. 无限长细直导线载直流电流 I_0，距离载流直线 d 有一共面矩形线圈，边长分别为 a 和 b，如图 6.31 所示。求：

1）矩形线圈内的磁通量。

2）导线与线圈间的互感。

3）直流电流改为交流电流 $i_1=I_0\sin\omega t$ 后，矩形线圈内的感应电动势（不考虑电流 i_2）。

14. 同轴传输线内导体外径为 $2a$，外导体内、外径分别为 $2b$ 和 $2c$，轴向长度为 L，导体的电导率为 σ，接负载电阻为 R，直流电压为 U_0，导体间填充理想介质 ε 和 μ_0，如图 6.32 所示，计算直流电流 I，画出同轴平面内的电场强度、磁场强度和坡印亭矢量。若为理想导体，计算坡印亭矢量，并验证坡印亭定理。

15. 平板电容器的圆形极板半径为 a，间距为 d（$\ll a$），用长直无阻导线给平板电容器提供交流电压 $u=U_0\sin\omega t$，忽略电场的边缘效应和滞后效应。计算：

1）极板间的电场强度和磁感应强度。

2）导线中的电流和平板中的电流密度。

3）导线周围的磁感应强度，并说明平板两侧磁感应强度的关系。

4）平板间理想介质的介电常数为 ε，磁导率为 μ_0，计算平板间传输的电磁功率瞬时值和平均值。

16. 垂直于半径为 a、厚度为 b 的铜质圆盘面施加均匀缓慢衰减的磁感应强度 $B=B_0\mathrm{e}^{-0.01t}$，计算圆盘内的涡流密度分布。

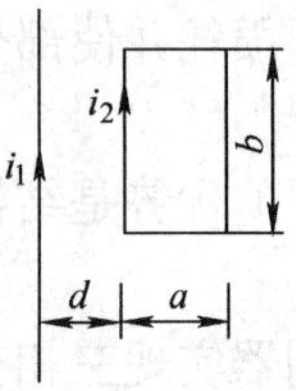

图 6.31　长直载流导线与矩形回路

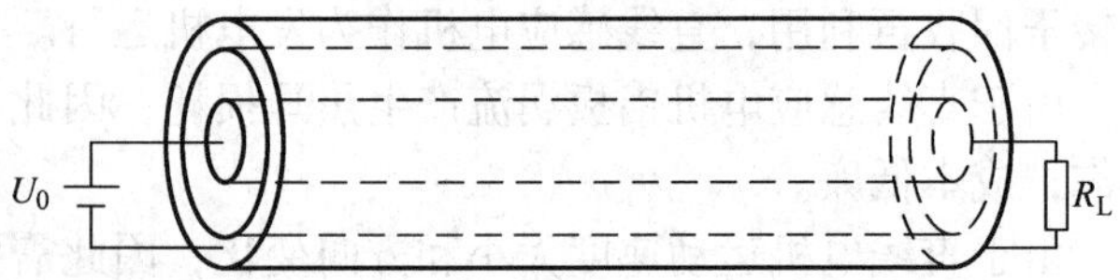

图 6.32　同轴传输线直流电压与电阻负载

17. 铜质细线圈半径为 a，线截面积为 S，电阻率为 ρ，绕垂直于地面的直径以角速度 ω 旋转，所在处地磁场水平分量为 B_h，计算：

1）铜环的损耗功率。

2）铜环受到的转矩。

18. 一个半径为 a 的小线圈与半径为 b 的大线圈在 $t=0$ 时刻同心共面，小线圈电阻为 R，自感忽略不计，绕直径以角速度 ω 旋转，大线圈通入恒定直流电流 I_0，如图 6.33 所示。计算：

1）小线圈中的电流。

2）小线圈受到的转矩。

3）大线圈中的感应电动势。

19. 在 $|z| << 1$ 的无源空气隙（μ_0，ε_0）内，有一位于 xOy 平面的矩形线圈，匝数为 N，尺寸分别为 $2a$ 和 b，线圈以恒定速度 v_0 沿 x 轴正方向运动，在 $t=0$ 时刻线圈位置如图 6.34 所示。已知 xOy 平面内磁感应强度的法向分量 $\boldsymbol{B}_z=\boldsymbol{a}_z B_m\cos(\omega_1 t-kx)$，其中 B_m、ω_1 和 k 均为大于零的常数，且 $\omega_1 << kc$（c 为真空中的光速）。假设线圈平面法向为 z 轴正方向，计算：

1）线圈内的磁通量 Φ 和感应电动势 e 随时间变化的函数。

2）当感应电动势峰值最大时，线圈边长 b 的最小值。

3）当 b 和 v_0 满足什么条件时，线圈内的感应电动势为零。

20. 霍尔传感器利用磁场 $\boldsymbol{B}$、电流 I 和两极 a 和 b 间的电动势 V_0 的关系 $V_0=R_H BI$，其中磁感应强度 $\boldsymbol{B}$ 和电流的方向相互垂直，R_H 为霍尔系数，如图 6.35 所示。

1）解释多数载流子分别为电子和空穴时电极 a 和 b 的极性。

2）解释磁场恒定时，测量电流的原理。

3）解释电流方向恒定时，测量磁场极性的原理。

4）解释如何利用霍尔元件测量线路的电压和电流。

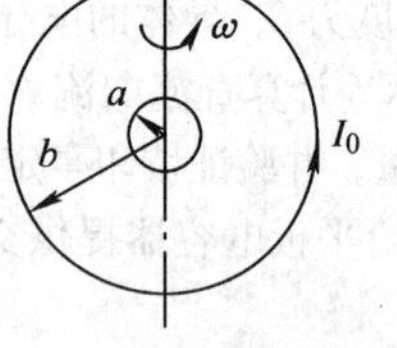

图 6.33　旋转小圆线圈

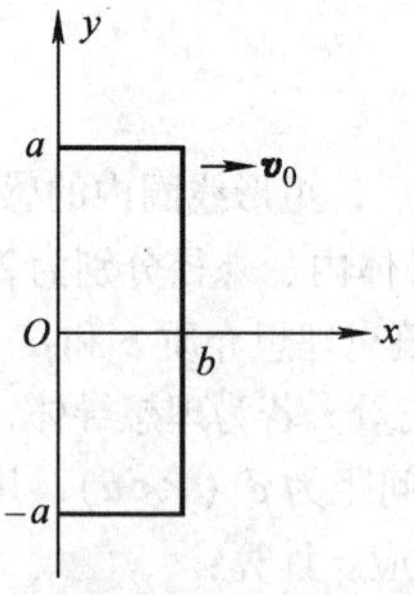

图 6.34　磁场中运动的矩形线圈

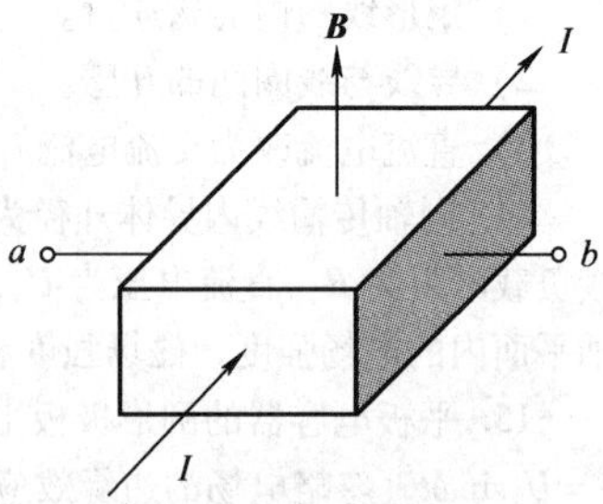

图 6.35　霍尔效应

21. 一个半径为 a 的线圈绕直径以角速度 ω 旋转。在中心沿旋转 z 轴方向有一磁偶极矩为 $\boldsymbol{m}$ 的小磁铁，计算线圈四分之一圆弧上的感应电动势（$0\leqslant\theta\leqslant\pi/2$）。

22. 半径分别为 a 和 b 的同心理想导体圆球电容器之间填充线性、均匀和各向同性介质，介质特性参数分别为电导率 σ、相对磁导率 μ_r、相对介电常数 ε_r，外导体圆球壳电极接地，内导体圆球壳电极电位在

$t=0$ 时刻为 V_0，计算下列各量的时间变化规律：

1）内导体表面自由电荷密度。

2）传导电流密度、位移电流密度和极化电荷密度。

3）电场强度和电位。

4）矢量磁位、磁感应强度、磁化强度和磁化电流密度。

23. 已知平板电容器的面积为 S，间隙为 d，填充厚度分别为 d_1 和 $d_2=d-d_1$ 的非理想介质，参数分别为 ε_1、σ_1、μ_0 和 ε_2、σ_2、μ_0，极板不带电荷并在 $t=0$ 时刻施加电压 U_0，计算介质中的电流密度和交界面上自由电荷密度随时间的变化规律，画出等效电路。

24. 已知自由空间中电场强度瞬时值为 $\boldsymbol{E}=\boldsymbol{a}_{\mathrm{x}}E_{\mathrm{xm}}\cos(\omega t-kz)+\boldsymbol{a}_{\mathrm{y}}E_{\mathrm{ym}}\cos(\omega t-kz+\varphi)$，计算磁场强度瞬时值、坡印亭矢量、电磁场能量密度及其平均值，以及平均坡印亭矢量。

25. 已知空间自由电荷密度 ρ、传导电流密度 $\boldsymbol{J}$、极化强度 $\boldsymbol{P}$ 和磁化强度 $\boldsymbol{M}$，请用电场强度 $\boldsymbol{E}$ 和磁感应强度 $\boldsymbol{B}$ 描述麦克斯韦微分方程组。如果引入复数形式的场矢量 $\boldsymbol{F}=\boldsymbol{E}+\mathrm{j}Z_0\boldsymbol{H}$，$\boldsymbol{G}=\boldsymbol{P}+\mathrm{j}\boldsymbol{M}/c$，其中 Z_0 是自由空间波阻抗，c 是光速，用 ρ、$\boldsymbol{J}$ 和 $\boldsymbol{G}$ 表示复数场矢量 $\boldsymbol{F}$ 的散度和旋度，用 $\boldsymbol{F}$ 表示坡印亭矢量 $\boldsymbol{S}$。

26. 已知自由空间中位于坐标原点、沿 z 轴的电流偶极子天线产生的矢量磁位复矢量形式为 $\boldsymbol{A}=\boldsymbol{a}_{\mathrm{z}}A_{\mathrm{m}}r^{-1}\mathrm{e}^{\mathrm{j}kr}$，其中 r 为圆球坐标矢径长度，k 为波矢量大小。计算空间电场强度复矢量和复坡印亭矢量，以及圆球面上的平均电磁功率。

27. 圆柱坐标系中薄壁圆筒位置的磁场 $\boldsymbol{H}=\boldsymbol{a}_{\mathrm{r}}H_{\mathrm{m}}\cos(\omega t-\varphi)+\boldsymbol{a}_{\varphi}H_1\cos(\omega t-\varphi)$，$a<r<b$，有一个对称矩形线圈沿 z 轴边长 L，宽度 $2c(a<c<b)$，绕 z 轴以角速度 ω_0 旋转，在 $t=0$ 时刻线圈与 zOx 平面重合，计算矩形线圈内的感应电动势。

28. 半径为 1mm 的圆铜线，电导率为 $\sigma=5.8\times10^7\ \mathrm{S/m}$，计算频率分别为 0Hz、50Hz、10kHz、10MHz 和 10GHz 时单位长度的电阻，以及位移电流密度幅值与传导电流密度幅值之比。

29. 圆球表面细线绕极轴分布使得半径为 a 的球面匝数分布为 $N=N_0\sin\theta$，导线内通入频率数千赫兹的电流 $i=I_{\mathrm{m}}\sin\omega t$，计算：

1）导线电流形成的球面电流密度分布和传导电流产生的圆球内部磁感应强度。

2）圆球内部时变磁感应强度产生的位移电流密度和位移电流在球心处产生的磁感应强度。

30. 八极永磁转子旋转同步电机，已知转子产生的气隙磁场径向分量幅值为 $B_{\mathrm{f}}=0.58\mathrm{T}$，定子内表面直径 $D=25\mathrm{cm}$，轴向长度为 8.5cm，三相交流绕组空间对称分布，每相电阻为 0.1Ω，每相自感 $L=10\mathrm{mH}$，两相互感为 $M=4.5\mathrm{mH}$，每相等效整距线圈的串联匝数 $N=65$，转子转速为 5400r/min，计算定子线圈极距、每极磁通量幅值、每相永磁磁场产生的感应电动势频率和幅值，以及每相外接 50Ω 纯电阻对称负载时的稳态电流有效值。

第7章 均匀平面电磁波

第6章介绍了时变电磁场的麦克斯韦方程组，并且指出时变磁场激发旋涡电场，时变电场激发旋涡磁场，在无源的自由空间电磁场以电磁波的形式存在，电磁波的传播速度是光速。本章重点分析均匀平面电磁波在理想介质和有耗介质的传播特性，以及利用场矢量端点复平面轨迹法确定电磁波的极化方式。

7.1 理想介质中的平面电磁波

为了讨论波动方程的解，先分析理想介质中电磁波满足的方程。所谓理想介质是指电导率等于零的无耗电介质。假设电磁波在充满理想介质的无界空间中传播，介质的介电常数为 ε，磁导率为 μ，那么电场和磁场强度都满足齐次矢量波动方程，即

$$\nabla^2 \boldsymbol{E} - \mu\varepsilon \frac{\partial^2 \boldsymbol{E}}{\partial t^2} = \boldsymbol{0} \tag{7-1}$$

$$\nabla^2 \boldsymbol{H} - \mu\varepsilon \frac{\partial^2 \boldsymbol{H}}{\partial t^2} = \boldsymbol{0} \tag{7-2}$$

式（7-1）和式（7-2）都是齐次亥姆霍兹（H. L. F. von Helmholtz）方程，电磁波既是时间函数，又是三维空间函数，因此是时空四维函数。

为了获得电磁波的解，可以将三维空间按照直角坐标系分量展开，如电场强度的 E_x、E_y 和 E_z 分量，每个分量又是时空四维函数，但独立地满足标量波动方程。

一般地，标量波动方程有如下形式：

$$\nabla^2 \phi - \frac{1}{v^2} \frac{\partial^2 \phi}{\partial t^2} = 0 \tag{7-3}$$

式中，波动方程的标量场 ϕ 代表电场或磁场的一个分量；v 为波速。

进一步假设标量波在直角坐标空间仅仅与一维坐标 z 有关，而与坐标 x 和 y 无关，可以将三维空间标量波动方程简化为一维标量波动方程。设标量场 ϕ 仅仅是坐标 z 和时间 t 的函数，则式（7-3）的拉普拉斯算子简化为偏微分算子，可得

$$\frac{\partial^2 \phi(z,t)}{\partial z^2} - \frac{1}{v^2} \frac{\partial^2 \phi(z,t)}{\partial t^2} = 0 \tag{7-4}$$

利用分离变量法求解波动方程式（7-4），令 $\phi(z,t) = S(z)T(t)$，那么将时空变量分离后得到常微分方程为

$$\frac{\mathrm{d}^2 S(z)}{S(z)\mathrm{d}z^2} = \frac{1}{v^2} \frac{\mathrm{d}^2 T(t)}{T(t)\mathrm{d}t^2} \tag{7-5}$$

式（7-5）的左边是空间坐标 z 的函数，而右边是时间 t 的函数，两者是独立的，并且是周期性波动的，因此只能都等于一个常数 $-m^2$。于是

$$\frac{\mathrm{d}^2 S(z)}{\mathrm{d}z^2} + m^2 S(z) = \frac{\mathrm{d}^2 T(t)}{\mathrm{d}t^2} + m^2 v^2 T(t) = 0 \tag{7-6}$$

解得空间和时间周期函数为

$$S(z)=a_m\cos(mz)+b_m\sin(mz) \tag{7-7a}$$

$$T(t)=c_m\cos(mvt)+d_m\sin(mvt) \tag{7-7b}$$

电磁波通常是时间的周期函数（$m\neq0$），若 m 只是离散的整数值，重新定义系数则合成后标量场的波动形式为

$$\phi(z,\ t)=\sum_{m=1}^{\infty}[A_m\cos m(z+vt)+B_m\sin m(z+vt)+C_m\cos m(z-vt)+D_m\sin m(z-vt)] \tag{7-8}$$

标量波动方程具有如下形式的解：

$$\phi(z,\ t)=\phi_+(z-vt)+\phi_-(z+vt) \tag{7-9a}$$

或者

$$\phi(z,\ t)=\phi_+(t-z/v)+\phi_-(t+z/v) \tag{7-9b}$$

式中，ϕ_+和ϕ_-都是存在二阶导数的连续函数。

对于$\phi_+(z-vt)$在某一时刻t_1和空间位置z_1的函数值$\phi_+(z_1-vt_1)$，下一时刻t_2和空间位置$z_2=z_1+v(t_2-t_1)$的函数值保持$\phi_+(z_2-vt_2)=\phi_+(z_1-vt_1)$不变，那么波的传播速度为

$$\frac{z_2-z_1}{t_2-t_1}=v \tag{7-10a}$$

说明$\phi_+(z-vt)$是沿 z 轴正方向以速度 v 传播的行波，并且与坐标 x 和 y 无关，因此在任何 z 为常数的平面内$\phi_+(z-vt)$是正向传播的均匀平面波，简称平面波。

正向传播的平面波波速的计算方法是函数值相同的空间位置随时间变化率，即单位时间内波幅在空间连续移动的距离。由式（7-9a）得到正向传播的平面波波速为

$$z-vt=\text{const.},\ \frac{\mathrm{d}z}{\mathrm{d}t}=v \tag{7-10b}$$

同样地，对于$\phi_-(z+vt)$在某一时刻t_1和空间位置z_1的函数值$\phi_-(z_1+vt_1)$，下一时刻t_2和空间位置$z_2=z_1-v(t_2-t_1)$的函数值保持$\phi_-(z_2+vt_2)=\phi_-(z_1+vt_1)$不变，那么波的传播速度为$(z_2-z_1)/(t_2-t_1)=-v$。说明$\phi_-(z+vt)$是沿 z 轴反方向以相同速度 v 传播的平面波。

在无界空间中，波的传播方向取决于场源。满足波动方程的波形很多，满足麦克斯韦方程组的电磁波满足波动方程，但满足波动方程的波不一定是具有电磁场特点的电磁波。尽管式（7-1）和式（7-2）具有相同的形式，但并不表示电场强度和磁场强度具有相同的函数，因为电场强度的旋度与磁场强度的时间变化率存在约束关系，即满足麦克斯韦电磁感应的微分方程。

下面讨论电磁场量沿 z 轴正方向传播且场强方向与传播方向垂直，仅仅随传播方向空间一维变化的电磁波。即电磁场量只是空间坐标 z 和时间 t 的函数，与空间坐标 x 和 y 无关的均匀平面电磁波。

7.1.1 平面电磁波的传播特性

对于一维的波动方程，若电场强度只有 x 轴分量，电磁波沿 z 轴传播且空间仅仅随 z 变化，电磁波的波速 $v=1/\sqrt{\mu\varepsilon}$，那么电场强度的解具有如下形式：

$$\boldsymbol{E}=\boldsymbol{a}_x\phi_+(t-z/v) \tag{7-11}$$

电场强度具有的一个显著特点是任一时刻，相同 z 平面上的电场强度都相同，因此称为均匀平面电场波。因为电场强度只有横向分量，没有传播方向的纵向分量，所以也称为横向电场波或横电波（TE 波）。

根据麦克斯韦方程式（6-61a），电场强度的旋度与磁场强度的时间变化率满足关系

$$-\mu\frac{\mathrm{d}\boldsymbol{H}}{\mathrm{d}t}=\nabla\times\boldsymbol{E}=\boldsymbol{a}_{\mathrm{y}}\frac{\partial E_{\mathrm{x}}}{\partial z}=-\boldsymbol{a}_{\mathrm{y}}\phi'_{+}(t-z/v)/v \tag{7-12}$$

式中，$\varphi'_{+}(t-z/v)$是函数的导数。

式（7-12）说明，沿 z 轴正方向传播的平面波电场强度 x 分量与磁场强度的 y 轴分量耦合，相互激发。不考虑磁场强度与时间无关的常数项，那么由式（7-12）积分得到

$$\boldsymbol{H}=\boldsymbol{a}_{\mathrm{y}}Y\phi_{+}(t-z/v) \tag{7-13}$$

式中，$Y=\sqrt{\varepsilon/\mu}$仅仅取决于理想电磁介质特性，其量纲与电导相同，称为波导纳，其倒数 $Z=\sqrt{\mu/\varepsilon}$称为波阻抗。

由式（7-13）可知，在任一时刻，相同 z 平面上的磁场强度矢量都相同，因此称为平面磁场波，也称为横向磁场波或横磁波（TM 波）。

同样地，对于沿 z 轴反方向传播的 x 轴分量的电场强度波也可以得到类似的结果

$$\boldsymbol{E}=\boldsymbol{a}_{\mathrm{x}}\phi_{-}(t+z/v),\ \boldsymbol{H}=-\boldsymbol{a}_{\mathrm{y}}Y\phi_{-}(t+z/v) \tag{7-14}$$

只有横向分量而没有纵向分量的电磁波称为横电磁波（TEM 波）。由上述分析可以发现，如果电磁波沿传播方向单位矢量为 $\boldsymbol{a}_{\mathrm{n}}$，那么由式（7-11）和式（7-13）以及式（7-14）得到磁场强度与电场强度满足矢量运算关系

$$\boldsymbol{H}=\boldsymbol{a}_{\mathrm{n}}\times\boldsymbol{E}Y,\ \boldsymbol{E}=Z\boldsymbol{H}\times\boldsymbol{a}_{\mathrm{n}} \tag{7-15}$$

式（7-15）表明，不同传播方向的电磁波同时存在时，如驻波以及入射波与反射波同时存在的情况，要对正、反向行波分别计算。

综上所述，一维空间单向传播的均匀平面电磁波是在任一时刻，与传播方向垂直平面上的电场强度相同，磁场强度也相同，电场强度与磁场强度大小相差一个与介质特性有关的比例常数。对于均匀平面电磁波，正方向传播的场强分量之比为正值（波导纳或波阻抗），反方向传播的场强分量之比为负值（负的波导纳或负的波阻抗）。

在工程实际应用中常分析时谐场。对于频率为 f 的时谐场，电场强度和磁场强度采用复矢量表示，为了简便起见省略矢量上方的小黑圆点，具体可以根据表达式中无时间量、出现角频率 ω、纯虚数 j 与共轭运算来判断。复矢量波动方程分别为

$$\nabla^2\boldsymbol{E}+k^2\boldsymbol{E}=\boldsymbol{0} \tag{7-16a}$$

$$\nabla^2\boldsymbol{H}+k^2\boldsymbol{H}=\boldsymbol{0} \tag{7-16b}$$

式中，$k=\omega\sqrt{\mu\varepsilon}=\omega/v$。

同样地，如果电场强度只有一维坐标变量 z，并且只有 x 轴方向分量，那么式（7-16a）的解为

$$\boldsymbol{E}=\boldsymbol{a}_{\mathrm{x}}(E_{\mathrm{m+}}\mathrm{e}^{-\mathrm{j}kz}+E_{\mathrm{m-}}\mathrm{e}^{\mathrm{j}kz}) \tag{7-17}$$

式中，$E_{\mathrm{m+}}$和 $E_{\mathrm{m-}}$分别为正向和反向传播的电场强度幅值。

利用复矢量形式的麦克斯韦方程组中的电场强度旋度计算磁场强度得

$$\boldsymbol{H}=\frac{1}{-\mathrm{j}\omega\mu}\nabla\times\boldsymbol{E}=\boldsymbol{a}_{\mathrm{y}}Y(E_{\mathrm{m+}}\mathrm{e}^{-\mathrm{j}kz}-E_{\mathrm{m-}}\mathrm{e}^{\mathrm{j}kz}) \tag{7-18}$$

式（7-17）中的电场强度和式（7-18）中的磁场强度用瞬时值形式分别表示为

$$\boldsymbol{E}(z,\ t)=\boldsymbol{a}_{\mathrm{x}}[E_{\mathrm{m}+}\cos(\omega t-kz)+E_{\mathrm{m}-}\cos(\omega t+kz)] \tag{7-19a}$$

$$\boldsymbol{H}(z,\ t)=\boldsymbol{a}_{\mathrm{y}}[YE_{\mathrm{m}+}\cos(\omega t-kz)-YE_{\mathrm{m}-}\cos(\omega t+kz)] \tag{7-19b}$$

下面以沿 z 轴正方向传播的均匀平面电磁波为例分析平面电磁波的传播特性参数和特性。

1. 波矢量和波数

电磁波的传播方向为 z 轴正方向，即波矢量 $\boldsymbol{k}$ 沿 z 轴正方向且大小为波数 k，即

$$\boldsymbol{k}=\boldsymbol{a}_{\mathrm{z}}k \tag{7-20}$$

由式（7-20）可知，波数 k 表示沿电磁波传播方向空间单位长度电磁波的相位移动，或者波数可以理解为相差 2π 弧度内电磁波的个数，它通常不是整数，波数的单位是弧度/米（rad/m）。

2. 频率与周期

电磁波的角频率为 ω，与频率 f 的关系为

$$\omega=2\pi f \tag{7-21}$$

角频率的单位是弧度/秒（rad/s），表示电磁波单位时间内的相位移动。频率的单位是赫兹（Hz），表示单位时间内电磁波任意空间位置变化的次数。周期表示波峰连续移动 2π 弧度需要的时间，周期 T 等于频率 f 的倒数，即

$$T=1/f \tag{7-22}$$

3. 波长

由于 2π 弧度内电磁波有 k 个波数，用符号 λ 表示，单位为米（m），因此电磁波的波长为

$$\lambda=2\pi/k \tag{7-23}$$

4. 相速

平面电磁波的相速表示相位相同的点空间连续移动的速度，用 v_{p} 表示，单位为米/秒（m/s），它等于波长与频率的乘积，即

$$v_{\mathrm{p}}=1/\sqrt{\mu\varepsilon}=c/\sqrt{\mu_{\mathrm{r}}\varepsilon_{\mathrm{r}}}=\lambda f=\omega/k \tag{7-24}$$

自由空间中的平面电磁波的相速为光速 $v_{\mathrm{p}}=c=1/\sqrt{\mu_0\varepsilon_0}$。

5. 本征阻抗

平面电磁波的本征阻抗定义为横向电场强度与横向磁场强度复矢量振幅之比，用符号 Z 表示，单位为欧姆（Ω）。于是

$$Z=\sqrt{\mu/\varepsilon}=Z_0\sqrt{\mu_{\mathrm{r}}/\varepsilon_{\mathrm{r}}} \tag{7-25}$$

式中，自由空间中本征阻抗 $Z_0=\sqrt{\mu_0/\varepsilon_0}$，数值为 $120\pi\Omega$。导纳 $Y=Z^{-1}=Y_0\sqrt{\varepsilon_{\mathrm{r}}/\mu_{\mathrm{r}}}$。

例 7.1 均匀平面电磁波在自由空间中传播的波长为 12m，在理想介质中传播的波长为 8m，且电场强度幅值为 50V/m，磁场强度幅值为 0.1A/m，计算电磁波的频率、理想介质的相对介电常数和相对磁导率。

解答 电磁波在不同介质中传播的频率是不变的，根据自由空间中传播速度和波长确定频率得

$$f=c/\lambda_1=3\times10^8/12=25\times10^6\,\mathrm{Hz}$$

在理想介质中，波速和波阻抗分别为

$$v=\frac{c}{\sqrt{\mu_r\varepsilon_r}}=\lambda_2 f,\ Z=120\pi\sqrt{\frac{\mu_r}{\varepsilon_r}}=\frac{E_m}{H_m}$$

于是，介质参数为

$$\mu_r=\frac{E_m\lambda_1}{120\pi H_m\lambda_2}=\frac{25}{4\pi},\ \varepsilon_r=\frac{120\pi H_m\lambda_1}{E_m\lambda_2}=\frac{9\pi}{25}$$

6. 传播特性

考虑自由空间中沿 z 轴正方向传播的平面电磁波，电场和磁场强度的瞬时值形式分别为

$$\boldsymbol{E}=\boldsymbol{a}_x E_0\cos(\omega t-kz),\ \boldsymbol{H}=\boldsymbol{a}_y H_0\cos(\omega t-kz) \tag{7-26}$$

式（7-26）表明，电场强度和磁场强度两个场矢量不仅随时间是周期变化的，而且随电磁波传播方向上的空间位置也是周期变化的，某一时刻电场强度和磁场强度随传播方向坐标变化的波形如图 7.1 所示，它们同时达到正的幅值、零或负的幅值。在任意时刻、任意一个与传播方向垂直的 z 为常数空间平面上，不论是电场还是磁场矢量都是相同的，是均匀平面电磁波。

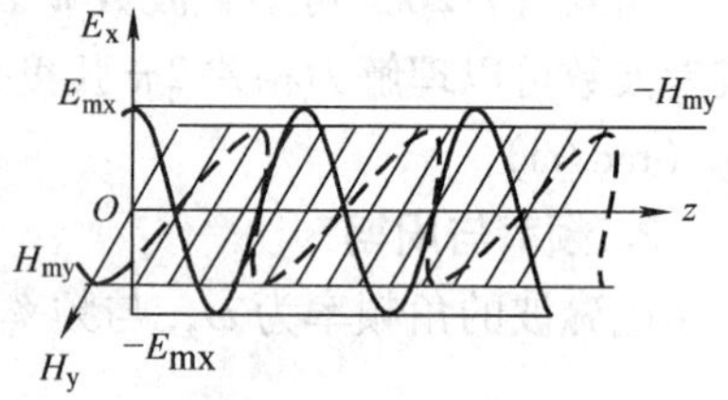

图 7.1　沿 z 轴传播的电磁波 E_x 和 H_y

磁场强度的幅值与电场强度幅值的关系由本征阻抗 Z_0 或导纳 Y_0 紧密联系在一起，即

$$H_0=Y_0E_0,\ E_0=Z_0H_0 \tag{7-27}$$

磁场强度的矢量与电场强度矢量的关系由本征阻抗和电磁波传播方向单位矢量紧密联系在一起，即三个矢量是相互正交的，有

$$\boldsymbol{H}=\boldsymbol{a}_z\times\boldsymbol{E}Y_0,\ \boldsymbol{E}=Z_0\boldsymbol{H}\times\boldsymbol{a}_z \tag{7-28}$$

对于时谐场，可以用复矢量表示场矢量，因为取实部算子与时间微分、积分、哈密顿和拉普拉斯等线性算子可以交换位置，而对时间求偏微分相当于复矢量前乘以 jω，所以复矢量形式的两个麦克斯韦旋度方程变为

$$\nabla\times\boldsymbol{E}=-\mathrm{j}\omega\boldsymbol{B} \tag{7-29a}$$

$$\nabla\times\boldsymbol{H}=\boldsymbol{J}+\mathrm{j}\omega\boldsymbol{D} \tag{7-29b}$$

对于简单介质，考虑到导体电流密度与电场强度的关系 $\boldsymbol{J}=\sigma\boldsymbol{E}$，磁场强度与磁感应强度的关系 $\boldsymbol{B}=\mu\boldsymbol{H}$，电位移矢量与电场强度的关系 $\boldsymbol{D}=\varepsilon\boldsymbol{E}$，且无自由电荷源区域，由式（7-29）可以推导出复矢量波动方程分别为

$$\nabla^2\boldsymbol{E}-\gamma^2\boldsymbol{E}=\boldsymbol{0} \tag{7-30a}$$

$$\nabla^2\boldsymbol{H}-\gamma^2\boldsymbol{H}=\boldsymbol{0} \tag{7-30b}$$

式中，$\gamma^2=-\omega^2\mu\varepsilon+\mathrm{j}\omega\mu\sigma$。

对于有耗介质，由于微分方程的特征根是复数，因此电场强度和磁场强度除存在空间周期变化部分外，还存在随空间衰减或增长的指数部分。有关有耗介质波动方程的解和特性在下一节中介绍。

对于无耗理想介质，不存在衰减与增长的指数部分，$\gamma^2=-\omega^2\mu\varepsilon=-k^2$，式（7-30）分别简化为复矢量形式的齐次亥姆霍兹方程式（7-16）。下面重点分析无耗介质的特性。

随时间按照正弦或余弦规律变化的函数与复数具有一一对应关系，式（7-26）中的电场强度可以表示为

$$\boldsymbol{E}(\boldsymbol{r},t)=\mathrm{Re}\{\boldsymbol{a}_x E_0 \mathrm{e}^{\mathrm{j}(\omega t-kz)}\}=\mathrm{Re}\{\boldsymbol{E}(\boldsymbol{r})\mathrm{e}^{\mathrm{j}\omega t}\} \tag{7-31}$$

其中，电场强度的复矢量形式为

$$\boldsymbol{E}=\boldsymbol{E}(\boldsymbol{r})=\boldsymbol{a}_x E_0 \mathrm{e}^{-\mathrm{j}kz} \tag{7-32}$$

电场强度复矢量形式不仅是空间矢量，而且是空间坐标复指数函数形式的矢量，它的时间特性是频率固定的周期信号。这里采用复矢量形式乘以时间复指数函数后取实部表示时间瞬时值形式，因此对于按照正弦规律变化的电场强度需要改写成余弦形式，或者增加空间复指数相位。

同样地，式（7-26）中的磁场强度复矢量形式为

$$\boldsymbol{H}=\boldsymbol{a}_y H_0 \mathrm{e}^{-\mathrm{j}kz} \tag{7-33}$$

由此可见，复矢量形式的电场强度和磁场强度的幅值仍然满足本征阻抗关系式（7-27），两者的矢量都与电磁波传播方向单位矢量满足相互正交关系式（7-28）。

对于单一频率正弦变化的时谐场，场矢量可以用复矢量表示。复矢量可以有模矢量与复角形式，或者实部与虚部矢量形式，电场强度和磁场强度复矢量分别为

$$\boldsymbol{E}=\boldsymbol{a}_x E_m \mathrm{e}^{-\mathrm{j}kz}=\boldsymbol{E}_r+\mathrm{j}\,\boldsymbol{E}_i,\ \boldsymbol{H}=\boldsymbol{a}_y H_m \mathrm{e}^{-\mathrm{j}kz}=\boldsymbol{H}_r+\mathrm{j}\,\boldsymbol{H}_i \tag{7-34}$$

式中，下标 r 和 i 分别表示复矢量的实部和虚部矢量。

由式（7-28）和式（7-34）得到实部和虚部也满足正交性与本征阻抗或导纳关系，即

$$\boldsymbol{H}_r=\boldsymbol{a}_z\times\boldsymbol{E}_r Y,\ \boldsymbol{H}_i=\boldsymbol{a}_z\times\boldsymbol{E}_i Y,\ \boldsymbol{E}_r=Z\,\boldsymbol{H}_r\times\boldsymbol{a}_z,\ \boldsymbol{E}_i=Z\,\boldsymbol{H}_i\times\boldsymbol{a}_z \tag{7-35}$$

在复矢量中尽管没有时间信息显式地表示出来，但角频率是确定的，瞬时值等于复矢量与时间角频率复旋转因子 $\mathrm{e}^{\mathrm{j}\omega t}$ 的乘积取实部，即

$$\boldsymbol{E}(\boldsymbol{r},t)=\mathrm{Re}\{\boldsymbol{E}(\boldsymbol{r})\mathrm{e}^{\mathrm{j}\omega t}\}=\mathrm{Re}\{(\boldsymbol{E}_r+\mathrm{j}\,\boldsymbol{E}_i)\mathrm{e}^{\mathrm{j}\omega t}\} \tag{7-36}$$

$$\boldsymbol{H}(\boldsymbol{r},t)=\mathrm{Re}\{\boldsymbol{H}(\boldsymbol{r})\mathrm{e}^{\mathrm{j}\omega t}\}=\mathrm{Re}\{(\boldsymbol{H}_r+\mathrm{j}\,\boldsymbol{H}_i)\mathrm{e}^{\mathrm{j}\omega t}\} \tag{7-37}$$

也即

$$\boldsymbol{E}(\boldsymbol{r},t)=\boldsymbol{E}_r\cos\omega t-\boldsymbol{E}_i\sin\omega t,\ \boldsymbol{H}(\boldsymbol{r},t)=\boldsymbol{H}_r\cos\omega t-\boldsymbol{H}_i\sin\omega t \tag{7-38}$$

坡印亭矢量为

$$\begin{aligned}\boldsymbol{S}&=\boldsymbol{E}(\boldsymbol{r},t)\times\boldsymbol{H}(\boldsymbol{r},t)=(\boldsymbol{E}_r\cos\omega t-\boldsymbol{E}_i\sin\omega t)\times(\boldsymbol{H}_r\cos\omega t-\boldsymbol{H}_i\sin\omega t)\\&=(\boldsymbol{E}_r\times\boldsymbol{H}_r)\cos^2\omega t+(\boldsymbol{E}_i\times\boldsymbol{H}_i)\sin^2\omega t-[(\boldsymbol{E}_r\times\boldsymbol{H}_i)+(\boldsymbol{E}_i\times\boldsymbol{H}_r)\cos\omega t\sin\omega t]\end{aligned} \tag{7-39}$$

平均坡印亭矢量为

$$\boldsymbol{S}_{av}=\frac{1}{2}(\boldsymbol{E}_r\times\boldsymbol{H}_r)+\frac{1}{2}(\boldsymbol{E}_i\times\boldsymbol{H}_i)=\frac{1}{2}\mathrm{Re}\{\boldsymbol{E}\times\boldsymbol{H}^*\} \tag{7-40}$$

式（7-40）为电场强度复矢量与磁场强度共轭复矢量的叉积取实部。这里平均坡印亭矢量表达式中的系数 1/2 是由于实部和虚部矢量的模为幅值形式而不是有效值形式。如果都采用有效值作为模，那么 1/2 可以省略。

复坡印亭矢量定义为电场强度复矢量与磁场强度共轭复矢量的叉积，即

$$\boldsymbol{S}=\boldsymbol{E}\times\boldsymbol{H}^* \tag{7-41}$$

由式（7-40）和式（7-41）可见，平均坡印亭矢量等于复坡印亭矢量取实部的一半。

电场能量体密度由式（7-38）的电场强度得到

$$w_e=\frac{1}{2}\varepsilon(\boldsymbol{E}_r\cos\omega t-\boldsymbol{E}_i\sin\omega t)\cdot(\boldsymbol{E}_r\cos\omega t-\boldsymbol{E}_i\sin\omega t)$$

$$= \frac{1}{2}\varepsilon(E_r^2\cos^2\omega t + E_i^2\sin^2\omega t - \boldsymbol{E}_r \cdot \boldsymbol{E}_i\sin2\omega t) \tag{7-42}$$

平均电场能量密度为

$$w_{eav} = \frac{1}{4}\varepsilon(E_r^2 + E_i^2) = \frac{1}{4}\varepsilon E_m^2 \tag{7-43}$$

磁场能量密度由式（7-38）的磁场强度得到

$$w_m = \frac{1}{2}\mu(\boldsymbol{H}_r\cos\omega t - \boldsymbol{H}_i\sin\omega t) \cdot (\boldsymbol{H}_r\cos\omega t - \boldsymbol{H}_i\sin\omega t)$$

$$= \frac{1}{2}\mu(H_r^2\cos^2\omega t + H_i^2\sin^2\omega t - \boldsymbol{H}_r \cdot \boldsymbol{H}_i\sin2\omega t) \tag{7-44}$$

平均磁场能量密度为

$$w_{mav} = \frac{1}{4}\mu(H_r^2 + H_i^2) = \frac{1}{4}\mu H_m^2 \tag{7-45}$$

考虑到均匀平面波中磁场强度幅值与电场强度幅值的关系式（7-15），不难发现

$$w_{eav} = \frac{1}{4}\varepsilon Z^2 H_m^2 = \frac{1}{4}\mu H_m^2 = w_{mav} \tag{7-46}$$

这说明简单介质中均匀平面电磁波的平均电场能量密度与平均磁场能量密度是相同的，事实上瞬时值电场能量密度与磁场能量密度也是相同的。

电磁波平均电磁能量密度等于电场和磁场平均能量密度之和，即

$$w_{emav} = w_{eav} + w_{mav} = \frac{1}{2}\varepsilon E_m^2 = \frac{1}{2}\mu H_m^2 \tag{7-47}$$

平均坡印亭矢量由式（7-40）和式（7-47）得到

$$\boldsymbol{S}_{av} = \boldsymbol{a}_z\frac{1}{2}ZH_m^2 = \boldsymbol{a}_z\frac{1}{2\sqrt{\mu\varepsilon}}\mu H_m^2 = \boldsymbol{v}w_{emav} \tag{7-48}$$

式中，$\boldsymbol{v} = \boldsymbol{a}_z(\mu\varepsilon)^{-1/2}$是电磁波的传播速度矢量。

一般地，功率等于能量的时间变化率或者力与速度的标量积，单位面积上的功率等于压力与速度矢量的标量积，因此电磁波作用到垂直于电磁波传播方向介质界面上的压强为平均电磁能量密度，即

$$p = w_{emav} = S_{av}/v \tag{7-49}$$

平面电磁波平均能量传播速度 $v = v_p$，等于平均坡印亭矢量与平均电磁能量体密度之比，即

$$\boldsymbol{v} = \boldsymbol{S}_{av}/w_{emav} \tag{7-50}$$

综上所述，对于均匀平面电磁波，具有如下传播特性：

1）电磁波的传播方向矢量或波矢量 $\boldsymbol{k}$，与电场强度矢量 $\boldsymbol{E}$ 方向垂直，与磁场强度矢量 $\boldsymbol{H}$ 方向也垂直，电场强度和磁场强度也相互垂直，三者符合右手螺旋关系，属于没有沿电磁波传播方向纵向分量的横电磁波（TEM 波）。

2）平面电磁波的电场强度和磁场强度在空间任意点和任意时刻的相位相同，两者幅值之比等于介质的本征阻抗，且理想介质的本征阻抗为实数，但在有耗介质中本征阻抗是复数。

3）复坡印亭矢量等于两倍平均坡印亭矢量，电磁波沿传播方向传输实功率，是无耗传输，这是因为$\boldsymbol{S} = \boldsymbol{E} \times \boldsymbol{H}^* = \boldsymbol{E} \times (\boldsymbol{a}_z \times \boldsymbol{E}^* Y) = \boldsymbol{a}_z|\boldsymbol{E}|^2 Y = \boldsymbol{a}_z Z|\boldsymbol{H}|^2 = 2\boldsymbol{S}_{av}$。

4）平均电场能量体密度与平均磁场能量体密度处处相同，平均坡印亭矢量等于平均电磁能量体密度与电磁波传播速度矢量的乘积，而平均电磁能量体密度相当于电磁波的压强，即作用在垂直于电磁波传播方向平面上的单位面积压力。

例 7.2 已知自由空间中的均匀平面电磁波 $\boldsymbol{E}=\boldsymbol{a}_{\mathrm{x}}E_{\mathrm{xm}}\cos(\omega t-kz)+\boldsymbol{a}_{\mathrm{y}}E_{\mathrm{ym}}\sin(\omega t-kz)$，计算坡印亭矢量和平均坡印亭矢量。

解答一 利用瞬时值计算。电磁波沿 z 轴正方向传播，波矢量 $\boldsymbol{a}_{\mathrm{k}}=\boldsymbol{a}_{z}k$，磁场强度为

$$\boldsymbol{H}=\boldsymbol{a}_{\mathrm{z}}\times\boldsymbol{E}Y=-\boldsymbol{a}_{\mathrm{x}}E_{\mathrm{ym}}Y\sin(\omega t-kz)+\boldsymbol{a}_{\mathrm{y}}E_{\mathrm{xm}}Y\cos(\omega t-kz)$$

坡印亭矢量为

$$\boldsymbol{S}=\boldsymbol{E}\times\boldsymbol{H}=\boldsymbol{a}_{\mathrm{z}}E_{\mathrm{xm}}^{2}Y\cos^{2}(\omega t-kz)+\boldsymbol{a}_{\mathrm{z}}E_{\mathrm{ym}}^{2}Y\sin^{2}(\omega t-kz)$$

平均坡印亭矢量为

$$\boldsymbol{S}_{\mathrm{av}}=T^{-1}\int_{t}^{T+t}\boldsymbol{S}\mathrm{d}t=\boldsymbol{a}_{\mathrm{z}}\frac{1}{2}(E_{\mathrm{xm}}^{2}+E_{\mathrm{ym}}^{2})Y$$

解答二 利用复矢量计算。将电场强度表示为复矢量形式得

$$\boldsymbol{E}=\left[\boldsymbol{E}(t)+\frac{\partial\boldsymbol{E}(t)}{\mathrm{j}\omega\partial t}\right]\mathrm{e}^{-\mathrm{j}\omega t}$$

将电场强度瞬时值形式代入后化为复矢量形式得

$$\boldsymbol{E}=(\boldsymbol{a}_{\mathrm{x}}E_{\mathrm{xm}}-\mathrm{j}\,\boldsymbol{a}_{\mathrm{y}}E_{\mathrm{ym}})\mathrm{e}^{-\mathrm{j}kz}$$

磁场强度复矢量为

$$\boldsymbol{H}=\boldsymbol{a}_{\mathrm{z}}\times\boldsymbol{E}Y=(\mathrm{j}\,\boldsymbol{a}_{\mathrm{x}}E_{\mathrm{ym}}+\boldsymbol{a}_{\mathrm{y}}E_{\mathrm{xm}})Y\mathrm{e}^{-\mathrm{j}kz}$$

复坡印亭矢量为

$$\boldsymbol{S}=\boldsymbol{E}\times\boldsymbol{H}^{*}=(\boldsymbol{a}_{\mathrm{x}}E_{\mathrm{xm}}-\mathrm{j}\,\boldsymbol{a}_{\mathrm{y}}E_{\mathrm{ym}})\mathrm{e}^{-\mathrm{j}kz}\times(-\mathrm{j}\,\boldsymbol{a}_{\mathrm{x}}E_{\mathrm{ym}}+\boldsymbol{a}_{\mathrm{y}}E_{\mathrm{xm}})Y\mathrm{e}^{\mathrm{j}kz}=\boldsymbol{a}_{\mathrm{z}}(E_{\mathrm{xm}}^{2}+E_{\mathrm{ym}}^{2})Y$$

平均坡印亭矢量为

$$\boldsymbol{S}_{\mathrm{av}}=\frac{1}{2}\mathrm{Re}\,\{\boldsymbol{E}\times\boldsymbol{H}^{*}\}=\boldsymbol{a}_{\mathrm{z}}\frac{1}{2}(E_{\mathrm{xm}}^{2}+E_{\mathrm{ym}}^{2})Y$$

两种方法的计算结果相同，都等于电场强度的幅值二次方与波导纳乘积的一半，方向沿电磁波传播的方向。

7.1.2 任意方向传播的平面电磁波

先证明均匀平面电磁波的电场强度、磁场强度和波矢量三者是相互垂直的。设电磁波沿 z 轴传播的速度为 v，电场强度只有 x 和 y 分量，仅仅与坐标 z 有关，即电场强度与传播方向垂直，那么电场强度瞬时值具有如下形式：

$$\boldsymbol{E}=\boldsymbol{a}_{\mathrm{x}}E_{\mathrm{x}}(t-z/v)+\boldsymbol{a}_{\mathrm{y}}E_{\mathrm{y}}(t-z/v) \tag{7-51}$$

代入电场强度旋度方程得到磁场强度的时间导数为

$$-\mu\frac{\partial\boldsymbol{H}}{\partial t}=\nabla\times\boldsymbol{E}=-\boldsymbol{a}_{\mathrm{x}}\frac{\partial E_{\mathrm{y}}}{\partial z}+\boldsymbol{a}_{\mathrm{y}}\frac{\partial E_{\mathrm{x}}}{\partial z}=\boldsymbol{a}_{\mathrm{x}}v^{-1}E'_{\mathrm{y}}(t-z/v)-\boldsymbol{a}_{\mathrm{y}}v^{-1}E'_{\mathrm{x}}(t-z/v)$$

式中，$E'(t-z/v)$是电场强度函数的微分，可以看成是对时间的偏导数。

由于只考虑时变电磁场，不考虑静态场，因此对时间积分忽略与时间无关矢量项得到

$$\boldsymbol{H}=(\mu v)^{-1}[-\boldsymbol{a}_{\mathrm{x}}E_{\mathrm{y}}(t-z/v)+\boldsymbol{a}_{\mathrm{y}}E_{\mathrm{x}}(t-z/v)] \tag{7-52}$$

不难验证，磁场强度、电场强度和电磁波传播方向之间的关系为

$$\boldsymbol{H}=(\mu v)^{-1}\boldsymbol{a}_{\mathrm{z}}\times\boldsymbol{E}=\boldsymbol{a}_{\mathrm{z}}\times\boldsymbol{E}Y,\ \boldsymbol{E}=\mu v\boldsymbol{H}\times\boldsymbol{a}_{\mathrm{z}}=Z\boldsymbol{H}\times\boldsymbol{a}_{\mathrm{z}} \tag{7-53}$$

由此可见，均匀平面电磁波的电场强度、磁场强度和电磁波传播方向是相互垂直的。

对于沿任意单位矢量 $\boldsymbol{a}_{\mathrm{n}}$ 方向传播的均匀平面电磁波，如图 7.2 所示，式（7-51）和式（7-52）中电场强度和磁场强度将由 $t-v^{-1}z$ 变为 $t-v^{-1}\boldsymbol{a}_{\mathrm{n}}\cdot\boldsymbol{r}$，并且在 $\boldsymbol{a}_{\mathrm{n}}\cdot\boldsymbol{r}=C$ 常数的平面上电场强度或磁场强度矢量是相同的。

对于时谐电磁波，波速可以用角频率和波数表示，即 $v=\omega/k$，$t-v^{-1}\boldsymbol{a}_{\mathrm{n}}\cdot\boldsymbol{r}=\omega^{-1}(\omega t-k\boldsymbol{a}_{\mathrm{n}}\cdot\boldsymbol{r})$，令电磁波的波矢量为 $\boldsymbol{k}=k\boldsymbol{a}_{\mathrm{k}}=k\boldsymbol{a}_{\mathrm{n}}$，电场强度复矢量 $\boldsymbol{E}$、磁场强度复矢量 $\boldsymbol{H}$ 分别为

$$\boldsymbol{E}=\boldsymbol{E}_{\mathrm{m}}\mathrm{e}^{-\mathrm{j}\boldsymbol{k}\cdot\boldsymbol{r}},\boldsymbol{H}=\boldsymbol{H}_{\mathrm{m}}\mathrm{e}^{-\mathrm{j}\boldsymbol{k}\cdot\boldsymbol{r}} \tag{7-54}$$

式中，$\boldsymbol{E}_{\mathrm{m}}$ 和 $\boldsymbol{H}_{\mathrm{m}}$ 分别为与时间和空间坐标无关的幅值复矢量。

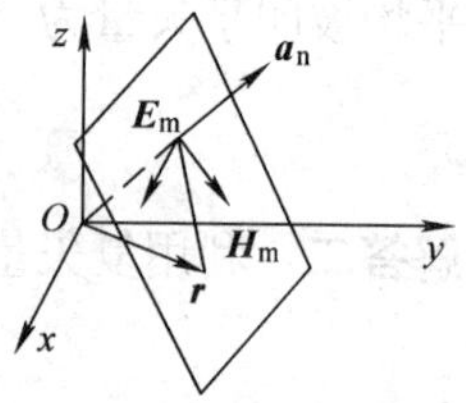

图 7.2　沿任意方向 $\boldsymbol{a}_{\mathrm{n}}$ 传播的平面电磁波

式（7-54）满足亥姆霍兹方程式（7-16），在无源无耗空间电场强度、磁场强度的散度为零，因此利用矢量恒等式 $\nabla\cdot(\boldsymbol{C}\mathrm{e}^{-\mathrm{j}\boldsymbol{k}\cdot\boldsymbol{r}})=(\nabla\cdot\boldsymbol{C})\mathrm{e}^{-\mathrm{j}\boldsymbol{k}\cdot\boldsymbol{r}}+\boldsymbol{C}\cdot\nabla\mathrm{e}^{-\mathrm{j}\boldsymbol{k}\cdot\boldsymbol{r}}=-(\mathrm{j}\boldsymbol{k}\cdot\boldsymbol{C})\mathrm{e}^{-\mathrm{j}\boldsymbol{k}\cdot\boldsymbol{r}}$，其中 $\boldsymbol{C}$ 为常矢量，得到电场强度、磁场强度矢量与电磁波传播方向波矢量垂直的关系为

$$\boldsymbol{k}\cdot\boldsymbol{E}_{\mathrm{m}}=0,\ \boldsymbol{k}\cdot\boldsymbol{H}_{\mathrm{m}}=0 \tag{7-55a}$$

再利用矢量恒等式 $\nabla\times(\boldsymbol{C}\mathrm{e}^{-\mathrm{j}\boldsymbol{k}\cdot\boldsymbol{r}})=(\nabla\times\boldsymbol{C})\mathrm{e}^{-\mathrm{j}\boldsymbol{k}\cdot\boldsymbol{r}}-\boldsymbol{C}\times\nabla\mathrm{e}^{-\mathrm{j}\boldsymbol{k}\cdot\boldsymbol{r}}=-(\mathrm{j}\boldsymbol{k}\times\boldsymbol{C})\mathrm{e}^{-\mathrm{j}\boldsymbol{k}\cdot\boldsymbol{r}}$，代入电场强度与磁场强度的旋度关系式（6-61）分别得到

$$\boldsymbol{H}_{\mathrm{m}}=(\omega\mu)^{-1}\boldsymbol{k}\times\boldsymbol{E}_{\mathrm{m}}=Y\boldsymbol{a}_{\mathrm{n}}\times\boldsymbol{E}_{\mathrm{m}},\ \boldsymbol{E}_{\mathrm{m}}=-(\omega\varepsilon)^{-1}\boldsymbol{k}\times\boldsymbol{H}_{\mathrm{m}}=Z\boldsymbol{H}_{\mathrm{m}}\times\boldsymbol{a}_{\mathrm{n}} \tag{7-55b}$$

显然，式（7-55b）包含了式（7-55a）的特性。由此得到电场强度、磁场强度和电磁波传播单位矢量 $\boldsymbol{a}_{\mathrm{k}}=\boldsymbol{a}_{\mathrm{n}}$ 相互垂直的矢量关系为

$$\boldsymbol{H}=\boldsymbol{a}_{\mathrm{k}}\times\boldsymbol{E}Y,\ \boldsymbol{E}=Z\boldsymbol{H}\times\boldsymbol{a}_{\mathrm{k}} \tag{7-56}$$

式（7-56）不仅表示电场强度、磁场强度与电磁波传播方向单位矢量的正交关系，而且给出了幅值关系和瞬时值关系。事实上，沿任意方向传播的平面电磁波，可以通过空间坐标变换，获得沿变换后坐标轴方向传播的平面电磁波。因此，结论是相同的。

由于均匀平面电磁波在空间任意两点之间的传播时间取决于两点矢径差值在波矢量 $\boldsymbol{k}=\boldsymbol{a}_{\mathrm{x}}k_{\mathrm{x}}+\boldsymbol{a}_{\mathrm{y}}k_{\mathrm{y}}+\boldsymbol{a}_{\mathrm{z}}k_{\mathrm{z}}$ 上的投影长度与波速之比，对于任意空间点矢径 $\boldsymbol{r}=\boldsymbol{a}_{\mathrm{x}}x+\boldsymbol{a}_{\mathrm{y}}x+\boldsymbol{a}_{\mathrm{z}}x$，点积 $\boldsymbol{k}\cdot\boldsymbol{r}=$ 常数，表示垂直于传播方向 $\boldsymbol{k}$ 的一个平面方程，属于电磁波场矢量相同的平面，因此任意传播方向的均匀平面电磁波一般具有如下瞬时值的形式：

$$\boldsymbol{E}=\boldsymbol{a}_{\mathrm{x}}E_{\mathrm{xm}}\cos(\omega t-\boldsymbol{k}\cdot\boldsymbol{r}+\varphi_{\mathrm{x}})+\boldsymbol{a}_{\mathrm{y}}E_{\mathrm{ym}}\cos(\omega t-\boldsymbol{k}\cdot\boldsymbol{r}+\varphi_{\mathrm{y}})+\boldsymbol{a}_{\mathrm{z}}E_{\mathrm{zm}}\cos(\omega t-\boldsymbol{k}\cdot\boldsymbol{r}+\varphi_{\mathrm{z}}) \tag{7-57}$$

但电场强度矢量要满足散度为零的正交性条件，即式（7-55a）等式两边同乘以 $\mathrm{e}^{\mathrm{j}(\omega t-\boldsymbol{k}\cdot\boldsymbol{r})}$ 再取实部得到瞬时值形式的正交关系。于是，任一时刻和任意位置满足电场强度与波矢量正交可等价地表示为下列两个方程：

$$k_{\mathrm{x}}E_{\mathrm{xm}}\cos\varphi_{\mathrm{x}}+k_{\mathrm{y}}E_{\mathrm{ym}}\cos\varphi_{\mathrm{y}}+k_{\mathrm{z}}E_{\mathrm{zm}}\cos\varphi_{\mathrm{z}}=0 \tag{7-58a}$$

$$k_{\mathrm{x}}E_{\mathrm{xm}}\sin\varphi_{\mathrm{x}}+k_{\mathrm{y}}E_{\mathrm{ym}}\sin\varphi_{\mathrm{y}}+k_{\mathrm{z}}E_{\mathrm{zm}}\sin\varphi_{\mathrm{z}}=0 \tag{7-58b}$$

即，电场强度复矢量 $\boldsymbol{E}_{\mathrm{m}}$ 中的三个分量不是独立的，受波矢量的约束，合成复数形式为

$$k_{\mathrm{x}}E_{\mathrm{xm}}\mathrm{e}^{\mathrm{j}\varphi_{\mathrm{x}}}+k_{\mathrm{y}}E_{\mathrm{ym}}\mathrm{e}^{\mathrm{j}\varphi_{\mathrm{y}}}+k_{\mathrm{z}}E_{\mathrm{zm}}\mathrm{e}^{\mathrm{j}\varphi_{\mathrm{z}}}=0 \tag{7-58c}$$

例 7.3　均匀平面电磁波在空气中传播，磁场强度瞬时值矢量为

$$\boldsymbol{H}=[(\boldsymbol{a}_x\sqrt{3}+\boldsymbol{a}_y)\cos(\omega t+Ax-2\sqrt{3}y-\pi/3)+\boldsymbol{a}_z 2\sin(\omega t+Ax-2\sqrt{3}y-\pi/3)]\ \text{A/m}$$

求：1）常数A。

2）波矢量和波数。

3）电场强度瞬时值矢量及其复数表达式。

4）复坡印亭矢量。

5）电磁能量密度及其平均电磁能量密度。

解答　磁场强度表示为统一余弦形式得

$$\boldsymbol{H}=[(\boldsymbol{a}_x\sqrt{3}+\boldsymbol{a}_y)\cos(\omega t+Ax-2\sqrt{3}y-\pi/3)-\boldsymbol{a}_z 2\cos(\omega t+Ax-2\sqrt{3}y+\pi/6)]\ \text{A/m}$$

1）波矢量表达式等于电磁波空间相位函数的负梯度，即

$$\boldsymbol{k}=-\nabla(Ax-2\sqrt{3}y)=-A\,\boldsymbol{a}_x+2\sqrt{3}\boldsymbol{a}_y$$

常数A根据正交性$\boldsymbol{k}\cdot\boldsymbol{H}=0$确定，即$-\sqrt{3}A+2\sqrt{3}=0$，则$A=2$。

2）波矢量$\boldsymbol{k}=-2\,\boldsymbol{a}_x+2\sqrt{3}\boldsymbol{a}_y$，波数$k=|\boldsymbol{k}|=4\text{rad/m}$。

3）电场强度的计算方法很多，可以采用磁场强度的旋度方程，再对电场强度时间积分，也可以利用复矢量磁场强度旋度方程获得电场强度复矢量，再转换成瞬时值矢量。比较简单的计算方法是利用均匀平面电磁波的特性，因为空气的本征阻抗为120π Ω，单位波矢量$\boldsymbol{a}_k=(-\boldsymbol{a}_x+\sqrt{3}\boldsymbol{a}_y)/2$，所以将磁场强度瞬时值矢量化为余弦形式后，电场强度瞬时值矢量为

$$\begin{aligned}\boldsymbol{E}&=Z_0\boldsymbol{H}\times\boldsymbol{a}_k\\&=[(\boldsymbol{a}_x\sqrt{3}+\boldsymbol{a}_y)120\pi\cos(\omega t+2x-2\sqrt{3}y+\pi/6)\\&\quad+\boldsymbol{a}_z 240\pi\cos(\omega t+2x-2\sqrt{3}y-\pi/3)]\ \text{V/m}\end{aligned}$$

以余弦取实部为基础，将电场强度都化为余弦形式，电场强度的复矢量形式表示为

$$\boldsymbol{E}=[(\boldsymbol{a}_x\sqrt{3}+\boldsymbol{a}_y)120\pi e^{j(2x-2\sqrt{3}y+\pi/6)}+\boldsymbol{a}_z 240\pi e^{j(2x-2\sqrt{3}y-\pi/3)}]\ \text{V/m}$$

4）复坡印亭矢量与时间和空间无关，有

$$\boldsymbol{S}=\boldsymbol{E}\times\boldsymbol{H}^*=\boldsymbol{E}\times(\boldsymbol{a}_k\times\boldsymbol{E}Y_0)^*=\boldsymbol{a}_k\boldsymbol{E}\cdot\boldsymbol{E}^*Y_0=\boldsymbol{a}_k 960\pi\ \text{W/m}^2$$

5）波速为光速，因此平均电磁能量密度为

$$w_{\text{emav}}=|\boldsymbol{S}_{\text{av}}|/c=960\pi/2/(3\times10^8)=5\times10^{-6}\text{J/m}^3$$

电场能量密度等于磁场能量密度，因此电磁能量密度为

$$\begin{aligned}w_{\text{em}}&=\mu_0\ |\boldsymbol{H}|^2=4\mu_0\cos^2(\omega t+2x-2\sqrt{3}y-\pi/3)+4\mu_0\sin^2(\omega t+2x-2\sqrt{3}y-\pi/3)\\&=4\mu_0=16\pi\times10^{-7}=5\times10^{-6}\text{J/m}^3\end{aligned}$$

7.2　有耗介质中的平面电磁波

上一节讨论了理想介质中平面电磁波的传播特性，电磁波的场强幅值既不衰减也不增强，电场强度与磁场强度正交分量同相位，下面讨论有耗介质中的平面电磁波。

有耗介质范围很广，处理方法也有所不同。假设介质均匀（与空间坐标无关）且各向同性（与场矢量方向无关），平面电磁波在有耗介质中传播常引入复介质特性参数，对于有耗电介质引入复介电常数$\varepsilon=\varepsilon_{\text{re}}-j\varepsilon_{\text{im}}$，虚部表示电介质存在损耗，虚部为负表示电位移矢量滞后于电场强度矢量，存在电滞现象，这是因为电介质内部束缚电荷或离子振动，偶极子

弛豫引起损耗。

例 7.4 已知有耗电介质中的电场强度 $\boldsymbol{E}=\boldsymbol{a}_x E_{xm}\cos(\omega t-kz+\theta)$，其中 θ 为常数，极化强度 $\boldsymbol{P}=\boldsymbol{a}_x\chi_e\varepsilon_0E_{xm}\cos(\omega t-kz)$，其中 χ_e 为常数，计算电位移矢量和复介电常数。

解答 电位移矢量为

$$\boldsymbol{D}=\boldsymbol{P}+\varepsilon_0\boldsymbol{E}=\boldsymbol{a}_x\varepsilon_0E_{xm}[\chi_e\cos(\omega t-kz)+\cos(\omega t-kz+\theta)]$$

电场强度复矢量为

$$\boldsymbol{E}=\boldsymbol{a}_xE_{xm}e^{-j(kz-\theta)}$$

电位移矢量的复矢量为

$$\boldsymbol{D}=\boldsymbol{a}_x\varepsilon_0E_{xm}[\chi_e e^{-jkz}+e^{-j(kz-\theta)}]=\boldsymbol{a}_x\varepsilon_0E_{xm}(1+\chi_e e^{-j\theta})e^{-j(kz-\theta)}$$

复介电常数满足电位移矢量复矢量与电场强度复矢量成线性关系，即

$$\boldsymbol{D}=\varepsilon\boldsymbol{E}$$

于是，得到复介电常数为

$$\varepsilon=\varepsilon_0(1+\chi_e e^{-j\theta})=\varepsilon_0(1+\chi_e\cos\theta-j\chi_e\sin\theta)$$

复介电常数的虚部为负表示电位移矢量滞后于电场强度矢量，大小与电介质损耗有关。电介质单位体积损耗功率由式（6-98b）得到

$$p_e=\frac{1}{2}\left(\boldsymbol{E}\cdot\frac{\partial\boldsymbol{D}}{\partial t}-\boldsymbol{D}\cdot\frac{\partial\boldsymbol{E}}{\partial t}\right)=\frac{1}{2}\omega\varepsilon_0E_{xm}^2\chi_e\sin\theta$$

对于铁磁介质，由于磁滞现象产生磁滞损耗而引入复磁导率 $\mu=\mu_{re}-j\mu_{im}$，虚部负号表示磁感应强度滞后于磁场强度，虚部大小表示铁磁材料损耗，如硅钢片。在绝大多数电磁波传播过程中，铁磁材料的磁响应通常比介电响应要弱得多，因此磁导率近似认为是实数，对于良导体通常取空气的磁导率大小。

这里主要分析简单导电介质中平面电磁波的传播特性。导电介质是指电导率不等于零的介质。引入导电介质的等效复介电常数，它是频率的函数，复矢量的波动方程为

$$\nabla^2\boldsymbol{E}=-\omega^2\mu\varepsilon(1-j\sigma/\omega\varepsilon)\boldsymbol{E}=\gamma^2\boldsymbol{E} \tag{7-59}$$

$$\nabla^2\boldsymbol{H}=-\omega^2\mu\varepsilon(1-j\sigma/\omega\varepsilon)\boldsymbol{H}=\gamma^2\boldsymbol{H} \tag{7-60}$$

式中，磁导率 μ 和介电常数 ε 为实数，等效复介电常数为 $\varepsilon_{eq}=\varepsilon-j\sigma/\omega$，其虚部与电导率和电磁波角频率有关，导电介质的损耗性能是与频率相关的。

判断材料导电特性主要看比值 $\sigma/\omega\varepsilon$ 的大小，对于良介质 $\sigma/\omega\varepsilon\ll1$，半导体的 $\sigma/\omega\varepsilon\approx1$，而对于良导体 $\sigma/\omega\varepsilon\gg1$。例如，金属铜是50Hz 电力系统和低频信号传输中的良导体，但在 X 射线下铜成为不良导体。

在导电介质中，传导电流密度复矢量与电场强度复矢量同相位，电场强度与电流密度满足欧姆定律的微分形式，即

$$\boldsymbol{J}=\sigma\boldsymbol{E} \tag{7-61}$$

因电位移矢量与电场强度同方向，位移电流密度复矢量超前电场强度复矢量 90°，有

$$\boldsymbol{J}_d=j\omega\boldsymbol{D}=j\omega\varepsilon\boldsymbol{E} \tag{7-62}$$

这样的导电介质宏观上类似于存在漏电流的电容器，其等效电路是电容与电导并联，位移电流超前传导电流 90°，说明简单有耗导体中传导电流滞后于位移电流 90°相位角。传导电流产生介质损耗，位移电流不产生损耗，两者幅值之比确定损耗角的正切。令损耗角为 δ_c，那么

$$\tan\delta_c = \frac{J}{J_d} = \frac{\sigma}{\omega\varepsilon},\ \delta_c = \arctan\left(\frac{\sigma}{\omega\varepsilon}\right) \tag{7-63}$$

电磁波在导电介质中的传播特性参数分析，设电磁波沿 z 轴传播，电场强度只有 x 分量，那么电场强度复矢量为

$$\boldsymbol{E} = \boldsymbol{a}_x(E_{x+}e^{-\gamma z} + E_{x-}e^{\gamma z}) \tag{7-64}$$

传播常数 $\gamma = \alpha + j\beta$ 满足

$$\gamma^2 = -\omega^2\mu\varepsilon\left(1 - j\frac{\sigma}{\omega\varepsilon}\right) = (\omega^2\mu\varepsilon\sec\delta_c)e^{j(\pi-\delta_c)} \tag{7-65}$$

$$\gamma = me^{j(\pi-\delta_c)/2},\ m = \omega\sqrt{\mu\varepsilon\sec\delta_c} \tag{7-66}$$

衰减常数为

$$\alpha = m\sin(\delta_c/2) = \omega\sqrt{\mu\varepsilon(\sec\delta_c - 1)/2} \tag{7-67}$$

衰减常数的单位是奈培/米（Np/m）。电磁波中存在 $e^{-\alpha z}$ 项，当常数 $\alpha > 0$ 时，电磁波幅值按照指数规律随传播距离增大而减小，因此称为衰减常数；而当常数 $\alpha < 0$ 时，电磁波幅值按照指数规律随传播距离增大而增强，因此称为增益常数。例如，在激光放大器中就会出现这种增益常数。在这里主要讨论有耗介质，因此电磁能量有损耗，电磁波总是衰减的。

相位常数为

$$\beta = m\cos(\delta_c/2) = \omega\sqrt{\mu\varepsilon(\sec\delta_c + 1)/2} \tag{7-68}$$

无论电磁波是否存在损耗，电磁波的相速 $v_p = \omega/\beta$，波长 $\lambda = 2\pi/\beta$。

根据磁场强度与电场强度旋度的关系，由式（7-64）得到

$$\boldsymbol{H} = \frac{j}{\omega\mu}\nabla\times\boldsymbol{E} = -\boldsymbol{a}_y\frac{j\gamma}{\omega\mu}(E_{x+}e^{-\gamma z} + E_{x-}e^{\gamma z}) \tag{7-69}$$

在有耗介质中，平面电磁波的电场强度与磁场强度不再是简单的实本征阻抗比例关系，为此需要引入复本征阻抗，即正向传播的电场强度复矢量大小与磁场强度复矢量大小之比，有

$$Z_c = j\omega\mu/\gamma = \sqrt{(\mu/\varepsilon)\cos\delta_c}\,e^{j\delta_c/2} = Z\sqrt{\cos\delta_c}\,e^{j\delta_c/2} \tag{7-70}$$

显然，当损耗角为零时复本征阻抗 Z_c 为实数，即理想介质中的实本征阻抗 Z。当介质存在损耗时，本征阻抗的模变小，而且具有一个正复角，为损耗角的一半。复本征导纳等于复本征阻抗的倒数，即 $Y_c = 1/Z_c$。

当导体与空气交界面为 $z=0$ 平面时且导体位于 $z>0$ 半空间，电场强度矢量平行于交界面，那么导体内电场强度将随 z 的增大而衰减。因此，电场强度复矢量可以设为

$$\boldsymbol{E} = \boldsymbol{a}_x E_m e^{-\alpha z}e^{-j\beta z} \tag{7-71}$$

磁场强度复矢量为

$$\boldsymbol{H} = \boldsymbol{a}_z\times\boldsymbol{E}Y_c = \boldsymbol{a}_y E_m(Z^2\cos\delta_c)^{-1/2}e^{-\alpha z}e^{-j(\beta z + \delta_c/2)} \tag{7-72}$$

复坡印亭矢量为

$$\boldsymbol{S} = \boldsymbol{E}\times\boldsymbol{H}^* = \boldsymbol{a}_z E_m^2(Z^2\cos\delta_c)^{-1/2}e^{-2\alpha z}e^{j\delta_c/2} \tag{7-73}$$

平均电场能量密度为

$$w_{eav} = \frac{1}{4}\varepsilon|\boldsymbol{E}|^2 = \frac{1}{4}\varepsilon E_m^2 e^{-2\alpha z} \tag{7-74}$$

平均磁场能量密度为

$$w_{\mathrm{mav}}=\frac{1}{4}\mu\ |\boldsymbol{H}|^2=\frac{1}{4}\varepsilon E_{\mathrm{m}}^2\mathrm{e}^{-2\alpha z}\sec\delta_{\mathrm{c}} \tag{7-75}$$

平均电磁能量密度为

$$w_{\mathrm{emav}}=\frac{1}{4}\varepsilon E_{\mathrm{m}}^2\mathrm{e}^{-2\alpha z}(1+\sec\delta_{\mathrm{c}}) \tag{7-76}$$

在导电介质中，平面波传播的能速等于相速，小于理想介质中的相速。平均电场能量密度小于平均磁场能量密度，平均能量密度和复坡印亭矢量都是以相同的空间指数衰减。电场和磁场强度空间以 $\mathrm{e}^{-\alpha z}$ 衰减，而能量密度以 $\mathrm{e}^{-2\alpha z}$ 衰减，因此空间电场和磁场强度的衰减速度比能量慢。

定义导体中电磁波的透入深度或趋肤深度等于衰减常数的倒数，即电磁波衰减到交界面的 $\mathrm{e}^{-1}=36.8\%$ 的距离，用符号 δ 表示，单位为米（m），则

$$\delta=\frac{1}{\alpha}=\sqrt{\frac{2}{\omega^2\mu\varepsilon(\sec\delta_{\mathrm{c}}-1)}} \tag{7-77}$$

对于良导体，位移电流很小，$\sigma/\omega\varepsilon\gg1$，损耗角接近90°，传播常数为

$$\gamma^2\approx\mathrm{j}\omega\mu\sigma,\ \alpha+\mathrm{j}\beta\approx\sqrt{\omega\mu\sigma/2}(1+\mathrm{j}) \tag{7-78}$$

透入深度可以简化为

$$\delta=\frac{1}{\alpha}=\sqrt{\frac{2}{\omega\sigma\mu}} \tag{7-79}$$

透入深度大小反映了电磁波在介质中随传播距离衰减的快慢，也反映了电磁能量转换成损耗而被介质吸收的程度。对于铜导体电导率为 5.8×10^7S/m，工频 50Hz 交流电的透入深度为9.346mm，微波频率 10GHz 的透入深度仅为 0.661μm，功率密度的衰减比场强更快。良导体表面的电流密度和电场强度会随着进入导体深度的增加而迅速衰减。由此说明电磁能量不是在导体内部传播的，而是在导体外部围绕导体传播的，导体起到了引导电磁波的作用。

对于大容量交流输电线路，输电线直径为 54mm 的交流输电线改用 6 根直径为 9mm 的分裂输电线可以极大地降低线路损耗，因为直径 54mm 输电线电流密度集中在表面透入深度范围，而内部电流密度很小，材料浪费严重，或者传输相同电流的电流密度比总截面积相同的数根分裂输电线要大，因此单根输电的线路损耗比数根分裂输电线的线路损耗要大，故交流电力系统架空线常采用分裂导线输电。

例 7.5 已知淡水的相对磁导率为 1.0，电场强度 $\boldsymbol{E}=\boldsymbol{a}_x0.1\mathrm{e}^{-\alpha z}\cos(\omega t-\beta z)$，在水面 $z=0$处电场强度幅值为 0.1V/m，计算下列情况下的传播常数、衰减常数、相位常数、相速、本征阻抗、透入深度和磁场强度的复矢量表达式：

1）1.0MHz 电磁波在水中传播，复相对介电常数 $\varepsilon_{\mathrm{r}}=81-\mathrm{j}0$。

2）2.5GHz 电磁波在水中传播，复相对介电常数 $\varepsilon_{\mathrm{r}}=78-\mathrm{j}7$。

解答 1）1.0MHz 电磁波在复相对介电常数 $\varepsilon_{\mathrm{r}}=81-\mathrm{j}0$ 水中的传播特性：

传播常数为

$$\gamma=\mathrm{j}\beta=\mathrm{j}\omega\sqrt{\mu\varepsilon}=\mathrm{j}\,10^6 2\pi\times\sqrt{81}/(3\times10^8)=\mathrm{j}0.06\pi\ \mathrm{rad/m}$$

衰减常数为

$$\alpha=0\mathrm{Np/m}$$

相位常数为

$$\beta = 0.06\pi \text{ rad/m}$$

相速为

$$v_p = c/\sqrt{\mu_r \varepsilon_r} = 3\times 10^8/\sqrt{81} = \frac{1}{3}\times 10^8 \text{m/s}$$

本征阻抗为

$$Z = \sqrt{\mu/\varepsilon} = 120\pi/\sqrt{81} = 40\pi/3\Omega$$

电磁波不衰减，透入深度无限。

电场强度的复矢量为

$$\boldsymbol{E} = \boldsymbol{a}_x 0.1 e^{-j0.06\pi z} \text{ V/m}$$

磁场强度的复矢量为

$$\boldsymbol{H} = \boldsymbol{a}_z \times \boldsymbol{E}Y = \boldsymbol{a}_y (3/400\pi) e^{-j0.06\pi z} \text{ A/m}$$

2）2.5GHz 电磁波在复相对介电常数 $\varepsilon_r = 78 - j7$ 水中的传播特性：

损耗正切角为

$$\delta_c = \arctan(\varepsilon_{rim}/\varepsilon_{rre}) = \arctan(7/78) = 5.13°$$

传播常数为

$$\gamma = \frac{\omega}{c}\sqrt{\mu_r |\varepsilon_r| \sec\delta_c e^{j(\pi-\delta_c)/2}} = \frac{2\pi\times 2.5\times 10^9}{3\times 10^8}\sqrt{\sqrt{78^2+7^2}\sec 5.13° e^{j87.44°}} = 464.3e^{j87.44°}$$

衰减常数为

$$\alpha = \frac{\omega}{c}\sqrt{\mu_r |\varepsilon_r| (\sec\delta_c - 1)/2} = 20.78\text{Np/m}$$

相位常数为

$$\beta = 464.3\sin 87.44° = 463.8\text{rad/m}$$

相速为

$$v_p = \frac{\omega}{\beta} = 2.5\times 10^9 \times 2\pi/463.8 = 3.387\times 10^7 \text{m/s}$$

复本征阻抗为

$$Z_c = Z_0\sqrt{\frac{\mu_r}{\varepsilon_{rre} - j\varepsilon_{rim}}} = \frac{120\pi}{\sqrt{78.31e^{-j2.56°}}} = 13.56\pi e^{j2.56°}\Omega$$

透入深度为

$$\delta = \alpha^{-1} = 0.0481\text{m}$$

电场强度的复矢量为

$$\boldsymbol{E} = \boldsymbol{a}_x 0.1 e^{-j0.06\pi z} \text{V/m}$$

磁场强度的复矢量为

$$\boldsymbol{H} = \boldsymbol{a}_z \times \boldsymbol{E}Y_c = \boldsymbol{a}_y 2.332\times 10^{-3} e^{-j(0.06\pi z + 0.04468)} \text{ A/m}$$

从例 5.7 可以看出，在 2.5GHz 微波频率下，透入深度为 4.8cm，微波电磁能量基本上被水吸收，这就是微波炉加热食物而变熟的原理。而当频率较低时，透入深度增大，电磁波能量不被充分吸收。商业用途的微波炉频率一般在 2.5GHz 左右，而深水作业采用长波低频电磁波通信。

7.3 平面电磁波的极化

横电磁波的电场强度方向与传播方向垂直，电场强度的方向称为极化方向。在等相位平面内观测电场强度或磁场强度的极化方式有三种：线极化、圆极化和椭圆极化。其中圆极化和椭圆极化又包含左旋和右旋两种。这里的极化是指电场强度矢量端点的运动轨迹，与电介质极化是完全不同的概念。由于磁场强度与电场强度垂直，也垂直于电磁波的传播方向，因此极化方式对于磁场强度和电场强度是相同的。

线极化电磁波的电场强度矢量末端轨迹是平面内的直线，矢量模的大小是随时间交变或脉振的，方向总是与直线运动轨迹平行。

圆极化电磁波的电场强度矢量末端轨迹是螺旋状的，矢量模的大小不变，矢量方向总是与运动轨迹垂直。

椭圆极化电磁波的电场强度矢量末端轨迹是螺旋状的，但矢量模的大小在两个不相同的正值之间变化，方向与运动轨迹既不总是平行也不总是垂直。

左旋极化电磁波的电场强度矢量末端运动轨迹是左手螺旋方向，其中左手大拇指指向电磁波的传播方向，四指围绕大拇指指向场矢量末端旋转运动方向。

右旋极化电磁波的电场强度矢量末端运动轨迹是右手螺旋方向，其中右手大拇指指向电磁波的传播方向，四指围绕大拇指指向场矢量末端旋转运动方向。

下面利用等相位面上电场强度矢量的矢端复平面轨迹法判断电场强度的极化方式。

7.3.1 沿 z 轴正方向传播的平面电磁波极化

考虑沿 z 轴传播的均匀平面电磁波，电场强度矢量的瞬时值表达式为

$$\boldsymbol{E}=\boldsymbol{a}_{\mathrm{x}}E_{\mathrm{xm}}\cos(\omega t-\beta z+\varphi_{\mathrm{x}})+\boldsymbol{a}_{\mathrm{y}}E_{\mathrm{ym}}\cos(\omega t-\beta z+\varphi_{\mathrm{y}}) \tag{7-80}$$

式中，E_{xm}和E_{ym}分别为 x 轴和 y 轴分量的幅值。

如果电场强度只有一个分量，那么其方向是平行于该分量的坐标轴单位矢量，矢量端点轨迹是直线，因此是线极化波。

考虑垂直电磁波传播方向的 $z=0$ 平面内，电场强度两个分量幅值都不等于零的运动轨迹。由于电场强度在空间等相位面内处处相同，则

$$E_{\mathrm{x}}=E_{\mathrm{xm}}\cos(\omega t+\varphi_{\mathrm{x}}),E_{\mathrm{y}}=E_{\mathrm{ym}}\cos(\omega t+\varphi_{\mathrm{y}}) \tag{7-81}$$

因此沿 z 轴传播的均匀平面电磁波极化只要分析位于原点的电场强度矢量端点运动轨迹，即将电场强度矢量的 x 轴和 y 轴分量分别作为复平面内的实轴和虚轴坐标（E_{x}，E_{y}），用复平面上的复数表示电场强度矢量，则复数矢端的轨迹为

$$s=E_{\mathrm{x}}+\mathrm{j}E_{\mathrm{y}}=E_{\mathrm{xm}}\cos(\omega t+\varphi_{\mathrm{x}})+\mathrm{j}E_{\mathrm{ym}}\cos(\omega t+\varphi_{\mathrm{y}}) \tag{7-82}$$

式（7-82）与电场强度的复矢量不同，它的实部表示电场强度的 x 轴分量，而虚部表示电场强度的 y 轴分量。

利用欧拉公式 $\mathrm{e}^{\mathrm{j}\theta}=\cos\theta+\mathrm{j}\sin\theta$，采用复数表示三角余弦函数得到

$$\cos(\omega t+\varphi_{\mathrm{x}})=\frac{1}{2}\mathrm{e}^{\mathrm{j}(\omega t+\varphi_{\mathrm{x}})}+\frac{1}{2}\mathrm{e}^{-\mathrm{j}(\omega t+\varphi_{\mathrm{x}})} \tag{7-83a}$$

$$\cos(\omega t+\varphi_{\mathrm{y}})=\frac{1}{2}\mathrm{e}^{\mathrm{j}(\omega t+\varphi_{\mathrm{y}})}+\frac{1}{2}\mathrm{e}^{-\mathrm{j}(\omega t+\varphi_{\mathrm{y}})} \tag{7-83b}$$

式（7-83）说明，角度随时间线性变化的余弦函数可以看成是两个幅值和转速相同但转向相反的旋转复数叠加而成，其中复数的幅值是原来余弦函数幅值的一半，复数的复角等于余弦函数的相位角。换言之，一个线极化波可以分解成两个幅值和转速相同而转向相反的圆极化波。等价地，两个幅值和转速相同而转向相反的圆极化波可以合成一个线极化波。

将三角余弦函数复数形式代入电场强度矢端的复平面轨迹式（7-82），整理后得到用正、反转复数表示的矢端复平面轨迹为

$$s=\frac{1}{2}(E_{xm}e^{j\varphi_x}+jE_{ym}e^{j\varphi_y})e^{j\omega t}+\frac{1}{2}(E_{xm}e^{-j\varphi_x}+jE_{ym}e^{-j\varphi_y})e^{-j\omega t}=s_pe^{j\omega t}+s_ne^{-j\omega t} \quad (7\text{-}84)$$

这说明电场强度矢端轨迹可以看成是由两个转速相同而转向相反的复数合成的，其中正、反向旋转的复数分别为

$$s_p=\frac{1}{2}(E_{xm}e^{j\varphi_x}+jE_{ym}e^{j\varphi_y})=\frac{1}{2}e^{j\varphi_x}\{[E_{xm}+E_{ym}\sin(\varphi_x-\varphi_y)]+jE_{ym}\cos(\varphi_x-\varphi_y)\} \quad (7\text{-}85a)$$

$$s_n=\frac{1}{2}(E_{xm}e^{-j\varphi_x}+jE_{ym}e^{-j\varphi_y})=\frac{1}{2}e^{-j\varphi_x}\{[E_{xm}-E_{ym}\sin(\varphi_x-\varphi_y)]+jE_{ym}\cos(\varphi_x-\varphi_y)\} \quad (7\text{-}85b)$$

可以看出，这两个复数仅仅与电场强度各分量的幅值和初始相位差有关，与时间无关，模和复角都是确定的。这两个复数的模分别为

$$|s_p|=\frac{1}{2}\sqrt{E_{xm}^2+E_{ym}^2+2E_{xm}E_{ym}\sin(\varphi_x-\varphi_y)} \quad (7\text{-}86a)$$

$$|s_n|=\frac{1}{2}\sqrt{E_{xm}^2+E_{ym}^2-2E_{xm}E_{ym}\sin(\varphi_x-\varphi_y)} \quad (7\text{-}86b)$$

1. 线极化波

当两个复数的模相同时，$|s_p|=|s_n|$，由式（7-86a）和式（7-86b）可以得到

$$E_{xm}E_{ym}\sin(\varphi_x-\varphi_y)=0 \quad (7\text{-}87)$$

由式（7-87）可以发现，当电场强度只有一个分量时，电场强度矢量只在相反的两个方向上周期性变化，矢量端点在直线上运动，电磁波是线极化波。当两个分量的幅值都不等于零时，两个分量之间的相位差必须等于 π 的整数倍，即两个分量的时空相位相同或相反，则

$$\varphi_x-\varphi_y=n\pi \quad (7\text{-}88)$$

将式（7-88）代入式（7-84）后，两个复数的模相同，转速相同但转向相反，因此合成一个模随时间脉振而复角恒定的线极化波，得

$$s=(E_{xm}e^{jn\pi}+jE_{ym})\cos(\omega t+\varphi_y) \quad (7\text{-}89)$$

式（7-89）表明，一个线极化波由两个幅值和转速相同而转向相反的圆极化波合成，或者一个线极化波可以分解为两个幅值和转速相同而转向相反的圆极化波，如图7.3所示，与横轴的夹角取决于两个分量的幅值之比的反正切。

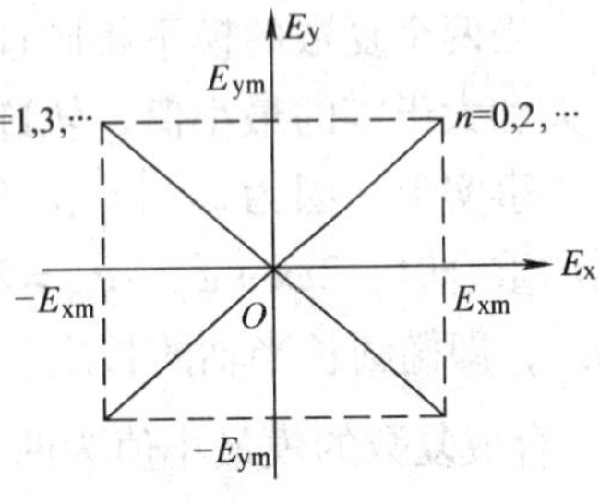

图 7.3　线极化波

2. 圆极化波

当两个复数之一的模等于零，即 $|s_p|=0$ 或 $|s_n|=0$ 时，式（7-84）的复数是一个幅值、转速和转向不变的圆轨迹，因此电磁波为圆极化波。

若 $|s_p|=0$，则有

$$\varphi_x-\varphi_y=(4n-1)\pi/2 \quad 且 \quad E_{xm}=E_{ym} \quad (7\text{-}90)$$

式中，n 为任意整数。这时 $s=s_{\rm n}{\rm e}^{-{\rm j}\omega t}=|s_{\rm n}|{\rm e}^{-{\rm j}(\omega t-\varphi_{\rm n})}$，其中角度 $\varphi_{\rm n}$为复数 $s_{\rm n}$的复角，复数的模为

$$E_{\rm m}=|s|=|s_{\rm n}|=\frac{1}{2}\sqrt{E_{\rm xm}^2+E_{\rm ym}^2-2E_{\rm xm}E_{\rm ym}\sin(\varphi_{\rm x}-\varphi_{\rm y})}=E_{\rm xm}=E_{\rm ym}$$

式（7-90）表明，复数 s 的模恒定，随时间顺时针旋转，即电场强度矢量的两个分量空间相差 90°，时间也相差 90°，且幅值相同，矢量端点轨迹由初相位超前的 y 分量转向滞后的 x 分量，电磁波为左旋圆极化波，如图 7.4a 所示。

若 $|s_{\rm n}|=0$，则有

$$\varphi_{\rm x}-\varphi_{\rm y}=(4n+1)\pi/2 \quad 且 \quad E_{\rm xm}=E_{\rm ym} \tag{7-91}$$

则 $s=s_{\rm p}{\rm e}^{{\rm j}\omega t}=|s_{\rm p}|{\rm e}^{{\rm j}(\omega t+\varphi_{\rm p})}$，其中角度 $\varphi_{\rm p}$为复数 $s_{\rm p}$的复角，复数的模为

$$E_{\rm m}=|s|=|s_{\rm p}|=\frac{1}{2}\sqrt{E_{\rm xm}^2+E_{\rm ym}^2+2E_{\rm xm}E_{\rm ym}\sin(\varphi_{\rm x}-\varphi_{\rm y})}=E_{\rm xm}=E_{\rm ym}$$

式中，n 为任意整数。这时复数 s 的模恒定，随时间逆时针旋转，即电场强度矢量的两个分量空间相差 90°，时间也相差 90°，且幅值相同，矢量端点轨迹由初相位超前的 x 分量转向滞后的 y 分量，电磁波为右旋圆极化波，如图 7.4b 所示。

由此可见，两个幅值相同、时间和空间相位都相差 90°的线极化波可以合成一个圆极化波，圆极化波的转向由初始相位超前的分量转向滞后的分量。

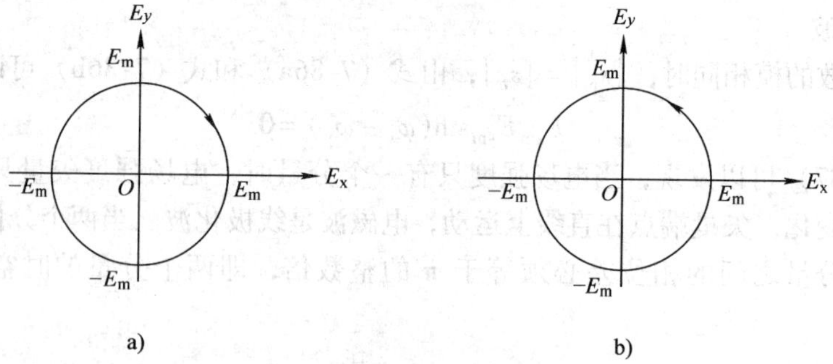

图 7.4 圆极化波

a）左旋圆极化波 b）右旋圆极化波

3. 椭圆极化波

当两个复数的模不相同且都不等于零时，因转速相同而转向相反，所以合成复数存在模最大和大于零的最小值，轨迹是椭圆，故电磁波为椭圆极化波。

事实上，因为 $s=|s_{\rm p}|{\rm e}^{{\rm j}(\omega t+\varphi_{\rm p})}+|s_{\rm n}|{\rm e}^{-{\rm j}(\omega t-\varphi_{\rm n})}$，当正向和反向旋转的两个复数平行且同向重合时，$2\omega t+\varphi_{\rm p}-\varphi_{\rm n}=2n\pi$，合成复数的模最大值为两个复数模之和 $a=|s|=|s_{\rm p}|+|s_{\rm n}|$，即椭圆长半轴的长度。当正、反转的两个复数平行但反向时，$2\omega t+\varphi_{\rm p}-\varphi_{\rm n}=(2n-1)\pi$，合成复数的模最小值为两个复数模之差的绝对值 $b=|s|=\left||s_{\rm p}|-|s_{\rm n}|\right|$，即椭圆短半轴的长度。令椭圆焦点位置复数的模 $c=\sqrt{a^2-b^2}=2\sqrt{|s_{\rm p}||s_{\rm n}|}$，复角为两个复数复角之和的一半$(\varphi_{\rm p}+\varphi_{\rm n})/2$，则有

$$\begin{aligned}|s\pm c{\rm e}^{{\rm j}(\varphi_{\rm p}+\varphi_{\rm n})/2}|&=\left||s_{\rm p}|{\rm e}^{{\rm j}(\omega t+\varphi_{\rm p})}\pm2\sqrt{|s_{\rm p}||s_{\rm n}|}{\rm e}^{{\rm j}(\varphi_{\rm p}+\varphi_{\rm n})/2}+|s_{\rm n}|{\rm e}^{-{\rm j}(\omega t-\varphi_{\rm n})}\right|\\&=\left|\sqrt{|s_{\rm p}|}{\rm e}^{{\rm j}(\omega t+\varphi_{\rm p})/2}\pm\sqrt{|s_{\rm n}|}{\rm e}^{-{\rm j}(\omega t-\varphi_{\rm n})/2}\right|^2\end{aligned}$$

$$= |s_p| + |s_n| \pm 2\sqrt{|s_p||s_n|}\cos[\omega t + (\varphi_p - \varphi_n)/2]$$

于是，得到矢量端点到两个定点距离之和为定值的椭圆方程，即

$$|s - c\mathrm{e}^{\mathrm{j}(\varphi_p+\varphi_n)/2}| + |s + c\mathrm{e}^{\mathrm{j}(\varphi_p+\varphi_n)/2}| = 2(|s_p| + |s_n|) = 2a \quad (7\text{-}92)$$

式（7-92）表明，电场强度矢量复数端点的轨迹是到两个定点距离之和为常数的椭圆，如图 7.5 所示。

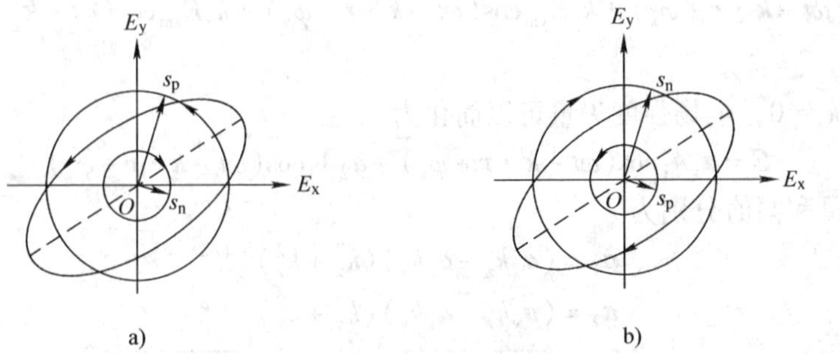

图 7.5　椭圆极化波

a）右旋椭圆极化波　b）左旋椭圆极化波

复数 $s = |s_p|\mathrm{e}^{\mathrm{j}(\omega t+\varphi_p)} + |s_n|\mathrm{e}^{-\mathrm{j}(\omega t-\varphi_n)}$ 与横轴的夹角正切等于虚部与实部之比，即

$$\tan\theta = \frac{|s_p|\sin(\omega t+\varphi_p) - |s_n|\sin(\omega t-\varphi_n)}{|s_p|\cos(\omega t+\varphi_p) + |s_n|\cos(\omega t-\varphi_n)} \quad (7\text{-}93)$$

复数的旋转角速度等于与横轴夹角 θ 对时间 t 的导数，由式（7-93）得到

$$\frac{\mathrm{d}\theta}{\mathrm{d}t} = \frac{|s_p|^2 - |s_n|^2}{|s_p|^2 + |s_n|^2 + 2|s_p||s_n|\cos(2\omega t + \varphi_p - \varphi_n)}\omega \quad (7\text{-}94)$$

由式（7-94）可见，当 $|s_p| > |s_n|$ 时，电场强度 x 轴分量相位超前 y 轴分量相位，$0 < \varphi_x - \varphi_y < \pi$，复数 s 随时间变化的轨迹是椭圆，并且是逆时针旋转，电磁波是右旋椭圆极化波，如图 7.5a 所示。当 $|s_p| < |s_n|$ 时，电场强度 x 轴分量相位滞后 y 轴分量相位，$0 < \varphi_y - \varphi_x < \pi$，复数 s 随时间变化的轨迹是椭圆，但是顺时针旋转，电磁波是左旋椭圆极化波，如图 7.5b 所示。这里限定电场强度分量的相位差为 $0 < |\varphi_x - \varphi_y| < \pi$。当 $|s_p| = |s_n|$ 时，倾角不变，轨迹是线性运动，因此是线极化波。当倾角的时间导数与时间无关，即矢量端点匀角速度旋转时，正、负复数的一个幅值必须等于零，这时转速与非零幅值的复数相同，因此电磁波是圆极化波。

大拇指指向电磁波传播 z 轴正方向，复数逆时针旋转符合右手螺旋关系的为右旋极化波，复数顺时针旋转符合左手螺旋关系的为左旋极化波。

因此，矢量端点复平面轨迹法的核心是将场矢量转换成复平面上的复数式（7-82）和式（7-84），并由此得到正、反转两个复数表达式（7-85a）和式（7-85b），只要讨论这两个转速相同而转向相反的复数就可以确定电磁波的极化方式。

7.3.2　不沿坐标轴方向传播的平面电磁波极化

对于一般情形的电磁波极化判断，可以先确定波矢量及其相互正交的三个单位矢量，然后用上述场矢量矢端复平面轨迹法判断极化方式。

考虑一般形式的均匀平面电磁波，电场强度矢量各分量幅值不等于零，而且波矢量与坐

标轴不平行，有

$$\boldsymbol{E}=\boldsymbol{a}_x E_{xm}\cos(\omega t-\boldsymbol{k}\cdot\boldsymbol{r}+\varphi_x)+\boldsymbol{a}_y E_{ym}\cos(\omega t-\boldsymbol{k}\cdot\boldsymbol{r}+\varphi_y)+\boldsymbol{a}_z E_{zm}\cos(\omega t-\boldsymbol{k}\cdot\boldsymbol{r}+\varphi_z) \tag{7-95}$$

式中，波矢量 $\boldsymbol{k}=\boldsymbol{a}_x k_x+\boldsymbol{a}_y k_y+\boldsymbol{a}_z k_z=\boldsymbol{a}_k k$；矢径 $\boldsymbol{r}=\boldsymbol{a}_x x+\boldsymbol{a}_y y+\boldsymbol{a}_z z$。它与电场强度矢量满足约束关系，即

$$k_x E_{xm}\cos(\omega t-\boldsymbol{k}\cdot\boldsymbol{r}+\varphi_x)+k_y E_{ym}\cos(\omega t-\boldsymbol{k}\cdot\boldsymbol{r}+\varphi_y)+k_z E_{zm}\cos(\omega t-\boldsymbol{k}\cdot\boldsymbol{r}+\varphi_z)=0 \tag{7-96}$$

于是，设 $k_z\neq 0$，电场强度矢量可以简化为

$$\boldsymbol{E}=\boldsymbol{a}_1 A_1\cos(\omega t-\boldsymbol{k}\cdot\boldsymbol{r}+\varphi_x)+\boldsymbol{a}_2 A_2\cos(\omega t-\boldsymbol{k}\cdot\boldsymbol{r}+\varphi_y) \tag{7-97}$$

其中，单位矢量和幅值分别为

$$\boldsymbol{a}_1=(\boldsymbol{a}_x k_z-\boldsymbol{a}_z k_x)(k_x^2+k_z^2)^{-1/2} \tag{7-98a}$$

$$\boldsymbol{a}_2=(\boldsymbol{a}_y k_z-\boldsymbol{a}_z k_y)(k_y^2+k_z^2)^{-1/2} \tag{7-98b}$$

$$A_1=E_{xm}\sqrt{1+k_x^2 k_z^{-2}},\ A_2=E_{ym}\sqrt{1+k_y^2 k_z^{-2}} \tag{7-99}$$

两个单位矢量的标量积和矢量积分别为

$$\boldsymbol{a}_1\cdot\boldsymbol{a}_2=k_x k_y\ (k_x^2+k_z^2)^{-1/2}(k_y^2+k_z^2)^{-1/2}=\cos\beta \tag{7-100}$$

$$\boldsymbol{a}_1\times\boldsymbol{a}_2=\boldsymbol{a}_k k k_z\ (k_x^2+k_z^2)^{-1/2}(k_y^2+k_z^2)^{-1/2}=\boldsymbol{a}_k\sin\beta \tag{7-101}$$

将空间直角坐标系 xyz 变换为 XYZ，如图 7.6 所示，使得 Z 轴正方向与波矢量 $\boldsymbol{k}$ 方向一致，三个坐标轴单位矢量分别为

$$\boldsymbol{a}_Z=\boldsymbol{a}_k,\ \boldsymbol{a}_X=\boldsymbol{a}_1,\ \boldsymbol{a}_Y=\boldsymbol{a}_Z\times\boldsymbol{a}_X \tag{7-102}$$

利用两个矢量标量积的不变性，这样可以简化电场强度矢量表达式为

$$\boldsymbol{k}\cdot\boldsymbol{r}=kZ \tag{7-103}$$

$$\boldsymbol{E}=\boldsymbol{a}_1 A_1\cos(\omega t-kZ+\varphi_x)+\boldsymbol{a}_2 A_2\cos(\omega t-kZ+\varphi_y) \tag{7-104}$$

由式（7-98）和图 7.6 可以得到，单位矢量 $\boldsymbol{a}_1$ 位于 zOx 平面且与波矢量 $\boldsymbol{k}$ 及其 zOx 平面上的投影矢量 $\boldsymbol{k}_{zx}=\boldsymbol{a}_x k_x+\boldsymbol{a}_z k_z$ 垂直。单位矢量 $\boldsymbol{a}_2$ 位于 yOz 平面且与波矢量 $\boldsymbol{k}$ 及其 yOz 平面上的投影矢量 $\boldsymbol{k}_{yz}=\boldsymbol{a}_y k_y+\boldsymbol{a}_z k_z$ 垂直。

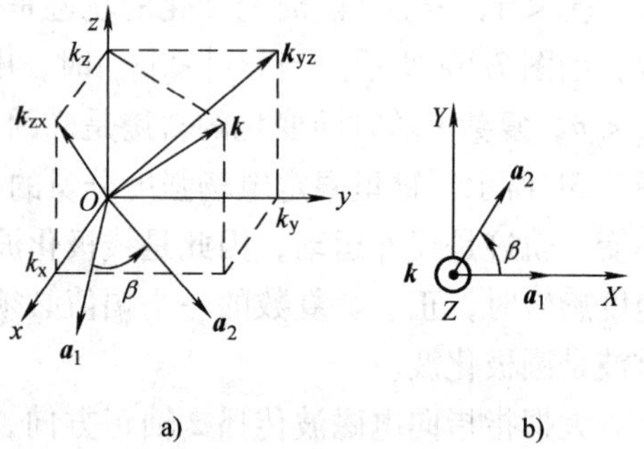

图 7.6　波矢量与电场强度分量单位矢量
a）xyz 坐标系　b）XYZ 坐标系

为了简便起见，当 Z 为固定值时，令 $\theta=\omega t-kZ$ 只随时间变化，代入式（7-104）得到

$$\boldsymbol{E}=\boldsymbol{a}_1 A_1\cos(\theta+\varphi_x)+\boldsymbol{a}_2 A_2\cos(\theta+\varphi_y) \tag{7-105}$$

式（7-105）表明，电场强度在 XYZ 坐标系中只有两个分量，分别沿单位矢量 $\boldsymbol{a}_1$ 和 $\boldsymbol{a}_2$ 变化且幅值分别为 A_1 和 A_2，因此电场强度矢量端点轨迹也是这两个分量的合成。

现以 X 轴为实轴，Y 轴为虚轴建立复平面，复平面中单位矢量 $\boldsymbol{a}_1$ 和 $\boldsymbol{a}_2$ 的复数形式分别为 1.0 和 $e^{j\beta}$，由式（7-100）得到 $\beta=\arccos(\boldsymbol{a}_1\cdot\boldsymbol{a}_2)\operatorname{sgn}(\sin\beta)$，电场强度矢量端点轨迹表示为复数形式得

$$E=A_1\cos(\theta+\varphi_x)+e^{j\beta}A_2\cos(\theta+\varphi_y) \tag{7-106}$$

利用欧拉公式将正弦量表示为复数形式得

$$2\cos(\theta+\varphi)=e^{j(\theta+\varphi)}+e^{-j(\theta+\varphi)} \tag{7-107}$$

式（7-107）表明，一个正弦量可以看成是两个共轭复数之和，由于角度 θ 是随时间增长而增大，因此这两个共轭复数在复平面上是旋转的，旋转角速度等于角频率 ω，这里的 φ 表示 φ_x 或 φ_y，即 x 轴和 y 轴上两个分量的初相位角。

将式（7-105）中电场强度的 $\boldsymbol{a}_1$ 分量用式（7-107）表示为

$$\boldsymbol{E}_1=\frac{1}{2}A_1e^{j(\theta+\varphi_x)}+\frac{1}{2}A_1e^{-j(\theta+\varphi_x)}=\boldsymbol{E}_{1p}+\boldsymbol{E}_{1n} \tag{7-108}$$

式（7-108）表明，沿 X 轴随时间变化的正弦波可以表示为以 X 轴为对称轴的两个旋转分量 $\boldsymbol{E}_{1p}$ 和 $\boldsymbol{E}_{1n}$，它们的幅值相等但大小等于正弦波幅值的一半、旋转角速度都等于时间角频率而转向相反，如图 7.7a 所示。

类似地，式（7-105）中电场强度的 $\boldsymbol{a}_2$ 分量表示为正、反转复数得

$$\boldsymbol{E}_2=\frac{1}{2}A_2e^{j(\theta+\varphi_y+\beta)}+\frac{1}{2}A_2e^{-j(\theta+\varphi_y-\beta)}=\boldsymbol{E}_{2p}+\boldsymbol{E}_{2n} \tag{7-109}$$

式（7-109）表明，沿单位矢量 $\boldsymbol{a}_2$ 方向随时间变化的正弦量可以表示为以 $\boldsymbol{a}_2$ 为对称轴的两个旋转分量 $\boldsymbol{E}_{2p}$ 和 $\boldsymbol{E}_{2n}$，它们的幅值相等但大小等于正弦波幅值的一半、旋转角速度都等于时间角频率而转向相反，如图 7.7b 所示。

图 7.7 表明一个线极化波由两个幅值和转速相同但转向相反的圆极化波合成，线极化波矢量位置是这两个圆极化波矢量的对称轴。

复平面内电场强度有两个逆时针正向旋转的分量 $\boldsymbol{E}_{1p}$ 和 $\boldsymbol{E}_{2p}$，以及两个顺时针反向旋转的分量 $\boldsymbol{E}_{1n}$ 和 $\boldsymbol{E}_{2n}$，它们分别合成正向和反向旋转分量，如图 7.8 所示。

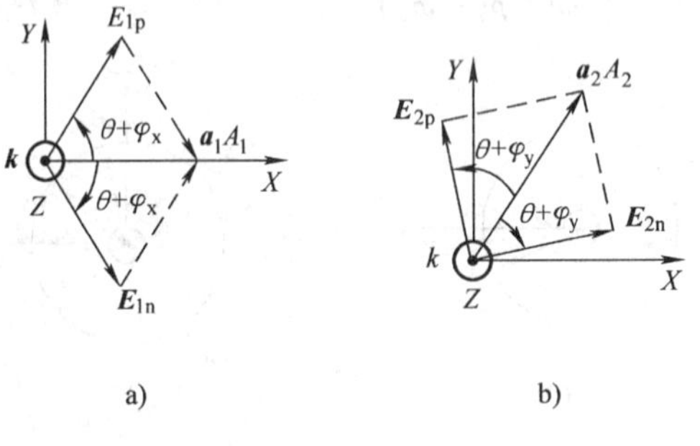

图 7.7　电场强度分量的旋转复数合成

a）$\boldsymbol{a}_1$ 分量旋转复数表示　b）$\boldsymbol{a}_2$ 分量旋转复数表示

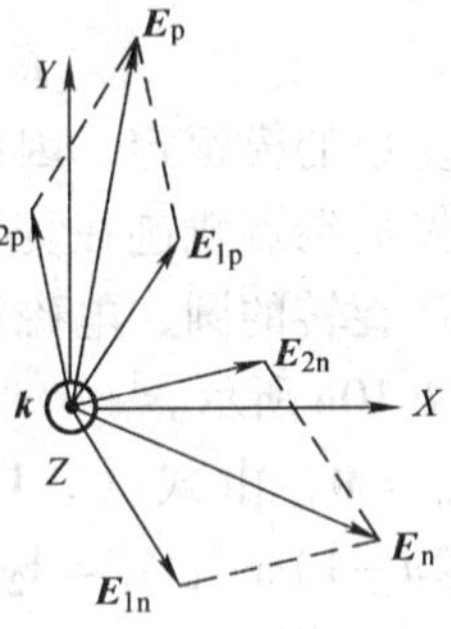

图 7.8　正、反转复数

将式（7-108）和式（7-109）中的正、反转复数分别合成后，电场强度正、反转复数分别为

$$\boldsymbol{E}_p=\frac{1}{2}(A_1+A_2e^{j(\varphi_y-\varphi_x+\beta)})e^{j(\theta+\varphi_x)} \tag{7-110}$$

$$\boldsymbol{E}_n=\frac{1}{2}(A_1+A_2e^{-j(\varphi_y-\varphi_x-\beta)})e^{-j(\theta+\varphi_x)} \tag{7-111}$$

由几何图形可以知道，复平面上两个旋转角速度相同而旋转方向相反的复数合成是椭圆，但当两个复数的幅值相同时，椭圆退化为直线段，当其中一个复数的模等于零时，椭圆变为圆。因此，只要讨论式（7-110）和式（7-111）中两个括号内表达式构成的复数即可确定电磁波的极化方式。

1. 线极化波

7.3.1节场量复平面轨迹法分析电磁波极化方法依然有效，如图7.9所示，当两个正、反转复数的模相同时，根据式(7-110)和式(7-111)有

$$\cos(\varphi_y-\varphi_x+\beta)=\cos(\varphi_y-\varphi_x-\beta)\quad 或\quad \sin\beta\sin(\varphi_y-\varphi_x)=0 \tag{7-112}$$

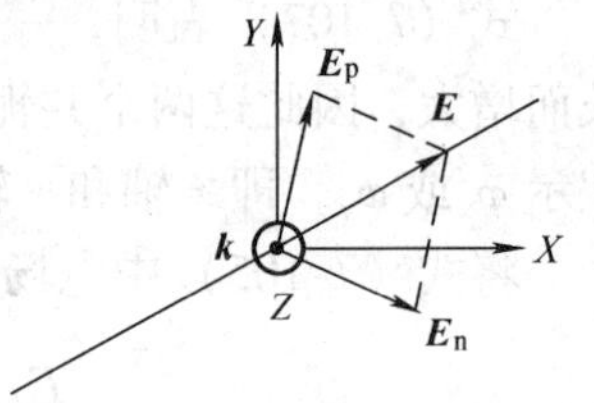

图7.9 复数模相同的线极化波

因 $k_z\neq0$，故由式(7-101)得到 $\sin\beta\neq0$，代入式(7-112)得 $\varphi_y-\varphi_x=n\pi$，其中 n 为整数。这表明式(7-105)是两个相位相同或相反的线极化波合成，或者，式(7-110)和式(7-111)是两个幅值和转速相同但转向相反的圆极化波合成。于是，由式(7-105)得到电场强度矢量为

$$\boldsymbol{E}=[\boldsymbol{a}_1A_1+(-1)^n\boldsymbol{a}_2A_2]\cos(\theta+\varphi_x) \tag{7-113}$$

式(7-113)表明，电场强度矢量是方向固定而大小随时间正弦规律变化的线极化波。两个时间相位相同或相反的线极化波合成一个线极化波，或者两个幅值和转速相同但转向相反的圆极化波合成一个线极化波。

事实上，由式(7-96)得到电场强度三个分量的初相位相差 $n\pi$，故合成线极化波。

2. 圆极化波

当正、反转复数之一的模为零时，电磁波为圆极化波。具体地，若 $\boldsymbol{E}_p=\boldsymbol{0}$，由式(7-110)得到 $\varphi_y-\varphi_x+\beta=(2n-1)\pi$ 且 $A_1=A_2$，电场强度只有反转复数 $\boldsymbol{E}_n$，代入式(7-111)可得

$$\boldsymbol{E}=\boldsymbol{E}_n=A_2e^{-j(\theta+\varphi_x-\beta-\pi/2)}\sin(\varphi_x-\varphi_y) \tag{7-114}$$

反转复数的模恒定，因此空间固定点的电场强度矢量端点轨迹在复平面上随时间变化是顺时针旋转的圆，电磁波是左旋圆极化波，如图7.10a所示。

若 $\boldsymbol{E}_n=\boldsymbol{0}$，由式(7-111)得到 $\varphi_y-\varphi_x-\beta=(2n-1)\pi$ 且 $A_1=A_2$，电场强度只有正转复数 $\boldsymbol{E}_p$，代入式(7-110)可得

$$\boldsymbol{E}=\boldsymbol{E}_p=A_2e^{j(\theta+\varphi_x+\beta-\pi/2)}\sin(\varphi_x-\varphi_y) \tag{7-115}$$

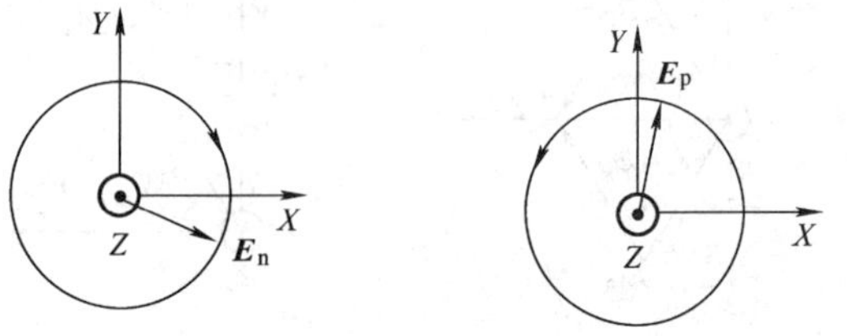

图7.10 复数模乘积为零的电磁波圆极化波
a）反转左旋圆极化波 b）正转右旋圆极化波

电场强度矢量端点轨迹在复平面上是逆时针旋转的圆，电磁波是右旋圆极化波，如图7.10b所示。

3. 椭圆极化波

将式(7-110)和式(7-111)改写为模和复角形式，再合成电场强度矢量得到

$$\boldsymbol{E}=\boldsymbol{E}_p+\boldsymbol{E}_n=A_pe^{j(\theta+\varphi_x+\varphi_p)}+A_ne^{-j(\theta+\varphi_x+\varphi_n)} \tag{7-116}$$

当 $2(\theta+\varphi_x)+\varphi_p+\varphi_n=2n\pi$ 时，两个复数旋转到重合位置，电场强度最强，数值上等于 A_p+A_n。

当 $2(\theta+\varphi_x)+\varphi_p+\varphi_n=(2n-1)\pi$ 时，两个复数旋转到相反方向位置，电场强度最弱，数值上等于 $|A_p-A_n|$，方向处在模大的复数位置。因此合成电场强度复数的转向取决于模

大的复数转向。

令 $\theta_e=\theta+\varphi_x+(\varphi_p+\varphi_n)/2$，将式（7-116）改写为

$$\boldsymbol{E}=(A_p e^{j\theta_e}+A_n e^{-j\theta_e})e^{j(\varphi_p-\varphi_n)/2} \tag{7-117}$$

式（7-117）表明，电场强度的矢端轨迹是倾角等于 $(\varphi_p-\varphi_n)/2$ 的椭圆。椭圆的旋转方向取决于两个旋转复数的模大的复数旋转方向。

若 $A_p>A_n>0$，则两个幅值不同、旋转角速度相同但转向相反的复数合成一个逆时针旋转的右旋椭圆极化波，如图7.11a 所示。

若 $A_n>A_p>0$，则两个幅值不同、旋转角速度相同但转向相反的复数合成一个顺时针旋转的左旋椭圆极化波，如图7.11b 所示。

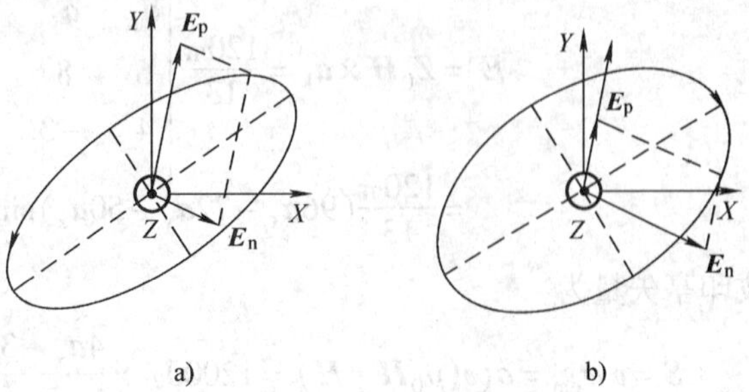

图 7.11　复数模非零且不同的电磁波椭圆极化波

a）正转右旋椭圆极化波　b）反转左旋椭圆极化波

例 7.6　已知自由空间中均匀平面电磁波的磁场强度矢量为

$$\boldsymbol{H}=(6\,\boldsymbol{a}_x+8\,\boldsymbol{a}_y)\sin(\omega t-x-By-3z)\,\mathrm{A/m}$$

求：1）波矢量、相位常数、频率和波长。

2）电场强度矢量和坡印亭矢量。

3）电磁波的极化方式。

解答　将磁场强度改为余弦形式得

$$\boldsymbol{H}=(6\boldsymbol{a}_x+8\boldsymbol{a}_y)\cos(\omega t-x-By-3z-\pi/2)$$

1）波矢量等于电磁波相位的负梯度，即

$$\boldsymbol{k}=\nabla(x+By+3z)=\boldsymbol{a}_x+B\boldsymbol{a}_y+3\boldsymbol{a}_z$$

波矢量与磁场强度正交，即

$$\boldsymbol{k}\cdot\boldsymbol{H}=0,\ 6+8B=0,\ B=-3/4$$

得到波矢量为

$$\boldsymbol{k}=\boldsymbol{a}_x-0.75\,\boldsymbol{a}_y+3\,\boldsymbol{a}_z$$

相位常数等于波矢量的模，即

$$\beta=|k|=\sqrt{16+9+9\times16}/4=13/4\,\mathrm{rad/m}$$

自由空间中的波速等于光速，即

$$v=c=3\times10^8\,\mathrm{m/s}$$

频率等于每秒钟波数，即

$$f=\frac{\beta v}{2\pi}=\frac{39}{8\pi}\times10^8\,\mathrm{Hz}$$

波长为

$$\lambda=\frac{2\pi}{\beta}=\frac{8\pi}{13}\mathrm{m}$$

2）单位波矢量为

$$a_k = \frac{4a_x - 3a_y + 12a_z}{13}$$

电场强度矢量为

$$E = Z_0 H \times a_k = \frac{120\pi}{13}\begin{vmatrix} a_x & a_y & a_z \\ 6 & 8 & 0 \\ 4 & -3 & 12 \end{vmatrix}\sin(\omega t - x + 0.75y - 3z)$$

$$= \frac{120\pi}{13}(96a_x - 72a_y - 50a_z)\sin(\omega t - x + 0.75y - 3z)$$

坡印亭矢量为

$$S = v\,w_{em} = a_k v(\mu_0 H \cdot H) = 12000\pi \times \frac{4a_x - 3a_y + 12a_z}{13}\cos^2\left(\omega t - x + 0.75y - 3z - \frac{\pi}{2}\right)$$

3）电磁波的极化：

根据均匀平面电磁波的特点，取电磁波传播方向为 Z 方向，则

$$a_Z = (4a_x - 3a_y + 12a_z)/13$$

场强垂直于 Z 轴，取 Y 方向为

$$a_Y = \frac{a_z \times a_Z}{|a_z \times a_Z|} = \frac{3a_x + 4a_y}{5}$$

则 X 方向为

$$a_X = a_Y \times a_Z = (48a_x - 36a_y - 25a_z)/65$$

磁场强度在新坐标系下沿 Z 轴传播且只有 Y 方向的分量，可以表示为

$$H = 10a_Y\sin(\omega t - 3.25Z)$$

电磁波极化方式为线极化波。

例 7.7 判断下列自由空间中均匀平面电磁波的传播方向、参数 k 与极化方式：

1）$E = (a_x - a_z)\cos(10^8\pi t - ky)$。

2）$E = a_y 3\cos(10^8 \times 2\pi t - kx - \pi/6) - a_z 4\cos(10^8 \times 2\pi t - kx + \pi/3)$。

3）$\dot{E} = a_x 2e^{j(\pi/4 - 10\pi z)} - a_y 3e^{-j(\pi/4 + 10\pi z)}$。

4）$\dot{E} = (a_x - 2a_y + ja_z\sqrt{5})e^{-jk(2x+y)/\sqrt{5}}$，100MHz 频率。

解答 实轴、虚轴和电磁波传播方向三者相互垂直，且满足右手螺旋关系。

1）电磁波沿 y 轴正方向传播，系数 $k = 2\pi f/c = \pi/3$，只有一个方向 $(a_x - a_z)/\sqrt{2}$ 分量，电磁波是线极化波 $x - z = 0$。

2）电磁波沿 x 轴正方向传播，系数 $k = 2\pi f/c = 2\pi/3$，则

$$E = a_y 3\cos(10^8 \times 2\pi t - kx - \pi/6) + a_z 4\cos(10^8 \times 2\pi t - kx - 2\pi/3)$$

令 $x = 0$，以 y 轴为实轴，z 轴为虚轴，电场强度在复平面上的矢端轨迹用复数表示为

$$s = 1.5[e^{j(10^8 2\pi t - \pi/6)} + e^{-j(10^8 2\pi t - \pi/6)}] + j2[e^{j(10^8 2\pi t - 2\pi/3)} + e^{-j(10^8 2\pi t - 2\pi/3)}]$$

正转恒定复数为

$$s_p = 1.5e^{-j\pi/6} + j2e^{-j2\pi/3} = 3.5e^{-j\pi/6}$$

反转恒定复数为

$$s_n = 1.5e^{j\pi/6} + j2e^{j2\pi/3} = 0.5e^{j7\pi/6}$$

因正转复数模比反转复数模大，电磁波为右旋椭圆极化波，椭圆长半轴为 4，短半轴

为3。

另一方面，因为相位 y 轴分量超前 z 轴分量90°，所以是右旋椭圆极化波。

3）电磁波沿 z 轴正方向传播，令 $z=0$，以 x 轴为实轴，y 轴为虚轴，电场强度在复平面上矢端轨迹用复数表示为

$$s=[\mathrm{e}^{\mathrm{j}(\omega t+\pi/4)}+\mathrm{e}^{-\mathrm{j}(\omega t+\pi/4)}]+\mathrm{j}1.5[\mathrm{e}^{\mathrm{j}(\omega t+3\pi/4)}+\mathrm{e}^{-\mathrm{j}(\omega t+3\pi/4)}]$$

正转恒定复数为

$$s_{\mathrm{p}}=\mathrm{e}^{\mathrm{j}\pi/4}+\mathrm{j}1.5\mathrm{e}^{\mathrm{j}3\pi/4}=0.5\mathrm{e}^{\mathrm{j}5\pi/4}$$

反转恒定复数为

$$s_{\mathrm{n}}=\mathrm{e}^{-\mathrm{j}\pi/4}+\mathrm{j}1.5\mathrm{e}^{-\mathrm{j}3\pi/4}=2.5\mathrm{e}^{-\mathrm{j}\pi/4}$$

因反转复数模比正转复数模大，电磁波为左旋椭圆极化波，椭圆长半轴为3，短半轴为2。

另一方面，因为相位 y 轴分量超前 x 轴分量90°，所以是左旋椭圆极化波。

4）电磁波传播方向单位矢量为

$$\boldsymbol{a}_{\mathrm{k}}=\frac{\nabla[k(2x+y)/\sqrt{5}]}{|\nabla[k(2x+y)/\sqrt{5}]|}=\frac{2\boldsymbol{a}_{\mathrm{x}}+\boldsymbol{a}_{\mathrm{y}}}{\sqrt{5}}$$

系数为

$$k=2\pi f/c=2\pi/3$$

电场强度分解为两个正交分量且都与传播方向垂直，则

$$\boldsymbol{E}=(\boldsymbol{a}_{\mathrm{x}}-2\boldsymbol{a}_{\mathrm{y}})\cos(\omega t-k(2x+y)/\sqrt{5})+\boldsymbol{a}_{\mathrm{z}}\sqrt{5}\cos(\omega t-k(2x+y)/\sqrt{5}+\pi/2)$$

以 z 轴为实轴，$(\boldsymbol{a}_{\mathrm{x}}-2\boldsymbol{a}_{\mathrm{y}})/\sqrt{5}$ 为虚轴，电场强度复数矢端轨迹形式为

$$s=\mathrm{j}\sqrt{5}/2(\mathrm{e}^{\mathrm{j}\omega t}+\mathrm{e}^{-\mathrm{j}\omega t})+\sqrt{5}/2[\mathrm{e}^{\mathrm{j}(\omega t+\pi/2)}+\mathrm{e}^{-\mathrm{j}(\omega t+\pi/2)}]=\mathrm{j}\sqrt{5}\mathrm{e}^{\mathrm{j}\omega t}$$

复数只有正转的分量，因此电磁波是右旋圆极化波。

另一方面，两个正交分量幅值相同，相位相差90°且实轴超前，因此是右旋圆极化波。

电磁波发射和接收天线的极化方式必须相同，圆极化波可以使火箭遥控不失控，有利于实现电子对抗。

思考题与习题

1. 均匀平面电磁波有哪些特点？

2. 电磁波的极化方式有哪几种？

3. 相对磁导率为无穷大的磁介质中，电磁波能否存在？

4. 电导率为无穷大的导体中，电磁波能否存在？

5. 自由空间中的均匀平面电磁波，已知电场强度 $\boldsymbol{E}=\boldsymbol{a}_{\mathrm{x}}E_{\mathrm{m}}\cos\omega t\cos kz$，其中 E_{m} 和 ω 给定，那么平均坡印亭矢量 $\boldsymbol{S}_{\mathrm{av}}=$________。

6. 自由空间中矢量磁位 $\boldsymbol{A}=\boldsymbol{a}_{\mathrm{z}}A_{\mathrm{m}}\cos(\omega t-kx)$，其中 A_{m} 和 k 为常数，则 $\omega=$________，磁感应强度矢量 $\boldsymbol{B}=$________。

7. 自由空间中，光速为 c，电场强度矢量为 $\boldsymbol{E}=\boldsymbol{a}_{\mathrm{x}}120\pi\cos\left(\frac{2\pi}{3}(ct-z)\right)$，磁场强度矢量为 $\boldsymbol{H}=\boldsymbol{a}_{\mathrm{y}}\cos\left(\frac{2\pi}{3}(ct-z)\right)$，那么平均坡印亭矢量 $\boldsymbol{S}_{\mathrm{av}}=$________。

8. 已知 $0<z<d$ 区域电场强度矢量 $\boldsymbol{E}=\boldsymbol{a}_{\mathrm{y}}E_{\mathrm{m}}\sin\left(\frac{\pi z}{d}\right)\cos(\omega t-kx)$，$z<0$ 和 $z>d$ 为理想导体，则 $z=0$ 处

的电流密度为________，$z=d$ 处的电流密度为________。

9. 时变场中矢量磁位 $\boldsymbol{A}=\boldsymbol{a}_x A_m\cos(\omega t-kz)$，求磁场强度、电场强度和坡印亭矢量。

10. 自由空间中时变场的电场强度 $\boldsymbol{E}=\boldsymbol{a}_x E_m\cos\omega t\cos kz$，求磁场强度瞬时值、坡印亭矢量及其平均坡印亭矢量。

11. 计算时变场 $\boldsymbol{E}=\boldsymbol{a}_x 5\sin\left(10^6 t+4\pi y-\dfrac{\pi}{3}\right)+\boldsymbol{a}_z 5\cos\left(10^6 t+4\pi y-\dfrac{\pi}{6}\right)$的散度和旋度。

12. 若介质磁导率 $\mu=\mu_0$，复介电常数 $\varepsilon=\varepsilon_0(3-\mathrm{j}2)$，电场强度矢量瞬时值表达式为 $\boldsymbol{E}=\boldsymbol{a}_y 10\sin(\omega t+4\pi x+\dfrac{\pi}{4})$，求电通量密度和磁场强度。

13. 介电常数为 ε 的理想电介质中，磁场强度矢量 $\boldsymbol{H}=\boldsymbol{a}_x H_m\cos(\omega t-kz)$，其中 k 为常数，求位移电流密度、电场强度和极化强度。

14. 月球上的电磁波发射装置，功率为1W，频率为5GHz，地球半径为 6.37×10^3km，地球到月球的距离为 3.8×10^5km，电磁波到达地球时，计算电场强度和磁场强度有效值、坡印亭矢量平均值、平均能量密度，以及从月球到地球的电磁波传播时间。

15. 海水的相对磁导率为1.0，相对介电常数为81，电导率为4.4S/m，电磁波频率为400MHz时，计算传导电流密度与位移电流密度之比；在这一频率下，海水是导体还是电介质；计算传播常数、衰减常数和相位常数，以及透入深度。

16. 角频率为 ω 的单色平面电磁波垂直射入地面，设地下电导率为 σ，相对磁导率为1.0的无限大均匀介质，忽略位移电流，计算离地面深 h 处的电场强度幅值与地面电场强度幅值之比。

17. 两无限大理想导体平行板相距 d，电磁波平行于极板沿 z 方向传播，沿 x 方向波是均匀的，试求可能传播的波型和相应的截止频率。

18. 地面测得太阳光能流密度平均值为 $1.35\mathrm{kW/m^2}$，若太阳光是单色线偏振光，估计太阳光中电场强度和磁场强度的幅值。

19. 确定下列电磁波的极化方式：

1）$\boldsymbol{E}=\boldsymbol{a}_x E_{xm}\cos(\omega t-kz)+\boldsymbol{a}_y E_{ym}\sin(\omega t-kz-\pi/2)$。

2）$\boldsymbol{E}=\boldsymbol{a}_x E_m\cos(\omega t-kz)+\boldsymbol{a}_y E_m\sin(\omega t-kz)$。

3）$\dot{\boldsymbol{E}}=\boldsymbol{a}_x E_m \mathrm{e}^{-\mathrm{j}(kz-\pi/6)}+\boldsymbol{a}_y E_m \mathrm{e}^{-\mathrm{j}(kz+\pi/3)}$。

4）$\dot{\boldsymbol{E}}=\boldsymbol{a}_x 2\mathrm{e}^{-\mathrm{j}(kz-\pi/6)}-\boldsymbol{a}_y 3\mathrm{e}^{-\mathrm{j}(kz+\pi/3)}$。

20. 已知理想介质的相对介电常数为6.5，相对磁导率为1.0，有一平面电磁波的频率为100MHz，电场强度复矢量 $\boldsymbol{E}=(\boldsymbol{a}_x \mathrm{j}A-\boldsymbol{a}_y 2\sqrt{15}+\boldsymbol{a}_z \mathrm{j}4)\mathrm{e}^{-\mathrm{j}k_1(2x-3z)}$，其中参数 $k_1>0$，计算：

1）参数 A 和 k_1。

2）电场强度矢量的瞬时值形式。

3）磁场强度复矢量和瞬时值形式。

4）瞬时坡印亭矢量、复坡印亭矢量和平均坡印亭矢量。

5）瞬时磁场能量密度、复磁场能量密度和平均磁场能量密度。

6）瞬时电场能量密度、复电场能量密度和平均电场能量密度。

7）确定电磁波的极化方式。

第8章　传　输　线

前面已经从电磁场理论出发分析了电路元件的电阻、电容和电感，以及均匀平面电磁波。在电路中，各元件是集中参数并且用导线相互连接，连接点电流满足 KCL 而回路电压满足 KVL，电流在串联电路中是相同的，电压在并联电路中是相同的。本章将从分布参数电路的角度分析传输线的基本方程和特性。

8.1　概述

传输线通常由两根导体组成，三相电力系统输电线则是三根输电线，如图 8.1 所示。传输线是指两点之间传输能量或信号的媒介和结构，如人体内的神经纤维、传导声波的流体和传导机械压力波的固体等，这里主要讨论传导电磁能量或信号的传输线。这类传输线包括电力系统输电线、电话线、传输音频视频信号或计算机数据信号的同轴电缆线、用于光波进行高速数据传送的光纤等。传输线是一个双端口网络，一端称为发送端，另一端称为接收端。

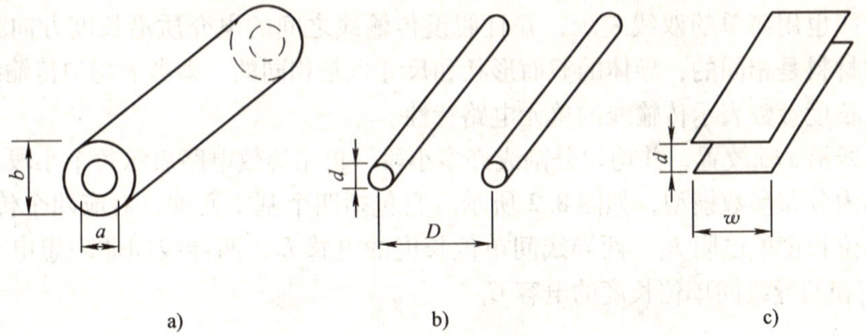

图 8.1　基本传输线结构

a）同轴线　b）平行双导线　c）平行导体板

连接到发送端的激励源可以是任意具有输出电压的电路，如发电机、雷达发射器、功率放大器或者工作在发送模式的计算机端口。根据电路理论，有源电路可以等效成一个电源电压等于开路电压和等效内阻抗相串联的戴维南等效电路。发生器电源电压可以是脉冲电压、正弦调制信号或其他任意波形。

传输线的接收端连接的电路称为负载。负载可以是电动机、雷达接收天线、处于接收模式的计算机端口、功率放大器的输入端或者可以等效为负载电阻（直流）或阻抗（交流）的输出电路。

传输线长度对信号有影响，在微波电路中的微带只有几毫米，在小功率信号传输的电话线或大功率输电线则长达数百甚至几千千米。在低频线路中，通常用导线把电路元件连接成设计的电路结构，电流在导线上是相同的。但在高频电路中，导线上的电流是不同的，不能用集中参数元件描述传输线，而需要采用分布参数来描述。

第 7 章介绍了在无界空间传播的均匀平面电磁波是横向电磁波，电场和磁场没有沿电磁波传播方向的分量。传输线以金属导体为边界引导电磁波传播，传输的电磁波是导行电磁波或简称导波，通常分为三类：横向电磁波（TEM）、横向电波（TE）和横向磁波（TM）。横向电波是指磁场强度除了横向分量还含有沿电磁波传播方向的纵向分量，而横向磁波则是指电场强度除了横向分量还有沿电磁波传播方向的纵向分量。横向电波和横向磁波通常存在于单一金属空腔的矩形波导管、谐振腔、光纤、共面波导或多微带等介质空间，它们已超出了本书的讨论范围。这里主要分析横向电磁波在均匀传输线上的传播特性。

横向电磁波传输线包括电介质隔离同轴电缆、空气隔离双线传输（直流输电）、空气隔离三线传输（交流输电）、电介质隔离金属平行板线路、电介质分隔带状传输线和电介质隔离微带线。横向电磁波传输线，因为采用简化数学模型，避免了复杂的数学推导，而且工程应用十分广泛。

本章先讨论传输线单元的集中参数模型，然后利用基尔霍夫电压定律和电流定律推导传输线的电报方程，结合这两个方程得到传输线上的波动方程，最后针对正弦稳态电压源求解这两个波动方程，所得的一组公式可以解决工程实际问题。

8.2 传输线分布参数模型

在绘制电路图时，采用元器件符号表示实际元器件（电阻、电容、电感和二极管等），同样，传输线也用简单的双线表示，并且假设传输线之间的电介质沿长度方向是完全相同的，导体的材料是相同的，导体的截面形状和尺寸也是相同的，即考虑均匀传输线，这样可以利用单位长度参数表示传输线的单元电路特性。

将传输线沿 z 轴放置，并均匀分割成许多小段，再用等效电路表示每个小段，传输线的这种模型称为分布参数模型，如图 8.2 所示。它包括四个基本元件，对应四个传输线参数，即两导线单位长度的电阻 R_1，两导线间单位长度的电感 L_1，两导线间非理想电介质单位长度的电导 G_1和两导线间单位长度的电容 C_1。

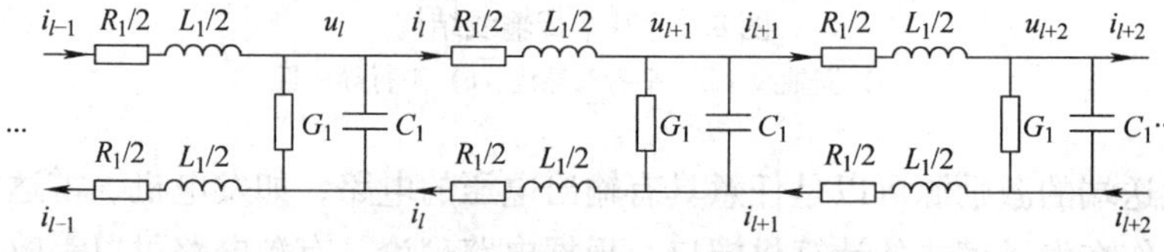

图 8.2　传输线分布参数模型

尽管不同类型和尺寸的传输线具有不同参数形式，但等效模型适用于所有传播横向电磁波的传输线。

具体可以利用静态场计算这些参数，它们与介质特性介电常数、磁导率和电导率有关，还可能与频率有关，如金属导体的表面电阻与频率有关。对于理想导体或电导率很大的导体，满足静态场的电阻接近零。

例 8.1　平行板传输线宽度为 w，间距为 $d(d<<w)$，横向电磁波沿长度方向 z 轴传播，平板间充满线性、均匀和各向同性介质 ε、μ 和 σ，如图 8.3 所示，忽略边缘效应，计算两

平板导线间单位长度的电容和电感。

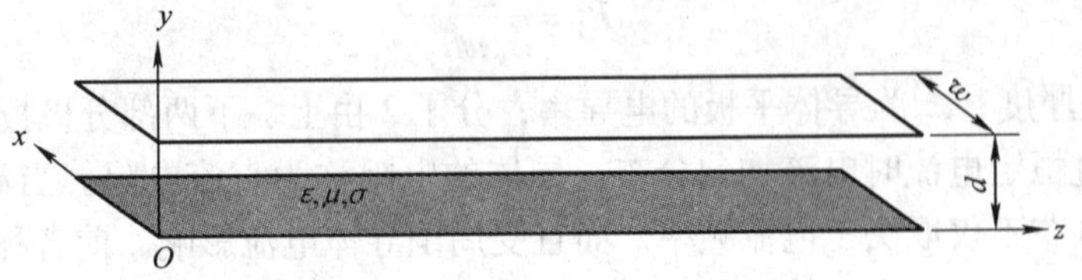

图 8.3　平行板传输线

解答　设横向电磁波的电场强度复矢量为

$$\boldsymbol{E}=\boldsymbol{a}_{\mathrm{y}}E_{\mathrm{y}}\mathrm{e}^{-\mathrm{j}\beta z} \tag{8-1}$$

令 $Y=Z^{-1}=\sqrt{\varepsilon\mu^{-1}}$，横向电磁波的磁场强度为

$$\boldsymbol{H}=\boldsymbol{a}_{\mathrm{z}}\times\boldsymbol{E}Y=-\boldsymbol{a}_{\mathrm{x}}(E_{\mathrm{y}}Y)\mathrm{e}^{-\mathrm{j}\beta z} \tag{8-2}$$

两导体极板中的面电流密度分别为

$$\boldsymbol{J}_{\mathrm{s}}=\pm\boldsymbol{a}_{\mathrm{y}}\times\boldsymbol{H}=\pm\boldsymbol{a}_{\mathrm{z}}E_{\mathrm{y}}Y\mathrm{e}^{-\mathrm{j}\beta z} \tag{8-3}$$

不考虑线路损耗，极板表面电荷密度分布为

$$\rho_{\mathrm{s}}=\pm\boldsymbol{a}_{\mathrm{y}}\cdot\varepsilon\boldsymbol{E}=\pm\varepsilon E_{\mathrm{y}}\mathrm{e}^{-\mathrm{j}\beta z} \tag{8-4}$$

沿 z 轴单位长度电荷量为

$$\rho_1=w\rho_{\mathrm{s}}=\pm w\varepsilon E_{\mathrm{y}}\mathrm{e}^{-\mathrm{j}\beta z} \tag{8-5}$$

根据麦克斯韦方程电场强度的旋度和磁感应强度无散引入复矢量磁位得到

$$\nabla\times\boldsymbol{E}=-\mathrm{j}\omega\boldsymbol{B}=-\mathrm{j}\omega\nabla\times\boldsymbol{A} \tag{8-6}$$

于是，引入复标量电位，使得

$$\nabla\phi=-(\boldsymbol{E}+\mathrm{j}\omega\boldsymbol{A}) \tag{8-7}$$

由于矢量磁位是由沿 z 轴方向的电流产生的，因此矢量磁位沿 z 轴方向，矢量磁位对极板间的电压贡献为零，因此极板间的电压为

$$V=-\int_0^d\nabla\phi\cdot\boldsymbol{a}_{\mathrm{y}}\mathrm{d}y=\int_0^d\boldsymbol{E}\cdot\boldsymbol{a}_{\mathrm{y}}\mathrm{d}y=dE_{\mathrm{y}}\mathrm{e}^{-\mathrm{j}\beta z} \tag{8-8}$$

不考虑边缘效应，单位长度电容为

$$C_1=\frac{\rho_1}{V}=\frac{\varepsilon w}{d} \tag{8-9}$$

式（8-9）表明，单位长度电容与平行极板的宽度和极板间介质的介电常数成正比，而与极板间的距离成反比。

极板单位长度磁通量为

$$\Phi_1=\boldsymbol{a}_{\mathrm{x}}\cdot\mu\boldsymbol{H}d=-d\mu E_{\mathrm{y}}Y\mathrm{e}^{-\mathrm{j}\beta z} \tag{8-10}$$

不考虑边缘效应，极板流过的电流为

$$I=\boldsymbol{a}_{\mathrm{z}}\cdot\boldsymbol{J}_{\mathrm{s}}w=\pm wE_{\mathrm{y}}Y\mathrm{e}^{-\mathrm{j}\beta z} \tag{8-11}$$

上极板电流取负号，下极板电流取正号。根据自感为正得到单位长度电感为

$$L_1=\frac{\Phi_1}{I}=\frac{\mu d}{w} \tag{8-12}$$

式（8-12）表明，单位长度电感与平行极板的间距和极板间介质的磁导率成正比，与极板的宽度成反比。

平板传输线单位长度电阻为

$$R_1 = \frac{2}{\sigma_c wh} \tag{8-13}$$

式中，h 为平板厚度；σ_c 为导体平板的电导率；分子 2 由上、下两部分极板的贡献产生。

导体内流过恒定电流时电流均匀分布，导体的电阻称为直流电阻。当流过交流电流时，导体内部电流分布不仅取决于电流频率，而且受周围导体电流影响，前者称为趋肤效应，后者称为邻近效应。两者都在导体内产生涡流，使导体的交流电阻增大。

考虑趋肤效应时，如果极板厚度超过给定频率信号的透入深度，则极板厚度用透入深度 δ 表示，对于良导体，透入深度与信号频率和介质特性的关系为

$$\delta = \sqrt{\frac{2}{\omega\mu\sigma_c}} \tag{8-14}$$

两平板间介质的单位长度电导，利用静电比拟由式（8-9）可以得到

$$G_1 = \frac{\sigma C_1}{\varepsilon} = \frac{\sigma w}{d} \tag{8-15}$$

式中，σ 为平板间介质的电导率。

通常介质的电导率很小，而导体极板的电导率很大，因此传输线损耗较小，可以近似认为传输线导体是理想导体而填充的介质为理想介质，这样可以极大地简化分析和计算。

8.3 传输线方程

1. 传输线电报方程

传输线是双端口电路，实际电路模型包括信号发生源端和接收负载端，以及连接两者的传输线，传输线上一段 dz 长度的单元电路模型，如图 8.4a 所示。电路中大多采用集中参数模型，但若频率足够高，波长足够短，以至于波长远小于线路长度，这时线路上的信号不仅与位置有关而且与时间有关，集中参数电路模型已不再适用，需要建立分布参数模型。设均匀传输线的四个基本参数分别为单位长度的电阻 R_1、电感 L_1、介质电导 G_1和电容 C_1。取其中一段作为双端口网络计算传输特性，如图 8.4b 所示。

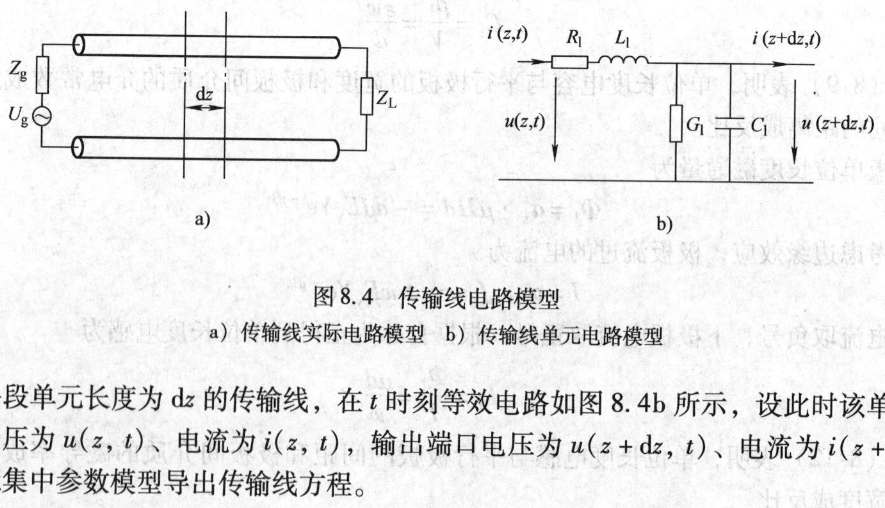

图 8.4　传输线电路模型

a）传输线实际电路模型　b）传输线单元电路模型

取一段单元长度为 dz 的传输线，在 t 时刻等效电路如图 8.4b 所示，设此时该单元的输入端口电压为 $u(z, t)$、电流为 $i(z, t)$，输出端口电压为 $u(z+\mathrm{d}z, t)$、电流为 $i(z+\mathrm{d}z, t)$。利用单元集中参数模型导出传输线方程。

根据基尔霍夫电压定律，输入端口电压等于传输线导体电阻和电感电压压降以及输出端口电压之和，得到

$$u(z,\ t)=u(z+\mathrm{d}z,\ t)+(R_1\mathrm{d}z)i(z,t)+(L_1\mathrm{d}z)\frac{\partial i(z,\ t)}{\partial t} \tag{8-16}$$

根据基尔霍夫电流定律，输入端口电流等于传输线介质电导和电容上的电流以及输出端口电流之和，得到

$$i(z,\ t)=i(z+\mathrm{d}z,\ t)+(G_1\mathrm{d}z)u(z+\mathrm{d}z,\ t)+(C_1\mathrm{d}z)\frac{\partial u(z+\mathrm{d}z,\ t)}{\partial t} \tag{8-17}$$

对传输线单元输出端口的电压和电流沿电磁波传播方向展开分别得到

$$u(z+\mathrm{d}z,\ t)=u(z,\ t)+\frac{\partial u(z,\ t)}{\partial z}\mathrm{d}z+o(\mathrm{d}z) \tag{8-18}$$

$$i(z+\mathrm{d}z,\ t)=i(z,\ t)+\frac{\partial i(z,\ t)}{\partial z}\mathrm{d}z+o(\mathrm{d}z) \tag{8-19}$$

式中，$o(\mathrm{d}z)$表示 $\mathrm{d}z$ 的高阶无穷小量。

将电压和电流展开式（8-18）和式（8-19）代入式（8-16）和式（8-17），并忽略高阶小量后得到两个电报方程为

$$\frac{\partial u(z,t)}{\partial z}+R_1 i(z,\ t)+L_1\frac{\partial i(z,\ t)}{\partial t}=0 \tag{8-20}$$

$$\frac{\partial i(z,\ t)}{\partial z}+G_1 u(z,\ t)+C_1\frac{\partial u(z,\ t)}{\partial t}=0 \tag{8-21}$$

式（8-20）和式（8-21）表明传输线上的电压和电流是相互耦合的，形式上是 RL 串联与 GC 并联电路参数的对偶关系，可以通过解耦获得独立的偏微分波动方程。

式（8-20）的两边对位置 z 求偏导，并将方程（8-21）中电流对 z 偏导项代入，就可以消除电流得到电压的波动方程为

$$\frac{\partial^2 u}{\partial z^2}-L_1C_1\frac{\partial^2 u}{\partial t^2}-(R_1C_1+G_1L_1)\frac{\partial u}{\partial t}-R_1G_1u=0 \tag{8-22}$$

类似地，可以得到电流的波动方程为

$$\frac{\partial^2 i}{\partial z^2}-L_1C_1\frac{\partial^2 i}{\partial t^2}-(R_1C_1+G_1L_1)\frac{\partial i}{\partial t}-R_1G_1i=0 \tag{8-23}$$

2. 正弦稳态条件下传输线的电压和电流

对于正弦稳态激励源，角频率为 ω，传输线正弦电压和电流可以采用复数相量表示。由于电压和电流相量与空间坐标有关，因此类似矢量采用粗黑体 $\boldsymbol{U}$ 和 $\boldsymbol{I}$ 分别表示电压和电流相量。将瞬时值改为相量，对时间一阶偏导用 $\mathrm{j}\omega$ 取代，由式（8-20）和式（8-21）得到

$$\frac{\partial \boldsymbol{U}(z)}{\partial z}+Z_{\mathrm{tl}}\boldsymbol{I}(z)=0 \tag{8-24a}$$

$$\frac{\partial \boldsymbol{I}(z)}{\partial z}+Y_{\mathrm{tl}}\boldsymbol{U}(z)=0 \tag{8-24b}$$

式中，传输线导体单位长度阻抗 $Z_{\mathrm{tl}}=R_1+\mathrm{j}\omega L_1=|Z_{\mathrm{tl}}|\mathrm{e}^{\mathrm{j}\varphi_{\mathrm{Z}}}$，$\varphi_{\mathrm{Z}}=\arctan(\omega L_1/R_1)$；传输线填充介质之间单位长度导纳 $Y_{\mathrm{tl}}=G_1+\mathrm{j}\omega C_1=|Y_{\mathrm{tl}}|\mathrm{e}^{\mathrm{j}\varphi_{\mathrm{Y}}}$，$\varphi_{\mathrm{Y}}=\arctan(\omega C_1/G_1)$。需要注意的是，这里的单位长度阻抗 Z_{tl}与导纳 Y_{tl}是独立的参数。

类似地，将式（8-22）和式（8-23）分别简化为相量方程得

$$\frac{\partial^2 \boldsymbol{U}(z)}{\partial z^2} - \gamma^2 \boldsymbol{U}(z) = 0 \tag{8-25a}$$

$$\frac{\partial^2 \boldsymbol{I}(z)}{\partial z^2} - \gamma^2 \boldsymbol{I}(z) = 0 \tag{8-25b}$$

式中，传播常数 $\gamma = \alpha + \mathrm{j}\beta$ 满足

$$\gamma^2 = Z_{\mathrm{tl}} Y_{\mathrm{tl}} = |Z_{\mathrm{tl}} Y_{\mathrm{tl}}| \mathrm{e}^{\mathrm{j}(\varphi_Z + \varphi_Y)} = R_1 G_1 - \omega^2 L_1 C_1 + \mathrm{j}\omega(R_1 C_1 + G_1 L_1) \tag{8-26}$$

下面针对正弦稳态运行传输线求电压和电流相量的解。

由方程组（8-25）可以求得正弦稳态电压和电流相量的通解分别为

$$\boldsymbol{U} = \boldsymbol{U}_{\mathrm{p}} \mathrm{e}^{-\gamma z} + \boldsymbol{U}_{\mathrm{n}} \mathrm{e}^{\gamma z} \tag{8-27a}$$

$$\boldsymbol{I} = \boldsymbol{I}_{\mathrm{p}} \mathrm{e}^{-\gamma z} + \boldsymbol{I}_{\mathrm{n}} \mathrm{e}^{\gamma z} \tag{8-27b}$$

式中，$\boldsymbol{U}_{\mathrm{p}}$和$\boldsymbol{I}_{\mathrm{p}}$分别表示沿 z 轴正向传播的电压和电流常数相量；$\boldsymbol{U}_{\mathrm{n}}$和$\boldsymbol{I}_{\mathrm{n}}$分别表示沿 z 轴反向传播的电压和电流常数相量。它们由传输线两端的边界条件确定。边界条件有多种形式，如给定负载端电压和电流；给定电源端电压和电流；给定负载阻抗与电源电压，或者负载阻抗、电源内阻抗和内电动势，如图 8.4a 所示。

将式（8-27a）代入（8-24a）得到电流相量为

$$\boldsymbol{I}(z) = Y_{\mathrm{c}} \boldsymbol{U}_{\mathrm{p}} \mathrm{e}^{-\gamma z} - Y_{\mathrm{c}} \boldsymbol{U}_{\mathrm{n}} \mathrm{e}^{\gamma z} \tag{8-28}$$

式中，$Y_{\mathrm{c}} = \gamma / Z_{\mathrm{tl}} = \sqrt{|Y_{\mathrm{tl}} / Z_{\mathrm{tl}}|} \mathrm{e}^{\mathrm{j}(\varphi_Y - \varphi_Z)/2}$，具有导纳的量纲，且仅仅与传输线结构参数和介质特性参数有关，称为特征导纳，它通常是复数。但当传输线单元电路 RL 串联时间常数 L_1/R_1与单元电路 GC 并联时间常数 C_1/G_1相同时，复角 $\varphi_Y = \varphi_Z$，或者线路无损耗时，$R_1 = 0$ 且 $G_1 = 0$，传输线的特征导纳为实数 $Y_{\mathrm{c}} = \sqrt{|Y_{\mathrm{tl}} / Z_{\mathrm{tl}}|} = \sqrt{C_1 / L_1}$。

在负载阻抗 Z_{L}和电源电压相量 $\boldsymbol{U}_{\mathrm{s}}$给定的条件下，分析传输线电压和电流相量。设线路长度为 l，则在负载端 $z = l$ 的电压和电流受负载阻抗约束，电源端 $z = 0$ 的电压给定得到

$$\boldsymbol{U}(l) = \boldsymbol{U}_{\mathrm{p}} \mathrm{e}^{-\gamma l} + \boldsymbol{U}_{\mathrm{n}} \mathrm{e}^{\gamma l} = Z_{\mathrm{L}} \boldsymbol{I}(l) = Z_{\mathrm{L}} Y_{\mathrm{c}} (\boldsymbol{U}_{\mathrm{p}} \mathrm{e}^{-\gamma l} - \boldsymbol{U}_{\mathrm{n}} \mathrm{e}^{\gamma l}) \tag{8-29a}$$

$$\boldsymbol{U}_{\mathrm{s}} = \boldsymbol{U}_{\mathrm{p}} + \boldsymbol{U}_{\mathrm{n}} \tag{8-29b}$$

解得正向和反向电压常数相量与电源端电压相量的关系为

$$\boldsymbol{U}_{\mathrm{p}} = \frac{Z_{\mathrm{c}} + Z_{\mathrm{L}}}{Z_{\mathrm{L}} + Z_{\mathrm{c}} + (Z_{\mathrm{L}} - Z_{\mathrm{c}}) \mathrm{e}^{-2\gamma l}} \boldsymbol{U}_{\mathrm{s}} \tag{8-30a}$$

$$\boldsymbol{U}_{\mathrm{n}} = \frac{Z_{\mathrm{L}} - Z_{\mathrm{c}}}{(Z_{\mathrm{L}} + Z_{\mathrm{c}}) \mathrm{e}^{2\gamma l} + Z_{\mathrm{L}} - Z_{\mathrm{c}}} \boldsymbol{U}_{\mathrm{s}} \tag{8-30b}$$

分别将正向和反向电压常数相量式（8-30a）和式（8-30b）代入式（8-27a）和式（8-28），得到电压和电流相量分别为

$$\boldsymbol{U}(z) = \frac{\sinh\gamma(l - z) + Z_{\mathrm{L}} Y_{\mathrm{c}} \cosh\gamma(l - z)}{\sinh\gamma l + Z_{\mathrm{L}} Y_{\mathrm{c}} \cosh\gamma l} \boldsymbol{U}_{\mathrm{s}} \tag{8-31a}$$

$$\boldsymbol{I}(z) = \frac{\cosh\gamma(l - z) + Z_{\mathrm{L}} Y_{\mathrm{c}} \sinh\gamma(l - z)}{\sinh\gamma l + Z_{\mathrm{L}} Y_{\mathrm{c}} \cosh\gamma l} Y_{\mathrm{c}} \boldsymbol{U}_{\mathrm{s}} \tag{8-31b}$$

3. 传输线特征参数

（1）传播常数

传播常数 $\gamma = \alpha + \mathrm{j}\beta$ 的实部 α 称为衰减常数，虚部 β 称为相位常数。由式（8-26）可以得到传播常数的实部和虚部分别为

$$\alpha = \sqrt{\frac{1}{2}(R_1G_1 - \omega^2 L_1C_1 + |G_1 + j\omega C_1||R_1 + j\omega L_1|)} \tag{8-32a}$$

$$\beta = \sqrt{\frac{1}{2}(\omega^2 L_1C_1 - R_1G_1 + |G_1 + j\omega C_1||R_1 + j\omega L_1|)} \tag{8-32b}$$

当频率较高时，如微波段，传输线导体电阻远小于电抗，介质电导远小于容抗，传输线损耗较小，传播常数的虚部和实部近似地变成

$$\beta \approx \omega\sqrt{L_1C_1},\ \alpha \approx \frac{R_1C_1 + G_1L_1}{2\omega L_1C_1} \tag{8-33}$$

当传输线无损耗时，传播常数的实部为零，虚部与频率成正比，即

$$\beta = \omega\sqrt{L_1C_1} \tag{8-34}$$

（2）特征阻抗

传输线的特征阻抗等于正向传播的电压和电流相量之比，也等于反向传播的电压和电流相量之比的相反数。由式（8-27a）和式（8-28）得到传输线特征阻抗为

$$Z_c = \frac{\boldsymbol{U}_p}{\boldsymbol{I}_p} = -\frac{\boldsymbol{U}_n}{\boldsymbol{I}_n} = \frac{R_1 + j\omega L_1}{\gamma} = Y_c^{-1} \tag{8-35}$$

对于直流传输线，电阻和电导对特征阻抗起主导作用，而与电感和电容无关，特征阻抗是实数 $Z_c = \sqrt{R_1/G_1}$，任意点的电压和电流幅值恒定，这是海底电缆采用直流比交流有利的一个重要因素。

对于频率很高的微波传输线，电感和电容对特征阻抗起主导作用，而电阻和电导的影响可以忽略不计，$Z_c \approx \sqrt{L_1/C_1}$。

对于理想的无损耗传输线，特征阻抗完全由电感和电容决定且为实数，$Z_c = \sqrt{L_1/C_1}$，传输线上任意一点的正向电压和电流入射波同相位，而反向电压和电流反射波反相位。

（3）波长与波速

波长是传输线上电压或电流波相位相差 2π 的相邻两点之间的距离，用符号 λ 表示。而相位常数 β 表示传输线上相隔单位长度的两点电压或电流波的相位差，因此波长为

$$\lambda = \frac{2\pi}{\beta} \tag{8-36a}$$

传输线上正向电压和电流入射波、反向电压和电流反射波以相同的速度传播，波速是入射波或反射波等相位面沿传播方向的移动速度，或波长与频率乘积，用 v_p 表示。

以正向电压波为例，其瞬时值形式为 $u_p(z,t) = U_p e^{-\alpha z}\cos(\omega t - \beta z + \varphi_p)$，因此电压波等相位面 $\omega t - \beta z = C$ 的移动速度为

$$v_p = \left.\frac{dz}{dt}\right|_{\omega t - \beta z = C} = \frac{\omega}{\beta} = \lambda f \tag{8-36b}$$

由于传输线存在损耗，相位常数与频率不是线性关系，波速将小于相同电感和电容参数的无损耗传输线的波速，除非传输线电路参数满足关系

$$R_1C_1 = G_1L_1 \tag{8-37}$$

这时特征阻抗为实数，相位常数 β 与频率成正比，而衰减常数 α 和特征阻抗 Z_c 都与频率无关。传输线信号有衰减但不失真，因此称为非失真或无畸变传输线。

（4）输入阻抗

为了分析传输线特性，必须要了解不同负载条件下的电压和电流关系的输入阻抗。给定

负载阻抗时，传输线上任意点的电压与电流相量之比定义为该点的输入阻抗。于是，由式（8-31a）和式（8-31b）得到

$$Z_{in}(z)=\frac{\boldsymbol{U}(z)}{\boldsymbol{I}(z)}=Z_c\frac{Z_L+Z_c\tanh\gamma(l-z)}{Z_c+Z_L\tanh\gamma(l-z)} \tag{8-38}$$

式（8-38）表明，传输线上任意一点的输入阻抗通常是复数，因此电压与电流相量幅值和相位关系不仅与负载阻抗 Z_L 和特征阻抗 Z_c 有关，而且与传播常数 γ、位置 z 和线路长度 l 有关，或者与到负载端的距离（$l-z$）有关。

（5）反射系数

在给定负载的条件下，输入端的功率传输到负载端，一部分被负载吸收，另一部分被反射回输入端，而功率与电压和电流有关，为此定义传输线上任意点的电压反射系数等于反射波电压与入射波电压的相量之比，用符号“Γ”表示，由式（8-30a）和式（8-30b）得到

$$\Gamma(z)=\frac{\boldsymbol{U}_n(z)}{\boldsymbol{U}_p(z)}=\frac{Z_L-Z_c}{Z_L+Z_c}e^{2\gamma(z-l)} \tag{8-39a}$$

类似地，可以定义电流反射系数等于反射波电流与入射波电流的相量之比。于是，由式（8-28）得到

$$\Gamma_I(z)=\frac{\boldsymbol{I}_n(z)}{\boldsymbol{I}_p(z)}=-\frac{\boldsymbol{U}_n(z)}{\boldsymbol{U}_p(z)}=-\frac{Z_L-Z_c}{Z_L+Z_c}e^{2\gamma(z-l)}=-\Gamma(z) \tag{8-39b}$$

由于电流反射系数与电压反射系数的符号相反，因此以后用电压反射系数或简称反射系数来表示。由式（8-38）和式（8-39a）得到输入阻抗与反射系数之间的关系为

$$Z_{in}(z)=Z_c\frac{\boldsymbol{U}_p e^{-j\gamma z}+\boldsymbol{U}_n e^{j\gamma z}}{\boldsymbol{U}_p e^{-j\gamma z}-\boldsymbol{U}_n e^{j\gamma z}}=Z_c\frac{1+\Gamma(z)}{1-\Gamma(z)} \tag{8-40}$$

一般传输线的传播常数是复数，电压和电流幅值存在衰减，而且电压和电流相位差随位置发生变化，因此计算复杂，下面重点分析无损耗均匀传输线的特性。

8.4 无损耗均匀传输线

本节主要分析正弦稳态条件下无损耗均匀传输线的运行状态。考虑由理想导体和理想介质构成的无损耗均匀传输线，导体的单位长度电阻和导体间介质的单位长度电导都等于零，传输线导体内电场强度和磁场强度为零，传输线之间介质中传导电流密度为零，传输线之间电场强度线积分等于电压，围绕传输线的磁场强度线积分等于电流，磁场强度矢量线与电场强度矢量线相互正交且同时垂直于电磁波传播方向。单位长度的电感等于传输线的外自感，因此特征阻抗取决于介质的介电常数和磁导率，以及传输线截面几何结构和间距，而电磁波传播速度仅仅取决于介质的介电常数和磁导率。

1. 电压和电流相量

对于无损耗均匀传输线，$R_1=0$，$G_1=0$，由式（8-26）得到传播常数可以简化为

$$\gamma^2=-\omega^2L_1C_1,\ \gamma=j\omega\sqrt{L_1C_1}=j\beta \tag{8-41}$$

式中，相位常数 $\beta=\omega\sqrt{L_1C_1}$。由于相位常数与频率成线性关系，因此信号在传输过程中不会失真，无色散现象。但实际传输线存在损耗，相位常数不一定与频率成线性关系。

在无损耗的条件下，式（8-27a）和式（8-27b）的电压和电流相量分别改写为

$$\boldsymbol{U}=\boldsymbol{U}_{\mathrm{p}}\mathrm{e}^{-\mathrm{j}\beta z}+\boldsymbol{U}_{\mathrm{n}}\mathrm{e}^{\mathrm{j}\beta z} \tag{8-42a}$$

$$\boldsymbol{I}=\boldsymbol{I}_{\mathrm{p}}\mathrm{e}^{-\mathrm{j}\beta z}+\boldsymbol{I}_{\mathrm{n}}\mathrm{e}^{\mathrm{j}\beta z} \tag{8-42b}$$

式中，$\boldsymbol{U}_{\mathrm{p}}$和$\boldsymbol{U}_{\mathrm{n}}$分别为沿$z$轴正方向和反方向传播的电压常数相量；$\boldsymbol{I}_{\mathrm{p}}$和$\boldsymbol{I}_{\mathrm{n}}$分别为沿$z$轴正方向和反方向传播的电流常数相量。

对于无限长无耗传输线，电源位于$z=0$位置，在$z>0$时电压和电流没有反向传播的信号，电磁波在传输线上只有z轴正方向传播的信号，即$\boldsymbol{U}_{\mathrm{n}}$和$\boldsymbol{I}_{\mathrm{n}}$都等于零，于是

$$\boldsymbol{U}=\boldsymbol{U}_{\mathrm{p}}\mathrm{e}^{-\mathrm{j}\beta z} \tag{8-43a}$$

$$\boldsymbol{I}=\boldsymbol{I}_{\mathrm{p}}\mathrm{e}^{-\mathrm{j}\beta z} \tag{8-43b}$$

在无损耗均匀传输线上电磁波传播的速度或相速等于信号角频率与相位常数之比，即

$$v_{\mathrm{p}}=\frac{\omega}{\beta}=\frac{1}{\sqrt{L_1C_1}}=\frac{1}{\sqrt{\mu\varepsilon}} \tag{8-44}$$

对于有限长的无损耗均匀传输线，波从一端传输到另一端所需要的时间可以根据线路长度l和波速v_{p}确定，有

$$t_1=\frac{l}{v_{\mathrm{p}}}=\frac{l}{c}\sqrt{\mu_{\mathrm{r}}\varepsilon_{\mathrm{r}}} \tag{8-45}$$

为了确定传输线的特征阻抗，即正向传播电压与电流复相量之比，必须先确定正向传播的电压相量和电流相量之间的关系，根据无损耗均匀传输线电压和电流瞬时值关系系式（8-20）得到相量形式的电压和电流关系为

$$\frac{\partial\boldsymbol{U}}{\partial z}+\mathrm{j}\omega L_1\boldsymbol{I}=0 \tag{8-46}$$

将式（8-43a）和式（8-43b）代入式（8-46）后得到

$$-\mathrm{j}\beta\,\boldsymbol{U}_{\mathrm{p}}\mathrm{e}^{-\mathrm{j}\beta z}+\mathrm{j}\omega L_1\,\boldsymbol{I}_{\mathrm{p}}\mathrm{e}^{-\mathrm{j}\beta z}=0$$

即

$$\boldsymbol{U}_{\mathrm{p}}=\frac{\omega L_1}{\beta}\boldsymbol{I}_{\mathrm{p}} \tag{8-47}$$

式（8-47）表明，无损耗均匀传输线的电压和电流同相位，相量之间相差一个实比例系数。无损耗均匀传输线的特征阻抗定义为正向传播的电压相量与电流相量之比，即

$$Z_{\mathrm{c}}=\frac{\boldsymbol{U}_{\mathrm{p}}}{\boldsymbol{I}_{\mathrm{p}}}=\frac{\omega L_1}{\beta}=\sqrt{\frac{L_1}{C_1}} \tag{8-48}$$

可以发现，无损耗均匀传输线的特征阻抗是实数，它不但与无界介质的特征阻抗有关联，而且与传输线的几何尺寸和空间位置关系有关。

例如，对于平板导体传输线，由式（8-9）和式（8-12）可以得到无损耗传输线的特征阻抗$Z_{\mathrm{c}}=\sqrt{\mu/\varepsilon}(d/w)$。

类似地，对于反向传播的电压和电流行波，存在如下特征阻抗与反向传播的电压相量和电流相量之间的关系：

$$\boldsymbol{U}_{\mathrm{n}}=-Z_{\mathrm{c}}\,\boldsymbol{I}_{\mathrm{n}} \tag{8-49}$$

于是，有限长无损耗均匀传输线的电流与电压相量之间是通过特征阻抗相联系，将式（8-47）和式（8-49）代入式（8-42b）得到

$$\boldsymbol{I}=Y_{\mathrm{c}}(\boldsymbol{U}_{\mathrm{p}}\mathrm{e}^{-\mathrm{j}\beta z}-\boldsymbol{U}_{\mathrm{n}}\mathrm{e}^{\mathrm{j}\beta z}) \tag{8-50}$$

式中，特征导纳Y_{c}等于特征阻抗Z_{c}的倒数，$Y_{\mathrm{c}}=1/Z_{\mathrm{c}}$。

式（8-50）是无损耗均匀传输线电流的一般解，正向和反向电压相量需要根据源、负载特性和线路长度确定。

2. 反射系数和输入阻抗

由于电压反射系数与电流反射系数相差一个符号，因此定义反射系数等于反向电压波与正向电压波相量之比，它是与传输距离有关的复数，设无损耗传输线长为 l，则

$$\Gamma(z)=\frac{\boldsymbol{U}_{\mathrm{n}}\mathrm{e}^{\mathrm{j}\beta z}}{\boldsymbol{U}_{\mathrm{p}}\mathrm{e}^{-\mathrm{j}\beta z}}=\frac{\boldsymbol{U}_{\mathrm{n}}}{\boldsymbol{U}_{\mathrm{p}}}\mathrm{e}^{\mathrm{j}2\beta z}=\Gamma(0)\mathrm{e}^{\mathrm{j}2\beta z}=\Gamma(l)\mathrm{e}^{\mathrm{j}2\beta(z-l)} \tag{8-51}$$

由此可见，传输线上电压反射系数为复数，模都相同，但复角或相位不同。对于长度为 l 的传输线，输入端和负载端的反射系数关系为

$$\Gamma(0)=\Gamma(l)\mathrm{e}^{-\mathrm{j}2\beta l} \tag{8-52}$$

例 8.2 有 100m 长的无损耗均匀传输线，线路总电感和电容分别为 28μH 和 18nF。计算传播速度、100kHz 频率时的相位常数和传输线特征阻抗。

解答 单位长度电感和电容分别为 0.28μH 和 0.18nF，则：

波速为

$$v_{\mathrm{p}}=(L_1C_1)^{-1/2}=(0.28\times0.18\times10^{-15})^{-1/2}=1.4086\times10^8\mathrm{m/s}$$

相位常数为

$$\beta=\omega/v_{\mathrm{p}}=(2\pi\times10^5)/(1.4086\times10^8)=4.4606\times10^{-3}\mathrm{rad/m}$$

特征阻抗为

$$Z=(L_1/C_1)^{1/2}=(0.28\times10^3/0.18)^{1/2}=39.44\Omega$$

例 8.3 如果无损耗同轴电缆长 10m 的特征阻抗为 50Ω，填充介质特性为相对介电常数 4.0 和相对磁导率 1.0，内导体半径为 1mm，计算外导体内半径。

解答 利用同轴电缆单位长度电感和电容公式获得特征阻抗为

$$L_1=\frac{\mu}{2\pi}\ln\frac{b}{a},\ C_1=\frac{2\pi\varepsilon}{\ln(b/a)},\ Z_{\mathrm{c}}=\sqrt{\frac{L_1}{C_1}}=\frac{\ln(b/a)}{2\pi}\sqrt{\frac{\mu}{\varepsilon}} \tag{8-53}$$

将已知数据代入后得到

$$\ln\frac{b}{a}=2\pi Z_{\mathrm{c}}\sqrt{\frac{\varepsilon}{\mu}}=\frac{100\pi}{60\pi}=\frac{5}{3}$$

外导体内半径为

$$b=a\mathrm{e}^{5/3}=5.3\mathrm{mm}$$

对于有限长无损耗均匀传输线，电压和电流不仅存在正向传播的入射波而且还有反向传播的反射波，定义任意位置的等效复阻抗等于电压相量与电流相量之比，并考虑到反射系数式（8-51）得到

$$Z(z)=\frac{\boldsymbol{U}}{\boldsymbol{I}}=\frac{\boldsymbol{U}_{\mathrm{p}}\mathrm{e}^{-\mathrm{j}\beta z}+\boldsymbol{U}_{\mathrm{n}}\mathrm{e}^{\mathrm{j}\beta z}}{\boldsymbol{I}_{\mathrm{p}}\mathrm{e}^{-\mathrm{j}\beta z}+\boldsymbol{I}_{\mathrm{n}}\mathrm{e}^{\mathrm{j}\beta z}}=Z_{\mathrm{c}}\frac{\boldsymbol{U}_{\mathrm{p}}\mathrm{e}^{-\mathrm{j}\beta z}+\boldsymbol{U}_{\mathrm{n}}\mathrm{e}^{\mathrm{j}\beta z}}{\boldsymbol{U}_{\mathrm{p}}\mathrm{e}^{-\mathrm{j}\beta z}-\boldsymbol{U}_{\mathrm{n}}\mathrm{e}^{\mathrm{j}\beta z}}=Z_{\mathrm{c}}\frac{1+\Gamma(z)}{1-\Gamma(z)} \tag{8-54}$$

在传输线的输入端 $z=0$，等效复阻抗为

$$Z_{\mathrm{in}}=Z_{\mathrm{c}}\frac{1+\Gamma(0)}{1-\Gamma(0)} \tag{8-55}$$

在长度为 l 的传输线的负载端 $z=l$，等效复阻抗等于负载阻抗，即

$$Z_{\mathrm{L}}=Z_{\mathrm{c}}\frac{1+\Gamma(l)}{1-\Gamma(l)} \tag{8-56}$$

一旦知道负载阻抗 Z_L 和传输线特征阻抗 Z_c，由式（8-56）就可以获得负载端反射系数 $\Gamma(l)$，并由式（8-52）得到输入端反射系数 $\Gamma(0)$，再由式（8-55）得到输入端阻抗 Z_{in}，由此可以得到任何位置的反射系数 $\Gamma(z)$ 和输入阻抗 $Z(z)$。

特别地，当负载阻抗等于特征阻抗时，负载端反射系数等于零，因此输入端和任意位置的反射系数等于零，说明传输线没有反射信号，电压和电流只有正向传播的入射波信号。这种负载阻抗等于特征阻抗的传输线称为匹配线，这时任何位置电压的幅值是相同的，电流的幅值也是相同的。任何点的等效阻抗也等于特征阻抗。

反过来说，如果负载阻抗与特征阻抗不同，那么任意点的电压幅值不同，电流幅值也不同，等效阻抗不等于特征阻抗，传输线存在反射波。

3. 给定条件下的电压相量与输入阻抗

如果输入端的电压相量 $\boldsymbol{U}_s$ 和电流相量 $\boldsymbol{I}_s$ 给定，那么可以确定整个传输线的电压和电流相量，即

$$\boldsymbol{U}_s = \boldsymbol{U}(0) = \boldsymbol{U}_p + \boldsymbol{U}_n \tag{8-57a}$$

$$\boldsymbol{I}_s = \boldsymbol{I}(0) = Y_c(\boldsymbol{U}_p - \boldsymbol{U}_n) \tag{8-57b}$$

即

$$\boldsymbol{U}_p = \frac{1}{2}(\boldsymbol{U}_s + Z_c\boldsymbol{I}_s) \tag{8-58a}$$

$$\boldsymbol{U}_n = \frac{1}{2}(\boldsymbol{U}_s - Z_c\boldsymbol{I}_s) \tag{8-58b}$$

于是，由正弦稳态传输线推导出的电压与电流的波动方程解可以用输入端电压和电流相量形式表示，将式（8-58a）和式（8-58b）代入式（8-42a）和式（8-50）分别得到

$$\boldsymbol{U}(z) = \frac{\boldsymbol{U}_s + Z_c\boldsymbol{I}_s}{2}\mathrm{e}^{-\mathrm{j}\beta z} + \frac{\boldsymbol{U}_s - Z_c\boldsymbol{I}_s}{2}\mathrm{e}^{\mathrm{j}\beta z} = \boldsymbol{U}_s\cos\beta z - \mathrm{j}Z_c\boldsymbol{I}_s\sin\beta z \tag{8-59}$$

$$\boldsymbol{I}(z) = \frac{Y_c\boldsymbol{U}_s + \boldsymbol{I}_s}{2}\mathrm{e}^{-\mathrm{j}\beta z} - \frac{Y_c\boldsymbol{U}_s - \boldsymbol{I}_s}{2}\mathrm{e}^{\mathrm{j}\beta z} = -\mathrm{j}Y_c\boldsymbol{U}_s\sin\beta z + \boldsymbol{I}_s\cos\beta z \tag{8-60}$$

因此，负载端 $z=l$ 的电压和电流相量可以用输入端的电压和电流相量来表示，即

$$\boldsymbol{U}(l) = \boldsymbol{U}_s\cos\beta l - \mathrm{j}Z_c\boldsymbol{I}_s\sin\beta l \tag{8-61}$$

$$\boldsymbol{I}(l) = -\mathrm{j}Y_c\boldsymbol{U}_s\sin\beta l + \boldsymbol{I}_s\cos\beta l \tag{8-62}$$

由式（8-61）和式（8-62）可以得到用负载端的电压和电流相量表示的输入端电压和电流相量分别为

$$\boldsymbol{U}_s = \boldsymbol{U}(l)\cos\beta l + \mathrm{j}Z_c\boldsymbol{I}(l)\sin\beta l \tag{8-63}$$

$$\boldsymbol{I}_s = \mathrm{j}Y_c\boldsymbol{U}(l)\sin\beta l + \boldsymbol{I}(l)\cos\beta l \tag{8-64}$$

再将式（8-63）和式（8-64）代入任意位置电压和电流表达式（8-59）和式（8-60），分别得到用负载端电压和电流表示的无损耗传输线任意点电压和电流为

$$\boldsymbol{U}(z) = \boldsymbol{U}(l)\cos\beta(l-z) + \mathrm{j}Z_c\boldsymbol{I}(l)\sin\beta(l-z) \tag{8-65}$$

$$\boldsymbol{I}(z) = \mathrm{j}Y_c\boldsymbol{U}(l)\sin\beta(l-z) + \boldsymbol{I}(l)\cos\beta(l-z) \tag{8-66}$$

式（8-65）和式（8-66）表明，给定负载端的电压和电流相量可以计算出任何位置的电压和电流相量。但实际工程问题往往是给定传输线的负载阻抗和输入端的电压或电流，然后确定整个传输线的电压和电流。因此，可以根据负载阻抗确定负载电压与电流关系，再根据输入端电压或电流确定负载电流或电压，从而可以得到整个传输线任意位置的电压和

电流。

因为给定负载阻抗时，负载电压和电流满足 $\boldsymbol{U}(l)=Z_L\boldsymbol{I}(l)$，因此任何位置的等效输入阻抗可以用负载阻抗来表示，即

$$Z(z)=\frac{\boldsymbol{U}(z)}{\boldsymbol{I}(z)}=Z_c\frac{Z_L\cos\beta(l-z)+jZ_c\sin\beta(l-z)}{jZ_L\sin\beta(l-z)+Z_c\cos\beta(l-z)}=Z_c\frac{Z_L+jZ_c\tan\beta(l-z)}{Z_c+jZ_L\tan\beta(l-z)} \tag{8-67}$$

一般情况下，输入端阻抗 Z_{in} 不仅与传输线特征阻抗 Z_c 和负载阻抗 Z_L 有关，而且与线路长度 l 有关，有

$$Z_{in}(l)=Z(0)=Z_c\frac{Z_L+jZ_c\tan\beta l}{Z_c+jZ_L\tan\beta l} \tag{8-68}$$

当负载短路时，$Z_L=0$，输入端阻抗与线路长度和特征阻抗的关系为

$$Z_{in,\ sc}(l)=jZ_c\tan\beta l \tag{8-69}$$

负载短路时传输线上任意一点的电压相量为

$$\boldsymbol{U}(z)=\boldsymbol{U}_p e^{-j\beta z}[1-e^{j2\beta(z-l)}]=j2\,\boldsymbol{U}_p e^{-j\beta l}\sin\beta(l-z) \tag{8-70a}$$

由式（8-67）得到传输线上任意一点的电流相量为

$$\boldsymbol{I}(z)=\frac{\boldsymbol{U}(z)}{jZ_c\tan\beta(l-z)}=2Y_c\,\boldsymbol{U}_p e^{-j\beta l}\cos\beta(l-z) \tag{8-70b}$$

式（8-70a）和式（8-70b）表明，负载短路时，无损耗传输线上距离负载端为四分之一波长奇数倍的点对应电压幅值最大，而对应的电流幅值为零；无损耗传输线上半波长整数倍的点对应电流幅值最大，而对应电压幅值为零。

当负载开路时，$Z_L\to\infty$，输入端阻抗与线路长度和特征阻抗的关系为

$$Z_{in,\ oc}(l)=-jZ_c\cot\beta l \tag{8-71}$$

类似地，可以推导出负载开路时，传输线上任意一点的电压相量为

$$\boldsymbol{U}(z)=2\,\boldsymbol{U}_p e^{-j\beta l}\cos\beta(l-z) \tag{8-72a}$$

由式（8-67）得到传输线上任意一点的电流相量为

$$\boldsymbol{I}(z)=jY_c\boldsymbol{U}(z)\tan\beta(l-z)=2jY_c\,\boldsymbol{U}_p e^{-j\beta l}\sin\beta(l-z) \tag{8-72b}$$

由上述分析可知，在负载给定的条件下，传输线上任意点的电压、电流和输入阻抗都与距离负载的传输线长度（$l-z$）有关。式（8-72a）和式（8-72b）表明，负载开路时，无损耗传输线上距离负载端为四分之一波长奇数倍的点对应电压幅值为零，而对应的电流幅值最大；无损耗传输线上半波长整数倍的点对应电压幅值最大，而对应电流幅值为零。

当负载阻抗为零（短路）和负载阻抗无穷大（开路）时，传输线上的电压和电流相位相差 90°且工作在驻波状态，这与式（8-30）的结果是一致的。

由式（8-30b）和式（8-67）可知，当传输线无限长或者负载阻抗等于特征阻抗时，反向传播电压相量 $\boldsymbol{U}_n$ 为零，$\boldsymbol{U}_p=\boldsymbol{U}_s$，说明电压和电流只有正向传播的行波，传输线工作在行波状态。

对于无损耗传输线，特征阻抗是实数，负载短路时任何位置的输入阻抗表现为感抗，而负载开路时，任何位置的阻抗表现为容抗。由式（8-69）和式（8-71）得到传输线特征阻抗与长度为 l 的传输线负载短路和开路状态时的输入端阻抗的关系为

$$Z_c=\sqrt{Z_{in,sc}(l)Z_{in,oc}(l)} \tag{8-73}$$

式（8-73）表明，可以通过负载短路和开路两种状态下分别测量输入端阻抗获得传输线的特征阻抗。

当负载阻抗等于传输线特征阻抗时，$Z_L = Z_c$，由式（8-67）容易发现传输线上任意一点的输入阻抗等于特征阻抗，由式（8-56）得到负载端反射系数为零，输入端的功率传输到负载端被完全吸收，无损耗传输线上任意点的电压和电流相量同相位，最大幅值保持不变。传输线上没有反射波，因此也不存在驻波成分，传输线工作在行波状态，负载阻抗等于特征阻抗的传输线正是前面提到的匹配线。

4. 阻抗变换

当线路长度等于四分之一波长时，或者整数倍波长加四分之一波长时，输入端阻抗为

$$Z_{in}(\lambda/4) = Z_c \frac{Z_L + jZ_c \tan[(2\pi/\lambda)(\lambda/4)]}{Z_c + jZ_L \tan[(2\pi/\lambda)(\lambda/4)]} = \frac{Z_c^2}{Z_L} \tag{8-74}$$

式（8-74）表明，四分之一传输线将负载阻抗变换为导纳，特别是负载短路时，输入端阻抗为无穷大，输入端相当于开路，即四分之一波长负载端短路传输线可以看作绝缘线。

当线路长度等于半波长或者半波整数倍长时，传输线输入端阻抗为

$$Z_{in}(\lambda/2) = Z_c \frac{Z_L + jZ_c \tan[(2\pi/\lambda)(\lambda/2)]}{Z_c + jZ_L \tan[(2\pi/\lambda)(\lambda/2)]} = Z_L \tag{8-75}$$

式（8-75）表明，从负载端到输入端每隔二分之一波长传输线位置的输入阻抗都等于负载阻抗，而且电压和电流都改变符号，因为 $\beta\lambda/2 = \pi$，由式（8-59）和式（8-60）得到电压和电流相量满足

$$\boldsymbol{U}(z+\lambda/2) = -\boldsymbol{U}(z), \quad \boldsymbol{I}(z+\lambda/2) = -\boldsymbol{I}(z)$$

5. 电压驻波比

当负载阻抗等于特征阻抗时，传输线是完全匹配的，电压和电流幅值不变。对于不匹配的传输线，同时存在入射波和反射波，即含有驻波成分，衡量无损耗传输线负载不匹配程度的参数是电压驻波比（VSWR），它是与反射系数相关的十分有用的概念，是传输线上最大电压与最小电压之比，即

$$\text{VSWR} = \frac{U_{max}}{U_{min}} \tag{8-76}$$

由式（8-42a）和式（8-51）得到

$$\boldsymbol{U}(z) = \boldsymbol{U}_p e^{-j\beta z} + \boldsymbol{U}_n e^{j\beta z} = \boldsymbol{U}_p e^{-j\beta z}[1 + \boldsymbol{\Gamma}_U(z)] \tag{8-77}$$

由于反射系数在各点的复角不同，但复数的模都相同，因此传输线上电压幅值的最大值和最小值分别为

$$U_{max} = |\boldsymbol{U}_p|[1 + |\boldsymbol{\Gamma}_U(z)|] = |\boldsymbol{U}_p|[1 + |\boldsymbol{\Gamma}_U(0)|] \tag{8-78a}$$

$$U_{min} = |\boldsymbol{U}_p|[1 - |\boldsymbol{\Gamma}_U(z)|] = |\boldsymbol{U}_p|[1 - |\boldsymbol{\Gamma}_U(0)|] \tag{8-78b}$$

于是，利用输入端反射系数可以得到电压驻波比为

$$\text{VSWR} = \frac{U_{max}}{U_{min}} = \frac{1 + |\boldsymbol{\Gamma}(0)|}{1 - |\boldsymbol{\Gamma}(0)|} \tag{8-79}$$

当负载匹配时，反射系数等于零，电压幅值不变，电压驻波比为 1。

6. 传输功率

传输线的传输功率等于电压相量和电流相量的共轭乘积取实部的一半。无损耗传输线的特征阻抗为实数，由式（8-42a）和式（8-50）得到传输功率为

$$P(z) = \frac{1}{2}\text{Re}\{\boldsymbol{U}(z)\boldsymbol{I}^*(z)\} = \frac{1}{2}Y_c(\boldsymbol{U}_p \boldsymbol{U}_p^* - \boldsymbol{U}_n \boldsymbol{U}_n^*) \tag{8-80}$$

无损耗传输线上每点的传输功率相同，等于入射波的功率与反射波的功率之差。其中入射波和反射波的传输功率分别为

$$P_p = \frac{1}{2} Y_c \boldsymbol{U}_p \boldsymbol{U}_p^*, P_n = \frac{1}{2} Y_c \boldsymbol{U}_n \boldsymbol{U}_n^* \tag{8-81}$$

说明当输入端发电机能量通过传输线向负载传输功率时，如果负载不匹配，将存在部分功率从负载端沿传输线反射回输入端。定义功率传输系数等于反射波功率与入射波功率之比，那么功率反射系数等于电压反射系数模的二次方，即

$$\Gamma_P = \frac{P_n}{P_p} = |\Gamma|^2 \tag{8-82}$$

式（8-82）表明，当负载匹配时，传输线发射系数为零，电源端功率完全传输到负载端而被负载吸收。当反射系数不等于零时，电压和电流存在反射波，一部分功率将反射回电源端。定义入射波功率与反射波功率之比的分贝数为回波损耗，用 RL 表示，即

$$RL = -10\lg \frac{P_n}{P_p} = -20\lg |\Gamma| \tag{8-83}$$

对于有损耗的传输线，传输功率由式（8-27a）、式（8-28）和式（8-39a）得到

$$P(z) = \frac{1}{2}\mathrm{Re}\{Y_c^* \boldsymbol{U}_p \boldsymbol{U}_p^* e^{-2\alpha z}[1+\Gamma(z)][1-\Gamma^*(z)]\} \tag{8-84}$$

由于特征阻抗是复数，因此传输线上每一点的功率都与位置有关，与反射系数的实部和虚部有关，而且随着距离增加以两倍衰减常数衰减。

思考题与习题

1. 理想导体组成的平行传输线，圆导体半径均为 a，相距为 d，空间介质为空气，计算传输线单位长度的电感和电容、特征阻抗、工作频率 50Hz 时的波长和波速。

2. 已知传输线单位长度参数 $L_1 = 0.35\mu H/m$，$C_1 = 40pF/m$，$G_1 = 75\mu S/m$，$R_1 = 10\Omega/m$。计算工作频率 100MHz 时的传播常数、衰减常数、相位常数、相速、波长和特征阻抗。

3. 已知传输线单位长度参数 $L_1 = 15\mu H/m$，$C_1 = 25nF/m$，$G_1 = 2.5\mu S/m$，$R_1 = 1.0m\Omega/m$。计算工作频率分别为 10kHz、10MHz 和 10GHz 时的传播常数、衰减常数、相位常数、相速、波长和特征阻抗。

4. 利用电磁场理论证明无损耗均匀截面平行导体传输线的参数特性 $L_1 C_1 = \mu\varepsilon$。

5. 无损耗均匀传输线单位长度参数 $L_1 = 0.25\mu H/m$，$C_1 = 100pF/m$，计算工作频率为 2.5GHz 时的特征阻抗、相位常数和相速。

6. 特征阻抗为 75Ω 的无损耗均匀传输线接负载阻抗为 300Ω，计算距离负载端 0.1λ、0.25λ、0.5λ 和 1.3λ 时的输入阻抗。

7. 已知传输线负载开路和短路时分别测得输入端阻抗为 $150\angle 25°\Omega$ 和 $37.5\angle -30°\Omega$，求传输线特征阻抗。

8. 无损耗均匀传输线的特征阻抗为 50Ω，传输正弦波电压相量为 $U(z) = U_0 e^{j\beta z}$，电流相量为 $I(z) = I_0 e^{j(\beta z+\varphi)}$，其中 U_0 和 I_0 为常数，频率 150MHz 时的相速为 $2.5 \times 10^8 m/s$，确定波的传播方向，并计算相位常数 β 和相位差 φ、单位长度电感和电容。

9. 无损耗均匀传输线的特征阻抗为 75Ω，负载阻抗为（35 + j65）Ω，求电压反射系数、电压驻波比、距离负载 0.35 波长位置的输入阻抗、输入阻抗为纯电阻时的线长与波长之比以及此输入阻抗。

10. 无损耗均匀传输线的特征阻抗为 100Ω，负载阻抗为（300 + j200）Ω，求：

1）输入阻抗为纯电阻的线长与波长之比。

2）采用 0.25λ 匹配线的特征阻抗。

3）输入正弦波电压幅值为10V时的线路最大电压、最小电压和电压驻波比。

11. 铜心同轴电缆长2m，内导体半径为1mm，外导体半径为5mm，填充相对介电常数为2.5的理想介质，铜的电导率为5.8×10^7S/m，同轴电缆发送频率为7.96GHz，发送端电压为$u_s(t)=10\cos(\omega t)$V，测得负载端电流为$i_L(t)=0.5\cos(\omega t-10°)$mA，求电缆功率损耗。

12. 频率50Hz单相交流传输线长350km，线路单位长度参数分别为电感$L_1=1.3\mu$H/m，电容$C_1=7.9$pF/m，电导$G_1=0.0$S/m，电阻$R_1=0.1$mΩ/m。单位功率因数负载的电压为300kV，功率为150MW，求：

1）特征阻抗、传播常数、波速和波长。

2）线路上任意点的正向和反向电压波。

3）发送端功率和传输线损耗。

4）线路的电压降。

第9章　超导电磁能量

前面各章主要介绍经典电磁理论及其电磁能量，本章主要分析超导电磁能量，首先回顾历史，介绍超导体的零电阻特性、迈斯纳效应和约瑟夫森效应，然后介绍超导体内磁场和电流分布的伦敦方程，给出超导体的电磁场方程组，最后介绍超导材料在电磁能量系统中的应用。

9.1　历史回顾

所谓超导，是指物质在临界温度以下呈现为零电阻和完全抗磁性等性质的状态。处在超导态的物质称为超导体。超导材料和超导理论是相互促进和发展的。

1911 年，荷兰低温物理学家昂纳斯（H. K. Onnes）研究汞在低温下的电阻时发现 4.2K 附近电阻突然消失，从而发现超导电性或零电阻特性。

1933 年，德国学者迈斯纳（W. F. Meissner）和奥克森费尔德（R. Ochsenfeld）发现了超导体在超导态具有将磁通完全排斥到超导体外部的完全抗磁性特性。

1934 年，戈特（C. J. Gorter）和卡斯米尔（H. B. Casimir）提出了自由电子的正常态和超导态的二流体模型。

1935 年，伦敦兄弟（F. London 和 H. London）在二流体模型基础上提出了两个描述超导电流和电磁场量关系的伦敦方程。

1950 年，京茨堡（V. L. Ginzburg）和朗道（L. D. Laudau）进一步发展了伦敦理论，建立了超导电性唯象理论，即 GL 理论。

1957 年，美国物理学家巴丁（J. Bardeen）、库珀（L. N. Cooper）和施里弗（J. R. Schrieffer）作出超导性的理论解释，即 BCS 理论，它是以库珀电子对、超导基态波函数和超导能隙为核心的超导微观理论。其核心思想是金属内部电子通过晶格振动可以相互吸引，并且在低温状态下形成结合态，称为库珀对。要形成结合态就需要结合能量，因此正常金属与超导态金属应该存在一个能隙。超导态导体内部电流没有阻力，因此属于超电流，由于超导机理涉及量子理论，这里主要讨论超导体的电磁特性，即零电阻完纯导体和迈斯纳效应完全抗磁性。也就是说，超导体内部磁感应强度总是零，或者超导体内部磁通被完全排斥到超导体外部或者超导体表面很薄的层中。

1962 年，英国剑桥大学学者约瑟夫森（B. D. Josephson）根据 BCS 理论预言，电流能穿越两个超导体之间的薄绝缘层，即隧道效应。

1986 年，IBM 瑞士研究中心的贝德纳兹（J. G. Bednorz）和穆勒（K. A. Mueller）发现了陶瓷氧化物 La 系（LaBaCuO）高温超导临界温度达 35K。

之后，相继发现了钇系、铋系、铊系和汞系高温超导，如临界温度为 92K 的钇钡铜氧（YBaCuO）、110K 的铋锶钙铜氧（$Bi_2Sr_2Ba_2Cu_3O_7$），以及临界温度约为 40K 的金属化合物二硼化镁（MgB_2）等。不同超导材料的载流子类型不同，如镧 La、钇 Y、铋 Bi 和铊 Tl 系是空穴型载流子超导体，此外还有电子型载流子超导体。

超导元素分为过渡元素超导体和非过渡元素超导体（如 Be）。有些元素必须在一定压力下才能成为超导。化合物超导体包括非晶态合金超导、稀土化合物和重费米子超导体。

并非所有材料都具有超导电性，如非超导元素包括铜 Cu、银 Au、金 Ag、铂 Pt、钯 Pd、硼 B、碳 C、氮 N、氧 O、磷 P、硫 S、钋 Po，以及第Ⅰ、Ⅱ、Ⅶ、Ⅷ等主族元素。

通常将结构简单的金属、合金和化合物超导体称为低温超导体，而把结构复杂的氧化物陶瓷超导体称为高温超导体。

超导发现至今已有一个多世纪，而高温超导自 1986 年发现至今仅几十年，未来超导材料应用发展异常迅猛，超导市场前景广阔。

图 9.1 给出了超导材料发现的主要年代进展，同时标出了液氦、液氖、液氢和液氮这些冷却液的温度线。低温超导通常在液氦（4.25K）环境下工作。高温超导通常希望在价格低廉的液氮（77K）环境下工作。

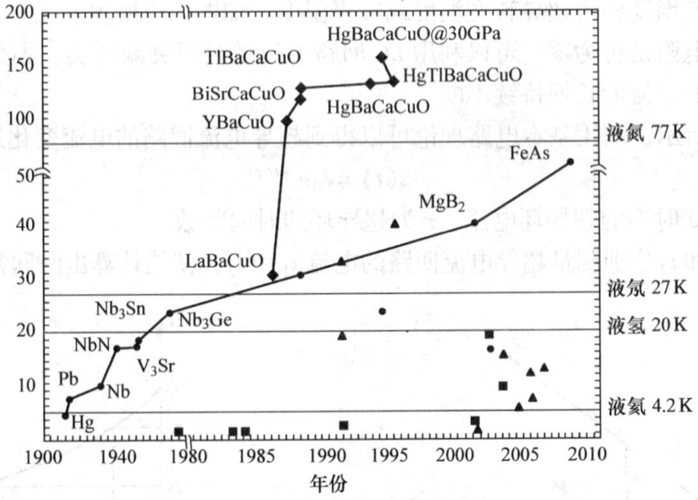

图 9.1　超导材料发现进展

超导材料的超导态取决于温度、外部磁场强度和内部载流的电流密度。对于简单结构常规超导，有的在特定温度下，电阻突然消失，这个温度是临界温度；但多数超导体存在电阻渐变的温区，即同时存在超导态和正常态的混合态。临界温度与超导材料纯度和应力等因素有关。超导电流大小达到某一临界值后，超导体将恢复到正常态。对于大多数超导金属元素，正常态的恢复是突变的，称这个电流值为临界电流，相应的电流密度为临界电流密度。

9.2　超导特性

9.2.1　零电阻现象

电阻为零的导体称为完纯导体（Perfect Conductor）或理想导体。正常金属随着温度下降电阻率通常减小，达到一定温度以后电阻率达到最小（大于零）饱和值。

有些金属、合金与化合物，在低温状态下，其电阻突然跌落为零的现象，称为零电阻现象或超导现象，这种电阻为零的物理性质称为超导电性。具有超导电性的物质称为超导体。超导体所处的物态称为超导态。物体从正常电阻非零的状态转变为零电阻超导态的温度称为超导转变温度。在外磁场、电流和应力等足够小的情况下，则物体在一定外部条件下的超导转变温度称为超导临界温度。

零电阻现象的发展与低温技术的进展是密不可分的。1895 年，被认为是“永久气体”的空气被液化（标准大气压下温度 81K），并在空气中发现了氦气。1898 年，杜瓦（J. Dewar）将氢气液化（20K），在液空和液氢的基础上进入低温区（14K 以下）。1908 年，荷兰物理学家昂纳斯在莱登实验室利用减压降温法，即降低液氦的蒸气压力，液氦的沸点会相应降低，成功地液化氦气（4. 25K），为低温物理实验奠定了基础。

1911 年，昂纳斯等观测到低温下汞的电导率随温度变化，在 4. 2K 附近发现汞的电阻突然消失，与零度（273K）电阻之比，汞在 4. 2K 附近从 0. 0020S/m 下降到 10^{-6}S/m，这表明汞在这一温度附近从正常态进入了特殊电性质的物理状态，这种状态被称为超导态。超导体失去电阻时的温度称为超导转变温度或临界温度，如图 9. 2 所示。

为了测量电阻是否为零，可以利用 LC 回路电流随时间衰减证实。不少学者经过实验发现，超导环内的电流能长期持续不断。

如图 9. 3 所示，利用基本电路理论可以得到超导电流回路的电流变化规律为

$$i(t) = I_0 e^{-t/\tau} \tag{9-1}$$

式中，I_0为 $t=0$ 时刻的超导环电流；τ 为超导环的时间常数。

在时刻 t_1 和 t_2分别测量超导电流回路的电流 i_1 和 i_2，就能计算出时间常数为

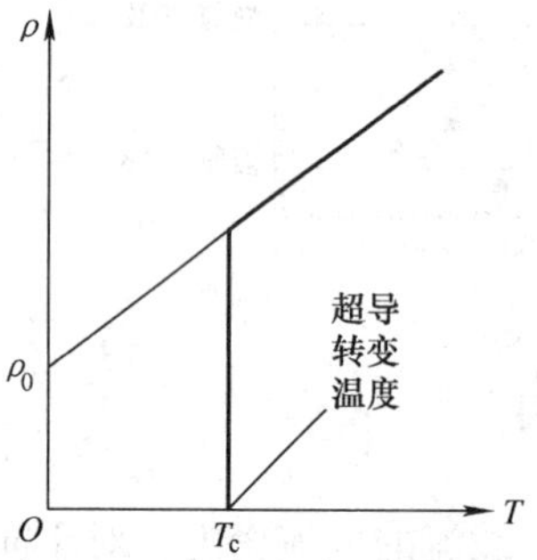

图 9. 2　超导零电阻效应

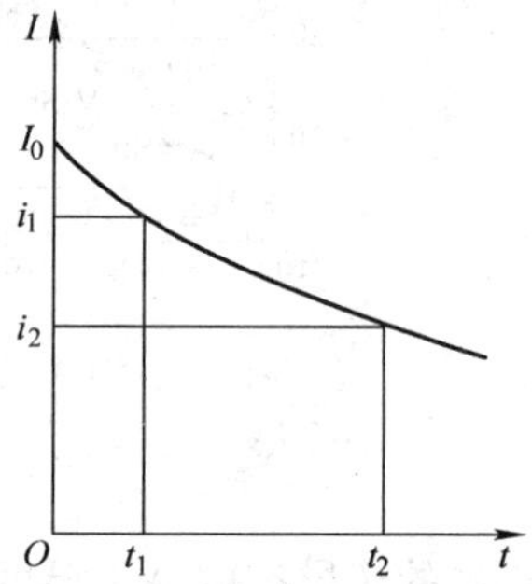

图 9. 3　超导电流衰减特性测量电阻

$$\tau = \frac{t_2 - t_1}{\ln(i_1/i_2)} \tag{9-2}$$

如果超导回路电感 L 大小已经被测量或计算得到，那么就可以利用 LR 回路的时间常数计算出超导体回路的电阻大小 R 为

$$R = \frac{L}{\tau} \tag{9-3}$$

1963 年，利用核磁共振法测得铌锆（Nb – Zr）合金螺线管中流动的超导电流衰减时间常数大于 10^5年。

利用现代超导重力仪观测发现，超导态物体的电阻率必定小于 $10^{-28}\Omega \cdot m$，远远小于现代正常金属所能达到的最低电阻率 $10^{-15}\Omega \cdot m$。

温度升高、磁场增强和电流密度增大，都可以使超导体从超导态转变为正常态，通常采用临界温度 T_c、临界磁场强度 H_c 和临界电流密度 J_c 作为临界参量来表征超导材料的超导性能。

9.2.2 迈斯纳效应

对第一类超导体磁矩的测量发现，在恒定温度下，随着外加磁场增加，超导体磁矩线性增加，当外加磁场达到临界磁场时，超导电性消失，超导态转变为正常态，磁矩突然变为零，继续增大磁场，磁矩仍然为零。当磁场减小时，过程是可逆的。

这一现象无法用零电阻特性解释。因为理想导体的磁化状态不仅取决于外部条件，而且还取决于达到这些条件的先后次序。

下面通过两个实验结果来分析理想导体与超导体的区别。

如图 9.4 所示，先降温后加磁场。常温导体圆球处在无磁场状态，先冷却到理想导体状态，然后施加均匀磁场，则理想导体在外磁场变化下感应电流，使得理想导体内部保持原有磁通量为零，磁力线只能围绕导体圆球外部通过。当撤去外磁场后，感应电流消失，理想导体圆球的磁场仍然保持为零。

如图 9.5 所示，先加磁场后降温。正常温度导体圆球先加均匀磁场，稳定后则导体内有均匀磁场但没有电流，然后降低温度进入理想导体状态，由于其中的磁通量不变，磁力线仍均匀穿过理想导体。最后撤去磁场，理想导体内部仍保留均匀磁场，以维持磁通量不变。但维持磁场需要电流，理想导体因磁场变化会产生感应电流，感应电流在理想导体内部产生的磁场是均匀的。

由此可见，理想导体内部是否存在磁场与其降温和外加磁场的先后次序有关，即具有历史记忆功能。

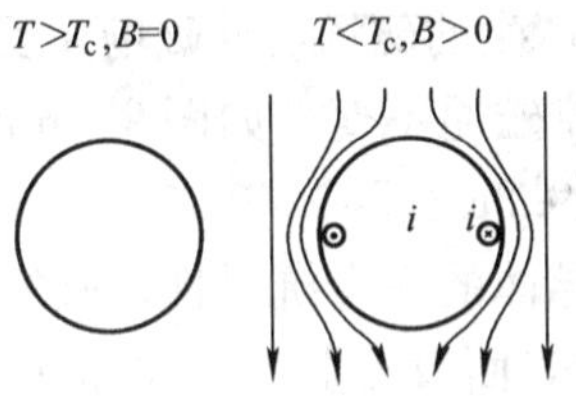

图 9.4 理想导体先降温再加磁场

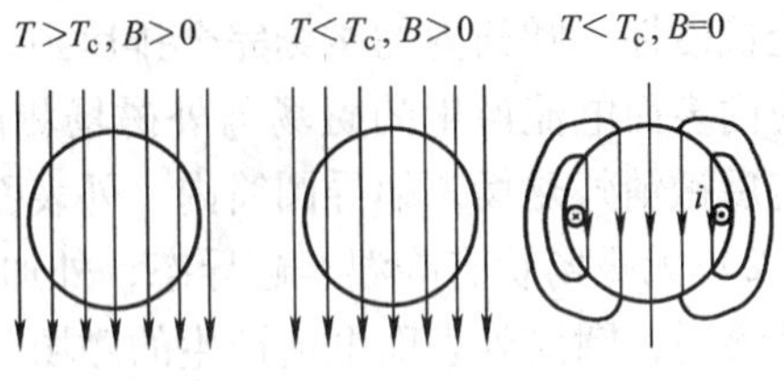

图 9.5 理想导体先加磁场再降温

最初，人们认为超导体是理想导体（完纯导体），即超导体的电阻率为零，电荷在其中流动完全不受任何阻力，无须电场力的推动便可永远流动不止，由此超导体内不可能存在电场，否则电荷不断被推动加速，电流将越来越大，以致无法控制，而实际上从未发现这种情况。从电磁感应的研究指出，变化的磁场会产生旋涡电场，因此在理想导体中也不可能存在随时间变化的磁场，在理想导体中，原有的磁通量不可能改变，既不增加也不减少。

1933 年，德国物理学家迈斯纳和奥克森费尔德对围绕球形导体（单晶锡超导球）的磁场分布进行了仔细研究和实验测量，惊奇地发现，不论外加磁场的次序如何，处在超导态的超导体内的磁感应强度总是等于零，与外加磁场的历史无关。

如图 9.6 所示，先降温后使单晶锡球处在超导态，然后加磁场，超导球表面产生超导电流，使得超导球内部磁场为零，最后撤销磁场，超导球的感应电流消失，内部磁场仍然保持为零。

如图9.7所示，先加均匀磁场，单晶锡球处在正常态下是正常导体，稳定后单晶锡球内部磁场均匀分布，然后降温使得单晶锡球处在超导态，这时单晶锡球产生超导电流使内部磁场突然完全排斥到球外。最后撤销磁场，超导单晶锡球内部磁场保持为零且超导电流也消失。

实验结果表明，只要单晶锡球的温度仍低于其临界温度（3.8K），则其周围磁场都突然发生变化，磁力线似乎突然被排斥到超导体之外。

超导体具有将磁场完全排斥在外的完全抗磁性，称为迈斯纳效应。超导体与理想导体不同，超导体完全排斥磁力线，理想导体要维持磁通不变。因此，完全抗磁性并不是零电阻效应的结果。完全抗磁性和零电阻效应是超导体两个独立的基本性质。

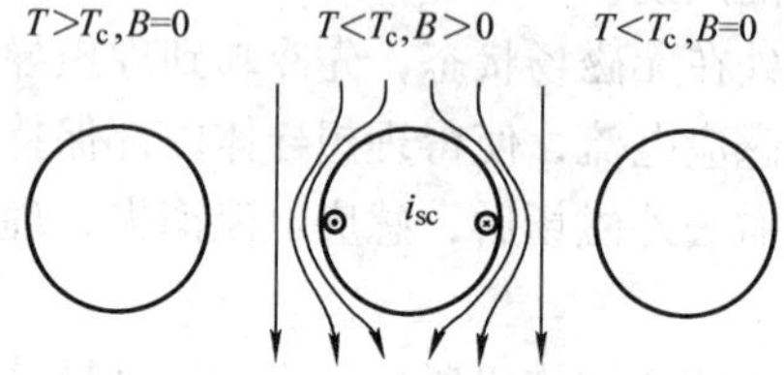

图9.6　超导体先降温后加磁场再撤磁场

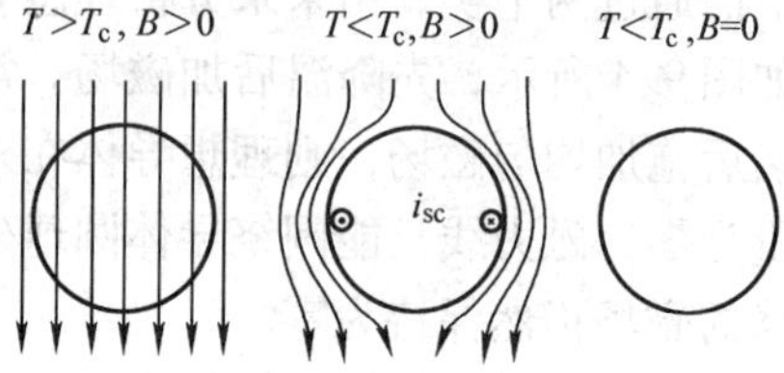

图9.7　超导体先加磁场后降温再撤磁场

例9.1　超导圆筒，分析下列过程中超导体内的电流分布：

1）室温加沿轴线的均匀外磁场后降温进入超导态，再撤销外磁场。

2）无磁场状态降温至临界温度以下再外加沿轴线的均匀磁场，稳定后撤销外磁场。

解答　1）室温下超导圆筒是正常金属导体，外加磁场后不考虑短时间磁扩散和感应涡流，外加均匀磁场将在空间均匀分布，如图9.8a所示。降温进入超导态后，由于超导体的完全抗磁性，圆筒内的磁场完全排斥到外部，圆筒外表面电流产生的磁场与外磁场相反，而圆筒内表面电流产生的磁场与外磁场相同，使得圆筒内部空腔磁通不变，如图9.8b所示。稳定后撤销外磁场，超导圆筒内、外表面电流也降为零，如图9.8c所示。

2）无磁场状态降温至超导态，外加均匀磁场，则由于超导体的完全抗磁性，圆筒内保持零磁通，圆筒外表面电流产生的磁场与外磁场相反，圆筒内表面没有电流，如图9.8d所示。稳定后撤销外磁场，超导圆筒外表面电流也降为零，如图9.8c所示。

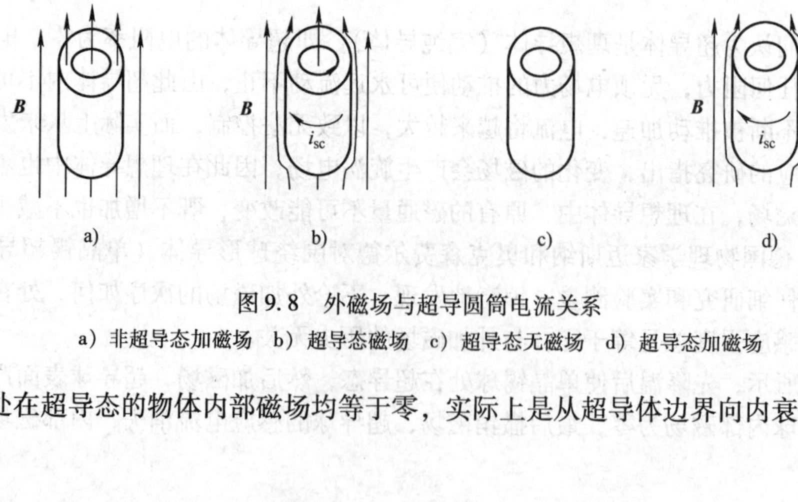

图9.8　外磁场与超导圆筒电流关系

a）非超导态加磁场　b）超导态磁场　c）超导态无磁场　d）超导态加磁场

任何处在超导态的物体内部磁场均等于零，实际上是从超导体边界向内衰减，超导体的

透入深度在 $10^{-8} \sim 10^{-6}$m 之间。

对于完全抗磁性目前有两种不同的解释，根据磁性材料本构关系有

$$\boldsymbol{H} = \boldsymbol{B}/\mu_0 - \boldsymbol{M} \tag{9-4}$$

一种观点认为超导体是磁介质，磁感应强度等于零，说明磁化强度与磁场强度相抵消，去磁因子等于 1.0；另一种观点认为超导体是非磁化体，磁化强度等于零，相对磁导率等于 1.0，在外磁场作用下，超导体表面产生传导电流，这种面传导电流的屏蔽作用使超导体内部的合成磁场为零，导致完全抗磁性。

前者认为表面是磁化电流，而后者认为表面是传导电流，磁效应的起源不同，但超导体表面存在电流的结论是一致的。由于零电阻效应，这种面电流都没有焦耳热损耗。

迈斯纳效应可以采用磁悬浮实验来演示，当细线系着的永久磁体落向超导盘时，磁铁将会被悬浮在一定的高度上而不触及超导盘。原因是磁力线无法穿过具有完全抗磁性的超导体，于是磁场受到畸变产生向上的悬浮力。同理，一个超导体也可以用一通有持续电流的超导环使它悬浮起来，根据该原理制成的超导重力仪，可精确地测量地球上物体重力的变化。

超导体的磁化特性与超导体类型有关。超导体分为以下两种类型：

第一类超导体，磁化特性如图 9.9 所示，在临界磁场 $H_c(T)$ 以下，磁场强度和磁化强度大小相同且方向相反，表现为完全抗磁性；在临界磁场以上，磁化强度突然消失，磁感应强度与磁场强度成正比。

第二类理想超导体，磁化特性如图 9.10 所示，在第一临界磁场 $H_{c1}(T)$ 以下，磁场强度和磁化强度大小相同且方向相反，表现为完全抗磁性；在第一临界磁场以上，磁化强度随磁场强度增大而非线性减小，达到第二临界磁场 $H_{c2}(T)$，磁化强度消失，超过第二临界磁场，磁化强度等于零，磁感应强度与磁场强度成正比，即 $B=\mu_0 H$。

对于第二类理想超导体，磁化特性是可逆的，只有在临界磁场 $H_{c1}(T)$ 以下，才表现出迈斯纳效应，即完全抗磁性。在临界磁场 $H_{c1}(T)$ 与 $H_{c2}(T)$ 之间，超导体表现为混合态，即磁感应线部分进入超导体，可以看出在超过临界磁场 $H_{c1}(T)$ 的附近，磁化强度下降迅速，而接近临界磁场 $H_{c2}(T)$ 时则磁化强度变化缓慢。

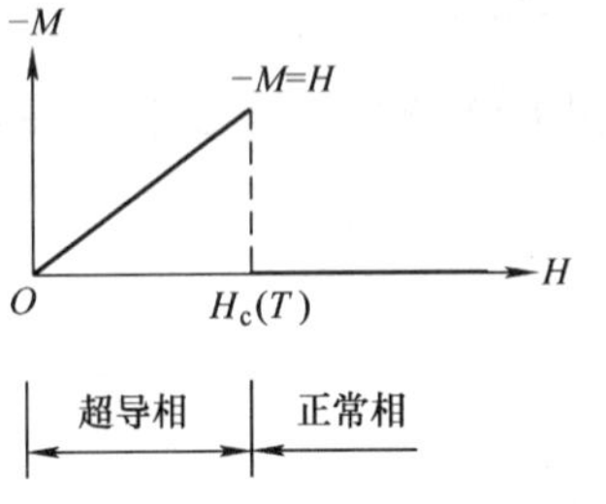

图 9.9　第一类超导体磁化特性

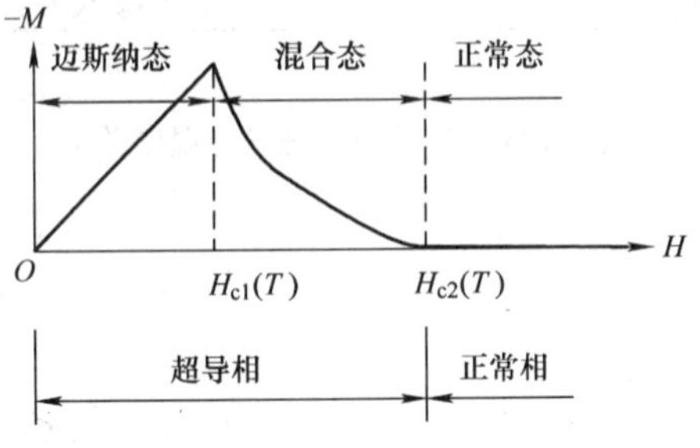

图 9.10　第二类理想超导体磁化特性

临界磁场是随温度变化的下垂函数，设临界温度为 T_c，则临界磁场与温度的关系近似地可以看成是二次函数，即

$$H_{kc}(T) = H_{kc}(0)\left(1 - \frac{T^2}{T_c^2}\right),\ k=1,\ 2 \tag{9-5}$$

如图 9.11 所示，在磁场强度与温度平面内分为三个区域，即迈斯纳态、混合态和正常

态。从图 9.11 中可以看出任意给定条件（H，T）下超导材料所处在的状态。实验表明，在超导材料的迈斯纳态与混合态、混合态与正常态转变过程中，材料的比热容发生奇异或突变，说明这些状态转变都是相变。相是指具有相同物理和化学性质的均匀物质部分。这里的相变是指材料的物理性质发生了变化。

法拉第利用磁性粉末测量通电导线周围的磁感应线分布。在超导混合态中，磁场部分地渗透到超导体内部，利用细微的铁磁粉末沉积在超导材料的横截面上，外部磁场沿超导纵向垂直横截面，通过电子显微镜可以观测到渗透到超导内部的磁感应线分布不是连续的，而是三角点阵形式，如图 9.12 所示，说明超导混合态内部磁感应线是以磁通管形式存在，超导表面层磁场是连续的。

第二类非理想超导体磁化特性是不可逆的磁滞回线，如图 9.12 所示，因为超导体内部存在错位、脱溶相等晶体缺陷引起磁通钉扎作用。从原始状态 O 点起，外磁场由零增加到临界磁场 H_{c1} 以前，超导体表现出迈斯纳效应，此时超导内部磁感应强度为零，磁化特性线性。外磁场超过临界磁场 H_{c1}，磁化强度继续增加，但不是线性的，达到一定磁场强度 H_P 后，外磁场增大而磁化强度反而减小，当外磁场达到 H_D 后减小，磁化强度将发生跳变并反方向增大。当外磁场强度为零时，出现剩余磁化强度。如沿反方向增加外磁场到 H_D 后再减小，磁化特性将形成箭头所表示的磁滞回线。图 9.13 中同时绘出了第二类理想超导体的可逆磁化特性。

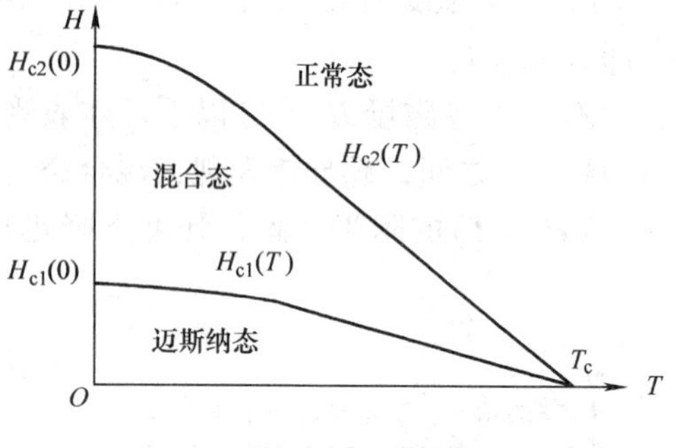

图 9.11　超导临界磁场与温度关系

图 9.12　超导混合态横截面磁通管

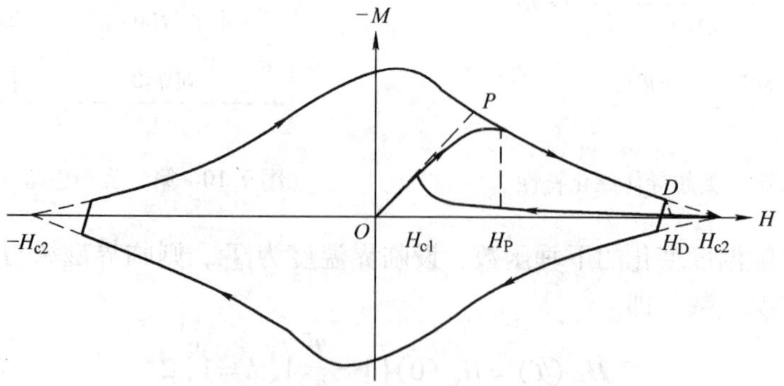

图 9.13　第二类非理想超导体的可逆磁化特性

磁通跳跃现象是指超导体内磁通在很短时间内突然排出或进入的状态。超导体磁通的急剧变化会引起磁化强度的突然变化和能量的损耗，而损耗的能量将产生热量，因此磁通跳跃可能引起内部热量积聚而发生失超现象，对于超导磁体设计十分重要。由于电流密度与磁场矢量相互垂直，电流变化引起磁场变化，磁场变化引起感应电流分布，为了抑制感应电流需要采用铜基超导复合线，并通过交叉换位或螺旋状扭转结构。

9.2.3 磁通量子化和约瑟夫森效应

磁通量子化和约瑟夫森效应是超导体两种独特的宏观量子效应。

磁通量子化效应的实验如图 9.8 所描述，圆柱形金属圆筒，沿轴向加磁场，正常态时圆筒内空腔、外空腔和圆筒内部都有磁场；降低温度，超导态时，圆筒内部磁场等于零，内、外表面都有电流，正是面电流使圆筒内部磁场为零；保持超导态撤去磁场，则超导体外部磁场和外表面电流消失，内空腔磁通量不变，内表面电流仍存在。

反之，如果先将圆筒冷却到超导态，再沿轴向加磁场，则超导体内及空腔内均无磁场，超导体外部有磁场，同时超导体外表面存在电流。

把穿过中空超导体内空腔以及超导体内表面穿透区域的总磁通，称为类磁通。理论和实验表明类磁通是守恒的，且其值是量子化的，最小类磁通单位称为磁通量子，则

$$\Phi_0 = h/(2e) = 2.06783461 \times 10^{-15}\,\mathrm{Wb}$$

式中，h 为普朗克常量；e 是电子电荷量绝对值。

1950 年，金兹堡－朗道方程描述了电子与晶格的相互作用是导致超导电性产生的原因。在常温下电子的运动受到晶格离子的散射而产生电阻。但在低温下，导体内电子运动到晶格离子附近时，由于异号电荷作用，会使晶格极化，并以格波形式传播开来，波及第二个电子，在特定条件下，两个电子之间的作用力产生相互吸引现象，形成超导电子对，或者库珀电子对。金属基态 0K 时正常金属内的电子不能全部处在能级最低的状态，而是服从泡利不相容原则，按照能级从低到高排列，每个能级有两个量子状态，只能被两个自旋方向相反的电子所占据，第三个电子只能占据能级较高的位置，依次类推，直到最后一个电子完成排列。最后一个最高的能级叫费米能级。在绝对零度下，费米能级以下的能量状态完全被电子占据填满，而费米能级以上的全是空的。以费米能级为半径做球面，超导体的基态是费米球。费米球面附近的电子两两组成库珀电子对，库珀电子对的总动量为零，“凝结”在零动量上。

约瑟夫森效应是超导体的另一种量子效应。1962 年由约瑟夫森从理论上预言，后来被实验证实。如图 9.14 所示，如果两个超导体之间夹有 $10^{-10} \sim 10^{-9}\,\mathrm{m}$ 的绝缘层，那么即使绝缘层两侧不存在任何电压，其间仍然可以持续地流过直流的超导电流，这称为直流约瑟夫森效应。如果绝缘层两侧的超导膜上加直流电压，则在两超导膜之间将有一定频率的交流电通过，并向外辐射电磁波，交变超导电流的振荡频率为 $\omega = 2eV/\hbar = 4\pi eV/h$，这称为交流约瑟夫森效应。

约瑟夫森效应是一种隧道效应，又称势垒贯穿，起源于微观粒子波动性的量子效应。根据经典力学，当运动粒子遇到高度大于其动能的势垒时，粒子将无法穿越。但根据量子力学理论，当粒子遇到大于其动能的势垒时，除了反射外，还有穿透势垒的波函数，即粒子仍具有一定的透射概率，这就是隧道效应。由于超流电子具有一定的概率进入绝缘层，因此当绝缘层厚度足够小时，被夹在两块超导体之间的绝缘层具有微弱的超导电性质。

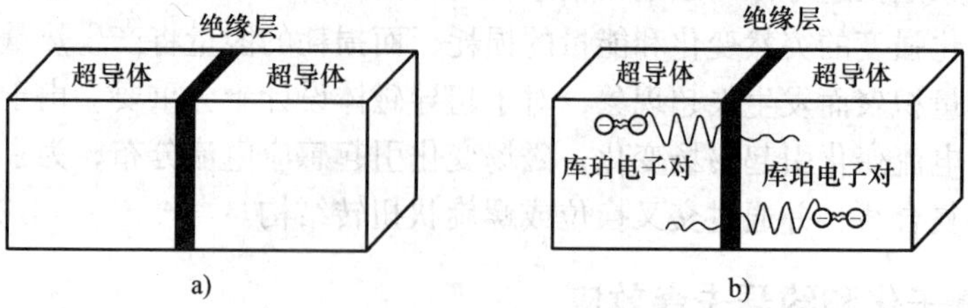

图 9.14 超导宏观量子效应

a）超导隧道结 b）库珀电子对穿越隧道结

利用约瑟夫森效应和磁通量子化，制成一种新型的器件，这种器件称为超导量子干涉器件（SQUID），可用于测量磁通量的灵敏度达到 10^{-20} Wb/Hz。现在用它作为探头检测微弱磁场和电压极其灵敏的仪器装置，并在物理学和医学领域得到广泛应用。

9.2.4 超导临界状态参数

超导电性在没有磁场和电流很小的状态下发现，但当将具有超导电性的材料制成磁体时，实验发现，当磁场达到一定值时超导电性又消失了，以后又发现超导体在一定温度和外磁场下，随着电流密度增大到一定值，超导电性也会消失，因此超导电性不仅与外加磁场有关，而且与承载的电流密度有关。

图 9.15 给出了 YBCO 和 Bi2223 超导材料在一定温度下的电流密度随磁场变化的曲线。由图可知，同一材料随着温度降低能承载的电流密度和磁场强度显著增强。

图 9.16 给出了第二类非理想超导体的临界温度、临界磁场和临界电流密度的关系，即洋葱图案。

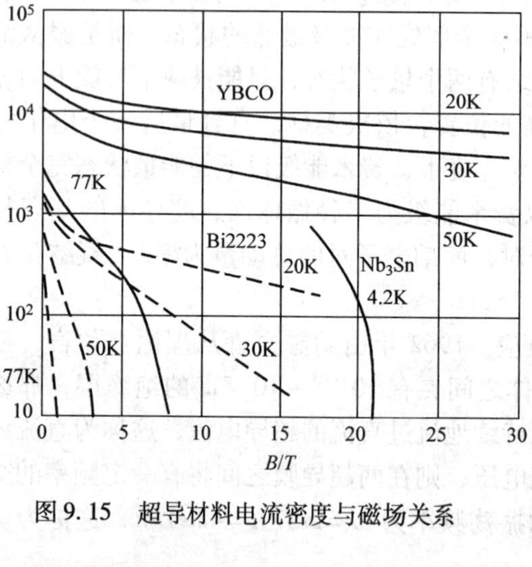

图 9.15 超导材料电流密度与磁场关系

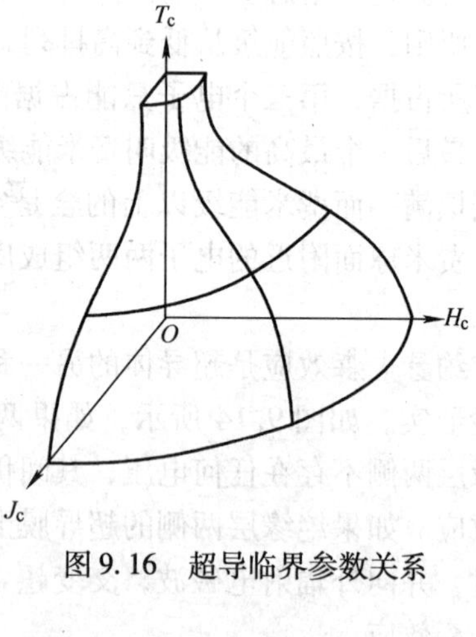

图 9.16 超导临界参数关系

9.3 伦敦方程

9.3.1 二流体模型

对于理想导体和超导体，由于零电阻的原因，忽略位移电流，磁感应强度满足

$$\nabla^2 \frac{\partial B}{\partial t} = \frac{1}{\lambda^2} \frac{\partial B}{\partial t} \tag{9-6}$$

式中，透入深度 $\lambda = \sqrt{m/(\mu_0 n_s e^2)}$。将库珀电子对的两个电子质量 m、两个电子电荷量 e、单位体积超导电子数 $n_s = 10^{23}/cm^3$、真空磁导率 μ_0 代入可以计算出不同超导材料的透入深度。

1934 年，戈特和卡斯米尔提出了二流体模型，建立了解释低温超导一系列特殊性质的宏观唯象理论。

二流体模型认为，金属在超导态，其内部自由电子（正常电子）中有一部分凝聚成性质非常不同的超导电子，使得处于超导态的金属中同时存在这两种电子。随着温度降低，越来越多的正常电子被凝聚为超导电子，温度达到 0K 时，全部自由电子都将成为超导电子。与正常电子不同，超导电子和晶格不发生碰撞，不会被晶格散射，因而超导电子的运动不受阻尼，具有理想的导电性，可以在晶格点阵中自由穿越行动，类似超流现象。

二流体模型的一个重要依据是，当金属从正常态转变为超导态时，实验发现其电子比热容显著地增大。

9.3.2 伦敦方程形式

电动力学的基本方程组是由麦克斯韦方程组、边界条件和物质方程构成的。其中，麦克斯韦方程组和边界条件描绘电磁场的内在联系和运动变化规律，普遍适用于真空、导体、电介质和磁介质等各种情形，当然也包括超导体；物质方程或材料本构关系描述物质的导电、极化和磁化等电磁现象和性质，其具体形式必将因物质电磁特性的不同而不同，并不存在某种普遍形式。伦敦兄弟根据二流体模型给出了描绘超导体电磁性质的物质方程，称为伦敦方程。

将超导体看成是既不极化也不磁化的物质，相对磁导率和相对介电常数都等于 1.0，材料的电磁特性可表示为

$$\boldsymbol{B} = \mu_0 \boldsymbol{H},\ \boldsymbol{D} = \varepsilon_0 \boldsymbol{E} \tag{9-7}$$

根据二流体模型超导体内部存在两种电子：正常电子 e_n 和超导电子 e_s，分别用下标 n 和 s 加以区分。

伦敦方程是唯象模型，即根据实验现象建立的数学模型。设超导体内部的电子数密度为 n_s，电流密度为 $\boldsymbol{J}_s$，电荷量为 e_s，电荷质量为 m_s，平均运动速度为 $\boldsymbol{v}$，那么超导电子流的电流密度表示为

$$\boldsymbol{J}_s = n_s e_s \boldsymbol{v} \tag{9-8}$$

如果存在电场 $\boldsymbol{E}$，那么库珀电子对不受任何阻力而产生加速度，由牛顿运动定律得到

$$m_s \frac{d\boldsymbol{v}}{dt} = e_s \boldsymbol{E} \tag{9-9}$$

于是，将式 (9-8) 代入式 (9-9) 得到超导电流密度的时间变化率与电场强度的关系为

$$\frac{d\boldsymbol{J}_s}{dt} = \frac{n_s e_s^2}{m_s}\boldsymbol{E},\quad \mu_0 \frac{d\boldsymbol{J}_s}{dt} = \frac{\mu_0 n_s e_s^2}{m_s}\boldsymbol{E} = \frac{\boldsymbol{E}}{\lambda^2} \tag{9-10}$$

式中，透入深度 $\lambda = \sqrt{m_s/(\mu_0 n_s e_s^2)}$。根据质量、磁导率、超导电子密度和电荷量的量纲可

以得到 λ 的量纲为 m。

方程式（9-10）称为伦敦第一方程。它表明，与正常传导电流遵循欧姆定律不同，超导电流的变化率与电场强度成正比，而并非电流密度与电场强度成正比。在稳态条件下，电流密度恒定，电场强度为零，电流密度大小取决于初始状态。电场强度等于零，正常电流密度也等于零，这是因为正常电子的电流密度仍然满足欧姆定律$\boldsymbol{J}_n=\sigma\boldsymbol{E}$。因此，稳态情况下，超导体可以存在无损耗的、持续维持的恒定超导电流，同时超导体中不存在正常电流密度和电场强度，单位体积内焦耳损耗为零，因此也不存在由此引起的焦耳损耗和发热问题。

如果超导电流是交变的，那么超导体内存在电场，正常电流密度也存在，可见在交变电流情况下，超导体内有电场及正常电流，后者引起焦耳损耗。总之，伦敦第一方程揭示了超导电流密度与电场强度的关系。

利用电场强度与磁感应强度的关系可以获得超导电流密度与磁感应强度的关系。根据麦克斯韦电磁感应定律的微分形式，电场强度的旋度等于磁感应强度的时间减少率，即

$$\nabla\times\boldsymbol{E}=-\frac{\partial\boldsymbol{B}}{\partial t} \tag{9-11}$$

将伦敦方程式（9-10）代入麦克斯韦方程中的电场强度旋度方程式（9-11）后得到

$$\frac{\partial}{\partial t}\left(\mu_0\nabla\times\boldsymbol{J}_s+\frac{\boldsymbol{B}}{\lambda^2}\right)=\boldsymbol{0} \tag{9-12}$$

设与时间无关项为零，那么超导电流密度的旋度与磁感应强度成正比，即

$$\mu_0\nabla\times\boldsymbol{J}_s+\frac{\boldsymbol{B}}{\lambda^2}=\boldsymbol{0} \tag{9-13}$$

式（9-13）称为伦敦第二方程。它揭示了超导电流密度的旋度是超导内部磁感应强度存在的原因。

对于超导体的材料特性和电磁场方程总结为如下方程组的形式：

$$\boldsymbol{B}=\mu_0\boldsymbol{H},\ \boldsymbol{D}=\varepsilon_0\boldsymbol{E},\ \boldsymbol{J}_n=\sigma\boldsymbol{E} \tag{9-14a}$$

$$\mu_0\frac{\mathrm{d}\boldsymbol{J}_s}{\mathrm{d}t}=\frac{\boldsymbol{E}}{\lambda^2} \tag{9-14b}$$

$$\mu_0\nabla\times\boldsymbol{J}_s+\frac{\boldsymbol{B}}{\lambda^2}=\boldsymbol{0} \tag{9-14c}$$

对于超导体引起的电磁学问题，可以结合麦克斯韦方程组和超导体电磁方程组来描述。用电场强度和磁感应强度表示麦克斯韦方程组，磁通连续性原、高斯散度定理、电磁感应定理、全电流定律和电流连续性原理分别为

$$\nabla\cdot\boldsymbol{B}=0 \tag{9-15a}$$

$$\nabla\cdot\boldsymbol{E}=\frac{\rho_e}{\varepsilon_0} \tag{9-15b}$$

$$\nabla\times\boldsymbol{E}=-\frac{\partial\boldsymbol{B}}{\partial t} \tag{9-15c}$$

$$\nabla\times\boldsymbol{B}=\mu_0(\boldsymbol{J}_n+\boldsymbol{J}_s)+\mu_0\varepsilon_0\frac{\partial\boldsymbol{E}}{\partial t} \tag{9-15d}$$

$$\nabla\cdot(\boldsymbol{J}_n+\boldsymbol{J}_s)+\frac{\partial\rho_e}{\partial t}=0 \tag{9-15e}$$

前面已经指出，稳态或静态情形，超导体内超导电流密度恒定，电场强度和正常电流密

度为零，于是，对式（9-15d）计算旋度，并考虑到式（9-15a）和式（9-14c）得到磁感应强度的方程为

$$\nabla^2 \boldsymbol{B} - \frac{\boldsymbol{B}}{\lambda^2} = \boldsymbol{0} \tag{9-16}$$

类似地，可以得到静态情形的电流密度也满足方程式（9-16）。

9.3.3 伦敦方程的应用

利用伦敦方程可以求解超导材料内部的磁场和电流密度分布。对于特殊结构和外磁场条件可以用解析法求解。

例 9.2 对于半无限大超导空间，$z=0$ 的上半空间为超导体，磁场沿 x 轴方向，大小随 z 变化，已知在 $z=0$ 处的磁感应强度为 B_0，透入深度为 λ，确定超导体内部磁感应强度的分布。

解答 如图 9.17a 所示，由于磁场只有 x 方向分量且仅仅与坐标 z 有关，因此由式(9-16)得到磁感应强度满足一维二阶常微分方程，即

$$\frac{d^2B(z)}{dz^2} - \frac{B(z)}{\lambda^2} = 0 \tag{9-17}$$

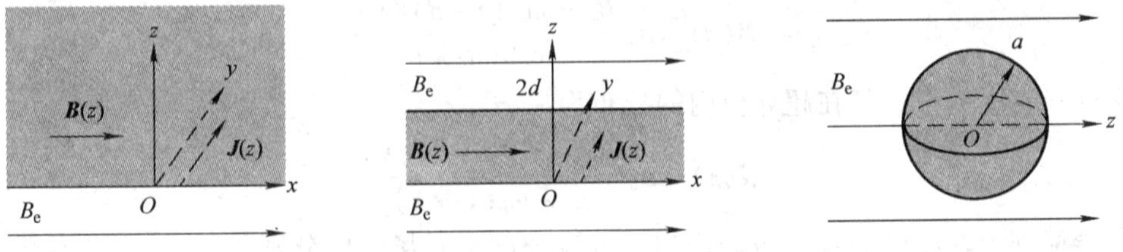

a) b) c)

图 9.17 均匀外磁场中的超导体

a）均匀磁场中的超导半空间 b）均匀磁场中的超导薄板 c）均匀磁场中的超导圆球

解得

$$B(z) = c_1 e^{-z/\lambda} + c_2 e^{z/\lambda}$$

式中，系数 c_1 和 c_2 由磁场满足的边界条件确定。

在 $z=0$ 处的磁场大小为 $B(0)=B_0$，当 $z\to+\infty$ 时，磁场有限。将边界条件代入上述方程可以解得 $c_2=0$，$c_1=B_0$。于是，磁感应强度沿 x 方向但随坐标 z 是按照指数规律衰减的，有

$$B(z) = B_0 e^{-z/\lambda} \tag{9-18}$$

电流密度只与坐标 z 有关且沿 y 轴方向，因此利用电流密度旋度与磁感应强度关系得到

$$\mu_0 \frac{dJ_s(z)}{dz} = \frac{B(z)}{\lambda^2} \tag{9-19}$$

超导电流密度也是随坐标 z 衰减的，式（9-19）积分后得到

$$J_s(z) = \frac{B_0}{\mu_0 \lambda} e^{-z/\lambda} \tag{9-20}$$

由此说明电流密度与磁感应强度在超导体内具有相同的透入深度，自由空间与超导体交界面处电流密度突变。

例 9.3 均匀外磁场 B_0 平行于厚度为 $2d$ 的无限大超导板，透入深度为 λ，确定超导板内部的磁感应强度和电流密度分布。

解答 如图 9.17b 所示，设超导板厚度为 $2d$，外部均匀磁场 B_0 平行于超导板，以超导板中间为原点，垂直超导板为 z 轴，对称平面为 $z=d$ 平面，磁场沿 x 轴方向。于是，磁感应强度只有与 z 有关的 x 方向分量，磁感应强度满足方程

$$\frac{d^2B(z)}{dz^2}=\frac{B(z)}{\lambda^2} \tag{9-21}$$

解得

$$B(z)=c_1e^{(z-d)/\lambda}+c_2e^{(d-z)/\lambda} \tag{9-22}$$

利用超导板边界磁场连续性条件

$$B(2d)=B(0)=B_0 \tag{9-23}$$

代入解得待定系数为

$$c_1=c_2=\frac{B_0}{2\cosh(d/\lambda)} \tag{9-24}$$

超导板内部磁场分布为

$$\boldsymbol{B}(z)=\boldsymbol{a}_x\frac{B_0\cosh[(z-d)/\lambda]}{\cosh(d/\lambda)} \tag{9-25}$$

电流密度只有 y 分量，其在超导板内的分布为

$$\boldsymbol{J}(z)=\boldsymbol{a}_y\frac{B_0\sinh[(z-d)/\lambda]}{\mu_0\lambda\cosh(d/\lambda)} \tag{9-26}$$

超导板外电流密度为零，磁场均匀，电流密度和磁场强度分别关于 $z=d$ 平面奇对称和偶对称分布。

由式（9-25）和式（9-26）不难发现，当 $d\to+\infty$ 时，磁感应强度和电流密度空间分布简化为例 9.2 的式（9-18）和式（9-20）形式。

例 9.4 均匀磁场中的超导圆球半径为 a，透入深度为 λ，如图 9.17c 所示，确定超导圆球内、外的磁场分布。

解答 超导圆球的完全抗磁性，在圆球表面产生面电流使得圆球内部磁场为零，相当于均匀磁化圆球的退磁场与外磁场相互抵消。在圆球坐标系中，外部磁场是由均匀外磁场和均匀磁化圆球磁场合成的，以外磁场方向为 z 轴，超导圆球的磁化强度为 $\boldsymbol{M}$，那么超导圆球外部磁场的散度和旋度为零，均匀磁化圆球产生的矢量磁位为

$$\boldsymbol{A}=\frac{\mu_0a^3\boldsymbol{M}\times\boldsymbol{r}}{3r^3}$$

超导圆球外部的磁感应强度满足

$$\boldsymbol{B}=\boldsymbol{B}_e+\frac{a^3K}{r^3}(\boldsymbol{a}_r2\cos\theta+\boldsymbol{a}_\theta\sin\theta),\ r>a$$

式中，$K=\mu_0M/3$ 需要根据边界条件确定；$\boldsymbol{B}_e=\boldsymbol{a}_zB_0$ 为外磁场磁感应强度。

磁感应强度各分量分别为

$$B_r=\left(B_0+\frac{2a^3K}{r^3}\right)\cos\theta,\ B_\theta=\left(-B_0+\frac{a^3K}{r^3}\right)\sin\theta,\ B_\varphi=0 \tag{9-27}$$

式中，B_0是外磁场磁感应强度大小。

在超导圆球面存在电流密度，只有一个分量且具有如下形式：

$$\boldsymbol{J}=\boldsymbol{a}_{\varphi}f(r)\sin\theta \tag{9-28}$$

根据电流密度满足伦敦方程确定函数$f(r)$，即

$$\nabla^2\boldsymbol{J}=\frac{\boldsymbol{J}}{\lambda^2}$$

于是，得到电流密度径向分布函数$f(r)$满足的微分方程为

$$\frac{\mathrm{d}^2f(r)}{\mathrm{d}r^2}+2\frac{\mathrm{d}f(r)}{r\mathrm{d}r}-\left(\frac{2}{r^2}+\frac{1}{\lambda^2}\right)f(r)=0 \tag{9-29}$$

令$g(r)=r^2f(r)$，式（9-29）转换为

$$\frac{\mathrm{d}^2g(r)}{\mathrm{d}r^2}-\frac{2}{r}\frac{\mathrm{d}g(r)}{\mathrm{d}r}-\frac{1}{\lambda^2}g(r)=0$$

令$r=\lambda u$，$h(u)=g(r)=g(\lambda u)$，上述方程转换为

$$\frac{\mathrm{d}^2h(u)}{\mathrm{d}u^2}-\frac{2}{u}\frac{\mathrm{d}h(u)}{\mathrm{d}u}-h(u)=0$$

该方程表明$h(u)$不存在常数项，两边求导并令$\mathrm{d}h(u)/\mathrm{d}u=u\gamma(u)$，得到常系数微分方程为

$$\frac{\mathrm{d}^2\gamma(u)}{\mathrm{d}u^2}-\gamma(u)=0$$

解得

$$\gamma(u)=-c_1\sinh u-c_2\cosh u$$

于是，两边乘以u，考虑到$h(u)$不存在常数项，积分后得到

$$h(u)=c_1(\sinh u-u\cosh u)+c_2(\cosh u-u\sinh u)$$

由此得到电流密度分布函数$f(r)$为

$$f(r)=\frac{1}{r^2}h\left(\frac{r}{\lambda}\right)=\frac{c_1}{r^2}\left(\sinh\frac{r}{\lambda}-\frac{r}{\lambda}\cosh\frac{r}{\lambda}\right)+\frac{c_2}{r^2}\left(\cosh\frac{r}{\lambda}-\frac{r}{\lambda}\sinh\frac{r}{\lambda}\right) \tag{9-30}$$

因为在超导球心位置是圆球坐标的自然边界，电流密度有限，所以式（9-30）第二项系数$c_2=0$，第一项系数由超导圆球面上的交界面衔接条件确定。

超导圆球内部磁感应强度由伦敦方程式（9-13）确定，即

$$B_{\mathrm{r}}=-\frac{\mu_0\lambda^2}{r\sin\theta}\frac{\partial}{\partial\theta}(\sin\theta J_{\varphi})=-\frac{2\mu_0\lambda^2}{r}f(r)\cos\theta \tag{9-31a}$$

$$B_{\theta}=\frac{\mu_0\lambda^2}{r}\frac{\partial}{\partial r}(rJ_{\varphi})=\frac{\mu_0\lambda^2}{r}\left[f(r)+r\frac{\mathrm{d}f(r)}{\mathrm{d}r}\right]\sin\theta \tag{9-31b}$$

$$B_{\varphi}=0 \tag{9-31c}$$

在超导圆球表面磁场连续性条件下导出常数K和c_1。由磁感应强度法向和切向分量连续得到

$$B_0+2K=-\frac{2\mu_0\lambda^2c_1}{a^3}\left(\sinh\frac{a}{\lambda}-\frac{a}{\lambda}\cosh\frac{a}{\lambda}\right)$$

$$-B_0+K=\frac{\mu_0c_1}{a}\left(\frac{\lambda}{a}\cosh\frac{a}{\lambda}-\frac{\lambda^2}{a^2}\sinh\frac{a}{\lambda}-\sinh\frac{a}{\lambda}\right)$$

解得

$$c_1 = \frac{3B_0 a}{2\mu_0 \sinh(a/\lambda)}$$

$$K = \frac{3B_0}{2}\left(\frac{\lambda}{a}\coth\frac{a}{\lambda} - \frac{\lambda^2}{a^2} - \frac{1}{3}\right)$$

$$\boldsymbol{J} = \boldsymbol{a}_\varphi f(r)\sin\theta = \boldsymbol{a}_\varphi \frac{3B_0 a}{2\mu_0 r^2 \sinh(a/\lambda)}\left(\sinh\frac{r}{\lambda} - \frac{r}{\lambda}\cosh\frac{r}{\lambda}\right)\sin\theta$$

$$B_\mathrm{r} = \left[1 + \frac{3a^3}{r^3}\left(\frac{\lambda}{a}\coth\frac{a}{\lambda} - \frac{\lambda^2}{a^2} - \frac{1}{3}\right)\right]B_0\cos\theta$$

$$B_\theta = \left[\frac{3a^3}{2r^3}\left(\frac{\lambda}{a}\coth\frac{a}{\lambda} - \frac{\lambda^2}{a^2} - \frac{1}{3}\right) - 1\right]B_0\sin\theta$$

$$B_\varphi = 0$$

9.4 超导体的应用

9.4.1 超导磁体（SM）

超导磁体主要由产生强磁场的超导材料（线材、带材或块材）制成的线圈或磁极和维持超导态的低温杜瓦罐组成，磁极通常是偶极体。与常规永磁体和利用金属铜或铝导线绕制的磁极相比，超导线圈制成的磁极具有磁场强、功耗小、体积小和重量轻等特点。主要用于加速器脉冲强磁场、发电机磁极和医疗设备梯度磁极等。磁体结构各种各样，有简单也有复杂，而且磁体临界电流密度与磁场大小和温度有关，都难以用解析法获得空间磁场分布解，因此磁体设计需要采用有限元等数值法求解。这里主要介绍原理，避免复杂的积分和有限元数值计算方法。

螺线管磁体的磁场分布与螺线管内径、外径、高度和电流密度大小有关，如图 9.18a 所示。利用静磁场圆环电流产生的轴线上的磁感应强度计算螺线管轴线上的磁感应强度，设电流密度大小为 J 且均匀分布，磁感应强度在轴线上只有 z 轴分量，则截面积为 $\mathrm{d}r\mathrm{d}l$ 的面元圆环产生的轴线磁场为

$$\mathrm{d}B = \frac{\mu_0 J r^2 \mathrm{d}r\mathrm{d}l}{2[r^2 + (z-l)^2]^{3/2}}$$

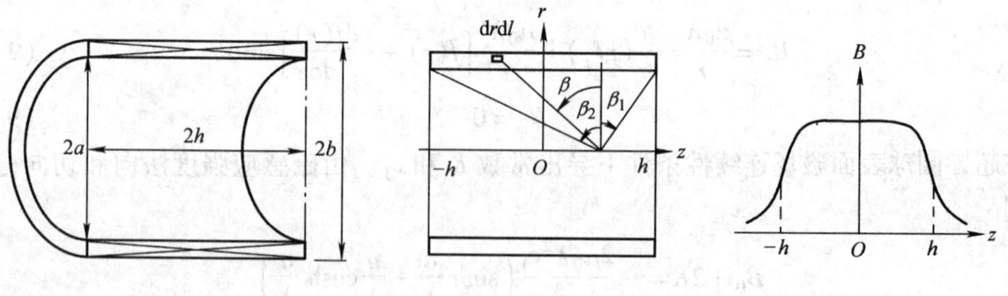

图 9.18　螺线管磁体与轴线磁感应强度分布

a）螺线管磁极　b）螺线管轴线磁场计算　c）螺线管轴线磁场分布

于是，用角度 β 表示轴向坐标 l 与变化 $\mathrm{d}l$，$l-z=r\tan\beta$，$\mathrm{d}l=r\sec^2\beta\mathrm{d}\beta$，对螺线管沿轴向的截面积积分得到轴线上的磁场为

$$B=\int_a^b\int_{-h}^{h}\frac{\mu_0 J r^2\mathrm{d}r\mathrm{d}l}{2[r^2+(z-l)^2]^{3/2}}=\int_a^b\frac{1}{2}\mu_0 J(\sin\beta_1-\sin\beta_2)\mathrm{d}r$$

式中，$\sin\beta_1=(h-z)[r^2+(h-z)^2]^{-1/2}$，$\sin\beta_2=-(h+z)[r^2+(h+z)^2]^{-1/2}$，如图 9.18b 所示。

于是，得到

$$B=\frac{1}{2}\mu_0 J\left[(h-z)\ln\frac{\sqrt{b^2+(h-z)^2}+b}{\sqrt{a^2+(h-z)^2}+a}+(h+z)\ln\frac{\sqrt{b^2+(h+z)^2}+b}{\sqrt{a^2+(h+z)^2}+a}\right]$$

当螺线管无限长时，螺线管内部磁场均匀，磁感应强度可以简化为

$$B=\mu_0 J(b-a)$$

对于细长螺线管磁场，轴线中间位置磁场比较均匀，两端磁场衰减很快，如图 9.18c 所示。通过有限元进一步分析可知，对于细长螺线管磁场最强处位于螺线管中间内侧，最弱点位于螺线管中间接近外侧的位置；而对于短螺线管磁体的磁场，在接近端面内侧最强。为了获得均匀的磁场，对于螺线管磁体可以采取的措施是端部增加匝数、增加螺线管长度，以及中间断开减弱最强磁场的螺线管，如亥姆霍兹线圈。

例 9.5 设半径为 a 的两超导线圈同轴放置，电流流向与轴线符合右手螺旋关系，证明圆心距离等于半径时轴线上中心位置的磁场最均匀。

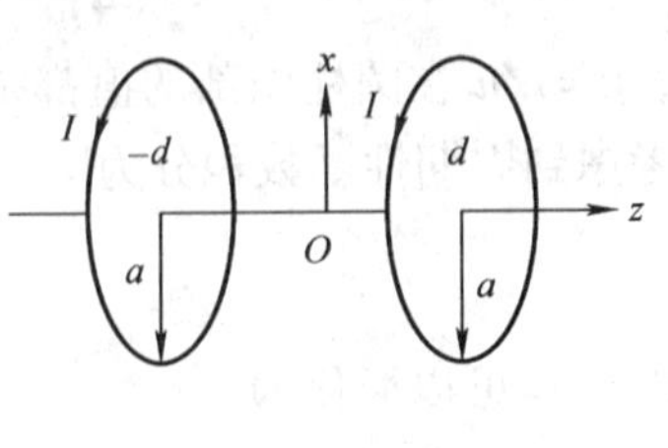

图 9.19 亥姆霍兹线圈

证明 如图 9.19 所示，以轴线中心位置为原点建立圆柱坐标系，设两圆环之间距离为 $2d$，利用载流圆环在轴线上磁感应强度的计算公式可以得到两个同向电流环在轴线上产生的磁场是沿轴线方向，合成后的大小与电流 I 成正比，表示为

$$B(z)=\frac{\mu_0 Ia^2}{2[(z+d)^2+a^2]^{3/2}}+\frac{\mu_0 Ia^2}{2[(z-d)^2+a^2]^{3/2}}=\sum_{n=0}^{\infty}c_n z^{2n} \tag{9-32}$$

可以看出，磁感应强度是关于对称轴位置 z 的偶函数 $B(-z)=B(z)$，在 $z=0$ 位置的展开式只有常数项和 z 的偶次幂项之和，如果磁感应强度在坐标原点展开成泰勒级数，那么只要除了常数项以外的低次幂项为零，磁场就比较均匀，为此计算原点处的导数。

磁感应强度对轴线位置 z 的一阶导数为

$$\frac{\mathrm{d}B(z)}{\mathrm{d}z}=-\frac{3\mu_0 Ia^2(z+d)}{2[(z+d)^2+a^2]^{5/2}}-\frac{3\mu_0 Ia^2(z-d)}{2[(z-d)^2+a^2]^{5/2}} \tag{9-33}$$

磁感应强度对轴线位置 z 的二阶导数为

$$\frac{\mathrm{d}^2B(z)}{\mathrm{d}z^2}=\frac{3\mu_0 Ia^2[4(z+d)^2-a^2]}{2[(z+d)^2+a^2]^{7/2}}+\frac{3\mu_0 Ia^2[4(z-d)^2-a^2]}{2[(z-d)^2+a^2]^{7/2}} \tag{9-34}$$

容易验证，一阶导函数是奇函数，二阶导函数是偶函数，并且在 $z=0$ 处，一阶导数等于零，二阶导数等于零的条件是 $2d=a$，即两个圆环之间的距离等于圆环半径，这时两线圈轴线中心位置磁场最均匀，磁感应强度的数值为 $B(0)=\dfrac{8\sqrt{5}\mu_0 I}{25a}$。

如果两个线圈电流相反，那么两个线圈电流产生的磁场是相互抵消的，但在轴线上磁场的梯度增大，构成梯度磁场线圈，磁感应强度关于 $z=0$ 是奇对称函数且在轴线上 $z=0$ 处的磁感应强度为零。

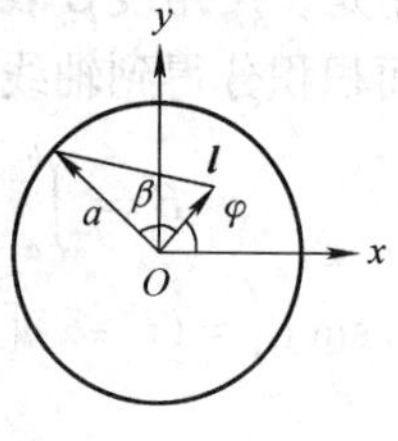

图 9.20　无限长圆柱面电流磁场

例 9.6　已知半径为 a 的圆柱面，原点位于轴线，圆柱坐标系中圆柱面上的电流密度分布为 $\boldsymbol{J}_{\mathrm{s}}=\boldsymbol{a}_{\mathrm{z}}K\cos\varphi$，如图 9.20 所示，计算圆柱面内部的磁感应强度。

解答　由于圆柱面无限长，空间磁场与轴线坐标 z 无关，利用二维平行平面磁场计算磁感应强度，由于圆柱面内部和外部都没有电流，因此可以先利用矢量磁位再利用矢量磁位的旋度计算磁感应强度。矢量磁位与坐标 z 无关且只有 z 轴分量，以轴线原点为零磁位参考点，利用无限长载流导线矢量磁位公式可以得到圆柱面上面电流元产生的矢量磁位为

$$\mathrm{d}\boldsymbol{A}=\boldsymbol{a}_{\mathrm{z}}\frac{\mu_0 aK}{4\pi}\left[\ln\frac{a^2}{a^2+l^2-2al\cos\beta}\right]\cos(\varphi+\beta)\mathrm{d}\beta \tag{9-35}$$

于是，沿圆周积分得到

$$\boldsymbol{A}=-\boldsymbol{a}_{\mathrm{z}}\frac{\mu_0 aK}{4\pi}\int_0^{2\pi}[\ln(1+u^2-2u\cos\beta)]\cos(\varphi+\beta)\mathrm{d}\beta \tag{9-36}$$

式中，$u=r/a$ 在圆柱内部的值都是小于 1.0 的。

考虑到周期性函数积分为

$$\int_0^{2\pi}f(\cos\beta)\sin\beta\mathrm{d}\beta=0$$

式（9-36）可以简化为

$$\boldsymbol{A}=-\boldsymbol{a}_{\mathrm{z}}\frac{\mu_0 aK\cos\varphi}{4\pi}\int_0^{2\pi}\ln(1+u^2-2u\cos\beta)\cos\beta\mathrm{d}\beta \tag{9-37}$$

在圆柱面内部周期积分为

$$\begin{aligned}
&\int_0^{2\pi}\ln(1+u^2-2u\cos\beta)\mathrm{d}\sin\beta\\
&=-\int_0^{\pi}\frac{4u\sin^2\beta}{1+u^2-2u\cos\beta}\mathrm{d}\beta=-\int_0^{\pi/2}\frac{8u(1+u^2)(1-\cos^2\beta)}{(1+u^2)^2-4u^2\cos^2\beta}\mathrm{d}\beta\\
&=-\frac{2(1+u^2)}{u}\int_0^{\pi/2}\left[1-\frac{(1-u^2)^2}{(1+u^2)^2-4u^2\cos^2\beta}\right]\mathrm{d}\beta\\
&=-\frac{2(1+u^2)}{u}\left[\beta-\frac{1-u^2}{1+u^2}\arctan\left(\frac{1+u^2}{1-u^2}\tan\beta\right)\right]\Bigg|_0^{\pi/2}=-2\pi u
\end{aligned}$$

积分结果代入式（9-37）得到矢量磁位为

$$\boldsymbol{A}=\boldsymbol{a}_{\mathrm{z}}\frac{\mu_0 K}{2}au\cos\varphi=\boldsymbol{a}_{\mathrm{z}}\frac{\mu_0 K}{2}r\cos\varphi=\boldsymbol{a}_{\mathrm{z}}\frac{\mu_0 Kx}{2} \tag{9-38}$$

圆柱面内的磁感应强度等于矢量磁位的旋度，即

$$\boldsymbol{B}=\nabla\times\boldsymbol{A}=-\boldsymbol{a}_{\mathrm{y}}\frac{1}{2}\mu_0 K \tag{9-39}$$

由此可见，当圆柱面电流密度按照余弦规律分布时，圆柱面内部磁感应强度是均匀的，马鞍形磁体设计就是利用这一原理，如图 9.21 所示。

马鞍形磁体是由一组对称的包裹圆柱面的线圈构成的，利用例9.6的二维场计算面电流余弦分布时圆柱面内部产生均匀磁场的结果，要求马鞍形磁体的面电流密度沿周向按照余弦规律分布。由于磁体绕组电流密度通常认为是均匀的，因此要求磁体的导体匝数沿圆周是余弦分布的，如按照周向或径向分布线圈，线圈的匝数是余弦分布。

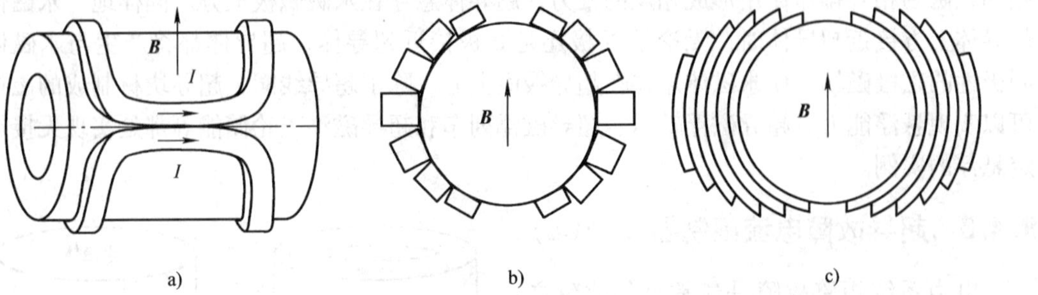

图9.21　马鞍形线圈超导磁体与线圈布置（周向和径向）

a）马鞍形磁极　b）磁极线圈周向布置　c）磁极线圈径向布置

核磁共振成像的磁体包括产生高均匀度恒定磁场的主磁体、产生三维空间梯度场的梯度线圈和与主磁体磁场正交的射频线圈。采用超导线圈产生主磁场可以在大空间范围内提高背景磁场的强度、均匀度和稳定性。

当两个同轴螺线管超导磁体的极性相对时，形成高梯度场的对极式超导磁体。对极式超导磁体是磁分离技术的核心部件，其基本原理是含有磁性物质的矿物颗粒通过高梯度强磁场时，由于磁性物质被磁化而受到梯度方向的磁场力作用，磁性物质就被分离出来。常规磁体的磁感应强度不超过2T，可以分离铁磁性物质，但对顺磁性物质需要超导磁体大范围强磁场的磁场力作用才能分离。

磁偶极子在外磁场中受到的力与外磁场梯度有关，对极式超导磁极电流产生的磁场在两个螺线管之间是轴线处最弱，沿径向磁场梯度增大，因此铁磁性物质将沿径向受到磁场力而沿径向运动并与非铁磁性材料分离，如图9.22所示。

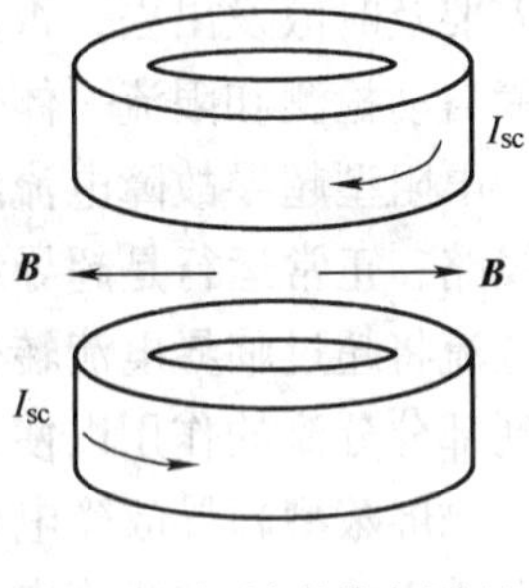

图9.22　超导磁分离原理

环形磁体相当于长螺线管弯成圆环形状。实际环形超导磁体由短螺线管按周向排列构成近似封闭圆环，每个螺线管线圈通电产生的磁场沿环形轴线而且是叠加增强的。

跑道型磁体由短螺线管周向排列，轴线构成两端圆弧跑道部分，以及同轴直线排列构成两个直线跑道部分，每个螺线管磁体产生的磁场沿跑道增强。

环形磁体和跑道型磁体可以作为超导磁体储能，用于电力系统功率调节或产生脉冲功率。

跑道型线圈则是将超导材料（线材或带材）沿跑道形状绕制成磁极线圈，多用于机电能量转换的电机励磁磁极绕组。

9.4.2　超导磁浮（SML）

旋转机械接触系统存在磨损和功率损耗，从而降低了使用寿命，超导磁浮利用相互排斥的磁场接触避免了机械接触，因此提高了系统效率并增加了使用寿命。超导体的完全抗磁性能阻止超导体内的磁通变化。根据麦克斯韦理论，变化的磁通将产生电场，并在导电回路产生电流，该电流产生的磁场要阻止原有磁场的变化。这一过程在超导体内部没有能量损耗，因此超导体产生强的抗磁性。如图 9.23 所示，永磁体 N 极磁场磁感应线向上但无法穿越超导体，超导体产生超导电流 I_{sc} 保持内部磁通为零，超导体产生的磁极与永磁体磁极的极性相同，磁场相互排斥作用形成相反的推力，超导体悬浮在永磁磁极上方。同样地，永磁体在超导体上方接近超导体时，无论是 N 极还是 S 极接近超导体，超导体都将产生与永磁体相同极性的磁极磁场，使永磁体悬浮在超导线圈上方。除了超导线圈，超导块材制成的磁极也可以实现悬浮能力。超导磁浮轴承、超导磁浮列车和超导磁浮飞轮储能等都是实现无接触稳定悬浮的实例。

9.4.3 超导故障电流限制器（SFCL）

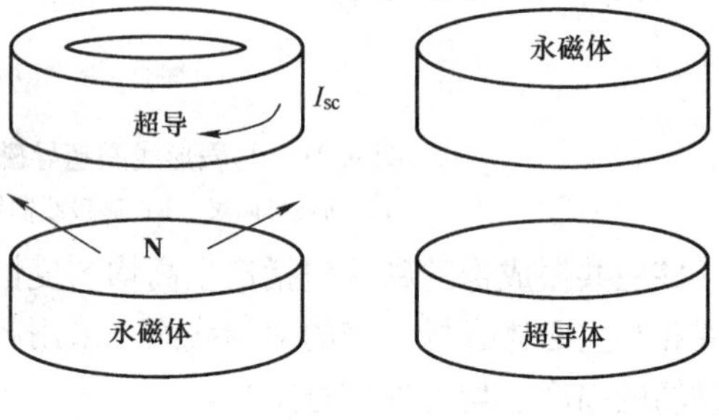

图 9.23 超导磁悬浮原理

电力系统短路故障是最常见的故障之一，电网容量越大，短路电流越大，要限制故障电流，必须在线路中增加可变阻抗元件，该阻抗特性必须满足在正常运行时阻抗很小而在短路故障时阻抗迅速增大。超导材料利用自身高温失超状态的电阻与电感限制短路电流。要求超导故障电流限制器在电网正常工作状态具有较小的阻抗，而在短路故障状态呈现较大的阻抗，在短时间内限制短路电流，使故障电流下降到较低水平。同时要求电网故障消除后，超导故障电流限制器能立即恢复超导工作状态运行，使系统恢复正常运行，而且装置的重复性要好。由于磁扩散效应超导失超过程中电流产生的焦耳热量需要及时散发出去，否则局部高温会损坏超导材料。超导故障电流限制器是电力系统短路故障自动检测和限流一体化的理想装置。

电阻型超导故障电流限制器，如图 9.24 所示，将电阻型超导线与正常电阻 R_N 并联后串入线路，正常运行是超导线处在超导态，线路电流经超导线流过，一旦发生负载短路，超导线电流将超过临界电流转变为正常相电阻 R_{sc}，超导线电阻起到限制电流的作用，并联电阻起到部分分流的作用以使得超导线承载部分故障电流。

磁屏蔽型超导故障电流限制器如图 9.25 所示，将螺线管绕制在超导圆筒上，超导圆筒套在铁心柱上，螺线管串入输电线路。正常运行时，超导圆筒处在超导态，线路通电后螺线管绕组电流产生的磁场被超导圆筒排斥在外部，铁心因无磁通而对螺线管不起作用，螺线管电感是空心电感，因此阻抗很小。当负载短路时，线路电流增大，螺线管磁场磁通逐渐进入超导圆筒并最终进入圆筒内空腔，即铁心中出现磁通，超导圆筒失去磁屏蔽作用，螺线管电

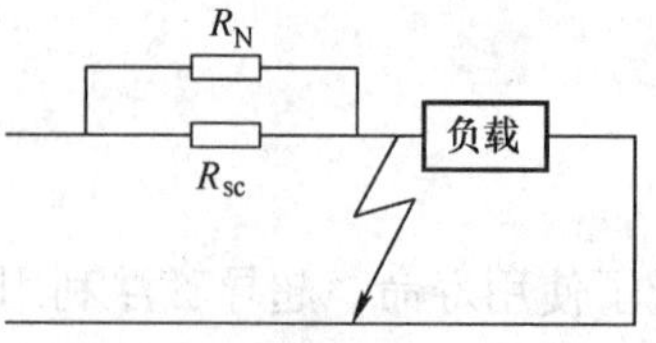

图 9.24 电阻型超导故障电流限制器

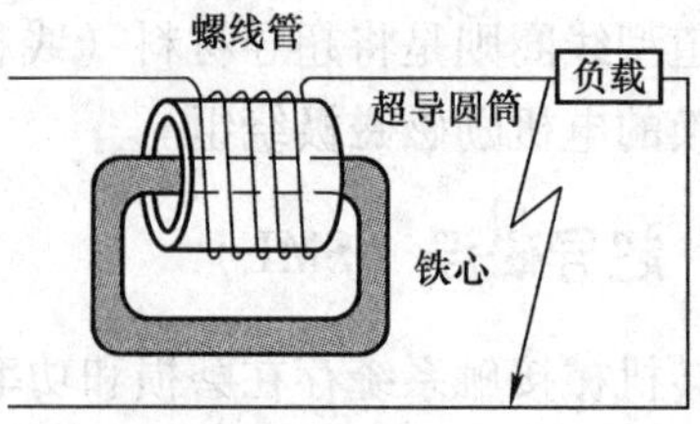

图 9.25 磁屏蔽型超导故障电流限制器

感非线性地显著增大，超导电阻和感抗按螺线管匝数二次方折算到螺线管后阻抗迅速增大，起到限制短路电流的作用。故障切除与系统恢复后，超导圆筒又恢复到超导态并起到磁屏蔽作用。

变压器型超导故障电流限制器与图 9.25 类似，即将磁屏蔽型单匝超导圆筒改为多匝超导短路线圈，那么利用超导抗磁性，正常工作时变压器铁心内部磁通很小，超导电阻为零，变压器短路阻抗很小。当负载故障时，变压器一次绕组电流增大，二次侧短路的超导线圈电流也相应地增大，致使超导电流超过临界电流，二次绕组阻抗增大，从而增大一次绕组等效阻抗并限制一次绕组电流，起到限制故障电流的作用。

储能型桥式超导故障电流限制器，如图 9.26 所示，正常运行时超导线圈中流过储能直流电流，没有输电线路交流电流时四个二极管电流相同且等于超导线圈电流的一半，直流偏置电压是为了平衡二极管管压降。

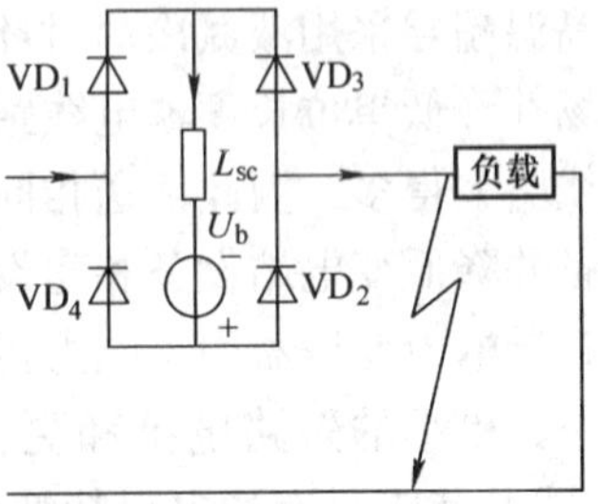

图 9.26　储能型桥式超导故障电流限制器

当输电线路有正常交流电流时，超导线圈仍然流过直流电流，二极管 VD_1 和 VD_2 电流相同且等于超导线圈电流与交流电流之和的一半，VD_3 和 VD_4 电流相同且等于超导线圈电流与交流电流之差的一半，因超导线圈电流超过最大交流电流，所以四个二极管上电流存在直流分量和交流分量，但都处在导通状态。一旦负载短路，交流电流增加，当交流电流幅值超过超导线圈直流电流时，由于二极管的单向导通性而出现轮流截止状态，超导线圈电流将要承担交流分量，由于超导线圈储能的大电感特性，交流电流分量增加引起电抗增大，从而抑制交流电流，同时将电能部分地存储在超导线圈中，由于超导电流增加，交流线路需要断路器动作以切除故障源。在故障期间超导线圈可以一直处在超导态，而不需要失超保护和失超恢复等动作。

三相电抗型超导故障电流限制器，如图 9.27 所示，利用三相对称超导线圈绕制在同一铁心上形成三相电抗器形式，系统正常运行时，三相电流对称则铁心中没有磁通，三相电抗器类似空心线圈，漏阻抗很小。当发生单相接地故障时，三相不平衡电流中的零序分量产生铁心磁通，抑制零序电流的增加，因此限制了短路电流。两相或三相短路故障时，对称状态没有零序电流，电抗不会变化，但短路超导线圈的电流将超过临界电流而失超，增大了超导线圈的电阻，从而起到电阻型超导故障电流限制器的作用。

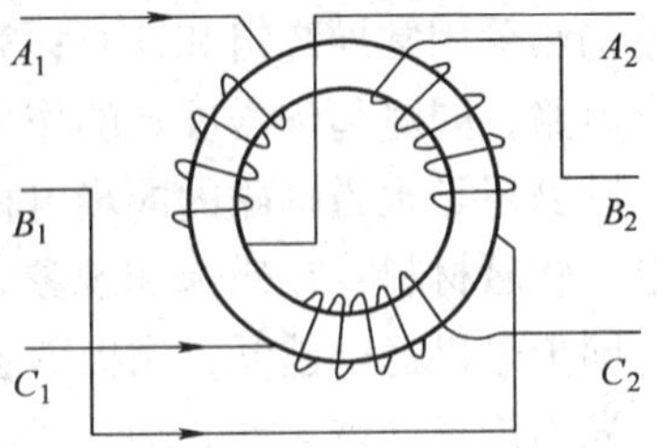

图 9.27　三相电抗型超导故障电流限制器

饱和铁心型超导故障电流限制器，类似变压器型超导故障电流限制器，所不同的是需要提供二次侧超导线圈直流电流，使得变压器铁心处在深度饱和状态，保持铁心中的磁感应强度不变。一次侧超导绕组电流正常时，铁心不会退出深度饱和状态，而饱和铁心的磁导小，电抗小，因此变压器等效阻抗小。而且交流电流几乎不影响铁心中的磁感应强度，一次绕组上的感应电动势接近零，线圈对线路几乎没有影响。当发生负载短路故障时，交流电流增大而使饱和铁心退出饱和区，这样铁心磁导和电抗迅速增大，从而限制了交流故障电流。超导线圈始终工作在超导状态，其直流偏置电流不变。

9.4.4 超导能量存储、传输和转换装置

超导磁能量存储（SMES）是利用线圈的电感存储磁场能量特性，将电能存储在超导线圈的磁场中，超导储能线圈可以短时内提供很大的瞬时功率以平滑电力系统功率波动，但存储的能量有限，典型的超导储能装置是环形线圈组成的环形螺线管储能系统，或者圆筒型线圈圆形阵列储能系统。

超导电能传输电缆在相同截面积下可以承载比传统电力电缆更大的电流，交流损耗更低，高温超导采用液氮冷却对环境几乎没有污染，采用合理电缆结构和磁屏蔽将显著降低周围磁场并降低单位长度输电线路电感，具有显著的技术经济优势。由于超导电缆电流比传统输电线路大得多，因此输送相同容量的电功率，输电电压可以降低，由此可以减少变电站高压设备并降低变电站设备和建设费用。

超导电力变压器用于电力传输中的电压变换，具有比传统变压器更低的功率损耗、更高的效率、更小的短路电抗和更稳定的调压能力；超导变压器本身具有故障电流限制能力（超导失超状态具有的电阻特性）；由于采用液氮制冷，不存在变压器油可能对环境造成的污染问题；由于绕组自身耦合的磁感应强度高而不需要铁心，可以减小变压器的体积和质量，尤其在电气化列车中广泛应用的牵引变压器，采用高温超导具有体积小、重量轻和效率高等显著的优势。

超导电机同样也可以实现电能与机械能的相互转换，与传统电机相比，超导电机具有更高的功率密度和更高的效率，尤其是在空间受限的低速大容量电力推进电机、低速直接驱动风力发电机，以及百兆瓦级以上大容量发电机。采用超导励磁线圈的超导电机没有直流励磁功率损耗，因而超导电机具有高效率的优势。

超导单极发电机可以在超导磁极强磁场下，利用高速旋转的导体圆盘产生低压大电流。

作为超导电机发展过程中的第一步，通常仅将同步电机电励磁磁极改为超导线圈励磁，而电枢仍然采用常导绕组和铁心；第二步再将定子电枢改为空心绕组并增加背部磁轭构成定子闭合磁路，同时起到磁屏蔽的作用；第三步是定、转子都采用超导，成为全超导电机。无论是电励磁还是永磁励磁的同步电机，铁心作为磁路是必不可少的，气隙磁场通常不足1T。而且电工软磁材料存在磁饱和现象，饱和磁感应强度不超过2.2T，因此限制了气隙磁场的提高。同步电机速度越低，磁极数会越多，极距相对较小，以降低磁轭高度。在强磁场应用领域，采用传统导体无铁心励磁线圈的体积非常庞大，而超导线圈能承载百倍传统导体的电流密度，因此能产生几十特斯拉的强磁场。相同容量和转速的超导同步电机比电励磁或永磁同步电机重量要轻得多。

当然，超导材料本身的制造成本较高，因此需要进一步提升超导材料的电流密度并不断降低成本，然而，由于超导装置的节能特点，可以有效地收回昂贵的前期投资成本，可广泛拓展未来应用的市场。

思考题与习题

1. 超导材料与理想导体的零电阻特性有何区别？
2. 超导材料与非超导抗磁性材料的抗磁性有什么不同？

3. 超导材料为什么在交流电流作用下存在损耗？

4. 超导材料在交变外磁场作用下有哪些现象？

5. 超导材料按照直流磁化特性分为哪几类？

6. 圆筒形超导线圈内、外径分别为 a 和 b，高为 h，电流密度为 J，计算圆筒轴线上的磁感应强度。

7. 两个几何尺寸相同的圆筒形超导线圈，内、外径分别为 a 和 b，高为 h，同轴放置且间隔为 d，电流密度均为 J，计算轴线上的磁感应强度分布。

8. 超导材料在超导态的电阻为零、电流面分布，现有超导制成的同轴电缆用于直流输电，电缆超导层的内半径为 a，外半径为 b，载流为 I，输电电压为 U，内、外超导层之间填充介电常数为 ε 的理想电介质，磁导率为 μ_0，如图 9.28 所示。计算：

1）内、外超导层上的面电流密度。

2）单位长度电感。

3）单位长度电容。

4）单位长度存储电磁场能量。

5）介质内部坡印亭矢量，并证明超导电缆的传输功率等于 UI。

9. 跑道型超导线圈，如图 9.29 所示，直道长为 L，弯道内半径为 a，跑道宽度为 b，线圈厚度为 h，电流密度为 J，计算两直道中间对称线 MN 上的磁感应强度。

10. 单极直流发电机用超导线圈磁极，电枢圆盘的内、外径分别为 0.6m 和 1.0m，圆盘厚度为 2cm，铜的电导率为 5.8×10^7S/m，超导线圈励磁电流产生垂直于圆盘的均匀磁感应强度为 5.0T，转速为 3000r/min，如图 9.30 所示。计算径向导体的感应电动势。若电枢外部电路的等效电阻为 0.01Ω，计算输出直流电流和铜盘的损耗功率。

11. 图 9.31 中，超导线圈是否有电流？若有则说明电流变化情况，若没有则说明原因。图 9.31a、b 的永磁体能缓慢穿越超导线圈吗？

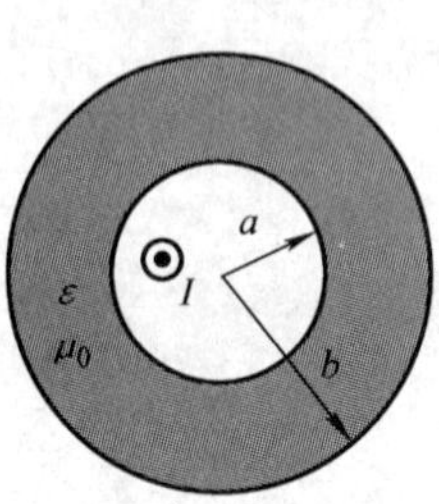

图 9.28　习题 8 图

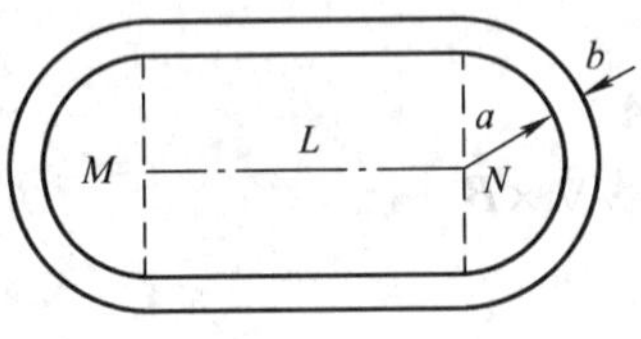

图 9.29　习题 9 图

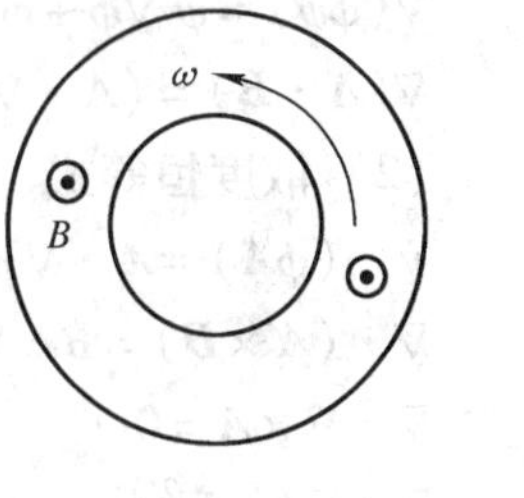

图 9.30　习题 10 图

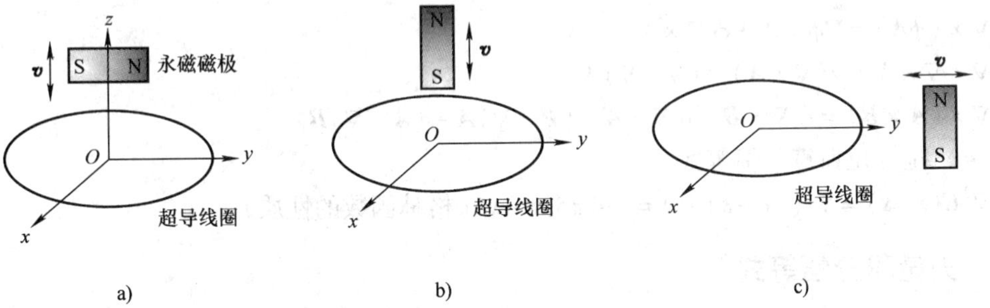

a)　　b)　　c)

图 9.31　超导线圈附近的永磁体运动

a）水平永磁磁极上下移动　b）垂直永磁磁极上下移动　c）垂直永磁磁极水平移动

附　　录

附录 A　矢量恒等式

矢量恒等式包括基本矢量运算关系，带哈密顿算子的梯度、散度和旋度恒等式，以及积分恒等式，这些是推导电磁场关系的最基本公式。最后给出正交曲线坐标系中的梯度、散度、旋度和拉普拉斯算子的运算结果。

A.1　矢量混合运算

$$\boldsymbol{A}\times(\boldsymbol{B}\times\boldsymbol{C})=(\boldsymbol{A}\cdot\boldsymbol{C})\boldsymbol{B}-(\boldsymbol{A}\cdot\boldsymbol{B})\boldsymbol{C}$$

$$\boldsymbol{A}\cdot(\boldsymbol{B}\times\boldsymbol{C})=\boldsymbol{C}\cdot(\boldsymbol{A}\times\boldsymbol{B})=\boldsymbol{B}\cdot(\boldsymbol{C}\times\boldsymbol{A})$$

A.2　哈密顿算子

（1）梯度恒等式

$\nabla(\phi+\psi)=\nabla\phi+\nabla\psi$

$\nabla(\phi^{-1})=-\phi^{-2}\nabla\phi$

$\nabla(\phi\psi)=\psi\nabla\phi+\phi\nabla\psi$

$\nabla(\boldsymbol{A}\cdot\boldsymbol{B})=(\boldsymbol{A}\cdot\nabla)\boldsymbol{B}+(\boldsymbol{B}\cdot\nabla)\boldsymbol{A}+\boldsymbol{A}\times(\nabla\times\boldsymbol{B})+\boldsymbol{B}\times(\nabla\times\boldsymbol{A})$

（2）散度恒等式

$\nabla\cdot(\phi\boldsymbol{A})=\boldsymbol{A}\cdot\nabla\phi+\phi\nabla\cdot\boldsymbol{A}$

$\nabla\cdot(\boldsymbol{A}\times\boldsymbol{B})=\boldsymbol{B}\cdot\nabla\times\boldsymbol{A}-\boldsymbol{A}\cdot\nabla\times\boldsymbol{B}$

$\nabla\cdot\nabla\times\boldsymbol{A}=0$

$\nabla\cdot\nabla\phi=\nabla^2\phi$

（3）旋度恒等式

$\nabla\times\nabla\phi=0$

$\nabla\times(\phi\boldsymbol{A})=\nabla\phi\times\boldsymbol{A}+\phi\nabla\times\boldsymbol{A}$

$\nabla\times\nabla\times\boldsymbol{A}=\nabla(\nabla\cdot\boldsymbol{A})-(\nabla\cdot\nabla)\boldsymbol{A}$

$\nabla\times(\boldsymbol{A}\times\boldsymbol{B})=\boldsymbol{A}\nabla\cdot\boldsymbol{B}-B\nabla\cdot\boldsymbol{A}+(\boldsymbol{B}\cdot\nabla)\boldsymbol{A}-(\boldsymbol{A}\cdot\nabla)\boldsymbol{B}$

（4）拉普拉斯算子恒等式

$\nabla^2G(\boldsymbol{r},\boldsymbol{s})=\nabla^2(|\boldsymbol{r}-\boldsymbol{s}|^{-1})=-4\pi\delta(\boldsymbol{r}-\boldsymbol{s})$（格林函数的性质）

A.3　矢量积分恒等式

（1）$\oint_{S(V)}\boldsymbol{A}\cdot\mathrm{d}\boldsymbol{S}=\iiint_{V(S)}\nabla\cdot\boldsymbol{A}\mathrm{d}V$（高斯散度定理）

（2）$\oint_{l(S)}\boldsymbol{A}\cdot\mathrm{d}\boldsymbol{l}=\iint_{S(l)}\nabla\times\boldsymbol{A}\cdot\mathrm{d}\boldsymbol{S}$（斯托克斯定理）

(3) $\oint_{S(V)} (\phi \nabla\psi) \cdot \mathrm{d}\boldsymbol{S} = \iiint_{V(S)} (\phi \nabla^2\psi + \nabla\phi \cdot \nabla\phi)\mathrm{d}V$(标量第一格林定理)

(4) $\oint_{S(V)} (\phi \nabla\psi - \psi \nabla\phi) \cdot \mathrm{d}\boldsymbol{S} = \iiint_{V(S)} (\phi \nabla^2\psi - \psi \nabla^2\phi)\mathrm{d}V$(标量第二格林定理)

(5) $\oint_{l(S)} \boldsymbol{A} \times \mathrm{d}\boldsymbol{l} = \iint_{S(l)} [(\nabla\cdot \boldsymbol{A})\boldsymbol{a}_{\mathrm{n}} - \nabla(\boldsymbol{A} \cdot \boldsymbol{a}_{\mathrm{n}})]\mathrm{d}S$

(6) $\oint_{S(V)} \boldsymbol{a}_{\mathrm{n}} \times \boldsymbol{A}\mathrm{d}S = \iiint_{V(S)} \nabla\times \boldsymbol{A}\mathrm{d}V$(旋度定理)

(7) $\oint_{S(V)} \boldsymbol{a}_{\mathrm{n}}\phi\mathrm{d}S = \iiint_{V(S)} \nabla\phi\mathrm{d}V$(梯度的有向闭合曲面体积分表达式)

(8) $\oint_{l(S)} \phi\mathrm{d}\boldsymbol{l} = \iint_{S(l)} \boldsymbol{a}_{\mathrm{n}} \times \nabla\phi\mathrm{d}S$

A.4 正交曲线坐标系中的哈密顿算子

设正交曲线坐标系的坐标为(u_1,u_2,u_3),相应坐标的尺度因子分别为 h_1、h_2 和 h_3,坐标轴单位矢量分别为 $\boldsymbol{a}_1$、$\boldsymbol{a}_2$ 和 $\boldsymbol{a}_3$,并且坐标轴单位矢量依次符合右手螺旋关系。

(1) 标量场的梯度

$$\nabla = \sum_{k=1}^{3} \boldsymbol{a}_1 \frac{\partial}{h_k \partial u_k}$$

(2) 矢量场的散度

$$\nabla\cdot \boldsymbol{A} = \frac{1}{h_1 h_2 h_3}\sum_{k=1}^{3} \frac{\partial}{\partial u_k}\left(\frac{h_1 h_2 h_3}{h_k}\boldsymbol{a}_k \cdot \boldsymbol{A}\right)$$

(3) 矢量场的旋度

$$\nabla\times \boldsymbol{A} = \frac{1}{h_1 h_2 h_3}\sum_{k=1}^{3} h_k \boldsymbol{a}_k\left[\frac{\partial}{\partial u_{k+1}}(h_{k+2}\boldsymbol{a}_{k+2} \cdot \boldsymbol{A}) - \frac{\partial}{\partial u_{k+2}}(h_{k+1}\boldsymbol{a}_{k+1} \cdot \boldsymbol{A})\right]$$

(4) 标量场的拉普拉斯算子

$$\nabla^2 f = \nabla\cdot \nabla f = \frac{1}{h_1 h_2 h_3}\sum_{k=1}^{3}\left[\frac{\partial}{\partial u_k}\left(\frac{h_1 h_2 h_3}{h_k^2}\frac{\partial f}{\partial u_k}\right)\right]$$

(5) 矢量场的拉普拉斯算子

$$\begin{aligned}
\nabla^2 \boldsymbol{A} &= \nabla(\nabla\cdot \boldsymbol{A}) - \nabla\times \nabla\times \boldsymbol{A} \\
&= \sum_{k=1}^{3} \frac{\boldsymbol{a}_k}{h_k}\frac{\partial}{\partial u_k}\left\{\frac{1}{h_1 h_2 h_3}\sum_{n=1}^{3}\left[\frac{\partial}{\partial u_n}\left(\frac{h_1 h_2 h_3}{h_n}\boldsymbol{a}_n \cdot \boldsymbol{A}\right)\right]\right\} \\
&\quad - \frac{1}{h_1 h_2 h_3}\sum_{n=1}^{3} h_n \boldsymbol{a}_n \frac{\partial}{\partial u_{n+1}}\left\{\frac{h_{n+2}^2}{h_1 h_2 h_3}\left[\frac{\partial}{\partial u_n}(h_{n+1}\boldsymbol{a}_{n+1} \cdot \boldsymbol{A}) - \frac{\partial}{\partial u_{n+1}}(h_n \boldsymbol{a}_n \cdot \boldsymbol{A})\right]\right\} \\
&\quad + \frac{1}{h_1 h_2 h_3}\sum_{n=1}^{3} h_n \boldsymbol{a}_n \frac{\partial}{\partial u_{n+2}}\left\{\frac{h_{n+1}^2}{h_1 h_2 h_3}\left[\frac{\partial}{\partial u_{n+2}}(h_n \boldsymbol{a}_n \cdot \boldsymbol{A}) - \frac{\partial}{\partial u_n}(h_{n+2}\boldsymbol{a}_{n+2} \cdot \boldsymbol{A})\right]\right\}
\end{aligned}$$

附录 B　典型圆球面积分

在电磁场问题求解过程中,经常遇到与球面有关的标量面积分和矢量面积分,如

$$I_{\mathrm{sn}} = \oint_S \frac{\mathrm{d}S}{R^n} \tag{B-1}$$

$$I_{\mathrm{vn}} = \oint_S \frac{\boldsymbol{a}_{\mathrm{n}}\mathrm{d}S}{R^n} \tag{B-2}$$

式中，R 为圆球面到空间点的距离；$\mathrm{d}S$ 是圆球面上的面元；$\boldsymbol{a}_{\mathrm{n}}$是圆球面单位法矢量；距离上的指数 n 是自然数。

为了计算球面积分，建立以空间 P 点与球心 O 连线为 z 轴的直角坐标系，相互正交的坐标轴单位矢量分别为 $\boldsymbol{a}_{\mathrm{r}}$、$\boldsymbol{a}_1$ 和 $\boldsymbol{a}_2$，如图 B.1 所示。圆球面上点到场点距离根据余弦定理为 $R=(r^2+a^2-2ar\cos\gamma)^{1/2}$，圆球面面元矢量为 $\mathrm{d}\boldsymbol{S}=\boldsymbol{a}_{\mathrm{n}}a^2\sin\gamma\mathrm{d}\gamma\mathrm{d}\beta$，其中单位法矢量为$\boldsymbol{a}_{\mathrm{n}}=\boldsymbol{a}_{\mathrm{r}}\cos\gamma+\boldsymbol{a}_1\sin\gamma\cos\beta+\boldsymbol{a}_2\sin\gamma\sin\beta$。于是，由式（B-1）得到

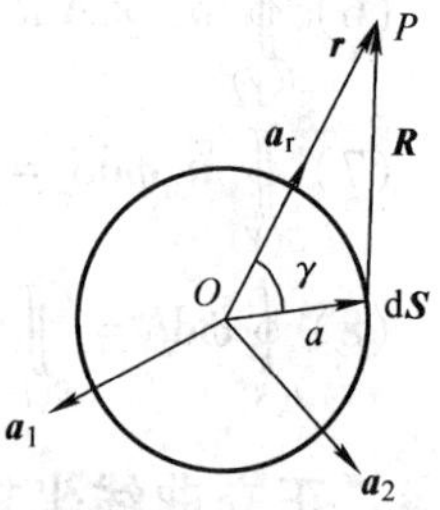

图 B.1　圆球坐标系

$$I_{\mathrm{sn}} = \int_0^{\pi}\int_0^{2\pi} \frac{a^2\sin\gamma\mathrm{d}\gamma\mathrm{d}\beta}{(r^2+a^2-2ar\cos\gamma)^{n/2}} \tag{B-3}$$

令 $t=\cos\gamma$，对于标量球面积分式（B-3），可以简化为

$$I_{\mathrm{sn}} = \int_{-1}^{1}\mathrm{d}t\int_0^{2\pi} \frac{a^2\mathrm{d}\beta}{(r^2+a^2-2art)^{n/2}} = \int_{-1}^{1} \frac{2\pi a^2\mathrm{d}t}{(r^2+a^2-2art)^{n/2}} \tag{B-4}$$

当 n 为不等于 2 的自然数时，积分式（B-4）变为

$$I_{\mathrm{sn}} = \frac{2\pi a}{(n-2)r}(r^2+a^2-2art)^{-(n-2)/2}\Big|_{t=-1}^{1} = -\frac{2\pi a}{(n-2)r}\left[\frac{1}{(r+a)^{n-2}} - \frac{\mathrm{sgn}\,(r-a)}{(r-a)^{n-2}}\right] \tag{B-5}$$

当 $n=2$ 时，由积分式（B-3）得到对数函数为

$$I_{\mathrm{sn}} = -\frac{\pi a}{r}\ln\,(r^2+a^2-2art)\Big|_{t=-1}^{1} = \frac{\pi a}{r}\ln\frac{r+a}{|r-a|} \tag{B-6}$$

对于矢量面积分式（B-2），可以简化为

$$I_{\mathrm{vn}} = \int_{-1}^{1}\mathrm{d}t\int_0^{2\pi} \frac{[\boldsymbol{a}_{\mathrm{r}}t+\sin\gamma(\boldsymbol{a}_1\cos\beta+\boldsymbol{a}_2\sin\beta)]a^2\mathrm{d}\beta}{(r^2+a^2-2art)^{n/2}} = \boldsymbol{a}_{\mathrm{r}}\int_{-1}^{1} \frac{2\pi a^2 t\mathrm{d}t}{(r^2+a^2-2art)^{n/2}} \tag{B-7}$$

当 n 为不等于 2 和 4 的自然数时，计算下列不定积分：

$$I = \int \frac{a^2 t\mathrm{d}t}{(r^2+a^2-2art)^{n/2}}$$

利用分部积分法，得

$$\begin{aligned} I &= \frac{1}{(n-2)r}\left[\int \frac{a\mathrm{d}t}{(r^2+a^2-2art)^{(n-2)/2}} - \frac{at}{(r^2+a^2-2art)^{(n-2)/2}}\right] \\ &= -\frac{at}{(n-2)r\,(r^2+a^2-2art)^{(n-2)/2}} + \frac{1}{(n-2)(n-4)r^2\,(r^2+a^2-2art)^{(n-4)/2}} \\ &= \frac{r^2+a^2-(n-2)art}{(n-2)(n-4)r^2\,(r^2+a^2-2art)^{(n-2)/2}} \end{aligned}$$

于是，代入式（B-7）矢量面积分得到

$$I_{vn} = \boldsymbol{a}_r \frac{2\pi}{(n-2)(n-4)r^2}\left[\frac{r^2+a^2+(n-2)ar}{(r+a)^{n-2}} - \frac{r^2+a^2-(n-2)ar}{|r-a|^{n-2}}\right] \tag{B-8}$$

当 $n=2$ 时，由积分式（B-7）得到对数函数为

$$I_{vn} = \boldsymbol{a}_r \int_{-1}^{1} \frac{2\pi a^2 t\mathrm{d}t}{r^2+a^2-2art} = \boldsymbol{a}_r \frac{\pi a}{r}\int_{-1}^{1} \frac{t\mathrm{d}t}{\dfrac{r^2+a^2}{2ar}-t} = \boldsymbol{a}_r \frac{\pi a}{r}\left[\frac{r^2+a^2}{2ar}\ln\frac{(r+a)^2}{(r-a)^2} - 2\right] \tag{B-9}$$

当 $n=4$ 时，积分式（B-7）成为

$$I_{vn} = \boldsymbol{a}_r \int_{-1}^{1} \frac{2\pi a^2 t\mathrm{d}t}{(r^2+a^2-2art)^2} = \boldsymbol{a}_r \frac{\pi}{2r^2}\int_{-1}^{1} \frac{t\mathrm{d}t}{\left(\dfrac{r^2+a^2}{2ar}-t\right)^2}$$

$$= \boldsymbol{a}_r \frac{\pi}{2r^2}\left[\frac{4ar(r^2+a^2)}{(r^2-a^2)^2} - \ln\frac{(r+a)^2}{(r-a)^2}\right] \tag{B-10}$$

附录 C　标量电位与矢量磁位比较

本附录讨论标量电位和矢量磁位的有关方程与积分解析解、交界面条件，以及特殊条件下的矢量磁位与标量电位的关系。

C.1　位函数方程

时变场与洛仑兹规范下，简单介质中的标量电位和矢量磁位分别满足波动方程

$$\nabla^2\phi - \mu\varepsilon\frac{\partial^2\phi}{\partial t^2} = -\frac{\rho}{\varepsilon} \tag{C-1}$$

$$\nabla^2\boldsymbol{A} - \mu\varepsilon\frac{\partial^2\boldsymbol{A}}{\partial t^2} = -\mu\boldsymbol{J} \tag{C-2}$$

式中，$\nabla\cdot\boldsymbol{A} = -\mu\varepsilon\dfrac{\partial\phi}{\partial t}$；$\rho$ 为空间自由电荷体密度；$\boldsymbol{J}$ 为传导电流密度；ε 和 μ 分别为介质特性的介电常数和磁导率。

对于自由空间中的时谐场，设波矢量为 $\boldsymbol{k}$，那么波动方程式（C-1）和式（C-2）改写为复数形式得

$$\nabla^2\phi + k^2\phi = -\frac{\rho}{\varepsilon_0} \tag{C-3}$$

$$\nabla^2\boldsymbol{A} + k^2\boldsymbol{A} = -\mu_0\boldsymbol{J} \tag{C-4}$$

式中，$k=\omega\sqrt{\mu\varepsilon}$。

对于静态场，方程式（C-1）和式（C-2）中的时间偏导项不存在，洛仑兹规范简化为库仑规范 $\nabla\cdot\boldsymbol{A}=0$，标量电位和矢量磁位分别满足泊松方程

$$\nabla^2\phi = -\frac{\rho}{\varepsilon} \tag{C-5}$$

$$\nabla^2\boldsymbol{A} = -\mu\boldsymbol{J} \tag{C-6}$$

C.2　位函数在无界空间中的解

对于时变场，场源位于有限区域内的标量电位方程式（C-1）和矢量磁位方程式（C-2）

的解分别为场源矢径 $\boldsymbol{s}$ 坐标的体积分，即

$$\phi(\boldsymbol{r},t)=\frac{1}{4\pi\varepsilon}\int_V\frac{\rho(\boldsymbol{s},t-v^{-1}|\boldsymbol{r}-\boldsymbol{s}|)}{|\boldsymbol{r}-\boldsymbol{s}|}\mathrm{d}V \tag{C-7}$$

$$\boldsymbol{A}(\boldsymbol{r},t)=\frac{\mu}{4\pi}\int_V\frac{\boldsymbol{J}(\boldsymbol{s},t-v^{-1}|\boldsymbol{r}-\boldsymbol{s}|)}{|\boldsymbol{r}-\boldsymbol{s}|}\mathrm{d}V \tag{C-8}$$

式中，v 为电磁波传播的速度。

对于自由空间中的时谐场，方程式（C-3）和式（C-4）的复数形式解为

$$\phi(\boldsymbol{r})=\frac{1}{4\pi\varepsilon_0}\int_V\frac{\rho(\boldsymbol{s})\mathrm{e}^{-\mathrm{j}k|\boldsymbol{r}-\boldsymbol{s}|}}{|\boldsymbol{r}-\boldsymbol{s}|}\mathrm{d}V \tag{C-9}$$

$$\boldsymbol{A}(\boldsymbol{r})=\frac{\mu_0}{4\pi}\int_V\frac{\boldsymbol{J}(\boldsymbol{s})\mathrm{e}^{-\mathrm{j}k|\boldsymbol{r}-\boldsymbol{s}|}}{|\boldsymbol{r}-\boldsymbol{s}|}\mathrm{d}V \tag{C-10}$$

对于静态场，场源位于有限空间区域，以无穷远处作为位参考点，那么方程式（C-5）和式（C-6）的解分别为

$$\phi(\boldsymbol{r})=\frac{1}{4\pi\varepsilon}\int_V\frac{\rho(\boldsymbol{s})}{|\boldsymbol{r}-\boldsymbol{s}|}\mathrm{d}V \tag{C-11}$$

$$\boldsymbol{A}(\boldsymbol{r})=\frac{\mu}{4\pi}\int_V\frac{\boldsymbol{J}(\boldsymbol{s})}{|\boldsymbol{r}-\boldsymbol{s}|}\mathrm{d}V \tag{C-12}$$

C.3 交界面条件

对于静态场，在两种介质分界面上，标量电位和矢量磁位都连续，标量电位的法向偏导满足电位移矢量法向分量在交界面上的连续性条件，矢量磁位旋度的切向分量在交界面上满足磁场强度切向分量在交界面上的连续性条件。

C.4 特殊条件下标量电位与矢量磁位的关系

对于静态场，如果场源可能延伸到无穷远处，那么位函数的参考点必须选在有限空间，设参考点矢径为 $\boldsymbol{r}_0$，那么标量电位和矢量磁位的积分表达式分别改写为

$$\phi(\boldsymbol{r})=\frac{1}{4\pi\varepsilon}\int_V\left[\frac{\rho(\boldsymbol{s})}{|\boldsymbol{r}-\boldsymbol{s}|}-\frac{\rho(\boldsymbol{s})}{|\boldsymbol{r}_0-\boldsymbol{s}|}\right]\mathrm{d}V \tag{C-13}$$

$$\boldsymbol{A}(\boldsymbol{r})=\frac{\mu}{4\pi}\int_V\left[\frac{\boldsymbol{J}(\boldsymbol{s})}{|\boldsymbol{r}-\boldsymbol{s}|}-\frac{\boldsymbol{J}(\boldsymbol{s})}{|\boldsymbol{r}_0-\boldsymbol{s}|}\right]\mathrm{d}V \tag{C-14}$$

在位函数参考点相同的条件下，如果电流密度与电荷密度满足关系

$$\boldsymbol{v}=\boldsymbol{J}/\rho=\boldsymbol{J}_\mathrm{s}/\rho_\mathrm{s}=\boldsymbol{J}_\mathrm{l}/\rho_\mathrm{l} \tag{C-15}$$

式中，速度矢量 $\boldsymbol{v}$ 是恒定常矢量。

将式（C-15）代入式（C-14）后与式（C-13）比较得到标量磁位与矢量磁位的关系为

$$\boldsymbol{A}=\frac{\boldsymbol{v}}{c^2}\sqrt{\mu_\mathrm{r}\varepsilon_\mathrm{r}}\phi=\frac{\boldsymbol{J}}{\rho c^2}\sqrt{\mu_\mathrm{r}\varepsilon_\mathrm{r}}\phi \tag{C-16}$$

式中，c 为光速；ε_r 和 μ_r 分别为相对介电常数和相对磁导率。

由式（C-16）得到，电流密度矢量与电荷密度之比为常矢量时，相应的磁感应强度与电场强度的关系满足

$$\boldsymbol{B}=\nabla\times\boldsymbol{A}=\frac{\nabla\phi\times\boldsymbol{J}}{\rho c^2}\sqrt{\mu_\mathrm{r}\varepsilon_\mathrm{r}}=\frac{\boldsymbol{J}\times\boldsymbol{E}}{\rho c^2}\sqrt{\mu_\mathrm{r}\varepsilon_\mathrm{r}} \tag{C-17}$$

下面给出一些具体实例的计算结果，通过计算标量电位再由式（C-16）得到矢量磁位，或者通过计算电场强度再由式（C-17）得到磁感应强度。

（1）无限长直均匀线电荷ρ_1产生的标量电位为

$$\phi = \frac{\rho_1}{2\pi\varepsilon_0}\ln\frac{r_0}{r}$$

沿单位矢量$\boldsymbol{a}_1$方向的无限长直线电流I产生的矢量磁位为

$$\boldsymbol{A} = \boldsymbol{a}_1\frac{\mu_0 I}{2\pi}\ln\frac{r_0}{r}$$

自由空间中，等位面是以无限长直线为轴线的圆柱面。当线电荷与线电流重合时，电场强度与磁感应强度矢量线相互正交。

（2）平行异号无限长直线电荷$\pm\rho_1$产生的标量电位，根据叠加原理由（1）得到

$$\phi = \frac{\rho_1}{2\pi\varepsilon_0}\ln\frac{r_-}{r_+}$$

与单位矢量$\boldsymbol{a}_1$方向平行无限长直线电流$\pm I$产生的矢量磁位为

$$\boldsymbol{A} = \boldsymbol{a}_1\frac{\mu_0 I}{2\pi}\ln\frac{r_-}{r_+}$$

式中，r_+和r_-分别为空间场点到正、负线电荷（电流）的距离。

自由空间中，等位面是以两无限长直线为对称轴线的两簇圆柱面。当线电荷与线电流重合时，电场强度与磁感应强度矢量线相互正交。

（3）半径为a的无限长直导线，体电荷密度ρ产生的标量电位，参考点选在导体与空气的交界面上，导体外由（1）得到，导体内根据方程式（C-5）求解得到

$$\phi_e = \frac{\rho a^2}{2\varepsilon_0}\ln\frac{a}{r},\quad a<r;\ \phi_i = \frac{\rho}{4\varepsilon_0}(a^2-r^2),\quad a>r$$

半径为a的无限长直导线，体电流密度$\boldsymbol{J}$产生的矢量磁位为

$$\boldsymbol{A}_e = \frac{\boldsymbol{J}\mu_0 a^2}{2}\ln\frac{a}{r},\quad a<r;\quad \boldsymbol{A}_i = \frac{\boldsymbol{J}\mu_0}{4},(a^2-r^2),\quad a>r$$

（4）半径分别为a和b的无限长直导线，轴线相距$d(d>a+b)$，带异号体电荷密度$\pm\rho$产生的标量电位，以导体a的轴线为z轴建立圆柱坐标系，分三个区域得到标量电位得

$$r_b = (d^2 + r_a^2 - 2r_a d\cos\beta)^{1/2}$$

$$\phi_{ia} = \frac{\rho}{4\varepsilon_0}(a^2-r_a^2) - \frac{\rho b^2}{2\varepsilon_0}\ln\frac{d-a}{r_b}, r_a<a$$

$$\phi_e = \frac{\rho a^2}{2\varepsilon_0}\ln\frac{a}{r_a} - \frac{\rho b^2}{2\varepsilon_0}\ln\frac{d-a}{r_b},\quad r_a>a,\ r_b>b$$

$$\phi_{ib} = -\frac{\rho}{4\varepsilon_0}(b^2-r_b^2) + \frac{\rho a^2}{2\varepsilon_0}\ln\frac{a}{r_a} - \frac{\rho b^2}{2\varepsilon_0}\ln\frac{d-a}{b},\ r_b<b$$

半径分别为a和b的无限长直平行导线，体电流密度$\pm\boldsymbol{J}$产生的矢量磁位，以导体a的轴线为z轴建立圆柱坐标系，分三个区域得到矢量磁位得

$$\boldsymbol{A}_{ia} = \frac{\boldsymbol{J}\mu_0}{4}(a^2-r_a^2) - \frac{\boldsymbol{J}\mu_0 b^2}{2}\ln\frac{d-a}{r_b},\ r_a<a$$

$$\boldsymbol{A}_e = \frac{\boldsymbol{J}\mu_0 a^2}{2}\ln\frac{a}{r_a} - \frac{\boldsymbol{J}\mu_0 b^2}{2}\ln\frac{d-a}{r_b},\quad r_a>a,\ r_b>b$$

$$A_{ib}=\frac{J\mu_0}{4}(b^2-r_b^2)+\frac{J\mu_0 a^2}{2}\ln\frac{a}{r_a}-\frac{J\mu_0 b^2}{2}\ln\frac{d-a}{b},\ r_b<b$$

根据上述分析，在一些特殊问题中，电位和矢量磁位问题的求解可以相互类比。

附录D　电偶极子与磁偶极子比较

电磁场中偶极子是理想模型，如电偶极子是等量异号电荷空间无限接近的理想模型，其电偶极矩等于电荷量与距离的乘积，方向由负电荷指向正电荷；而磁偶极子是半径无限小的线电流环，其磁偶极矩等于电流与面积的乘积，方向与电流满足右手螺旋关系。

D.1　偶极子形成的远场

静态场中电偶极子产生的标量电位与磁偶极子产生的矢量磁位具有相似性。

电偶极矩为$\boldsymbol{p}$的电偶极子产生的电位ϕ和电场强度$\boldsymbol{E}$分别为

$$\phi=\frac{\boldsymbol{p}\cdot\boldsymbol{R}}{4\pi\varepsilon_0 R^3},\quad \boldsymbol{E}=-\nabla\phi=-\frac{\boldsymbol{p}\cdot\nabla}{4\pi\varepsilon_0}\frac{\boldsymbol{R}}{R^3}$$

磁偶极矩为$\boldsymbol{m}$的磁偶极子产生的矢量磁位$\boldsymbol{A}$和磁感应强度$\boldsymbol{B}$分别为

$$\boldsymbol{A}=\frac{\mu_0\boldsymbol{m}\times\boldsymbol{R}}{4\pi R^3},\quad \boldsymbol{B}=\nabla\times\boldsymbol{A}=-\frac{\mu_0\boldsymbol{m}\cdot\nabla}{4\pi}\frac{\boldsymbol{R}}{R^3}$$

式中，$\boldsymbol{R}$为偶极子到场点的矢径。

D.2　偶极子在静态外场中的能量

电（磁）偶极子在外电（磁）场中具有能量，空间同一位置偶极子能量最小最稳定。

电偶极矩为$\boldsymbol{p}$的电偶极子在外电场$\boldsymbol{E}_e$中的静电相互作用能量为

$$W_e=-\boldsymbol{p}\cdot\boldsymbol{E}_e$$

磁偶极矩为$\boldsymbol{m}$的磁偶极子在外磁场$\boldsymbol{B}_e$中的静磁相互作用能量为

$$W_m=-\boldsymbol{m}\cdot\boldsymbol{B}_e$$

D.3　偶极子在静态外场中的受力

电（磁）偶极子在外电（磁）场中会受到电（磁）场力，除非偶极子位置的场是均匀的，力等于能量的负梯度。

电偶极子$\boldsymbol{p}$在外电场$\boldsymbol{E}_e$中受到的电场力为

$$\boldsymbol{F}=-\nabla W_e=(\boldsymbol{p}\cdot\nabla)\boldsymbol{E}_e$$

磁偶极矩为$\boldsymbol{m}$的磁偶极子在外磁场$\boldsymbol{B}_e$中受到的磁场力为

$$\boldsymbol{F}=-\nabla W_m=(\boldsymbol{m}\cdot\nabla)\boldsymbol{B}_e$$

因为偶极子的偶极矩是常矢量，外场在偶极子位置的旋度为零，由下列矢量恒等式，并令矢量$\boldsymbol{A}$为偶极子，$\boldsymbol{B}$为场强，计算电（磁）偶极子在外电（磁）场中能量的负梯度得到电（磁）偶极子在外电（磁）场中的电（磁）场力。

$$\nabla(\boldsymbol{A}\cdot\boldsymbol{B})=(\boldsymbol{A}\cdot\nabla)\boldsymbol{B}+(\boldsymbol{B}\cdot\nabla)\boldsymbol{A}+\boldsymbol{A}\times(\nabla\times\boldsymbol{B})+\boldsymbol{B}\times(\nabla\times\boldsymbol{A})$$

D.4　偶极子在静态外场中受到的转矩

不论偶极子位置的场是否均匀，电（磁）偶极子在相应外电（磁）场中会受到电

（磁）场转矩，转矩等于能量对转角的偏微分，方向力图使能量最小。

电偶极矩为 $\boldsymbol{p}$ 的电偶极子在外电场 $\boldsymbol{E}_{\mathrm{e}}$ 中受到的电场转矩为

$$\boldsymbol{T}=\boldsymbol{p}\times\boldsymbol{E}_{\mathrm{e}}$$

磁偶极矩为 $\boldsymbol{m}$ 的磁偶极子在外磁场 $\boldsymbol{B}_{\mathrm{e}}$ 中受到的磁场转矩为

$$\boldsymbol{T}=\boldsymbol{m}\times\boldsymbol{B}_{\mathrm{e}}$$

D.5　两个相互分离偶极子之间的相互作用能

偶极子本身会产生场，因此两个偶极子分别处在另一个偶极子产生的场中，存在相互作用能量、力和转矩。

两个相互分离的电偶极矩分别为 $\boldsymbol{p}_1$ 和 $\boldsymbol{p}_2$ 的电偶极子之间的相互作用能为

$$W_{\mathrm{e}}=\frac{1}{4\pi\varepsilon_0}\boldsymbol{p}_2\cdot\left[(\boldsymbol{p}_1\cdot\nabla)\frac{\boldsymbol{a}_{\mathrm{R}}}{R^2}\right]=\frac{1}{4\pi\varepsilon_0}\boldsymbol{p}_1\cdot\left[(\boldsymbol{p}_2\cdot\nabla)\frac{\boldsymbol{a}_{\mathrm{R}}}{R^2}\right]$$

两个相互分离的磁偶极矩分别为 $\boldsymbol{m}_1$ 和 $\boldsymbol{m}_2$ 的磁偶极子之间的相互作用能为

$$W_{\mathrm{m}}=\frac{\mu_0}{4\pi}\boldsymbol{m}_2\cdot\left[(\boldsymbol{m}_1\cdot\nabla)\frac{\boldsymbol{a}_{\mathrm{R}}}{R^2}\right]=\frac{\mu_0}{4\pi}\boldsymbol{m}_1\cdot\left[(\boldsymbol{m}_2\cdot\nabla)\frac{\boldsymbol{a}_{\mathrm{R}}}{R^2}\right]$$

利用矢量恒等式

$$\nabla\times(\boldsymbol{A}\times\boldsymbol{B})=\boldsymbol{A}\,\nabla\cdot\boldsymbol{B}-\boldsymbol{B}\,\nabla\cdot\boldsymbol{A}+(\boldsymbol{B}\cdot\nabla)\boldsymbol{A}-(\boldsymbol{A}\cdot\nabla)\boldsymbol{B}$$

$$W_{\mathrm{m}}=\frac{\mu_0}{4\pi}\boldsymbol{m}_2\cdot\left[(\boldsymbol{m}_1\cdot\nabla)\frac{\boldsymbol{a}_{\mathrm{R}}}{R^2}\right]=\frac{\mu_0}{4\pi}\frac{\boldsymbol{m}_1\cdot\boldsymbol{m}_2-3(\boldsymbol{m}_1\cdot\boldsymbol{a}_{\mathrm{R}})(\boldsymbol{m}_2\cdot\boldsymbol{a}_{\mathrm{R}})}{R^3}$$

两种表示结果是相同的。

两个偶极子之间的相互作用力等于能量的负梯度，转矩等于能量关于角度的偏微分，在此不再赘述。

D.6　时谐偶极子产生的远场

高频时变电磁场中具有电磁辐射特性的线电流元 $I\mathrm{d}\boldsymbol{l}$ 具有磁偶极子的特性，线元两端存在异号电荷的累积，因此又具有电偶极子的特性，累积电荷量的时间变化率等于电流，设电偶极矩的幅值为 p_{m}，角频率为 ω，并且位于坐标原点沿 z 轴放置。于是，电偶极矩用复数形式表示为

$$\boldsymbol{p}=\boldsymbol{a}_{\mathrm{z}}p_{\mathrm{m}}\mathrm{e}^{\mathrm{j}\omega t}=p_{\mathrm{m}}\mathrm{e}^{\mathrm{j}\omega t}(\boldsymbol{a}_{\mathrm{r}}\cos\theta-\boldsymbol{a}_{\theta}\sin\theta)$$

电偶极矩的时间变化率为线电流元，因此在空间产生时谐场的矢量磁位用复数形式表示为

$$\boldsymbol{A}=\frac{\mu_0 I\mathrm{d}\boldsymbol{l}}{4\pi r}\mathrm{e}^{-\mathrm{j}kr}=\frac{\mathrm{j}\omega\mu_0}{4\pi r}p_{\mathrm{m}}\mathrm{e}^{\mathrm{j}(\omega t-kr)}(\boldsymbol{a}_{\mathrm{r}}\cos\theta-\boldsymbol{a}_{\theta}\sin\theta)$$

根据矢量磁位可以由洛仑兹规范计算标量电位，其旋度等于磁感应强度，最后根据电磁感应定律引入的无旋电场的标量电位负梯度计算有旋电场强度，它们的复数形式计算分别为

$$\phi=\mathrm{j}\frac{c^2}{\omega}\nabla\cdot\boldsymbol{A},\ \boldsymbol{B}=\nabla\times\boldsymbol{A},\ \boldsymbol{E}=-\nabla\phi-\mathrm{j}\omega\boldsymbol{A}$$

D.7　均匀外场中圆球介质

均匀外静电场 $\boldsymbol{E}_0$ 中，相对介电常数为 ε_{r} 的圆球电介质被均匀极化，极化强度 $\boldsymbol{P}$ 为

$$\boldsymbol{P}=3\varepsilon_0(\varepsilon_r-1)(\varepsilon_r+2)^{-1}\boldsymbol{E}_0$$

均匀外静磁场$\boldsymbol{B}_0$中，相对磁导率为μ_r的圆球磁介质被均匀磁化，极化强度为磁化强度$\boldsymbol{M}$乘以μ_0，有

$$\mu_0\boldsymbol{M}=3(\mu_r-1)(\mu_r+2)^{-1}\boldsymbol{B}_0$$

可见，电偶极子与磁偶极子存在可以类比的电磁特性。

参考文献

[1] 冯慈璋，马西奎．工程电磁场导论［M］．北京：高等教育出版社，2000.

[2] 周希朗．电磁场［M］．北京：电子工业出版社，2008.

[3] 谢处方，饶克谨．电磁场与电磁波［M］．4 版．北京：高等教育出版社，2006.

[4] 王蔷，李国定，龚克．电磁场理论基础［M］．北京：清华大学出版社，2001.

[5] 陈重，崔正勤，胡冰．电磁场理论基础［M］．2 版．北京：北京理工大学出版社，2010.

[6] 雷银照．电磁场［M］．北京：高等教育出版社，2008.

[7] 梁昌洪，陈曦．电磁理论前沿探索札记［M］．北京：电子工业出版社，2012.

[8] David K. Cheng. 电磁场与电磁波［M］．张洪欣，沈远茂，韩宇南，译．北京：清华大学出版社，2013.

[9] 俞集辉．电磁场原理［M］．重庆：重庆大学出版社，2003.

[10] 许实章．电机学：上册，下册［M］．北京：机械工业出版社，1981.

[11] 马西奎．电磁场要点与解题［M］．西安：西安交通大学出版社，2006.

[12] 海欣．电磁场与电磁波学习及考研辅导［M］．北京：国防工业出版社，2008.

[13] Albert Shadowitz. The Electromagnetic Field［M］．New York：McGraw－Hill，1974.

[14] Bhag S Guru. Electromagnetic Field Theory Fundamentals［M］．Cambridge：Cambridge University Press，2004.

[15] Bhag Singh Guru，Hüseyin R Hiziröglu. 电磁场与电磁波［M］．2 版．周克定，等译，北京：机械工业出版社，2005.

[16] David K Cheng. Fundamentals of Engineering Electromagnetics［M］，Newjersey：Addison－Wesley Pub. Co. 1993.

[17] John Hendry. James Clerk Maxwell and the Theory of the Electromagnetic Field［M］．Hilger：Bristol and Boston，1986.

[18] Landau L D. The Classical Theory of Fields［M］．New York：Pergamon Press，1975.

[19] Leonard Eyges. The Classical Electromagnetic Field［M］．Reading，Mass：Addison－Wesley Pub. Co.，1972.

[20] Markus Zahn. Electromagnetic Field Theory：A Problem Solving Approach［M］．New York：Wiley，1979.

[21] Haus Hermann A，Melcher James R. 电磁场与电磁能［M］．江家麟，译．北京：高等教育出版社，1992.

[22] Hayt William Hart，Buck John A. 工程电磁场［M］．8 版．袁建生，译．西安：西安交通大学出版社，2009.

[23] Miller John M. 超级电容器的应用［M］．韩晓娟，李建林，田春光，译．北京：机械工业出版社，2014.

[24] 金建勋．高温超导体及其强电应用技术［M］．北京：冶金工业出版社，2009.

[25] 南和礼．超导磁体设计基础［M］．北京：国防工业出版社，2007.

[26] 吴杭生，管惟炎，李宏成．超导电性：第二类超导体和弱连接超导体［M］．北京：北京大学出版社，2014.

[27] 张裕恒．超导物理［M］．3 版．合肥：中国科学技术大学出版社，2009.

[28] 章立源，张金龙，崖广霁．超导物理学［M］．北京：电子工业出版社，1995.

[29] 周廉，甘子钊．中国高温超导材料及应用发展战略研究［M］．北京：化学工业出版社，2007.

[30] Ohsaki H，Sekino M，Suzuki T，et al Design study of wind turbine generators using superconducting coils and bulks［J］．International Conference on Clean Electrical Power，2009：479－484.

